U0296838

现代农药剂型加工技术丛书

农药助剂

张小军　刘广文　主编

冯建国　副主编

Pesticide Additives

化学工业出版社

·北京·

作为《现代农药剂型加工技术丛书》分册之一，本书概述了农药助剂的相关知识与技术，详细介绍了表面活性剂在农药制剂中的应用，农药乳化剂，农药润湿剂和渗透剂，农药分散剂，农药稳定剂与增稠剂，农药崩解剂与助悬浮剂，农药种衣剂用成膜剂，农药特种助剂，喷雾助剂，有机硅助剂，农药填料与载体，环保型溶剂与助溶剂等助剂及其相应的应用技术。另外，还简述了农药助剂管理及禁限用相关现状。本书着重对农药制剂中使用的助剂进行了分类整理，并将近几年的信息做了相应补充，从理论、合成、应用等角度进行了较为详细的阐述，并列举了部分实例，对于初入行业的技术人员及长期从事农药剂型及制剂研究的人员定有所帮助 。

本书可供广大农药助剂、农药制剂、推广应用等研发及生产人员使用，也可作为大专院校及研究单位相关人员的参考书。

图书在版编目（CIP）数据

农药助剂 / 张小军，刘广文主编． —北京：化学工业出版社，2018.1(2025.4重印)
（现代农药剂型加工技术丛书）
ISBN 978-7-122-30866-5

Ⅰ. ①农… Ⅱ. ①张… ②刘… Ⅲ. ①农药助剂
Ⅳ. ① TQ450.4

中国版本图书馆 CIP 数据核字（2017）第 263515 号

责任编辑：刘　军　张　艳　　文字编辑：向　东
责任校对：宋　夏　　装帧设计：关　飞

出版发行：化学工业出版社（北京市东城区青年湖南街 13 号　邮政编码 100011）
印　　装：北京建宏印刷有限公司
787mm×1092mm　1/16　印张 21½　字数 508 千字　2025 年 4 月北京第 1 版第 2 次印刷

购书咨询：010-64518888　　售后服务：010-64518899
网　　址：http://www.cip.com.cn
凡购买本书，如有缺损质量问题，本社销售中心负责调换。

定　　价：138.00 元

京化广临字 2018——1

《现代农药剂型加工技术丛书》
编审委员会

本书编写人员名单

主　　编： 张小军　刘广文

副 主 编： 冯建国

编写人员：（按姓名汉语拼音排序）

丑靖宇　沈阳中化农药化工研发有限公司

杜凤沛　中国农业大学

冯建国　扬州大学

何凤琦　迈图高新材料集团

李彦飞　中农立华生物科技股份有限公司

李　洋　沈阳中化农药化工研发有限公司

梁　彬　南京捷润科技有限公司

龙　勇　迈图高新材料集团

秦敦忠　江苏擎宇化工科技有限公司

孙　俊　沈阳中化农药化工研发有限公司

汪云强　永农生物科学有限公司

王险峰　黑龙江省农垦总局植保站

张登科　浙江禾田化工有限公司

张小军　中农立华生物科技股份有限公司

序

农药是人类防治农林病、虫、草、鼠害，以及仓储病和病媒害虫的重要物质，现在已广泛应用于农业生产的产前至产后的全过程，是必备的农业生产资料，也为人类的生存提供了重要保证。

农药通常是化学合成的产物，合成生产出来的农药的有效成分称为原药。原药为固体的称为原粉，为液体的称为原油。

由于多数农药原药不溶或微溶于水，不进行加工就难以均匀地展布和黏附于农作物、杂草或害虫表面。同时，要把少量药剂均匀地分布到广大的农田上，不进行很好地加工就难以均匀喷洒。各种农作物、害虫、杂草表面都有一层蜡质层，表面张力较低，绝大多数农药又缺乏展着或黏附性能，若直接喷洒原药，不仅不能发挥药效，而且十分容易产生药害，所以通常原药是不能直接使用的，必须通过加工改变原药的物理及物理化学性能，以满足实际使用时的各种要求。

把原药制成可以使用的农药形式的工艺过程称为农药加工。加工后的农药，具有一定的形态、组分、规格，称为农药剂型。一种剂型可以制成不同含量和不同用途的产品，这些产品统称为农药制剂。

制剂的加工主要是应用物理、化学原理，研究各种助剂的作用和性能，采用适当的方法制成不同形式的制剂，以利于在不同情况下充分发挥农药有效成分的作用。农药制剂加工是农药应用的前提，农药的加工与应用技术有着密切关系，高效制剂必须配以优良的加工技术和适当的施药方法，才能充分发挥有效成分的应用效果，减少不良副作用。农药制剂加工可使有效成分充分发挥药效，使高毒农药低毒化，减少环境污染和对生态平衡的破坏，延缓抗药性的发展，使原药达到最高的稳定性，延长有效成分的使用寿命，提高使用农药的效率和扩大农药的应用范围。故而不少人认为，一种农药的成功，一半在于剂型。据统计，我国现有农药生产企业2600余家，近年来，制剂行业出现了一些新变化。首先，我国农业从业人员的结构发生了变化，对农药有了新的要求。其次，我国对环境保护加大了监管力度，迫使制剂生产装备进行升级改造。更加严峻的是行业生产水平和规模参差不齐，大浪淘沙，优胜劣汰，一轮强劲的并购潮已经到来，制剂行业洗牌势在必行，通过市场竞争使制剂品种和产量进行再分配在所难免。在这种出现新变化的背景下，谁掌握着先进技术并不断推进精细化，谁就找到了登上制高点的最佳途径。

化学工业出版社于2013年出版了《现代农药剂型加工技术》一书，该书出版后受到了业内人士的极大关注。在听取各方面意见的基础上，我们又邀请了国内从事农药剂型教学、研发以及工程化技术应用的几十位中青年制剂专家，由他们分工撰写他们所擅长专业的各章，编写了这套《现代农药剂型加工技术丛书》(简称《丛书》)，以分册的形式介绍农药制剂加工的原理、加工方法和生产技术。

《丛书》参编人员均由多年从事制剂教学、研发及生产一线的教授和专家组成。他们知识渊博，既有扎实的理论功底，又有丰富的研发、生产经验，同时又有为行业无私奉献的高尚精神，不倦地抚键耕耘，编撰成章，集成本套《丛书》，以飨读者。

《丛书》共分四分册，第一分册《农药助剂》，由张小军博士任第一主编，主要介绍了助剂在农药加工中的理论基础、作用机理、配方的设计方法，及近年来国内外最新开发的助剂品种及性能，可为配方的开发提供参考。第二分册《农药液体制剂》，由徐妍博士任第一主编，主要介绍了液体制剂加工的基础理论、最近几年液体制剂的技术进展、液体制剂生产流程设计及加工方法，对在生产中易出现的问题也都提供了一些解决方法与读者分享。第三分册《农药固体制剂》，由刘广文任主编，主要介绍了常用固体制剂的配方设计方法、设备选型、流程设计及操作方法，对清洁化生产技术进行了重点介绍。第四分册《农药制剂工程技术》，由刘广文任主编，主要介绍了各种常用单元设备、包装设备及包装材料的特点、选用及操作方法，对制剂车间设计、清洁生产工艺也专设章节介绍。

借本书一角，我要感谢所有参编的作者们，他们中有我多年的故交，也有未曾谋面的新友。他们在百忙之余，牺牲了大量的休息时间，无私奉献出自己多年积累的专业知识和宝贵的生产经验。感谢《丛书》的另两位组织者徐妍博士和张小军博士，二位在《丛书》编写过程中做了大量的组织工作，并通阅书稿，字斟句酌，进行技术把关，才使本书得以顺利面世。感谢农药界的前辈与同仁给予的大力支持，《丛书》凝集了全行业从业人员的知识与智慧，他们直接或间接提供资料、分享经验，使本书内容更加丰富。因此，《丛书》的出版有全行业从业人员的功劳。另外，感谢化学工业出版社的鼎力支持，《丛书》责任编辑在本书筹备与编写过程中做了大量卓有成效的策划与协调工作，在此一并致谢。

制剂加工是工艺性、工程性很强的技术门类，同时也是多学科集成的交叉技术。有些制剂的研发与生产还依赖于操作者的经验，一些观点仁者见仁，智者见智。编撰《丛书》是一项浩大工程，参编人员多，时间跨度长，内容广泛。所述内容多是作者本人的理解和体会，不当之处在所难免，恳请读者指正。

谨以此书献给农药界的同仁们！

刘广文
2017年10月

前言

当前，世界各国对化学品物质的研究和认知在不断加深，很多化合物的毒性以及对环境影响研究方面的结论也在不断更新和完善，与此相应的，很多有风险及潜在风险的添加物，随着环保安全政策的出台与相关法律法规的日益完善而被禁用和限用。同样，农药助剂作为一种添加物，也面临着这样的趋势。由此，对于助剂开发及农药制剂研发人员来说，了解相关政策法规，及时跟进、深刻了解这些禁用物质和潜在风险物质组分的发展动态，就显得尤为重要，同时也是对生态环境保护的一种责任所在。

农药助剂是指在农药制剂的加工和施用中，使用的各种辅助物料的总称，虽然是一类助剂，其本身一般没有生物活性，但是在剂型配方中或施药时是不可或缺的添加物。随着剂型的多样化和制剂性能的提高，助剂也向多品种、系列化发展，以适应不同农药品种、不同剂型加工的需要。农药的发展要靠创新，同样农药助剂的发展也必须同步发展创新，尤其是农药表面活性剂。我国的农药表面活性剂行业与整个表面活性剂行业一样，其装置能力已位居世界前列，是生产大国，但不是生产强国。与发达国家的差距表现在设计开发能力、工艺控制、检测手段及对安全环保和应用效果的关注度上。我国用于农药加工的非离子型表面活性剂大都是三、四十年前开发的以酚醚、醇醚和油醚为主的老品种，阴离子型表面活性剂也主要是烷基苯磺酸钙这一品种为主打，虽然近几年开发了一些新的品种，但这些品种并不能完全满足目前正在快速发展的悬浮剂、水分散粒剂等新剂型的需求。

化学工业出版社曾于2003年出版过《农药助剂》，2013年出版过《现代农药剂型加工技术》（内容包含有农药加工助剂），除此之外还有很多其他相关著作，每一版本都代表了当时农药助剂的现状和发展方向，对农药制剂加工技术的进步都起到了积极的推动作用，使读者受益匪浅。

近年来，农药制剂技术发展迅猛，相关的农药助剂也取得了快速的发展，为了进一步丰富农药助剂的内容，尽可能将一些新的农药表面活性剂及其他助剂能够涵盖进来，经过多年酝酿，我们邀请了业内十几位在农药助剂和制剂教学、研发以及工程化应用技术方面有一定经验的一线中青年专家，经过大家努力收集和组织材料，历时三年多的时间，将农药助剂独立成册，编写了本书。书中内容客观地反映了当前农药助剂的现状和发展方向，读者可以从中获得相应的理论和应用知识。在编写过程中，尽可能按照专业特长进行分工和编写，力求理论与实践相结合、深入浅出、通俗易懂，对近年来开发的新助剂，尤其是农药用表面活性剂作了全面系统的介绍，内容得到进一步补充，较为丰富、翔实，具有较好的参考性。

全书共分十三章，编写分工如下：第一章 表面活性剂在农药制剂中的应用（杜凤沛）；第二章 农药乳化剂及其应用技术（秦敦忠）；第三章 农药润湿剂和渗透剂（张小军、秦敦忠、冯建国）；第四章 农药分散剂及应用技术（梁彬、秦敦忠）；第五章 农药稳定剂与增稠剂（汪云强）；第六章 农药崩解剂与助悬浮剂（张小军、李彦飞）；第七章 农药种衣剂用成膜剂（孙俊、李洋、丑靖宇）；第八章 农药特种助剂（李彦飞、张小军）；第九章 喷雾助剂（王险峰）；第十章 有机硅助剂在农药上的应用（何凤琦、龙勇）；第十一章 农药填料与载体（李彦飞、冯建国、张小军）；第十二章 环保型溶剂与助溶剂（冯建国）；第十三章农药助剂管理及禁限用相关现状（张小军、张登科）。全稿最后由本人和冯建国博士统稿与整理。杜风沛教授、秦敦忠博士、丑靖宇博士、谭伟明博士、曹雄飞、张含平、苑志军、张登科、赵德、向家来、余建波等提出了很多宝贵的修改意见，这里表示衷心感谢。

本书得以顺利出版，要感谢本书的所有作者，是他们无私地将自己多年积累的宝贵经验奉献出来与读者共享，同时也是在工作百忙之中进行了编写。感谢农药界的前辈与同仁们给予的大力支持，他们直接或间接地提供资料使本书内容更加丰富。本书除编写人员名单中列出的作者外，还有很多同仁给出了意见和建议，在此一并表示衷心感谢。非常感谢化学工业出版社对本书编写过程中的大力支持。

农药制剂开发是综合了多学科内容的交叉学科技术，是配方技术、工艺性、工程性、实践性很强的应用技术。农药助剂是开发农药制剂必需的原材料，是从事农药制剂所的人员必须掌握的核心内容之一，由于本书涉及的农药助剂内容较为广泛，相关理论也是从物理化学、表面化学等学科中延伸出来的，有些仍在研究及认识之中，还有待于完善。近年来无论是欧美还是我国，农药助剂都出台了禁限用名单，而且在不断更新，这些信息的了解对于从事助剂开发和农药制剂加工的人员来说是很重要的，而且也是非常必要的，需引起重视。由于作者专业水平、资料来源有限，加之时间仓促，书中疏漏与不当之处在所难免，恳请广大同仁批评指正。

谨以此书献给所有热爱并从事农药制剂加工及相关工作的前辈和同仁们！大家做的工作高大上、接地气，希望一起努力、坚持，积土为山、积水为海，为中国农药工业的发展做更多的工作，奉献自己的绵薄之力！

张小军
2017年12月于北京

目录

第一章　表面活性剂在农药制剂中的应用 / 1

第二章　农药乳化剂及其应用技术 / 37

第三章 农药润湿剂和渗透剂 / 67

第四章 农药分散剂及应用技术 / 107

第五章 农药稳定剂与增稠剂 / 128

第六章 农药崩解剂与助悬浮剂 / 150

第七章　农药种衣剂用成膜剂 / 166

第八章　农药特种助剂 / 197

第九章　喷雾助剂 / 222

第十章　有机硅助剂在农药上的应用 / 236

第十一章　农药填料与载体 / 256

第十二章　环保型溶剂与助溶剂　/ 281

第十三章　农药助剂管理及禁限用相关现状　/ 311

第一章 表面活性剂在农药制剂中的应用

表面活性剂作为精细化工领域的代表性产品，在国民经济中发挥着重要作用，其发展水平成为各国化工产业进步的重要标志之一，在日化、纺织、造纸、农药、皮革以及石油化工等诸多领域有着广泛的应用，人们也赋予它“工业味精”的美誉。在表面活性剂行业中，农药用表面活性剂是一个重要的领域。农药最终的应用形式是农药制剂，农药用表面活性剂可将无法直接使用的农药原药制备成可以直接使用的农药制剂。农药用表面活性剂作为乳化剂、分散剂、润湿剂、渗透剂、增效剂和增溶剂等广泛应用于加工乳油、微乳剂、水乳剂、悬浮剂、悬浮种衣剂、微囊悬浮剂、悬乳剂、水剂、可溶液剂、可分散油悬浮剂、可湿性粉剂、水分散粒剂等制剂中，在提高农药使用效果的同时，还可减小农药的用量，减轻农药对环境的影响，并为农业生产带来巨大效益。大多数农药制剂需要加水稀释后使用，表面活性剂对农药制剂稀释液的乳液稳定性、分散稳定性、润湿性、持久起泡性、悬浮率等技术指标起决定性的作用，并且和药液在应用时具有的熏蒸、胃毒、内吸和触杀等作用及针对靶标的铺展、渗透、展着、沉积等效能密切相关，从而对农药充分发挥药效起到重要作用。农药制剂技术就是农药活性成分的传送技术，安全高效的农药活性成分传送技术离不开农药表面活性剂和表、界面化学的发展和创新，农药用表面活性剂的发展对农药工业的发展及农药的科学使用有着非常重要的作用。

第一节 表面活性剂概述

一、表面化学基础

界面（interface）是指两相间接触的交界部分。界面不是一个没有厚度的几何平面，而是在两相间的一个具有约几个分子厚度的三维空间，这个界面层就是所谓的“界面相”，但为了处理问题的方便，通常将界面相看作虚构的几何平面即相界面。按两相物理状态的不同，可将相界面分为气-液、气-固、液-液、液-固和固-固界面这五种类型。习惯上把有气体参与构成的界面称为表面（surface）。

表面张力（surface tension）是在液体表面内垂直作用于单位长度相表（界）面上的力，也可将表面张力理解为液体表面相邻两部分单位长度上的相互牵引力，方向为垂直于分界线并与液面相切，单位为mN/m。表面张力是物质的一个重要物理量，它与物质所处的温度、压力、组成以及共同存在的另一相的性质等均有关系。一般温度升高，物质的表面张力下降。压力增大，物质表面张力降低，但压力变化不大时其影响可忽略。等温、等压下，纯液体的表面张力是一个常数，其表面是由纯液体与饱和了自身蒸气的空气相所构成。当共存的另一相为其他物质时，则作用在两相界面（液-液界面或液-固界面）上的张力一般称为界面张力（interface tension）。溶液的表面张力不仅与温度和压力有关，而且随加入溶质的性质和数量而变化，其变化规律也各不相同。

二、表面活性剂及其结构特征

表面活性剂（surface active agent，surfactant）是指能使目标溶液表面张力显著下降的物质，以及降低两种界面之间界面张力的物质。从名称上包括三个含义，即"表面"（surface）、"活性"（active）和"添加剂"（agent）。表面活性剂具有两个特性：在很低浓度（1%以下）可以显著降低溶剂的表（界）面张力，改变体系的表（界）面组成与结构；在一定浓度以上时，可形成分子有序组合体。

表面活性剂分子结构特征是具有不对称性和两亲特征（图1-1），通常表面活性剂分子由两个部分组成，一端是具有亲水性质的亲水基团（hydrophilic group），它的亲水作用使分子的极性端进入水中；另一端是具有亲油性质的疏水基团（hydrophobic group），常为高碳的碳氢链，其憎水作用力试图使分子离开水相朝向空气，因此被称为两亲分子（amphiphilic molecular）。

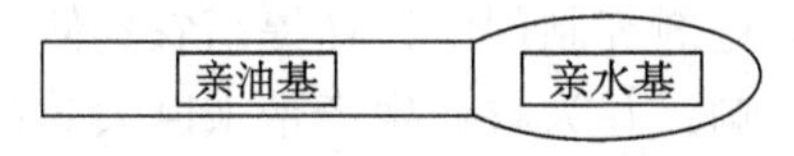

图1-1　表面活性剂的结构示意图

只有疏水基足够大的两亲分子才显示表面活性剂特性，一般要求碳链长度大于或者等于8个碳原子；如果两亲分子中疏水基过长，则溶解度过小，变成不溶于水的物质，也不属于表面活性剂，一般直链表面活性剂的碳链长度在8～20个碳原子左右。

三、表面活性剂的分类

表面活性剂的种类很多，其分类方法也很多。根据疏水基结构进行分类，可以分直链、支链、芳香链、含氟长链、含硅长链等；根据亲水基进行分类，可以分为羧酸盐、硫酸盐、季铵盐、PEO衍生物、内酯等；还可以根据其带电性质、水溶性、化学结构特征、原料来源等进行分类。但是众多分类方法都有其局限性，很难将表面活性剂合适定位，并在概念内涵上不发生重叠。

目前最常用和最方便的是按其化学结构进行分类，即根据亲水基的类型和它们的电性的不同来区分（图1-2）。凡溶于水后能发生电离的叫做离子型表面活性剂，并根据亲水基的带电情况可进一步分为阳离子型、阴离子型和两性离子型等。凡在水中不能电离的叫做非离子型表面活性剂。除了人工合成的以外，在食品、化妆品、医药、生物等领域还常常使用许多天然的表面活性剂，其中包括磷脂、甾类、水溶性胶、藻朊酸盐等。表面活性剂多种多样的应用就是靠分子结构上的这种差异演变而来的。

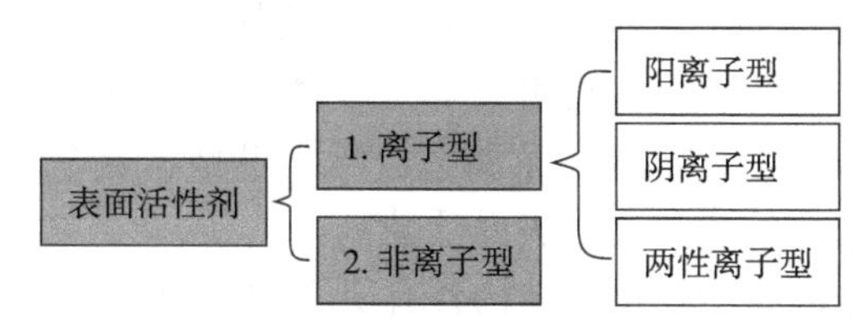

图1-2 表面活性剂的分类

1. 阴离子表面活性剂

阴离子表面活性剂在水溶液中电离时生成的表面活性离子带负电荷。按离子类型可分为磺酸盐、硫酸酯盐、磷酸酯盐、羧酸盐（脂肪羧酸盐）等。按具体结构可分为烷基芳基磺酸盐［十二烷基苯磺酸钠（钙）、二丁基萘磺酸钠Nekal BX（拉开粉）］、α-烯基磺酸盐（AOS）、十二烷基硫酸钠（K12）、琥珀酸酯磺酸盐（烷基丁二酸酯磺酸钠 渗透剂T）、（烷基）萘磺酸盐甲醛缩合物（苄基萘磺酸甲醛缩合物分散剂CNF、萘磺酸钠甲醛缩合物NNO、二丁基萘磺酸钠甲醛缩合物分散剂NO、甲基萘磺酸钠甲醛缩合物MF）以及聚氧乙烯醚改性物（多芳基酚醚磷酸酯WPJ、烷基酚醚甲醛缩合物硫酸酯盐SOPA 270、脂肪醇醚羧酸钠AEC）等。与其他表面活性剂相比，除了其表面活性的差异，阴离子表面活性剂一般具有以下特征性质：

① 溶解度随温度的变化存在明显的转折点，即在较低的一段温度范围内溶解度随温度上升非常缓慢，当温度上升到某一定值时其溶解度随温度上升而迅速增大，这个温度即表面活性剂的Krafft点，一般阴离子型表面活性剂都有Krafft点；

② 一般情况下与阳离子表面活性剂配伍性差，容易生成沉淀或变为浑浊，但在一定条件下与阳离子表面活性剂的复配可极大地提高表面活性；

③ 抗硬水性能差，对硬水的敏感性，羧酸盐＞磷酸盐＞硫酸盐＞磺酸盐；

④ 在疏水链和阴离子头基之间引入短的聚氧乙烯链可极大地改善其耐盐性能；

⑤ 在疏水链和阴离子头基之间引入短的聚氧丙烯链可改善其在有机溶剂中的溶解性，但同时也降低了其生物降解性能；

⑥ 阴离子表面活性剂是家用洗涤剂，工业清洗剂、干洗剂和润湿剂的重要组分。

2. 阳离子表面活性剂

阳离子表面活性剂在水溶液中离解时生成的表面活性离子带正电荷，其疏水基与阴离子表面活性剂中的相似，亲水基主要为氮原子，也有磷、硫等原子。在阳离子表面活性剂中，最重要的是含氮的表面活性剂，而在含氮的阳离子表面活性剂中，根据氮原子在分子中的位置，又可分为常见的胺盐、季铵盐和杂环型3类。与其他类型的表面活性剂相比，除了其表面活性的差异，阳离子表面活性剂具有以下两个显著特征性质。

（1）优异的杀菌性　阳离子表面活性剂（主要是季铵盐类）水溶液有很强的杀菌能力。单独的阳离子表面活性剂，基于它的杀菌性，很难被微生物分解，在有些时候甚至可以作为活性成分使用。但由于阳离子表面活性剂在水环境中一般不会单独存在，易与一些其他物质结合成复合体，这些复合体可以被降解。

（2）容易吸附于一般固体表面　阳离子表面活性剂容易吸附于一般固体表面主要是由于在水介质中的固体表面一般是带负电的，带正电的表面活性离子由于静电相互作用容易被强烈吸附于固体表面。因此，常能赋予某些特性，用于特殊用途。

3. 两性离子表面活性剂

两性离子表面活性剂的分子结构与蛋白质中的氨基酸相似，在分子中同时存在酸性基和碱性基，易形成“内盐”。酸性基团大都是羧基、磺酸基或磷酸基；碱性基团则为氨基或季铵基。两性离子表面活性剂有甜菜碱型、咪唑啉型、氨基酸型等，也有杂元素代替N、P，如S为阳离子基团中心的两性离子表面活性剂。

两性离子表面活性剂虽然其化学结构各有所不同，但一般均具有下列共同特征：

① 耐硬水，钙皂分散力较强，能与电解质共存，甚至在海水中也可以有效地使用；

② 与阴离子、阳离子、非离子表面活性剂都有良好的配伍性；

③ 一般在酸、碱溶液中稳定，特别是甜菜碱类两性离子表面活性剂在强碱溶液中也能保持其表面活性；

④ 大多数两性离子表面活性剂对眼睛和皮肤刺激性低，因此适合于配制香波和其他个人护理用品。

4. 非离子表面活性剂

非离子表面活性剂是一种在水中不离解成离子状态的两亲结构化合物。其亲水基主要是由聚氧乙烯基构成，由所含氧乙烯基数目控制其亲水性。另外就是以多元醇（如甘油、季戊四醇、蔗糖、葡萄糖、山梨醇等）为基础的结构。此外还有以单乙醇胺、二乙醇胺等为基础的结构。按结构可分为由活性氢与环氧化物聚合形成的聚氧烯醚类、活性羟基与酸酯化的酯类、多糖与烷基反应形成的糖苷类等。主要品种有烷基酚聚氧烯醚（乳化剂OP、NP系列）、多苯乙烯基苯酚聚氧烯醚（600#系列、1600#、33#、34#等）、蓖麻油聚氧烯醚（BY系列）、失水山梨醇脂肪酸酯（Span系列）、失水山梨醇脂肪酸酯聚氧烯醚类（Tween系列）、环氧乙烯环氧丙烷嵌段共聚物Pluronics、酚醛树脂聚氧烯醚（400#、700#）、脂肪醇聚氧烯醚（AEO系列）、脂肪酸聚氧烯醚酯（AO系列）、脂肪胺聚氧烯醚类（TA-15）、硅聚醚、脂肪酸酯（甘油油酸酯、蓖麻油聚氧烯醚脂肪酸酯）和烷基多糖苷（APG810、APG1214）等上百种。

非离子表面活性剂有以下特征性质：

① 是表面活性剂家族第二大类，产量仅次于阴离子表面活性剂；

② 由于非离子表面活性剂不能在水溶液中离解为离子，因此稳定性高，不受酸、碱、盐等的影响，耐硬水性强；

③ 与其他表面活性剂及添加剂相容性较好，可与阴离子、阳离子、两性离子表面活性剂混合使用；

④ 由于在溶液中不电离，故在一般固体表面上不易发生强烈吸附；

⑤ 聚氧乙烯型非离子表面活性剂的物理化学性质强烈依赖于温度，随温度升高，在水中变得不溶，存在浊点现象，但糖基非离子表面活性剂的性质具有正常的温度依赖性，其溶解性随温度升高而增加；

⑥ 非离子表面活性剂具有高表面活性，其水溶液的表面张力低，临界胶束浓度低，胶束聚集数大，增溶作用强，具有良好的乳化性能和去污性能；

⑦ 与离子型表面活性剂相比，非离子表面活性剂一般来讲起泡性能较差，因此适合配制低泡型洗涤剂和其他低泡型配方产品；

⑧ 非离子表面活性剂在溶液中不带电荷，不会与蛋白质结合，因而毒性低，对皮肤刺激性也较小；

⑨ 非离子表面活性剂产品，大部分呈液态或浆状，这是与离子型表面活性剂的不同之处。

5. 特殊类型的表面活性剂

随着科技飞速发展和现代技术的不断进步，人们对表面活性剂的使用要求也越来越高，温和、易生物降解和多功能性的表面活性剂不断涌现，人们也更加强调使用安全、生态保护和提高效率。近年来出现的特殊类型表面活性剂主要有以下几种：Gemini表面活性剂、高分子表面活性剂、Bola型表面活性剂、Dendimer型表面活性剂、低泡或无泡表面活性剂等。

（1）Gemini表面活性剂　Gemini表面活性剂是通过连接基团将两个两亲结构单元在其亲水头基上或靠近亲水头基处以共价键方式连接而成的一类表面活性剂。从分子结构上看，双子表面活性剂类似于两个单链表面活性剂分子的聚结（图1-3）。双子表面活性剂的亲水基团可以是阳离子、阴离子、非离子和两性离子。该类表面活性剂的连接基团可以是刚性链也可以是柔性链，按连接基团的极性还可以分为极性链和非极性链。

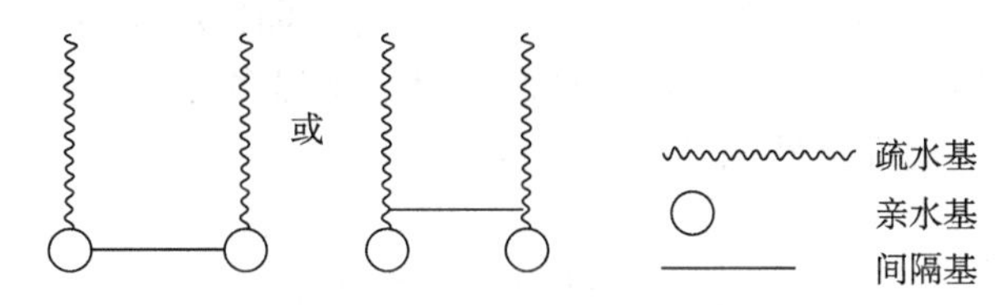

图1-3　Gemini表面活性剂的分子结构简图

在Gemini表面活性剂中，同一个分子具有两个疏水基团，比只有一个疏水基团的传统表面活性剂有更强烈的逃离水相的倾向，因而更易于自发吸附到气/水表面上。更重要的是，两个离子端基通过连接基团化学键紧密地连接在一起，致使其疏水基之间更容易产生强烈的相互作用，在气/水表面上排列得更紧凑。离子端基之间的排斥倾向受制于化学键作用力而被大大削弱，这就是Gemini表面活性剂具有高表面活性的根本原因。它在气/液表面吸附能有效地降低表面张力，形成更稳定的泡沫；在液/液界面吸附可形成稳定的乳液；在固/液界面吸附能形成更稳定的分散体。对离子型Gemini表面活性剂而言，其离子端基带有两倍的电荷，吸附于固体小颗粒上能使小颗粒稳定分散在水中。它表面活性好，具有更低的临界胶束浓度，更低的Krafft点和优良的流变性能，因而具有良好的应用价值。

分子中因连接基团的引入而使结构更为多样化，如连接基团的长度、亲疏水性、刚柔性以及疏水链和头基的不对称性。同时由于连接基团的存在，原有的结构特性和功能性基团对体系聚集行为的影响又得以加强，使其具有更加复杂的自聚集行为和更加多样化的聚集体结构，赋予其强大的可调控性和功能性。离子型Gemini表面活性剂具有如下特性：

① 与碳氢链长相当的传统表面活性剂相比，Gemini表面活性剂的临界胶束浓度降低了两个数量级，因此使用浓度可以大大降低，因为有很低的CMC，更适合用作乳化剂和分散剂；

② 更容易吸附在气/液界面上，而且排列更紧密，从而有效地降低水溶液的表面张力，在很多场合，它是优良的润湿剂；

③ 具有很低的Krafft点，水溶性好，其水溶性随亲水基类别和数量而变化；

④ 增溶能力强，对有机物有很强的增溶能力，由于Gemini表面活性剂极易聚集形成

胶束，CMC极低，是一类优良的增溶剂；

⑤ 具有独特的流变性和黏弹性，胶束的形态极大地影响溶液的流变性能，1%浓度的Gemini表面活性剂，即可生成巨大的线状胶束，线状胶束之间的相互缔合、缠绕导致溶液中形成网络结构，易于增大体系的黏度；

⑥ 对于两种表面活性剂的亲水基团之间相互作用的强度，以及对水溶液表面张力降低能力和降低效率两者而言，Gemini表面活性剂与其他传统表面活性剂之间可能存在协同作用，因此可以进行复配。

（2）合成高分子表面活性剂　按结构分有非离子型，即由环氧化物聚合形成的大分子如脂肪醇嵌段聚醚500LQ（M=4500）、EO-PO-EO如Pluronic PE10500（M=6500）、壬基酚聚醚NP-100（M=4600）、蓖麻油聚醚EL-100（M=7100）、聚乙烯醇（M=1788）、聚乙烯吡咯烷酮PVP（M>5000）等；阴离子型有聚羧酸盐（M>4000）（ABA嵌段聚羧酸盐SP-2836，梳形聚羧酸盐Atlox4913、Disperse2500、SP-2728、SP-OF3472B、Disperse2700、GY-D800等）、萘磺酸盐甲醛缩合物（D425、Tamol DN8906、SP-2850）、木质素磺酸盐（Dispersant 910、Borregard Na、VESTVACO）等，而EO-PO嵌段共聚类和聚羧酸盐类高分子表面活性剂在WG、SC、EW等制剂产品中已显示出多种独特的优点，推广前景甚好。典型的AB型嵌段高分子表面活性剂结构如图1-4所示。

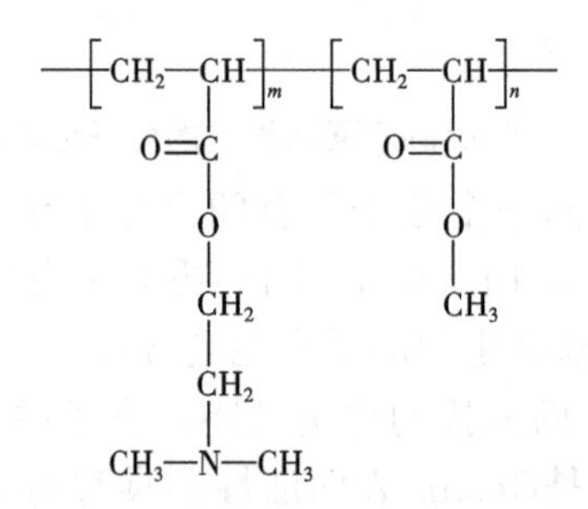

图1-4　AB型嵌段高分子表面活性剂结构

（3）Bola型表面活性剂　Bola型表面活性剂是由两个极性头基用一根或多根疏水链连接起来的化合物，因形状像南美土著人的一种用一根绳子的两端各连接一个球的武器Bola而得名。当连接基团的数量和方式不同时，Bola型表面活性剂根据分子形态可划分为3种类型，即单链型、双链型和半环型，如图1-5所示。Bola型表面活性剂的疏水链可以是饱和碳氢或碳氟基团，也可以是不饱和的、带支链的或带有芳香环的基团。与传统的单头基表面活性剂相比，因为结构上的差异造成其特征性质也有所不同，其临界胶束浓度值一般较高，临界溶解温度较低，常温下一般具有更高的溶解性能；其在水相中形成的聚集体数目较少，并且可以形成球形、棒状和盘状等多种形态的胶束；其中的疏水链达到一定长度时，可以在气液界面形成特殊的单层类脂膜，进而在水相中形成单分子层囊泡。

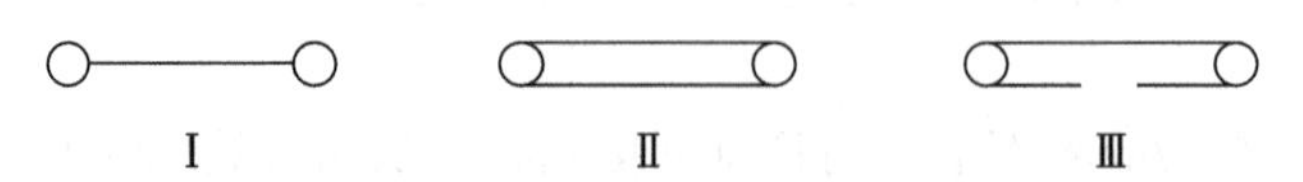

图1-5　几种Bola型表面活性剂的示意图

具有两亲结构的Bola型表面活性剂在水的气液界面上有许多独特的性能，如高温稳定性，可以用来改善细胞功能，在纳米材料、药物缓释、生物矿化、光化学修饰、基因转染和凝胶化试剂等方面具有广泛的应用前景。Bola型表面活性剂作为一种新型表面活性剂受到了很大的关注，为人们研究分子自组装及开发功能材料提供了新的材料来源。

（4）Dendimer型表面活性剂　Dendrimer型表面活性剂就是树枝状大分子，它是从一个中心核出发，由许多支化单体逐级扩散伸展开来的结构，或者由中心核、数层支化单元和外围基团通过化学键连接而成的结构，目前已经有聚醚、聚酯、聚酰胺、聚芳烃、聚有机硅等类型。Dendrimer型表面活性剂相对于传统表面活性剂的优点是其分子结构规整，分子体积和形状可在分子水平上设计与控制，可在分子末端导入功能性基团，因此成为目前的研究热点。

（5）碳氟表面活性剂　将碳氢表面活性剂分子的氢原子部分或全部用氟原子取代，就成为碳氟表面活性剂，或称氟碳表面活性剂或氟表面活性剂。碳氟表面活性剂具有很多碳氢表面活性剂不可替代的重要作用，其特征性质常被概括为“三高”，即高表面活性、高耐热稳定性及高化学稳定性；“两憎”，即含氟烃基既憎水又憎油。当憎水基的碳数相同、亲水基的分子相同时，其憎水憎油性均比碳氢链强；表面活性很高，一般可将水的表面张力降至15mN/m，不但能显著降低水的表面张力，也能降低其他有机溶剂的表面张力；化学性质极其稳定，耐强酸、强碱、高温，与强氧化剂不起作用。可作油类火灾的灭火剂，也可作防水、防油的纺织品、纸张及皮革的表面涂覆剂，如$CF_3(CF_2)_6COOK$，$CF_3(CF_2)_8CF_2SO_3Na$。

（6）有机硅表面活性剂　在表面活性剂家族中，有机硅表面活性剂可谓后起之秀。有机硅表面活性剂是指疏水基由甲基化的Si—O—Si、Si—C—Si或Si—Si组成的一类特种表面活性剂。其中以Si—O—Si为主要成分的表面活性剂（即硅氧烷表面活性剂）原料易得，在工业上应用最广，一般所说的有机硅表面活性剂也主要指硅氧烷表面活性剂。有机硅表面活性剂与其他表面活性剂相比，有下列特征性质：

① 很高的表面活性。其表面活性仅次于氟表面活性剂，水溶液的最低表面张力可降至大约20mN/m，而典型的碳氢表面活性剂为30mN/m左右；

② 在水溶液体系和非水溶液体系都有表面活性；

③ 对低自由能的表面有优异的润湿能力；

④ 具有优异的消泡能力，是一类性能优异的消泡剂；

⑤ 通常有很高的热稳定性；

⑥ 毒性低，不会刺激皮肤，因而可用于药物和化妆品；

⑦ 由不同的化学方法制备，可以产生不同类型的分子结构，通常有很高的分子量。

有机硅表面活性剂的缺点是生物降解性能较差。此外，其价格相对较高。但其高效率可弥补其成本的不足。

有机硅表面活性剂的结构如图1-6所示。

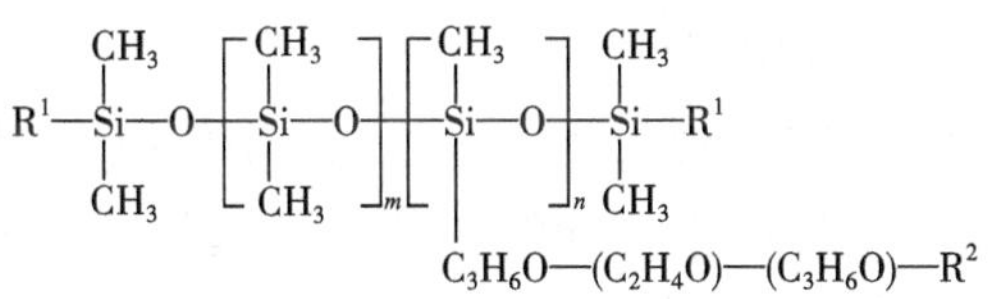

$$R^1{-}\underset{CH_3}{\overset{CH_3}{Si}}{-}O{-}\left[\underset{CH_3}{\overset{CH_3}{Si}}{-}O\right]_m{-}\left[\underset{C_3H_6O-(C_2H_4O)-(C_3H_6O)-R^2}{\overset{CH_3}{Si}}{-}O\right]_n{-}\underset{CH_3}{\overset{CH_3}{Si}}{-}R^1$$

图1-6　有机硅表面活性剂的结构图

R^1通常为CH_3，也可以为$C_3H_6O(C_2H_4O)_a(C_3H_6O)_b$，$a=6\sim9$、$b=0\sim3$、$a+b=6\sim9$；$R^2$为聚醚链，也可以为H、$CH_3$及$C_2H_5$

有机硅表面活性剂的应用给农药制剂的加工及使用带来了根本性的变革意义。通常农药制剂的作用靶标生物表面都具有抗润湿性的成分或结构，对大多数农药制剂的吸附作用效果不佳。有机硅表面活性剂的添加可以促进农药药液在靶标生物表面上被有效地吸附、滞留、润湿、铺展及渗透，对农药制剂有效利用率的提高起到关键的促进作用。它能促使农药制剂由植物叶片表面的气孔快速渗透进入表皮进行吸收，因而表现出较好的耐雨水冲刷能力，可以提高农药制剂的利用率，减少环境污染。

（7）天然高分子表面活性剂　如海藻酸钠（阴离子型）、壳聚糖（阳离子型）、甲基纤维素（非离子型）、水溶性蛋白质（如蛋清）等，属天然高分子物质，可用于食品工业、水处理、制药等。

水性体系中适用的超分散剂由亲油和亲水两部分组成，为达到良好的分散效果，亲水部分分子量一般控制在3000～5000，亲水链过长，超分散剂分子易从固体表面脱落，且亲水链与亲水链间易发生缠结而导致絮凝；疏水部分的分子量一般控制在5000～7000，疏水链过长，往往因无法完全吸附于粒子表面而成环或与相邻粒子表面结合，导致粒子间的“架桥”絮凝。此外，高分子分散剂链段中亲水部分适宜比例为20%～40%，如果亲水端比例过高，则分散剂溶剂化过强，粒子与分散剂间的结合力相对削弱，分散剂易脱落；反之若亲水端的比例过低，分散剂无法在水中完全溶解，分散效果下降。

（8）生物表面活性剂　生物表面活性剂是由生物体系新陈代谢产生的两亲化合物，其亲水基主要有磷酸根、多羟基基团，憎水基由脂肪烃链构成，其应用前景广阔。生物表面活性剂根据亲水基的类别可分为糖脂系生物表面活性剂、酰基缩氨酸系生物表面活性剂、磷脂系生物表面活性剂、脂肪酸系生物表面活性剂和高分子生物表面活性剂等。这类高效新型助剂具有对水生生物毒性低、原料来源于生物源、容易生物降解、对作物无药害和与环境相容性好等优点，可以选用的包括烷基多糖类（APS）的烷基多苷（APG）和*N*–烷基吡咯烷酮类表面活性剂。APS还有另一个优点是可以从再生原料、几乎由葡萄糖基单元组成的淀粉类和烷基成分的植物油类合成得到。生产中无“三废”产生，毒性和对皮肤及眼睛刺激性都低于常用表面活性剂，生物降解也快，与其他表面活性剂相容性好，被认为是一类很有前途的新型助剂。早在20世纪90年代德国汉高公司将其用在农药上，对草甘膦和肥料活性有明显提高。

新发展的表面活性剂各有特点，可以在农药加工及使用中发挥巨大的作用，对它们物理、化学性能及作用原理的研究也在探索中。就目前使用情况而言，农药中使用的表面活性剂以阴离子型和非离子型居多。由于各类表面活性剂都有自身的优点及不足，单独使用某一种表面活性剂往往很难适应各类农药加工的需要。因此，商品化的产品如乳化剂多数是混合型的，既有阴离子型与非离子型之间的混合，也有非离子型之间的混合。

四、表面活性剂的发展现状及趋势

目前，全世界表面活性剂的品种有近7000种，商品牌号上万种，年产量接近1500万吨。世界表面活性剂工业的发展呈现出平衡而缓慢的增长趋势，表面活性剂的年增产率保持在3%左右。在不同区域的发展略有不同，北美、西欧地区过去十年主导着全球表面活性剂的发展潮流，但是其市场趋于饱和，发展速度降低，表面活性剂的年增长率在2%以下；亚洲和其他地区的发展较快，表面活性剂的年增长率在4%以上，目前亚洲的消费量已经占到了市场的40%。从表面活性剂的品种市场占用率来看，阴离子表面活性剂仍占主导地位，约占总消费量的55%；非离子表面活性剂次之，占35%；阳离子表面活性剂和两性表面活性剂共占10%。阴离子表面活性剂中的直链烷基苯磺酸钠盐（LAS）、脂肪醇聚氧乙烯醚硫酸钠（AES）、十二烷基硫酸钠（K12）和非表面活性剂的脂肪醇聚氧乙烯醚（AEO）、烷基酚聚氧乙烯醚（APE）仍是表面活性剂中的主导产品。在表面活性剂给人们生活、给工农业生产带来极大方便的同时，也给环境带来了污染。

在使用方面，表面活性剂的应用领域可分为家用领域、个人护理领域以及工业与公共设施领域3大类。家用占到50%左右，工业与公共设施占到40%左右，个人护理不到10%。工业用表面活性剂所占比例的大小，从侧面反映了这个国家工业的发展程度。

目前，国内农药用表面活性剂的产品结构中阴离子型大约占13.0%～14.3%，非离子型大约占26.1%～28.6%，混合型占53.5%～56.5%，其他类型不到4.4%。我国从事农药表面活性剂的生产企业超过100家，装置年生产能力超过50万吨，而实际年销售量约在10万～15万吨。在我国销售农药用表面活性剂的外资企业也有10多家，这些跨国企业的产品已经树立了品牌，如巴斯夫的嵌段聚醚PO-EO（PE10500）、亨斯迈的聚羧酸盐2700、原罗地亚的聚羧酸盐T/36、阿克苏诺贝尔的萘磺酸盐D-425、科莱恩的磷酸酯分散剂DISPERSOGEN LFS以及维实伟克、鲍利葛的木质素磺酸盐都是典型代表。从事农药用表面活性剂生产或者销售企业的不断增加，为农药制剂配方筛选提供了更多的选择，促进了农药制剂开发水平的不断提高。但同时助剂的管理也应该引起重视，强化对农药用表面活性剂生产和应用的管理，克服目前存在的无序管理，应该认真学习和借鉴国外农药助剂管理的经验和做法，进一步向规范化和标准化迈进。随着全球经济一体化进程和越来越严格的环保法规及人民对环保、安全意识的增强，今后表面活性剂的市场竞争将更加激烈，表面活性剂工业将围绕环境保护、节能、开辟天然原料，向多样化、多功能和安全、温和及易生物降解的方向发展，浓缩化、多功能复配产品和功能性表面活性剂将更流行。近年来，国外生产的α-烯基磺酸盐（AOS）以其高效率、无污染、低成本的优势，取代目前产量最大的脂肪醇乙氧基化合物而成为表面活性剂的主要品种。另外，整个表面活性剂用途的分配趋势由家用领域向工业领域逐渐转移，表面活性剂的工业应用将占主要比例，个人护理方面也会有所提高。成本、价格、环保与安全成为表面活性剂发展的主要驱动力，发展出来的表面活性剂必将是市场所需要的。如今，为了进一步改变表面活性剂本身及其与农药的相互作用带来的残留和环境污染等问题，又研发出多种生物型表面活性剂，即微生物或植物在一定条件下培养时，其代谢过程中分泌出的具有一定表面活性的代谢产物。此类表面活性剂的来源广泛、选择性广、对环境友好、用量少、无毒、乳化能力更强，可被完全降解，是很理想的环保型表面活性剂，但在其对农药制剂的加工工艺、成本控制和批量生产方面还需要进一步研究来完善。

第二节 表面活性剂溶液的性质

表面活性剂最基本的性质有两个，第一是在表、界面吸附，形成吸附膜，其结果是降低了表、界面张力，改变了体系的表、界面物理化学性质；第二是在溶液内部自聚，形成多种类型的分子有序组合体如胶团、反胶团、囊泡、液晶等。通过了解表面活性剂的性质，能够在应用中更好地选择表面活性剂的种类和用量，促使表面活性剂发挥最大的功效。

对表面活性剂的评价主要包括其界面性能和吸附性能的评价。药液的表面张力必须降低到一定的数值才能够发挥作用，表面活性剂在靶标生物表面的吸附能力直接关系到药液的作用效果，要确保表面活性剂的吸附量合适。衡量一种表面活性剂的表面活性大小主要用表面活性剂的效率、有效值和表面活性剂的主要性能参数Pc_{20}表征，在实际应用时要根据所需的要求对表面活性剂进行筛选。

表面活性剂的效率是指使水的表面张力明显降低所需要的表面活性剂浓度，即使水的表面张力明显降低所用的表面活性剂浓度越小，该表面活性剂的效率越高。表面活性剂的有效值则是指所用的表面活性剂能够使水的表面张力降低到的最小值，即加入适当表面活性剂后使得水的表面张力降到越小的数值，该表面活性剂的有效值越大。但这两项指标常常不是平行的，而是相反的情况。一般说来，对于直链的表面活性剂，其效率随碳链增长而增加，但长链的有效值比短链的同系物低。而对于含相同碳原子的表面活性剂，其直链型的比异构的带支链的表面活性剂效率高，但有效值则是直链型的较低。对于离子型表面活性剂来说，由于其亲水基团在水中解离而产生静电排斥作用，因此表面活性剂的效率和表面活性剂的有效值均不算高。一般说来，表面活性剂的效率和表面活性剂的有效值均由表面活性剂分子的结构和在溶液中的相互作用而决定，这也使得表面活性剂的效率和表面活性剂的有效值成为评价表面活性剂的表面活性大小的主要指标。表面活性剂的主要性能参数Pc_{20}是指将水溶液的表面张力降低20mN/m所需表面活性剂的浓度，该值越小表明表面活性剂在界面的吸附能力愈强。

一、动态、静态表面张力

对于一个新鲜的表面活性剂溶液表面，其表面张力随形成表面时间延长而降低，直至恒定的平衡值，此过程称为表面老化，达到吸附平衡前某一时刻的表面张力称为动态表面张力（dynamic surface tension, DST）。动态表面张力反映了表面张力与表面形成时间的关系。达到平衡值的表面张力称为静态表面张力。静态表面张力包括极性分量、色散分量和氢键分量。纯液体的表面张力由液体的性质、温度、压力等因素决定，而溶液的表面张力除上述因素外还与溶液组成和表面形成的时间有关，这是由于溶质在表面上达到吸附平衡需要一定时间。

图1-7显示了动态表面张力随时间变化的情况。曲线可分为四个阶段：诱导区、表面张

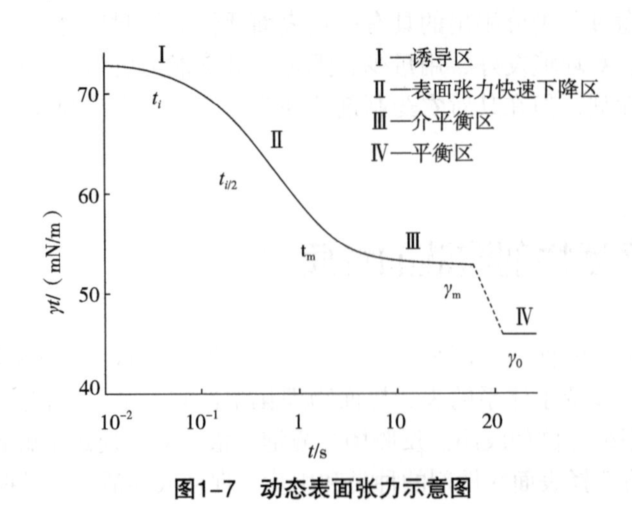

图1-7 动态表面张力示意图

力快速下降区、介平衡区和平衡区，前三个区域对快速动态过程的研究是十分重要的。诱导区的前端，在表面扩展的瞬间，表面层与体相有相同或相似的组成，表面张力值最大。由于尽量降低体系表面自由能的自发趋势，随后表面活性剂分子会迅速从体相向表面层扩散，随表面层中表面活性剂分子的增多，溶液的表面张力迅速降低，这是吸附的快速过程。在第二时间段，表面活性剂分子在表面层进行定位、重排等动态过程，体系逐步趋向平衡，称为预平衡阶段。相对于吸附的快速过程，预平衡是一个漫长的过程，最终体系会达到平衡状态，维持表面层与体相间的浓度差。表面活性剂分子在表面上的吸附速度越快，吸附趋近平衡状态所需时间越短。当浓度相同时，分子较大的表面活性剂水溶液其表面张力的时间效应更显著，这种现象可用分子的扩散速度来解释；对于同一种类的表面活性剂，浓度较大者，时间效应短，这可用分子的吸附速度来解释。对离子型表面活性剂，若有反离子存在，则可大大缩短时间效应，这是因为反离子的加入减少了表面活性剂离子的排斥力，从而使吸附速度增大。而对非离子表面活性剂，此项影响不大。

采用毛细管上升法、滴外形法、脱环法、吊片法、滴重和滴体积法等方法可以测定溶液的静态表面张力值。动态表面张力常需用较特殊的方法（如最大气泡压力法等），或应用经适当改进的某些测定静态表面张力的方法（如吊片法、滴外形法等）进行测定。

1. 毛细管上升法

毛细管上升法不仅理论完整，而且实验条件可以严格控制，是最重要的一种测量液体表面张力的方法，也是测量表面张力的标准方法。具体方法是：将一支毛细管插入液体中，液体将沿毛细管上升，当液体完全湿润毛细管壁时，液/气界面与毛细管壁表面的夹角（接触角）为零，整个液面呈凹态形状；若液体完全不湿润毛细管，此时的液体呈凸液面而发生下降现象。当液体升到一定高度后，毛细管内外液体将达到平衡状态，液面向上的附加压力与液体总向下的力相等，则：

$$\gamma=\frac{(\rho_1-\rho_g)ghr}{2\cos\theta} \tag{1-1}$$

式中 γ ——表面张力；

r ——毛细管的半径；

h ——毛细管中液面上升的高度；

ρ_1——测量液体的密度；

ρ_g——气体的密度（空气和蒸气）；

g ——当地的重力加速度；

θ ——液体与管壁的接触角。

若毛细管管径r很小，而且θ=0时，则上式可简化为：$\gamma=\rho ghr/2$。

2. 最大气泡压力法

最大气泡压力法测定溶液的表面张力是将一根毛细管插入待测溶液表面，从毛细管中缓慢地通入惰性气体对溶液内的液体施以一定的压力，使惰性气体能在毛细管端形成气泡逸出。如果毛细管半径很小，则毛细管端形成的气泡基本上是球形的；当气泡开始形成时，液体表面几乎是平的，这时表面的曲率半径最大；当气泡随着惰性气体的压力变化逐渐形成时，液体表面的曲率半径逐渐变小，直到形成半球形，这时曲率半径和毛细管半径相等，曲率半径达最小值。根据拉普拉斯公式得出此时的附加压力达最大值。气泡进一步形成，曲率半径变大，附加压力则变小，直到气泡逸出。

拉普拉斯公式计算气泡最大压力为：

$$P_m = 2\gamma/r \tag{1-2}$$

式中 r——毛细管半径；

γ——表面张力。

最大气泡压力法可以用来测量静态和动态的表面张力，是测定液体表面张力的一种常用方法，具有与接触角无关、设备简单、操作方便、有效时间测量范围大及温度范围宽等优点。同时由于是动态方法，气液界面不断更新，表面活性剂的杂质影响较小，所以适用于测定纯液体或洁净的、溶质分子量比较小的溶液的表面张力。

3. 吊片法

吊片法又称吊板法，采用铂片插入液体，使其底边与液面接触，测定吊片脱离液体时所需与表面张力相抗衡的最大拉力F，也可将液面缓慢地上升至刚好与吊片接触，由此可知：

$$F=G+2(l+t)\gamma\cos\theta \tag{1-3}$$

式中 F——砝码的重量；

G——吊片的重量；

l——吊片的宽度；

t——吊片的厚度；

θ——接触角；

γ——表面张力。

由于接触角θ难于测准，一般预先将吊片加工成粗糙表面，并处理得非常洁净，使吊片被液体湿润，接触角$\theta \to 0$，$\cos\theta \to 1$。同时t和l相比非常小，可忽略不计，则上式变为：

$$F=G+2l\gamma \tag{1-4}$$

$$\gamma=\frac{\Delta W}{2l}=\frac{F-G}{2l} \tag{1-5}$$

由上式算得的表面张力值可准确至0.1%。

吊片法直观可靠，不需要校正因子，这与其他脱离法有所不同，还可以测量液/液界面张力。目前这种方法应用较广泛，所用的天平一般都带有自动记录装置，还可以和计算机相连后，测量动态表面张力。

4. 悬滴法

悬滴法是根据在水平面上自然形成的液滴形状来计算溶液的表面张力。在一定平面上，液滴形状与液体表面张力和密度有直接关系，由Laplace公式来计算液体的表面张力。悬滴法不仅可测定液体的静态表面张力，还可测定液体的动态表面张力，此法液体用量少而且应用广泛。

以上这些测量方法各有优缺点，视实验条件和测定要求来选用。

二、胶束及临界胶束浓度

1. 胶束的形成

很少量的表面活性剂加入就能使溶液的表面张力显著下降，而当溶液浓度增加到一定值后，表面张力几乎不再变化。这一现象可以通过表面活性剂在溶液表面上的定向吸附排列与其在溶液中形成胶束来解释。

胶束（micelles）是指当表面活性剂的表面吸附达到饱和后继续加入表面活性剂，因其亲油基团的存在，水分子与表面活性剂分子相互间的排斥力远大于吸引力，因此表面活性剂分子自身依赖范德华力相互聚集，形成亲油基向内，亲水基向外，在水中稳定分散，大小在胶体级别的聚集体。

开始形成胶束时表面活性剂的最低浓度称为临界胶束浓度（critical micelle concentration, CMC），在浓度接近CMC的缔合胶体中，胶束有相近的缔合数并呈球形结构。当浓度不断增加时，由于胶束的大小或缔合数增多，胶束不再保持球形而成为圆柱形乃至层状液晶。临界胶束浓度对于表面活性剂来说是一个非常重要的参数。在一定温度下，各种表面活性剂的CMC有一定值，通过X射线衍射图谱已经证实临界胶束浓度是确实存在的，它与表面活性剂在液面上开始形成饱和吸附层所对应的浓度是一致的。尽管胶束的细节至今仍未完全了解，但胶束是由许多表面活性剂单个分子或离子缔合而成已是不争的事实（图1-8）。

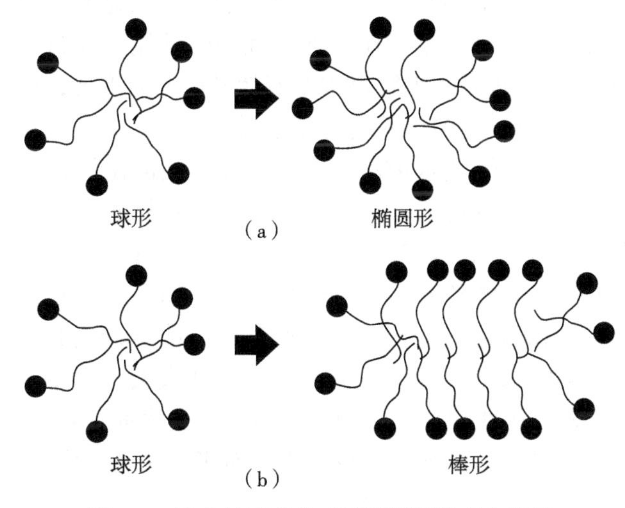

图1-8　胶束的形成从球形到椭圆形或者棒形

（1）胶束的结构　形成的胶束从内到外分别是疏水内核、栅栏层、极性基层及反离子扩散层。疏水内核是非极性微区，栅栏层是处在水环境的CH_2，极性基层包括反离子固定层、电性结合反离子及水化层，反离子扩散层是反离子在溶剂中的扩散层。

（2）胶束的形态与大小　胶束有不同的形态，包括球状、椭球状、扁球状、棒状及层状。一种表面活性剂的胶束并非以一种特定的形态出现，而是在一个表面活性剂溶液体系中有几种形态的胶束共存。胶束的形态主要决定于表面活性剂的浓度，还受无机盐与有机添加剂的影响，并与胶束的大小有关。而胶束的形态一般可由临界排列参数来度量，临界排列参数的计算公式为：

$$P=V/(\alpha_0 l_c) \tag{1-6}$$

式中　V——表面活性剂疏水部的体积；

α_0——亲水头基截面积；

l_c——疏水链最大伸展长度。

当临界排列参数$P<1/3$时，胶束的形态为球状胶团；当$1/3<P<1/2$时，胶束的形态为非球体，为柱状或者棒状；当$1/2<P<1$时，胶束的形态为囊泡状；当$P>1$时，胶束的形态为反胶束。

胶束的大小尺寸一般为1～100nm，常用胶束聚集数来度量。胶束聚集数，即缔合成一个胶束的表面活性剂分子（离子）平均数。测量胶束聚集数N的方法有静态光散射法和稳态荧光探针法。其中最常用的是光散射法，这种方法测出胶束的“分子量”即胶束量，再通过计算求得胶束的聚集数，计算方法为：

胶束聚集数=胶束量/表面活性剂的分子量

同系物中，疏水基团碳原子数增加，胶束聚集数N变大；非离子型表面活性剂中，疏水基团不变，聚氧烯链增加，胶束聚集数N变小；加入无机盐，对非离子表面活性剂影响不大，而使离子型表面活性剂的胶束聚集数N变大；温度对离子型表面活性剂影响不大，往往使之胶束聚集数N略为降低；温度对非离子表面活性剂有影响，温度增加，胶束聚集数N显著增加。

2.临界胶束浓度值的测定方法

一般表面活性剂只有在达到一定浓度之后，才能够具有明显的分散、润湿、渗透、乳化、消泡、增溶等作用，所以农药制剂中使用表面活性剂时的用量超过临界胶束浓度（CMC）值，才能实现预期效果。因此测量临界胶束浓度值就显得尤为重要，常用测量的方法有：表面张力法、电导率法、染料法、浊度法和光散射法等。

（1）表面张力法　表面活性剂水溶液的表面张力开始时随溶液浓度增加而急剧下降，到达一定浓度（即CMC值）后则变化缓慢或不再变化。用表面张力对浓度作图，在表面吸附达到饱和时，曲线出现转折点，该点的浓度即为临界胶束浓度。

表面张力法的具体做法是测定一系列不同浓度表面活性剂溶液的表面张力，作出γ-lg$c$曲线，将曲线转折点两侧的直线部分外延，相交点的浓度即为此体系中表面活性剂的CMC值。这种方法可以同时求出表面活性剂的CMC值和表面吸附等温线，具有以下优点：操作简单方便；对各类表面活性剂普遍适用；灵敏度不受表面活性剂类型、活性高低、浓度高低、是否有无机盐等因素的影响。一般认为表面张力法是测定表面活性剂CMC值的标准方法。

（2）电导率法　对于离子型表面活性剂，用电导率与浓度作图，在表面吸附达到饱和时，曲线出现转折点，该点的浓度即为临界胶束浓度。电导率法的最大优点是简便，其局限性是只限于测定离子型表面活性剂。具体确定CMC值时可用电导率对浓度或摩尔电导率对浓度的平方根作图，转折点的浓度即为CMC值。

（3）染料法　根据某些染料在水中和胶束中的颜色有明显差别的性质，采用滴定的方法测定CMC值。染料法的具体做法是先在较高浓度（＞CMC值）的表面活性剂溶液中加入少量染料，此染料加溶于胶束中，呈现某种颜色，再用滴定的方法，用水将此溶液稀释，直至颜色发生显著变化，此时溶液的浓度即为CMC值。使用染料法需要找到合适的染料，此法非常简便。但有时颜色变化不够明显，使CMC值不易准确测定，此时可以采用光谱仪代替目测，以提高准确性。

（4）浊度法　非极性有机物如烃类在表面活性剂稀溶液（＜CMC值）中一般不溶解，体系为浑浊状。当表面活性剂浓度超过CMC值后，溶解度剧增，体系变清。这是胶束形成后对烃起到了增溶作用的结果。观测加入适量烃的表面活性剂溶液的浊度随表面活性剂浓度变化情况，浊度突变点的浓度值即为表面活性剂的CMC值。实验时可以使用目测或浊度计判断终点。这种办法中存在着增溶物影响表面活性剂CMC值的问题，一般是使CMC值降低，降低程度随所用烃的类型而异。

3. 影响临界胶束浓度的因素

（1）表面活性剂结构的影响　① 疏水基团相同，离子型表面活性剂的CMC值比聚氧乙烯型非离子型表面活性剂大，大约大两个数量级；疏水基团有分支，CMC值上升；疏水链上带有其他极性不饱和的基团，CMC值上升。② 同系物中，疏水链长增加，CMC值下降；每增加一个碳原子，CMC值即下降约一半；非离子表面活性剂，聚氧乙烯链越长，CMC值越大。③ 碳氟表面活性剂的临界胶束浓度显著降低。

（2）添加剂的影响　① 无机盐，添加无机盐使离子型表面活性剂的CMC值显著降低，其对非离子型表面活性剂的CMC值影响不如对离子型表面活性剂明显，在电解质浓度较高时才产生可觉察到的明显效应。② 极性有机物，中等长度或更长的极性有机物，可显著降低表面活性剂的CMC值；低分子量的强极性有机物（如尿素），可破坏水结构，使胶束不易生成，CMC值上升；低分子量醇兼有两类的作用，少量加入降低CMC值，大量加入升高CMC值。

（3）温度的影响　离子型表面活性剂受温度影响相对较小；非离子型表面活性剂随温度上升CMC值下降。

三、HLB值及其测定

由于表面活性剂的种类繁多，对一个指定的体系，如何选择最合适的表面活性剂，才可达到预期的效果，目前尚缺乏理论指导。一般认为可将表面活性剂分子的亲水性和亲油性作为一项重要的依据。1949年，格里芬（Griffin）提出了用亲水亲油平衡值（hydrophile lipophile balance，即HLB值）来衡量和比较各种表面活性剂的亲水性（或疏水性）。

1. HLB值的定义及计算

HLB值是指表面活性剂分子中亲水基与亲油基之间的大小和力量平衡程度的量，定义为表面活性剂的亲水亲油平衡值。

在HLB中H（hydrophile）表示亲水性，L（lipophilic）表示亲油性，B（balance）表示平衡的意思。将疏水性最大的完全由饱和烷烃基组成的石蜡的HLB值定为0，将亲水性最大的完全由亲水性的氧乙烯基组成的聚氧乙烯的HLB值定为20，其他的表面活性剂的HLB值则介于0～20之间。HLB值越大，其亲水性越强，HLB值越小，其亲油性越强。随着新型表面活性剂的不断问世，已有亲水性更强的品种应用于实际，如月桂醇硫酸钠的HLB值为40。HLB在实际应用中有重要参考价值，不仅与表面活性剂的亲水亲油性有关，而且与溶解性、表面活性剂的表面（界面）张力、界面吸附性、乳化性、乳状液稳定性、分散性以及去污性等基本应用性能有关。

计算HLB值的经验公式：

HLB=亲水基相对分子质量/（亲油基相对分子质量+亲水基相对分子质量）×20

例如，聚乙二醇和多元醇型非离子表面活性剂的HLB值可用下式计算：

HLB=（亲水基部分的摩尔质量/表面活性剂的摩尔质量）×（100/5）

戴维斯提出的HLB值计算法：

$$\text{HLB}=7+\sum（\text{各个基团的HLB值}）\tag{1-7}$$

多种表面活性剂混合配制后，其HLB值可按下式计算：

$$\text{HLB}=AX+BY+CZ+\cdots\tag{1-8}$$

式中　A，B，C——各种表面活性剂的HLB值；

X，Y，Z——各种表面活性剂在混合配制中的质量分数。

2. HLB值的估测——溶度法

在常温下将一种表面活性剂滴入水中，根据溶解情况可估计HLB值的范围：

不分散：1～4；

分散不好：3～6；

强烈搅拌后可得乳状分散体：6～8；

稳定的乳状分散体：8～10；

半透明至透明分散体：10～13；

透明溶液：＞13。

四、浊点和Krafft点

1. 浊点及其测量方法

非离子型表面活性剂在水溶液中的溶解度随温度上升而降低，在升至一定温度值时溶液出现浑浊，经放置或离心可得到两个液相，这个温度被称为该表面活性剂的浊点（cloud point）。这类表面活性剂因其醚键中的氧原子与水中的氢原子以氢键形式结合而溶于水。氢键结合力较弱，随温度升高而逐渐断裂，因而使表面活性剂在水中的溶解度逐渐降低，达到某一温度时转为不溶而析出变成浑浊液。浊点与表面活性剂分子中亲水基团和亲油基团质量比有一定关系。所以，通常非离子型表面活性剂需要在浊点以下使用。浊点的范围与产品的纯度有一定关系，质量好、纯度高的产品浊点明显，反之则不明显。

测量表面活性剂浊点的方法主要有：目测法、紫外-可见光谱仪测量法、定量结构性质关系预测法。目测法，即将非离子表面活性剂配成1%的水溶液，放置在试管中，插入温度计，试管放在恒温水浴中缓慢升温，待试管中的水溶液完全浑浊时停止升温，再降温至溶液变澄清，该温度即为溶液的浊点。紫外-可见光谱仪测量法，即通过测量25～95℃温度范围内非离子表面活性剂在可见光区的吸收，从吸收曲线可以看出，吸收急剧增加时的温度就是溶液的浊点。

浊点大小不仅取决于非离子表面活性剂的分子结构，而且与其浓度也有一定关系，一般浊点随着表面活性剂浓度的升高先下降后上升。研究表明，浊点还受添加物（如无机电解质、极性有机物、表面活性剂、聚合物等）的影响很大。无机电解质对浊点的影响过程很复杂，不是单纯的增大或者降低，除了Na^+、K^+、Cs^+、NH_4^+、Rb^+使浊点降低，其他阳离子具有升高浊点的作用。浊点与添加极性有机物的碳氢链长、极性基团类型和数目都有关系。添加离子型表面活性剂能显著增大其浊点，添加两性表面活性剂对其浊点基本没有影响。分子量大的聚合物可以降低溶液浊点，分子量小的聚合物作用则相反。添加弱酸类辅助剂时，浊点随pH值降低而显著降低。

2. Krafft点及其测量方法

Krafft点是指离子型表面活性剂的溶解度随温度增加而急剧增大时的温度。溶解度突然增加是因为形成胶束而造成。因此，可以认为表面活性剂在Krafft点时的溶解度与其CMC值相当。温度高于Krafft点时，因胶束的大量形成而使增溶作用显著，低于Krafft点时，则无增溶作用。Krafft点越高，其CMC值越小。

表面活性剂溶液Krafft点测定的常用实验方法如下，称取一定量的表面活性剂，配制成1%水溶液，倒入试管内，于水浴上加热并搅拌，待溶液呈透明澄清后，冷水浴搅拌下降温至溶液中有晶体析出为止，重复数次，记录有晶体析出时的温度即为Krafft点。

对于Krafft点的影响因素研究的比较少，但基本与浊点的影响因素类似。Krafft点大小与表面活性剂结构和浓度有关，并且受添加剂的影响较大。

第三节 表面活性剂的作用原理

表面活性剂由于具有润湿、乳化或破乳、起泡或消泡以及增溶、分散、洗涤、防腐、抗静电等一系列物理化学作用及相应的实际应用，成为一类灵活多样、用途广泛的精细化工产品，其作用原理分述如下。

一、润湿作用

润湿作用通常是指液体在固体表面上附着的现象，是固体表面或固液界面的一种流体被另一种流体所取代的过程。润湿有3种类型，即沾湿、浸湿与铺展。由于农药制剂作用到靶标生物表面时是一个动态的润湿过程，所以在分析湿润作用时更应该关注其动态润湿行为，即动态表面张力和动态接触角对动态润湿性的影响。固体表面自由能是物体表面分子间作用力的体现，与溶液在固体表面的润湿作用密切相关。农药颗粒大部分属于难溶于水的非极性或弱极性有机物，表面活性剂因同时具有极性和非极性的分子结构特点易于聚集在农药颗粒表面形成两亲性膜，并润湿固体颗粒。

1. 黏附功

润湿是改变液/气界面、固/气界面为固/液界面的过程，液体对固体润湿能力可用黏附功来表示。在等温等压条件下，单位面积液面与固体表面黏附时对外所作的最大功称为黏附功，它是液体能否润湿固体的一种量度。黏附功越大，液体越能润湿固体，液-固结合得越牢。在黏附过程中，消失了单位液体表面和固体表面，产生了单位液/固界面。黏附功就等于这个过程表面吉布斯自由能变化值的负值。

$$W_a=-\Delta G_A=-(\gamma_{SL}-\gamma_{SG}-\gamma_{LG}) \quad (1\text{-}9)$$

2. 浸湿功

等温等压条件下，将具有单位表面积的固体可逆地浸入液体中所作的最大功称为浸湿功，它是液体在固体表面取代气体能力的一种量度。只有浸湿功大于或等于零，液体才能浸湿固体。在浸湿过程中，消失了单位面积的气/固表面，产生了单位面积的液/固界面，所以浸湿功等于该变化过程表面自由能变化值的负值。

$$W_i=-\Delta G_A=-(\gamma_{SL}-\gamma_{SG}) \quad (1\text{-}10)$$

3. 内聚功

等温等压条件下，两个单位液面可逆聚合为液柱所作的最大功称为内聚功，是液体本身结合牢固程度的一种量度。内聚时两个单位液面消失，所以，内聚功在数值上等于该变化过程表面自由能变化值的负值。

$$W_c=-\Delta G_A=-(0-2\gamma_{LG}) \quad (1\text{-}11)$$

4. 铺展系数

等温等压条件下，单位面积的液/固界面取代了单位面积的气/固界面并产生了单位面积的气/液界面，这过程表面自由能变化值的负值称为铺展系数，用S表示。若$S\geqslant 0$，说明液体可以在固体表面自动铺展。

$$S=-\Delta G_A=-(\gamma_{SL}+\gamma_{LG}-\gamma_{SG}) \tag{1-12}$$

W_a值越大则固/液界面结合越牢，因此W_a表征固液两相分子在界面上相互作用的大小。根据热力学定律，在等温等压下，$W_a\geqslant 0$的过程为黏湿过程自发进行的方向。

5. 接触角及黏附力

在实际应用中，由于γ_{SG}和γ_{SL}很难直接测定，因此很难直接测出W_a，只能通过测定液体在固体表面上的接触角θ来得到。在气、液、固三相交界点，气/液与液/固界面张力之间的夹角称为接触角，通常用θ表示（图1-9）。利用杨氏润湿方程得到下列公式：

$$W_a=\gamma_{LG}(1+\cos\theta) \tag{1-13}$$

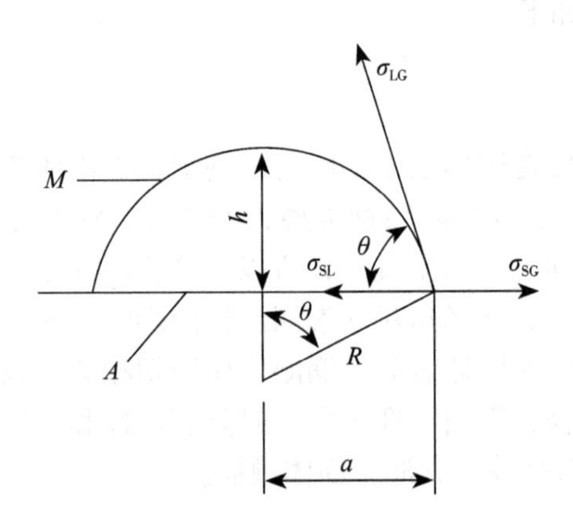

图1-9　固体表面上的液滴

液/固界面取代气/固界面与气/固界面取代液/固界面后形成的接触角常不相同，这种现象叫做接触角滞后，液/固界面取代气/固界面后形成的接触角叫做前进角，气/固界面取代液/固界面后形成的接触角叫做后退角。前进角与后退角之差称为滚动角。其产生的主要原因是表面粗糙和表面不均匀。

测量接触角的方法主要有：量角法，即通过照相等技术，得到液滴的图像，直接测量出接触角的值；长度法，即测量与接触角相关的液滴的一些几何尺寸长度可以算出接触角的值；测力法，即测量液体作用在薄板上力的大小，可计算接触角的值。对于各种测量接触角的方法，实施时都必须注意以下两个因素：平衡时间和恒定体系温度。对于低黏度液体，达到平衡较快，采用通常的实验操作即可。接触角受温度影响不大，一般为0～0.2/K。非理想固体表面的接触角用Wenzel方程和Cassie方程计算。Wenzel方程只适用于热力学稳定平衡状态的液体，固体表面就一种组成物质，而复合固体表面的接触角需要用到Cassie方程计算。

动态接触角就是液滴在表面未达到平衡时，气/液与气/固界面张力之间的夹角，主要测量方法就是吊片法和座滴法，对此法测量结果的影响最大的因素是测量工具的精确度。座滴法测接触角时要注意温度和拍照时间的影响，低温会使接触角偏小，拍照的时间延迟将使接触角变小。座滴法测量过程还要用注射器注入或抽出少量液体来测试前进角和后退角，测试结果受针尖大小、液滴大小、平衡时间等的影响，应尽量减少人为因素引起的误差。

近年来，研究固/液界面相互作用的方法已经不局限于接触角的研究，黏附力作为一种新的表征方法得到一定应用。黏附力的测量是通过一定体积的液滴与固体表面匀速靠近，两者接触后再匀速分离的过程，利用固/液界面间相互作用力的变化趋势，反映两者的界面相互作用。江雷等利用高敏感微力天平研究了水滴在花生叶表面黏附力的大小，发现花生叶表面微纳米多级结构是其呈现高黏附超疏水的关键因素，也是反映叶面润湿黏附性能的重要指标。Liu等分别利用原子力显微镜和DCAT11高敏感微电力学天平在纳米级和毫米级水平上，研究了水滴与硫醇修饰的梯度金表面之间的黏附力，发现尽管两者相差4个数量级，但是显示出来同样的规律，说明两种方法均可研究液滴与固体表面之间的润湿黏附关系。因为对黏附力的研究还处于初级阶段，其在农药领域还未应用，但相信在不久的将来，其会作为农药助剂与制剂研究领域的重要研究手段而加以利用。

6. 影响润湿的因素

接触角及黏附力测量难度较大，常需多次测量取其平均值。这不仅是由于测量方法上的困难（如需人为作切线等），而且影响接触角及黏附力大小的因素较多，有的甚至是难以预料和控制的。

（1）固体表面自由能　表面自由能作为固体本身性质，对固体表面润湿能力有决定性影响。杜凤沛应用OWRK法对我国南方广泛种植的4种水稻在5、7、9叶期的表面自由能及其润湿性进行了研究，发现随着生长期的增加，表面自由能变小，润湿性变差，接触角与液体表面张力的极性分量相关性更强。因此，研究不同作物在不同叶期固体表面自由能可以有效指导农药制剂加工，获得最佳药效。

（2）固体表面化学成分　由于不同作物生长环境不同，其叶片表面蜡质层成分有明显区别，例如棉花叶片相较于小麦叶片其亲水性更强，因此两者在农药剂型研发上存在明显差异。Janczuk研究了一系列阳离子、阴离子和非离子表面活性剂在光滑PMMA和PTFE表面的润湿性，两种固体表面化学成分不同，结果显示表面活性剂分子在PTFE固/液界面与气/液界面的吸附量相等，在PMMA固/液界面与气/液界面的吸附量不等。

（3）固体表面粗糙度　Wolfgang等通过电子显微镜观察，根据叶面蜡质层的晶体结构，简单地将作物叶面分成具有微晶蜡结构难以润湿的反弹性表面和具有无定形蜡结构容易润湿的非反弹性表面，尽管如此分类并不准确，但一定程度上反映了具有微晶蜡结构的叶片粗糙度大于具有无定形蜡结构的叶片，说明粗糙度越大其疏水性越强。上述结论只适应于两种叶片均为疏水性表面的情况。

（4）表面活性剂的性质　表面活性剂浓度、碳链长度、带电性质、亲疏水性及复配影响了液滴在固体表面的润湿黏附。不同浓度表面活性剂溶液因体相中分子数量的差异，在固体表面的分子吸附情况也不同，在低浓度时主要吸附在气/液界面，随着浓度增加气/液界面吸附饱和，分子逐渐在固/液界面吸附，直到高浓度时在固/液界面吸附达到饱和。Zhang等研究了直链、支链表面活性剂在PTFE表面的吸附，研究表明支链表面活性剂分子比直链表面活性剂分子更有效地降低固/液界面张力，其原因在于支链表面活性剂分子在接近cmc时，在固体表面吸附形成半胶束状聚集体，从而吸附了更多表面活性剂分子，增加固/液界面相互作用力。因此，表面活性剂分子决定了药液在叶片表面的沉积行为。

现阶段，对于上述影响因素的研究并不深入，研究者局限于探究表面活性剂的加入对农药制剂稳定性的影响，而忽略了靶标表面性质的研究。因此，研究者需要更加充分认识靶标表面，制备润湿性能及黏附性能优异的制剂产品。

7. **表面活性剂对润湿过程的作用**

润湿过程的改变分为两个方面，即固体表面的变性和液体性质的改变。前者主要是采用不同的方法使得固体表面的性质改变，后者主要是通过在液体中加入表面活性剂改变气/液、固/液界面张力以及在固体表面形成吸附层。表面活性剂的添加使水的表面张力降低，同时表面活性剂在固/液界面上形成的吸附层可以改变界面张力，从而影响接触角的变化达到不同的润湿效果。

在非极性固体表面上的润湿过程中，临界表面张力是最重要的一个经验参数，其只与固体表面性质有关，而与液体性质无关。因此，对于低表面能固体表面，要适当控制表面活性剂的种类和用量使得液体的表面张力低于非极性固体的临界表面张力，才能达到完全润湿的效果。碳氢表面活性剂在非极性固体表面上的润湿过程，随着表面活性剂在固体表面上吸附量的增加，其疏水基吸附于固体表面，亲水基指向水相，接触角减小，润湿性质得到一定改善，但碳氢表面活性剂在非极性固体表面上很难形成双层吸附。

极性固体表面的润湿过程相对比较复杂。一般离子型表面活性剂在带同号电荷的极性固体表面因排斥作用不能润湿，但表面活性剂的添加降低了液体的表面张力使得接触角减小，从而可以改善极性固体表面的润湿效果。离子型表面活性剂在带相反电荷的极性固体表面因电性作用很容易发生润湿作用，随着表面活性剂吸附量的增加，极性固体表面的电性被中和，表面活性剂指向水相的疏水基排列紧密。随着表面活性剂吸附量的继续增加，吸附层疏水基与表面活性剂疏水基相互作用，可以形成双层吸附，使得液体在极性固体表面的接触角减小，达到良好的润湿效果。

8. **润湿剂**

润湿剂是指能够有效改善液体在固体表面上的润湿性质的外加助剂。润湿剂主要是阴离子型表面活性剂和非离子型表面活性剂。添加润湿剂能够有效改善液体在固体表面的润湿性质，主要是通过降低液体表面张力和固/液界面张力，从而减小接触角达到良好的润湿效果。常见的农药润湿剂有：拉开粉BX（即丁基萘磺酸钠盐）、JFC（脂肪醇与环氧乙烷的缩合物）和SDS（十二烷基硫酸钠）等。

许多植物、害虫和杂草表面常覆盖一层低表面能的疏水蜡质层，这使得其表面不易被水和农药药液润湿。为此在喷洒农药时，要求在农药制剂中添加润湿剂，以便药液能在植物、害虫和杂草表面铺展。润湿剂会以疏水的碳氢链通过分子间力吸附在蜡质层表面，而亲水基则深入药液中形成定向吸附膜取代疏水的蜡质层。

表面活性剂在固/液界面上的吸附过程受以下几个因素影响：

（1）表面活性剂的性质　一般固体在水中表面上大多带负电，因此，更易吸附阳离子表面活性剂。表面活性剂链长增加，越易吸附，因为链长增加，极性减少，在水中溶解度低；而对于聚氧乙烯型表面活性剂，结果相反。

（2）固体的性质　固体可分为带电、极性和非极性；若固体表面带电，易吸附反离子表面活性剂；极性固体表面遵循相似相吸原则。聚氧乙烯型非离子表面活性剂可以通过分子中的氧与硅酸表面的羟基形成氢键而被吸附。

（3）温度　对离子型表面活性剂，温度升高使吸附量下降，这可从溶解度随温度的变化作解释；非离子型表面活性剂则相反。

（4）溶液pH和离子强度　某些吸附剂的表面性质随pH而变化，可从原来的电性变为相反电性。因此，表面电性的改变对不同类型的表面活性剂的吸附产生不同影响。加入中性无机盐将改变溶液的离子强度，一般情况下，将使吸附量上升，吸附等温线向低浓度方向移动。

二、分散作用

1. 分散过程

将固体或液体以小颗粒形式分布于分散介质中形成有相对稳定性体系的过程称为分散过程。在许多生产工艺中，有些固体颗粒是需要均匀地分散在液体介质中，以获得稳定的固/液分散体系。根据分散体系的表面化学观点，以表面活性剂为分散助剂的分散过程，是由以下3步构成：

① 润湿。在表面活性剂存在下将固体的外部表面润湿，并从内部表面取代空气；

② 研磨的过程是用机械（砂磨机等）将原药颗粒破碎到所需要的尺寸，并让助剂润湿表面及其内部的过程；

③ 分散体系形成、稳定和破坏同时发生。对悬浮液而言，破坏的主要因素是碰撞絮凝、沉降和结晶生长等。

分散助剂主要通过以下几个途径提高悬浮剂的抗聚结稳定性：

① 分散助剂在原药粒子上吸附，使原药粒子界面的界面能减少，从而减少粒子聚结合并，通常能在原药粒子上吸附的表面活性剂（离子型或非离子型）类物质均能起到此方面作用。

② 当离子型分散助剂在原药粒子上吸附时，可使原药粒子带有电荷，并在原药粒子周围形成扩散双电层，产生电动电势。当两个带有相同电荷的原药粒子相互靠近时，由于静电排斥作用而迫使两个带电粒子分开，从而阻碍了原药粒子间的聚结合并，使悬浮剂保持抗聚结稳定性，能起到此方面稳定作用的分散助剂一般为离子型物质。

③ 大分子分散助剂对悬浮剂的稳定作用则是通过大分子分散剂在原药粒子上吸附并在原药粒子界面上形成一个较密集的保护层。具有这种保护层的原药粒子靠近时，由于保护层的位阻作用而迫使粒子分开，从而保持悬浮剂的抗聚结稳定性。大分子分散助剂对悬浮剂的这种稳定作用又称空间稳定作用。具有空间稳定作用的大分子分散助剂通常在其大分子链上需具有两类基团，一类是能在原药粒子上吸附的基团，以保证大分子分散剂在原药粒子界面上形成稳定的吸附层；另一类是具有良好水化作用的基团，以保证伸入介质水中的大分子部分具有良好的柔性，并当粒子靠近时产生有效的位阻作用。

2. 分散体系中的不稳定因素

奥氏熟化、多种晶态溶解度差的存在以及结晶错位、缺陷、晶面杂质的存在都会导致晶体的生长，适宜的表面活性剂牢固吸附在粒子表面上，有可能抑制晶体的生长。固体或液体分散在与其不相溶的介质中都是热力学不稳定体系，此体系有自动分离的趋势。分散相颗粒以任意方式或受任何因素的作用而结合到一起形成有结构或无特定结构的聚集体的作用也称为絮凝作用，即聚集体的形成称为聚沉或絮凝。

一般来说，固体颗粒在液体介质中的絮凝分为两部分：分散体系中固体颗粒的去稳定性和去稳定性后固体颗粒的聚集。絮凝过程主要是表面活性剂吸附在固体颗粒表面，通过表面活性剂的极性基团或者离子基团与固体颗粒表面形成氢键或者离子对，表面活性剂也可以通过范德华力以疏水基团吸附在固体颗粒表面，使得固体颗粒连成体积较大的固体絮状沉淀，在重力作用下得以与液体介质分离。稳定的分散体系加入絮凝剂后便可以形成聚集体，聚集体结合较为紧密时成为聚沉，聚集体结合较为疏松时为絮凝，絮凝的聚集体相对容易再分散。分散和絮凝作用在农药加工中应用广泛，通常在固体农药原药中加入介质和分散剂研磨成颗粒状，获得稳定的农药剂型。根据农药剂型的需要有时也需要将分散后的农药进行絮凝使用，在农药制剂的回收过程也需要用到絮凝剂。

在实际应用中，为了提高农药制剂的药效，可同时选用多种类型的表面活性剂，但必须考虑各表面活性剂类型之间的合理配伍。在同一剂型中，不同的表面活性剂类型会明显影响药剂的性能，如药剂与表面活性剂不配伍时，会造成悬浮剂长期放置分层、结底严重、颗粒变大，从而使其悬浮率下降，影响叶面对药剂的吸收，这对那些茎叶处理型的农药尤为重要。

3. 表面活性剂在分散过程中的作用

一般来说，固体颗粒在液体中的分散体系是一个热力学不稳定和聚结不稳定体系，因此要在体系中添加一定的表面活性剂以降低体系的不稳定性。表面活性剂在分散过程中的主要作用为降低液体介质的表面张力、固/液界面张力和减小液体在固体表面上的接触角，提高其润湿性能和降低体系的界面自由能。同时，表面活性剂可以提高液体向固体粒子孔隙中的渗透速度，有利于其在固体界面的吸附，并产生其他利于固体颗粒聚集体粉碎、分散的作用。离子型表面活性剂吸附在固体颗粒上，可以提高颗粒间的静电排斥作用，有利于分散体系的稳定性。长链表面活性剂在固体颗粒表面形成的吸附层起到空间稳定作用，也能形成机械蔽障有利于固体的研磨。

在以水为分散介质的体系中，添加离子型表面活性剂时需要较高浓度才能达到良好的分散效果。在离子型表面活性剂分子中引入多个离子基团有利于固体颗粒分散，但会使得表面活性剂在水中的溶解度增大，因此表面活性剂分子中引入的离子基团数目有一个最适当的值。非离子型表面活性剂在各种分散体系中都能发挥良好的分散、稳定作用。在非水的分散介质体系中，添加表面活性剂主要是提供空间稳定作用而阻止固体颗粒的聚集。

4. 分散剂

分散剂是指能够形成稳定的分散体系的外加助剂。一般分散剂具有以下特点：良好的润湿性质、有助于固体颗粒破碎以及能够形成稳定的分散体系。选择适当的分散剂要考虑分散剂分子量、分散剂电性以及分散介质性质等。从表面活性剂的亲水基团种类来看：羧基、硫酸基、磺酸基、氧化乙烯基中，分子量大的磺酸盐具有良好的分散性；表面活性剂的分子大小对分散性有较大影响，一般经验是分子较大的分散剂，分散性较好。常见的农药分散剂有：聚羧酸盐、萘磺酸盐及木质素磺酸盐等。对于水溶性大、高含量、低熔点的悬浮剂还需要通过特殊磷酸酯、聚羧酸盐（分子量较大、梳形结构等特点）、木质素磺酸盐等能够增加颗粒表面空间位阻、静电排斥力的助剂得以解决。

分散性是指固体粒子或其絮凝团，或液滴作为分散质，在水或其他均匀介质中，能分散为细小颗粒或者细小液滴悬浮于分散介质中且在一定时间内保持不沉淀的性能。分散性与物质的比表面积有关，比表面积大则分散性好。分散剂的用量对分散性具有一定影响，表面活性剂能够降低界面张力，一般来说，界面张力随着制剂中表面活性剂浓度增加而降低。但表面活性剂浓度达到一定值后界面张力不再变化，因此表面活性剂的用量有一个最佳值。

三、乳化作用

1. 表面活性剂对乳化过程的作用

乳化作用是在一定条件下使互不相溶的两种液体形成有一定稳定性的液/液分散体系的作用。在此分散体系中被分散的液体以小液珠的形式分散于连续的另一种液体中，此体系称为乳状液。其中被分散的液体成为体系的内相或者称为分散相，另一种液体则构成体系的外相即连续相或分散介质。由于分散相与分散介质的折射率不同，当液滴直径远大于可见光波长（$4\times10^{-7}\sim8\times10^{-7}$m）时，光反射显著，因此分散相液滴对可见光的反射和折射导致大多数乳状液在外观上呈现不透明或半透明的乳白色。

配制农药乳油时，乳化剂的乳化作用是选择合适乳化剂的首要条件，以乳油放入水中能否自动乳化分散，形成相对稳定的乳状液来进行选择。表面活性剂的加入能够在油水界面产生吸附，使得农药制剂的自由能降低，减少农药颗粒重新聚集的可能性，从而增加其稳定性。表面活性剂在乳液的油水界面被吸附，使得表面活性剂分子按一定规律排列形成吸附膜，也叫界面膜。界面膜能够阻止膜内外物质的交换，因此，乳液体系更加稳定。由于表面活性剂具有一定的亲水作用和疏水作用，并且离子型表面活性剂带电荷，所以表面活性剂分子的一定排列能够使分散的小液滴带同种电荷，这就涉及小液滴之间的相互静电作用，也使得乳油体系有足够的稳定性。

2. 乳化剂

乳状液具有多相性和聚集不稳定性的明显特点，属于热力学上的不稳定体系。为了维持乳状液体系具有一定的稳定性，常需加入乳化剂作为稳定剂，如向乳状液中加入合适的表面活性剂可使其在相当长的时间内稳定存在。乳化剂加入体系的主要作用是：

（1）降低油/水的界面张力　乳化剂大多是表面活性剂，它们能够吸附在油/水界面上，从而显著地降低了界面张力，亦即显著降低了界面吉布斯自由能，使油和水更易形成分散体系，大大减小了分散相的聚集倾向和乳状液的不稳定程度。

（2）在分散相液滴周围形成坚固的界面膜　表面活性剂类的乳化剂分子可在油/水界面上定向排列，形成具有一定结构和机械强度的界面膜，从而有效地将内相液滴保护起来，阻止其在碰撞过程中聚集长大，使得乳状液稳定。但界面膜的机械强度与表面活性剂的种类及其浓度有关，若油/水界面上吸附的表面活性剂分子间相互作用越强，则界面膜的强度越大；表面活性剂溶液浓度由低到高，膜的强度则由小到大。为了提高界面膜的机械强度，有时使用混合乳化剂，因为不同乳化剂分子间的相互作用，可以使界面黏度增大，界面膜更坚固，从而使乳状液更稳定。

（3）液滴双电层的排斥作用　当用离子型表面活性剂作为乳化剂时，其乳状液的液滴常常带有电荷，并在其周围形成双电层结构。液滴的双电层排斥作用阻止了液滴相互碰撞聚结，从而增强了乳状液的动力稳定性。

农药乳油的加工技术要点中，配制农药乳油所用的乳化剂主要是复配型的表面活性剂。在复配型乳化剂中，最常用的阴离子乳化剂是十二烷基苯磺酸钙（简称钙盐，ABS-Ca），而常用的非离子型乳化剂品种繁多，因此，对乳化剂的选择就是对非离子乳化剂的选择。非离子单体选定后，再与阴离子型钙盐搭配，最终选出性能最好的混配型乳化剂。通过应用混合型非离子表面活性剂，可防止颗粒聚集，也可应用大分子表面活性剂来减少聚集的可能性。

3. 乳化剂选择的一般原则

乳化剂是乳状液赖以稳定的关键。乳化剂的品种繁多，大致可分为合成表面活性剂、高级乳化剂（如聚乙烯醇等）、天然乳化剂（如卵磷脂、阿拉伯胶等）和固体粉末（如二氧化硅、石墨等）4类，然而要从很多种商品乳化剂中选择出对指定油-水体系合适的乳化剂并非易事。在目前尚缺乏理论指导的情况下，原则上应该从实际体系的试验中获取信息。对于表面活性剂类的乳化剂，HLB值选择具有一定参考价值，同时还要考虑以下几个因素：

（1）乳化剂与分散相的亲和性　乳化剂的亲油基团和油的化学结构越相似越好，因为结构越相近，两者的亲和力越强，越易将油分散，并且乳化剂的用量亦越少。

（2）乳化剂的配伍作用　在稳定的乳状液中，不仅要求乳化剂与作为分散相的物质亲和力强，而且要求与分散介质也有较强的亲和力。很显然，单靠一种乳化剂很难满足这两个方面的要求，这时可加入另一种乳化剂与其配伍使用，并根据HLB值的加和性使混合乳化剂的HLB值接近分散相所要求的HLB值。实际应用中，人们经常将HLB值小的与HLB值大的混合使用，可以取得较满意的结果。

（3）对乳化剂的一些特殊要求　食品乳化剂应该无毒、无特殊气味。在纺织工业中所用的乳化剂必须不影响织物的染色和后处理。药用乳化剂要考虑其药理性能，农药乳化剂则要求对农作物和人畜无害。

（4）乳化剂的制造工艺　乳化剂的制造工艺不宜过分复杂，否则成本较高，原料来源要丰富且使用方便。

除了以上的一般乳化剂要考虑的因素外，在乳油的加工技术中选择乳化剂还要考虑：在植物表面润湿、铺展，不引起药害；对原药具有良好的化学稳定性；耐酸碱、不易水解、抗硬水性能好；具有安全性，不增强对人畜的毒性。

四、起泡和消泡作用

泡沫的产生是将气体分散于液体中形成气/液的粗分散体系。在泡沫形成的过程中，气/液界面会急剧地增加，因此体系的能量增加，这就需要在泡沫形成的过程中，外界对体系做功，如通气时的加压或搅拌等方式。当外界对体系做功时，体系因产生泡沫使体系的能量增加，其增加值为液体表面张力与体系增加的气/液界面面积的乘积，应等于外界对体系所做的功。若液体的表面张力越低，则气/液界面的面积就越大，泡沫的体积也就越大，说明此液体容易起泡。一般的起泡剂除了能降低表面张力外，还要能对泡沫起到保护作用，即提高泡沫的机械强度，还要具有适当的表面黏度。

泡沫的生成在生产中可能带来不少麻烦，因而如何消除泡沫也是一个重要的研究课题。对于消泡常用的方法有3种：物理消泡法、机械消泡法和化学消泡法。一般非离子表面活性剂的起泡性大都较差，特别是聚醚型非离子表面活性剂的起泡性能更差，多为低泡型表面活性剂，有些甚至是很好的防泡剂和消泡剂。一般认为，消泡剂加入后改变了局部的气/液界面，使得液膜表面受力不均匀，所以泡沫破裂。

五、增溶作用

在溶剂中添加表面活性剂后能明显增加本来不溶或微溶于溶剂的物质的溶解度的现象称为增溶作用。增溶作用主要是发生在胶束中的现象，因此只有表面活性剂的浓度在临界胶束浓度CMC值以上时增溶作用才明显产生。增溶作用的几个显著特点：

① 胶束的存在是发生增溶作用的必要条件，而且浓度越大，胶束数量越多，增溶作用效果越显著；

② 增溶作用的体系是热力学稳定体系；

③ 增溶作用是可逆的平衡过程；

④ 增溶后的溶液外观与真溶液相似，而且溶剂的依数性基本不变。

大量研究结果证明，随着表面活性剂和有机增溶物质性质的不同，其增溶方式也不同（图1-10），主要有以下几种：

① 对于非极性有机物主要增溶于胶束的内核中；

② 对于具有两亲性质的较长碳链的极性分子主要增溶于胶束的栅栏层；

③ 对于既不溶于水也不溶于烃的某些小的极性有机物主要增溶于胶束的表面；

④ 对于聚氧乙烯型非离子表面活性剂形成的胶束，其极性有机物主要被增溶于亲水基团之间的外壳区内。

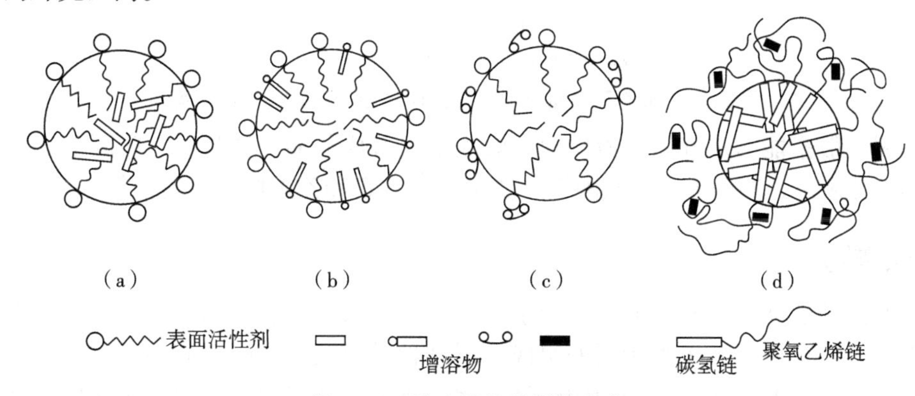

图1-10 胶束的几种增溶方式

在增溶作用过程中，被增溶物质从不溶解状态到进入胶束中化学势下降，该过程的自由能降低。因此，增溶作用是自发过程，形成的体系是热力学稳定体系。增溶作用时被增溶物质进入胶束，而不是提高了增溶物质在溶剂中的溶解度，因此不是一般意义上的溶解。增溶的量通常用每摩尔表面活性剂可增溶被增溶物质的量（单位为g/mol）表示，有时也用一定体积（如1L）某浓度表面活性剂溶液增溶被增溶物的量表示。增溶量的测定方法因研究体系不同而异。如染料增溶可用比色法，有机液体增溶可用光度法、浊度法、光散射法等，表面活性剂的增溶作用在农药制剂中具有重要应用。

六、吸附作用

在溶液中添加表面活性剂后，明显提高了溶液在固体表面吸附的能力，其中表面活性剂发挥了吸附作用。有研究表明，可以用Langmuir型和S形吸附等温方程拟合表面活性剂的吸附等温线，吸附过程分为5个阶段：第Ⅰ阶段，表面活性剂的浓度很低，界面与表面活性剂之间的范德华力太小可以忽略不计；第Ⅱ阶段，表面活性剂分子铺满界面，吸附等温线出现转折情况；第Ⅲ阶段，界面上的表面活性剂分子排列较前一阶段更为紧密；第Ⅳ阶段，界面上吸附的表面活性剂分子开始定向排列，使得吸附量急剧增加；第Ⅴ阶段，表面活性剂的浓度大于CMC值后，随着表面活性剂浓度的增加，在界面上可形成双层胶束定向排列。

如图1-11所示，固体与表面活性剂的作用情况可分为弱、中、强3种状况（分别是A、B、C代表）。A情况是因为表面活性剂的亲水基团与固体表面作用相对较弱，疏水基团作用相对较强，亲水基团翘向上面，疏水基团仍平躺于界面上。图中A和B作用下的表面活性剂才能表现出Langmuir型吸附等温方程的特点，而C作用下的表面活性剂只能表现出S型吸附等温方程的特点。

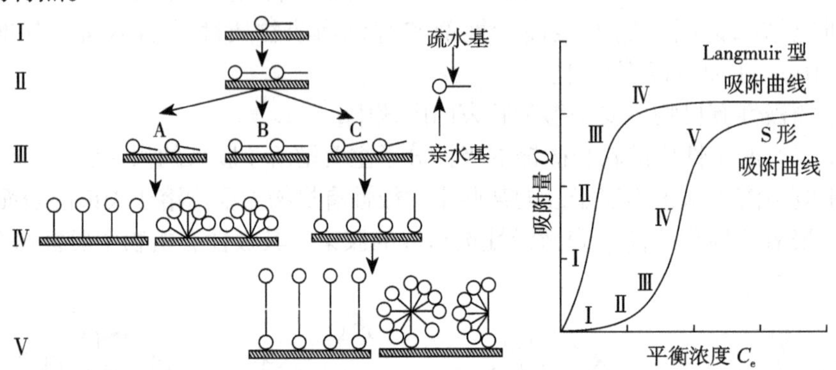

图1-11　非离子表面活性剂在固液界面上吸附的一种模型

吸附剂一般指能够从气体或液体中有效吸附某些成分的固体物质，吸附剂的代表品种为白炭黑、硅藻土、凹凸棒土、碳酸钙、微结晶纤维素和乙烯树脂微粉末等。

七、洗涤作用

去除油污的洗涤作用本质上是结合了表面活性剂以上所有作用的复杂作用，由此很难给出定义。洗涤作用的效果受污垢的组成、纤维种类以及油污附着面性质等的影响，不同的污垢要求用不同的洗涤剂。一般的洗涤过程，首先是洗涤剂的润湿作用而使洗涤剂到达被洗物表面，降低污垢与被洗物表面的黏附功，同时，由于洗涤剂的乳化作用使污垢与被洗物分离，有些污垢就进入洗涤剂的胶束中而发生增溶作用。洗涤过程通常会伴随泡沫的产生和消失，所以也涉及起泡性等。所以，一种良好的洗涤剂需要具备几种重要的性质：

① 洗涤剂必须具有良好的润湿性能，能与被清洁的固体表面充分接触；

② 能有效降低被洗物表面与水及污垢与水的界面张力，从而降低黏附功，使污垢得以脱落；

③ 有一定的乳化和增溶作用，使得脱落的污垢能被分散，不再回到被洗物表面；

④ 能在洁净表面形成保护膜，从而防止污垢重新沉降。

八、农药加工过程中表面活性剂的作用

在农药的加工过程中，一些剂型的农药出现分散性差、稳定性差、分解率高等问题，使得农药接触到靶标时不能很好地作用于靶标，导致农药有效利用率低等问题产生。解决这个问题的关键需考虑农药加工过程中表面活性剂的种类和用量，表面活性剂对农药的作用机理等。

不同的农药剂型都有其各自的优点，所以农药使用过程中选择剂型也需适当才能更好地发挥农药的作用。根据农药制剂的特点，将农药剂型分为粉剂、可湿性粉剂、乳油、粒剂、悬浮剂、水乳剂等。在农药加工过程中，为了制成稳定有效的农药都需要加入助剂，而属于或基本属于表面活性剂类的农药助剂有：湿润剂、分散剂、稳定剂、乳化剂、发泡剂、

消泡剂、渗透剂、展开剂、黏着剂、掺合剂、防飘移剂、增黏剂和抗凝聚剂等。这些表面活性剂在农药中的主要作用是乳化作用、分散作用、湿润作用、渗透作用、消泡作用、增溶作用等。在农药加工过程中，使用较多的是阴离子型表面活性剂和非离子型表面活性剂。

一般固体小颗粒形成的悬浮体系是热力学不稳定体系，在应用时必须加入一定的润湿剂和分散剂使得体系稳定。在悬浮剂中添加润湿剂和分散剂可以有效防止固/液分散体系中分散质颗粒的聚集，使固体颗粒均匀悬浮分散，从而提高悬浮体系稳定性。分散剂分子通过吸附于原药颗粒表面可以形成双电层使颗粒带同种电荷产生相互排斥作用，防止颗粒间团聚，能够保持分散状态；在颗粒周围会形成一定的空间障碍以阻止颗粒间相互靠近，从而获得良好的分散性；表面活性剂分子之间可以通过氢键等方式形成一定的桥联，阻止结块的同时也不影响产生些轻微的絮凝。悬浮剂稳定作用机理见图1–12。

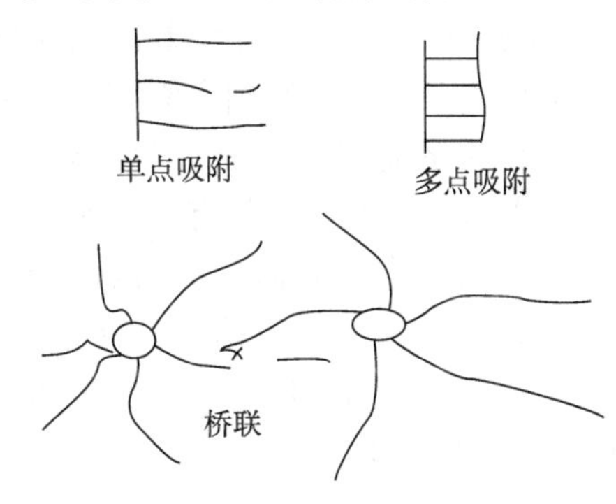

图1–12　悬浮剂稳定作用机理示意图

农药制剂中润湿剂通常使用浓度为0.5%～3%，这主要取决于农药制剂有效成分含量、制剂形成和农药颗粒表面性质。表面活性剂除了能够促进农药悬浮剂的稳定性外，还能够起到助研磨作用。在农药原药颗粒研磨过程中，表面活性剂的润湿和分散作用也有助于大颗粒变为小颗粒，使液/固的表面张力小于气/固表面张力，使得原药颗粒得到充分润湿，研磨更加充分、达到更好效果。在农药加工过程中，很容易产生泡沫，这样会给药效带来一定的影响，这时需要加入适当的表面活性剂起到消泡作用，改善加工和使用过程中的起泡情况。

农药制剂加工的目的是为了提高其二次分散中的稳定性和分散性，农药制剂加工过程的核心问题是如何选择表面活性剂种类和用量，以便使农药制剂能够均匀分散，农药制剂中的有效成分能够准确喷洒到达靶标表面，进而提高农药制剂的有效利用率。对以上全部农药剂型用表面活性剂的功能和作用进行了总结，如表1–1所列。

表1–1　农药制剂中主要表面活性剂的功能和作用

状态	剂型名称	表面活性剂的功能	表面活性剂的作用
液体	乳油	乳化剂	使喷洒液的乳液稳定化
	液剂	润湿剂	提高喷洒液的润湿、渗透性
	油剂	乳化剂	提高喷洒液的溶解、渗透性
	微乳剂	增溶剂、乳化剂	使喷洒液的透明乳液稳定化
	水乳剂	乳化剂	使喷洒液的乳液稳定化
	悬乳剂	分散剂、乳化剂	使喷洒液悬浮稳定化

续表

状态	剂型名称	表面活性剂的功能	表面活性剂的作用
固体	粉剂	流动性、改良性	加工时改善分散性
	可湿性粉剂	润湿剂、分散剂	提高水稀释时的润湿性 提高喷洒液悬浮率
	水分散粒剂	润湿剂、分散剂	提高水稀释时的润湿性 提高喷洒液悬浮率

第四节　农药使用过程中表面活性剂的作用

农药制剂是一种具有特殊生物活性的化学产品，其防治对象、保护对象和环境条件都十分复杂，所以其作用过程也十分复杂。农药制剂中需要按原药性质和特点选择表面活性剂的种类和用量，此外，更需要注意的是考虑表面活性剂本身对靶标生物（主要是植物、昆虫等）产生的影响。植物或者虫体的表面一般都有一层蜡质层，这是农药制剂要发挥最大作用时最需要考虑的问题，也是选择合适表面活性剂最关键的因素。农药喷雾过程中，小液滴沉降到靶标生物的表面后，除了大部分被靶标吸收外，还有部分发生脱落和蒸发。表面活性剂在农药的使用过程中，可以很明显地改变喷雾雾滴的直径，能够增大雾滴在靶标生物表面上的覆盖面，能够提高喷雾效率。

一、表面活性剂在农药二次分散中的作用

使用农药时要根据作用的靶标生物选择农药类型，继而根据农药制剂的性质选择所需的溶剂（一般都选择水）按一定的比例配制，一般农药都需要配制成一定的溶液比较适合喷雾使用，这个过程称为农药的二次分散。农药二次分散时，农药制剂与更多的水介质接触以后，亲水聚合物能够吸水膨胀形成凝胶层，农药可以穿过凝胶层释放。

表面活性剂在二次分散中的作用主要有以下几个方面。

（1）降低农药制剂表面张力　农药制剂的配制过程中加入一定的表面活性剂，在农药二次分散过程中，刚开始加入到水中时，表面活性剂的浓度比较小，表面活性剂几乎完全聚集在溶液表面形成单分子层。当农药溶液表面层中含有的表面活性剂质量浓度远大于溶液中的表面活性剂质量浓度时，溶液的表面张力也降低到纯水表面张力以下，因而表现出良好的润湿性、乳化性、起泡性等，这些性质对于农药制剂的喷洒、在植物叶面的沉积及润湿性等具有促进作用。

（2）增强农药制剂的稳定性　在农药二次分散过程中，农药分散体系的稳定性是农药二次分散过程中非常重要的指标，表面活性剂分子吸附于农药微粒表面，同时表面活性剂分子也分散在溶剂中形成不同的分散体系，农药制剂的二次分散主要形成液/液、固/液等分散体系，分散相与分散介质的界面张力越小，分散体系就会越稳定。

（3）保护农药制剂有效成分　表面活性剂在农药二次分散过程中的作用，除了降低表面张力，也起到保护农药的作用。因为表面活性剂的加入使得农药和溶剂的直接接触减少，当表面活性剂的质量浓度达到临界胶束浓度值，表面活性剂层结构紧密，农药基本不与水接触，表面活性剂达到保护农药有效成分的作用。

二、表面活性剂在农药雾化过程中的作用

农药制剂的雾化是指农药制剂的二次分散液通过喷嘴或用高速气流分散使其克服表面张力并分散成细小雾滴的过程。喷头雾化是一个多相、瞬态的复杂过程，先要消耗较大部分的雾化能量将液体在喷口处破裂成薄膜或液丝，然后产生一个较大的速度梯度，通过与空气高速摩擦，将薄膜或液丝伸展至破裂点，液丝与空气相互作用断裂，最后形成雾滴。气体与高速运动的液体之间相互作用时，在其边界层内形成了不稳定的剪切波，这种剪切波对液体射流的雾化有重要影响。在液体射流最初的不稳定波兴起阶段，表面张力对射流的雾化会起一定的阻碍作用，但当液体的变形超过一定限度时，表面张力则成为雾化的驱动力。

根据喷雾器对农药制剂的雾化原理，雾化方法分为三大类：液力式雾化、气力式雾化和离心式雾化。液力式雾化是指农药制剂受压后通过特殊构造的喷雾器喷头而分散成农药小雾滴喷洒出去的方法，其工作原理是农药制剂受压后生成了液膜，由于受压使液体内部不稳定，液膜与空气发生撞击后破裂形成细小雾滴；气力式雾化是指利用高速气流对农药制剂的拉伸作用而使农药制剂分散成农药小雾滴喷洒出去的方法；离心式雾化是指利用圆盘或圆杯高速旋转时产生的离心力使农药制剂以一定细度的小液滴飞离圆盘边缘而分散成农药小雾滴，具体来讲，其雾化原理是农药制剂在离心力的作用下缓慢地脱离高速旋转的圆盘边缘，脱离时农药制剂延伸为丝状再断裂形成农药小雾滴。

静态表面张力反映的体系性质不适用于描述雾滴形成的过程，某一时间段内的动态表面张力值更能体现雾滴形成过程。雾滴体积中径D_{50}随着喷雾液在0.02s左右时的动态表面张力值的降低而降低，二者呈线性正相关；因此，农药喷雾过程中对药液动态表面张力的研究更实际、更科学。

三、表面活性剂在农药沉积过程中的作用

农药制剂从喷头雾化后出来至沉积在靶标表面上的这段过程就是农药沉降过程，表面活性剂在这个过程中的作用主要是控制农药的扩展和蒸发。加入的表面活性剂，要能够增大农药雾滴的扩展面积和蒸发时间。一般来说，随着表面活性剂的种类和添加比例的不同，农药雾滴在喷洒过程中的扩展面积和蒸发时间不同。

当农药液滴沉降到植物叶片表面上时，不论是较大的液滴还是较小的液滴，可能出现的情况大概有3种：较小的液滴可能落入叶片毛刺之间，这种情况下农药小液滴能够牢固地沉积在植物叶片表面；农药小液滴落在毛刺物之间，这种情况下农药小液滴能够比较稳定地被沉积在植物叶片表面，但受到震动后脱落的可能性很大；较大的农药小液滴，若农药小液滴没有脱落，也只能落在毛刺物之上，在重力作用下很容易脱落，农药小液滴处于极不稳定的状态。在第二种情况下，若农药小液滴有较强的湿润铺展能力，便有可能借助于农药小液滴的湿润铺展作用而得以比较稳定地沉积在植物叶面表面。但是较大的农药小液滴却仍以重力作用为主，所以容易从植物叶面表面脱落。所以只有农药小液滴足够小才能在任何情况下都能够较稳定地沉积在植物叶片表面，这也是农药沉积过程中最需要注意的事项，既而才应考虑到表面活性剂对农药小液滴润湿铺展能力的大小。添加表面活性剂，增加农药小液滴的数目，提高润湿铺展能力，会减少农药小液滴落到靶标表面的弹跳次数，也可以增加农药的沉积量。另外，有研究表明，随着振荡频率的增加，未添加表面活性剂的溶液流失的可能性增大。

覆盖在植物表面的蜡质层是不溶于水，易溶于大多数有机溶剂的物质，主要成分为脂

肪族化合物、环状化合物和甾醇化合物等。农药制剂一般以小液滴的形式落到靶标生物表面，接触其表面的蜡质层，出现三种情况，即小液滴与靶标生物表面的接触角大于90°、等于90°和小于90°。由以上对表面活性剂的介绍可知，只有当接触角小于90°时，小液滴才能有很好的润湿能力而沉积在靶标生物表面。而农药小液滴与靶标生物表面的接触角等于0°时，小液滴在靶标生物表面达到完全润湿，此时农药小液滴的表面张力成为临界表面张力。不同靶标生物，其表面性质不同，临界表面张力也不同。如果在靶标生物表面，表面活性剂对农药小液滴的表面张力没有达到临界表面张力，农药小液滴在靶标生物表面就没有达到完全润湿，农药的药效会有所降低。如水稻叶片表面的疏水性，使得大部分农药制剂施药时由于叶片表面的表面张力大于作物的临界表面张力，造成农药大量流失，因此需要加入表面活性剂降低农药制剂的表面张力。

选择适当的表面活性剂，能够使得表面张力减小，使小液滴与靶标生物表面的接触角减小，从而增大其附着作用，使药液能够较长时间沉积在靶标生物表面，而不是脱落到土壤环境中，这样也就能够使靶标生物更多吸收药液，最大提高药液的利用率。在靶标生物表面，表面活性剂起到溶解其蜡质层，促进药剂在其表面渗透与吸收等作用。

农药的剂量应该适宜，同时农药制剂中使用的表面活性剂剂量也要合理，过度使用表面活性剂可能会造成农药附着于植物表面不移动，这种情况会导致在植物表面形成积压或残留，释放农药的时间会很长，并可能大剂量释放到环境中，人和动物食用农药残留量多的作物中也会产生农药中毒等。

四、表面活性剂在农药吸收过程中的作用

表面活性剂本身在农药吸收过程中对靶标生物的生物活性没有作用，但是表面活性剂能够使靶标生物的表面性质有所改变，随着农药制剂中表面活性剂浓度的增加，作用时植物叶片气孔的孔径会逐渐增大，当表面活性剂的浓度达到一定值时，植物叶片的气孔则开始关闭，之后，随表面活性剂的浓度增加植物叶片的孔径逐渐减小。表面活性剂的结构和浓度都会对农药制剂在吸收过程中的作用产生影响。靶标生物表面的蜡质层部分与表面活性剂的溶解作用是不可逆的，所以在破坏靶标生物保护层的同时可以使农药制剂更好地吸收和渗透，提高农药的利用率。

农药作用于靶标生物时，农药制剂中的表面活性剂改善了植物叶面或者防治对象表面的状态和附着能力，使得植物叶面或者防治对象表面对农药制剂的吸收增加，农药被吸收后在生物体内的输导更加顺利，从而提高了农药的生物活性，此过程称为表面活性剂对农药制剂的增效作用。农药制剂中加入表面活性剂的质量浓度对农药在植物叶面或者防治对象表面的吸收起关键性作用。低质量浓度的表面活性剂对农药制剂尤其是亲脂性农药化合物吸收的增加作用弱，这可能是由于表面活性剂的渗透能力弱，即增加农药制剂中表面活性剂的质量浓度能一定程度上增加表面活性剂的渗透能力，能刺激农药的生物活性，促进农药在植物叶面或者防治对象表面的吸收。

分子中含有环氧乙烷结构的表面活性剂能够改变活体植株和离体组织对农药除草剂的吸收，所以表面活性剂中的环氧乙烷的含量也是影响农药除草剂吸收的原因之一。亲脂性除草剂中加入环氧乙烷含量低的非离子表面活性剂，具有较好的铺展性能和较低的表面张力，比较适合农药制剂的吸收。而水溶性除草剂加入环氧乙烷含量高的表面活性剂，具有较高的铺展性，能够增加农药制剂的吸收。环氧乙烷含量低的表面活性剂是通过改变植

物表面的构造来提高亲脂性除草剂的吸收，环氧乙烷含量高的表面活性剂是通过增加植物表面对水的渗透性来提高对水溶性除草剂的吸收。

表面活性剂在农药吸收过程中可以通过影响农药制剂分子在生物膜中的渗透行为，以实现农药的吸收过程。一方面，表面活性剂的增溶作用可以改变农药的增溶量，使农药有效成分随溶剂直接进入靶标生物表面向生物体内渗透，提高农药的有效利用率；另一方面，表面活性剂可以通过改变生物膜的流动性或者改变生物膜对脂类农药分子的溶解和排斥能力，以控制农药在生物膜中的渗透作用，提高农药在使用过程中的吸收。农药制剂与水介质移动速率的相对大小是农药制剂扩散释放机理的控制因素之一。还有一种农药吸收过程是通过使用有机硅表面活性剂，使得农药小液滴落到靶标表面具有较强的润湿铺展能力和对疏水性表面的极强附着力而在靶标表面形成液膜，液膜沿着气孔的边缘输送农药有效成分至生物体内。

五、表面活性剂在环境中农药降解的作用

在使用农药制剂的过程中，可能会由于气流、靶标生物表面性质和制剂本身的性质等原因，使农药药液流失到环境中造成污染。农药环境行为的研究评价主要是研究农药制剂的降解性环境行为（包括农药的水解、土解以及在水中和土壤表面的光化学降解）和迁移性环境行为（包括农药在土壤中的吸附行为、淋溶行为和农药挥发性行为）。农药制剂中添加有一定量的表面活性剂，表面活性剂分子所形成的胶束、胶团、微乳及乳液的结构，对于农药制剂所处实际环境液/液界面以及固/液界面性质的影响，将有可能会对农药制剂活性成分等有机分子的聚集行为产生影响并进一步改变其降解以及迁移行为。

（1）表面活性剂对农药在土壤中的迁移行为的影响　土壤是环境的构成因素之一，也是人类生存必不可缺的因素，因此环境的相关研究必须包括土壤的研究。农药制剂流失到土壤中，两者之间的相互作用主要是静电吸附、化学吸附、分配、沉淀和络合等，一般情况是液相到固相的溶解和分配过程。农药制剂在土壤中的溶解过程，主要是表面活性剂的增溶作用使得一些有机污染物能够被溶解，表面活性剂的CMC值越低，增溶效果越好。表面活性剂的增溶作用以及降低界面张力的作用能够增加土壤中疏水性有机污染物的流动性，即表面活性剂增效修复技术，此技术用以减少土壤中有机污染物已成为近年来表面活性剂在环境中应用的研究热点。

（2）表面活性剂对农药降解行为的影响　农药制剂在环境中的降解途径包括生物降解、水解和光化学降解等，其中光化学降解是最重要的一种降解途径。农药制剂中的表面活性剂形成的胶团会对有机分子的聚集行为产生影响并进一步改变降解行为，因此研究常用表面活性剂存在条件下的农药降解行为的变化对农药安全评价的完善有着重要的意义。相关研究所涉及的农药制剂的降解途径有氧化、水解、光解、酶解等，对于表面活性剂所起催化（抑制）作用的机理研究主要是通过有机物分子和表面活性剂的相互作用的研究，选择合适的相行为模型来进行模拟推断。催化机理主要是局部浓度效应，表面活性剂作用下对有机物的催化模型运用较多的有两相模型、伪相模型以及伪相离子交换模型等。为了更好地优化农药制剂，农药制剂在乳液中的降解行为需要进行更细致的研究，包括测定其复杂反应物的分布。

不同种类的表面活性剂对农药制剂在水环境中的光化学降解影响程度不同，但是都会呈现一定的规律。有研究不同表面活性剂对胺菊酯光解的影响情况表明，添加表面活性剂

都能够促进农药制剂在水中的光降解能力。还有研究具体说明了表面活性剂对农药制剂在水中的光化学降解的影响情况。以高压汞灯（HPML）和紫外-可见吸收光（UV-Vis）作为模拟光源，能够有效地避免受到外界环境的影响，研究了多种表面活性剂对毒死蜱在水溶液中的光化学降解的情况，此过程受表面活性剂的类型和浓度的影响。

六、表面活性剂在农药减量化中的应用

农药的大量使用过程中存在着许多问题，如残留大、资源浪费、成本较高及环境污染较严重等，因此研究农药的减量化有极其重要的意义。农药减量化，就是在不影响防治效果的前提下，在施用过程中农药制剂的量有所减少。实际上，农药减量化主要是从防治对象、农药品种、添加的表面活性剂的种类和用量、喷药次数和喷药器具等方面对农药制剂的施用过程进行一定改善，提高农药制剂的有效利用率，从而实现农药的防治效果与常量施药大致相同甚至超过常量施药的防治效果。在提高农药制剂的有效利用率中，添加表面活性剂能够起到十分重要的作用。

表面活性剂在农药的使用过程中，表面活性剂的分散作用使得农药具有良好的稳定性，降低表面张力能够使得农药雾化过程形成的小液滴直径合适，润湿作用能够使农药制剂很好地附着于靶标生物表面，增溶作用能够使农药在靶标生物表面的渗透性增加等。这些都是表面活性剂在农药使用过程中，增加农药有效利用率、提高防治效果的作用，因此表面活性剂在农药减量化中的应用具有深远意义。喷雾助剂主要是表面活性剂所表现出来的增加润湿、展着、渗透力，增加农药沉积量，增效，降低抗药性，改善喷雾质量，提高药剂的环境适应性，减少飘移污染等特性，将成为实现农药零增长和农药减量使用的重要手段。特别是我国幅员辽阔，气候差异大，不同地域的同种作物其叶面性质差异很大，同一种作物在不同生长期其叶面性质差异也很大，在目前很多企业一个配方面对全国的情况下，桶混助剂的使用就尤为必要。对于不同的药剂，添加的表面活性剂种类和用量不同，其作用过程中农药的减量程度也不同，因此，对于具体情况的农药减量化技术的改善需要进一步研究确定最佳施药方案。

第五节 农药用表面活性剂的发展趋势

全球人口在急剧增加，而总耕地面积在不断减少，因此，为了作物能够得到更高的产量必须广泛使用农药，在农药制剂的加工和使用过程中表面活性剂可以提高农药利用率，减少农药资源浪费和环境污染。为了制备低毒、低用量和高效农药制剂必须正确选择表面活性剂的种类和用量，以确保农药制剂具有最佳性能和良好储存稳定性，使农药制剂能够充分发挥药效甚至增强药效，并且还要考虑其流失到环境中的作用情况。

目前，农药剂型向着水基化、环保化、高功效方向发展，助剂的发展趋向于功能化、安全性高、毒性低、易于生物降解等，而农药使用技术则向着精准化、机械化、省力化发展。随着精准施药技术的发展，以及无人机等省力化技术的发展，能够减少雾滴飘移、减少雾滴挥发、增加雾滴在植物叶面附着的助剂会迎来大的发展机会。而水基化制剂由于界面性质较差，很多水基化制剂的药效相对较差，因此水基化农药制剂的增效助剂也是未来发展的一个重点。另外，我国农药制剂企业针对不同生长时期、不同地域、不同生长环

境而进行配方改进的很少，在全国范围内使用一个配方，造成效果差异明显。因此，这就需要针对性的添加桶混助剂以改善药液的物理化学性质，提高药液在植物叶面的润湿附着能力，提高药效，因此桶混助剂也是未来的一个发展方向。

近年来，国内外农药剂型加工发展的趋势，偏向于发展多样的农药剂型与制剂、研究与使用者和环境都相容的农药剂型、发展混合型农药制剂、改造旧农药剂型、开始结合相应的新技术开发新农药剂型，这些都离不开农药助剂的优化作用。但我国农药制剂中使用的表面活性剂的种类和质量与发达国家相比差距较大，讨论农药制剂的发展，必须考虑表面活性剂的发展，开发乳化性能强、分散性能好、吸附能力更强和安全性更好的表面活性剂。表面活性剂在农药制剂中的应用，不仅能够使农药制剂在难以润湿的靶标生物表面上的黏附作用增强，而且能提高农药制剂有效成分的活性、减少农药用量、降低生产作物的成本、减轻对环境的污染等。

近年来，有机硅表面活性剂因具有很强的表面活性，可以极大地降低溶液的表面张力，同时能够表现出良好的润湿铺展性能，而得到了广泛的关注和研究。有机硅表面活性剂的添加，极大地改善了农药制剂的理化性质，使农药制剂的雾化效果、在靶标生物表面的润湿铺展及吸收性能有明显提高，改变了农药制剂的整体性能，使农药制剂的有效利用率明显提高。虽然有机硅表面活性剂在我国的发展相对较慢，但是其独特的优点决定了在中国能有很大的发展前景，尤其使用有机硅表面活性剂在果区、稻区、菜区等大宗作物上用来防治病、虫害的发展还需要更多的研究。

混合型表面活性剂体系一般指离子型表面活性剂与非离子型表面活性剂的混合体系、阴阳离子型表面活性剂混合体系和长链极性有机物与离子型表面活性剂混合体系。混合型表面活性剂溶液的CMC值降低、溶质在胶束相/水相间分配系数的增大是由于混合型表面活性剂协同增溶作用产生的。非离子型表面活性剂中加入阴离子表面活性剂后，浊点通常升高，这种混合方法比非离子型表面活性剂与阳离子型表面活性剂混合的相互作用大；阴、阳离子型表面活性剂之间存在着一定的静电作用和疏水作用；长链脂肪醇与离子型表面活性剂混合体系，表面活性剂溶液的表面活性随脂肪醇烃链的增长而增大。由于混合型表面活性剂的性质一般优于单个表面活性剂，因此混合型表面活性剂也成了当今发展的一种趋势，但表面活性剂的复配技术还有待提高。

生物表面活性剂是微生物或植物在一定条件下培养时，在其代谢过程中分泌出的具有一定表面活性的生物化合物。生物表面活性剂一般是由细菌、酵母菌、真菌等产生，生物表面活性剂的分子结构中既有极性基团又有非极性基团，是一类中性两极分子。生物表面活性剂除了有一般表面活性剂的性能（如降低表面张力、分散性、稳定性等），还具有一些独特的性能，即反应产物均一、安全、无毒、生产工艺简单，尤其在环境生物工程上发挥着重要的作用。生物表面活性剂作为一种新型表面活性剂必然在农药制剂的应用中具有重要的应用价值，其生物降解性能好，能够使农药流失到环境中时减少污染。随着生物技术的快速发展，生物表面活性剂具有广阔的发展前景。

表面活性剂或药液的物理化学性质对药效的影响也将是未来研究的重点。农药制剂是精细化产品，其研发的精细化水平是我国农药制剂水平的重要标志。药液的表面张力（动态、静态）、药液在靶标表面的接触角（动态和静态）、药液的扩张模量、液滴扩展面积、黏附功、黏附力和沉积量等与农药制剂的功效性之间的关系，必将是未来研究的重点领域。

随着国家对环保的要求趋严及行业持续发展的需求，传统芳烃类溶剂在农药乳油等剂型中的使用将越来越受到关注，已经发布的行业标准对乳油中有害溶剂进行了限量要求，其他制剂如微乳剂、可溶液剂、水乳剂等涉及溶剂的农药剂型也将会受到关注。制剂体系中的溶剂更新换代是趋势，也是现实。新型溶剂的出现，必将需要配套乳化剂的创新，才能适应新型乳油的可持续发展。通过结构改造，提升乳化剂对新溶剂的体系相容性，解决体系乳化稳定性等将是乳化剂创新的重点。烷基酚聚氧乙烯醚类助剂已成为人类环境外源激素的主要来源。制剂开发者在配方研究中尽量用脂肪醇聚氧乙烯醚加以替代，这是一个主动的选择，因其生物降解性好、环境友好。但这样的替代并非在所有制剂中都有效。筛选可替代的亲油基团是农药表面活性剂研究者的重要任务。

多功能表面活性剂的开发大有作为。制剂技术的发展，势必要求表面活性剂承担多项功能，为此，必须加紧开发多功能表面活性剂。例如，兼具高分子和离子型功能的表面活性剂、新的两性表面活性剂和兼备表面活性剂功能的新型材料等，它们都会在制剂技术的进步中发挥重要作用。实践证明，梳形结构的羧酸盐产品，因高效的静电排斥和空间位阻、用量低、兼容性广、延缓结晶防止絮凝、产品经时稳定性好而出众，深受制剂开发者青睐。

阴离子表面活性剂在农药制剂中有着不可替代的重要作用。在传统的农药乳油中，它赋予了产品卓越的自发乳化性，与非离子表面活性剂搭配具有良好的应用效果。在乳化系统、悬浮系统中由于阴离子表面活性剂的加入，使制剂能形成双电层，由此产品呈现出卓著的物理稳定性能。然而，在现有农药表面活性剂中，可供选用的阴离子产品系列还不多，有些产品的序列不全，尤其国内企业开发的产品单一，分子量、磺化度及分子结构都需要创新。

阳离子和两性离子表面活性剂所呈现的表面活性较低，故在使用中宜与非离子表面活性剂复配以发挥综合效应。目前，商品化的两性和阳离子表面活性剂品种较少，较多的为甜菜碱型和季铵盐型。它们的结构并不像当初开发农乳系列那样为农药制剂量身定制，故与农药活性物的亲和程度不强。但其结构具有可改造和衍生化的巨大空间，农药制剂的开发期待着此类表面活性剂的进一步创新。

可分散油悬浮剂中的分散剂要突破水基化制剂中分散剂的设计思维，开发在油基体系中相容性好、性能优良的助剂。悬浮种衣剂中使用的成膜剂、微囊悬浮剂中使用的囊壁材料等也是制约相应剂型发展的主要因素。还有诸多特殊助剂值得引起从事农药表面活性剂开发的企业和研究者重视。

参考文献

[1] 张小军．我国农药表面活性剂发展概况及应用新进展．今日农药，2015，10：27-34.

[2] Chen X D, Wang J B, Shen N, et al. Gemini Surfactant/DNA Complex Monolayers at the Air-Water Interface: Effect of Surfactant Structure on the Assembly. Stability, and Topography of Monolayers. Langmuir, 2002, 18: 6222-6228.

[3] 周学元，郑帼，韩辉．长碳链Gemini磷酸酯表面活性剂结构与性能的关系．天津工业大学学报，2009 8: 28（4）.

[4] Wang Q, Han Y H, Wang Y L, et al. Effect of Surfactant Structure on the Stability of Carbon Nanotubes in Aqueous Solution. J Phys Chem B，2008,112：7227-7233.

[5] 金勇，苗青，张彪，等．Bola型表面活性剂合成及其应用．化学进展，2008（6）：20（6）.

[6] Stage C, Verneuil B, Champavier Y, et al. Carbohydrate Research, 2004，339：1243-1254.

[7] 于飞，李杰，张姝妍，等．树枝状聚醚表面活性剂的合成与性质．日用化学工业，2007, 37（1）：10-12.

[8] 肖进新，江洪．碳氟表面活性剂．日用化学工业，2001，31（5）：24-27.

[9] 张宇，张利萍，郑成．农药助剂用有机硅表面活性剂的特性及用途．材料研究与应用，2008, 2（4）：424-427.

[10] 张鸿峰. 表面活性剂的研制及评价. 中国石油和化工标准与质量，2012, 33（11）.
[11] 耿殿君. 烷基苯磺酸盐类表面活性剂研究及评价. 中国化工贸易，2013（8）.
[12] 郝子洋，杜凤沛. 最大气泡压力法测表面张力实验数据处理的改进. 大学化学，2008，12：23（6）.
[13] 奚新国，Chen Pu. 表面张力测定方法的现状与进展. 盐城工学院学报（自然科学版），2008，9：21（3）.
[14] 尹东霞，马沛生，夏淑倩. 液体表面张力测定方法的研究进展. 科技通报，2007，5：23（3）.
[15] Danae Doulia, Ioannis Xiarchos. Ultrafiltration of micellar solutions of nonionic surfactants with or without alachlor pesticide. Journal of Membrane Science，2007，296：58-64.
[16] 卢星宇，蒋艳，崔晓红，等. 表面活性剂胶束形状随浓度转变的核磁共振研究. 物理化学学报，2009, 25（7）：1357-1361.
[17] 莫小刚，刘尚营. 非离子表面活性剂浊点的研究进展. 化学通报，2001，64（8）.
[18] 孟庆华，孙志成，王鸣华，等. 利用紫外-可见光谱仪测定表面活性剂浊点的新方法. 实验室研究与探索，2006, 25（2）.
[19] 范拴喜. 添加剂对非离子表面活性剂浊点的影响. 化学工程师，2010，（1）.
[20] 苑世领，蔡政亭，徐桂英，王伟. 用定量结构性质关系预测表面活性剂的浊点. 物理化学学报，2003, 19（4）.
[21] 谢洪波，张来祥. 影响氯化物镀锌溶液非离子表面活性剂浊点的因素. 材料保护，2001，34（3）.
[22] 苑世领，冯大诚，徐桂英，等. 用定量结构性质关系预测表面活性剂的Krafft点. 结构化学，2003，22（6）.
[23] 庞红宇，张现峰，张红艳，等. 农药助剂溶液在靶标表面的动态润湿性. 农药学学报，2006，8（2）：157-161.
[24] 王晓东，彭晓峰，闵敬春，等. 接触角滞后现象的理论分析. 工程热物理学报，2002，1：23（1）.
[25] 江雷，冯琳.仿生智能纳米界面材料.北京：化学工业出版社，2007，5.
[26] 徐志钮，律方成，张翰韬，等. 影响硅橡胶静态接触角测量结果的相关因素分析. 高电压技术，2012，38（1）.
[27] 杨珊，宫永宽. 精确测定表面动态接触角的方法及影响因素. 西北大学学报（自然科学版），2011，41（5）.
[28] Yang S, Ju J , Qiu Y C, et al，Peanut Leaf Inspired Multifunctional Surfaces. Small，2014，10（2）：294-299.
[29] Jianxi Liu, Bo Yu, Baodong Ma, et al. Adhesion force spectroscopy of model surfaces with wettability gradient. Colloids and Surfaces A: Physicochemical and Engineering Aspects，2011，380（1-3）：175-181.
[30] Yan-qiu Zhu, Chun-xin Yu, Yu Li, et al. Research on the changes in wettability of rice（Oryza sativa.）leaf surfaces at different development stages using the OWRK method. Pest Management Science，2014, 70（3）：462-469.
[31] Katarzyna Szymczyk, Anna Zdziennicka, Joanna Krawczyk, et al. Wettability, adhesion, adsorption and interface tension in the polymer/surfactant aqueous solution system I Critical surface tension of polymer wetting and its surface tension. Colloids and Surfaces A: Physicochemical and Engineering Aspects，2012，402：132-138.
[32] Katarzyna Szymczyk, Anna Zdziennicka, Joanna Krawczyk, et al. Wettability、adhesion、adsorption and interface tension in the polymer/surfactant aqueous solution system: Ⅱ. Work of adhesion and adsorption of surfactant at polymer-solution and solution-air interfaces. Colloids and Surfaces A: Physicochemical and Engineering Aspects，2012，402：139-145.
[33] Wolfgang Wirth, Siegfried Storp, Wolfgang Jacobsen. Mechanisms controlling leaf retention of agricultural spray solutions. Pesticide science，1999，33（4）：411-420.
[34] Liu Dan-Dan, Xu Zhi-Cheng, Zhang Lei, et al. Adsorption behaviors of cationic surfactants and wettability in polytetrafluoroethylene-solution-air system. Langmuir，2012，28（49）：16845-16854.
[35] Takamichi Daimaru, Akihiro Yamasaki, Yukio Yanagisawa. Effect of surfactant carbon chain length on hydrate formation kinetics. Journal of Petroleum Science and Engineering，2007, 56：89-96.
[36] 川岛和夫. 今月の农业，2008，2：53-57.
[37] Henry C L, Neto C, Evans D R, et al. The effect of surfactant adsorption on liquid boundary slippage. Physica A，339（2004）：60-65.
[38] 徐德进，顾中言，徐广春，等. 药液表面张力与喷雾方法对雾滴在水稻植株上沉积的影响. 中国水稻科学，2011，25（2）：213-218.
[39] Wang Lijuan, Li Xuefeng, Zhang Gaoyong, et al. Oil-in-water nanoemulsions for pesticide formulations. Journal of Colloid and Interface Science，2007, 314：230-235.
[40] Wang C J, Liu Z Q. Foliar uptake of pesticides-Present status and future challenge. Pesticide Biochemistry and Physiology，87（2007）：1-8.
[41] 张建国，朱兆青，周玲. 农药在植物表面上释放过程的研究.南通大学学报（自然科学版），2006，5（1）：18-21.
[42] Magrire R J.The importance of pesticide volatilization from surface micro layerof natural water ager aerial spraying. Water Sci Tech，1992：256-111.
[43] Singh L P, Luwang, M N, Lunkim, K. Quantitative analysis of cationic micelle catalyzed hydrolysis of methyl violet. React Kinet Mech Cat，2012，105：261-270.
[44] 钟宁，曾清如，廖柏寒，等. 非离子表面活性剂对土壤中甲基对硫磷的增溶、洗脱及其在土壤中的吸附. 安全与环境

学报，2005，5（6）：34–37.

[45] Tsakiris I N, Toutoudaki M, Nikitovic D P, et al. Field study for degradation of methyl parathion in apples cultivated with integrated crop management system. Bulletin of Environmental Contamination and Toxicology，2002，69（6）：771–778.

[46] Katagi, T. Surfactant effects on environmental behavior of pesticides. Rev Environ Contam Toxicol，2008，194：71–182 .

[47] Astray G. Influence of Anionic and Nonionic Micelles upon Hydrolysis of 3–Hydroxy–Carbofuran. International Journal of Chemical Kinetics，2011，43：402–408.

[48] Balakrishnan, Buncel V K, E & Vanloon, et al. Micellar catalyzed degradation of fenitrothion, an organophosphorus pesticide, in solution and soils. Environmental Science & Technology，2005，39：5824–5830.

[49] Romsted L S, Bravo–Díaz C. Modeling chemical reactivity in emulsions. Current Opinion in Colloid & Interface Science，2013，18：3–14.

[50] 吴锋，李学德，花日茂．胺菊酯在水中的光化学降解研究．安徽农业科学，2008，36（5）：1944–1945，1948.

[51] 吴祥为，花日茂，唐俊．表面活性剂对毒死蜱在水溶液中的光解影响.农业环境科学学报，2009，28（8）：1705–1711.

[52] 张晓曦，张争峰，闫鹏飞，等．Silwet618在食心虫农药减量化防治中的应用研究．山西农业科学，2010，38（5）：44–46，54.

[53] 庄占兴，路福绥，刘月，等．表面活性剂在农药中的应用研究进展．农药，2008.7，47（7）：469–475.

[54] 杨学茹，黄艳琴，谢庆兰.农药助剂用有机硅表面活性剂.有机硅材料，2002，16（2）：25–29.

[55] 朱利中，冯少良．混合表面活性剂对多环芳烃的增溶作用及机理．环境科学学报，2002，22（6）.

[56] 马歌丽，彭新榜，马翠卿，等．生物表面活性剂及其应用．中国生物工程杂志，2003，23（5）：42–45.

第二章

农药乳化剂及其应用技术

第一节 乳化剂在农药剂型加工中的基础理论

一、农药乳化剂定义和作用

农药乳化剂能促使两种互不相溶的液体形成稳定乳状液，是乳状液的稳定剂，是一类表面活性剂。农药乳浊液是一种液体以液滴形式分散在另一种与它不互溶的液体中形成的分散体系。液滴称分散相（也称内相或不连续相），另一种连成一片的液体称分散介质（也称外相或连续相）。液滴半径一般为10^{-7}～10^{-5}m，所以乳状液属于粗分散系统。

乳状液一般由水和与水不互溶的有机液体（统称为油）所组成，根据分散相和连续相的不同，将乳状液分为水包油和油包水两种类型。前者油是分散相而水是连续相，表示为油/水（或O/W）；后者水是分散相而油是连续相，表示为水/油（或W/O）。例如，农药水乳剂为O/W型乳状液，而含水乳油（25%戊唑醇EC）为W/O型乳状液。乳状液是多相分散系统，具有很大的液/液界面，因而有高的界面能，是热力学不稳定系统，其中的液滴有自发合并的倾向。如果液滴相互合并的速率很慢，则认为乳状液具有一定的相对稳定性。另外，由于分散相和连续相的密度一般不等，因而在重力作用下液滴将上浮或下沉，结果使乳状液分层。为了制备较稳定的乳状液，除了两种不互溶液体外还必须加入乳化剂。常用的乳化剂是表面活性剂、高分子物质或固体粉末，其主要作用是通过在油水界面上吸附，从而降低界面能，同时在液滴表面形成一层具有一定强度的保护膜。在施药过程中，农药乳化剂能够有效地降低药液的表面张力和稳定液滴，促进药液有效地铺展于靶标表面，扩大药液的铺展面积，提高药物与防治对象的接触机会。

农药乳化剂是农药剂型加工中的重要成分，不仅是农药乳油，还是水乳剂、微乳剂、水悬浮剂、干悬浮剂、悬浮种衣剂、微胶囊悬浮剂、油悬浮剂、悬浮乳剂、可湿性粉剂、可乳化粉剂等制剂重要的助剂之一，起到乳化农药液滴作用，在剪切或搅拌等外力作用下，利于乳化剂吸附或包裹于液滴表面，达到乳液稳定作用。常见的农药乳化剂有非离子型、阴离子型、阳离子型，近年来随着环保型制剂的发展，两亲型高分子乳化剂、功能乳化剂得到了广泛的应用。

二、乳化剂的结构与性能要求

1. 乳状液形成与稳定机理

在制备水乳剂时，为了获得较小的（水包油）乳液液径，需要耗用足够高的能量（如高剪切乳化或高压均化等手段），并在表面活性剂（乳化剂和助剂）作用下，制得微小液滴的水乳剂。在制备水乳剂时，液滴必须先形变才能破裂。当两相界面的两侧有压力差时，界面将是弯曲的，两侧的压强差（ΔP）称为Laplace压强。Laplace压强是对抗界面形变的，液滴的任何形变都会导致Laplace压强的增加。Laplace压强与界面曲率半径的关系称为Laplace公式：

$$\Delta P=\gamma\left(\frac{1}{R_1}+\frac{1}{R_2}\right)=\frac{2\gamma}{R} \tag{2-1}$$

式中　R_1，R_2——曲面的凹面曲率半径；

γ——表面张力。

对于界面曲率半径为R的球形液滴，上式变为$2\gamma/R$。

从式中看出，加入表面活性剂（乳化剂）有助于降低表面张力，降低了Laplace压强，有利于液滴形变和破裂。此外，周围的液体产生的黏滞应力亦可使液滴形变，黏滞应力也是克服Laplace压强的，它与Laplace压强是同一数量级。因此，当使用高剪切乳化机搅拌时，可得到所需的速度梯度，从而产生黏滞应力以克服Laplace压强，高剪切乳化机搅拌强度越强，则得到的液滴就越小。

影响乳状液稳定性的因素包括界面张力的大小、界面膜性质以及介质黏度等。界面张力越小，界面膜强度越大，乳状液的水相液滴也越不易凝聚，介质黏度越大，液滴沉降速度也越慢。长碳氢链作用形成了致密膜，乳化剂分子吸附在油水界面上后，其碳氢链不仅互相吸引、相互作用，而且与油中的非极性烃相吸引。碳氢链越长，它们与油分子的作用范围也越大，因此将许多油分子紧紧地挤压在它们之间。当水相液滴互相接近时两个液滴的碳氢链将相互交叉，形成两个趋势，一方面是把油分子挤出去的趋势，这是一种需消耗能量的非自发过程；另一方面因碳氢链密度增大而使油分子加快往里渗透的趋势，这两种趋势的结果将促进液滴自行分开，因此具有较长碳氢链的乳化剂分子形成界面膜，将使乳状液的内相液滴必须克服较长距离的空间阻碍作用才能相互接触、凝并，故增加了乳状的稳定性。将混合膜作用和长碳氢链作用结合使用后，这样的界面膜、乳化剂分子间排列很紧密、碳氢链与油分子的作用较牢固，并且界面膜厚度也较大，因此界面膜的强度高，不易破裂，这一性质对于提高乳化液的稳定性具有重大作用，但是在结合使用这两个作用时，需确定每一种乳化剂最佳浓度。乳化剂吸附在油/水界面形成界面膜，降低界面张力，同时依靠静电排斥或空间位阻作用，阻止液滴间的合并长大，从而提高了乳液物理稳定性乳化剂的主要作用有：

① 降低界面张力。乳化剂分子吸附于油/水界面，可以降低界面张力，见下式：

$$G=\sigma A \tag{2-2}$$

式中　G——液滴表面自由能；

σ——界面张力；

A——液滴表面积。

由式（2-2）可知界面张力的降低使表面自由能减少，从而使乳状液获得稳定性。

② 静电排斥作用。阴离子型乳化剂分子在界面吸附时，亲油基插入油相，亲水基伸向水中，亲水基团电离后带电，与无机反离子形成双电层，使吸附了乳化剂的液滴带电，在相互接近时因静电斥力而相互分开，从而有效减少了液滴的聚结，提高了乳液稳定性。

③ 空间位阻作用。非离子乳化剂分子在水溶液中不电离，但是其吸附在油/水界面定向排列形成具有一定机械强度或韧性的界面膜，长链的亲水基伸入水中产生空间位阻效应，阻止液滴间的相互碰撞。

任智等以白油为乳化对象，TX、AEO系列表面活性剂为乳化剂，研究了不同乳化剂配比（HLB值）和用量下乳液体系的稳定特性，提出了表面活性剂HLB规则界面多层吸附结构模型，认为表面活性剂在油水界面是多层吸附，在两液滴相互碰撞过程中，液滴通常会变形，两液滴间形成凸形界面膜，界面膜中水分子随着两液滴的靠近被排出界面膜而使界面膜变薄形成界面膜沟流现象，此时水分子被排出界面膜的流动对液滴的界面会产生很强的黏性剪切力作用，由于吸附层表面活性剂HLB的结构特性，沟流过程中界面会出现以表面活性剂层为单位的脱落现象，脱落的位置在层间亲水基连接处，脱落的一部分表面活性剂会在界面膜内增加界面膜水层的黏度，从而有利于降低沟流的速率。因而界面膜不易破裂而发生聚并，此时乳液粒子抗聚并稳定性好，易形成凝聚体。当乳化剂配比中的亲水性表面活性剂用量少量增加时，界面膜易破裂造成液滴聚并而不易形成凝聚体。文章还认为随着乳液粒径变化，其界面第一吸附层所需的表面活性剂HLB值是不一样的，液滴越小相应界面第一吸附层表面活性剂的最佳HLB值应越大，当亲水性表面活性剂用量进一步增加，亲油性亲水性表面活性剂都有相当的用量，使得吸附于界面第一吸附层中的表面活性剂分子的组成（HLB值）能随粒子大小的变化而变化，以达到界面第一吸附层的最稳态。因此，乳液稳定性与乳化剂、原药、溶剂有关，还与液滴大小有关。

2. 乳化剂的性能结构

农药乳化剂是乳油、水乳剂的核心组分，对制剂储存稳定性和施药时药液黏着、铺展、渗透起着非常关键的作用。根据乳状液形成和稳定机理，乳化剂的界面张力、乳状液膜强度和介质黏度是重要的影响因素。根据表面活性剂HLB规则界面多层吸附结构模型，复配乳化剂是制备稳定乳液的有效保障。

传统乳化剂：传统乳化剂来源于农药乳油表面活性剂，基本为非离子表面活性剂如Span/Tween系列、脂肪醇系列。以Span-80为例，一方面亲油基油溶性较好，较易乳化（温度与剪切力的要求不高）；另一方面，多个乳化剂分子定向排列于乳化粒子的界面上，乳化剂的消耗量相对高，特别是在乳化活性成分含量较低时，完全乳化需要消耗乳化剂的量更大。Span-80形成的乳液稳定性取决于两方面因素：一是乳化粒子膜的厚度和强度，二是乳化剂分子结构上的化学稳定性。Span-80是低分子量的乳化剂，其在油水界面上形成的乳化膜的厚度仅为0.1μm，而分子结构上不饱和双键是影响乳化膜稳定性的重要因素，分子中双键处电子云分布密集，由于电荷的相斥作用，在双键处形成空腔导致乳化剂的破乳，分子双键的不稳定、易氧化也易造成破乳。

改性助剂：聚氧乙烯改性磷酸酯兼有非离子和阴离子的性质，磷酸酯化形成双酯或单酯盐，增大了分子量，提高了膜的厚度，同时负电荷增强了静电斥力，提高了液滴的稳定性。聚醚磷酸酯在农药水乳剂、乳油、微乳剂等制剂中得到了广泛应用。

嵌段聚合物：舒清等认为，聚异丁烯琥珀酸酯乳化剂通过物理吸附与化学吸附的双重作用，形成比较稳定的具有立体框架结构的复层膜（膜厚度可达100×10^{-10}m）。张福贵研究了环氧丙烷环氧乙烷（pluronics）嵌段共聚物在油水界面吸附膜的稳定性，认为分子量较大的有利于形成较厚的吸附膜，亲水基适中的有利于形成紧密的吸附膜。这类乳化剂具有“AB”或“ABA”型结构，分子量大，长碳链亲油基团和亲水比例适中的嵌段聚合物在较低的用量和低温下，极易形成稳定的乳液。在乳液制备中应用较多的嵌段聚合物还有蓖麻油聚氧乙烯醚、脂肪醇环氧丙烷环氧乙烷嵌段聚醚、多聚羟基硬酸酯聚乙二醇酯，分子量均在2000以上。

接枝共聚物：具有“梳形”结构的高分子乳化剂由于分子量较大，且亲油端的链段结构可以选用与农药、溶剂等一样或类似的结构，根据相似相溶原则，这种两亲性聚合物能够锚接在液滴表面，而不仅仅靠吸附作用。同时亲水大分子侧链伸向水相中，可通过空间位阻起到稳定乳液的作用，从而大大提高了乳液的稳定性。另外梳形高分子乳化剂在聚合膜中的迁移速率明显低于小分子乳化剂，可以大大改善聚合物膜性能。

3. 乳化剂的要求

农药乳化剂除了要满足农药助剂必备的条件外，还应该具备以下基本性能：① 与原药、溶剂及其他组分有良好的互溶性，在较低温度时不分层或析出结晶、沉淀；② 乳化性能好，适用农药品种多，用量少；③ 对水质硬度、水温、稀释液的有效成分浓度要求低，有较广泛的适应能力且施用后有助于农药在施药对象上有较好的附着、铺展和渗透效果，发挥药效；④ 产品黏度低、流动性好，生产管理和使用方便、安全；⑤ 对环境友好，保质期内产品不降解、有效成分不降低、不滋生细菌。

三、乳化剂选择依据及表征方法

1. 乳化剂选择依据

（1）HLB值　目前选择表面活性剂最有效且简便的方法是HLB值法。HLB值是Griffin于1949年提出的，用以指示表面活性剂与油、水的亲和性，其值介于0～20（后扩展为40），越小表示亲油性越强，越大则亲水性越强，大于10可认为亲水。每种表面活性剂都有一个基本固定不变的HLB值，同时，每个分散体系都有一个HLB的需求值，称RHLB。当乳化剂HLB等于RHLB时乳化效果最好，偏离时乳化效果减弱。RHLB只与分散体系的成分相关，与分散体系的浓度及乳化剂浓度均无关。研究表明，油包水乳液体系的RHLB常在3～5，水包油乳液体系的RHLB则在8～18。这说明稳定的乳状液中，乳化剂应易溶于连续相。

（2）相似相溶　Harkins于1917年提出乳化定向楔理论，他认为乳化剂分子形状决定了乳剂类型。乳化剂吸附在界面上，分子发生定向作用，在弯曲液滴上吸附的乳化剂分子必定是楔形的，即乳化剂分子中大的一端所结合的相必定是外相，小的一端结合的必定为内相，致使乳化剂在界面上有最大的覆盖密度。如一价皂形成O/W乳剂，多价皂则形成W/O乳剂，不过也有例外的。此理论虽能定性的解释许多不同类型乳状液形成的原因，但也常有不能用它解释的实例。因此乳化剂疏水基团与内相具有良好的相溶性，而亲水基团应在水中具有良好的水溶性。疏水基团结构相似能够有效提高乳化剂与内相的结合力。如配制农药乳油时常用乳化剂为十二烷基苯磺酸钙与含芳香核的非离子表面活性剂，这是由于芳香核与杂环类原药、芳香溶剂具有相似的结构。

（3）协同乳化　在经验上已熟知：用2个HLB值差得远的乳化剂配合来乳化，常常显示有更好的稳定性，在涂料树脂的乳化中也常用。这种协同增效作用被认为来自乳化剂在油/水界面上提高了堆砌密度。用于O/W乳化液的乳化剂，其亲油部分的体积小于亲水部分。而油滴体积比乳化剂大几个数量级，所以对乳化剂而言，油滴的表面可视作为平面，楔状的乳化剂是不能有高的堆砌密度的。现在短链PEO（聚氧化乙烯，又称环氧乙烷）由于其亲油性高而将亲油部分进入油相，长链PEO由于其亲水性高而将其亲油部分处于界面，这样就提高了堆砌密度，增强了侧向间的相互作用，也就提高了界面膜的黏度和强度。从而更能抵御油滴间的碰撞而降低聚结，更能延缓分散相物质进入连续相而延迟Ostwald熟化。

（4）大分子嵌段表面活性剂优先原则　大分子表面活性剂，如P1umric类（PEO、PPO、PEO）、蓖麻油聚氧乙烯醚、梳形高分子表面活性剂，它们的亲水链在界面上不仅堆砌致密，而且伸展很远，这就增大了油滴的流体体积，提高了体系的黏度，从而延缓了沉底和浮膏，所以常用作为乳化液的稳定剂。

另外乳化剂的用量必须适当，过少则不能将整个界面覆盖；过多会在连续相中形成胶束，从而加强了油相物质在水相中的溶解（增溶），而加速了Ostwald熟化。

2. 农药乳化剂表征方法

（1）HLB值　表面活性剂在不同性质溶液中所表现出来的活性，可由其HLB值来表示，HLB值越低，表面活性剂的亲油性越强；HLB值越高，表面活性剂的亲水性越强。HLB值可作为选择和使用表面活性剂的一个定量指标，同时，根据表面活性剂的HLB值，也可以推断某种表面活性剂可用于何种用途或用于设计合成新的表面活性剂的计算指标。

测定HLB值的方法最早由Griffin提出，该法烦琐且耗时，后来Griffin提出用下列经验式计算某些非离子型表面活性剂的HLB值。

① 质量分数法（基团重量法）：对于有聚氧乙烯基类和多元醇类的非离子型表面活性剂：HLB=20MH/M，式中，MH为亲水基部分的分子量；M为总的分子量。

② 皂化值法：对于多数多元醇的脂肪酸酯类表面活性剂，HLB=1−S/A，其中S代表表面活性剂多元醇酯的皂化值；A代表成酯的脂肪酸的酯值。

③ 对于皂化值不易测定的多元醇乙氧基化合物：HLB=$(E+P)/5$，式中E为表面活性剂的亲水部分，即乙氧基的质量分数；P为多元醇的质量分数。

④ 混合表面活性剂的HLB值具有加和性：2两种表面活性剂混合之后的HLB值为两者的加权平均值。

（2）表面张力　表面张力是液体表面层由于分子引力不均衡而产生的沿表面作用于任一界面上的张力。通常，由于环境不同，处于界面的分子与处于相本体内的分子所受力是不同的。在水内部的一个水分子受到周围水分子的作用力的合力为0，但在表面的一个水分子却不如此。因上层空间气相分子对它的吸引力小于内部液相分子对它的吸引力，所以该分子所受合力不等于零，其合力方向垂直指向液体内部，结果导致液体表面具有自动缩小的趋势，这种收缩力称为表面张力。表面张力（surface tension）是物质的特性，其大小与温度和界面两相物质的性质有关。其测定方法有：

① 毛细管高度法。毛细管插入液体后，按静力学关系，液体在毛细管内将上升一定高度，此高度与表面张力值有关。本法理论完整、操作简单，有足够的精确度，是重要的测定方法。欲得准确结果，应注意毛细管内径均匀，液体与毛细管的接触角必须是零，基准液面应足够大，一般认为直径应在10cm以上液面才能看作平表面，同时要校正毛细管内

弯曲面上液体的质量。

② 鼓泡压力法。把毛细管插入液体中，鼓入气体形成气泡，压力升高到一定值时气泡破裂，此最大压差值与表面张力有关，因此也称最大压力法。此法设备简单，操作方便，但气泡不断生成可能扰动液面平衡，改变液体表面温度，因而要控制气泡形成速度，在实际操作中常用的是单泡法。

③ 滴重法和滴体积法。从一毛细管滴出的液滴大小与表面张力有关，直接测定落滴质量的叫滴重法，通过测量落滴体积而推算的叫滴体积法。由于液滴下落的不完整，也需要校正。

④ 悬滴法。从毛细管中滴出的液滴形状与表面张力有关。此法具有完全平衡的特点，也要有校正因子，但不算太复杂。主要困难在于需保持液滴形状稳定不变和防止振动。

⑤ 静滴法。此法也称停滴法。置液滴于平板上，它将形成一个下半段被截去完整的椭圆体，表面张力与密度差及外形有关，在外形中最重要的是其最大半径值。表达方式有3种不同计算方法，本法要求与固体接触角大于90°。

⑥ 拉环法。把一圆环从液体表面拉出时最大拉力与圆环的内外半径可决定表面张力。本法属经验力法，但设备简单，比较常用，要求接触角为零，环必须保持水平。

⑦ 吊片法。用打毛的铂片，测定当片的底边平行液面并刚好接触液面时的拉力，由此可算出表面张力，此法具有完全平衡的特点。这是最常用的实验方法之一，设备简单，操作方便，不需要密度数据，也不要作任何校正。它的要求是液体必须很好地润湿吊片，保持接触角为零，测定容器足够大。

（3）界面张力——悬滴法　从微观机理上讲，能否制得稳定乳状液与乳化剂扩散速度、界面层吸附速度和成膜分子间协同作用等因素有关，而这些信息可以通过测动态界面张力反映出来，因此测动态界面张力是研究乳状液稳定性微观机理的一条重要途径。测动态界面张力的方法很多，其中悬滴法（滴外形法的一种）是基于杨-拉普拉斯（Young-Laplace）方程建立的重要方法，上海梭伦信息科技有限公司提供的界面张力测定仪可有效测量两不相溶液体间的界面张力。

（4）临界胶束浓度　表面活性剂的表面活性源于其分子的两亲结构，亲水基团使分子有进入水的趋向，而憎水基团则竭力阻止其在水中溶解而从水的内部向外迁移，有逃逸水相的倾向，而这两倾向平衡的结果使表面活性剂在水表的富集，亲水基伸向水中，憎水基伸向空气，其结果是水表面好像被一层非极性的碳氢链所覆盖，从而导致水的表面张力下降。表面活性剂在界面富集吸附一般的单分子层，当表面吸附达到饱和时，表面活性剂分子不能在表面继续富集，而憎水基的疏水作用仍竭力促使基分子逃离水环境，于是表面活性剂分子则在浓液内部自聚，即疏水基在一起形成内核，亲水基朝外与水接触，形成最简单的胶团。而开始形成胶团时的表面活性剂的浓度称为临界胶束浓度，简称CMC。当溶液达到临界胶束浓度时，溶液的表面张力降至最低值，此时再提高表面活性剂浓度，溶液表面张力不再降低而是大量形成胶团，此时溶液的表面张力就是该表面活性剂能达到的最小表面张力，用Γ_{CMC}表示。

测试方法：

① 表面张力：用表面张力与浓度的对数作图，在表面吸附达到饱和时，曲线出现转折点，该点的浓度即为临界胶束浓度。

② 电导率：用电导率与浓度的对数作图，在表面吸附达到饱和时，曲线出现转折点，

该点的浓度即为临界胶束浓度。

③ 其他溶液性质：原则上只要溶液性质随溶液中胶束的产生而发生改变，就存在一个与浓度曲线的转折点，从而通过作图得到临界胶束浓度。

（5）储存稳定性　水乳剂是通过输入能量和适当表面活性剂形成的一种O/W乳状液。因为体系具有大量表面能的存在，因而是一种热力学不稳定体系，液滴有自动聚结的趋势，即使使用最适宜的乳化剂所得到的乳状液也只有相对较好的稳定性。Turbiscan全能稳定性分析仪是用于对浓缩乳液体系进行垂直扫描从而判断其稳定性的分析仪。仪器应用多重光散射的原理，即散射光强度是直接取决于分散相的浓度（体积分数）和平均直径，收集透射光和背散射光的数据。得到的图形在浓度上和粒子直径上表征了样品的均匀性，编辑其测量次数，然后沿着样品不断重复扫描，从而得到一张表征产品稳定性或不稳定特征的指纹图谱。从图谱可辨别系列指标的变化率，如粒径、浓度、比表面积、黏度等，进而对长期储存稳定性进行预测。

（6）粒径大小及分布　乳液粒径是乳化剂匹配与否的重要指标之一，激光粒度仪是采用光散射原理测量颗粒粒径大小的分析仪器，从图谱可辨别粒径大小与分布，根据奥氏熟化理论，窄粒径分布有利于乳液或分散体系的稳定。

（7）离心稳定性　乳状液中液滴粒径不一样，密度不一样，在高速离心条件下，沉降速度不一样，粒径大的易下沉，而密度小的易上浮。在相同转速相同时间内，相分离小的乳液稳定性好。

（8）Zata电位法　当乳化剂在乳状液上包裹时，可改变原药表面的润湿性能，并使液滴产生空间稳定性或静电稳定性，拟或二者均存在。荷电分散剂产生的主要是静电稳定性。在外加电场作用下，荷电颗粒外围双电层会产生分离，形成滑动面，此处的动电位就叫Zeta电位（ζ电位）。Zeta电位数值的大小可以衡量乳化剂荷电情况以及对固体吸附的强弱，从而判别乳化分散作用的效果以及所形成分散体系的稳定性。大量实验结果表明，液滴表面电荷密度越高，Zeta电位绝对值越大，颗粒间静电排斥力越强，体系稳定性越好。

四、乳化剂主要品种与质量控制

常见农药乳化剂有非离子表面活性剂、磷酸酯类阴离子表面活性剂、磺酸盐类阴离子表面活性剂、羧酸盐类阴离子表面活性剂。

1. 非离子表面活性剂

非离子表面活性剂在水中不成离子状态，在溶液界面上，分子容易靠拢，形成疏水基密度较大的膜，性质较接近碳氢液体的表面，有较高的表面活性，其乳化力一般比其他类型的表面活性剂都强。常用的乳化剂有脂肪醇聚氧乙烯醚、烷基酚聚氧乙烯醚、烷醇酰胺聚氧乙烯醚、脂肪酸聚氧乙烯醚、脂肪胺聚氧乙烯醚、植物油聚氧乙烯醚、多芳基酚聚氧乙醚（甲醛缩合物）、烷基酚聚氧乙烯醚甲醛缩合物、烷基糖苷、嵌段聚醚、聚甘油醚脂肪酸酯、羟基硬脂酸聚乙二醇酯、聚氨酯等。由于烷基酚聚氧乙烯醚的生物降解性差和对鱼类的毒性，在农药工业中的应用逐渐受到限制，用量逐渐减少。而脂肪醇聚氧乙烯醚是非离子表面活性剂中品种最多、用量最大和最有发展前途的一种。

（1）烷基酚聚氧乙烯醚（NPE）　常见烷基酚有辛基酚和壬基酚，其与环氧乙烷聚合形成相应的烷基酚聚氧乙烯醚，早期壬基酚聚氧乙烯醚（NPE）在纺织生产中常被用作乳化剂，在农药乳油、油悬浮剂、水乳剂等体系中也常作乳化剂。但该物质被排放到环境中会迅速分解成壬基酚（NP）。壬基酚（NP）是一种公认的环境激素，它能模拟雌激素，对生物的性发育产生影响，并且干扰生物的内分泌，对生殖系统具有毒性。同时，壬基酚（NP）能通过食物链在生物体内不断蓄积，因此有研究表明，即便排放的浓度很低，也极具危害性。2011年初，中国环境保护部和中华人民共和国海关总署发布的《中国严格限制进出口的有毒化学品目录》中已首次将壬基酚（NP）和壬基酚聚氧乙烯醚（NPE）列为禁止进出口物质。我国出口欧美或东南亚一些国家的农药制剂中已明确限制了NPE含量。2014年我国农药助剂管理中已明确将壬基酚及其衍生物列入禁限目录，预计近期将实施。

具有较高环氧乙烷加成数的壬基酚聚氧乙烯醚如NP-30、NP-50、NP-100具有良好的乳化能力，通常应用于水乳剂、悬浮剂和固体制剂中，可提高制剂乳化稳定性；而低环氧乙烷加成数的壬基酚聚氧乙烯醚如NP-4、NP-7、NP-8.6、NP-10、NP-15常常应用于油可分散悬浮剂、乳油等体系中，能够有效乳化植物油、芳烃溶剂。同时NPE具有较低的表面张力，能够有效提高制剂的润湿渗透力，常见烷基酚醚乳化剂与供应商见表2-1。

表2-1　常见烷基酚醚乳化剂与供应商

商品名称	有效成分	用途	供应商
TX、OP	NP+*n*EO	EW、EC、SL、OD	江苏嘉丰化工有限公司、江苏凌飞科技股份有限公司、中石油吉林石化有限公司、浙江三江石化有限公司、台湾磐亚化工有限公司
Tersperse 4896	NP + PO + EO	EW、EC、SC	HUNTSMAN、Croda

（2）脂肪醇聚氧乙烯醚（AEO）　脂肪醇聚氧乙烯醚的结构式为：$R—O(C_2H_4O)_nH$。

脂肪醇聚氧乙烯醚因脂肪醇碳原子数和环氧乙烷数的不同而有许多品种，高碳数醇C_{12}～C_{14}接4～9个环氧乙烷，是优良的油溶性乳化剂；而C_{16}～C_{18}醇接15～50个环氧乙烷，是优良的水乳剂用乳化剂，低碳醇如正丁醇接环氧丙烷再接环氧乙烷，当分子量达到4000以上时，可应用于水乳剂、悬浮剂中，起到良好的乳化稳定作用。仲醇的乙氧基化物生物降解性能好、润湿渗透性能好，当环氧乙烷数达到30以上时，可作为乳化剂制备稳定的水乳剂，常见脂肪醇醚产品与供应商见表2-2。

表2-2　常见脂肪醇醚产品与供应商

商品名称	有效成分	用途	供应商
AEO 系列	C_{12} ～ C_{14}+*n*EO	AS、EW、EC	海安石油化工厂
异构醇醚 1300 系列	C_{13}+*n*EO	AS、EW、EC	海安石油化工厂
平平加	C_{16} ～ C_{18}+*n*EO	EW、EC	海安石油化工厂
Atlax G-5000	丁醇+ PO + EO	EW、EC、SC	CRODA
Atlox G-5002	丁醇+ PO + EO	EW、EC、SC	CRODA
Ethylan NS-500LQ	丁醇+ PO + EO	EW、EC、SC	AKZONOBEL
Ethylan NS-500K	丁醇+ PO + EO	EW、EC、SC	AKZONOBEL
Atlox 4894	脂肪醇 +PO+EO	EW、EC、SC	HUNTSMAN
Antarox B 500	丁醇+ PO + EO	EW、EC、SC	RHODIA

（3）脂肪胺聚氧乙烯醚（TAE）　脂肪胺聚氧乙烯醚（简称胺醚）是一种特殊的非离子表面活性剂，其分子中有2个聚氧乙烯醚链、1个氮原子和1个长链脂肪基。在用于农药制剂配方时，这种具有特殊结构的胺醚显示了乳化、渗透、黏着、杀菌等特性。通常应用于AS

体系，常见脂肪胺聚氧乙烯醚见表2-3。

表2-3　常见脂肪胺聚氧乙烯醚

商品名称	有效成分	用途	供应商
AC-1800 系列	十八胺 +*n*EO	AS、EW	海安石油化工厂
AC-1200 系列	十二胺 +*n*EO	AS、EW	海安石油化工厂
Fentacare 1200 系列	十二胺 +*n*EO	AS、EW	Solvay
Fentacare co	椰油胺 +*n*EO	AS	Solway
Fentacare so	硬脂胺 +*n*EO	EW	罗地亚飞翔
Fentacare 1800 系列	十八胺 +*n*EO	AS、EW	罗地亚飞翔
Fentacare T 系列	牛脂胺 +*n*EO	AS	罗地亚飞翔
Fentacare O 系列	油胺 +*n*EO	EW	罗地亚飞翔
Ethomeen T	牛脂胺 +*n*EO	AS	AKZONOBLE
Ethomeen C	椰油胺 +*n*EO	AS、EW	AKZONOBLE
Teric 16M	烷基胺 +*n*EO	AS、EW	HUNTSMAN
Teric CME	椰油酰单乙醇胺 +*n*EO	EW	HUNTSMAN
Synprolam™ 35X15	烷基胺聚氧乙烯醚	AS、EW	CRODA

有实验结果比较了两种助剂对草甘膦摄入的影响，脂肪胺仲醇聚氧乙烯醚是TA15EO展布因子的2倍，但在改善草甘膦摄入方面都不如TA15EO有效，特别是在后一阶段。Holloway等曾对包括脂肪胺聚氧乙烯醚在内的3类聚氧乙烯醚表面活性剂对植物（小麦、蚕豆）摄入草甘膦异丙胺盐的性能所产生的影响进行过较系统的研究。最后的结论是对于像草甘膦这类水溶性极好、吸水性极强的活性物质，只有使用HLB较高、吸水性较好、EO含量较高的表面活性剂作助剂，才会改善、促进和优化植物对草甘膦的摄入，从而提高草甘膦的除草活性。牛脂胺聚氧乙烯醚不仅能促进草甘膦的吸收，还改善其在植物内部组织中的传导。值得指出，如若助剂量添加合适，使用对象和条件恰当，不仅能提高植物组织内部传导的草甘磷绝对量，还能提高相对于摄入的草甘膦传导量。

（4）烷基糖苷（APG）　牛脂胺聚氧乙烯醚作为农药草甘膦广泛使用的专用助剂，虽然有良好的增效性能，价格也较便宜，但仍有比较严重的缺点，特别是它对皮肤和眼睛有较大的刺激性，对鱼类等水生生物有较高的毒性。为此，近年市场上已经陆续出现其替代商品。其中，特别值得指出的是Zeneca公司在其推出的草甘膦三甲基硫盐制剂中，使用的便是烷基多苷（alkyl Polyglucoside，APG）助剂。据报道，它的烷基碳链长为10，糖苷平均聚合度为1.4。这类助剂除具有毒性低、生物降解容易等特点外，其另一长处是以可再生资源作为原料，即分别以淀粉和植物油用作苷基和烷基的原料，常见农药用烷基糖苷见表2-4。

表2-4　常见农药用烷基糖苷

商品名称	有效成分	含量 /%	供应商
APG0810	C_8 ~ C_{10} 烷基糖苷	50	扬州晨化集团
APG1214	C_{12} ~ C_{14} 烷基糖苷	50	扬州晨化集团
APG0814	C_8 ~ C_{14} 烷基糖苷	50	扬州晨化集团

续表

商品名称	有效成分	含量 /%	供应商
APG0810	C_8 ~ C_{10} 烷基糖苷	50	宜兴金兰化工
APG1214	C_{12} ~ C_{14} 烷基糖苷	50	宜兴金兰化工
APG0810	C_8 ~ C_{10} 烷基糖苷	50	上海经纬化工
APG1214	C_{12} ~ C_{14} 烷基糖苷	50	上海经纬化工
APG0810	C_8 ~ C_{10} 烷基糖苷	50	中轻物产化工
APG1214	C_{12} ~ C_{14} 烷基糖苷	50	中轻物产化工
APG0814	C_8 ~ C_{14} 烷基糖苷	50	中轻物产化工
ALKADET 15	C_8 ~ C_{10} 烷基糖苷	70	HUNTSMAN
ALKADET 20	C_8 ~ C_{10} 烷基糖苷	60	HUNTSMAN
ECOTERIC 7500	C_{10} ~ C_{12} 烷基糖苷	50	HUNTSMAN
Lutensol GD 70	C_8 ~ C_{10} 烷基糖苷	70	BASF
Agrimul 64PG	C_9 ~ C_{11} 烷基糖苷	70	HENKEL
Triton CG50	烷基糖苷	50	DOW
Monatrope 1620	烷基糖苷	50	CRODA

（5）多芳基酚聚氧乙烯醚（TSPE）或甲醛缩合物　多芳基酚聚氧乙烯醚或甲醛缩合物常见产品有农乳600#、1600#和400#，由于多芳基酚油头与农药结构相似，而环氧乙烷提供了良好的亲水性，与十二烷基苯磺酸钙复配广泛应用于农药乳油制剂，与壬基酚聚氧乙烯醚等复配应用于微乳剂制剂，聚氧乙烯醚单元数高，乳化稳定性好。TSPE或甲醛缩合物常用于乳油、微乳剂、悬浮剂、水乳剂中，起到良好的乳化稳定作用。常见多芳基酚聚氧乙烯醚或甲醛缩合物见表2-5。

表2-5　常见多芳基酚聚氧乙烯醚或甲醛缩合物

商品名称	有效成分	常见牌号	供应商
600#	三苯乙烯苯酚聚氧乙烯醚	601#、602#、603#、604#	江苏钟山化工有限公司、南京太化化工有限公司、靖江开元新材料有限公司、邢台蓝天精细化工有限公司、辽阳奥克化学有限公司
400#	二苯乙烯苯酚多聚甲醛缩合物	401#、404#	
嵌段聚醚	三苯乙烯苯酚聚氧丙烯聚氧乙烯共聚物	33# 34# 1601# 1602#	

（6）蓖麻油聚氧乙烯醚　蓖麻油聚氧乙烯醚是一种酯型多元醇非离子表面活性剂，蓖麻油与环氧乙烷反应可制得蓖麻油聚氧乙烯醚，具有无毒、无刺激性、易降解等绿色表面活性剂的特点。正是由于蓖麻油聚氧乙烯醚的结构立体性，以及与植物油的相似性，被广泛应用于农药EC、OD、EW、SE等体系中，商品蓖麻油聚氧乙烯醚农化行业代号为BY系列，而在纺织清洗行业常称为EL系列，常见蓖麻油聚氧乙烯醚见表2-6。

表2-6　常见蓖麻油聚氧乙烯醚

商品名称	有效成分	用途	供应商
BY-110 BY-125 BY-140 EL-10、20、30、100	蓖麻油聚氧乙烯醚	EC、EW、OD	江苏钟山化工有限公司、南京太化化工有限公司、靖江开元新材料有限公司、邢台蓝星化工有限公司
Termul 2507	EL-32		HUNTSMAN
Termul 3512	EL-12		HUNTSMAN
Termul 3540	EL-40		HUNTSMAN
Emulpon CO	EL-*n*EO		AKZONOBEL

（7）聚氧乙烯脂肪酸酯　聚氧乙烯脂肪酸酯是脂肪酸如油酸、硬脂酸或椰油酸等在催化剂作用下，与环氧乙烷聚合，或由脂肪酸与聚氧乙烯醚酯化形成的一类双亲性表面活性剂。因来源不一样，有动物脂肪酸和植物脂肪酸。植物脂肪酸因双键含量高，产品流动性好，但易氧化变色。一般认为当聚氧乙烯醚聚合度在3～10时，产品具有良好的乳化效果，而聚合度40以上时具有良好的增稠作用，常见聚氧乙烯醚脂肪酸酯见表2-7。

表2-7　常见聚氧乙烯醚脂肪酸酯

商品名称	有效成分	用途	供应商
A-103	聚氧乙烯油酸酯	EC、EW、OD	江苏钟山化工有限公司、南京太化化工有限公司、海安石油化工厂、邢台蓝星化工有限公司、江阴华元化工有限公司
A-105			
A-110			
OE-6			
EM 07			EVONIK
TAGAT® V 20			
Myrj™ S50	硬脂酸酯	EW	CRODA
Myrj™ S100			

（8）环氧乙烷/环氧丙烷嵌段共聚物　环氧乙烷（EO）/环氧丙烷（PO）共聚醚是一种重要的非离子型表面活性剂，其性能与其分子结构密切相关，可以通过分子量以及EO和PO比例和嵌段方式进行调控，嵌段共聚物是一类重要的两亲分子，商品名称为Pluronic。这种三嵌段共聚物在水溶液中常自发形成多分子聚集的胶束。其内核以疏水PPO嵌段为主成分，掺有若干的PEO嵌段，其余的PEO嵌段环绕在外构成外壳。这种胶束结构能在水溶液中良好分散，PPO为主成分的内核为水相提供了局部疏水微环境，因此可以增溶油溶性化合物。研究表明，合适的Pluronic嵌段共聚物胶束对稠环芳烃化合物具有相当强的增溶能力，显示出的可观增溶量大大超过了通常烷烃链表面活性剂胶束的增溶量。实验表明：稠环芳烃分子被增溶在胶束内核中，这样造成Pluronic胶束增溶量大的原因除了其内核组成对稠环芳烃的强亲和力外，所形成的大体积内核被证实是重要的因素，而后者恰恰是烷烃链表面活性剂胶束所无法实现的。嵌段聚醚常常应用于农药悬浮剂、水乳剂、水分散粒剂等农药工业中，起消泡、乳化、增稠等功能。由于嵌段聚醚乳化剂在油水界面能够形成致密的界面膜和具有强大的空间稳定作用，在农药水乳剂制备中被广泛使用，且都获得了很好的使用效果。

巴斯夫公司的Pluronic PE（PO-EO嵌段聚醚）系列乳化剂是品种最齐全，质量最好的产品之一。宁柏迪公司的分散乳化剂Emulson AG PE、Emulson AG 104、Emulson AG 105均属于非离子EO-PO嵌段共聚物，在油-水界面上吸附并形成致密吸附层，具有良好的“空间包裹”效应，对液滴的进一步靠近产生空间位阻作用，能有效平衡被乳化的油相粒子在垂直方向上的重力（向下）和运动阻力（向上），防止水乳剂的絮凝、分层、破乳等现象的发生。BASF Pluronic产品牌号及特征见表2-8。

表2-8 BASF Pluronic产品牌号及特征

商品	EO含量/%	分子量	商品	EO含量/%	分子量
PE 3100	10	1000	PE 9400	40	4600
PE 3500	50	1900	PE 10100	10	3500
PE 4300	30	1750	PE 10400	40	5900
PE 6100	10	2000	PE 10500	50	6500
PE 6120	12	2100	RPE 1720	20	2150
PE 6200	20	2450	RPE 1740	40	2650
PE 6400	40	2900	RPE 2520	30	3100
PE 6800	80	8000	RPE 2525	25	2000
PE 8100	10	2600	RPE 3110	10	3500
PE 9200	20	3650			5034

注：国内产品多以小分子量嵌段聚醚为主。

（9）山梨醇酯醚　斯盘类（Span）非离子表面活性剂是一种重要的多元醇型非离子表面活性剂，化学名为失水山梨醇脂肪酸酯或山梨糖酐脂肪酸酯。斯盘系列产品是不同种脂肪酸与失水山梨醇进行酯化反应的产物，其中失水山梨醇由山梨醇得到，山梨醇为六元醇，反应活性点较多，尤其是链两端的两个伯羟基表现出极大的活泼性，即1位、4位，2位、5位及3位、6位，使得生成的失水山梨醇是一个比较复杂的混合物，失水山梨醇还有少量的异山梨醇氧化物和未反应的山梨醇，其中以1位、4位失水山梨醇为主要成分。这些失水山梨醇组分与不同种类的脂肪酸以及与脂肪酸的投料比不同，经酯化可制备一系列牌号的斯盘产品。斯盘类非离子表面活性剂的失水山梨醇部分为亲水基团，脂肪酸部分为疏水基团，这种两性分子结构决定了它们的界面活性，与甘油脂肪酸酯相比，表面活性变化范围更大，降低界面张力的能力更强。以斯盘系列产品为原料进行乙氧基化反应，可得到一系列吐温（Tween）产品。斯潘和吐温是非常有名的非离子表面活性剂。其HLB（亲水亲油平衡值）为1.8~16.7，具有非常宽的范围。由于HLB 值的加和性，经任意选择和调配，可分别用于乳化、分散、增溶、润湿等各目标产物。斯盘和吐温在结构上为同系物，使用时通过两者的复配效果更好。农药工业中常应用于SC、EC、EW、OD等制剂中，主要山梨醇非离子表面活性剂见表2-9。

表2-9 主要山梨醇非离子表面活性剂

商品名称	有效成分	商品名称	有效成分
Span-20	山梨醇月桂酸酯	Tween-20	聚氧乙烯 (20) 山梨醇单月桂酸酯
Span-40	山梨醇单棕榈酸酯	Tween-40	聚氧乙烯 (20) 山梨醇酐单棕榈酸酯
Span-60	山梨醇单硬脂酸酯	Tween-60	山梨糖醇酐单硬脂酸酯聚氧乙烯 (20) 醚

续表

商品名称	有效成分	商品名称	有效成分
Span-65	山梨醇三硬脂酸酯	Tween-65	聚氧乙烯 (20) 山梨醇酐三硬脂酸酯
Span-80	山梨醇油酸酯	Tween-80	聚氧乙烯 (20) 脱水山梨醇单油酸酯
Span-85	山梨醇三油酸酯	Tween-85	聚氧乙烯 (20) 山梨醇酐三油酸酯

（10）聚甘油脂肪酸酯　聚甘油脂肪酸酯是一种多元醇酯类的非离子表面活性剂。它属于单甘酯的衍生物，但又不同于有机酸单甘酯，聚甘油脂肪酸酯是由甘油在一定条件下聚合生成一系列不同聚合度的聚甘油，再进一步同脂肪酸酯化而得的产品。正是由于其聚合度、脂肪酸种类以及酯化度的不同，使得聚甘油脂肪酸酯具有较宽范围的HLB值，亲水亲油性差异跨度大，因而可广泛应用到多个不同领域。聚甘油脂肪酸酯随着聚合度增加，亲水性增强，表面张力在聚合度4～5时最低，乳化能力随着脂肪酸数量增加而增强。聚甘油脂肪酸酯乳化能力比较见表2-10。

表2-10　聚甘油脂肪酸酯乳化力比较

产品	乳化力 /%	产品	乳化力 /%
四聚甘油月桂酸酯	14.67	二聚甘油油酸酯	51.39
三聚甘油月桂酸酯	15.34	四聚甘油棕榈酸酯	18.34
二聚甘油月桂酸酯	17.05	三聚甘油棕榈酸酯	28.70
四聚甘油肉豆蔻酸酯	16.70	二聚甘油棕榈酸酯	39.89
三聚甘油肉豆蔻酸酯	21.30	四聚甘油硬脂酸酯	19.67
二聚甘油肉豆蔻酸酯	27.47	二聚甘油硬脂酸酯	40.02
四聚甘油油酸酯	20.51	二聚甘油硬脂酸酯	45.67
三聚甘油油酸酯	43.36		

2. 磺酸盐类阴离子表面活性剂

阴离子表面活性剂是表面活性剂中发展历史最悠久、产量最大、品种最多的一类产品，其中，磺酸盐又是阴离子表面活性剂中产量最大、应用领域最广的一种。磺酸盐表面活性剂按亲油基或磺化原料可分为：① 烷基芳基磺酸盐（磺酸基在芳环上）；② 烷基和烯基磺酸盐；③ 聚氧乙烯醚硫酸酯盐（磺酸基在氧乙基链端）；④ 多环芳烃磺酸盐缩合物（磺酸基在芳环上）；⑤ 琥珀酸酯磺酸盐（磺酸在碳链上）等。

磺酸盐类表面活性亲水基团是磺酸基，磺酸盐类表面活性剂根据其结构的不同可分为传统型、双尾型（AOT类）、双子型（Gemini）等，具有优良的乳化性能，应用前景和市场价值广阔。

（1）烷基苯磺酸盐　常见农药工业应用的烷基苯磺酸盐有十二烷基苯磺酸钙（俗称农乳500#），有直链十二烷基苯磺酸钙与支链十二烷基苯磺酸钙之分。支链十二烷基苯磺酸钙是由四聚丙烯与苯烷基化反应生成十二烷基苯，再经三氧化硫磺化，在甲醇等溶剂中与碳酸钙反应、过滤、浓缩形成的，产品中游离的磺酸是控制质量的关键。因支链十二烷基苯磺酸钙具有在芳烃或醇类溶剂中溶解度好的特性，制备时便于过滤，复配时适用范围略宽于直链磺酸盐，在国内农药工业，尤其乳油制剂得到了广泛应用，但其生物降解性不及直链磺酸盐，国外仍以直链磺酸盐为主。但因农乳500#生产过程中，固体碳酸钙废渣对环境会产生二次污染，生产规模有所限制。

市场上常见的农乳500#为十二烷基苯磺酸钙溶液，其溶剂有甲醇、水与甲醇混合物、芳烃溶剂油、工业副产溶剂、丁醇、异辛醇及部分添加剂等，其中水与甲醇混合物为溶剂俗称“有水钙盐”，其他溶剂统称为“无水钙盐”。该类化合物主要应用于农药乳油制剂，也有少量应用于SC、SE、WP、ME等体系中。常见十二烷基苯磺酸钙见表2-11。

表2-11 常见十二烷基苯磺酸钙

商品名称	有效成分	含量/%	供应商
农乳有水钙盐	ABSCa+甲醇+水	70	江苏钟山化工有限公司、南京太化化工有限公司、靖江开元新材料有限公司、杭州益民化工有限公司
农乳无水钙盐	ABSCa+副产溶剂	50	
农乳无水钙盐	ABSCa+甲醇	70	
农乳506	LABSCa+正丁醇	60	
农乳507	LABSCa+异辛醇	70	
Nansa SS50	LABSNa+水	50	HUNTSMAN
Nansa HS90	LABSNa	90	
Nansa EVM50 50/NS	LABSCa+萘+丙二醇	50	
Nansa EVM62/H	ABSCa+异丁醇	61	
Nansa EVM70/2E	LABSCa+异辛醇+丙二醇	57	
Nansa YS 94	LABS异丙醇胺盐	96	
Witconate P5020 B	CaDDBS直链异丁醇溶液	70	AKZONOBEL
Witconate P1860	CaDDBS支链正辛醇溶液	60	
Witconate 79S	CaDDBS支链三乙醇胺盐丙二醇水溶液	60	

（2）聚氧乙烯醚硫酸酯盐　聚氧乙烯醚硫酸酯盐结构式为：$R—(OCH_2CH_2)_nOSO_3Na$。

聚氧乙烯醚硫酸酯盐是由含聚氧乙烯醚化合物经硫酸酯化、中和形成的一类同时具有阴离子与非离子表面性质的化合物。硫酸酯的存在，进一步提高了原聚氧乙烯醚的极性性能。该类化合物广泛应用于农药EC、OD等制剂体系中，提供良好的相容、乳化性能。其中脂肪醇聚氧乙烯醚硫酸盐、壬基酚聚氧乙烯醚磺酸盐甲醛缩合物（SOPA270）、芳基酚聚氧乙烯醚磺酸盐（甲醛缩合物）等已得到广泛应用，常见聚氧乙烯醚磺酸盐乳化剂见表2-12。

表2-12 常见聚氧乙烯醚磺酸盐乳化剂

商品名称	有效成分	含量/%	供应商
Elfanol 616	AEO琥珀酸酯二钠盐	40	AKZONOBEL
Rewopol SB FA 30	AEO琥珀酸酯二钠盐	40	EVONIK
DNS-1035	NPE磺化（基）琥珀酸单酯二钠	50	淄博市张店双益精细化工
Soprophor 4 D 384	多芳基酚醚硫酸酯	99	RHODIA
YUS-A51G	琥珀酸酯类磺酸盐		TAKEMOTTO
YUS-EP60P	琥珀酸酯类磺酸盐		

注：NPE代表壬基酚醚，AEO代表脂肪醇醚。

经过几十年的发展，工业生产磺酸盐类表面活性剂已比较成熟，实现了大吨位、大批量生产。然而醚硫酸酯类产品由于批量小，采用传统的三氧化硫或浓硫酸酯化工艺易产生废水，目前已基本采用氨基磺酸作为磺化剂，该工艺转化率难以控制、废渣多，且氨基磺酸在醚或水中有一定溶解度，易致产品呈现酸性，醚键在长期酸性条件下易分解导致产品有效含量降低。

3. 磷酸酯类阴离子表面活性剂

磷酸酯类表面活性剂是一种性能优良、应用广泛的阴离子表面活性剂，除了具有一般表面活性剂的特点外，还具有如下优良特征：

① 低刺激性：相对于其他表面活性剂而言，磷酸酯盐具有显著的低刺激性，非常适用于化妆品和日用化学品的制备。

② 低毒性：例如壬基酚聚氧乙烯醚磷酸酯对白鼠的半致死量LD_{50}为7～8.7 g/kg以上。

③ 显著的可生物降解性：由于磷酸酯良好的生物降解性，对环境污染周期短、程度小。

④ 优良的表面活性：磷酸酯类表面活性剂具有较低的表面张力和较好的润湿性，可用作渗透剂和润湿剂。

⑤ 良好的稳定性：对酸、碱、电解质具有良好的稳定性及耐高温性能，应用范围广。

⑥ 配伍性好：磷酸酯类表面活性剂与其他表面活性剂具有良好的互溶性和配伍性。可用于各类化学品的配制。

磷酸酯表面活性剂通常是单酯、双酯、三酯、未反应脂肪醇、聚磷酸酯和部分无机磷副产物的混合物，各组分的性能具有明显差异，磷酸双酯的水溶性差，乳化性好，临界胶束浓度（critical micelle concentration，CMC）低于单酯，表面张力比双酯高，双酯有利于水乳剂乳化稳定性。常见聚氧乙烯醚磷酸酯产品见表2-13。

表2-13 常见聚氧乙烯醚磷酸酯产品

商品名称	有效成分	用途	供应商
SEP-750A	脂肪醇醚磷酸酯盐	SC、EW、ME、OD	江苏擎宇化工科技有限公司
SEP-760A	芳基酚醚磷酸酯盐		江苏擎宇化工科技有限公司
SEP-720	壬基酚醚磷酸酯盐		江苏擎宇化工科技有限公司
WPJ	芳基酚醚磷酸酯与非离子混合物		江苏钟山化工
7227	芳基酚醚磷酸酯与非离子混合物		南京太化化工
Tersperse 2200	芳基酚醚磷酸酯盐		HUNTSMAN
Phospholan F546	壬基酚醚磷酸酯		AKZONOBEL
Phospholan CS	壬基酚醚磷酸酯		AKZONOBEL
Cresplus™ 1209	烷基磷酸酯		CRODA
Crodafos™ CO	脂肪醇醚磷酸酯		CRODA
Crodafos™ N	油酸醚磷酸酯		CRODA
Rhodafac BG 510	脂肪醇醚磷酸酯		RHODIA
Rhodafac RE 610 E	壬基酚醚磷酸酯		RHODIA
Soprophor 3 D 33	芳基酚醚磷酸酯盐		RHODIA
Emulson AG TRST	磷酸酯盐		Lamberti
Emulson AG TRSS	磷酸酯盐		Lamberti

农药工业用磷酸酯一般采用五氧化二磷为磷化剂，产物是单酯与双酯的混合物，单酯具有良好的平滑、润湿性能，而双酯具有较好的分散性能，因此控制单双酯比例是磷酸酯化的关键。

4. 低聚表面活性剂

低聚表面活性剂即由两个或多个同一种的表面活性剂单体，在其靠近亲水头基附近用连接基团通过化学键将两亲成分连接在一起，采用化学键而不是简单的物理方法，不仅保证了低聚表面活性剂活性成分间的紧密接触，而且不破坏头基的亲水特征，使得该表面活性剂呈现出较高的表面活性。农药工业具有代表性的产品为壬基酚聚氧乙烯醚甲醛缩合物磺酸盐（SOPA），该产品同时具有阴离子与非离子表面活性剂性质，广泛应用于农药可湿性粉剂、悬浮剂、干悬浮剂等体系中。常见农用低聚表面活性剂见表2-14。

表2-14　常见农用低聚表面活性剂

商品名称	有效成分	连接基	供应商
农乳 700#	壬基酚聚氧乙烯醚甲醛缩合物	亚甲基	江苏钟山化工
SOPA	壬基酚聚氧乙烯醚甲醛缩合物磺酸盐	亚甲基	江苏钟山化工
农乳 400#	多芳基酚聚氧乙烯醚多聚甲醛缩合物	多亚甲基	江苏钟山化工
SFR-01	多芳基双酚 A 聚氧乙烯醚磷酸酯盐	亚甲基	江苏钟山化工
农乳 700#	壬基酚聚氧乙烯醚甲醛缩合物	亚甲基	南京太化化工
SOPA	壬基酚聚氧乙烯醚甲醛缩合物磺酸盐	亚甲基	南京太化化工
农乳 400#	多芳基酚聚氧乙烯醚多聚甲醛缩合物	多亚甲基	南京太化化工
SOPA	壬基酚聚氧乙烯醚甲醛缩合物磺酸盐	亚甲基	江苏擎宇化工科技有限公司

5. 乳化剂质量控制

乳化剂单体因产品结构不一样，质量控制项目不一样。

（1）非离子单体质量控制　非离子表面活性剂一般是含活性氢（如羟基、氨基、酸基、酚基等）在催化剂（如氢氧化钾等）存在条件下，通入环氧化物聚合、酸中和制备。通常外观、浊点、聚乙二醇含量、分子量分布、羟值、水分、相容性等与合成工艺条件密切相关。非离子表面活性剂相关质量控制指标见表2-15。

表2-15　非离子表面活性剂相关质量控制指标

项目	与质量关联	控制办法
外观	外观深浅反映了反应过程中系统密闭程度和反应过程温度、时间，长时间、高温、空气进入均有可能造成颜色变深	用氮气置换时，尽可能时间长些，聚合温度控制适当，增加换热速度，加快环氧化物聚合速率
游离聚乙二醇含量	较高的 PEG，有效物含量少，降低产品使用效果	减少原料水分，聚合前加碱脱水尽可能充分，使用高效催化剂，提高环氧乙烷链转移速度，降低增长速率，采用高效的外循环喷雾聚合装置，提高聚合效率
浊点	对特定的亲油基团，环氧乙烷聚合度越高，浊点越高，亲水性越强；环氧丙烷聚合度越高，浊点越低，亲水性越弱。浊点的范围跟产品的纯度有一定关系，质量好、纯度高的产品浊点明显，质量差的不明显	采用高效催化技术和先进的自动化外循环喷雾聚合装置，减少原料水分与环氧化物醛的含量，确保产品分子量呈正态分布
分子量分布	分子量分布和分布指数是反映产品质量的重要指标，分子量分布宽，分布指数大，浊点范围宽，乳化效果降低	选择高效催化剂、控制链增长与链转移速率，采用连续化生产、提高反应效率
羟值	通过化学方法测定平均分子量的另一个重要指标，低聚合度目标产品，设计分子量与理论分子量相近，而分子量≥ 2000 时，差别较大	选择高效催化剂、控制链增长与链转移速率，采用连续化生产、提高反应效率
水分	高环氧乙烷聚合度产品，易吸收空气中的水分，高水分对乳油制备不利	灌装过程中降低物料温度与环境湿度，采用密封性好的包装桶包装

另外AKZONOBEL的Nansa NS-500LQ，HUNTSMAN的TERSPERSE 4894、TERMUL 5030，CRODA的ATLOX G5002，TAKEMOTTO的YUS-CH7000，擎宇化工的SP-FS0333均是脂肪醇或酸聚氧丙烯聚氧乙烯醚，平均分子量为3000～5000，实践证明该类高分子量嵌段聚醚是农药悬浮剂、水乳剂、微胶囊悬浮剂等重要的乳化剂组成部分。调节环氧乙烷与环氧丙烷聚合比例与位置，在浊点相同时，以聚环氧丙烷结尾的产品低温乳化性能好，而以聚环氧乙烷封端的产品高温乳化性能好。

非离子表面活性剂与阴离子十二烷基苯磺酸钙复配制备乳油时，在同等合格条件下，复配乳化剂钙盐添加量范围越宽，总添加量越低，制剂稀释时适应温度范围越大，质量越好。

质量稳定的原料是制备合格的非离子表面活性剂的基础，常见的农药非离子表面活性剂用原料质量控制指标见表2-16。

表2-16　常见非离子表面活性剂质量控制指标

产品	控制指标	指标解读
环氧丙烷	水分/%　≤0.03 总醛（以丙醛计）/% ≤0.003 含量/%　≥99	水分或总醛增加，易形成副产聚丙二醇或烯丙醇醚等杂质
环氧乙烷	水分/%　≤0.03 总醛（以丙醛计）/% ≤0.003 三苯乙基苯酚（三苯＋四苯）/% ≥82%	
三苯乙烯苯酚	羟值/（mg KOH/g）130～145 水分/%　≤0.1 残酚/%　≤0.5	有效含量低或残酚高，产品亲油性差，乳化差；水分高易形成聚乙二醇醚副产；羟值与有效物存在对应关系

（2）磺酸盐　磺酸盐类表面活性剂是烯基、烷基苯、萘等经磺化、中和形成的碳硫相连的一类化合物，如十二烷基苯磺酸钠、萘磺酸盐甲醛缩合物等，通常聚醚类经硫酸酯化形成的碳氧硫键化合物也称为磺酸盐类。重要的质量指标见表2-17。

表2-17　磺酸盐表面活性剂质量指标

项目	质量指标意义	控制办法
外观	色深，磺化深度强，可能造成链断裂	控制磺化温度、磺化强度和磺化时间
游离油	需消耗额外助剂	尽量提高磺化深度
磺化深度	反映有效物含量	磺化剂与工艺的选择
无机盐	影响有效物含量、影响制剂稳定	洗涤等后处理除去
糖含量	影响有效物含量、影响制剂黏度	洗涤等后处理除去

（3）聚羧酸盐　聚羧酸盐类表面活性剂是由不同的乙烯基单体共聚、中和形成的一类化合物。因链段分布不一样，有嵌段“AB型”“ABA型”“梳形”等。聚羚酸盐表面活性剂重要的质量指标见表2-18。

表2-18　聚羧酸盐表面活性剂质量指标

项目	质量指标意义	控制办法
外观	色深	氮气封聚合体系
游离单体	需消耗额外助剂	尽量提高聚合转化率和除去单体
分子量及分布	分子量越大，分散越好	改进催化工艺
分子链节分布	分散效果差	采用可控聚合
无机盐	影响有效物含量、影响制剂稳定	洗涤等后处理除去

第二节 最新的农药乳化剂进展

传统农药剂型乳油由于加工简单、使用方便，曾为农业增产和农民增收作出了突出贡献，然而乳油使用需要大量挥发性芳烃有机溶剂。国家工业和信息化部发布公告称，自2009年8月1日起，不再颁发农药乳油产品批准证书，2014年发布了《农药乳油中有害溶剂的限量标准》，要求新登记的乳油产品需符合相关标准要求，以水或植物油代替芳烃有机溶剂制备环保型剂型。农药乳化剂不仅应用于传统的乳油制剂中，也是水乳剂、油可分散悬浮剂、微胶囊悬浮剂、水剂等必不可少的乳化剂，根据新剂型的需要，近年来具有大分子量、立体结构、易生物降解、复合功能、高效的乳化剂得以应用。

一、农药非离子乳化剂

非离子型乳化剂是传统的乳油制剂重要的乳化剂单体，是制备磷酸酯类、硫酸酯类、琥珀酸酯乳化剂的中间体。其特点是：具有非常宽的pH使用范围，耐酸碱、尤其在强酸性溶液中比较稳定，通过调整环氧乙烷与环氧丙烷聚合度实现亲水亲油性能调整，无腐蚀性。近年来出现了新结构、新功能的非离子乳化剂。

采用可再生资源制备表面活性剂，不消耗石化资源，生物降解性好，逐渐被科研人员所重视。丁秀丽等公开了以松香为原料、经马来酸酐加成，再与聚乙二醇催化酯化，制备了一类松香非离子型乳化剂，该类乳化剂在阿维菌素、菊酯类、三唑类、有机磷农药乳油中应用，制剂的润湿、渗透与乳化性能与传统的多芳基酚聚氧乙烯醚（600#）系列产品相当，乳化剂生物降解性能好。甘油为生物柴油生产时的副产物，环境友好，成本低。脂肪酸聚甘油酯是由甘油缩聚，再与脂肪酸酯化形成的，具有良好的乳化、增稠、稳定作用。甘油聚合度大小、脂肪酸类别与酯化深度决定了脂肪酸聚甘油酯的性能。田静等采用量子化学方法计算聚甘油和脂肪酸多聚甘油酯的分子结构参数，然后用逐步线性回归建立了脂肪酸聚甘油酯结构与性质（HLB值、CMC等）关系。王英等认为随着聚合度或烷基醇碳链的提高，烷基醇酰胺聚甘油酯对食用油的乳化性能增强，且该类产品生物降解性好，是潜在的水乳剂与油悬浮剂良好的乳化剂。

近年来，在满足基础乳化同时，多功能化是科研人员关注的方向之一。柴玲玲通过无溶剂合成蔗糖脂肪酸酯，菜籽油蔗糖酯的产率达72.4%。对产物进行红外光谱和核磁共振波谱分析，所得图谱符合目标物的结构特征。蔗糖脂肪酸酯临界胶束浓度（CMC）为2.99×10^{-3} mol/L，表面张力为29.4mN/m，乳化力为122s，浊点指数为9.86mL，HLB值为11.5，该类产品在水剂中具有良好的乳化稳定性，而且具有杀虫、抗菌、保鲜作用。程小苗等采用烯丙氧基壬基酚聚氧乙烯醚衍生物与辛基酚醚混合乳化剂，通过乳液聚合制备氯氰菊酯纳米微胶囊，得到相近粒径的纳米微胶囊，使用烯丙氧基壬基酚醚衍生物时效果最好，乳化剂用量较低，微乳液稳定。

二、大分子乳化剂

传统乳化剂分子结构的局限性有两个方面：其一，亲水基团在极性较低或非极性的液滴表面结合不牢固，易脱落导致乳化后的粒子重新聚集而破乳；其二，亲油基团不具备足够的碳链长度（最多为C_{18}衍生物），不能产生足够的立体屏障，难以起到空间稳定作用。大分子乳化剂是一类新型的聚合物型乳化助剂，适用于液滴在水性介质中的乳化与分散。大分子乳化剂分子结构上含有性能与功用均不相同的两个部分，其中一部分为锚固基团，能够通过离子键、共价键、氢键和范德华力等相互作用紧紧包裹在液滴表面，防止乳化剂脱附；另一部分为溶剂化链，它与介质具有良好的相容性，在介质中充分伸展，在液滴表面形成一定厚度的保护层膜。当有包裹有乳化剂的液滴互相靠近时，由于保护层的空间阻碍而使液滴相互弹开，从而实现液滴在水介质中的稳定乳化。

大分子乳化剂一般有AB型、ABA型和梳形嵌段共聚物，其中AB型最为稳定，ABA型锚固基团处于两端，易于架桥而破乳。郭晓晶等研究了聚异丁烯丁二酸山梨醇酯的制备和性能，实验结果表明，HLB值介于3～6，产品为油包水型乳化剂，与Span-80、聚异丁烯丁二酰亚胺相比，表面活性更强。李莉等公开了一种聚羟基硬脂酸聚乙二醇酯农药专用高分子乳化剂的制备方法与应用，在聚合度为2～7、聚乙二醇分子量为400～10000时，产品可用于提高菊酯类杀虫剂EW长期存储稳定性。邹晓东等采用溶液聚合法合成了苯乙烯-马来酸酐共聚物，经氨水水解，得到水溶性高分子乳化剂，并将该乳化剂与Tween-80混合作为复合乳化剂，应用于原位聚合法制备微胶囊。实验表明，复合乳化剂具有良好的分散乳化效果，制备的微胶囊表面形态规整、致密、粒径分布窄且稳定性好。顾秀花等采用自由基聚合合成了无规共聚物聚苯乙烯丙烯酸丁酯与甲基丙烯酸二甲氨基乙酯高分子阳离子乳化剂，将其用于苯丙乳液聚合中，添加量4%时，合成的乳液稳定性好，乳液粒径分布窄，涂膜性能较好。专利CN201110279485.9公开了丙烯酸（酯）、乙烯基化合物及丙烯酰胺等反相共聚形成的微交联结构高分子乳化剂，其中包含共价键、氢键和范德华力等作用力，在水中溶胀或溶解后，会形成微弱的架桥特征，这种特征可以对液滴（颗粒）起到包裹作用，更可防止液滴（颗粒）和液滴（颗粒）之间的团聚或聚集，起到非常好的悬浮稳定作用。该乳化剂在添加量较小的条件下，也能起到良好的乳化稳定性。

三、特种乳化剂

近年来也出现了些新型非离子润湿剂，如专利US2011/0021699和US2009/0221749分别公开了异氰酸酯与含羟基或伯氨基的化合物反应，形成聚氨酯非离子乳化剂，应用于涂料工业，对该类化合物在农药工业中应用具有借鉴意义。另外聚醚聚硅氧烷以其突出的水溶性、相容性、乳化性及表面活性，已广泛用作聚氨酯泡沫材料的匀泡剂；织物的亲水抗静电、柔软整理剂；高效乳化剂、消泡剂、涂料润湿剂、塑料添加剂及个人护理用品原料。聚醚改性硅氧烷磷酸酯是将聚硅氧烷通过聚醚改性，再与磷酸化试剂进行磷酸化反应而得到的产品。聚醚改性硅氧烷是由性能差别很大的聚醚链段与聚硅氧烷链段，通过化学键连接而成。亲水性的聚醚链段赋予其水溶性，疏水性的聚二甲基硅氧烷链段赋予其低表面张力，因而它既具有传统硅氧烷类产品的各项优异性能，如耐高低温、抗老化、疏水、低表面张力等，同时又具有聚醚链段提供的润滑作用、柔软效果、良好的铺展性和乳化稳定性等特殊性质。磷酸化反应后，分子结构中引入了可离子化的磷酸侧基，使得聚醚改性硅氧烷磷酸酯具有优异的润湿和分散性能。国内对聚醚改性硅氧烷磷酸酯的研究起步较晚，它已经成为表面活性剂研究的一个新方向。王桂莲等利用甲苯作溶剂合成聚醚改性硅氧烷，然后进行磷酸化合成了聚醚改性硅氧烷磷酸酯。王学川等利用自制的聚醚改性硅氧烷在无溶剂下进行磷酸化，并利用正交实验研究了聚醚改性硅氧烷磷酸化的主要因素，得到了磷酸化反应最优条件。专利US5070171和US5149765也公开了聚醚改性硅氧烷磷酸酯的制备方法：用烯丙基聚醚在铂催化剂作用下与含氢硅油进行硅氢化反应制得聚醚改性硅氧烷，而后由聚醚改性硅氧烷与磷酸化试剂反应制备聚醚改性硅氧烷磷酸酯。专利US5070171中除了介绍上述方法外，还提到另一种合成聚醚改性硅氧烷磷酸酯的方法：先将烯丙基聚醚的端羟基磷酸酯化，而后再与含氢硅油进行硅氢化加成反应制得最终产物。周宇鹏等总结了聚醚硅氧烷的合成方法与其在洗涤、消泡等领域的乳化性能。

柠檬酸具有3个羧基和1个羟基，具有醇和酸的性质。柠檬酸高级醇单、双酯是一类国际上比较流行的新型表面活性剂，该产品多数为单酯、双酯混合物，通过改变碳链长度及控制单、双酯的含量，可得到不同的HLB值的产品。此表面活性剂无污染，无激性，生降解好，具有优良的润湿、分散、乳化性能。毛培坤采用月桂醇聚氧乙烯醚与柠檬酸直接酯化合成的单烷基醚柠檬酸酯二钠盐，产品表面张力为37.2mN/m。马冰洁采用直接酯化法合成了辛醇柠檬酸单酯二钠盐，产品表面张力仅为23.9mN/m。据报道，Akzonobel推出了工业化产品ACDSEE系列柠檬酸酯产品，并详细开展了其在润湿、增效、乳化方面的应用研究。

第三节 农药乳化剂应用实例

农药乳化剂已较成熟地应用于农药乳油体系中，随着人们对环境保护意识的加强和政府对环境的保护，传统乳油逐渐向无溶剂或环保型溶剂如松脂基植物油、脱萘溶剂油、甲酯油等溶剂为主的乳油、油可分散悬浮剂、水乳剂、微胶囊悬浮剂转变，传统助剂的新应用和新产品层出不穷。以下为采用新型溶剂、高分子乳化剂、嵌段聚醚、松香聚醚、传统乳化剂制备的EC、OD和EW的应用示例，见表2-19～表2-22。

表2-19 传统乳化剂在以新型溶剂为基础的乳油中应用

配方		配方	
氯氰菊酯 10% ME		功夫菊酯 110g/L EC	
氯氰菊酯原药（92%）	11%	功夫菊酯原药（95%）	116g/L
Antarox B/848	25%	Geronol TE/300	100g/L
水	34%	Rhodiasolv Green 25	794g/L
Rhodiasolv Polarclean	30%		
乙氧氟草醚 23% EC		啶虫脒 5% EC	
乙氧氟草醚原药（95%）	24.2%	啶虫脒原药（97%）	5.2%
Geronol TBE-724	10%	Geronol RH/796	10%
Rhodiasolv Polarclean	25.8%	Rhodiasolv Green 25	84.8%
Rhodiasolv ADMA10	40%		
毒死蜱 400g/L EC		敌稗 480g/L EC	
毒死蜱原药（99.1%）	404g/L	敌稗原药（99.1%）	404g/L
Geronol TE/300	100g/L	Geronol PR500/W	200g/L
Rhodiasolv Green21	641g/L	Rhodiasolv DVAP50	420g/L
戊唑醇 250g/L EC		甜菜宁 9%+ 甜菜安 7%+ 乙呋草磺 11% EC	
戊唑醇原药 95%	263.2g/L	乙呋草磺	11.5%
Rhodiasolv ADMA 10	383.8g/L	甜菜宁 97%	9.4%
Rhodiasolv Polarclean	255g/L	甜菜安 97%	7.4%
Geronol TEB-25	100g/L	Geronol PD	24%
		Rhodiasolv Match 35	补足

续表

甜菜宁 16%+ 甜菜安 16% EC		氟硅唑 420g/L	EC
甜菜宁 97%	16.5%	氟硅唑（93.2%）	451g/L
甜菜安 97%	16.5%	Rhodacal 60/BE	50g/L
Geronol PD	24%	Soprophor BSU	50g/L
Rhodiasolv Match 45	补足	Rhodiasolv RPDE	补足
2,4-D 异辛酯 60%	EC	苯醚甲环唑 250g/L EC	
2,4-D 异辛酯原药（90%）	67%	苯醚甲环唑原药（95.5%）	262g/L
Geronol CH/100	12.5%	Geronol FF/4-E	5g/L
Alkamuls OR/36	7.5%	Geronol FF/6-E9	5g/L
Rhodiasolv Polarclean	补足	Rhodiasolv Green 25	698g/L

注：数据来源：RHODIA产品手册。Rhodiasolv为索尔维环保溶剂，Geronol、Alkamuls为索尔维乳化剂复配物。

表2-20 高分子乳化剂应用

戊唑醇 25% EW		敌稗 480g/L EC（20 倍）	
戊唑醇	25%	敌稗原药	480g/L
SP-3502	15%	SP-3648	220g/L
水	6%	异氟尔酮	200g/L
癸酰胺	30%	150# 溶剂油	补足
环已酮	补足		
毒死蜱 40% EC（20 倍）		乙草胺 900g/L EC（20 倍）	
毒死蜱	40%	乙草胺	900g/L
Sp-3545	10%	SP-3590	80g/L
150# 溶剂油	补足	溶剂油	补足
高效氟吡甲禾灵 108g/L EC（增稠型）		阿维 5.4% EC（20 倍）	
高效氟吡甲禾灵	108g/L	阿维菌素（精粉）	5.4%
SP-116B	150g/L	SP-116B	30%
SP-119B	300g/L	环已酮	4%
150# 溶剂油	补足	植物油	补足 100%
360g/L 草甘膦 +60g/L 乙氧氟草醚 OD		咪鲜胺 450g/L EW	
草甘膦	360g/L	咪鲜胺	41%
乙氧氟草醚	60g/L	SP-3346C	10%
SP-3468	120g/L	二甲苯	10%
SP-3472B	20g/L	溶剂油	10%
有机土	6g/L	乙二醇	3%
油酸甲酯	补足	水	补足
毒死蜱 40% EW		精恶禾草灵 69g/L EW	
毒死蜱	40%	精恶禾草灵	69g/L
Sp-3336	10%	SP-3575	10g/L
150# 溶剂油	20%	溶剂油	180g/L
水	补足 100%	水	补足
2,4-D 异辛酯 1000g/L EC（20 倍）		丙环唑 40% EW	
2,4-D 异辛酯原药	1000g/L	丙环唑原药	40%
SP-35100	补足	溶剂油	21%
		SP-3336	10%
		水	补足

续表

噻苯隆 30% OD		炔螨特 73% EC	
噻苯隆	30%	73%炔螨特 EC	73%
SP-3468	12%	SP-3573	10%
有机土 LX-A01	1%	150# 溶剂油	补足
SP-3406	2%		
油酸甲酯	补足		
烟嘧磺隆 40g/L OD		代森锰锌 600g/L OD	
烟嘧磺隆	40g/L	代森锰锌	600g/L
SP-3469	180g/L	SP-3468	12%
有机土	10g/L	SP-3472B	4%
大豆油	补足	油酸甲酯	补足
20% 莠去津 +2% 烟嘧 +4% 硝基黄草酮 OD		噻嗪酮 8% SO	
莠去津	20%	噻嗪酮	8%
烟嘧磺隆	2%	环己酮	10%
SP-3468M	10%	SP-3708	20%
有机土	2%	油酸甲酯	补足
稳定剂	2%		
松脂基植物油	补足		

注：SP为江苏擎宇化工科技有限公司高分子乳化分散剂混合物。

表2-21　嵌段聚醚乳化剂的应用

炔螨特 570g/L EW		咪鲜胺 45% EW	
炔螨特	54%	咪鲜胺	45%
环氧大豆油	5%	Solvesso 150	5%
Termul 5030	4.0%	Termul 5030	1.2%
有机硅消泡剂	0.2%	有机硅消泡剂	0.2%
乙二醇	5%	乙二醇	5%
水	补足	水	补足
毒死蜱 40% EW		二甲戊乐灵 330EW	
毒死蜱	40%	二甲戊乐灵	33.9%
Termul 200	2.5%	Solvesso 200	30%
Termul 2507	2.5%	Termul 5030	4%
增稠剂	0.1%%	丙二醇	5%
水	补足	水	补足
毒死蜱 480g/L EC（20 倍）		丙环唑 40% EW	
毒死蜱	480g/L	丙环唑原药	40%
Nansa EVM70/B	55g/L	Solvesso 150	15%
Termul 200	45g/L	Termul 5036	4%
150# 溶剂油	补足	丙二醇	5%
		有机硅消泡剂	0.1%
		水	补足
三唑磷 400g/L EC		精恶禾草灵 6.9% EW	
三唑磷	400g/L	精亚禾草灵	6.9%
Nansa EVM70/B	24g/L	解草酯	2.6%
Termul 2507	16g/L	Solvesso 150	13.5%
Teric N13	40g/L	Solvesso 200	18.5%
NMP	100g/L	Terwet 1118	8%
溶剂油	补足	Termul 5030	1.5%
		增稠剂	0.08%
		水	补足

续表

氯氰菊酯 25% EW		乙草胺 900g/L ULV	
氯氰菊酯	25%	乙草胺	900g/L
Sponto 4068	7%	Sponto AP201	40g/L
Ethylan 500LQ	0.5%	Ethylan 500LQ	40g/L
二甘醇	10%	二甲苯	补足
黄原胶（30%）	0.55%		
苯甲酸钠	0.1%		
水	补足		

注：嵌段聚醚为代表的乳化剂在乳油、水乳剂中的应用，数据来源于HUNTSMAN《农化助剂应用手册2014版》。

丁秀丽等在松香分子中引入新颖的亲油基团，提高与多种农药分子的亲和性，通过调节亲油部分的化学结构和组成，调节亲水部分聚乙二醇醚的链长，获得了一系列不同表面化学性能的改性松香聚乙二醇酯高分子乳化剂。并以自制乳化剂DS-R3和DS-R7为例说明该类化合物具有与农乳600#和1600#相似的功能，可用于农药乳油的制备。

表2-22　松脂基乳化剂应用

乳油样品	乳化剂及总用量		溶剂	乳油样品	乳化剂及总用量		溶剂
	阴离子 / 非离子	用量 /%			阴离子 / 非离子	用量 /%	
2.5% 高效氟氯氰菊酯 EC	500#/1601	10	松基油	1.8% 阿维菌素 EC	500#/1601	12	松基油
		8	S-200			12	S-200
	500#/DS-R7	10	松基油		500#/DS-R3	12	松基油
		8	S-200			12	S-200
10% 联苯菊酯 EC	500#/1601	8.5	松基油	5% 阿维菌素 EC	500#/601/BY	14	松基油
		9	S-200			13	S-200
	500#/DS-R7	9	松基油		500#/DS-R3/BY	14	松基油
		10	S-200			13	S-200
40% 毒死蜱 EC	500#/1601	8.5	松基油	5% 甲维盐 EC	500#/601/JFC/BY	16	松基油
		9.5	S-200			12	S-200
	500#/DS-R7	8	松基油		500#/DS-R3/JFC/BY	16	松基油
		9	S-200			12	S-200
40% 辛硫磷 EC	500#/1601	10	松基油	25% 丙环唑 EC	500#/601	10.5	松基油
		6	S-200			12	S-200
	500#/DS-R3	10	松基油		500#/DS-R7	10	松基油
		—	S-200			11	S-200
10% 氰氟草酯 EC	500#/1601	10	松基油	50% 苯醚甲环唑 · 丙环唑 EC	500#/1601	10.5	松基油
		10.5	S-200			10	S-200
	500#/DS-R3	10	松基油		500#/DS-R7	10	松基油
		11	S-200			11	S-200

第四节　农药乳化剂工程化技术

一、高分子乳化剂

由不同的乙烯基单体共聚，形成的分子量可调节、侧链可控制的高分子表面活性剂在水乳剂、水悬浮剂、微胶囊悬浮剂等制剂中广泛使用，见表2–23。

1. 原料

表2–23　高分子乳化剂

名称	质量分数 /%	备注
丙烯酸	15	含量＞99.5%
丙烯酰胺	5	含量＞99%
十八烷基二甲基烯丙基氯化铵	6	
氢氧化钠	1.55	含量 90%
5# 矿物油	11	工业白油
甘油单月桂酸酯	2	
PEO(20) 甘油单硬脂酸酯	4	
癸二酸	0.1	
过硫酸铵	0.2	
去离子水	余量	

2. 乳化剂的制备

① 将去离子水、丙烯酸和癸二酸在反应釜中混合均匀，以设定的速度缓慢加入10%氢氧化钠水溶液，温度控制在70～72℃，在搅拌状态下，加入十八烷基二甲基烯丙基氯化铵和丙烯酰胺，溶解均匀，温度控制在48～50℃；

② 在乳化锅内加入5号白油、甘油单月桂酸酯，搅拌溶解均匀；

③ 将温度设定在40～42℃，在低速搅拌下、将步骤②得到的物质，以设定速度加入乳化锅内，加料完毕，搅拌均匀；

④ 加入过硫酸铵水溶液，聚合反应，温度为50～52℃；

⑤ 待反应完成后，加入POE(20)甘油单硬脂酸酯，搅拌均匀，即得所需的高分子乳化剂。

该乳化剂外观为黄色黏稠液体，pH=7.2，黏度8500mPa·s。

二、聚氧乙烯醚磷酸酯

聚氧乙烯醚磷酸酯是一种阴离子表面活性剂，兼有非离子和阴离子表面活性剂的特性，它具有优异的乳化、分散、润湿、抗静电、洗涤、缓蚀防锈等性能，易生物降解、毒性低、刺激性小，与其他表面活性剂一起使用时配伍性好，在农药、纺织、皮革、日用化学品等行业中应用广泛。近年来，国外在合成聚氧乙烯醚磷酸酯时对其分子结构进行修饰，正向“功能化”方向发展，我国在该系列产品的开发和应用研究方面也非常积极。

专利CN200610040761.5和CN03152833.3分别公开了采用多芳基酚甲醛树脂或多芳基双酚A树脂聚氧乙烯醚与磷酰化试剂磷酸酯化、有机胺中和形成的一类具有优良润湿分散性能的化合物。以多芳基酚聚氧乙烯醚甲醛缩合物磷酸酯盐为例说明其工程化。聚氧乙烯醚磷酸酯原料见表2-24。

1. 原料

表2-24　聚氧乙烯醚磷酸酯原料

名称	质量指标	备注
多芳基酚聚氧乙烯醚甲醛缩合物	浊点：82 ~ 87℃	根据需要调整
五氧化二磷	99%	
三乙醇胺	99%	

2. 设备

搪瓷酯化釜、中和釜等。

3. 工艺

包含三步，即五氧化二磷与醇醚酯化过程、水解过程和中和过程。

酯化过程：

$$Ar-O(EO)_nH+P_2O_5 \xrightarrow{溶剂} \underset{(MAP)}{Ar-O(EO)_n-\overset{\overset{\Large O}{\|}}{\underset{\underset{\Large OH}{|}}{P}}-OH} + \underset{(DAP)}{\left[Ar-O(EO)_n\right]_2\overset{\overset{\Large O}{\|}}{P}-OH} + \underset{(PAP)}{\left[Ar-O(EO)_n-\overset{\overset{\Large O}{\|}}{\underset{\underset{\Large OH}{|}}{P}}\right]_2O}$$

式中：Ar—为 PhCH(CH$_3$)— 取代的苯环，苯环上另有两个 —CH(CH$_3$)Ph 基团

水解反应：

$$\underset{(PAP)}{\left[Ar-O(EO)_n-\overset{\overset{\Large O}{\|}}{\underset{\underset{\Large OH}{|}}{P}}\right]_2O} \xrightarrow{H_2O} \underset{(MAP)}{Ar-O(EO)_n-\overset{\overset{\Large O}{\|}}{\underset{\underset{\Large OH}{|}}{P}}-OH}$$

向洁净的搪瓷釜中抽入醇醚、开动搅拌，在30 ~ 50℃条件下分批加入五氧化二磷，升温到60 ~ 80℃反应4h。添加五氧化二磷过快或温度过高，易导致物料碳化，醇醚与五氧化二磷摩尔比宜根据单双酯的要求确定。P_2O_5的结构一般认为是P_4O_{10}呈四面体结构，上述反应较复杂，除生成单酯、双酯和少量聚酯外，另有少量无机多聚磷酸生成。

水解反应可将多聚磷酸酯转化为单酯、双酯，也可将双酯转化成单酯，同时生成游离的磷酸。通过控制加水量、水解时间和温度来达到控制单、双酯的目的。采用电位滴定法可测得磷酸单酯、双酯和游离磷酸的含量，双酯含量越高，分散性能越好，单酯含量越高，润湿和平滑性能越佳。水解温度为50 ~ 90℃，时间为2 ~ 6h。

中和反应：

根据用途不同选择如一乙醇胺、二乙醇胺、三乙醇胺、异丙醇胺、三乙胺、碱金属氢氧化物中和。产品pH为中性。

$$Ar-O(EO)_n-\overset{O}{\overset{\|}{\underset{OH}{\underset{|}{P}}}}-OH \xrightarrow{2N(CH_2CH_2OH)_3} Ar-O(EO)_n-\overset{O}{\overset{\|}{P}}\begin{matrix}ONH(CH_2CH_2OH)_3\\ONH(CH_2CH_2OH)_3\end{matrix}$$

(MAP)

$$\left[Ar-O(EO)_n\right]_2-\overset{O}{\overset{\|}{P}}-OH \xrightarrow{N(CH_2CH_2OH)_3} \left[Ar-O(EO)_n\right]_2-\overset{O}{\overset{\|}{P}}-ONH(CH_2CH_2OH)_3$$

(DAP)

聚氧乙烯醚磷酸酯三乙醇胺盐典型质量指标，见表2–25。

表2–25　聚氧乙烯醚磷酸酯三乙醇胺盐典型质量指标

项目	典型数据	检测方法
外观（25℃）	黄色黏稠液体	目测
水溶性（25℃）	与水互溶	
旋转黏度（25℃）/mPa·s	6500	GB/T 15357—2014
表面张力（25℃，1% 水溶液）/（mN/cm）	32.5	GB/T 18396—2008
临界胶束浓度 /（10^{-2} mol/L）	4.7	GB/T 11276—2007
单酯含量 /%	35.4	非水电位滴定法
双酯含量 /%	58.9	

三、聚氧乙烯醚硫酸酯盐

聚氧乙烯醚硫酸酯盐是一种阴离子表面活性剂，兼有非离子和阴离子表面活性剂的特性，它具有优异的乳化、分散、润湿、抗静电、洗涤、缓蚀防锈等性能，易生物降解、毒性低、刺激性小，与其他表面活性剂一起使用时配伍性好，在农药、纺织、皮革、日用化学品等行业中应用广泛。其中壬基酚聚氧乙烯醚甲醛缩合物硫酸酯盐已工业化，在农药工业广泛应用。

1. 原料

聚氧乙烯醚硫酸酯盐原料见表2–26。

表2–26　聚氧乙烯醚硫酸酯盐原料

名称	质量指标	备注
多芳基酚聚氧乙烯醚甲醛缩合物	浊点：82 ~ 87℃	农乳 700#
氨基磺酸	＞ 98%	
尿素	N 含量＞ 24%	
氢氧化钠	＞ 99%	
甲醇	＞ 99%	

2. 设备

搪瓷酯化釜、压滤机、中和转化釜、冷凝器等。

3. 工艺

包含磺化、中和转化和过滤过程。

反应方程式：

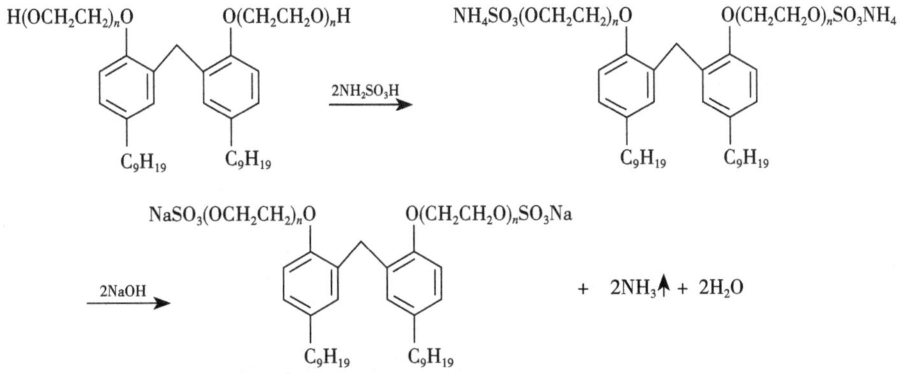

$H(OCH_2CH_2)_nO$　$O(CH_2CH_2O)_nH$　C_9H_{19}　C_9H_{19} $\xrightarrow{2NH_2SO_3H}$ $NH_4SO_3(OCH_2CH_2)_nO$　$O(CH_2CH_2O)_nSO_3NH_4$　C_9H_{19}　C_9H_{19}

$\xrightarrow{2NaOH}$ $NaSO_3(OCH_2CH_2)_nO$　$O(CH_2CH_2O)_nSO_3Na$　C_9H_{19}　C_9H_{19} $+\ 2NH_3\uparrow + 2H_2O$

磺化：向洁净的搪瓷釜中抽入醇醚、开动搅拌，在30～60℃下分批加入氨基磺酸和尿素，升温到100～140℃反应3～4h。醇醚、氨基磺酸和尿素摩尔比1∶2～5∶1～3为宜，通过测试有机硫含量控制产品转化率。

过滤：磺化完毕降温至50～60℃，加入总物料量45%的甲醇，搅拌均匀，过滤，收集滤液。

中和转化：将滤液升温至50～60℃，滴加50%的氢氧化钠水溶液，滴加完毕，保持负压脱除去氨味。氢氧化钠与醇醚摩尔比0.6～1∶1为宜。聚氧乙烯醚硫酸酯钠盐质量指标见表2–27。

表2–27　聚氧乙烯醚硫酸酯钠盐质量指标

项目	典型数据	备注
外观（25℃）	黄色黏稠液体	
水溶性（25℃）	与水互溶	
旋转黏度（25℃）/mPa·s	500	
表面张力（25℃，1%水溶液）/（mN/cm）	41.2	除去溶剂后测试
临界胶束浓度/（mmol/L）	0.0456	除去溶剂后测试
不挥发物含量/%	70	
有机硫含量/%	＞1.3	

四、十二烷基苯磺酸钙

十二烷基苯磺酸钙是重要的一类阴离子表面活性剂，有支链和直链十二烷基苯磺酸钙，商品常常为溶于特定溶剂的产品，常用溶剂有甲醇、丁醇、异辛醇、溶剂油、二氯丙烷等。

1. 原料

十二烷基苯磺酸钙原料见表2–28。

表2–28　十二烷基苯磺酸钙

名称	质量指标	备注
支链十二烷基苯磺酸	HG/T 3614—1999	
碳酸钙	HG/T 2226—2010	
甲醇	GB/T 338	可含水
溶剂油	GB/T 1922—2006	

2. 设备

搪瓷中和釜、压滤机、蒸馏釜、冷凝器等。

3. 工艺

包含中和、蒸馏过程。

合成路线：

中和：向洁净的中和釜中依次抽入十二烷基苯磺酸、甲醇并搅拌均匀，分批次加入碳酸钙，保温至pH值符合要求，过滤；

蒸馏：向蒸馏釜中抽入上述滤液和定量溶剂油，打开冷凝器和溶剂集收罐，升温蒸馏直至水分符合要求，降温放料。50%无水钙盐（溶剂油）质量指标见表2-29。

表2-29　50%无水钙盐（溶剂油）质量指标

项目	典型数据	备注
外观（25℃）	黄色黏稠液体	化学法
有效物/%	不小于50	
pH值（1%水溶液）	5.0 ~ 7.0	

五、聚乙二醇型非离子表面活性剂

聚乙二醇型非离子表面活性剂品种多、产量大，是非离子表面活性剂中的大类。凡具有活性氢的化合物均可与环氧乙烷缩合制成聚乙二醇型非离子表面活性剂，亲水性是靠分子中的氧原子与水中的氢形成氢键，产生水合物的结果。具有活性氢的化合物有脂肪醇、烷基酚、脂肪胺、脂肪酸、烷醇酰胺等。聚乙二醇链有两种结构，在无水时为锯齿形，而在水溶液中为曲折形，憎水基为—CH—，亲水基为醚键—O—；分子中环氧乙烷聚合度越大，即醚键越多，亲水性越强。

1. 原料

以蓖麻油聚氧乙烯醚（BY-125）为例，蓖麻油聚氧乙烯醚原料见表2-30。

表2-30　蓖麻油聚氧乙烯醚原料

名称	质量标准	消耗/（kg/t）
蓖麻油	GB/T 8234—2009	336
环氧乙烷	GB/T 13098—2006	670
氢氧化钾	GB/T 2306—2008	2
醋酸	GB/T 1628—2008	3

2. 设备

不锈钢聚合釜、滴加罐、真空泵等。

3. 聚合过程

聚合：向洁净的不锈钢反应釜中抽入336kg精制蓖麻油，加入2kg氢氧化钾，搅拌升温至105℃，抽真空0.5h，缓慢通入670kg环氧乙烷，控制温度为120 ~ 130℃，压力<0.3MPa，通完环氧乙烷后保温老化吸收到负压，抽真空至-0.09MPa，冷却测定浊点为82 ~ 87℃。降温加冰醋酸中和到中性。BY-125质量指标见表2-31。

表2-31 BY-125质量指标

项目	典型数据	备注
外观（25℃）	黄色黏稠液体	目测
pH（1% 水溶液）	5.0 ~ 7.0	pH 计
浊点（1% 水溶液）	82 ~ 87℃	
水分 /%	＜0.5	卡尔费休法

调节环氧乙烷的聚合度，分别可合成不同浊点的产品，可应用于农药乳油、水乳剂、油可分散悬浮剂等制剂中，能够起到良好的乳化作用。

六、环氧乙烷-环氧丙烷嵌段聚醚

环氧乙烷-环氧丙烷嵌段聚醚在农药制剂中被广泛应用，曾列入国家“十五”科技计划，目前低分子量（小于3000）的产品基本实现了工业化，而大分子量的嵌段聚醚基本为国外垄断，如BASF的PE10500、AKZONOBEL的500LQ、CRODA的G5002、HUNTSMAN的ATLOX4894等。适宜的催化剂可有效控制分子量的增长与链转移，提高分子量分布指数，降低副产聚乙二醇和聚丙二醇的杂质含量可提高产品质量。农乳33#原料见表2-32。

1. 原料

表2-32 农乳33#原料

名称	质量标准	消耗 /（kg/t）
三苯乙烯苯酚	—	253
环氧乙烷	GB/T 13098—2006	655
环氧丙烷	GB/T 14491—2015	88
氢氧化钾	GB/T 2306—2008	2
醋酸	GB/T 1628	2

2. 设备

不锈钢聚合釜、滴加罐、真空泵等。

3. 聚合

向洁净的不锈钢反应釜中抽入253kg三苯乙烯苯酚，加入2kg氢氧化钾，搅拌升温至105℃，抽真空0.5h，缓慢通入655kg环氧乙烷，控制温度为120～130℃，压力<0.3MPa，通完环氧乙烷后保温老化吸收到负压，再通入88kg环氧丙烷，通完老化吸收至负压，继续通剩余的环氧乙烷，通完老化吸收至负压，抽真空至-0.09MPa，冷却测定浊点为74～78℃。降温加冰醋酸中和到中性。农乳33#质量指标见表2-33。

表2-33 农乳33#质量指标

项目	典型数据	备注
外观（25℃）	黄色黏稠液体	目测
pH（1% 水溶液）	5.0 ~ 7.0	pH 计
浊点（1% 水溶液）	74 ~ 78℃	—
水分 /%	＜0.5	卡尔·费休法

参考文献

[1] 华乃震. 影响水乳剂稳定性因素与控制（上）. 世界农药，2010，32（4）: 1-4.

[2] 王正良，姚士强，肖鹏. 高含水油包水乳化液稳定性机理及实验研究. 机床与液压，1997，（5）: 48-52.

[3] 任智，程志荣，吕德伟，等. 界面结构和HLB乳化规则. 日用化学工业，2000（1）: 5-10.

[4] 舒清. 乳化剂结构与性能研究及其质量模型的建立. 爆破器材，2002，31（6）: 5-9.

[5] 张福贵，蒋家兴，万东华，等. Pluronics和卵磷脂混合载药乳化膜的稳定性. 应用化学，2007（7）: 747-751

[6] 邵维忠. 农药助剂. 北京：化学工业出版社，2003.

[7] 罗光华，郑典模，李广梅. 水乳液乳化剂的选择. 广东化工，2008，35（11）: 62-64.

[8] 姜英涛. 乳化剂的选择. 上海涂料，2007（2）: 38-39.

[9] 张坤玲，李瑞珍，卢玉妹，等. HLB值与乳化剂的选择. 石家庄职业技术学院学报，2004，16（6）: 20-23.

[10] 闵棋，朱君悦，段远源，等. 吊片法动态湿润实验系统. 工程热物理学报，2009，30（9）:1459-1462.

[11] 于军胜，张嘉云，张金花，等. 油水界面的膜弹性与乳状液的稳定性研究. 化学通报，1999（1）.

[12] 彭朴. 采油用表面活性剂. 北京：化学工业出版社，2003.

[13] 唐晓虹，吴崇珍，李成未，等. 脂肪醇聚氧乙烯醚的特性和应用. 日用化学品科学，2012，35（2）: 22-24.

[14] 鲁贵林，王万兴. 聚氧乙烯脂肪酸酯结构与性能关系的探讨. 精细石油化工，1995（6）: 12-14.

[15] 魏俊富，孙波泉，徐进云，等. 不同醚链结构丁醇聚氧乙烯醚/聚氧丙烯醚的性能研究. 精细化工，2002，19（8）: 60-62.

[16] 戚莉. 嵌段聚醚在农化工业中的应用. 第七届全国新农药创制学术交流会论文集，2007：471-474.

[17] 冯建国，张小军，赵哲伟，等. 农药水乳剂用乳化剂的应用研究现状. 农药，2012，51（10）: 706-709.

[18] 李岿. 斯潘类非离子表面活性剂的生产与应用. 精细石油化工进展，2005（1）: 39-43.

[19] 杨坤宇，蒋文伟，褚钰宇，等. 聚甘油脂肪酸酯的表面性能研究. 日用化学品科学，2010，33（5）: 25-27.

[20] 毛培坤. 表面活性剂产品工业分析. 北京：化学工业出版社，2003.

[21] 魏玉娟，师伟力. 磷酸酯类表面活性剂的现状与发展. 河北化工，2004（1）: 1-5.

[22] 丁秀丽. 松脂基非离子表面活性剂及其制备和应用. CN201110331870.3. 2011-10-26.

[23] 田静，莫蛮，刘学明，等. 脂肪酸多聚甘油酯分子结构与性能相关性研究. 化学研究与应用，2012，24（5）: 678-682.

[24] 王英，夏良树，夏岳韬，等. 烷基醇酰胺聚甘油醚的合成及性能. 化学工程，2012（4）.

[25] 柴玲玲. 蔗糖脂肪酸酯基表面活性剂的制备及性能研究. 陕西科技大学，2011.

[26] 李莉. 一种农药专用高分子乳化剂及其制备方法与应用. CN200810030281.X. 2008-08-20.

[27] 郭晓晶，谢丽，李斌栋，等. 新型高分子乳化剂的合成及其乳化性能研究. 化工时刊，2011，25（11）: 1-4.

[28] 邹旷东，傅相锴，龚永锋，等. 苯乙烯马来酸酐共聚物的合成及其在微胶囊制备中的乳化分散作用. 西南大学学报（自然科学版），2007, 29（3）: 32-36.

[29] 张磊. 农药用高分子乳化剂及其制备方法和在农药中的应用. CN201110279485.9. 2011-09-20.

[30] Pritschins, Wolfgang. Wetting agents and dispersant,and their use. US2011/0021699. 2009-02-19.

[31] Universal agents and dispersants based on isocyanate monoadducts,US2009/0221749.

[32] 王桂莲，刘燕军，葛启，等. 聚醚/磷酸酯改性聚硅氧烷的合成. 天津工业大学学报，2004，23（1）.

[33] 王学川，王固霞，宋世鹏. 聚醚改性硅氧烷磷酸酯的合成. 中国皮革，2007，36（3）: 57-59.

[34] O L' enick A. Phosphated silicone polymers. US5070171. 1991-12-03.

[35] OL' enick A. Terminal phosphates silicone polymers. US5149765. 1992-09-22.

[36] 周宇鹏，刘晋良，等. 聚醚改性聚硅氧烷非离子型乳化剂. 有机硅材料，2004，18（4）: 18-21.

[37] 马冰洁，刘郁芬. 柠檬酸酯盐的合成及表面性能研究. 齐齐哈尔轻工学院学报，1993（4）.

[38] 丁秀丽. 一种新颖的农用松香非离子乳化剂的研制与应用初报，农药制剂会议交流，2012.

第三章
农药润湿剂和渗透剂

第一节 润湿剂与渗透剂在农药剂型加工中的基础理论

一、农药润湿剂与渗透剂定义和作用

农药润湿剂是指能够降低固/液或液/液界面张力，增加药液在处理对象的固体表面或特定液体表面的接触，使药液能够润湿或铺展于目标物表面的物质。

农药渗透剂是指一类能够促进农药或其相关组分进入靶标内部，或增强农药药液透过靶标表面，进入靶标内部的物质。

按照物理化学理论观点，表面活性剂的润湿和渗透作用具有本质区别，但是由于这两种功能通常为农药制剂加工和使用时所需，且兼具两者性能的助剂较多，在不同条件下起不同的主导作用，而有时很难按照实际效果将两者严格区分，因此，美国AAPCO也将渗透剂定义为一类润湿剂。

农药润湿剂是农药制剂，尤其是环保型制剂SC、FS、SE、OF、EW、WG、DF、SO、ULV等的重要组成成分之一，能够起到润湿农药液体或固体表面作用，在研磨、剪切或气流粉碎等外力作用下，利于分散剂吸附或包裹于颗粒表面，达到稳定作用。此外，在施药过程中，农药润湿剂可以有效降低药液的表面张力，从而有效地铺展于靶标表面，扩大药液的铺展面积，提高药物与防治对象的接触机会，这对触杀型农药尤其适用。农药渗透剂能够有效地提高药液渗透力，促进药液透过靶标表面，进入靶标内部，这对内吸型农药尤其适用。

常用的农药润湿剂有壬基酚聚氧乙烯醚、脂肪醇聚氧乙烯醚、烷醇酰胺聚氧乙烯醚及其磷酸酯或硫酸酯盐、烷基聚氧乙烯醚琥珀酸酯磺酸盐、端烯基磺酸盐、烷基苯磺酸盐、烷基萘磺酸盐、低分子量萘磺酸盐甲醛缩合物、木质素磺酸盐、聚羧酸盐等。

常用的农药渗透剂有脂肪醇聚氧乙烯醚、烷基酚聚氧乙烯醚及其磷酸酯盐或硫酸酯、氮酮、快速渗透剂T、磺化蓖麻油、七甲基三硅氧烷聚氧乙烯醚等，通常直接添加于农药剂

型EC、SC、ULV中或与各种制剂桶混施药。

二、润湿剂和渗透剂在农药剂型加工中的结构与性能要求

润湿是一种流体从固体表面置换另一种流体的过程，一般是指水在固体表面置换空气的过程，固体表面的润湿性可以使用接触角大小来表征。对于植物而言，润湿性的大小可以反映叶面的特征，是由其化学组成和微观几何结构共同决定。Hall和Burke（1974）研究了新西兰52种植物叶片的润湿性，发现润湿性与叶面的显微结构、蜡质层厚度以及绒毛有关。Wagner等（2003）研究了表皮细胞突起程度对叶片润湿性的影响，结果表明：表皮细胞突起产生的微细粗糙结构造成了表面疏水。植物叶片的润湿性不仅受叶片结构、蜡质、绒毛等叶面特征的影响外，而且受外界各类污染物的影响。Adams和Hutchinson（1987）研究了酸雨对甘蓝（*Brassica oleracea*）、甜菜（*Beta vulgaris*）、向日葵（*Helianthus annuus*）和萝卜（*Raphanus sativus*）的影响，结果发现：由于向日葵和萝卜叶片已被润湿，因此，更易受酸雨的影响，酸雨加速了叶片表面营养物质的流失。Schreuder等（2001）研究发现：臭氧加速破坏叶片表皮蜡质，而对润湿性、叶面水分散失和生物量形成的影响因物种而异。

最初，研究者认为蜡质层决定了叶面的被润湿能力，后来Fernandes（1965）研究证明厚度与润湿能力之间并不存在确定关系。Holloway（1967）测定了80种植物叶面的接触角，主要集中在90°～107°的狭窄范围内；王会霞等利用接触角测定仪测定了西安市常见的21种绿化作物叶片的接触角，结果表明：植物叶片正背面、物种间的接触角差异均显著，叶片正面和背面接触角大小在40°～140°。水滴在平整石蜡表面的接触角为110°，而在粗糙表面的接触角则为158°，说明了表面的粗糙程度能够明显影响润湿能力。Wenzel指出在不亲水的粗糙表面存在两种接触角，一种是测量蜡面与液滴边缘接触点处以液面切线组成的角，即通常的接触角θ；另一种是静观接触角θ，是以蜡面的表面来测量的。两者间关系如下：

$$COS=r\cos\theta \tag{3-1}$$

式中　r——粗糙系数。

Cassiet Baxfer（1944）指出：表面极粗糙时，雾滴与表面的接触，实际上包含着液/固界面和液/气界面两种。农药润湿渗透剂是通过降低表面张力，改变液滴在表面上的接触角以实现润湿和渗透，包括溶解蜡质层和进入害虫表皮角质层。润湿性能可以使用接触角和润湿时间（Draves试验）来定量表示。

润湿剂均有特定的润湿效率，有时也称润湿力，即表面活性剂润湿表面的效率，具体是指以液体100%润湿处理叶面所必需的最低表面活性剂平衡浓度，用质量/体积表示。那么，平衡浓度越低，润湿效率越高，润湿性能越好，与润湿时间一致。表3-1列出了65种表面活性剂在5种固体表面（叶背面）上的润湿效率，从表3-1中可知，不同表面活性剂对不同表面的润湿效率差别较大。

表3-1　不同表面活性剂溶液对叶背面和蜂蜡的润湿效率

在苹果叶上润湿能力顺序 助剂名称	全润湿 浓度/%	黑芋茶子叶		芭蕉叶		李子叶		蜂蜡	
		A	*B*/%	*A*	*B*/%	*A*	*B*/%	*A*	*B*/%
1. 4-乙基辛基二乙基丙基硫酸钠	0.018	5	0.030	4	0.010	5	0.029	6	0.012
2. 十六烷基甜菜碱	0.021	3	0.031	24	0.012	3	0.032	3	0.016

续表

在苹果叶上润湿能力顺序 助剂名称	全润湿浓度/%	黑芋茶子叶		芭蕉叶		李子叶		蜂蜡	
		A	B/%	A	B/%	A	B/%	A	B/%
3. 二壬基丁二酸酯磺酸钠	0.024	1	0.035	14	0.013	6	0.033	17	0.018
4. 辛基酚聚氧乙烯醚 EO n=8.5	0.024	4	0.040	37	0.015	1	0.034	5	0.021
5. 二癸基二甲基溴化铵	0.026	14	0.045	3	0.018	14	0.035	1	0.030
6. 二辛基丁二酸酯磺酸钠	0.030	11	0.050	15	0.022	4	0.040	41	0.032
7. 二（2- 乙基己基）丁二酸酯磺酸钠	0.032	6	0.050	6	0.026	8	0.050	32	0.042
8. 二壬基磷酸钠	0.035	10	0.055	5	0.027	7	0.055	8	0.050
9. 油醇胺聚氧乙烯醚 EO n=9	0.035	7	0.065	8	0.032	10	0.060	14	0.066
10. 十二烷基氨基丙酸	0.035	12	0.070	16	0.035	11	0.060	14	0.066
11. 异辛基间甲酚聚氧乙烯醚	0.035	17	0.070	11	0.035	15	0.060	7	0.075
12. 十二烷基氨基丙酸钠	0.040	16	0.075	10	0.038	17	0.065	37	0.080
13. 十二烷基苯磺酸钠	0.040	16	0.090	7	0.040	18	0.070	48	0.090
14. 壬基酚聚氧乙烯醚 EO n=8	0.045	13	0.100	35	0.040	2	0.070	12	0.095
15. 壬基酚聚氧乙烯醚 EO n=10	0.045	20	0.100	1	0.042	13	0.075	2	0.100
16. 壬基酚聚氧乙烯醚 EO n=11	0.050	2	0.110	18	0.052	12	0.080	40	0.100
17. 壬基酚聚氧乙烯醚 EO n=12	0.050	31	0.110	17	0.055	20	0.085	27	0.105
18. 环己胺十二烷基硫酸酯	0.052	25	0.115	2	0.060	16	0.085	15	0.105
19. 十二烷基硫酸铵	0.052	21	0.130	25	0.065	31	0.100	24	0.110
20. 十二烷基胺（氯）丙酸	0.055	8	0.135	12	0.070	25	0.110	56	0.115
21. 十二醇聚氧乙烯醚 EO n =9	0.055	30	0.150	32	0.075	30	0.115	45	0.125
22. 油醇胺聚氧乙烯醚 EO n=6	0.060	27	0.160	34	0.075	21	0.135	11	0.130
23. 十八烷基二甲基胺硫酸乙酯	0.060	36	0.165	54	0.080	27	0.135	30	0.140
24. 十二烷基二乙醇胺	0.065	37	0.165	41	0.080	24	0.145	13	0.145
25. 异辛基间甲酚聚氧乙烯醚 EO n=8	0.065	33	0.185	40	0.085	37	0.160	25	0.150
26. 十三醇聚氧乙烯醚 EO n=15	0.068	42	0.190	13	0.090	33	0.170	20	0.150
27. 癸基（N- 乙酰癸基）二甲基氯化铵	0.075	45	0.240	45	0.090	32	0.175	16	0.170
28. 十四烷基三甲基溴化铵	0.080	44	0.25	30	0.110	44	0.175	54	0.175
29. 十二烷基硫酸钠	0.080	41	0.27	22	0.120	29	0.180	34	0.195
30. 癸基（N- 乙酰乙基己基）二甲基氯化铵	0.085	24	0.28	19	0.120	19	0.180	33	0.21
31. 十二烷基甜菜碱	0.100	18	0.30	48	0.125	39	0.190	47	0.28
32. 单乙醇胺油酸酯	0.100	32	0.31	26	0.125	42	0.22	46	0.35
33. 烷基萘磺酸钠	0.100	48	0.32	20	0.135	9	0.23	10	0.14
34. 十三醇硫酸钠	0.105	22	0.38	29	0.135	22	0.23	55	0.48
35. 十六烷基二甲基乙基铵硫酸酯	0.130	51	0.45	33	0.135	45	0.25	51	0.50
36. 十六烷基氨基丙酸钠	0.130	56	0.48	44	0.135	36	0.26	31	0.50
37. 壬基酚聚氧乙烯醚 EO n=6	0.135	29	0.49	38	0.140	41	0.27	39	0.55
38. 十二烷基硫酸二乙醇胺	0.135	19	0.50	27	0.150	40	0.30	44	70.50
39.4- 乙基辛基异丁基硫酸钠	0.140	26	0.50	46	0.180	26	0.30	49	70.50
40. 油酸钠	0.140	9	0.50	39	0.20	46	0.31	50	70.50
41. 吗啉油酸酯	0.150	35	0.51	23	0.20	35	0.31	22	70.50
42. 十二烷基吡啶碘化物	0.160	52	0.52	65	0.20	38	0.32	59	70.50

续表

在苹果叶上润湿能力顺序 助剂名称	全润湿 浓度 /%	黑芋茶子叶		芭蕉叶		李子叶		蜂蜡	
		A	*B*/%	*A*	*B*/%	*A*	*B*/%	*A*	*B*/%
43. 十二烷基三甲铵溴化物	0.180	47	70.50	21	0.21	48	0.35	19	70.50
44. 烷基萘磺酸铵	0.180	40	70.50	47	0.22	23	0.35	9	70.50
45. 异丙醇胺油酸酯	0.20	54	70.50	42	0.25	53	0.38	42	70.50
46. 十三醇硫酸三乙醇胺	0.21	65	70.50	51	0.32	47	0.38	26	70.50
47. 油醇胺聚氧乙烯醚 EO *n*=5	0.22	39	70.50	63	0.32	52	0.38	43	70.50
48. 油酸钾	0.24	28	70.50	31	0.35	34	0.39	4	70.50
49. 1- 羟乙基 -2- 十七烷烯咪唑烷	0.25	43	70.50	36	0.35	54	0.39	23	70.50
50. 油醇二甲基乙氨基乙基硫酸酯	0.25	23	70.50	50	0.40	51	0.48	52	70.50
51. 溴化二辛基二甲胺	0.26	50	70.50	56	0.41	56	0.53	29	70.50
52. 十二烷基二甲基二氨基乙基硫酸酯	0.28	58	70.50	52	0.42	55	70.50	28	70.50
53. 十二烷基吡啶溴化物	0.30	34	70.50	9	0.42	60	70.50	21	70.50
54. 油酸三乙醇胺	0.32	58	70.50	62	0.50	49	70.50	57	70.50
55. 异辛基甲酚聚氧乙烯醚 EO *n*=5	0.36	46	70.50	59	70.50	28	0.63	53	70.50
56. 壬基酚聚氧乙烯醚 EO *n*=4	0.44	64	70.50	64	70.50	43	70.50	35	70.50
57. 油醇胺聚氧乙烯醚 EO *n*=15	70.50	49	70.50	43	70.50	58	0.81	36	70.50
58. 壬基酚聚氧乙烯醚 EO *n*=20	0.54	55	70.50	58	0.64	59	70.50	58	70.50
59. 十六醇聚氧乙烯醚 EO *n*=10	70.50	57	70.50	28	70.50	57	70.50	38	70.50
60. 二己基丁二酸酯磺酸钠	0.50	53	70.50	55	70.50	65	70.50	65	70.50
61. 辛基（*N*- 乙酰乙基己基）二甲基氯化铵	70.50	59	70.50	57	70.50	62	70.50	61	70.50
62. 辛基（*N*- 乙酰辛基）二甲基氯化铵	70.50	61	70.50	49	70.50	61	70.50	60	70.50
63. 氯化十二烷基吡啶鎓	70.50	62	70.50	61	70.50	64	70.50	62	70.50
64. 失水山梨醇油酸酯聚氧乙烯醚 EO *n*=15	70.50	63	70.50	53	70.50	60	70.50	63	70.50
65. 失水山梨醇月桂酸酯聚氧乙烯醚 EO *n*=15	70.50	60	70.50	40	70.50	63	70.50	64	70.50

注：非离子EO加成数是平均值；助剂名称按其在苹果叶上润湿能力从强到弱排序。*A*—润湿时间；*B*—全部润湿最低平衡浓度。

就上述产品而言，最高的和最差的平衡浓度之比相差2350～7050倍，见表3-2。在最高润湿效率之间，即最佳润湿效果的4种润湿剂之间，平衡浓度也相差3倍，不难看出，对这5种叶面而言，大多数表面活性剂润湿性不好，只有少数具有较好的润湿性。

表3-2　65个助剂对5种植物叶面及蜂蜡的润湿效率最高和最低值

叶面名称	最好润湿效率（*A*）		最差润湿效率（*B*）		*B*/*A*
	助剂编号	用量 /%	助剂编号	用量 %	
苹果叶	1	0.018	57、59、61、62、63、64、65	70.50	3916.2
黑芋茶子叶	5	0.030	23、40、43 等 23 个	70.50	2350
芭蕉叶	4	0.010	28、40、43、49、53、55、57、58、59、61	70.50	7050
李子叶	5	0.029	43、49、50、55、57、59、60、61、62、63、64、65	70.50	2431
蜂蜡	6	0.012	4、9、19、21、23 等 24 个	70.50	5875

Ross等研究表明：润湿作用取决于在动态条件下润湿界面上（叶面和药滴）表面张力的有效降低，当润湿液（药液）覆盖到被润湿物体上（植物茎叶、虫体及其他处理表面）时，表面活性剂分子必须迅速扩散到液体和被润湿物体间的移动边界上去，并使该区域的表面张力降至某一低值。降低表面张力的结构要求是：亲水基小；疏水基大；非离子型而不是离子型的亲水基。因此，优良的润湿剂结构应能有效降低表面张力并扩散到界面（即快速降低表面张力）。如上所述的支链化高、分子较小的表面活性剂是水介质的优良润湿剂，疏水基的长度应足够长，使润湿剂在使用条件下的水相中稍有溶解度（若链太短，降低表面张力能力差），亲水基只要能与水充分作用以防止分子不溶解即可，这是因为表面活性剂与溶剂的相互作用能减少表面活性剂分子向界面移动的倾向。如α-烯基磺酸钠随着碳数的增加，临界胶束浓度降低。

短链离子型表面活性剂极易溶于普通水溶液，是有效的渗透剂，在含盐溶液中，高电解质含量可压缩亲水基周围的双电层，在界面上的吸附就更有效，也可降低其在水中的溶解度，从而更有效地降低表面张力，如异辛醇丁二酸酯磺酸钠等。烷基苯系列中，具有最高润湿力和最高洗净力的是烷基碳氢链较短者；而且烷基碳氢链末端有甲基较多者润湿力大。此外碱金属盐润湿力较好，碱土金属盐分散性能、乳化性能较好。亲水基处在亲油基链中央者一般润湿渗透力大，除双烷基丁二酸酯磺酸钠盐外，还有蓖麻油酸酯硫酸酯钠盐、双酰胺双磺酸钠盐（图3-1）等。

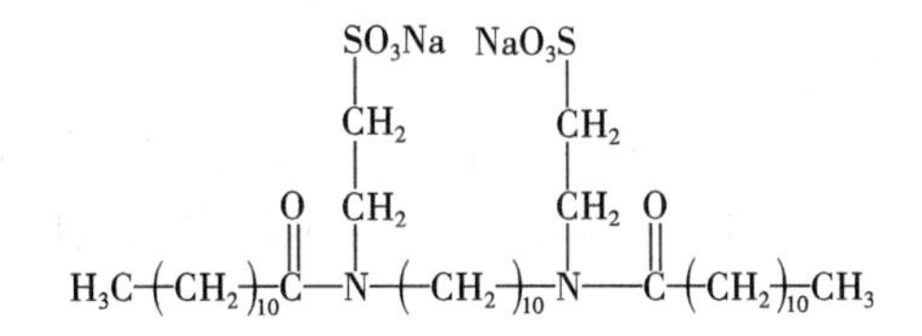

图3-1 双烷酰胺双磺酸钠盐

非离子表面活性剂中疏水基含支链的润湿性强，如异构十三醇聚氧乙烯醚润湿性优于直链醇聚氧乙烯醚，异构十三醇聚氧乙烯醚（n=3～5）渗透力好。聚氧乙烯醚聚合度因不同的疏水基具有最佳值。如壬基酚聚氧乙烯醚以EO n=6～12，脂肪醇（C_{12}～C_{14}）以EO n=5～7润湿力较好，而n略低，渗透力好。

值得注意的是润湿渗透剂需具有最低添加量，否则难以达到预期效果。顾中言等研究表明，由于表面活性剂的吸附特性，低浓度时主要以单分子层状态排列于气/液界面。当表面活性剂分子在气/液界面上的吸附达到饱和状态时，溶液内部的表面活性剂形成亲油基向内、亲水基向外的胶束，即达到了临界胶束浓度。扩大气/液界面，溶液内部的胶束便向界面转移。当气/液界面扩大到胶束不能使界面上的表面活性剂分子达到饱和时，表面张力便增加。当药液通过喷雾器喷孔形成的雾滴很细时，气/液界面比表面积迅速扩大，药液内部形成胶束的表面活性剂将大量向界面转移，如果药液内部形成胶束的表面活性剂不能使这些界面的吸附达到饱和，将会提高药液的表面张力，影响药液在植物表面的湿润展布。因此，药液内表面活性剂的浓度应大于临界胶束浓度，才可能不因气/液界面的扩大而增加药液的表面张力，影响药液在植物表面的湿润展布。因此适当降低农药制剂中有效成分的含量，或在不影响农药制剂稳定性的前提下，选用能显著降低表面张力的表面活性剂，或增加表面活性剂的用量，使推荐剂量药液中的表面活性剂浓度达到临界胶束浓度，有利于药液在这些靶标表面的湿润展布。

三、润湿剂渗透剂选择依据及表征方法

选择润湿渗透性能良好的表面活性剂作为农药的润湿渗透助剂，对提高农药加工过程效率和农药药效起到重要的作用。固体原药在加工成液体制剂如水悬浮剂时，由于原药为有机化合物，水很难润湿颗粒表面，需添加润湿剂降低固体粉末与气体的界面张力，促进含分散剂的水溶液润湿颗粒表面。在农药施药过程中，喷洒的药液必须充分地黏附在靶标表面，并停留一定时间，才能有效发挥药效。但是在靶标表面均有一层蜡质分泌物，药液很难在靶标表面上浸润或黏附，因而很难达到预期药效。为了充分发挥药效，选择润湿渗透力强的润湿渗透剂，显然是重要的。

研究表明，悬浮剂润湿分散剂种类和数量在不同程度上影响着药液对靶标生物的润湿和持留，也影响着农药制剂的加工过程。农药制剂在使用过程中药液对靶标生物的润湿和持留能力，不仅直接影响防治效果，而且也影响农业环境质量。由此可见，研究助剂种类和用量与药液对靶标的润湿和持留的关系对正确选择助剂具有重要指导作用。Henry研究指出，表面张力、接触角是持留的函数，采用测定表面张力、接触角可以判断药液对靶标表面的润湿性，用黏度曲线法和最大持留量可以判断最佳用量。而Sharma等认为不能仅仅从表面张力高低来评价一种制剂的性能好坏，表面张力低会引起药液的流失。Hans等发现表面活性剂的浓度和种类均会影响植物对草甘膦的吸收和传导，并且提出了用铺展和干燥来评价制剂性能的方法。因此，悬浮剂润湿分散剂的选择，既要考虑种类，也要考虑用量。

1. 润湿现象与表面活性剂

由于润湿过程的不同，润湿分为铺展润湿、浸渍润湿和黏附润湿3种形式。润湿过程进行的难易可用表面自由焓的代数和，即润湿功来表示。农药的应用是药液在固体表面铺展的过程，其润湿功W_S可表示成：

$$W_S = \Gamma_S - \Gamma_E - \Gamma_{SL} \tag{3-2}$$

式中　Γ_S，Γ_E，Γ_{SL}——固/气、液/气和固/液界面张力。

固液接触时，W_S越高，说明铺展过程越易进行。从式（3-2）可以看出，增大Γ_S，减小Γ_E和Γ_{SL}，可以使润湿过程顺利进行。对于指定的固体（如昆虫或植物表面）Γ_S为定值，因此，只有降低Γ_E和Γ_{SL}，故添加表面活性剂是最有效的措施。如水在常温下的表面张力为72mN/m，添加有机硅表面活性剂可使之降至20mN/m，表面活性剂在固液界面的定向吸附，可降低Γ_{SL}、提高W_S，使润湿过程顺利进行。

实践表明，对于极难润湿的表面，添加表面活性剂仍可以改善润湿状况。如荷叶被水润湿时，其润湿角为148°，而某种表面活性剂的水溶液与荷叶表面的润湿角可趋于零。渗透是指液体进入毛细管或多孔固体的现象，其判据可用浸渍功W_L表示：

$$W_L = \Gamma_S - \Gamma_{SL} \tag{3-3}$$

由式（3-3）可知，只要能降低固/液界面张力，则过程即可进行。一般来说，能实现铺展润湿的表面活性剂，同样有利于浸渍润湿。

2. 接触角

固体表面上吸附的气体被某种液体所取代的现象叫润湿，液体在平滑的固体表面上展开的程度即润湿的程度，可用接触角大小来表示。所谓接触角（也叫润湿角）是指过气、液、固三相交界点，作液面切线，此切线与固体表面现象的夹角θ。一般认为：$\theta < 90°$为润湿，$\theta > 90°$为不润湿，如图3-2所示。

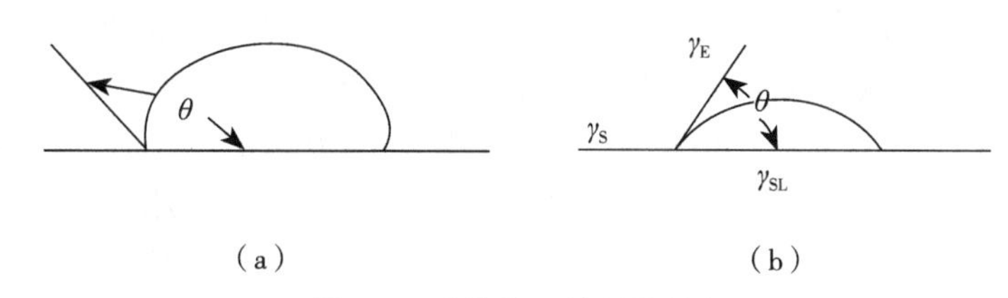

（a） （b）

图3-2 液体与固体的接触角

判断润湿的方法很多，如润湿功、润湿热、临界表面张力等。由于固体表面张力和固液界面张力难以测定，通常转换成接触角的关系，因此，接触角是最为简便、普及且直观的判据。然而，接触角测定的影响因素较多，实际测定时需要校正。对于给定的体系，接触角是特定的，取决于三相界面（液/气、固/气和液/固）间的相互作用。接触角通常是以固体表面平面上形成的小液滴来表示，理想情况下，这一小液滴应足够小，避免液滴本身重力的影响。达到平衡时液滴的形状由Young-Laplace方程式决定，接触角此时存在边界条件的作用。座滴（Sessile Drop）法或贴泡（Captive Bubble）法是测量接触角的光学方法，这一方法可用来估计固体表面某一局部区域的润湿性。测量方法是直接测量介于液滴基线和液/固/气-三相接触点处的液/固-界面切线间的角度（接触角）。座滴法是直接测量接触角方法，除通常的平面固体表面外，也适合测量弯曲固体表面的接触角，且对表面不均匀或不一致的样品也适用（局部区域的润湿性测量或固体表面均质性的表征等）。

（1）Conic圆锥法　本方法运用二次曲线方程式拟合液滴的轮廓形状，从而计算接触角。程序采用了独特的精致算法，以保证几乎对任意液滴都能达到最佳的曲线拟合结果。由于此方法未对液滴的形状作任何假定，所以其适用范围不受液滴形状的限制，不但可用于轴对称液滴，也同样可用于不符合轴对称的液滴。适用的角度范围是在所有方法中最广的，从接近0°起，通常可高到130°左右。Conic法由于其通用性广，精度高，是现有程序的通用计算法。注意：本方法也是整体液滴法，在计算时考虑的是整个液滴的轮廓形状，不是局部，所以当液滴的形状受到其他物体干扰时，如针管置于液滴内，就会影响方法的准确性，甚至不再适用。

（2）Young-Laplace公式法　此方法是基于以下原理：液滴（或气泡）达到静力学平衡时的形状由Young-Laplace方程决定，其接触角在这里存在边界条件的作用。在具体计算中，为了使方程式可解，又引入液滴（或气泡）的轴对称假定。此方法原则上适用于所有基本符合轴对称前提的液滴（或气泡）。但实际经验告诉我们，由于表面的非均质性以及其他缺陷的存在，液滴在表面的形状或多或少偏离轴对称性，且往往接触角越小，偏离轴对称性的程度越大。接触角足够大的液滴（如100°以上）通常可以符合轴对称的要求，所以Young-Laplace法特别适合接触角大的液滴。另外，此方法已经考虑了重力对液滴形状的影响，所以对液滴体积大或小都适用。

通常情况下，当接触角大于约60°时可选用此方法。注意：本方法是整体液滴法。在计算时考虑的是整个液滴的轮廓形状，不是局部，所以当液滴的形状受到其他物体干扰时，如针管置于液滴内，就会影响方法的准确性，甚至不再适用。因此，应尽可能使用正确的操作方法，适当地设置/调节测量装置，以确保用来进行测量的液滴或气泡尽量接近轴对称，此对保证测量的精度和可靠性都非常必要。

（3）Tangent 切线法　该法是将液滴靠近液/固/气-三相接触点附近的一段轮廓拟合到一合适的二次曲线模型，从而确定界于液滴基线和三相接触点处的液/固-界面切线间的角度，即接触角。与上面提到的所有其他方法不同，切线法是一种局部液滴法。在计算时考虑的不是整个液滴的轮廓形状，而只是三相接触点附近的局部一段轮廓，所以当液滴的形状受到其他物体干扰时，如针管置于液滴内，并不会影响本方法的准确性。另外它也未对液滴的形状作任何假定，所以其适用范围不受液滴形状限制，不但可用于轴对称液滴，也同样可用于不符合轴对称的液滴。适用的角度范围为5° ~180°。切线法是局部法，其优点是不受液滴形状的限制，缺点是对于轴对称的液滴，该方法的稳定性、可靠性和精确性不如Conic法和Young-Laplace法。在测量前进接触角和后退接触角时，往往采用将加液的针头埋入到液滴中，然后通过不断加液或将液体吸掉，同时测量/记录接触角的方法。在这种情况下，由于埋入的针头对液滴形状的干扰，其他的整体轮廓分析法就不再准确或不再适用，此时切线法往往是唯一的选择。另外，使用旋转样品台时，当倾斜角度增大时，液滴两侧严重不对称，此时切线法基于其不受液滴形状限制的特性，而被人们所选择。

（4）Circle 圆形法（液滴高度/宽度法） 本方法属于整体液滴法，运用圆方程式来拟合液滴的轮廓形状，从而计算出接触角。由于此方法假定了液滴（截面）的形状为圆的一部分，所以其适用范围只限于球状或接近球状的液滴。由于重力影响，严格地讲，液滴形状都偏离球形，偏离程度随液滴体积增大而增大；在相同体积下，液体密度越大，表面张力越小，偏离幅度越大。

通常情况下，对于体积小于5μL的液滴，其所受重力对形状的影响可忽略不计，此时可用本方法计算。文献中提到的通过测量液滴高度和宽度来计算接触角的方法就是圆形法最简单运用，其实圆形法也属于上面提到的Conic法，因为圆方程式只是二次曲线的特例。当液滴体积较大，或液体密度很大，或液体表面张力相对较小，造成其形状明显偏离球形，此时运用本方法可能会导致较大的测量误差，可大至几十度，因此，一定要注意本方法的局限性。

3. 表面张力

表面张力检测方法同第二章第一节“三、乳化剂选择依据及表征方法”中的表面张力测定方法。

4. 润湿性能

测定润湿力的方法有帆布沉降法、纱袋沉降法、接触角法，在农药加工或施药过程中，诸如悬浮剂制备以及药液喷洒过程都是以液相水取代空气覆盖于固体农药或靶标表面，因此，测定润湿力以及完全润湿所需时间对于润湿剂的选择至关重要。

（1）浸没法 该法是测定棉布浸没于表面活性剂溶液时，溶液取代棉布中空气的能力。测定棉布圆片浸没于被测表面活性剂溶液，或已知浓度的标准润湿剂溶液中的润湿时间，以相应的浓度绘图来评价表面活性剂的润湿力。

（2）接触角法 利用接触角测定仪测定接触角，将在平面板上的液滴通过反光系统及放大系统放大，然后用测角器测量接触角大小。

5. 临界胶束浓度

表面活性剂的表面活性源于其分子的两亲结构，亲水基团使分子有进入水的趋向，而憎水基团则阻止其在水中溶解而从水的内部向外迁移，有逃逸水相的倾向，而两种倾向平衡的结果使表面活性剂在水表富集，亲水基伸向水中，憎水基伸向空气，结果是水表面被一层非极性的碳氢链覆盖，从而导致水的表面张力下降。表面活性剂在界面富集吸附形成单分子层，当表面吸附达到饱和时，表面活性剂分子不能在表面继续富集，而憎水基的疏水作用仍竭力促使分子逃离水环境，于是表面活性剂分子则在溶液内部自聚，即疏水基在一起形成内核，亲水基朝外与水接触，形成最简单的胶团。而开始形成胶团时的表面活性剂的浓度称为临界胶束浓度（CMC）。当溶液达到临界胶束浓度时，溶液的表面张力降至最低值，再提高表面活性剂浓度，溶液表面张力不再降低而是大量形成胶团，此时溶液的表面张力就是该表面活性剂能达到的最小表面张力。

测试方法：

（1）表面张力　用表面张力与浓度的对数作图，在表面吸附达到饱和时，曲线出现转折点，该点的浓度即为临界胶束浓度。

（2）电导率　用电导率与浓度的对数作图，在表面吸附达到饱和时，曲线出现转折点，该点的浓度即为临界胶束浓度。

（3）其他溶液性质　原则上只要溶液性质随溶液中胶束的产生而发生改变，就存在一个浓度曲线的转折点，从而通过作图得到临界胶束浓度。

6. 最大持留量

采用浸沾法，根据黏度曲线所确定的最佳黏度范围，配制不同浓度润湿分散剂试验样品，并分别稀释成一定倍数的水溶液置于烧杯中备用；剪取新鲜黄瓜叶片，使用电子分析天平称重W_0/mg。使用镊子夹持叶片垂直放入配制好的样品水溶液中浸沾5s，迅速把叶片拉出水面，垂直悬持约15s，待其不再有液滴流淌时称重W_1/mg，使用叶面积测定仪测定叶片面积S/cm^2，按下式计算药液在黄瓜叶片上的最大持留量R_m/(mg/cm^2)。

$$\text{最大持留量}R_m=\frac{W_1-W_0}{1000S}$$

同时使用蜡面做空白试验进行比较，在一定浓度范围内，药液在靶标上的最大持留量与润湿分散剂用量呈现出明显正相关，表明在一定浓度范围内增大润湿分散剂用量有助于提高药液在靶标表面的沉积持留。

7. 流点法

使用一定浓度的润湿剂溶液，与一定细度但不溶于该溶液的固体原药细粉混合成糊状至形成液滴下所需溶液的最少量为流点，流点反映出润湿剂的润湿效率。

测定方法：① 使用超细粉碎机（或用研钵）将固体农药粉碎至一定细度（平均粒径约10μm）；② 将润湿剂配制成相同浓度的水溶液；③ 称取一定质量的固体农药于小烧杯中，将上述配制好的润湿剂溶液慢慢滴加到农药细粉上，同时使用药匙不断搅拌，当糊状物刚形成液滴下时，记录所用溶液的重量，然后计算出单位重量有效成分所需溶液重量，即为流点。通常流点较小的润湿剂的润湿性相对较好。

8. 黏度曲线

其他配方组分相同的情况下，将润湿剂设置不同的使用量，混合后加入砂磨机中进行研磨，达到规定的细度（一般小于3μm）后滤出，测定黏度；以表面活性剂用量为横坐标，试样黏度值为纵坐标绘制黏度曲线。同等使用量条件下，制剂样品黏度越小，润湿性越好。

9. 铺展系数

在等温、等压条件下，单位面积液固界面取代单位面积气固界面产生单位面积气液界面过程中，表面自由能变化值的负值称为铺展系数，用S表示。若$S \geqslant 0$，说明液体可以在固体表面自动铺展，实际测定过程中采用相同液滴在固体表面的铺展面积大小来表征润湿的优劣。

10. 干燥时间

药液在蜡质层表面干燥速度与铺展面积有关，铺展面积越大，干燥时间越短，沉积量越多，药效越好；表面张力太低、铺展面积太大的药液，有效沉积量降低，不是最佳选择。

11. Zeta电位

当润湿分散剂在原药粒子上吸附时，可改变原药表面的润湿性能，并使原药粒子产生空间稳定性和（或）静电稳定性，离子型分散剂产生的主要是静电稳定作用。在外加电场作用下，颗粒外围双电层会产生分离，形成滑动面，此处的动电位称为Zeta电位（ζ电位）。Zeta电位的数值大小可以衡量润湿分散剂荷电情况以及对固体颗粒吸附强弱，从而判断润湿分散剂的作用效果以及所形成分散体系的稳定性。大量实验结果表明，固体颗粒表面电荷密度越高，Zeta电位的绝对值越大，颗粒间静电排斥力越强，体系越稳定。

四、润湿剂、渗透剂主要品种与质量控制

常见农药润湿渗透剂主要包括：非离子表面活性剂、磺酸盐类阴离子表面活性剂、磷酸酯类阴离子表面活性剂、羧酸盐类阴离子表面活性剂和低聚表面活性剂（包含Gemini表面活性剂）。

1. 非离子表面活性剂

非离子表面活性剂在水中不进行电离，分子在溶液界面上容易靠拢，形成疏水基密度较大的膜，性质接近碳氢液体的表面，有较高的表面活性，润湿渗透力强于其他类型的表面活性剂。常用的润湿渗透剂有脂肪醇聚氧乙烯醚、烷基酚聚氧乙烯醚、脂肪酸聚氧乙烯醚、脂肪胺聚氧乙烯醚、植物油聚氧乙烯醚、多芳基酚聚氧乙醚（甲醛缩合物）、烷基酚聚氧乙烯醚甲醛缩合物、烷基糖苷、嵌段聚醚、聚甘油醚脂肪酸酯、羟基硬脂酸聚乙二醇酯、聚氨酯等。由于烷基酚聚氧乙烯醚的生物降解性差和对鱼类的毒性，在农药加工与使用中的应用逐渐受限制，用量逐渐减少。而脂肪醇聚氧乙烯醚是非离子表面活性剂中品种最多、用量最大的一类，具有广阔的发展前景。

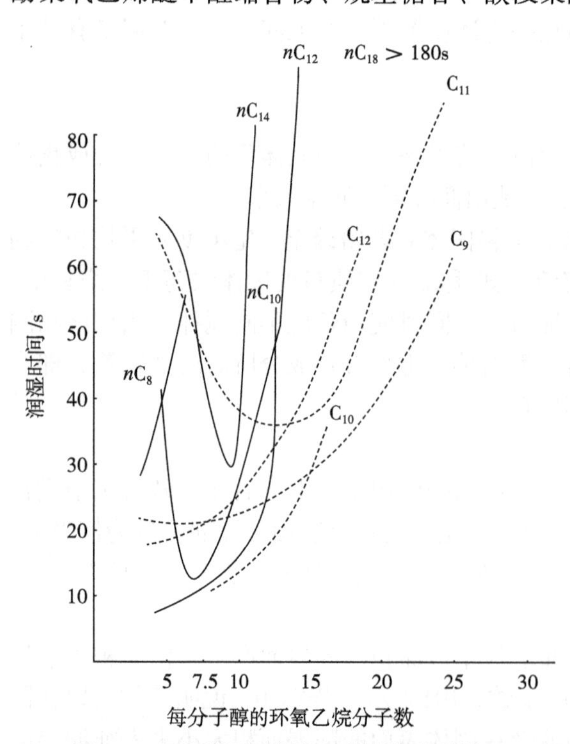

图3-3 不同脂肪醇聚氧乙烯醚润湿性能

（直链醇和支链醇环氧乙烷加成物在0.125%浓度、水硬度为0和室温下的润湿时间）

（1）脂肪醇聚氧乙烯醚（AEO）

结构式：$R—O(C_2H_4O)_nH$

润湿渗透力既与脂肪醇碳链的长度有关，也与环氧乙烷、环氧丙烷的加成数有关。测定结果表明：脂肪醇聚氧乙烯醚、聚氧丙烯醚分子中，当乙氧基数为适当值，脂肪醇中的烷基分别为C_{10}、C_{12}、C_{15}、C_{16}时，随着碳链增加，润湿渗透力下降，即C_{10}的脂肪醇醚润湿力最大，适当引入环氧丙烷可提高产品润湿性。此外，支链醇醚比直链醇醚具有更好的润湿性能，见图3-3。

脂肪醇结构相同时，润湿渗透力与

环氧乙烷加成数的关系是：当环氧乙烷在某一加成数时，醇醚的润湿渗透力最大，在最大值以后随环氧乙烷加成数增加，润湿力下降。如月桂醇醚的环氧乙烷加成数为7时，润湿力最大。不同烷基醇醚的最大润湿力所需的环氧乙烷数量不同，烷基越大，所需环氧乙烷数也越大。环氧乙烷的加成数在7～10时，脂肪醇醚可在水中分散或溶解，呈水溶性，通常选这一范围的环氧乙烷数为宜。

农药领域选择烷基中碳原子数为10或12、环氧乙烷加成数为7～10的脂肪醇聚氧乙烯醚作为润湿渗透剂最合适。杀虫剂常可采用月桂醇（12）聚氧乙烯醚作为润湿渗透剂。农药领域常见脂肪醇醚产品与供应商，见表3-3。

表3-3　农药领域常见脂肪醇醚产品与供应商

商品名称	有效成分	含量/%	供应商
JFC	C_8+nEO	99.5	江苏海安石油化工厂
MOA 系列	C_{12} ~ C_{14}+nEO	99.5	江苏海安石油化工厂
异构醇醚 1300 系列	C_{13}+nEO	99.5	江苏海安石油化工厂
平平加 O	C_{16} ~ C_{18}+nEO	99.5	江苏海安石油化工厂
Tergital 2L	C_{12} ~ C_{14}+nEO	99.5	DOW
乳化剂 AEO	C_{12} ~ C_{14}+nEO	99.5	河北邢台蓝星助剂厂
渗透剂 JFC	C_8 +nEO		河北邢台蓝星助剂厂
Ethylan 1008	C_8 ~ C_{10}+8EO		AKZONOBEL
Ethylan 992	异辛醇 +nEO		AKZONOBEL
Ethylan 500LQ	丁醇聚氧乙烯丙烯醚		AKZONOBEL
Ethylan OX91-8	C_9 ~ C_{11}+8EO		AKZONOBEL
Ethylan KG6912	C_{10}+7EO		AKZONOBEL
Ethylan SN	C_{10} ~ C_{12}+nEO		AKZONOBEL
Ethylan 048	C_{13}+10EO	85%	AKZONOBEL
Ethylan 172	C_{16} ~ C_{18}+3EO		AKZONOBEL
Atlax G-5000	烷基聚氧乙烯丙烯醚		CRODA
Teric 17A	C_{16} ~ C_{18}+nEO		HUNTSMAN
Teric 9A	C_9 ~ C_{11}+nEO		HUNTSMAN
Teric 12A	C_{12} ~ C_{14}+nEO		HUNTSMAN
Teric 13A	C_{13}+nEO		HUNTSMAN
Lutensol XP	C_{13}+nEO		BASF
Rhodasurf 840	C_{13}+nEO		RHODIA
Rhodasurf LA	C_{12} ~ C_{14}+nEO		RHODIA
脂肪醇醚 AEO	C_{12} ~ C_{14}+nEO		韩国湖南石化
脂肪醇醚 AEO	C_{12} ~ C_{14}+nEO		中国台湾盘亚
Synperonic™ 13	C_{13}+nEO		CRODA
Synperonic™ A	C_{12} ~ C_{15}+nEO		CRODA

（2）烷基酚聚氧乙烯醚（NPE）　常见烷基酚包括辛基酚和壬基酚，其与环氧乙烷聚合形成相应的烷基酚聚氧乙烯醚。早期，壬基酚聚氧乙烯醚（NPE）主要用于纺织品的生产中，在农药乳油、水剂、悬浮剂等剂型中也常用作润湿剂。然而，该物质在环境中会迅速分解成壬基酚（NP）。壬基酚（NP）是一种公认的环境激素，能够模拟雌激素，对生物的性发育产生影响，并且干扰生物的内分泌，对生殖系统具有毒性。同时，壬基酚（NP）

能通过食物链在生物体内不断蓄积，即便排放的浓度很低，也极具危害性。2011年初，中国环保部和海关总署发布的《中国严格限制进出口的有毒化学品目录》中已首次将壬基酚（NP）和壬基酚聚氧乙烯醚（NPE）列为禁止进出口物质。我国出口欧美或东南亚一些国家的农药制剂中也已明确限制了NPE的用量。

NPE具有较低的表面张力、极佳的润湿渗透力，通常应用于农药领域的NPE环氧乙烷加成数为4、7、10、30、50、100。农药加工与应用中常见烷基酚醚及供应商，见表3-4。

表3-4　农药加工与应用中常见烷基酚醚及供应商

商品名称	有效成分	含量 /%	供应商
TX	NP+*n*EO	99.5	海安石油化工厂
OP	OP+*n*EO	99.5	海安石油化工厂
NP	NP+*n*EO		邢台蓝星助剂厂
NP	NP+*n*EO		俄罗斯 NKNK
TX	TX+*n*EO		中国台湾盘亚
TX	TX+*n*EO		韩国湖南石化
Teric N	NP+*n*EO		HUNTSMAN
Teric X	OP+*n*EO		HUNTSMAN
Emcol NP	NP+*n*EO		AKZONOBEL
Emcol 10D	十二烷基酚 +10EO		AKZONOBEL
Tergitol NP	NP+*n*EO		DOW
Tergitol X	OP+*n*EO		DOW
Hexamoll NP	NP+*n*EO		BASF
Igepal CO	NP+*n*EO		RHODIA

（3）脂肪胺聚氧乙烯醚（TAE）　脂肪胺聚氧乙烯醚（简称胺醚）是一种特殊的非离子表面活性剂，其分子中有2个聚氧乙烯醚链、1个氮原子和1个长链脂肪基。这种具有特殊结构的胺醚显示出了润湿、渗透、黏着、杀菌等特性，通常应用于可溶性液剂。农药剂型加工与应用中常见脂肪胺聚氧乙烯醚及供应商，见表3-5。

表3-5　农药剂型加工与应用中常见脂肪胺聚氧乙烯醚及供应商

商品名称	有效成分	含量 /%	供应商
AC-1800 系列	十八胺 +*n*EO	99.5	海安石油化工厂
AC-1200 系列	十二胺 +*n*EO	99.5	海安石油化工厂
AN-1800 系列	十八胺 +*n*EO	99.5	浙江皇马集团
Fentacare 1200 系列	十二胺 +*n*EO		罗地亚飞翔
Fentacare co	椰油胺 +*n*EO		罗地亚飞翔
Fentacare so	硬脂胺 +*n*EO		罗地亚飞翔
Fentacare 1800 系列	十八胺 +*n*EO		罗地亚飞翔
Fentacare T 系列	牛脂胺 +*n*EO		罗地亚飞翔
Fentacare O 系列	油胺 +*n*EO		罗地亚飞翔
Ethomeen T	牛脂胺 +*n*EO		AKZONOBLE
Ethomeen C	椰油胺 +*n*EO		AKZONOBLE
Teric 16M	烷基胺 +*n*EO		HUNTSMAN
Teric CME	椰油酰单乙醇胺 +*n*EO		HUNTSMAN
Synprolam™ 35X15	烷基胺聚氧乙烯醚		CRODA

研究者在比较两种助剂对草甘膦摄入影响时发现：脂肪仲醇聚氧乙烯醚是TA15EO展布因子的2倍，但在改善草甘膦摄入方面不如TA15EO有效，尤其是在后一阶段。Holloway等曾研究了包括脂肪胺聚氧乙烯醚在内的3类聚氧乙烯醚表面活性剂对植物（小麦、蚕豆）摄入草甘膦异丙胺盐性能的影响，结果表明：对于草甘膦这类水溶性极好、吸水性极强的活性物质，只有使用HLB较高、吸水性较好、EO含量较高的表面活性剂，才会改善、促进和优化植物对草甘膦的摄入，从而提高草甘膦的除草活性。牛脂胺聚氧乙烯醚不仅能促进草甘膦吸收，还可以改善草甘膦在植物组织内部中的传导。值得注意的是，如果添加助剂量合适，使用对象和条件恰当，不仅能提高植物组织内部草甘膦传导的绝对量，而且能提高相对于摄入的草甘膦传导量。

（4）烷基糖苷（APG） 牛脂胺聚氧乙烯醚作为广泛使用的草甘膦专用助剂，虽然有良好的增效性能，价格也较便宜，但仍有比较严重的缺点，特别是它对皮肤和眼睛有较大的刺激性，对鱼类等水生生物有较高毒性。因此，市场上已陆续出现替代牛脂胺聚氧乙烯醚的商品。其中，Zeneca公司在推出草甘膦三甲基硫盐制剂中，使用烷基多苷（alkyl polyglucoside，APG）作为助剂。据报道，它的烷基碳链数为10，糖苷平均聚合度为1.4，这类助剂不仅具有毒性低、生物降解容易等特点，而且以分别以可再生的淀粉和植物油用作苷基和烷基的原料。常见农药用烷基糖苷，见表3-6。

表3-6 常见农药用烷基糖苷

商品名称	有效成分	含量/%	供应商
APG0810	$C_8 \sim C_{10}$ 烷基糖苷	50	石家庄金莫尔
APG1214	$C_{12} \sim C_{14}$ 烷基糖苷	50	石家庄金莫尔
APG0814	$C_8 \sim C_{14}$ 烷基糖苷	50	石家庄金莫尔
APG0810	$C_8 \sim C_{10}$ 烷基糖苷	50	宜兴金兰化工
APG1214	$C_{12} \sim C_{14}$ 烷基糖苷	50	宜兴金兰化工
APG0810	$C_8 \sim C_{10}$ 烷基糖苷	50	上海经纬化工
APG1214	$C_{12} \sim C_{14}$ 烷基糖苷	50	上海经纬化工
APG0810	$C_8 \sim C_{10}$ 烷基糖苷	50	中轻物产化工
APG1214	$C_{12} \sim C_{14}$ 烷基糖苷	50	中轻物产化工
APG0814	$C_8 \sim C_{14}$ 烷基糖苷	50	中轻物产化工
ALKADET 15	$C_8 \sim C_{10}$ 烷基糖苷	70	HUNTSMAN
ALKADET 20	$C_8 \sim C_{10}$ 烷基糖苷	60	HUNTSMAN
ECOTERIC 7500	$C_{10} \sim C_{12}$ 烷基糖苷	50	HUNTSMAN
Lutensol GD 70	$C_8 \sim C_{10}$ 烷基糖苷	70	BASF
Agrimul 64PG	$C_9 \sim C_{11}$ 烷基糖苷	70	HENKEL
Triton CG50	烷基糖苷	50	DOW
Monatrope 1620	烷基糖苷	50	CRODA

（5）三硅氧烷聚氧乙烯醚 三硅氧烷聚氧乙烯醚结构见图3-4。

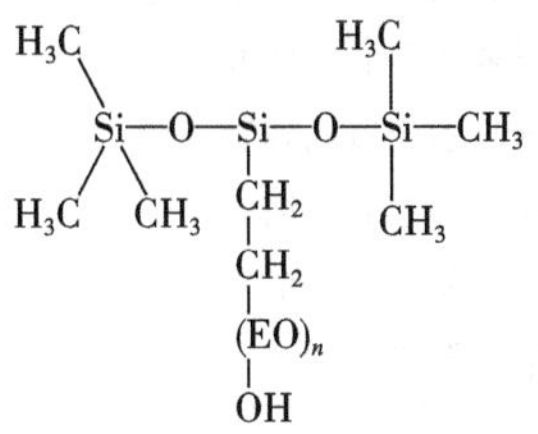

$$(H_3C)_3Si-O-Si(CH_3)(CH_2CH_2(EO)_nOH)-O-Si(CH_3)_3$$

图3-4 三硅氧烷聚氧乙烯醚结构

有机硅表面活性剂在农药中的应用研究始于20世纪60年代中期，20世纪80年代末开始商品化。有机硅表面活性剂，尤其是三硅氧烷类表面活性剂，因具有良好的湿润性、较强的黏附力、极佳的延展性、良好的抗雨冲刷性和气孔渗透率，在短短的几十年内得到飞速发展。三硅氧烷聚氧乙烯醚具有特有的“T”形结构，是一种高效、无毒、表面性能突出的农药助剂，国内外出现了大量有关其超级分散行为、超级分散机理、超强渗透性、相行为及应用的报道，其硅氧硅结构遇水等含羟基化合物时易水解，在pH值为6.5～7.5环境中较为稳定，通常采用桶混技术使用，国内也出现了直接加入制剂中使用。常见农用有机硅表面活性剂，见表3-7。

表3-7 常见农用有机硅表面活性剂

商品名称	有效成分	含量/%	供应商
SP-418	三硅氧烷聚氧乙烯醚	92	SINVOCHEM
Fairland 2408	三硅氧烷聚氧乙烯醚		江西九江菲蓝
Fairland 2618	三硅氧烷聚氧乙烯醚		江西九江菲蓝
Agrowet 810	三硅氧烷聚氧乙烯醚		广州西克化工
Agrowet 818	三硅氧烷聚氧乙烯醚		广州西克化工
BD-3077	三硅氧烷聚氧乙烯醚		杭州包尔德有机硅
Silwet L77	三硅氧烷聚氧乙烯醚		迈图高新材料
Silwet 408	三硅氧烷聚氧乙烯醚		迈图高新材料
Silwet L77	三硅氧烷聚氧乙烯醚		迈图高新材料
Silwet 408	三硅氧烷聚氧乙烯醚		迈图高新材料
S-309	三硅氧烷聚氧乙烯醚		DOWCORNING
Q2-5211	三硅氧烷聚氧乙烯醚		DOWCORNING
Breakthru S240	三硅氧烷聚氧乙烯醚		EVONIK

（6）多芳基酚聚氧乙烯醚（TSPE）或甲醛缩合物　多芳基酚聚氧乙烯醚或甲醛缩合物常见产品有农乳600#、1600#和400#，聚氧乙烯醚单元数少，润湿性好。由于多芳基酚基团与农药结构相似，而环氧乙烯提供了良好的亲水性，与十二烷基苯磺酸钙复合广泛应用于农药乳油制剂，与壬基酚聚氧乙烯醚等复配应用于微乳剂制剂。常见农用多芳基酚聚氧乙烯醚或甲醛缩合物，见表3-8。

表3-8 常见农用多芳基酚聚氧乙烯醚或甲醛缩合物

商品名称	有效成分	含量/%	供应商
600#	三苯乙烯苯酚聚氧乙烯醚	99.5	江苏钟山化工
400#	二苯乙烯苯酚多聚甲醛缩合物	99	江苏钟山化工
33#	三苯乙烯苯酚聚氧丙烯聚氧乙烯共聚物	99.5	江苏钟山化工
34#	三苯乙烯苯酚聚氧丙烯聚氧乙烯共聚物	99.5	江苏钟山化工
600#	三苯乙烯苯酚聚氧乙烯醚	99.5	南京太化化工
600#	三苯乙烯苯酚聚氧乙烯醚	99.5	靖江开元材料
600#	三苯乙烯苯酚聚氧乙烯醚		辽阳奥克化学
农乳 600#	三苯乙烯苯酚聚氧乙烯醚		邢台蓝天精细化工
Soprophor TS	多芳基酚聚氧乙烯醚		RHODIA

（7）蓖麻油聚氧乙烯醚　蓖麻油聚氧乙烯醚是一种酯型多元醇非离子表面活性剂，蓖

麻油与环氧乙烷反应可制得蓖麻油聚氧乙烯醚，具有无毒、无刺激性、易降解等绿色表面活性剂的特点。低聚合度蓖麻油聚氧乙烯醚具有良好的润湿、黏结性能，广泛应用于农药EC、OD、EW、SE等体系中。常见农用聚氧乙烯醚，见表3-9。

表3-9　常见农用聚氧乙烯醚

商品名称	有效成分	含量/%	供应商
BY-110	蓖麻油聚氧乙烯醚	99.5	江苏钟山化工
BY-125	蓖麻油聚氧乙烯醚	99.5	江苏钟山化工
BY-140	蓖麻油聚氧乙烯醚	99.5	江苏钟山化工
Termul 2507	蓖麻油+32EO		HUNTSMAN
Termul 3512	蓖麻油+12EO		HUNTSMAN
Termul 3540	蓖麻油+40EO		HUNTSMAN
Emulpon CO	蓖麻油+nEO		AKZONOBEL

非离子表面活性剂一般是含活性氢（如羟基、氨基、酸基、酚基等）的基团在催化剂（如氢氧化钾）存在条件下，通过环氧化物聚合、酸中和制备而得，通常外观、浊点、聚乙二醇含量、分子量分布等与合成工艺条件密切相关，常见质量影响因素见表3-10。

表3-10　非离子表面活性剂常见质量影响因素

项目	与质量关联	控制办法
外观	色深，聚合温度高，有部分空气造成氧化	用氮气置换时，尽可能延长时间，聚合温度控制适当
浊点	反映聚氧乙烯醚在链段中的比例，聚氧乙烯醚链段越长或聚氧丙烯链越短，浊点越高。	根据分子设计控制原料加入量，反应结束时老化需充分，确保环氧乙烷转化完全
聚乙二醇含量	反映副产物和环氧乙烷有效转化率	尽可能减少原料的水分，聚合前加碱脱水尽可能充分，降低体系含水量
分子量分布	分布宽，乳化分散性能不好	选择高效催化剂、采用连续化生产、提高搅拌效率
羟值	与平均分子量相关的指标	实际羟值与理论羟值差值不宜过大，否则合成工艺有问题

2.磺酸盐类阴离子表面活性剂

阴离子表面活性剂是表面活性剂中发展历史最悠久、产量最大、品种最多的一类产品，其中，磺酸盐类又是阴离子表面活性剂中产量最大、应用领域最广的一种。磺酸盐类表面活性剂按亲油基或磺化原料可分为：①烷基芳基磺酸盐（磺酸基在芳环上）；②烷基和烯基磺酸盐；③聚氧乙烯醚硫酸酯盐（磺酸基在氧乙基链端）；④多环芳烃磺酸盐缩合物（磺酸基在芳环上）；⑤琥珀酸酯磺酸盐（磺酸在碳链上）等。

磺酸盐类表面活性亲水基团是磺酸基，根据其结构的不同可分为传统型、双尾型（AOT类）、双子（Gemini）型等，具有优良的渗透和分散性能，应用前景和市场价值广阔。

（1）烷基苯磺酸盐　烷基苯磺酸盐作为表面活性剂，其润湿渗透力以低碳烷基最好，即在直链烷基分子中，碳原子数为9～16时，其润湿渗透性能较好，而碳原子数为12时，润湿渗透力最好。在支链烷基分子中，2-丁基-辛基苯磺酸钠的润湿性能最好。一般说来，相同碳原子的支链烷基苯磺酸钠比直链烷基苯磺酸钠的润湿性能好，苯环位于烷基的中央比在烷基端上的润湿性能好，这是由于它们分子中的亲水基带电荷，在溶液表面饱和吸附时，活性离子由于同种电荷相斥，不能靠拢；而支链烷基在界面上占有较多空间，能形成紧密聚集的膜，表面活性高。因此，支链烷基的表面活性剂润湿渗透效果好。

农药工业中常用的烷基苯磺酸盐是十二烷基苯磺酸钙（俗称农乳500#），包括直链十二烷基苯磺酸钙和支链十二烷基苯磺酸钙，支链十二烷基苯磺酸钙是由四聚丙烯与苯烷基化反应生成十二烷基苯，再经三氧化硫磺化，在甲醇等溶剂中与碳酸钙反应、过滤、浓缩形成，其中，游离的磺酸是控制产品质量的关键。支链十二烷基苯磺酸钙具有在芳烃或醇类溶剂中溶解度好，制备时便于过滤，复配时适用范围广，在国内农药工业，尤其乳油制剂生产中得到了广泛应用，但其生物降解性不如直链磺酸盐，国外仍以直链磺酸盐为主。

市场上常见的农乳500#为十二烷基苯磺酸钙溶液，其溶剂有甲醇、甲醇与水混合物、丁醇、异辛醇、芳烃溶剂油、工业副产溶剂及部分添加剂等，其中甲醇与水混合物为溶剂的俗称“有水钙盐”，其他溶剂统称为“无水钙盐”。该类化合物主要应用于农药乳油制剂，也有少量应用于悬浮剂、可湿性粉剂和微乳剂等剂型。常见农用乳化剂十二烷基苯磺酸钙，见表3-11。

表3-11　常见农用乳化剂十二烷基苯磺酸钙

商品名称	有效成分	含量 /%	供应商
农乳有水钙盐	ABSCa+ 甲醇 + 水	70	江苏钟山化工
农乳无水钙盐	ABSCa+ 副产溶剂	50	江苏钟山化工
农乳无水钙盐	ABSCa+ 甲醇	70	江苏钟山化工
有水 500#	ABSCa+ 甲醇 + 水	70	南京太化化工
无水 500#	ABSCa+ 芳烃溶剂	50	南京太化化工
有水 500#	ABSCa+ 甲醇 + 水	70	靖江开元材料
无水 500#	ABSCa+ 芳烃溶剂	50	靖江开元材料
农乳 505	LABSCa+ 芳烃溶剂	50	杭州益民
农乳 506	LABSCa+ 正丁醇	60	杭州益民
农乳 507	LABSCa+ 异辛醇	70	杭州益民
Nansa SS50	LABSNa+ 水	50	HUNTSMAN
Nansa HS 90	LABSNa	90	HUNTSMAN
Nansa EVM50 50/NS	LABSCa+ 萘 + 丙二醇	50	HUNTSMAN
Nansa EVM 62/H	ABSCa+ 异丁醇	61	HUNTSMAN
Nansa EVM 70/2E	LABSCa+ 异辛醇 + 丙二醇	57	HUNTSMAN
Nansa YS94	LABS 异丙醇胺盐	96	HUNTSMAN
Witconate P5020 B	CaDDBS 直链异丁醇溶液	70	AKZONOBEL
Witconate P1860	CaDDBS 支链正辛醇溶液	60	AKZONOBEL
Witconate 79S	CaDDBS 支链三乙醇胺盐丙二醇水溶液	60	AKZONOBEL

（2）*α*-烯基磺酸钠　*α*-烯烃磺酸钠（sodium alpha-olefin sulfonate，AOS）分子式为：$RCH{=\!=}CH(CH_2)_n—SO_3NaRCH(OH)(CH_2)_n—SO_3Na$ n=14～16或14～18，n=12为K12，纯白色。AOS和其他阴离子表面活性剂（如LAS、AS、AES等）同样具有优良的表面活性，在一定浓度范围内，AOS能将水的表面张力从72mN/m降至30～40mN/m。随着碳数增加，AOS的临界胶束浓度降低。AOS具有良好的润湿、生物降解和耐硬水性能，但泡沫比较丰富，在农药工业中主要应用于可湿性粉剂、水分散粒剂和干悬浮剂中。常见农用烯烃磺酸盐，见表3-12。

表3-12　常见农用烯烃磺酸盐

商品名称	有效成分	含量 /%	供应商
AOS	α- 烯基磺酸钠	92	浙江赞宇化工
AOS	α- 烯基磺酸钠	92	中轻物产化工
AOS 97P	α- 烯基磺酸钠	97	中国台湾新日化
AOS/ASC093	α- 烯基磺酸钠	93	韩国爱敬
Alkanol 189S	α- 烯基磺酸钠		DUPONT
Petrowet R	烯基磺酸钠		DUPONT
Witcolate AOS38	α- 烯基磺酸钠 + 水	38	AKZONOBEL
Witcolate LOS NF	C_{12} ~ C_{14} 硫酸酯钠盐 + 水	28	AKZONOBEL
Terwet 1004	磺酸盐		HUNTSMAN

（3）聚氧乙烯醚硫酸酯盐　该化合物结构式为：R— $(OCH_2CH_2)_nOSO_3Na$。

聚氧乙烯醚硫酸酯盐是由含聚氧乙烯醚化合物经硫酸酯化、中和形成的一类同时具有阴离子与非离子结构的化合物，硫酸酯的存在可以进一步提高聚氧乙烯醚的润湿性能。该类化合物广泛应用于农药各类制剂，提供良好的润湿、分散和乳化性能，其中脂肪醇聚氧乙烯醚硫酸盐在世界上已得到广泛应用，其中烷基为C_{12} ~ C_{14}的最为常用，脂肪醇一般加成上2 ~ 10个环氧乙烷。如月桂醇聚氧乙烯醚硫酸盐分子中环氧乙烷的加成数为4 ~ 7，与脂肪醇硫酸盐相比，由于加成了一定数量的环氧乙烷，脂肪醇聚氧乙烯醚硫酸盐的润湿力有所提高，其润湿力也优于烷基苯磺酸盐，常应用于农药水剂中。常见农用壬基酚醚硫酸酯盐，见表3-13。

表3-13　常见农用壬基酚醚硫酸酯盐

商品名称	有效成分	含量 /%	供应商
SOPA 270	壬基酚聚氧乙烯醚甲醛缩合物硫酸酯钠盐	70	江苏钟山化工
SOPA 270	壬基酚聚氧乙烯醚甲醛缩合物硫酸酯钠盐	70	南京太化化工
SOPA 270	壬基酚聚氧乙烯醚甲醛缩合物硫酸酯钠盐	70	SINVOCHEM
SP-SES 520N	壬基酚聚氧乙烯醚硫酸酯钠盐	70	SINVOCHEM
SP-SES 550N	脂肪醇聚氧乙烯醚硫酸酯钠盐	70	SINVOCHEM
SP-SES 560N	多苯乙烯苯酚聚氧乙烯醚硫酸酯钠盐	70	SINVOCHEM
SP-SES 580N	烷醇酰胺聚氧乙烯醚硫酸酯钠盐	70	SINVOCHEM
SP-SC29	改性松香聚氧乙烯醚硫酸酯盐混合物	95	SINVOCHEMSINVOCHEM
SP-SES 590	多芳基酚醚多甲醛缩合物硫酸酯盐	70	SINVOCHEM
AES	脂肪醇醚硫酸酯钠盐	70	浙江赞宇化工
AES	脂肪醇醚硫酸酯钠盐	70	淄博海杰化工
AES	脂肪醇醚硫酸酯钠盐	70	中轻物产化工
AES	脂肪醇醚硫酸酯钠盐	70	湖南丽臣
AES	脂肪醇醚硫酸酯钠盐	70	安徽省金奥化工
OES	异辛醇醚硫酸酯钠盐	70	浙江皇马集团
TA-40	椰油基聚氧乙烯醚硫酸三乙醇胺	40	汕头市达濠化学
AES	脂肪醇醚硫酸酯钠盐	70	武汉银河化工

（4）多环芳烃甲醛缩合物磺酸盐或烷基芳烃磺酸盐　常用作润湿剂的是低级烷基、丙基、异丙基、丁基或混合烷基盐，也包括该类化合物的低聚物，除用作润湿剂，也常用作分散剂或润湿分散剂。常见多环芳烃甲醛缩合物磺酸盐或烷基芳烃磺酸盐，见表3-14。

表3-14　常见多环芳烃甲醛缩合物磺酸盐或烷基芳烃磺酸盐

商品名称	有效成分	含量 /%	供应商
Morwet EFW	烷基萘磺酸盐与阴离子混合物	95	AKZONOBEL
Morwet B	正丁基萘磺酸钠	75	AKZONOBEL
Morwet DB	正丁基萘磺酸钠	75	AKZONOBEL
Morwet IP	异丙基萘磺酸钠	75	AKZONOBEL
Morwet 3008	烷基芳基磺酸钠混合物	95	AKZONOBEL
Supragil WP	二异丙萘磺酸钠盐	75	RHODIA
Supragil GN	二羟基联苯磺酸钠	90	RHODIA
Supragil MNS 90	甲基萘磺酸钠甲醛缩合物	88	RHODIA
Geropon SC 213	二苯醚磺酸盐	80	RHODIA
Dispersol™ F CONC	烷基萘磺酸盐		CRODA
YUS-207K	萘磺酸盐		takemotto
Newkalgen B800	二丁基萘磺酸钠		Takemotto
Newkalgen BXC	烷基萘磺酸钠		Takemotto
Nekal BX	烷基萘磺酸盐		BASF
扩散剂 NNO	萘磺酸盐甲醛缩合物		安阳双环化工
拉开粉 BX	丁基萘磺酸盐		安阳双环化工

（5）烷基琥珀酸酯磺酸钠　琥珀酸酯磺酸钠被发现已有近百年历史，早期多用于纺织工业渗透剂和润湿分散剂，它们具有很强的润湿渗透力。琥珀酸酯磺酸钠在不同介质（蒸馏水、硬水）中的渗透力，见表3-15。

表3-15　琥珀酸酯磺酸钠在不同介质中的渗透力

蒸馏水		硬水（Ca^{2+} 浓度 =0.0025mmol/L）	
浓度 /%	渗透力 /s	浓度 /%	渗透力 /s
0.2	0.5	0.2	0.6
0.1	1.5	0.1	1.6
0.05	8.4	0.05	4.1
0.03	18.7	0.03	8.1
0.01	＞60	0.01	＞60

注：采用直径12mm，厚度2mm的毛毡片测定。

当亲油基R的碳原子总数为16时，烷基琥珀酸酯磺酸钠的润湿性能最好，并且R基为支链烷基琥珀酸酯磺酸钠比直链烷基琥珀酸酯磺酸钠润湿性能更好，最常用的是润湿渗透剂为OT，其结构式见图3-5。

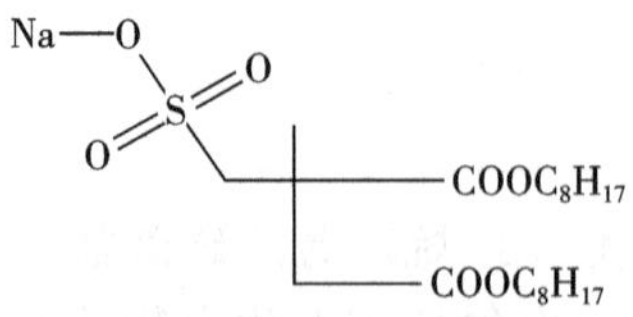

Na—O

O=S=O

$COOC_8H_{17}$

$COOC_8H_{17}$

图3-5　OT结构式

在农药制剂中，一般添加1%~10%OT就可大大提高制剂的性能。常见琥珀酸酯磺酸盐，见表3-16。

表3-16　常见琥珀酸酯磺酸盐

商品名称	有效成分	含量/%	供应商
快T	异辛醇琥珀酸酯磺酸钠	70	海安石油化工
快速渗透剂T	异辛醇琥珀酸酯磺酸钠	70	邢台盛达助剂
Madeol AG/VA 40	琥珀酸酯磺酸盐	96	Lamberti
Morwet 1225	琥珀酸酯磺酸盐		HUNTSMAN
Morwet 1227	琥珀酸酯磺酸盐醇溶液		HUNTSMAN
Elfanol 883	辛基丁二酸酯磺酸盐	65	AKZONOBEL
Newkalgen EP4	烷基丁二酸酯磺酸盐		Takemotto

（6）聚氧乙烯醚单琥珀酸酯磺酸盐　聚氧乙烯醚琥珀酸酯磺酸钠属于磺基琥珀酸盐类表面活性剂，具有优良的洗涤、乳化、分散、润湿、增溶作用及较强的钙皂分散力，易于生物降解。聚氧乙烯烷基醚琥珀酸酯磺酸钠的润湿、乳化性随着环氧乙烷加成数的不同而变化，一般环氧乙烷数控制在5~10之间，当环氧乙烷加成数较低时，产品具有良好的润湿力，当环氧乙烷加成数较高时，产品乳化性能最为优良。常见农用聚氧乙烯醚单琥珀酸酯磺酸盐，见表3-17。

表3-17　常见农用聚氧乙烯醚单琥珀酸酯磺酸盐

商品名称	有效成分	含量/%	供应商
Elfanol 616	AEO琥珀酸酯二钠盐	40	AKZONOBEL
Elfanol 850	AEO琥珀酸酯二钠盐		AKZONOBEL
Rewopol SB FA 30	AEO琥珀酸酯二钠盐	40	EVONIK
MES	AEO磺基琥珀酸酯二钠盐	30	南通辰润化工
DW200	NPE甲醛缩合物琥珀酸酯二钠盐	30	沈阳化工研究院
SSOPA	NPE甲醛缩合物琥珀酸酯二钠盐	30	沈阳化工研究院
MES	AEO琥珀酸酯二钠盐	30	杭州银湖化工
乳化剂A-102	AEO琥珀酸酯二钠盐	30	张店双益精细化工
DNS-1035	NPE磺化（基）琥珀酸单酯二钠	50	张店双益精细化工
MES	AEO琥珀酸酯二钠盐	30	上海经纬化工

注：NPE代表壬基酚醚，AEO代表脂肪醇醚。

（7）脂肪醇硫酸酯盐（$ROSO_3Na$）　脂肪醇硫酸酯盐的润湿渗透力良好，通常是由含12~18个碳原子数的脂肪醇硫酸化合成。实验证明，其润湿力与烷基的碳原子数有关，C_{12}以上都具有优良的润湿性能。例如，当溶液浓度为0.1%~0.4%、温度为30℃时，脂肪醇硫酸盐的润湿力大小顺序为：$C_{12}>C_{14}>C_{18}$，C_{12}和C_{14}醇的硫酸盐润湿力最大。脂肪醇硫酸盐的润湿力与碳链长度关系如图3-6所示。

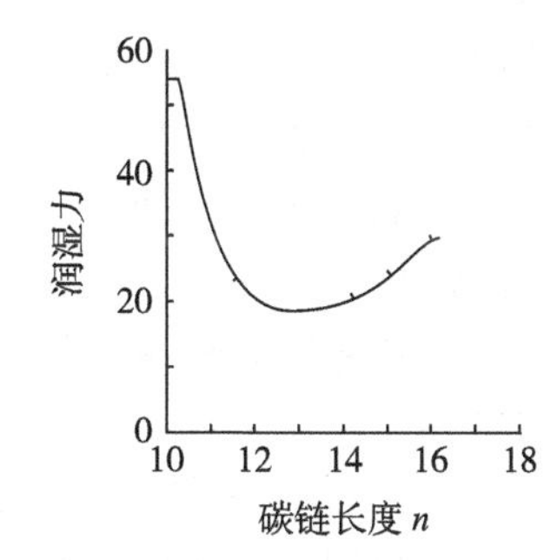

图3-6　脂肪醇硫酸盐碳链长度与其润湿力的关系

另外，在烷基链中心硫酸化的长链烷基硫酸盐具有优良的润湿渗透性能。在直链仲醇中，十五醇硫酸盐的润湿力最高。

（8）脂肪酰胺*N*-甲基牛磺酸钠盐　长链酰基氨基酸型表面活性剂由于具有极低的刺激性、无毒和易生物降解等优点而得到广泛应用。椰油酰基甲基牛磺酸钠属于长链酰基氨基酸型表面活性剂的一种，在分子中具有与酰胺基结合的磺酸基，与阴离子、非离子和两性表面活性剂配伍性好，是一种安全性较高的阴离子表面活性剂，具有优良的水溶性、耐硬水性、耐碱性和耐酸性，润湿性非常优越。常见农用脂肪酰胺*N*-甲基牛磺酸钠盐，见表3-18。

表3-18　常见农用脂肪酰胺*N*-甲基牛磺酸钠盐

商品名称	有效成分	含量/%	供应商
Geropon T 77	油酰基甲基牛磺酸钠	76	RHODIA
Geropon T 22A	甲基油酰基牛磺酸钠	22	RHODIA
Geropon TK-32	甲基妥尔油酰牛磺酸钠	23	RHODIA
Adinol CT95	椰子油酰 *N*-甲基牛磺酸钠	95	CRODA
Adminol T35	椰子油酰 *N*-甲基牛磺酸钠	16	CRODA
Adminol T Gel	油酰 *N*-甲基牛磺酸钠	16	CRODA
PC-182	脂肪酰胺 *N*-甲基牛磺酸钠		Westvaco
PC-830	脂肪酰胺 *N*-甲基牛磺酸钠		Westvaco
洗涤剂 808	*N*-油酰基 -*N*-甲基牛磺酸钠	21	南通泰利达
洗涤剂 209	椰油酰基牛磺酸钠	19	上海经纬化工
NIKKOL LMT	甲基月桂酰基牛磺酸钠		上海日光化学
DS-201	椰油酰基甲基牛磺酸钠	38	广州道盛化学品

除上述阴离子磺酸或硫酸酯盐外，还有木质素磺酸钠、石油磺酸钠、烷醇酰胺聚氧乙烯醚磺酸盐、脂肪酸甲酯磺酸盐、蓖麻油磺酸盐以及这些小分子形成的低聚物等。

经过几十年的发展，工业生产磺酸盐类表面活性剂已比较成熟，实现了大吨位、大批量生产。然而，醚硫酸酯类产品由于批量小，采用传统的三氧化硫或浓硫酸酯化工艺而易产生废水。目前已基本采用氨基磺酸作为磺化剂，该工艺转化率难以控制，废渣多，且氨基磺酸在醚或水中有一定溶解度，易致产品呈现酸性，醚键在长期酸性条件下易分解导致产品有效含量降低。

3. 磷酸酯阴离子表面活性剂

磷酸酯类表面活性剂是一种性能优良、应用广泛的阴离子表面活性剂，除了具有一般表面活性剂的特点外，还具有如下优良特征：① 低刺激性。相对于其他表面活性剂而言，磷酸酯盐具有显著的低刺激性，非常适用于制备化妆品和日用化学品。② 低毒性。③ 可生物降解性。④ 优良的表面活性。磷酸酯类表面活性剂具有较低的表面张力和较好的润湿性，可用作渗透剂和润湿剂。⑤ 良好的稳定性。对酸、碱、电解质具有良好的稳定性及耐高温性能，应用范围广。⑥ 配伍性好。磷酸酯类表面活性剂与其他表面活性剂具有良好的互溶性和配伍性。

（1）聚氧乙烯醚磷酸酯　聚氧乙烯醚磷酸酯是磷酸酯类表面活性剂中典型的代表品种，是由醚型非离子表面活性剂经酯化而得的新型阴离子表面活性剂，兼有非离子和阴离子表面活性剂特征，热稳定性好，能在较大温度范围内使用；在酸、碱和电解质溶液中稳定性好、不分层、不沉淀；耐电离性好；与阴离子、非离子以及两性表面活性剂配伍、相溶性好，毒性极低，刺激性极小。常见农用聚氧乙烯醚磷酸酯，见表3-19。

表3-19 常见农用聚氧乙烯醚磷酸酯

商品名称	有效成分	含量/%	供应商
SP-SC3060	聚氧乙烯磷酸酯盐	96	Sinvochem
SEP-750A	脂肪醇醚磷酸酯盐	95	Sinvochem
SEP-760A	芳基酚醚磷酸酯盐	95	Sinvochem
SEP-720	壬基酚醚磷酸酯盐	95	Sinvochem
SEP-780	烷醇酰胺醚磷酸酯盐	95	Sinvochem
WPJ	芳基酚醚磷酸酯与非离子混合物		江苏钟山化工
7227	芳基酚醚磷酸酯与非离子混合物		南京太化化工
Tersperse 2200	芳基酚醚磷酸酯盐		HUNTSMAN
Phospholan F546	壬基酚醚磷酸酯		AKZONOBEL
Phospholan CS	壬基酚醚磷酸酯		AKZONOBEL
Cresplus™ 1209	烷基磷酸酯		CRODA
Crodafos™ CO	脂肪醇醚磷酸酯		CRODA
Crodafos™ N	油酸醚磷酸酯		CRODA
Rhodafac BG 510	脂肪醇醚磷酸酯		RHODIA
Rhodafac RE 610 E	壬基酚醚磷酸酯		RHODIA
Soprophor 3 D 33	芳基酚醚磷酸酯盐		RHODIA
Emulson AG TRST	磷酸酯盐	99	Lamberti
Emulson AG TRSS	磷酸酯盐	99	Lamberti

（2）烷基醇磷酸酯　烷基醇磷酸酯盐是一类重要的阴离子表面活性剂，市售的产品为单、双酯盐，醇，磷酸，焦磷酸或相应酯的混合物，其中单烷基磷酸酯盐含量一般在30%～65%，是良好的润湿降黏剂。目前，在烷基磷酸酯盐行业的发展过程中面临的问题：① 磷酸酯盐的单、双酯比例问题，需要提高单酯比从而提高整个烷基磷酸酯的润湿性能；② 磷酸酯的提纯问题，因其杂质的含量比较高，限制了磷酸酯盐优良性能的发挥。农药工业用磷酸酯一般采用五氧化二磷为磷化剂，产物是单酯与双酯的混合物，单酯具有良好的平滑、润湿性能，而双酯具有较好的分散性能，因此，控制单双酯比例是磷酸酯化的关键。常见农用烷基醇磷酸酯，见表3-20。

表3-20 常见农用烷基醇磷酸酯

商品名称	有效成分	含量/%	供应商
蓖麻油磷酸酯盐	蓖麻油磷酸酯盐	50～70	海安石油化工厂
异构十醇磷酸酯盐	异构十醇磷酸酯盐	95	海安石油化工厂
MA24P	月桂醇磷酸酯	97	海安石油化工厂
PA24PK	月桂基磷酸酯钾盐	30	海安石油化工厂
TXP-10	壬基酚磷酸酯		海安石油化工厂
RP981	异辛醇磷酸酯	98	宝鸡市泽天化工
MP-1	阴离子磷酸单双酯	98	宝鸡市泽天化工
MP-5	阴离子磷酸单双酯	98	宝鸡市泽天化工
HR-S1	烷基醇磷酸酯钾盐	50	广州新霖化工

（3）醇醚羧酸盐　醇醚羧酸盐（AEC）是一类重要的阴离子表面活性剂，醇醚羧酸呈非离子表面活性剂特性，而完全中和成盐则呈现阴离子特性，所以该类表面活性剂具有非离子和阴离子表面活性剂的特性。AEC不仅能同阴离子、非离子、两性离子表面活性剂进行复配，还能和阳离子表面活性剂或聚合物进行复配。醇醚羧酸盐易生物降解、无毒、使用安全、分散能力强，是良好的润湿剂、分散剂和降黏剂，但泡沫比较丰富。与AEC相比，烷醇酰胺醚羧酸盐是在醇醚基础上增加了酰胺键，易生物降解。常见农用醇醚羧酸盐，见表3-21。

表3-21　常见农用醇醚羧酸盐

商品名称	有效成分	含量 /%	供应商
Emcol CNP 110	壬基酚 +9EO 羧酸钠	88	AKZONOBEL
AEC	醇醚羧酸盐		武汉远程科技
AEC	醇醚羧酸盐		上海发凯化工
AEC	醇醚羧酸盐		石家庄金莫尔
AEC	醇醚羧酸盐		青岛长兴化工
AEC	醇醚羧酸盐		安徽省金奥化工

4. 低聚表面活性剂

低聚表面活性剂是由两个或多个表活性剂单体，在其靠近亲水头基附近通过化学键将两亲成分连接在一起，保证了低聚表面活性剂活性成分间的紧密接触，而且不破坏头基的亲水特征，使得该表面活性剂呈现出较高的表面活性。农药行业具有代表性的产品为壬基酚聚氧乙烯醚甲醛缩合物磺酸盐（SOPA），该产品同时具有阴离子与非离子表面性质，广泛应用于可湿性粉剂、悬浮剂、干悬浮剂等。常见农用低聚表面活性剂，见表3-22。

表3-22　常见农用低聚表面活性剂

商品名称	有效成分	联接基	供应商
农乳 700#	壬基酚聚氧乙烯醚甲醛缩合物	亚甲基	江苏钟山化工
SOPA	壬基酚聚氧乙烯醚甲醛缩合物磺酸盐	亚甲基	江苏钟山化工
农乳 400#	多芳基酚聚氧乙烯醚多聚甲醛缩合物	多亚甲基	江苏钟山化工
SFR-01	多芳基双酚 A 聚氧乙烯醚磷酸酯盐	亚甲基	江苏钟山化工
农乳 700#	壬基酚聚氧乙烯醚甲醛缩合物	亚甲基	南京太化化工
SOPA	壬基酚聚氧乙烯醚甲醛缩合物磺酸盐	亚甲基	南京太化化工
农乳 400#	多芳基酚聚氧乙烯醚多聚甲醛缩合物	多亚甲基	南京太化化工
SOPA	壬基酚聚氧乙烯醚甲醛缩合物磺酸盐	亚甲基	中化集团

从结构上讲，萘磺酸盐甲醛缩合物、双酰胺双磺酸盐、聚羧酸盐等均是小分子表面活性剂连接形成的低聚物，也属于低聚表面活性剂。

第二节　最新的农药润湿剂与渗透剂进展

润湿渗透剂可以使农药制剂的加工过程顺利进行，增强药液在植物表面铺展和附着，是农药工业中使用较广的农药助剂。针对指定作物和农药，有效地选择一种良好的润湿渗透剂是非常必要的。常见农药润湿渗透剂按结构分为：阴离子磺酸盐类、阴离子磷酸酯类、非离子聚氧乙烯醚类、阴非离子磺酸盐类、阴非离子磷酸酯类、阳非离子脂肪胺聚氧乙烯醚类等。近年来，由于农药新剂型的发展需要，农药润湿剂正向着高效、功能复合和易生物降解方向发展。

1. 农药非离子润湿剂

除阴离子型渗透剂外，非离子型渗透剂也属于非常重要的品种，是制备磷酸酯类、硫酸酯类渗透剂的中间体，也是复配型渗透剂的主要单体。其特点是较宽的pH使用范围；耐酸碱，尤其在强酸性溶液中比较稳定；泡沫比阴离子型渗透剂少；无腐蚀性。近年来，市场上出现了新结构、新功能的非离子表面活性剂。

李肖等通过表面活性剂结构与性能理论对非离子渗透剂分子结构创新设计，探讨了非离子型渗透剂的结构特点与性能之间的关系，考察了不同碳链长度的直链醇、C_8醇同分异构体、亲水基结构及催化剂种类对渗透性的影响。结果表明：脂肪醇醚类非离子表面活性剂的疏水基结构中，C_8醇醚的渗透性较好，且支链结构的异构醇比直链结构的伯仲醇渗透性好，亲水基结构中使用部分环氧丙烷代替部分环氧乙烷（EO）合成的渗透剂渗透性好。笔者曾试验在农乳600#聚合前增加3个环氧丙烷，相应环氧乙烷聚合度提高，产品相对原600#的润湿性能增强，且具有一定的抑泡功能，这也在NP-10、AEO-5等常规非离子表面活性剂产品中得到验证。有机磷农药的乳油产品，由于常规乳化剂存在末端羟基，长时间储存或特定条件下，羟基易与磷酸酯反应，降低了有效成分含量。笔者还将传统的农乳600#利用甲基封端，合成的改性600#应用于三唑磷乳油，有效解决了长期储存变浑现象。

虽然三硅氧烷化合物具有超级扩展性能，但是该类化合物对水溶液pH值相当敏感，在pH＜5或pH＞9的情况下都极易缩聚而失去扩展性能，因此很多农药或叶面肥的配方中难以添加。日本信越公司公开了一种在宽pH值范围水基农药用聚醚改性有机硅的合成产物，其为：$HO(C_3H_6O)_x(C_2H_4O)_yC_3H_6SiMe_2(SiMe_2O)_pSiMe_2Me_3SiO(SiMe_2O)_3(SiRMeO)_nSiMe_3$，其中$R{=}C_3H_6O(C_2H_4O)_{10}H$，$HO(C_3H_6O)_x(C_2H_4O)_yC_3H_6$结构的化合物可以在宽的pH值范围内稳定。迈图拥有商品化有机硅展扩剂与渗透剂，能够适用于pH值为3～12范围的配方。此外，针对传统有机喷雾助剂在桶混时或配方添加时产生泡沫，迈图公开了低泡沫超级展扩的农用有机硅助剂，解决了在桶混或配方中添加有机硅时产生泡沫而造成的药液流失。在一些除草剂（如草甘膦）中，传统的三硅氧烷表面活性剂可能抑制杂草对草甘膦的吸收，不具有超级展扩的有机硅助剂更能克服除草剂在杂草上的拮抗性；高斯米特公司公开了一种用于除草剂的具有超强渗透性的有机硅助剂：$Me_3SiO(SiME_2O)_{12}(SiRMeO)_nSiMe_3$，$R{=}C_3H_6(C_2H_4O)_{10}CH_2CH_2OH$。

聚甘油脂肪酸酯是一种多元醇酯类的非离子表面活性剂，是由生物柴油副产甘油在一定条件下聚合生成的一系列不同聚合度的聚甘油，再进一步同脂肪酸酯化而得。正是由于其聚合度、脂肪酸种类以及酯化度的不同，使得聚甘油脂肪酸酯具有较宽范围的HLB值，亲水亲油性差异跨度大，因而可广泛应用到不同领域。聚甘油脂肪酸酯不仅具有较强的乳化、分散、渗透及溶化力，且具有比其他多羟基类脂肪酸酯更强的耐酸和耐热能力，被联合国粮农组织、世界卫生组织和欧盟确认为无毒无害的高安全性食品添加剂。杨坤宇利用甘油聚合得到聚甘油，与一系列高级脂肪酸酯化合成聚甘油脂肪酸酯，分别测试和比较了合成产品的HLB值、表面张力、乳化性能、泡沫性能及钙皂分散性能，并讨论了合成影响因素，为研究聚甘油酯类产品应用性能提供了理论基础。

近年来，新型非离子润湿剂层出不穷，如马进平以聚乙二醇-400为原料，通过三步合成了菜籽油酸乙醇酞胺聚氧乙烯醚，对产品的表面物性进行了分析，结果表明：产品具有较好的降低水表面张力的能力，并具有良好的润湿性能，由于存在酰胺键，具有良好的生物降解性。US2011/0021699和US2009/0221749分别报道了异氰酸酯与含羟基或伯氨基的化合物反应，形成聚氨酯非离子润湿分散剂，应用于涂料工业，对该类化合物在农药工业中的应用具有借鉴意义。

2. 农药阴离子润湿渗透剂研究进展

可生物降解、结构复合叠加的阴离子表面活性剂成为当前研究开发的主流。Gubelmann等采用松香烯为原料磺化合成了松香磺酸盐，具有良好的润湿性能。南京擎宇化工研究有限公司产业化了松香聚氧乙烯醚改性物，具有良好的润湿分散效果。

聚醚改性硅氧烷磷酸酯是将聚硅氧烷通过聚醚改性，再与磷酸化试剂进行磷酸化反应得到的产品。聚醚改性硅氧烷是由性能差别很大的聚醚链段与聚硅氧烷链段，通过化学键连接而成。亲水性的聚醚链段赋予其水溶性，疏水性的聚二甲基硅氧烷链段赋予其低表面张力，因而既具有传统硅氧烷类产品的各项优异性能，如耐高低温、抗老化、疏水、低表面张力等，同时又具有聚醚链段提供的润滑作用、柔软效果、良好的铺展性和乳化稳定性等特殊性质。磷酸化反应之后，分子结构中引入了可离子化的磷酸侧基，使得聚醚改性硅氧烷磷酸酯具有优异的润湿和分散性能。尽管国内对聚醚改性硅氧烷磷酸酯的研究起步较晚，但是已经成为表面活性剂研究的一个新方向。王桂莲等利用甲苯作溶剂合成聚醚改性硅氧烷，然后进行磷酸化合成了聚醚改性硅氧烷磷酸酯，王学川等利用自制的聚醚改性硅氧烷在无溶剂下进行磷酸化，并利用正交实验研究了聚醚改性硅氧烷磷酸化的主要因素，得到了磷酸化反应最优条件。US5070171和US5149765也公开了聚醚改性硅氧烷磷酸酯的制备方法：在铂催化剂作用下，利用烯丙基聚醚与含氢硅油进行硅氢化反应制得聚醚改性硅氧烷，再由聚醚改性硅氧烷与磷酸化试剂反应制备聚醚改性硅氧烷磷酸酯。US5070171中除了介绍上述方法外，还提到另一种合成聚醚改性硅氧烷磷酸酯的方法：先将烯丙基聚醚的端羟基磷酸酯化，再与含氢硅油进行硅氢化加成反应制得最终产物。许澎等以有机硅聚氧乙烯醚、马来酸酐、亚硫酸氢钠为原料，合成一种三硅氧烷聚氧乙烯醚丁二酸酯磺酸二钠盐，产物的最低表面张力为26.4mN/m，临界胶束浓度为5.92mmol/L，渗透时间为10s，具有表面张力低，润湿渗透性能优异等特点。

柠檬酸拥有3个羧基和1个羟基，兼具醇和酸的性质。柠檬酸高级醇单、双酯是一类国际上流行的新型表面活性剂，该产品多数为单、双酯混合物，通过改变碳链长度及控制单、双酯的含量，可得到不同HLB值的产品。此表面活性剂无污染，无激性，生物降解好，具有优良的润湿、分散、乳化性能。毛培坤采用月桂醇聚氧乙烯醚与柠檬酸直接酯化合成的单烷基醚柠檬酸酯二钠盐，产品表面张力为37.2mN/m。马冰洁采用直接酯化法合成了辛醇柠檬酸单酯二钠盐，产品表面张力仅为23.9mN/m。Akzonobel公司推出了工业化产品ACDSEE系列柠檬酸酯产品，并详细介绍了其在润湿、增效、乳化方面的作用。

3. 低聚润湿渗透剂研究进展

二聚或低聚表面活性剂是一类性能优良的新型表面活性剂，由于其单元分子结构中含有2个以上疏水基团和2个以上亲水基团，与传统表面活性剂（含有1个亲水基团和1个疏水基团）相比，具有更强降低水表面张力的能力，在润湿、乳化、发泡、去污等方面表现出更卓越的性能，因而成为当前国际研究的热点。国内对低聚表面活性剂的研究正处在基础研究阶段，周学元合成了十八烷基Gemini磷酸酯表面活性剂，与普通单子型磷酸酯表面活性剂的性能进行比较，并研究了一系列不同碳链长度的Gemini磷酸酯表面活性剂的性能，对其结构与性能的关系进行初步探讨。结果表明：与单子型磷酸酯表面活性剂相比，Gemini磷酸酯表面活性剂临界胶束浓度降低近1/10、润湿时间减少1/2。CN201110102268.2公开了双烷酰胺双磺酸钠双子型表面活性剂的合成方法，该产品可应用于农药固体制剂，也可应用于液体制剂，具有较好的润湿性能。

第三节 农药润湿剂与渗透剂的应用实例

农药润湿剂和渗透剂有利于农药剂型加工或农药药效，已广泛应用于农药各种剂型，下面以典型的润湿剂产品为例，列举其在各种剂型中的成熟应用。

1. 农用有机硅聚醚

典型市售有机硅聚醚质量指标，见表3-23。

表3-23 典型市售有机硅聚醚质量标

项目	典型数据
表面张力（0.1% 水溶液）/（mN/cm）	20.5
浊点（1% 水溶液）/℃	＜10
接触角（0.1% 水溶液）/（°）	＜5
旋转黏度（25℃）/mPa·s	21
临界胶束浓度（质量分数）/%	0.007
相对密度（25℃）	0.997
开口闪点 /℃	＞110

桶混使用比例（摘自迈图说明书）：

植物生长调节剂	0.025%～0.05%	杀菌剂	0.015%～0.05%
除草剂	0.025%～0.15%	肥料与微量元素	0.015%～0.1%
杀虫剂	0.025%～0.1%		

直接加入制剂实例，25%丙环唑乳油制剂配比见表3-24，制剂性能见表3-25。

表3-24 25%丙环唑乳油制剂配比

组成	25% 丙环唑 EC	25% 丙环唑 + 有机硅 EC
原药：丙环唑	25%	25%
乳化剂：SP-EC3525	6%	6%
SP-408 农用有机硅	0	2%
二甲苯	补足 100%	补足 100%

表3-25 25%丙环唑乳油制剂性能

指标	25% 丙环唑 EC	25% 丙环唑 + 有机硅 EC
表面张力（25°C，0.1% 水溶液）/（mN/cm）	34.2	28.3
润湿时间（25°C，0.1% 水溶液）/s	6%	6%
表面张力（热储 14d）/（mN/cm）	34.1	28.3
表面张力（常温放置 12 个月）/（mN/cm）	35.2	30.4

添加农用有机硅的乳油常温放置后，表面张力增大，可能与乳化剂末端羟基与三硅氧烷聚氧乙醚重排，改变了部分有机硅“T”形结构有关。

2. 脂肪醇聚氧乙烯醚

脂肪醇聚氧乙烯醚代表性产品有C_{12}～C_{14}+5EO，俗称AEO-5，一般用于EC、SC、SE等体系中。典型脂肪醇聚氧乙烯醚性能见表3-26，添加脂肪醇醚的制剂配方见表3-27。

表3-26　典型脂肪醇聚氧乙烯醚性能

项目	典型数据
羟值	120 ～ 130
表面张力（25°C，0.1% 水溶液）/（mN/cm）	31.2
临界胶束浓度 /（g/L）	0.32
润湿时间（1% 水溶液）/s	

表3-27　添加脂肪醇醚的制剂配方

物料	25% 除虫脲 SC	35% 吡虫啉 SC	38% 莠去津 SC
原药	25%	35%	38%
AEO-5	1%	1%	1%
SP-SC3060	3%	3%	3%
硅酸镁铝	0.8%	0.5%	0.5%
黄原胶	0.2%	0.2%	0.2%
消泡剂与杀菌剂	适量	适量	适量
去离子水	补足 100%	补足 100%	补足 100%

EC体系中可直接添加，降低稀释液的表面张力，提升药液的铺展能力。

3. 烷基酚聚氧乙烯醚

典型产品为NP-10，常应用于EC、SC、AS中，可降低表面张力，提高体系铺展能力。典型烷基酚醚性质见表3-28，采用烷基酚醚制剂配比见表3-29。

表3-28　典型烷基酚醚性质

项目	典型数据
浊点 /℃	58 ～ 64
表面张力（25℃，0.1% 水溶液）/（mN/cm）	33
临界胶束浓度 /（g/L）	0.055

表3-29　采用烷基酚醚制剂配比

物料	50% 莠灭净 SC	物料	25% 氟磺胺草醚盐 SL
原药	50%	氟磺胺草醚钠盐	25%
NP-10	0.5%	NP-10	8%
SP-SC3060	3%	去离子水	补足 100%
硅酸镁铝	0.2%		
黄原胶	0.02%		
消泡剂与杀菌剂	适量		
去离子水	补足 100%		

4. 脂肪胺聚氧乙烯醚

典型的产品有十二胺聚氧乙烯醚（15），十八胺聚氧乙烯醚（15，20），牛脂胺聚氧乙烯醚（TA-15）等，可促进作物对草甘膦的吸收。

5. 壬基酚聚氧乙烯醚甲醛缩合物磺酸钠盐（SOPA）

典型市售SOPA物理性能，见表3-30。

表3-30　典型市售SOPA物理性能

项目	典型数据
磺化率	＞80%
浊点 /°C	＞100
表面张力（25°C，0.1%水溶液）/（mN/m）	41.2
临界胶束浓度 /（mmol/m^3）	0.0456

典型应用实例，见表3-31～表3-33。

表3-31　70%甲基硫菌灵WP

制剂配比 /%		制剂性能	
甲基硫菌灵	70	悬浮率 /%	＞90
SOPA	2	润湿时间 /min	＜60
NNO	4		
填料	补足 100		

表3-32　40%啶虫脒DF

制剂配比 /%		制剂性能	
啶虫脒	40	外观	中空球形
SOPA	2	悬浮率 /%	＞92
聚羧酸盐 SP-2836	4	砂磨后粒径（D_{90}）/μm	＜3
十二烷基磺酸钠	1	崩解时间 /s	＜60
氯化钠	补足 100		

表3-33　600g/L吡虫啉SC

制剂配比 /%		制剂性能	
吡虫啉	48.5	悬浮率 /%	＞98
SOPA	1.5	旋转黏度（25°C）/ mPa · s	425
SP-2728 分散剂	4.5	倾倒性 /%	＜5
硅酸镁铝	0.2	粒径 (D_{90})/ μm	＜3
黄原胶	0.05		
消泡剂与杀菌剂	适量		
去离子水	补足 100		

6. 多苯乙烯苯酚聚氧乙烯醚（甲醛缩合物）磷酸酯盐（TSPE-P）

磷酸酯类表面活性剂是一种性能优良、应用广泛的表面活性剂，其具有优良的润湿性、洗净性、增溶性、乳化性、抗静电性、缓蚀防锈等特性，其易生物降解、刺激性比较低，尤其热稳定性、耐碱和耐电解质、抗静电性均优于一般阴离子表面活性剂。多苯乙烯苯酚聚氧乙烯醚类磷酸酯在其疏水基和亲水基之间嵌入了聚氧乙烯基，结构改变使其性能和应用也不同，聚氧乙烯链越长其水溶性越强，但热稳定性下降，受热后残渣多，在非极性溶剂中的溶解度随聚氧乙烯链的增加而降低。在农药工业中可应用于SC、SE、FS、EC、ME等制剂中。市售TSPE-P物理特性见表3-34。

表3-34 市售TSPE-P物理特性

项目	典型指标
外观（常温）	黄色黏稠液体
旋转黏度（25°C）/mPa·s	4000 ~ 10000
表面张力（25°C，0.1%水溶液）/（mN/m）	
润湿时间（1%水溶液）/s	

应用示例，见表3-35～表3-37。

表3-35 20%敌稗EC

制剂配比/%		制剂性能	
敌稗	20	稀释稳定性	20倍24h合格
TSPE-P	5	3倍硬水稳定性	合格
十二烷基苯磺酸钙	3	冷储	透明
溶剂	补足100		

表3-36 800g/L敌草隆SC

制剂配比/%		制剂性能	
敌草隆	64	悬浮率/%	＞98
TSPE	3	旋转黏度（25℃）/mPa·s	418
SP-2750聚羧酸盐	1.2	倾倒性/%	＜5
黄原胶	0.02	粒径（D_{90}）/μm	＜3
消泡剂与杀菌剂	适量		
去离子水	补足100		

表3-37 5%已唑醇ME

制剂配比/%		制剂性能	
己唑醇	5	透明温度区间/℃	-5 ~ 68
TSPE-P	9	稀释稳定性	合格
十二烷基苯磺酸钙	6	热储	合格
溶剂	34		
去离子水	补足100		

7. α-烯基磺酸盐

α-烯基磺酸钠物理特性，见表3-38。

表3-38 α-烯基磺酸钠物理特性

项目	特征数据
外观（常温）	白色粉末
堆积密度（25℃）/（kg/m^3）	500
临界胶束浓度（25℃）/%	0.02
表面张力（25℃，0.1%水溶液）/（mN/m）	28.2

应用示例，见表3-39～表3-42。

表3-39　90%阿特拉津WG

制剂配比 /%		制剂性能	
阿特拉津	90	外观	白色柱状颗粒
SP-2836 聚羧酸盐	4.5	悬浮率 /%	＞95
烯基磺酸钠	1.8	崩解 / 次	＜18
EDTA-2Na	补足 100	润湿 / s	＜60

表3-40　80%嘧霉胺WG

制剂配比 /%		制剂性能	
嘧霉胺	80	外观	白色柱状颗粒
SP-2836 聚羧酸盐	5	悬浮率 /%	＞92
烯基磺酸钠	2	崩解 / 次	＜10
木质素磺酸钠	5	润湿 / s	＜60
硫酸钠	补足 100		

表3-41　53%苯噻酰草胺+苄嘧磺隆DF

制剂配比 /%		制剂性能	
苯噻酰草胺＋苄嘧磺隆	53	外观	类白色中空球形
烯基磺酸钠	2	悬浮率 /%	＞98
聚羧酸盐 SP-2836	6	砂磨后粒径（D_{90}）/μm	＜3
氯化钠	补足 100	崩解时间 / s	＜60

表3-42　80%戊唑醇WP

制剂配比 /%		制剂性能	
戊唑醇	80	外观	类白色粉末
木质素磺酸钠	2	悬浮率 /%	＞92
烯基磺酸钠	2	润湿 / s	＜30
SOPA	4		
硫酸钠	补足 100		

8. 烷基琥珀酰胺磺酸盐（OT-70）

烷基琥珀酸酯磺酸盐为一类重要的阴离子表面活性剂，具有良好的温和、润湿、可生物降解性能，典型代表为快速渗透剂T，应用于农药SC、SE中，能够有效改善润湿渗透性能。OT-70典型物理性质，见表3-43。

表3-43　OT-70典型物理性质

项目	特征数据
外观（常温）	无色透明液体
有效含量 /%	70
临界胶束浓度（25℃）/%	0.11
润湿时间（0.1% 水溶液）/s	6
表面张力（25℃，0.1% 水溶液）/mPa · s	26

应用示例，见表3-44～表3-46。

表3-44　40%多菌灵SC

制剂配比 /%		制剂性能	
多菌灵	40	悬浮率 /%	＞98
OT-70	1	旋转黏度（25℃）/ mPa · s	316
SP-39 聚羧酸盐	4	倾倒性 /%	＜5
黄原胶	0.15	粒径（D_{90}）/μm	＜3
消泡剂、杀菌剂和防冻剂	适量		
去离子水	补足 100		

表3-45　800g/L硫黄SC

制剂配比 /%		制剂性能	
硫黄	64	悬浮率 /%	＞98
OT-70	1	旋转黏度（25℃）/ mPa · s	565
SP-39 聚羧酸盐	4	倾倒性 /%	＜5
黄原胶	0.02	粒径（D_{90}）/ μm	＜2.5
消泡剂、杀菌剂和防冻剂	适量		
去离子水	补足 100		

表3-46　225g/L莠去津+225g/L特丁津+250g/L乙草胺悬浮乳剂

制剂配比 /%		制剂性能	
莠去津	19	悬浮率 /%	＞98
特丁津	19	旋转黏度（25℃）/ mPa · s	500
乙草胺	22	倾倒性 /%	＜5
OT-70	3	热储	无析水
聚氧乙烯醚磷酸酯	4.5		
芳基酚聚氧乙烯醚	0.7		
十二烷基苯磺酸钙	0.4		
黄原胶	0.02		
消泡剂、杀菌剂和防冻剂	适量		
去离子水	补足 100		

9. 脂肪醇聚氧乙烯醚硫酸酯盐（AES）

脂肪醇聚氧乙烯醚硫酸酯盐分子结构中既含有非离子的亲水基——烷氧基团，又含有阴离子的亲水基——磺酸基，兼具两类表面活性剂的优点，具有较好的渗透、润湿功能，广泛应用于EC、SC、AS、WP等体系中。代表性的产品有AES（2-3环氧乙烷）。AES特性见表3-47。

表3-47　AES特性

项目	特征数据
外观（常温）	无色至黄色黏稠液体
润湿时间（0.1% 水溶液）/s	25
表面张力（25℃，0.1% 水溶液）/（mN/m）	36.1
临界胶束浓度 /（mmol/L）	0.15

应用示例，见表3-48、表3-49。

表3-48 20%氯虫苯甲酰胺SC

制剂配比 /%		制剂性能	
氯虫苯甲酰胺	20	悬浮率 /%	＞98
AES	1	旋转黏度（25℃）/ mPa·s	323
TSPE-P	3	倾倒性 /%	＜4
黄原胶	0.20	粒径 (D_{90})/ μm	＜3
硅酸镁铝	1		
消泡剂、杀菌剂和防冻剂	适量		
去离子水	补足 100		

表3-49 200g/L百草枯AS

制剂配比 /%		制剂性能	
百草枯母液	18.5	稀释稳定性	20 倍 24h 透明
AES	3	旋转黏度（25℃）/ mPa·s	212
脂肪醇 / 胺醚	2	表面张力（1%，25℃）/（mN/m）	28.1
去离子水	补足 100	接触角 /（°）	38
		润湿时间（1% 水溶液）/ s	75

10. 烷基糖苷（APG）

烷基糖苷（alkylpolyglycoside，APG）是一种绿色、温和、无毒的新型非离子表面活性剂。APG性能优异，表面张力低、能完全生物降解，与草甘膦等产生协同作用。生产过程亦对环境无污染，兼有非离子与阴离子表面活性剂的许多特性，可应用于农药AS、WG等剂型中。市售APG（C_8～C_{10}）物理特性见表3-50。

表3-50 市售APG（C_8～C_{10}）物理特性

项目	特征数据
外观（常温）	无色至黄色黏稠液体
润湿时间（0.1% 水溶液）/s	
表面张力（25℃，0.1% 水溶液）/（mN/m）	25.3
临界胶束浓度 /（g/L）	1.79

应用实例，见表3-51。

表3-51 41%草甘膦水剂

制剂配比 /%		制剂性能	
草甘膦母液	41	表面张力（25℃，0.1% 水溶液）/（mN/m）	29.3
APG	5		
脂肪胺聚氧乙烯醚	3		
去离子水	补足 100		

第四节 农药润湿剂与渗透剂生产的工程化技术

一、农用有机硅

1. 原料

农用有机硅原料组成，见表3-52。

表3-52 农用有机硅原料组成

名称	备注
六甲基二硅氧烷	江西星火有机硅厂
全含氢硅油	DOWCORNING
氯铂酸	化学纯
烯丙基聚醚	M=200 ~ 1000 分子量根据需要调节
浓硫酸	分析纯 98%

2. 设备

搪瓷调聚釜、精馏釜、搪瓷加成釜、滴加罐等。

3. 工艺

1,1,1,3,5,5,5-七甲基三硅氧烷的合成。

反应方程式：

$$\left(\begin{matrix} CH_3 \\ | \\ Si-O \\ | \\ H \end{matrix}\right)_n + CH_3-\underset{CH_3}{\overset{CH_3}{Si}}-O-\underset{CH_3}{\overset{CH_3}{Si}}-CH_3 \xrightarrow{\text{浓硫酸}} CH_3-\underset{CH_3}{\overset{CH_3}{Si}}-O-\underset{CH_3}{\overset{H}{Si}}-O-\underset{CH_3}{\overset{CH_3}{Si}}-CH_3$$

将六甲基二硅氧烷（MM）和含氢硅油（DH）按质量比13：1添加至搪瓷调聚釜中，加入3%的浓硫酸作催化剂，30～40℃反应7h，降至室温，静置分出底部浓硫酸，上层反应液水洗至中性，使用无水硫酸钠干燥后过滤，得到含1,1,1,3,5,5,5-七甲基三硅氧烷（MDHM）的反应混合液。通过气相色谱测定目标产品含量并计算转化率。将上述混合液通过精馏，收集140～142℃馏程，得到目标产物，含量＞97%，蒸馏出的MM可重复使用。

三硅氧烷聚氧烯醚的合成。

反应方程式：

$$-\overset{|}{\underset{|}{Si}}-H + H_2C=CHCH_2O- \longrightarrow -\overset{|}{\underset{|}{Si}}-CH_2CH_2CH_2O-$$

将氯铂酸催化剂与烯丙基聚醚加入反应釜中，升温到60～80℃、活化1.5h制备铂络合物催化剂，再加入与烯丙基聚醚摩尔比为1：1.2的1,1,1,3,5,5,5-七甲基三硅氧烷，在100～120℃反应6h。测定含氢量或不饱和双键含量，计算转化率。

4. 产品质量

农用有机硅产品质量指标，见表3-53。

表3-53　农用有机硅产品质量指标

项目	测试结果
表面张力（0.1% 水溶液）/（mN/cm）	20.5
浊点（1% 水溶液）/℃	＜10
接触角（0.1% 水溶液）/（°）	＜5
旋转黏度（25℃）/mPa·s	21
临界胶束浓度（质量分数）/%	0.007
相对密度（25℃）	0.997
开口闪点 /℃	＞110

二、聚氧乙烯醚磷酸酯

聚氧乙烯醚磷酸酯盐是一种阴离子表面活性剂，兼有非离子和阴离子表面活性剂的特性，具有优异的乳化、分散、润湿、抗静电、洗涤、缓蚀防锈等性能，易生物降解、毒性低、刺激性小，与其他表面活性剂一起使用时配伍性好，在农药、纺织、皮革、日用化学品等行业中应用广泛。近年来，国外在合成聚氧乙烯醚磷酸酯时对其分子结构进行修饰，正向“功能化”方向发展，我国在该系列产品的开发和应用研究方面也非常积极。CN200610040761.5和CN03152833.3分别公开了采用多芳基酚甲醛树脂或多芳基双酚A树脂聚氧乙烯醚与磷酰化试剂磷酸酯化，有机胺中和后形成的一类具有优良润湿分散性能的化合物。以多芳基酚聚氧乙烯醚甲醛缩合物磷酸酯盐为例说明其工程化。

1. 原料

聚氧乙烯醚磷酸酯原料，见表3-54。

表3-54　聚氧乙烯醚磷酸酯原料

名称	质量指标	备注
多芳基酚聚氧乙烯醚甲醛缩合物	浊点：82～87℃	根据需要调整
五氧化二磷	99%	
三乙醇胺	99%	

2. 设备

搪瓷酯化釜、中和釜等。

3. 工艺

包含五氧化二磷与醇醚酯化、水解以及中和过程。

酯化过程：

$$\mathrm{Ar{-}O(EO)_nH + P_2O_5 \xrightarrow{溶剂} \underset{(MAP)}{Ar{-}O(EO)_n{-}\overset{\overset{\displaystyle O}{\|}}{\underset{\underset{\displaystyle OH}{|}}{P}}{-}OH} + \underset{(DAP)}{[Ar{-}O(EO)_n]_2{-}\overset{\overset{\displaystyle O}{\|}}{P}{-}OH} + \underset{(PAP)}{[Ar{-}O(EO)_n{-}\overset{\overset{\displaystyle O}{\|}}{\underset{\underset{\displaystyle OH}{|}}{P}}]_2{-}O}}$$

式中：Ar—为 PhCH(CH_3)—C_6H_3[CH(CH_3)Ph]$_2$（苯环上连有两个 $\mathrm{CH(CH_3)Ph}$ 基团）

向洁净的搪瓷釜中抽入醇醚，开动搅拌，在30～50℃条件下分批加入五氧化二磷，升温到60～80℃反应4h。添加五氧化二磷过快或温度过高，易导致物料碳化，醇醚与五氧化二磷的摩尔比应根据单酯、双酯的要求确定，上述反应较复杂。P_2O_5的结构一般认为是P_4O_{10}、呈四面体结构，除生成单酯、双酯和少量聚酯外，另有少量无机多聚磷酸生成。

水解反应：

$$\underset{\text{(PAP)}}{\left[\mathrm{Ar{-}O(EO)}_n{-}\overset{\displaystyle O}{\overset{\|}{\underset{\underset{\displaystyle OH}{|}}{P}}}\right]_2\!{-}O} \xrightarrow{H_2O} 2\,\underset{\text{(MAP)}}{\mathrm{Ar{-}O(EO)}_n{-}\overset{\displaystyle O}{\overset{\|}{\underset{\underset{\displaystyle OH}{|}}{P}}}{-}OH}$$

水解反应可将多聚磷酸酯转化为单酯、双酯，也可将双酯转化成单酯，同时生成游离的磷酸。通过控制加水量、水解时间和温度来达到控制单、双酯的目的。采用电位滴定法可测得磷酸单酯、双酯和游离磷酸的含量，双酯含量越高，分散性能越好，单酯含量越高，润湿和平滑性能越佳。水的添加量为总物料量的2%左右，水解温度60～90℃，时间为2～6h。

中和反应：

根据用途不同选择如一乙醇胺、二乙醇胺、三乙醇胺、异丙醇胺、三乙胺、碱金属氢氧化物中和，产品pH为中性。

$$\underset{\text{(MAP)}}{\mathrm{Ar{-}O(EO)}_n{-}\overset{\displaystyle O}{\overset{\|}{\underset{\underset{\displaystyle OH}{|}}{P}}}{-}OH} \xrightarrow{2N(CH_2CH_2OH)_3} \underset{\text{(TPEP)}}{\mathrm{Ar{-}O(EO)}_n{-}\overset{\displaystyle O}{\overset{\|}{P}}\begin{cases}ONH(CH_2CH_2OH)_3\\ ONH(CH_2CH_2OH)_3\end{cases}}$$

$$\underset{\text{(DAP)}}{\left[\mathrm{Ar{-}O(EO)}_n\right]_2\!{-}\overset{\displaystyle O}{\overset{\|}{P}}{-}OH} \xrightarrow{N(CH_2CH_2OH)_3} \underset{\text{(TPEP)}}{\left[\mathrm{Ar{-}O(EO)}_n\right]_2\!{-}\overset{\displaystyle O}{\overset{\|}{P}}{-}ONH(CH_2CH_2OH)_3}$$

4. 质量指标

聚氧乙烯醚磷酸酯三乙醇胺盐典型质量指标，见表3-55。

表3-55　聚氧乙烯醚磷酸酯三乙醇胺盐典型质量指标

项目	典型数据	检测方法
外观（25℃）	黄色黏稠液体	目测
水溶性（25℃）	与水互溶	
旋转黏度（25℃）/mPa·s	6500	GB/T 3223—2008
表面张力（25℃，1%水溶液）/（mN/m）	32.5	GB/T 18396—2008
临界胶束浓度 /（10^{-2} mol/L）	4.7	GB/T 11276—2007
单酯含量 /%	35.4	非水电位滴定法
双酯含量 /%	58.9	

三、聚氧乙烯醚硫酸酯盐

聚氧乙烯醚硫酸酯盐是一种阴离子表面活性剂，兼有非离子和阴离子表面活性剂的特性，具有优异的乳化、分散、润湿、抗静电、洗涤、缓蚀防锈等性能，易生物降解、毒性低、刺激性小，与其他表面活性剂一起使用时配伍性好，在农药、纺织、皮革、日用化学品等行业中应用广泛。其中壬基酚聚氧乙烯醚甲醛缩合物硫酸酯盐已工业化，在农药工业广泛应用。

1. 原料

聚氧乙烯醚硫酸酯盐原料，见表3–56。

表3–56　聚氧乙烯醚硫酸酯盐原料

名称	质量指标	备注
多芳基酚聚氧乙烯醚甲醛缩合物	浊点：82 ~ 87℃	农乳 700#
氨基磺酸	＞98%	
尿素	N 含量＞24%	
氢氧化钠	＞99%	
甲醇	＞99%	

2. 设备

搪瓷酯化釜、压滤机、中和转化釜、冷凝器等。

3. 工艺

包含磺化、过滤以及和转化过程。

反应方程式：

$H(OCH_2CH_2)_nO$, $O(CH_2CH_2O)_nH$, C_9H_{19}, C_9H_{19} $\xrightarrow{2NH_2SO_3H}$ $NH_4SO_3(OCH_2CH_2)_nO$, $O(CH_2CH_2O)_nSO_3NH_4$, C_9H_{19}, C_9H_{19}

$\xrightarrow{2NaOH}$ $NaSO_3(OCH_2CH_2)_nO$, $O(CH_2CH_2O)_nSO_3Na$, C_9H_{19}, C_9H_{19} $+ 2NH_3\uparrow + 2H_2O$

磺化：

向洁净的搪瓷釜中抽入醇醚，开动搅拌，在30 ~ 50℃条件下分批加入氨基磺酸和尿素，升温到100 ~ 140℃反应3 ~ 4h。醇醚、氨基磺酸和尿素摩尔比以1∶（2 ~ 5）∶（1 ~ 3）为宜，通过测试有机硫含量控制产品转化率。

过滤：

磺化完毕降温至50 ~ 60℃，加入总物料量45%的甲醇，搅拌均匀，过滤，收集滤液。

中和转化：

将滤液升温至50 ~ 60℃，滴加50%的氢氧化钠水溶液，滴加完毕，保持负压脱除去氨味。氢氧化钠与醇醚摩尔比以0.6 ~ 1∶1为宜。

4. 质量指标

聚氧乙烯醚硫酸酯钠盐质量指标，见表3–57。

表3-57 聚氧乙烯醚硫酸酯钠盐质量指标

项目	典型数据	备注
外观（25℃）	黄色黏稠液体	
水溶性（25℃）	与水互溶	
旋转黏度（25℃）/mPa·s	500	
表面张力（25℃，1%水溶液）/（mN/m）	41.2	除去溶剂后测试
临界胶束浓度/（mmol/L）	0.0456	除去溶剂后测试
不挥发物含量/%	70	
有机硫含量/%	＞1.3	

四、脂肪醇聚氧乙烯醚琥珀酸双酯磺酸二钠

磺基琥珀酸酯钠盐分为两类，即磺基琥珀酸单酯二钠盐和磺基琥珀酸双酯钠盐，磺基琥珀酸酯钠盐的分子结构可变性强，可以按实际需要来设计分子，得到性能独特的产品。脂肪醇聚氧乙烯聚氧丙烯醚琥珀酸双酯钠盐，一般随乙氧基数或疏水基碳原子的增加，临界胶束浓度减小而最小表面张力增大，丙氧基化合物的临界胶束浓度及最小表面张力均小于对应的具有相同乙氧基数的化合物，这样合成的产品必然能以其独特的性能满足应用领域的特殊需要。以壬基酚聚氧乙烯醚（9）琥珀酸单酯二钠盐为例说明：

1. 原料

聚氧乙烯醚琥珀酸单酯二钠盐，见表3-58。

表3-58 聚氧乙烯醚琥珀酸单酯二钠盐

名称	质量指标	备注
壬基酚聚氧乙烯醚（9）	浊点：55℃	NP-9
顺丁烯二酸酐	＞98%	
亚硫酸钠	＞98%	
对甲苯磺酸	＞99%	

2. 设备

搪瓷酯化釜、搪瓷磺化釜等。

3. 工艺

包含酯化、磺化过程。

酯化：

向洁净的酯化釜中依次抽入NP-9、顺酐和占顺酐1%质量的对甲苯磺酸，在氮气保护下，搅拌升温至120～140℃，酯化6h，降温出料。NP-9与顺酐的投料摩尔比宜1∶1.05。定时取样测定酸值，直到以KOH计的酸值变化＜1mg/g时视为酯化终点。

磺化：

向上述酯化反应所得产物马来酸单酯中加入顺酐物质的量1.1倍的亚硫酸钠水溶液，在氮气保护下，搅拌并加热10min至100℃磺化。定时取样利用直接碘法测定体系残留的亚硫酸钠并计算磺化率，直至磺化率的变化每小时小于0.5%时视为反应终点。

4. 质量指标

壬基酚聚氧乙烯醚琥珀酸酯二钠盐质量指标，见表3-59。

表3-59　壬基酚聚氧乙烯醚琥珀酸酯二钠盐质量指标

项目	典型数据	备注
外观（25℃）	黄色黏稠液体	
水溶性（25℃）	与水互溶	
表面张力（25℃，1% 水溶液）/（mN/m）	34.2	除去溶剂后测试
临界胶束浓度 /（mmol/L）	0.056	除去溶剂后测试
有机硫含量 /%	＞ 3.5	除去溶剂后测试

五、聚乙二醇型非离子表面活性剂

聚乙二醇型非离子表面活性剂品种多、产量大。凡具有活性氢的化合物（脂肪醇、烷基酚、脂肪胺、脂肪酸、烷醇酰胺等）均可与环氧乙烷缩合制成聚乙二醇型非离子表面活性剂，其亲水性是靠分子中的氧原子与水中的氢形成氢键，产生水合物的结果。聚乙二醇链有两种结构，在无水时为锯齿形，而在水溶液中为曲折形，憎水基为—CH—；亲水基为醚键—O—，分子中环氧乙烷聚合度越大，即醚键越多，亲水性越强。以多芳基酚聚氧乙烯醚为例。

1. 原料

多芳基酚聚氧乙烯醚原料，见表3-60。

表3-60　多芳基酚聚氧乙烯醚原料

名称	质量指标 /%	备注
苯乙烯	＞ 99	除去阻聚剂
苯酚	＞ 98	
硫酸	＞ 98	
环氧乙烷	＞ 99	
氢氧化钾	＞ 90	
乙酸	＞ 99	

2. 设备

搪瓷缩合釜、不锈钢聚合釜、真空泵等。

3. 工艺

多芳基酚聚氧乙烯醚（TSPE）合成包括三苯乙烯苯酚缩合和环氧乙烷聚合两个过程。

缩合：

向洁净的搪瓷反应釜中抽入94kg熔化的苯酚，加入8kg浓硫酸，升温到130～135℃，2h内滴加完312kg苯乙烯，保温2h，抽真空脱除未反应的酚，制备出褐色透明黏稠液体，测定产品的折射率确定转化率和延长保温时间，折射率为1.6040～1.6090，合格后加入4.3kg氢氧化钾中和至pH值偏碱性。

聚合：

向洁净的不锈钢反应釜中抽入400kg上述缩合物，加入0.8kg氢氧化钾，搅拌升温至100℃，抽真空0.5h，缓慢通入450kg环氧乙烷，控制温度120～130℃，压力＜0.3MPa，添加完环氧乙烷保温老化吸收到负压，冷却测定浊点为52～56℃。降温加冰醋酸中和到中性。

4. 质量指标

多芳基酚聚氧乙烯醚质量指标，见表3-61。

表3-61　多芳基酚聚氧乙烯醚质量指标

项目	典型数据
外观（25℃）	黄色液体
表面张力（25℃，1%水溶液）/（mN/m）	31.5
浊点（1%水溶液）/℃	52 ~ 56

该产品具有良好的润湿和抑泡功能。

六、低聚表面活性剂

自从20世纪90年代以来，一种新型的Gemini表面活性剂在世界范围内引起了广泛关注。受其启发而相应产生的三聚、四聚和多聚疏水链的树脂聚体表面活性剂共同构成了低聚表面活性剂（oligomeric surfactant），正成为当今世界关注的热点。特别是双聚（Gemini）表面活性剂具有优良的物理化学特性和应用前景，如降低水溶液表面张力和效率更加突出；壬基酚聚氧乙烯醚甲醛缩聚物即是农药领域最早的低聚表面活性剂，以双酰胺双磺酸钠为例说明工程化合成方法。

1. 原料

双酰胺双磺酸钠原料，见表3-62。

表3-62　双酰胺双磺酸钠原料

名称	质量指标
脂肪酸	折射率 1.4304
三氯化磷	97%
乙二胺	99.9%
2-溴乙基磺酸钠	98.5%
氢氧化钠	99%
乙醇	99.9%

2. 设备

不锈钢酰化釜、过滤器、不锈钢缩合釜。

3. 工艺

反应方程式：

$$CH_3\text{-}(CH_2)_{10}\text{-}CH_2COOH + PCl_3 \longrightarrow CH_3\text{-}(CH_2)_{10}\text{-}CH_2COCl + H_3PO_4$$

$$\begin{matrix} CH_2\text{—}NH_2 \\ | \\ CH_2\text{—}NH_2 \end{matrix} + 2CH_3\text{-}(CH_2)_{10}\text{-}CH_2COCl \longrightarrow$$

$$\begin{matrix} CH_2\text{—}NH\text{—}\overset{\displaystyle O}{\overset{\|}{C}}\text{—}CH_2\text{-}(CH_3)_{10} \\ | \\ CH_2\text{—}NH\text{—}\underset{\displaystyle O}{\underset{\|}{C}}\text{—}CH_2\text{-}(CH_3)_{10} \end{matrix} + 2HCl$$

$$\begin{array}{l} CH_2-NH-\overset{\overset{O}{\|}}{C}-CH_2\left(CH_3\right)_{10} \\ | \\ CH_2-NH-\underset{\underset{O}{\|}}{C}-CH_2\left(CH_3\right)_{10} \end{array} + 2BrCH_2CH_2SO_3Na \longrightarrow$$

$$H_3C\left(CH_2\right)_{10}\overset{\overset{O}{\|}}{C}-\overset{\overset{SO_3Na}{|}}{\overset{CH_2}{|}}{\overset{CH_2}{|}}{N}-\left(CH_2\right)_{10}-\overset{\overset{NaO_3S}{|}}{\overset{CH_2}{|}}{\overset{CH_2}{|}}{N}-\overset{\overset{O}{\|}}{C}\left(CH_2\right)_{10}CH_3 + 2HBr$$

步骤1　合成脂肪酰氯：将98kg月桂酸和100kg有机溶剂丁酮加入干燥的反应器中，加热溶解脂肪酸，开启搅拌，调节温度至75°C，1h内滴加完278kg三氯化磷，滴加完毕在65～75°C保温反应5h，取上层清液为月桂酰氯。

步骤2　酰胺化：向反应釜中抽入50.4kg和80kg丁酮/三乙胺混合液（1∶1），在0～10°C滴加49.2kg月桂酰氯，1h滴加完毕，继续反应6h，过滤得淡黄色固体，用水和丁酮洗涤、烘干即可。

步骤3　羧乙基化：向洁净的反应釜中抽入63.5kg上述中间体，加入200kg水和丁酮混合液（1∶9），强烈搅拌溶解，滴加73.9kg 2-溴乙基磺酸钠溶液，用氢氧化钠调节pH值为8～10，在60～70°C恒温水浴中反应8h，然后加入无水乙醇洗涤、过滤、干燥得到白色固体粉末。

4. 质量指标

双酰胺双磺酸钠产品质量，见表3-63。

表3-63　双酰胺双磺酸钠产品质量

项目	典型数据	备注
外观（25℃）	白色粉末	
表面张力（25℃，0.5% 水溶液）/（mN/m）	28.6	
接触角（0.5% 水溶液）/（°）	9	蜡板
渗透力（帆布沉降法）/s	7	

该产品可应用于农药SC、WG、DF、WP、SE、FS等体系中。

参考文献

[1] 顾惕人. 非离子表面活性剂溶液的雾点现象. 精细化工，1994，11（2）: 4-9.

[2] 邵维忠. 农药助剂. 北京：化学工业出版社，2003.

[3] 王会霞. 西安市常见绿化植物叶片润湿性能及其影响因素. 生态学杂志，2010，29（4）：630-636.

[4] 顾中言. 一些药液难在水稻、小麦和甘蓝表面润湿展布的原因分析. 农药学报，2002，4（2）：75-80.

[5] 表面张力测定方法. 日用化学工业，2010，40（2）：152.

[6] 闵棋. 吊片法动态湿润实验系统. 工程热物理学报，2009，39（9）：1459-1462.

[7] 黄啟良. 悬浮剂润湿分散剂选择方法研究. 农药学学报，2001，3（3）：66-70.

[8] 李红军. 用铺展系数和干燥时间选择草甘膦助剂. 安徽农业科学，2007，35（12）：3590-3592.

[9] 王莉. Zeta电位法选择农药悬浮剂润湿分散剂方法. 应用化学，2010，27（6）:727-731.

[10] 李岿．非离子快速渗透剂LK-31的合成和性能．精细石油化工进展，2005，6（5）：31-34.
[11] 卫乃勤．农药润湿渗透剂探讨．表面活性剂工业，1994（1）：19-24，14.
[12] 彭朴．采油用表面活性剂．北京：化学工业出版社，2003.
[13] 曾平．椰油酰基甲基牛磺酸钠的合成与性能．日用化学品科学，2006，32（6）：34-37.
[14] Sakuta K. Water-base agrochemical composition containing polyether-modified silicone（P），US6300283，2001-10-09.
[15] Murphy D S. Super-spreading, low-foam surfactant for agricultural spray mixtures（P）US5504054，1996.
[16] Humble G D, Keenedy M. Use of non-spreading silicone surfactants in agrochemical compositions（P）.US6734141，2003-06-05.
[17] 崔毅．聚甘油及其脂肪酸酯的合成．浙江化工，1995，26（3）：20-23.
[18] 杨坤于．聚甘油脂肪酸酯的表面性能研究．日用化学品科学，2010，33（5）：25-28.
[19] 马进平．菜籽油酸乙醇酰胺聚氧乙烯醚的合成及性能研究．齐齐哈尔大学学报，2005，21（2）：5-8.
[20] Wetting agents and dispersant, and their use，US2011/0021699.
[21] Universal agents and dispersants based on isocyanate monoadducts，US2009/0221749
[22] 刘波．双子型（Gemini）表面活性剂的合成研究［D］．杭州：浙江大学，2006.
[23] 王桂莲．聚醚/磷酸酯改性聚硅氧烷的合成．天津工业大学学报，2004，23（1）：52-54, 62.
[24] 王学川．聚醚改性硅氧烷磷酸酯的合成．中国皮革，2007，36（3）：57-60.
[25] OL' enick A. Terminal phosphates silicone polymers：US, 5149765［P］. 1992-09-22.
[26] OL' enick A. Phosphated silicone polymers：US, 5070171［P］. 1991-12-03.
[27] 许澎．有机硅聚氧乙烯醚琥珀酸单酯二钠盐的合成与性能．有机硅材料，2010，24（4）：202-206.
[28] 一种新型农药水基制剂用双子型润湿剂及其制备方法，CN201110102268.2.
[29] 黄良仙．农用有机硅表面活性剂的制备及其应用研究进展．有机硅材料，2010，24（1）：59-64.

第四章

农药分散剂及应用技术

第一节 基本概念

农药分散剂（dispersant）是一种在分子内同时具有亲油性和亲水性两种相反性质的界面活性剂。在外力作用下，可均一分散那些难于溶解于液体的无机、有机农药的固体及液体颗粒，同时也能防止颗粒的沉降和凝聚，形成安定悬浮液或可分散的固体颗粒所需的两亲性试剂。

早期以低分子量萘磺酸盐甲醛缩合物（NNO）与木质素磺酸盐（简称木钙、木钠）为代表的分散剂，基本满足了农药可湿性粉剂的分散需求。随着农药制剂向低毒、环境友好、生产清洁、使用安全、省力与高效化方向发展，农药剂型已从从乳油、粉剂、可湿性粉剂向悬浮剂（SC、FS、OD、SE等）、水乳剂（EW）、水分散粒剂（WG、DF）等省力缓释剂型（CS、PG、SO）发展。为适应农药制剂发展的技术需求，相继出现了传统助剂改进产品如非离子表面活性剂改性物（磷酸酯、硫酸酯、羧酸盐等)，超高分子量非离子、大分子量木质素磺酸盐，大分子量萘磺酸盐等等，也出现了新型结构的分散剂如乙烯基单体聚合物、超支化聚合物、缩合类分散剂（聚氨酯、聚酯等）。不同结构的分散剂也有多种合成方式和不同的亲水亲油性能，也可进一步的功能改性，基本满足了农药工业发展需求。

第二节 作用过程及机理

农药固体颗粒在外力和润湿分散剂作用下尺寸减小，表面被修饰（亲水亲油或极性改变)，最终形成在溶剂中能够相对稳定的悬浮体或具有自分散性的固体颗粒。结构决定性质，农药润湿分散剂与农药的匹配性同时受农药制剂加工微观力学、药液喷雾方法和靶标性质影响。农药分散剂与农药颗粒作用过程是农药、润湿分散剂、溶剂、填料等复杂作用过程，实质上是吸附力与脱附力互相竞争过程。

一、作用过程

农药干悬浮剂（DF）兼有悬浮剂与水分散粒剂的特性，加工过程是先将固体原药经湿法砂磨形成悬浮体，再经喷雾干燥制备的粒状物，施药时稀释于水形成稳定的悬浮液喷洒。以DF为例分析加工与施药5个过程：① 润湿，农药表面活性剂首先充分溶于水，当水的表面张力低于固体农药表面张力时，固化农药表面空气被水所取代，润湿剂吸附于颗粒空隙的表面，粒子被润湿。② 分散，在砂磨机中处于锆珠间的农药粒子在强大挤压机械能作用下，农药颗粒不断被破碎的过程。分散剂在吸附力作用如氢键、离子对、Lewis酸碱和疏水基团间的相对作用下，不断取代润湿剂包覆于微粒表面，最终形成1～5μm的悬浮体系，分散剂的结构与功能基团决定了分散剂能否牢固地吸附于颗粒表面，也决定了能否保证研磨过程能否持续的关键因素。③ 稳定，被包覆了表面活性剂的两亲性粒子在空间位阻、溶剂化链等作用下，颗粒得以长时间地稳定悬浮分散于水中，大分子量和立体结构的聚合分散剂有利于被分散粒子的空间稳定。④ 干燥，悬浮体被均质机加压到4～10MPa，通过喷嘴雾化形成雾滴，在干燥室（微负压）中与热空气接触（30～600s），形成中空球形的颗粒。微观状态下微粒经过变压（高压至微负压）和变温（常温至高温，再至常温）过程，表面活性剂对颗粒表面的吸附强度与牢度决定了能否制备性能符合要求的干悬浮剂。⑤ 施药，在使用前，农药制剂常常被稀释成一定浓度（300～1000倍）的悬浮液使用，润湿剂的存在有效降低了悬浮液的表面张力，为药液迅速润湿、渗透入靶标提供可能。同时分散剂对颗粒的吸附力与水对分散剂的溶解力形成竞争，直接影响药液的悬浮稳定性。另外稀释用水或药肥混用时，常常含有钙镁等二价离子，易降低非离子表面活性剂浊点，或与表面活性剂阴离子基团磷酸根、羧酸根、磺酸根、硫酸根形成沉淀、降低水溶性。最终表现为降低表面活性剂的活性，造成悬浮药液沉降、结晶、分层、絮凝，降低了农药的使用效率。因此农药表面活性剂立体结构与官能团直接影响制剂加工过程和制剂的使用效能，从农药微观力学角度认识与理解表面活性剂与农药间的构效关系，有助于设计高效的农药助剂。

从微观上看，DF加工与施药过程可简单地理解为助剂的吸附与脱附竞争过程。在砂磨过程中，分散剂对颗粒表面的吸附力大于水对分散剂的溶解力、润湿剂对颗粒的吸附力和研磨珠间的挤压力等综合作用力时，表现为颗粒不断被粉碎分散；在干燥过程中，被分散剂包覆的农药粒子经历变压变温和不断失去水分过程，也即微粒经历变压脱附、变温脱附以及水分蒸发造成助剂刚性链节收缩影响吸附能力过程；在稀释于水形成药液时，分散剂对颗粒的吸附受到水的氢键、水中杂质离子的Lewis酸碱作用造成可能的脱附影响。

二、作用机理

1. 静电斥力

阴离子分散剂的作用方式通常就是静电斥力，使用阴离子分散剂时，亲油基团吸附于农药微粒表面后形成双电层，阴离子被粒子表面紧密吸附，被称为表面离子。在介质中带相反电荷的离子称为反离子。它们被表面离子通过静电吸附，反离子中的一部分与粒子及表面离子结合得比较紧密，被称为束缚反离子。它们在介质成为运动整体，带有负电荷，另一部分反离子则包围在周围，它们称为自由反离子，形成扩散层。这样在表面离子和反离子之间就形成双电层，提供静电斥力，而分散剂形成的静电斥力大于微粒之间的范德华力，见图4–1。根据DLVO(Derjagin–Landau–Verwey–Overbeek)理论，当静电斥力相对于微粒之间的范德华力占优势时，微粒不容易聚集、絮凝，分散体系较为稳定。但是，静电斥力对电荷较为敏感，当分散体系中电解质较多时，双电层结构的厚度会被压缩甚至被破坏，使静电斥力变小或者消失，而导致颗粒聚集、絮凝等，破坏分散体系的稳定性。静电斥力对温度变化不敏感。

图4–1　静电斥力

2. 空间位阻

通常在非水性体系尤其在非极性溶剂介质中，静电斥力变得非常模糊，即使是在水溶液体系中，加入非离子分散剂，也能提供很好的分散稳定性。非离子分散剂的作用方式主要就是空间位阻，非离子分散剂加入到分散体系中时，亲油基团吸附于农药微粒表面，亲水基团伸入水中，在微粒表面形成牢固吸附并具有足够的吸附层厚度（通常为5 ~ 10nm），扩张到小于两倍吸附层厚度距离时，该链遭受叠加或压缩，将会降低链的构形熵，导致粒子间发生排斥。同时粒子间的渗透压力比在大多数水里大，这时大多数水分子扩散进入能把粒子分开。这种构形熵或渗透压力的排斥协同作用，使吸附非离子分散剂的微粒之间互相滑动错开，提供一种空间稳定作用，见图4–2。而且这种非离子型分散剂的使用不会受到电介质浓度高低的影响，也就是对电荷不敏感，但是对温度的变化较为敏感。

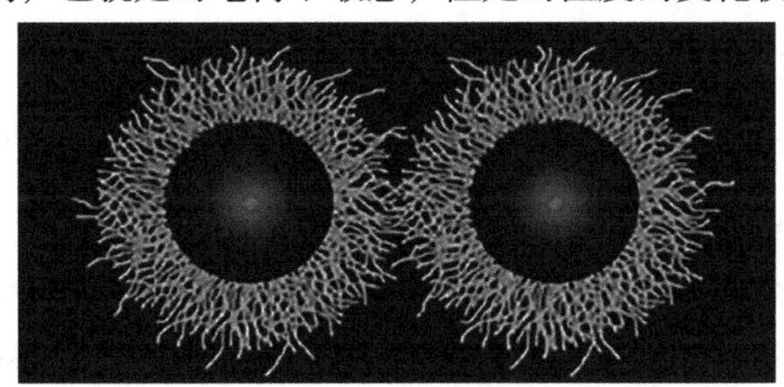

图4–2　空间位阻

3. 静电斥力与空间位阻混合作用

一些聚合物分散剂如梳形聚合物、接枝共聚物、含有嵌段的羧酸盐以及某些木质素磺酸盐等，其分子量较大、分子链较长且由多个亲油亲水基团交替，吸附于农药微粒表面时形成多点锚吸，本身又是阴离子或者显弱阴离子性，这样就具有空间位阻和静电斥力的混合作用，因其在农药微粒上吸附点众多，更不容易从农药微粒表面脱落，静电斥力和空间位阻作用更持久，从而使悬浮体系更为稳定。静电斥力与空间位阻的混合作用见图4–3。这种混合作用也可通过阴离子分散剂和非离子分散剂配合使用来实现。单独具有这种混合作用的分散剂通常情况下会以静电斥力或者空间位阻中的一种功能为主，如某些木质素磺酸盐静电斥力功能较强，但是空间位阻功能较弱，而一些梳形聚合物显弱阴离子性，其空间位阻功能要强于静电斥力。往往两种功能都较强的分散剂都比较昂贵，但是这样的分散剂对温度变化和电荷的变化都会有较好的耐受力。

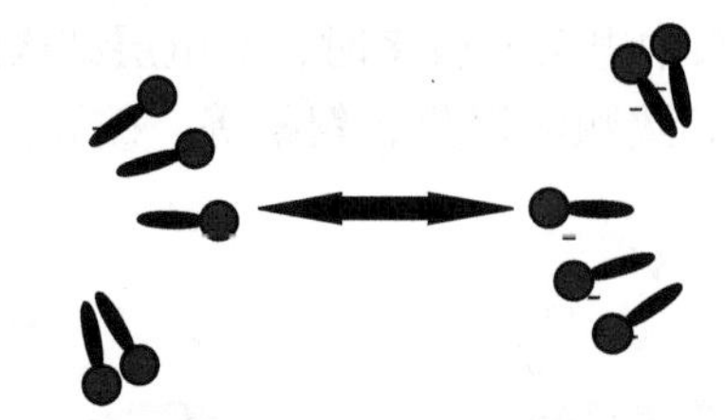

图4-3 静电斥力与空间位阻的混合作用

4. 溶剂化链作用

被包覆有表面活性剂的农药微粒相对稳定地分散于连续相中，得益于分散剂特定官能团与连续相的相互间溶剂化链的作用。如多芳基酚聚醚磷酸酯，其聚氧乙烯醚链段提供了与水很好的相溶性，能够确保被分散粒剂与水的亲和性。

第三节 商品分散剂种类

农药分散剂按溶解性分为油溶性分散剂与水溶剂性分散剂；按离子性质分为阴离子分散剂、非离子分散剂、阴非离子分散剂、高分子分散剂、阳离子分散剂；按化学结构分为聚氧乙烯醚及其改性类、聚羧酸盐类、萘磺酸盐甲醛缩合物类、木质素磺酸盐类、聚酯类、琥珀酸酯磺酸盐类等；按亲水亲油基团位置分为AB型、Gemini型、ABA型、BAB型、梳形、无规型等。

一、阴离子分散剂

阴离子分散剂占农药分散剂的大多数，阴离子分散剂吸附于粒子表面使其带有负电荷，通过静电斥力作用和空间位阻作用使分散体系得以稳定。阴离子分散剂主要有磺酸盐、羧酸盐、磷酸盐和硫酸盐等几个类型。

1. 萘或烷基萘甲醛缩合物磺酸盐

萘或烷基萘甲醛缩合物磺酸盐是由许多萘基提供吸附链和磺酸钠提供亲水链的阴离子分散剂，是萘经磺化、缩合、中和制备而成。萘或烷基萘甲醛缩合物磺酸盐结构式见图4-4，磺化示意图见图4-5。

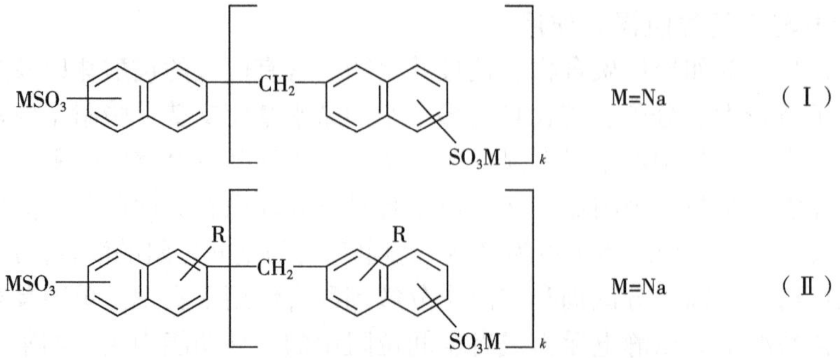

MSO_3—[萘基]—[—CH_2—[萘基]—SO_3M]$_k$　M=Na　（Ⅰ）

MSO_3—[R-萘基]—[—CH_2—[R-萘基]—SO_3M]$_k$　M=Na　（Ⅱ）

图4-4 萘或烷基萘甲醛缩合物磺酸盐结构式

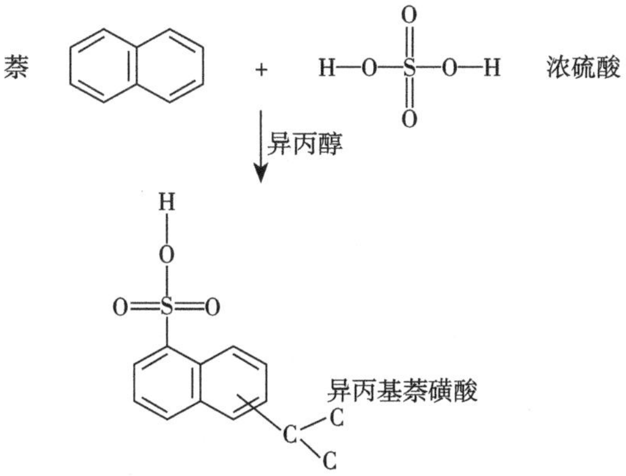

图4-5　磺化示意图

萘或烷基萘甲醛缩合物磺酸盐是许多农药加工中的重要分散剂品种，在染料、混凝土、涂料等行业助剂中也相当重要。国内产品有分散剂NNO［R=H，即（I）］、MF（R=甲基）、CNF（R=苄基）和C（R为甲基和苄基）等。生产上使用的实际是不同分子量和异构体的混合物。结构、组成比例不同，其综合性能效果也各异，其性能影响因素主要有以下几点：

（1）分子量大小、聚合度、有效聚合度的集中度对其影响非常大　研究表明，聚合度*k*小，如萘核数为1～4时，分散效能低，但随*k*增大而提高，直至核数达到5以上，分散性好并趋于稳定。当萘核数增加到9甚至以上（分子量2300或以上），增强了亲油基团的吸附能力，保证不易从被吸附粒子表面脱落和转移，其分散效果也提高明显。即聚合度愈高，分散性能愈好，单独用或与润湿剂并用结果都是如此。其他分散剂如木质素磺酸盐和 SOPA 润湿分散剂，用在农药和某些染料配方时，也有类似的规律。Joseph等在水分散粒剂配方各组分含量一定的情况下，改用分子量分别为500、700、1000、1700、2300的不同规格的Lomar D分散剂。结果表明：在分子量≥700时，随着分散剂分子量增大，悬浮率逐渐提高，沉淀量降低。分子量越大，聚合度越高，有效聚合度的集中度越高，产品分散性、分散稳定性、耐热稳定性越好。工业产品NNO有10个组分，只有第5组分以后分子量在1000以上。

（2）产品中磺酸位置不同，分散性能也不同　测得的优劣顺序是：2位和7位优于2位和8位、优于2位和6位。磺酸基位置及产物比例主要取决于磺化温度和时间。如果磺化温度和时间控制精确，则产品中异构体数量越少，有效结构比例越大，产品性能越稳定。

萘或烷基萘甲醛缩合物磺酸盐分散剂尤以阿克苏诺贝尔公司开发的，以“Morwet”为商品名的烷基萘磺酸钠甲醛缩合物最著名。在农化产品中萘或烷基萘甲醛缩合物磺酸盐分散剂与其他分散剂相比，分散性较强，分散持久性长，不带色。目前常见的品种介绍如下。

① 商品名：NNO（分散剂N）

成分：萘磺酸钠甲醛缩合物（低核）。

生产商：苏州荣亿达化工有限公司、上海天坛助剂有限公司等。

性能：外观为米棕色粉末，pH（1%水溶液）值为7～9。易溶于水中，扩散性与保护胶体性好，无渗透及起泡性。为阴离子型，耐碱、耐无机盐。可与阴离子及非离子型表面活性剂一起混用。

用途：主要用于WP的分散剂，在WG和SC等剂型中可作为辅助分散剂使用，典型配方见表4-1。

表4-1　典型配方

75% 灭蝇胺 WP		70% 吡虫啉 WG	
原药折百	75%	原药折百	70%
NNO	8%	Morwet D-500	4%
K12	3%	NNO	8%
白炭黑	5%	Morwet EFW	2%
高岭土	余量	硫酸铵	5%
		高岭土	余量
20% 三环唑 SC		50% 肟菌酯 SC	
原药折百	20%	原药折百	50%
NNO	3%	Morwet D-500	3%
Morwet D-425	1.5%	Ethylan NS-500LQ	1.5%
农乳 600#	1.5%	增稠剂、消泡剂	适量
增稠剂、消泡剂	适量	水	余量
水	余量		
85% 甲萘威 WP		75% 百菌清 WG	
原药折百	85%	原药折百	75%
Morwet D-450	4%	Morwet D-425	7%
白炭黑	5%	Morwet EFW	2%
高岭土	余量	葡萄糖	2%
		玉米淀粉	余量

② 商品名：Morwet D-425

成分：烷基萘磺酸钠盐甲醛缩聚物。

生产商：阿克苏诺贝尔公司。

性能：外观为黄棕色粉末，活性含量≥88%，水分≤4%，pH（5%水溶液）值为7.5～10，易溶于水。通用广谱型分散剂，用量少，具有优秀的分散性和再悬浮性、耐硬水、耐盐、耐酸碱、高温稳定性好、低泡、对各种原药适应性广、抗结块、成粒性好等特点，在WG中适合各种造粒方式。

用途：在WG、DF、WP和SC等剂型中作分散剂使用。一般情况下，WP中起始加入量为2%～3%，WG起始加入量为3%～5%，SC起始加入量为1%～3%。

此外，阿克苏诺贝尔公司还有一系列的烷基萘磺酸钠盐甲醛缩聚物分散剂产品，如价格低廉，性能与Morwet D-425相当的Morwet D-400；具有更好的抗硬水能力和再悬浮性能的烷基萘磺酸钠盐甲醛缩聚物与嵌段共聚物的复合物的Morwet D-500；适合极端疏水原药，具有分散润湿功能，提高崩解性的Morwet D-450以及提供硬水可悬浮性；有助于桶混应用中的缓冲作用，适用于含有白炭黑的配方的Morwet D-110等产品；具有更好的耐高温性能，适合于WG、DF和SC等剂型，烷基萘磺酸钠盐甲醛缩聚物和木质素磺酸盐的复合物Morwet D-390。

③ 商品名：TERSPERSE 2020

成分：烷基萘磺酸钠盐甲醛缩聚物。

生产商：亨斯迈公司。

性能：外观为浅棕色粉末，pH（5%水溶液）值为7.5～10，易溶于水。通用型分散剂，用量低、效能高，有效维持产品存储过程中的性能稳定性。

用途：在WG、WP和SC等剂型中作为分散剂使用，推荐用量3%～5%，和其他助剂复配推荐用量1%～2%。

此外，亨斯迈公司还有应用于WP、SC的TERSPERSE 2100和TERSPERSE 2105等萘磺酸钠盐甲醛缩聚物产品，典型应用配方见表4-2。

表4-2　典型应用配方

50% 烯酰吗啉 WG		80% 除草啶 WP	
原药折百	50%	原药折百	80%
TERSPERSE 2020	8%	TERSPERSE 2020	4%
TERWET 1004	2%	TERWET 1004	3%
高岭土	20%	白炭黑	2%
玉米淀粉	余量	填料	余量

④ 商品名：SUPRAGIL MNS/90

成分：甲基萘磺酸钠盐甲醛缩聚物。

生产商：罗地亚公司。

性能：外观为棕色粉末，活性含量≥90%，水分≤8%，pH（5%水溶液）值为8～10，易溶于水，通用型分散剂。

用途：在WG、WP和SC等剂型中作为分散剂使用，推荐用量2%～10%。

此外，罗地亚公司还有SUPRAGIL MNS/88等不同功能的萘磺酸钠盐甲醛缩聚物产品。

以上几种为现今国内市面上常见的萘磺酸盐甲醛缩聚物分散剂的常见品种。此外，巴斯夫公司、拓纳公司等企业也有类似的产品。这些产品根据结构、生产工艺控制不同，性能也差异较大，考虑到价格因素，各有优缺点，在试验和生产中应根据实际情况进行筛选。

2. 木质素磺酸盐

木质素磺酸盐是带有支链的天然聚合物，天然聚合物是指天然聚合作用产生的聚合物，而不是发生在人工提取过程中。较纯木质素磺酸盐可以由木浆制得，也可以从亚硫酸（或硫酸）纸浆废液中回收，目前主流的生产方式还是从纸浆废液中回收。木质素在提取纤维素制浆时发生磺化，因此，木质素磺酸盐是完全水溶性的阴离子聚电解质，单就此方面而言，其类似于作为表面活性剂的磺化合成聚合物。但从纸浆废液中提取的木质素磺酸盐的含量并不高，主要是其他组分，如糖、碳水化合物的水解产物以及水溶性的木材萃取物和制浆过程中所加化学品的残留部分及其他无机盐等。木质素磺酸盐必须经过脱色、脱糖、除臭等工艺进行精制，目前国内大量价格低廉的木质素磺酸盐产品基本都使用此工艺，但是这些产品纯度不高，质量不稳定，容易潮解，农药制剂中过去用的木质素磺酸盐大部分都是这样的产品。随着技术的进步，鲍利葛公司、美德维实伟克公司、延吉双麓实业有限公司等将纸浆联产的木质素磺酸盐进一步提纯，通过各种化学过程对木质素中的酚型结构进行改性；进一步调整木质素的磺化度和木质素磺酸盐的分子量大小，从而制得了一系列不同功能的高性能木质素磺酸盐产品。

就结构和性质而言，木质素磺酸盐是最复杂的聚合物。正因为如此，目前的研究仍无法明确的描述出其结构，只能大致描绘其代表性的结构。云杉木质素磺酸盐的分子结构图见图4-6。

木质素磺酸盐是农药配方中采用的重要分散剂之一，常温下为固体，分散、润湿性能好，来源丰富、环保、价格低廉。优秀的木质素磺酸盐产品由于分了量大，不仅可提供静电斥力，而且还能提供空间位阻作用，使分散的颗粒不团聚或者悬浮粒子之间不凝聚，

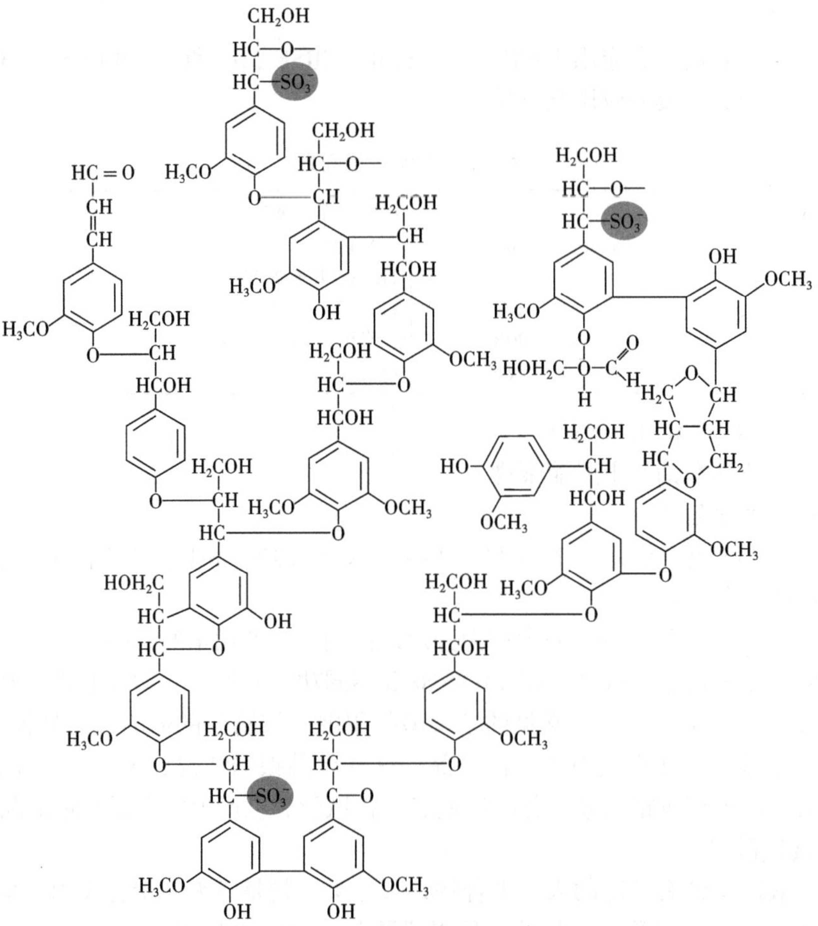

图4-6 云杉木质素磺酸盐的分子结构图

提供良好的分散性和悬浮能力。我国传统的木质素磺酸盐产品由于工艺粗糙，所得的产品潮解性强，分散性能差，耐热性不好，有异味等。但是随着技术的进步，国内的木质素产品质量已经得到了很大的提高，主要是针对印染工业的产品；也出现了吉林延吉双麓实业有限公司等采用超滤膜切割分子量，制出与国外产品相媲美的高端木质素磺酸盐产品。国外的木质素产品制作非常精细，根据盐的类型，磺化度、分子量大小，功能基团等的不同，拥有很多不同针对性的产品。

木质素磺酸盐的性能：

① 磺化度，木质素分散剂的磺酸基是木质素的重要基团，决定木质素的水溶解性和分散能力，磺酸基团多则水溶性好，分散能力强，木质素磺酸盐的磺酸基是在亚硫酸蒸煮时完成磺化过程，所以蒸煮红液干燥后即可使用，改性后性能更加优越。硫酸盐木质素的磺酸基是在使用中，根据需要进行不同程度的磺化，引进不同量的磺酸基。磺化度可以是衡量木质素分散剂中磺酸基的含量，因为木质素是高分子聚合物，无法以分子结构来计算磺酸基的比例，所以，用每1000g木质素上所含的磺酸基的物质的量来计算磺化程度，表示为“mol（SO_3）/1000g（木质素）”。1.0mol/kg以下为低磺化度，1.0～2.0mol/kg为中磺化度，2.0～3.0mol/kg为高磺化度，3.0mol/kg以上为超高磺化度。

② 分子量，木质素分散剂是天然的高分子聚合物，很难确定分子量大小，采用平均分

子量来表示，通过GPC凝胶色谱测定分子量的分布，以不同分子量的聚苯乙烯磺酸盐或聚乙二醇作为参比样品，测定木质素磺酸盐的重均分子量M_W和数均分子量M_N及木质素分散剂的分散性，对比分子量的大小。亚硫酸盐法木质素磺酸盐的分子量根据蒸煮的酸碱度不同而分子量有大有小，酸性亚硫酸蒸煮分子量大，碱性亚硫酸蒸煮分子量小，分子量在1000～50000不等。硫酸盐木质素的分子量较小，通过酸析后得到的木质素分子量在2000～3000。

③ 酚羟基是木质素分散剂的另一个重要基团，具有吸附能力，对木质素分散剂在农药颗粒表面吸附有辅助作用，木质素磺酸盐上酚羟基含量少，相对的磺化碱木质素分散剂酚羟基含量多。

④ pH值是木质素分散剂的另一个属性，亚硫酸盐木质素磺酸盐，可以以任何比例溶解在任何酸碱条件的水溶液中，而硫酸盐木质素是溶解在pH 10.5的碱性溶液中，两种木质素分散剂改性后可以根据应用的不同要求，做成不同pH值的产品。

⑤ 颜色，天然木质素是无色的，在碱或空气中氧的存在下，木质素均会发生变色作用，使纸或木材泛黄。木质素的这种光化学变色是由于木质素的羰基吸收了紫外线而引起的，木质素结构的激发态吸收光而形成苯氧基，它与空气中的氧反应生成醌型发色素团。木质素磺酸盐产品颜色较浅，磺化木质素磺酸盐的产品颜色较深。酸性pH值时颜色变浅，碱性pH值时颜色变深，在pH值为4～9范围内颜色可逆。

在进行配方调试时的试验表明：具有亲水基或亲水性较强的农药，应选用低磺化度木质素磺酸盐；若不存在亲水基团而亲油性较强，则宜选用较高磺化度产品。原因是分散剂亲水性愈小，它吸附于疏水性粒子的倾向性愈大。从研磨速率（如水悬剂、油悬剂制备）来看，一般用高磺化度分散剂较快，在复配适当润湿剂后，能使分散粒子表面较快全部得到覆盖、同时被粉碎到制剂所需粒度大小。

木质素磺酸盐作为传统的分散剂品种长期用于农药工业，主要应用在粉剂、可湿性粉剂、水分散粒剂、悬浮剂和微胶囊产品中，尤其是水分散粒剂（干悬浮剂）、可湿性粉剂中大量使用。木质素磺酸盐是全球使用量最大的分散剂，其中美国在1984年的木质素消费量就达到了20万吨，在农药工业上应用达9100t。目前为止，国外农化公司加工的可湿性粉剂和水分散粒剂所用的分散剂中，木质素磺酸盐及其改性产品仍占首位。

目前，最著名的木质素磺酸盐产品生产公司是挪威鲍利葛公司、美德维实伟克公司和加拿大REED公司，其中挪威鲍利葛公司木质素磺酸盐产品全球年销量35万吨左右，位居首位。目前市面上常见的产品有：

（1）商品名：分散剂SP-DF2204 SP-DF2202

成分：高分子量木质素磺酸钠。

生产商：吉林双麓实业有限公司、江苏擎宇化工科技有限公司。

性能：棕色粉末。溶于水，平均分子量20000，磺化度0.45mol/kg。水分含量≤8.0%，还原物≤3.0%，pH值为7.0～9.0。

用途：主要用于DF。

此外，国内还有M-14、M-18等多种木质素磺酸盐产品用在农药工业上。

（2）商品名：Ufoxane 3A

成分：高纯精制的改性木质素磺酸钠盐。

生产商：挪威鲍利葛公司。

性能：外观为棕色粉末，酸法合成得来，有效含量≥93%，pH（10%水溶液）值为9.1，分子量50000左右，磺化度（以有机硫/甲氧基计）0.48，易溶于水。其分散性能好、耐热性强、稳定性好、通用性强、兼容性好，特别适合一些疏水性较强（如硫黄）的产品。

用途：在WG、WP、CS和SC等剂型中可作为分散剂使用，在高塔喷雾造粒生产WG（DF）中也特别适合，有助磨、耐高温等功效。

此外，挪威鲍利葛公司还有各种不同性能的木质素磺酸盐产品，在SC中应用时有明显的降低黏度、防膏化等效果，在EW中添加微量的Borresperse NA能促进转相，在固体剂型中能提高分散性和耐热储能力。挪威鲍利葛公司的部分木质素磺酸盐产品见表4-3。

表4-3 挪威鲍利葛公司的部分木质素磺酸盐产品

产品	类型	分子量	pH（10%溶液）	磺化度(有机硫/甲氧基)	适用剂型
Borresperse CA-SA	钙盐	＜20000	7.5	0.70	WP
Borresperse CA	钙盐	20000～50000	4.4	0.70	WP
Borresperse NA	钠盐	20000～50000	8.2	0.70	WP、WG、DF、SC
Ultrazine NA	钠盐	＜50000	8.6	0.50	WP、WG、DF、SC
Ufoxane 3A	钠盐	＞50000	9.0	0.70	WP、WG、DF、SC

（3）商品名：REAX 85A

成分：木质素磺酸钠盐。

生产商：美德维实伟克公司。

性能：外观为棕色粉末，碱法合成得来，pH（15%水溶液）值为10.4，平均分子量10000左右，磺化度0.8mol/kg，易溶于水。其分散性能好，耐热性较强。

用途：在WG、WP、CS和SC等剂型中可作为分散剂使用。

此外，美德维实伟克公司还有各种不同性能的木质素磺酸盐产品，见表4-4。

表4-4 美德维实伟克公司部分木质素磺酸盐产品

产品	类型	平均分子量	pH(15%溶液)	磺化度/(mol/kg)	适用剂型
Polyfon H	钠盐	4,300	9.8	0.7	WP、SC、WG
Reax 83A	钠盐	9,000	10.5	1.8	WP、SC、WG
Reax 88B	钠盐	3,100	11.0	2.9	WP、SC、WG、DF
Kraftsperse 25M	钠盐	4,400	8.5	2.9	WP、SC、WG、CS

表4-5是木质素磺酸盐典型应用配方。

表4-5 木质素磺酸盐典型应用配方

60%吡唑醚菌酯+代森联DF		70%烟嘧磺隆DF	
吡唑醚菌酯	5%（折百）	烟嘧磺隆	70%（折百）
代森联	55%（折百）	SP-DF2202	20%
SP-DF2204	20%	SP-DF2263H	10%
SP-DF2254	10%	填料	补足100%
填料	补足100%		
25%噻嗪酮WP		80%硫黄WG	
原药折百	75%	原药折百	80%
Borresperse CA-SA	6%	Ufoxane 3A	8%
K12	1%	Morwet EFW	2%
白炭黑	3%	葡萄糖	2%
高岭土	余量	硅藻土	余量

续表

60% 苄嘧磺隆 DF		48% 噻嗪酮 SC	
原药折百：60%		原药折百	48%
Borresperse NA	30%	Ultrazine NA	3%
Morwet EFW	2%	Ethylan NS-500LQ	2%
高岭土	余量	增稠剂 消泡剂	适量
		水	余量
70% 百菌清 WP		45% 敌草隆 SC	
原药折百	70%	原药折百	45%
REAX 88A	6%	Polyfon H	4%
K12	3%	双异丙基萘磺酸钠盐 4%	
白炭黑	3%	钠基膨润土	0.5%
滑石粉	余量	丙二醇	2%
		消泡剂	0.2%
		水	余量
48% 莠去津 SC			
原药折百	48%	丙二醇	6%
REAX 88A	2%	消泡剂	0.2%
十三烷醇	2%	水	余量
钠基膨润土	0.5%		

以上是市面上常见的木质素磺酸盐品种，可根据成本、性能等要求在试验和生产过程中进行筛选。比如在高塔喷雾造粒（DF）的生产中，进风温度一般在120℃甚至更高，这就对助剂的耐温性提出了非常高的要求，而目前木质素磺酸盐和烷基萘磺酸盐甲醛缩合物是较适合DF这种高温生产方式的助剂；筛选木质素磺酸盐时尽量选择钠盐，选择分子量较高，磺化度较低的产品，这样会有助于改进砂磨时的磨效、制剂产品在生产时的耐高温性以及成品的悬浮率以及分散性。

二、阴非离子分散剂

由非离子表面活性剂经改性形成的阴非离子分散剂，使其同时具备了非离子型和阴离子型表面活性剂的双重优点，具有优越的耐盐、乳化、分散、耐温性能，水溶液界面张力低，与其他助剂配伍性能好等特点。应用于农药领域的主要有磷酸酯、硫酸酯与琥珀酸酯磺酸盐等。

1. 磷酸酯分散剂

磷酸酯表面活性剂是阴离子表面活性剂中的一大类，在农药剂型加工中主要用做乳化剂、分散剂，传统的磷酸酯类表面活性剂主要有烷基酚聚氧乙烯醚磷酸酯、OP-10磷酸酯、苯乙基酚聚氧乙烯醚磷酸酯等，主要作为在乳油、水乳剂和微乳剂的中乳化剂，但是作为悬浮剂分散剂来使用时，不易制得性能稳定的悬浮剂产品，这就需要在传统磷酸酯表面活性剂基础上进一步加工，形成磷酸酯盐类产品，才适合在悬浮剂中使用。

磷酸酯盐分散剂根据在磷酸根上取代基的多少，分为单酯和双酯，单酯和双酯性能差别较大，一般来说双酯表现为分散性能好，单酯表现为平滑性好，单酯与双酯相互配合能起到很好的协同作用，用于农药悬浮剂中的磷酸酯盐分散剂一般是单酯和双酯的混合物，且单酯含量高些。

磷酸酯分散剂的结构式见图4-7，合成路线见图4-8。

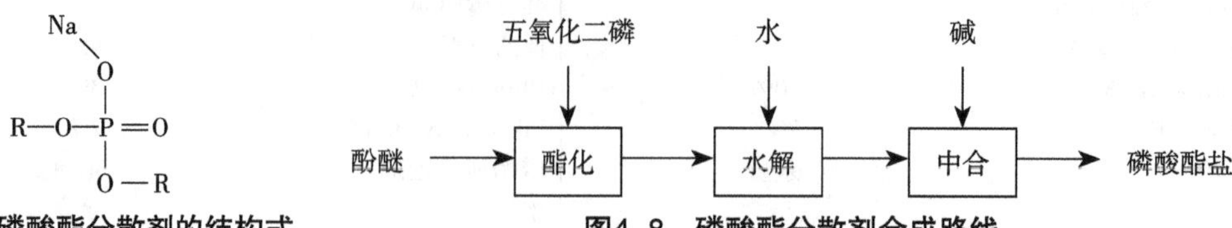

图4-7　磷酸酯分散剂的结构式

图4-8　磷酸酯分散剂合成路线

磷酸酯分散剂是阴非离子表面活性剂，同时提供静电斥力和空间位阻作用；水中溶解性能良好，尤以三乙醇胺盐最佳，其次为胺盐、钾盐和钠盐；通用性强、配伍性好，大量试验表明，磷酸酯分散剂与羧酸盐类分散剂复配使用，通用性极佳；具有pH耐受范围广、表面张力低和用量少、成本低等优点。但磷酸酯易分解，影响制剂的长期稳定性。

目前市面上磷酸酯分散剂品种很多，主要有：

（1）商品名：601PT

成分：磷酸酯三乙醇胺盐。

生产商：钟山化工、南京太化、江苏凯元等。

性能：外观为浅黄色黏稠液体，pH值为（1%水溶液）6.5，溶于水，水分≤5%，具有分散、润湿、乳化等功能，能强烈吸附于农药活性物颗粒表面，分散性强，通用性好，对水质和温度不敏感。在SC中配合羧酸盐使用，通用性更好，且有较好的降黏效果。市面上的601PT生产商很多，产品质量参差不齐，需要慎重筛选。

用途：在SC、SE、ME、EW等剂型中作分散剂使用，建议加入量为2%～5%。

（2）商品名：Soprophor FL

成分：多芳基苯基醚磷酸胺盐。

生产商：索尔维公司。

性能：外观为琥珀色黏稠液体,pH（5%水溶液）值为7～8，凝固点为5℃，水分<2.5%，溶于水、芳烃溶剂和醇类。其为性能卓越的分散剂，也可作为润湿剂应用。能强烈吸附于农药活性物颗粒表面，促进农药活性物在水性体系中的快速分散，提高制剂的储存稳定性，并对温度和水质的变化有较好的适应性。

用途：适用于ME、SE、SC中作为分散剂使用，建议添加量2%～5%。

此外，索尔维公司还有Soprophor FD，Soprophor SC等磷酸酯类产品。非离子改性产品应用配方示例，见表4-6。

表4-6　非离子改性产品应用配方示例

40% 甲基硫菌灵 SC		45% 丁硫克百威 EW	
原药折百	40%	原药折百	45%
601PT	3%	601PT	2%
NP-10	1%	Ethylan 992	6%
硅酸镁铝	0.8%	水	余量
黄原胶	0.18%		
苯甲酸钠	0.2%		
甘油	3%		
SAG 1522	0.2%		
水	余量		

续表

45% 多菌灵 SC		200g/L 定虫隆 SC	
原药折百	45%	原药折百	200g/L
Soprophor FL	4%	Soprophor FD	30g/L
黄原胶	0.16%	Lgepal BC/10	10g/L
苯甲酸钠	0.2%	乙二醇	60g/L
乙二醇	5%	Rhodorsil 5020	2g/L
消泡剂	0.2%	Ag-Rho Pol 23/W（2%）	180g/L
水	余量	防腐剂	适量
		水	余量
125g/L 氟环唑 SC			
原药折百	125g/L	Rhodorsil 5020	3g/L
Soprophor SC	30g/L	Ag-Rho Pol 23/W（2%）	160g/L
Rhodorsil 860/P	10g/L	防腐剂	适量
丙二醇	70g/L	水	余量

2. 硫酸酯盐分散剂

磺酸盐类表面活性剂亲水基团的磺酸根与钙、镁等二价离子螯合，不易形成沉淀，耐硬水性能好，在农药乳油、水分散粒剂、可湿性粉剂、悬浮剂、油悬浮剂等各种剂型中广泛应用，起到乳化、润湿、渗透、分散、增稠等作用。因S—O—C键稳定性不及S—C键，因此硫酸酯类产品稳定性不及磺酸盐，另外磺酸类表面活性剂在土壤中积聚，易使土壤板结。

聚氧乙烯醚硫酸酯盐类助剂分子内含有2种不同性质的亲水基，使其同时具备了非离子型和阴离子型表面活性剂的双重优点，具有优越的耐盐、乳化、分散、耐温性能，水溶液界面张力低，与其他助剂配伍性能好。常用作渗透剂、乳化剂、分散剂，然而产品中硫与碳通过氧相连，偏酸或偏碱水溶液中不稳定、易分解，该产品起泡、稳泡性好。

牛金平等对于具有相同烷基碳数的聚氧乙烯醚磺酸盐进行研究，发现随着EO加合数的增大，脂肪醇聚氧乙烯醚磺酸盐的CMC减小，γ_{CMC}增大，饱和吸附量Γ_{max}减小。曹翔宇等用实验证实了脂肪醇聚氧乙烯醚硫酸盐的表面活性明显优于十二烷基磺酸钠；贺伟东等研究表明，辛基酚聚氧乙烯醚磺酸盐耐盐性能明显优于聚氧丙烯醚（PO）磺酸盐，且CMC低；随着疏水链长度的增加，聚氧乙烯醚磺酸盐的耐钙稳定性略有增强，这可能是因为当体系中形成胶束聚集体的同时，形成了大量的负电空穴，导致金属离子被包裹，而胶束表面的电性却未发生改变，从而避免了胶束体的结构反转形成沉淀。

常见聚醚硫酸酯盐产品有AES润湿剂，SOPA 270、Soprophor DSS 7、Witcolate PA、Tersperse 2218等润湿分散剂，应用于农药悬浮剂或可湿性粉剂中，具有良好的润湿分散性能。

3. 琥珀酸酯磺酸盐

琥珀酸双酯磺酸钠盐是一种具有优异乳化性、润湿性、渗透性等特点的阴离子表面活性剂，但溶解性、抗硬水能力较差等特点阻碍了其性能的充分发挥。含有聚氧乙烯醚的琥珀酸单酯二钠盐具有优良的溶解、增溶、钙皂分散和乳化等性能，但润湿性能稍差。该系列表面活性剂由于疏水基原料的不同以及顺丁烯二酸酐上2个羧基酯化（或酰胺化）程度的不同而不同。异辛醇琥珀酸酯磺酸钠润湿力最强，引入聚氧乙烯醚链段，可提高产品水溶性和乳化力，但临界胶束浓度明显提高；由于酯键的存在，该类表面活性剂在酸性或碱性环境中不稳定。

王培义等研究了不同环氧乙烷加成数的脂肪醇醚琥珀酸单酯磺酸二钠盐，认为n=3时润湿力最强，n=9时乳化力增强；US5002683公开了烷基醇琥珀酸酯磺酸盐为润湿剂在纺织工业的应用；华平合成了含聚氧乙烯醚与烷基的琥珀酸双酯磺酸盐，该产品兼具双酯的润湿渗透性和单酯的乳化、分散性能；CN201310420162公开了多苯环聚醚琥珀酸酯磺酸盐的合成方法，该产品应用于水乳剂或悬浮剂中，具有良好的乳化、分散性能。

尽管报道较多，但琥珀酸酯磺酸盐在农药领域中应用较少，这主要由于泡沫大、稳定性差，产品中盐含量过高。常见的商品有SP-AEC 299、Geropon DOS PG、A51G、EP60P等，应用于农药悬浮剂、油悬浮剂和乳油制剂中，具有良好的乳化、分散、渗透作用。

三、高分子分散剂

聚羧酸盐类分散剂主要由含羧基的不饱和单体（丙烯酸、马来酸酐等）与其他单体通过自由基共聚合成，并在分子主链或侧链上引入强极性基团，是具有梳形结构的高分子表面活性剂。它以聚合（或共聚）的强疏水性骨架长链为基吸附链，通过离子键、共价键、氢键和范德华力以及平面分子间的π-π作用等吸附在颗粒表面，不易脱落；以接枝共聚在骨架长链上的低分子基团为亲水链伸入水相，使颗粒带上负电荷，形成扩散双电层，并产生Zata电势，在固体颗粒表面形成足够厚度的保护层，具有静电排斥和空间位阻双重作用，使悬浮体系达到最大的分散和稳定性。

Plank按不同的化学结构将羧酸盐聚合物分成甲基丙烯酸、烯酸甲酯聚羧酸共聚物，丙烯基醚聚羧酸共聚物，酰胺/酰亚胺型聚羧酸以及两性型聚羧酸4类，其结构分别如图4-9中（a）~（d）所示。

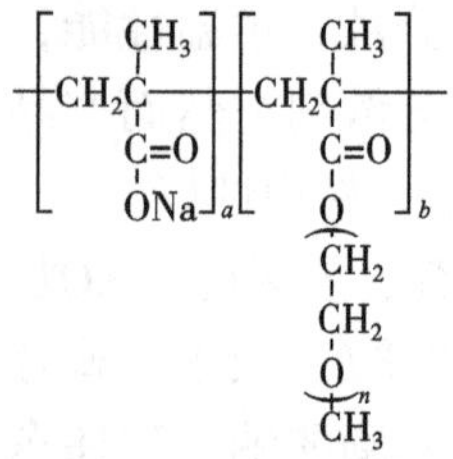

（a） 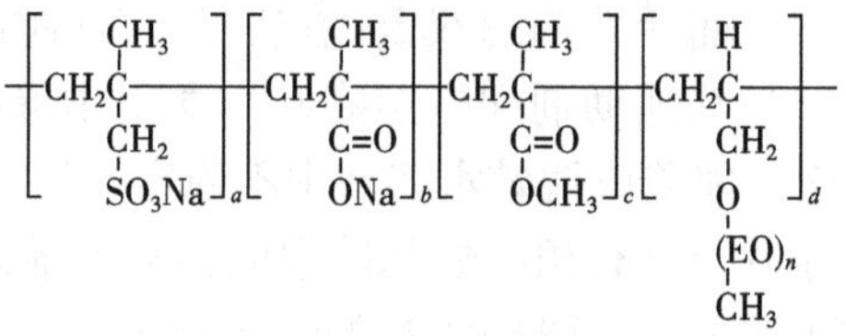　（b）

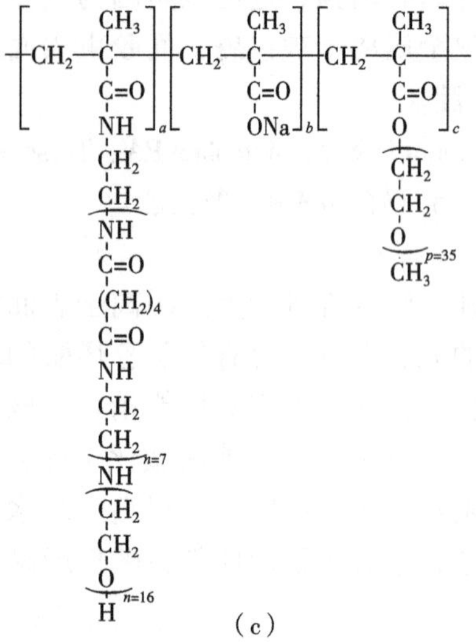

（c） 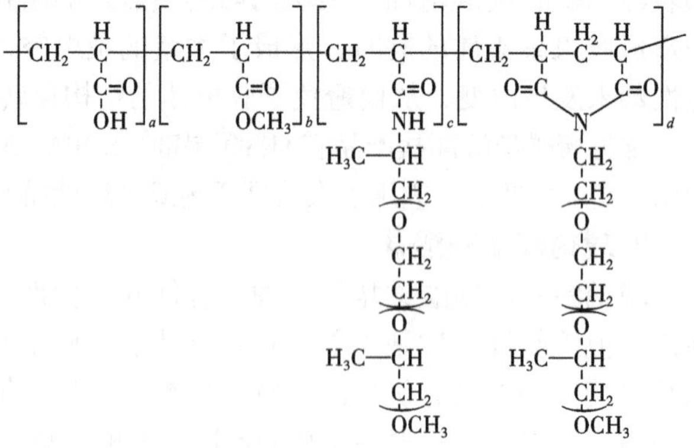　（d）

图4-9　聚羧酸盐化学结构

图4-9中：

（a）是甲基丙烯酸、烯酸甲酯共聚物，这种聚合物是由甲基丙烯酸和甲基丙烯酸甲氧基聚乙二醇酯化物进行自由基聚合作用产生的，主链和支链的连接是酯键；

（b）是烯丙基醚共聚物，这类聚羧酸结构的主要特性是有支链通过一个醚键官能团与主链相连接；

（c）是酰胺/酰亚胺型聚羧酸，这类聚羧酸通过将PO或者EO卤氮化合物接枝到甲基丙烯酸钠/丙烯酸或含甲氧基的聚酯上共聚物合成的；

（d）是两性型聚羧酸，这类聚羧酸结构代表是聚酰胺–聚乙烯乙二醇支链的新型超塑化剂，该聚羧酸具有独特的分散能力。

其合成路线以丙烯酸（AA）–苯乙烯磺酸钠（SSS）–顺丁烯二酸酐（MA）合成为例，见图4-10。

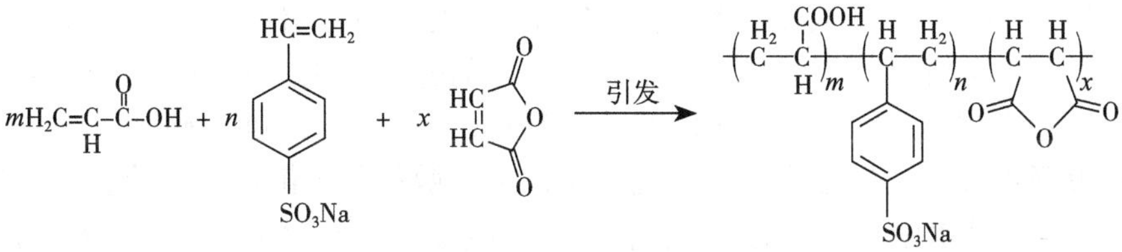

图4-10　丙烯酸（AA）–苯乙烯磺酸钠（SSS）–顺丁烯二酸酐(MA)的合成

聚羧酸分散剂的结构和分子量可调控，已广泛地应用于农药悬浮剂、水分散粒粒剂、水乳剂等体系中。聚羧酸盐分散剂对悬浮体系中的离子、pH值以及温度等敏感程度小，对分散体系有三维空间保护、分散和稳定作用，不易出现沉降和絮凝；白度好，用量少，能将农药制剂的含量做到很高。

聚羧酸盐分散剂是由亲油基和亲水基两部分组成，在分子主链或侧链上引入强极性基团羧基、磺酸基、聚氧化乙烯基等使分子具有梳形结构，分子量分布范围为10000～100000，比较集中于50000左右。疏水基分子量控制在5000～7000，疏水链过长，无法完全吸附于颗粒表面而成环或与相邻颗粒表面结合，导致粒子间桥连絮凝；亲水基分子量控制在3000～5000，亲水链过长，分散剂易从农药颗粒表面脱落，且亲水链间易发生缠结导致絮凝。聚羧酸系分散剂链段中亲水部分比例要适宜，一般为20% ～40%，如果比例过低，分散剂无法完全溶解，分散效果下降；比例过高，则分散剂溶剂化过强，分散剂与粒子间结合力相对削弱而脱落。

聚羧酸盐分散剂分子所带官能团如羧基、磺酸基和聚氧乙烯基的数量、主链聚合度以及侧链链长等影响分散剂对农药颗粒的分散性。同样，分子聚合度（分子量）的大小与羧基的含量对农药颗粒的分散效果有很大的影响。由于分子主链的疏水性和侧链的亲水性以及侧链（—OCH_2CH_2）的存在，也起到了一定的立体稳定作用，以防发生无规则凝聚，从而有助于农药颗粒的分散。因此，只要调整好聚羧酸系分散剂主链上各官能团的相对比例、主链和接枝侧链长度以及接枝数量的多少，使其达到结构平衡，可显著提高分散性。

目前，国内生产企业主要有江苏擎宇化工科技有限公司、北京广源益农有限公司、北京汉莫克有限公司等；国外有亨斯迈公司、阿克苏诺贝尔公司、罗地亚公司等，市面上常见的品种有：

（1）商品名：TERSPERSE 2700

成分：聚羧酸盐。

生产商：亨斯迈公司。

性能：TERSPERSE 2700是由具有强疏水性的骨架长链与亲水性的阴离子低分子接枝共聚形成的具有梳形结构的高分子化合物。外观为白色粉末，pH（5%水溶液）值为8～10，水中溶解度为400g/L，不溶于有机溶剂。应用在WG中时，具有助剂用量低、应用效能高、工艺过程简单流畅、外观好、适应性强、产品存储性能和应用性能稳定、耐电解质等特点。

用途：在WG、SC等剂型中作分散剂使用。在WG中建议加入量为4%～5%。

此外，亨斯迈公司还有专用于SC的聚羧酸盐分散剂产品TERSPERSE 2500，因其特殊的接枝共聚梳形结构，能起到有效的空间位阻效应，在SC中建议添加2%～3%。

（2）商品名：Agrilan 700

成分：改性聚丙烯酸共聚物。

生产商：阿克苏诺贝尔公司。

性能：Agrilan 700是一种高分子的改性聚丙烯酸酯共聚物。外观为白色粉末，固含量≥95%，水分≤5%，pH（1%水溶液）值为5～8，易溶于水，不溶于有机溶剂。这种聚合物在水分散粒剂、可湿性粉剂和悬浮剂中起到很好的分散作用，另外还可用于悬乳剂的悬浮剂部分。试验表明，与标准聚丙烯酸酯分散剂相比，Agrilan 700在硬水（500×10^{-6}钙及更高）中的表现更好。与标准聚丙烯酸酯相比，水分散粒剂分散速度更快，可分散至初始颗粒细度，而且在硬水中具有更高的悬浮性。通过改性为分子微粒，Agrilan 700可在干配方中用作水溶性和非水溶性农药的一种分散剂。

用途：在WG、SC等剂型中作分散剂使用。在WG中建议加入量为3%～6%。

（3）商品名：Agrilan 788

成分：疏水基改性羧酸共聚物。

生产商：阿克苏诺贝尔公司。

性能：Agrilan 788是一种同时具有亲水和疏水功能的悬浮剂专用分散剂。外观为黄色液体，固含量≥40%，pH（不稀释）值为8～10，易溶于水，不溶于有机溶剂。具有通用性强，分散效率高，成本低，低泡，降低悬浮体系黏度，抗结晶，抑制结晶长大，抑制膏化，改善非离子乳化剂的浊点，与其他表面活性剂兼容性好等特点；根据不同原药，可以搭配磷酸酯、EO-PO嵌段、萘磺酸盐、木质素磺酸盐等使用，正常用量4%左右即可做成优秀的水悬浮剂。另外，在水分散粒剂中在捏合时和水一起加入，也能起到较好的分散效果。

用途：在SC等剂型中作分散剂使用，建议加入量为4%左右。

（4）商品名：GY-D06

成分：聚羧酸盐。

生产商：北京广源益农化学有限责任公司。

性能：GY-D系列均为不饱和单体共聚而成的具有梳形结构的阴离子高分子表面活性剂，可以多点吸附在农药原药表面，提供静电排斥力、溶剂化链作用力、空间位阻作用，对农药原药具有很好的分散和抗硬水性能，特别适用于硬度较高的水质。GY-D06外观为白色粉末，pH（1%水溶液）值为7～10，易溶于水。应用在WG中时，用于流化床工艺，具有成形率高，颗粒强度大，黏性强等特点。

用途：在WG、SC等剂型中作分散剂使用。在WG中建议加入量为3%～7%。

此外，广源益农公司还有针对疏水性较强农药的GY-D900、针对挤压造粒的GY-800、针对三嗪类除草剂的GY-180等固体羧酸盐分散剂；也有用于SC聚羧酸盐分散剂产品的GY-D05、GY-D07等。

（5）商品名：SP-2836

成分：聚羧酸盐。

生产商：江苏擎宇化工科技有限公司。

性能：SP-2836为采用可逆加成断裂链转移活性自由基聚合技术（RAFT）制备的具有“ABA”规整结构的一类新型高分子表面活性剂。外观为白色粉末，pH（5%水溶液）值为9.6，溶于水，不溶于芳烃类溶剂，水分≤10%。

用途：在WG、WP等剂型中作分散剂使用，建议加入量为1%～5%。

此外，擎宇公司还有针对悬浮剂的聚羧酸盐液体分散剂产品，如用于悬浮剂的SP-2728、SP-2750、SP-27001，用于OD的SP-OF3472B等，其梳形或立体结构有益于悬浮体系的分散稳定。

（6）商品名：Geropon T/36

成分：马来酸/烯烃共聚物的钠盐。

生产商：索尔维公司。

性能：外观为白色粉末，pH（10%水溶液）值为10.5～11.9，溶于水，不溶于芳烃类溶剂，水分≤10%，具有分散性能强，抗结晶等效果。

用途：在WG、SC等剂型中作分散剂使用，建议加入量为1%～5%。

此外，索尔维公司还有Geropon T/72等聚羧酸盐分散剂产品。

聚羧酸盐分散剂在农药制剂中应用示例，见表4-7。

表4-7　聚羧酸盐分散剂在农药制剂中应用示例

90% 敌草隆 WG		80% 莠灭净 WG	
原药折百	90%	原药折百	80%
TERSPERSE 2700	4.4%	Agrilan 700	5%
TERWET 1004	1.2%	Berol 790A	2%
高岭土	余量	三聚磷酸钠	5%
		玉米淀粉	余量
40% 丁醚脲 +10% 哒螨灵 SC		**500g/L 莠灭净 SC**	
原药折百	50%	原药折百	500g/L
Agrilan 700	1.5%	TERSPERSE 2500	25g/L
Morwet D-500	1.5%	TERSPERSE 4894	25g/L
Ethylan NS-500LQ	2%	丙二醇	70g/L
黄原胶	0.02%	增稠剂	1.5g/L
乙二醇	5%	杀菌剂	0.75g/L
硅酸镁铝	0.2%	有机硅消泡剂	1.5g/L
苯甲酸钠	0.04%	水	余量
SAG 1522	0.2%		
水	余量		
40% 苯醚甲环唑 SC		**54% 百菌清 SC**	
原药折百	40%	原药折百	54%
Agrilan 788	3%	Agrilan 788	3%
Ethylan NS-500LQ	2%	Ethylan 324	2%
硅酸镁铝	0.7%	黄原胶	0.18%
黄原胶	0.16%	乙二醇	3%
苯甲酸钠	0.2%	苯甲酸钠	0.2%
甘油	3%	SAG 1522	0.2%
SAG 1522	0.2%	水	余量
水	余量		

续表

40% 特丁噻草隆 SC		80% 二氯喹啉酸 WG	
原药折百	40%	原药折百	80%
Agrilan 788	3%	GY-D800	6%
Agrilan 755	1%	GY-W04	3%
黄原胶	0.15%	硫酸铵	2%
甘油	3%	高岭土	余量
SAG 1522	0.1%		
水	余量		
45% 莠灭净 SC		20% 稻瘟酰胺 SC	
原药折百	45%	原药折百	20%
GY-D07	3%	SP-2728	2.7%
GY-DS1301	1%	SP-SC3	1.3%
5% 硅酸镁铝	10%	增稠剂	0.65%
防冻剂	4%	防冻剂	5%
消泡剂	0.2%~0.3%	消泡剂，防腐剂	适量
4%XG+4%B15	4% ~ 5%	水	余量
水	余量		
90% 阿特拉津 WG		600g/L 吡虫啉 FS	
原药折百	90%	原药折百	48%
SP-2836	4.5%	SP-3281	6%
SP-2845W	1.8%	SP-27001	2%
填料	余量	颜料	2% ~ 4%
		增稠剂	适量
		消泡剂，防腐剂	适量
		水	余量
36% 烟莠 OD		800g/L 敌草隆 SC	
烟嘧磺隆	4%	原药折百	63%
莠去津	32%	SP-3266	3%
SP-OF3472B	2%	SP-2750	3%
SP-OF3462 乳化剂	12%	增稠剂	适量
增稠剂	适量	消泡剂，防腐剂	适量
OD-2 植物油	补足	水	余量
50% 腐霉利 WG		80% 敌草隆 WP	
原药折百	50%	原药折百	80%
Geropon T/36	10%	Geropon T/36	2%
Supragil WP	2%	Supragil WP	2%
六偏磷酸钠	9%	碳酸钙	3%
高岭土	余量	白炭黑	余量

以上几种是现今国内市面上常见的聚羧酸盐分散剂品种。此外，北京汉莫克公司、巴斯夫公司、拓纳公司、宁柏迪等企业也有该类型的产品，在此不做赘述。聚羧酸盐分散剂不同的分子量、不同的基团结构以及生产工艺的控制对产品的分散性能都有较大的影响，对不同类型的原药以及原药中的杂质也有不同的适应性，对这些分散剂的选择还是需要经过大量试验验证来确定。

四、非离子分散剂

非离子助剂在水中不发生电离，是以多个羟基（—OH）或醚键（R—O—R′）为亲水基团，由于在溶液中不是以离子状态存在，所以它的稳定性高，不易受强电解质、酸、碱的影响，与其他类型助剂相容性好，在溶剂中有良好的溶解性，在固体表面上不发生强烈吸附。非离子助剂具有分散、乳化、消泡、润湿、增溶多种性能，在农药中广泛应用。

非离子助剂是以含活泼氢的化合物为起始剂形成的“AB”型或“ABA”型嵌段聚合物，其特征指标有浊点、羟值、聚乙二醇含量、分子量及其分布。聚氧乙烯醚链段比例越大，浊点越高，亲水性越强，乳化分散性越强；而聚氧乙烯醚链段比例越小，浊点越低，亲水性越弱、润湿渗透性越强。常见的商品有脂肪醇聚氧丙烯聚氧乙烯醚（Ethylan NS-500LQ、DOWFAX-D800、Atlas G-5000），聚氧乙烯聚丙烯醚嵌段共聚物（P10500）等。

五、阳离子分散剂

绝大部分农药助剂均含有阴离子基团，易与阳离子作用而失活，因此阳离子分散剂很少应用于农药制剂中。

六、复配分散剂

为了满足悬浮剂理化性能合格的要求，通常会将阴离子分散剂和非离子分散剂进行复配，以达到特殊的功能，复配分散剂在农药制剂行业应用较为广泛。

以方中化工开发的助剂DS539为例，该分散剂为特殊结构磺酸盐和嵌段聚醚复合物。其性能特点是能耐高温，且有效控制热储和经时粒径增长，此助剂不仅对吡唑醚菌酯SC的粒径增长控制有效，对于其他热储粒径增长的化合物SC同样有效，如对螺螨酯、噻嗪酮、吡丙醚、肟菌酯、戊唑醇等都有很好的粒径控制效果。目前该助剂技术已经申请了专利保护。

复配分散剂DS539在低熔点化合物制剂中的应用：

熔点小于60℃的化合物做成的SC可以称为低熔点化合物SC，通常以菊酯类、吡唑醚菌酯、苯醚甲环唑等为代表。这类化合物做成SC的难点是：砂磨膏化（尤其是高温砂磨）、热储前后黏度变化明显（析水分层严重、膏化），热储后粒径明显长大、析晶，长时间存储析晶。

其原因是：① 原药在高温下，粒子的形态发生变化，由固态变成液态（熔融）；② 在砂磨过程中，随着粒径减少，比表面积的增大，颗粒变小的同时，熔化概率会增大，温度升高，导致砂磨后黏附于锆珠，且锆珠很难清洗；③ 热储粒子迅速增长，以25%吡唑醚菌酯SC为例，热储3天粒子粒径（D_{90}）从3.84μm增大到7.01μm，粒子没有完全包裹，或者包裹不严又游离出来聚合；④ 高温储存或者由高温到低温的温差变化所致粒子挣脱束缚，又重新聚集，也就是“长大”，体现出析水分层、膏化、析晶等问题。

以25%吡唑醚菌酯悬浮剂为例，研究机构经过大量试验验证和证明：润湿分散剂的筛选对配方体系稳定性影响很大，以嵌段聚醚或嵌段共聚物的类型助剂对粒径的控制和体系的稳定有很好的效果，当然不同分子量、不同结构的嵌段聚醚也有差异，总的来说大分子嵌段聚醚、长链嵌段聚醚有助于吡唑醚菌酯SC等的配方开发，但并不是分子量越大越好。同时防冻剂的筛选也要注意，乙二醇对吡唑醚菌酯、苯醚甲环唑等有很好的溶解性，尿素也有很好的防冻效果，但是过不了冻融试验，而丙二醇就可以很好地起到防冻的效果，冻融试验也合格。

针对上述难点，通过技术攻关，使用高温砂磨法（温度控制在45～50℃）来进行试验，并用带有测微尺的显微镜和激光粒度分布仪监测热储前，热储第3、7、14天，及热储转常温第30天的粒径控制情况来进行助剂和体系的筛选。最终确定25%吡唑醚菌酯SC配方方案，见表4-8。

表4-8　25%吡唑醚菌酯SC配方方案

项目	含量/%	作用
吡唑醚菌酯	25	原药
丙二醇	5	防冻剂
DS-539	6	润湿分散剂
硅酸镁铝	1	增稠剂
AF-1501	0.2	消泡剂
S-30	0.16	防腐剂
黄原胶	0.16	增稠剂
水	余量	载体

第四节　发展趋势

近年来，随着全球面临日益严重的环境污染压力，许多国家针农药安全性和环境保护制定出更为严格的法规，农药制剂发展方向是由有毒易燃的乳油和粉尘飞扬的粉状制剂正逐步被安全、低毒、高效的水基制剂和无粉尘污染、使用方便的粒状新制剂所取代。可是在这些新剂型中，使用常用的表面活性剂用作润湿剂、分散剂、乳化剂、消泡剂等已不能满足性能上的要求，需要制备低毒、安全、高效和环保型的表面活性剂以满足农药中不同功能的需要，因而开发乳化能力强、分散性能好、吸附能力强和安全性好的表面活性剂已成为主要发展方向。就农药分散剂而言，其发展趋势有以下几个特征：

① 大分子有序结构共聚高分子表面活性剂　庄占兴等研究了苯乙烯丙烯酸共聚物盐在莠去津表面的吸附性能，证实了分子间氢键是主要的吸附作用力，分子量越大吸附能力越强，空间稳定性越好。可控聚合技术有利于实现按需设计，提高助剂与目标分子的吸附和空间稳定性，相对传统高分子自由基无规聚合，采用可控聚合技术有效提高了高分子分子水平的可设计性，定点设计亲水基团如氨基、羧酸基、磺酸基、羟基、聚醚链段等及其排列密度，能够制备适合需要的“星形”“梳形”“嵌段”“树枝状”等结构大分子。同时可控聚合技术制备的高分子分子量分布窄，便于连续化设计与工程化，提高了产品质量。

② 高核数多磺化度的萘磺酸盐甲醛缩合物　刘月等利用残余质量浓度法，Zeta电位法与IR研究了萘磺酸盐甲醛缩合物分散剂在灭幼脲界面的吸附量、吸附状态、电位和吸附作用力等，分析认为萘磺酸盐在农药颗粒表面通过分子作用力吸附后具有静电排斥和空间位阻双重作用，吸附平衡常数和Zeta电位随着NNO分子量增加而增大，且在原药表面呈多点吸附，氢键是重要的作用力。国内主流产品NNO为2～3核产品，分散力弱，具有一定润湿性，高核数萘磺酸盐典型代表为Morwet D425。

③ 大分子嵌段聚醚类非离子表面活性剂　长疏水链与油相密集结合，在颗粒表面形成

长毛刺状，有利于含高沸点、低熔点杂质的颗粒长期稳定，有利于干悬浮剂制备。突破催化剂关键技术，减少游离聚乙二醇含量是关键。聚氨酯类非离子分散剂和超高分子量的AB型嵌段聚醚有利于分散体系的稳定性。

④ 木质素磺酸盐改性　Willts等根据特性黏度和电镜测试结果认为：木质素磺酸盐分子大约由50个苯丙烷单元组成，近似于球状的三维网络结构，中心部位为未磺化的原木素三维分子，疏水骨架位于球状三维结构的中心，外围分布着被水解的侧链，最外层是磺酸基的反离子，由于其支链和磺酸基的作用，木质素磺酸盐大分子不是三维空间的网状结构，而是主链弯曲的中等刚性的线性大分子。形成双电层使木质素磺酸盐还存在—$CHCH_3$、—OH和苯环共轭的结构，工业木质素磺酸盐的酚羟基还可能和重金属离子形成络合物。因此，木质素磺酸钠是金属离子农药制剂最佳的分散剂。木质素磺酸盐含有羟基、羰基、双键、芳环等多种活性基团，易于进行化学改性，可进一步提高分子规整度、亲油性等，从而具有更强的分散性能。

⑤ 立体结构高分子　超支化聚合物由多官能团缩聚形成，分子具有类似球形的紧凑结构，流体力学回转半径小，分子链缠结少，所以分子量的增加对黏度影响较小，而且分子中带有许多官能特性端基，对其进行修饰可以改善其在各类溶剂中的溶解性，或得到功能材料。

参考文献

[1] 华乃震. 农用分散剂产品和应用（Ⅰ）. 现代农药，2012, 11（04）：1-5.

[2] Joseph P, Jumes L. Development of Water-Dispersible Granule Systems. Pesticide Formulation and Application Systemes: Third Symposium，1982：141-146.

[3] 华乃震. 农用分散剂及其进展. 2007中国表面活性剂文集，南京：全国工业表面活性剂中心，2007：133-138.

[4] 梁明龙，何觉勤，许丽娟，等. 20%三环唑悬浮剂的配方研制及应用. 农药，2010，49（12）：879-881.

[5] 李志礼，庞煜霞，李晓娜，等. 木质素磺酸钠的结构特征及用作烯酰吗啉水分散粒剂分散剂. 化工学报，2008，59（8）：2127-2133.

[6] 孔祥明，曹恩祥，侯珊珊. 聚羧酸减水剂的研究进展. 科技导航，2010，6：28-37.

[7] 冯建国，路福绥. 农药用聚羧酸系分散剂研究应用现状. 今日农药，2012，6：31-33.

[8] 吴晓嘉. 浅谈配制WG过程中遇到的问题及解决方法. 安徽化工，2011，37（4）：60-61.

[9] 谢毅. 不同因子对农药水分散粒剂理化性质的影响研究［D］. 北京：中国农业大学，2006.

[10] 李志礼. 木质素磺酸盐对烯酰吗啉水分散粒剂性能的影响及其分散稳定机理研究［D］. 广州：华南理工大学，2009.

[11] 夏建波. 萘磺酸盐类表面活性剂对水分散粒剂性能影响的研究［D］. 武汉：华中农业大学，2008.

[12] 张登科. 吡虫啉水分散粒剂研制及制剂性能影响因素的研究［D］. 杭州：浙江大学，2008.

第五章

农药稳定剂与增稠剂

第一节 稳 定 剂

一、农药稳定剂的概念和作用

农药制剂用稳定剂（stablizer）指能防止或延缓农药制剂在储存过程中，有效成分分解或物理性能劣化的一类助剂。其主要功能是保持和增强产品性能稳定性，保证在有效期内各项性能指标符合要求。

化学农药制剂因受到自身组成和外界条件的影响，产品性能都有自发劣化趋势，主要表现在有效成分分解和性能指标下降。随着劣化进程发展，原有产品降等级、部分失效及最后完全报废，这就是农药稳定性问题，而且涉及面很广。按照目前状况来看，各类农药制剂几乎都有稳定性问题，这里仅从农药助剂角度简单介绍和讨论行业最为关切的防止和延缓农药分解或物理性能劣化的技术。

实际上，农药稳定剂应包括物理稳定剂和化学稳定剂两大部分。前者如防结晶、抗絮凝、防沉降、抗硬水和抗结块等；后者包括防分解剂、减活化剂、抗氧化剂、防紫外线辐照剂和耐酸碱剂等。它们主要是保持和增强产品物理、化学性能，特别是防止和减缓有效成分分解，简称稳定剂。

二、影响农药稳定性的因素

农药原药和制剂的不稳定性主要表现在外观、物理及化学性能、制剂特性的变化。

（1）外观　如变色、色泽变暗变深、浑浊、分层、絮凝和沉淀、包装物变形等。

（2）物理及化学性能　如结晶、结块、黏度增大、凝胶化；有效成分含量降低；溶解性、分散性、乳化性、润湿性、展布性、悬浮稳定性降低；pH（酸、碱性）变化；气味变化等。

（3）制剂特性　如粒度及其分布；生物活性；毒性；环境毒害等。

制剂中由于引入各种助剂成分，各种助剂成分结构、杂质等复杂，并且要经过加工工艺过程。所以，影响农药制剂化学稳定性的因素比原药要多，且十分复杂，我们将这些影响因素分为内因和外因。内因主要是原药化学结构及纯度、加工剂型和工艺条件。外因包括物理和化学的两部分因素，前者包括光、热、射线等；后者包括酸、碱、氧气、水分、表面活性剂、填料、载体以及化学介质等。通常农药的生物降解或酶促反应过程不包括在内。

三、农药稳定剂分类

农药稳定剂的研制和筛选较为复杂，可以按照两个方向进行分类：① 按稳定剂所应用的农药类型分为应用于有机磷类农药、有机酸酯类农药、拟除虫菊酯类农药、有机氯类农药、生物源类农药五大品种；② 按稳定剂化学结构、作用特征为基础进行分类分为：表面活性剂及以其为基础的稳定剂、溶液稳定剂（包括稀释体和载体）、其他稳定剂。

从农药助剂角度来说，推荐第二种分类方法，叙述方便，易于理解。农药稳定剂应用场合各不相同，作用机理也不完全相同，通用性较少，专用性较多，这也是不同于其他行业稳定剂的地方。

农药稳定剂品种主要有以下3类。

1. 表面活性剂及以此为基础的稳定剂

表面活性剂用做农药稳定剂起始于20世纪50年代，源于有机磷农药的兴起和发展。到了60年代，世界范围内有机磷农药大发展，稳定性研究不再针对个别品种而具有了普遍性。现在表面活性剂稳定剂研究已扩大至各类农药和各种加工剂型。随着研究的深入，这类稳定剂的作用也在不断扩大，常兼充当乳化剂、分散剂、润湿渗透剂、悬浮助剂等角色。在固体制剂中，常扮演具有稳定性的分散剂、润湿剂、防飘移剂、防尘剂以及物理性能改进剂角色。表面活性剂及以其为基础的稳定剂是3大类稳定剂中作用最多、用途最广的一类。

市售表面活性剂稳定剂主要有两种形式：单体和以表面活性剂为基础的混合物，包括与其他类型稳定剂或惰性组分联用。化学结构上大体又可分为有机磷酸酯表面活性剂稳定剂和其他类型表面活性剂稳定剂。

① 有机磷酸酯类稳定剂　属于阴离子型助剂。初期，主要针对有机磷农药及加工制剂开发，实际上现在它推广应用于各类农药及加工制剂。除了稳定性之外，在制剂体系里还可以充当乳化剂、分散剂、防飘移剂、防尘剂和流变剂。按结构划分，现有7类：烷基磷酸酯及其衍生物（包括单酯和双酯，下同）；醇EO加成物磷酸酯及其衍生物；烷基酚EO加成磷酸酯及其衍生物；脂肪酸聚氧乙烯酯磷酸酯及其衍生物；烷基芳烷基酚、芳烷基酚EO加成物磷酸酯及其衍生物；亚磷酸酯，包括醇EO加成物亚磷酸和烷基亚磷酸酯、双酯和三酯等；烷基胺EO加成物磷酸酯及其他磷酸酯等。有机磷酸酯类稳定剂见表5-1。

表5-1　有机磷酸酯类稳定剂

编号	名称、结构及实例	应用
1	烷基磷酸酯及其衍生物 $RO{-}P(=O)[(OA)_m]_2$　$(RO)_2P(=O)(OA)_m$ 实例： $R=C_3H_7$、$i{-}C_3H_7$、C_8H_{17}、C_9H_{19}、$C_{12}H_{25}$ OA=OH、ONa、EO、PO、乙醇胺加成物	有机磷EC、粉剂，用作稳定剂、乳化剂、流动性改善剂、氨基甲酸酯稳定剂

续表

编号	名称、结构及实例	应用
2	醇 EO 加成物磷酸酯及其衍生物 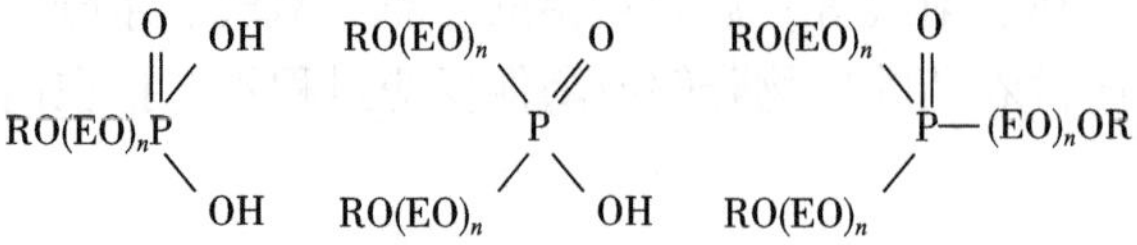 $RO(EO)_nP(=O)(OH)_2$　$[RO(EO)_n]_2P(=O)OH$　$[RO(EO)_n]_2P(=O)—(EO)_nOR$ 实例：$R=C_4H_9$，n=2 Sorpol 9771　$R=C_{13}H_{27}$，n=6 $R=C_{13}H_{27}$，$n \geqslant 0$ 整数　单酯，双酯 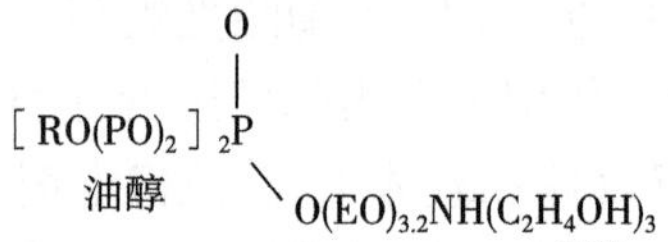 $[RO(PO)_2]_2P(=O)—O(EO)_{3.2}NH(C_2H_4OH)_3$ 油醇 $R=C_8H_{17}$、$C_{11}H_{23}$、$C_{12}H_{25}$，$n \geqslant 0$ 整数 $R=C_4H_9$，n=1 ~ 13 单酯、双酯及可溶性盐	有机磷粉剂稳定剂、有机磷EC稳定剂、有机磷粉稳定剂、分散性改善剂、拟除虫菊酯气溶胶稳定剂、有机磷EC稳定剂、乳化剂、WP防腐蚀防分解剂、除草剂、EC稳定剂、乳化剂
3	烷基酚 EO 加成物磷酸酯及其衍生物 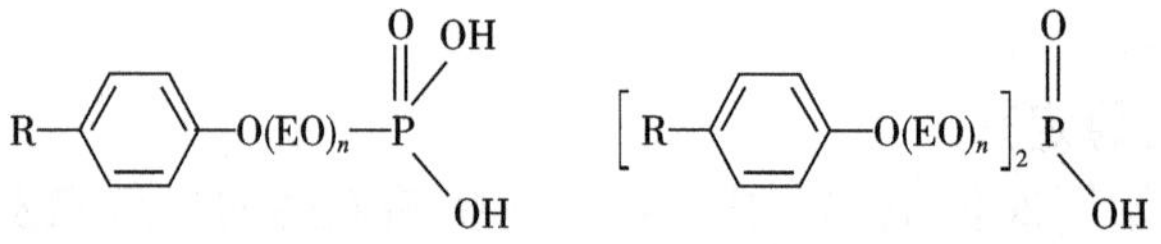 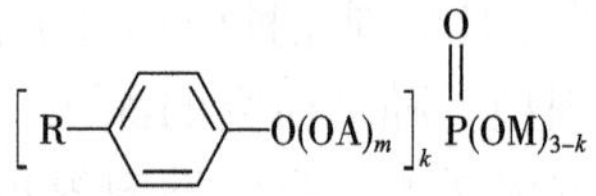 $R—C_6H_4—O(EO)_n—P(=O)(OH)_2$　$[R—C_6H_4—O(EO)_n]_2P(=O)OH$ $[R—C_6H_4—O(OA)_m]_kP(=O)(OM)_{3-k}$ 实例：$R=C_5H_{11}$—、C_8H_{17}—、C_9H_{19}—，$n \geqslant 0$ 整数，如 n=6、9、24… 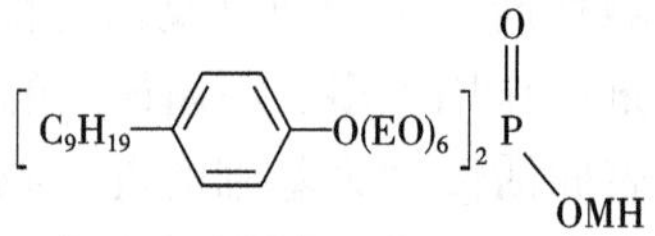 $[C_9H_{19}—C_6H_4—O(EO)_6]_2P(=O)OMH$ M 为正丙基氨基 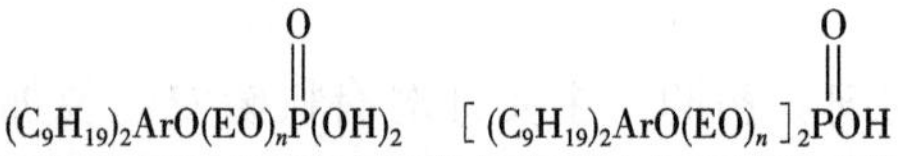 $(C_9H_{19})_2ArO(EO)_nP(=O)(OH)_2$　$[(C_9H_{19})_2ArO(EO)_n]_2P(=O)OH$	有机磷EC稳定剂、乳化剂、拟除虫菊酯气溶胶稳定剂
4	脂肪酸聚氧烷烯酯磷酸酯及其衍生物 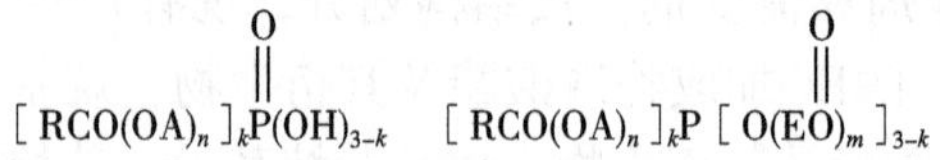 $[RCO(OA)_n]_kP(=O)(OH)_{3-k}$　$[RCO(OA)_n]_kP(=O)[O(EO)_m]_{3-k}$ 实例：油酸、亚油酸、蓖麻酸等　OA=EO、PO；n，$m \geqslant 0$，$k \leqslant 3$ 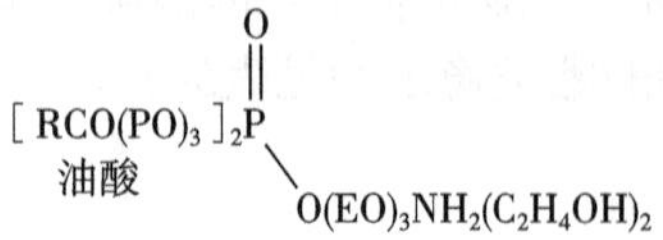 $[RCO(PO)_3]_2P(=O)—O(EO)_3NH_2(C_2H_4OH)_2$　及其单酯 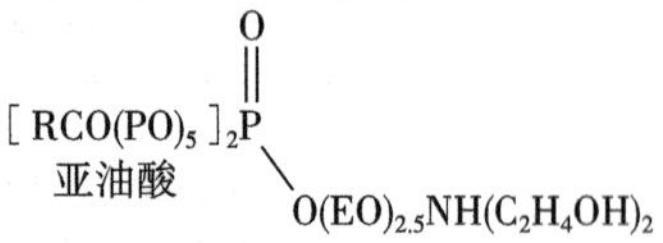 油酸 $[RCO(PO)_5]_2P(=O)—O(EO)_{2.5}NH(C_2H_4OH)_2$　及其单酯 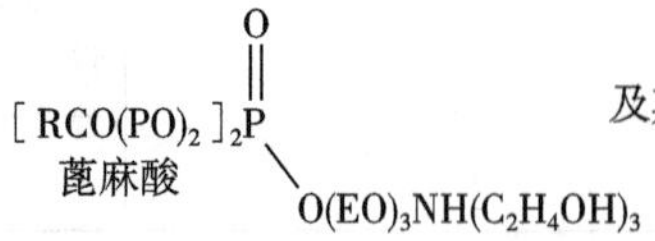 亚油酸 $[RCO(PO)_2]_2P(=O)—O(EO)_3NH(C_2H_4OH)_3$　及其单酯 蓖麻酸	有机磷杀虫剂、杀菌剂EC稳定剂、乳化剂

续表

编号	名称、结构及实例	应用
5	芳基、芳烷基酚 EO 加成物磷酸酯及其衍生物 $[ArO(EO)_n]_kP(=O)(OM)_{3-k}$ 实例： Ar：C_6H_5 等 n=6、10，M=H、Na，$k\leqslant 3$	有机磷粉剂、粒剂稳定剂、有机磷EC稳定剂
6	亚磷酸酯、双酯和三酯 $(RO)_2POH$，$(RO)_3P$；$[RO(EO)_n]_2POH$，$[RO(EO)_n]_3P$ R= 甲基、乙基、异丙基、丁基等 双酯和三酯 R= 苯基，壬基酚等 $[C_{18}H_{37}O-P(OCH_2)_2C]_2$ 及 $(CH_3)_3C-C_6H(R^3)(R^4)-CH_2-C_6H(R^1)(R^2)-C(CH_3)_3$ 并用 $R=C_{12}H_{35}$，蓖麻酸残基、壬基酚 n=3、4、6、8、10	有机磷油剂、EC；氨基甲酸酯稳定剂等 固体杀虫剂稳定剂 有机磷粉剂粒剂稳定剂
7 （1）	烷基胺 EO 加成物磷酸酯以及其他磷酸酯 $[R^1-N(R^2)(R^3)-(OA)_n]_x[R^4-O(OA)_m]_yP(=O)-ClO_z^-$ $[R^1O(OA)_n]_xP(=O)-(OMH)_y$ 实例： $[(CH_3)_3N^+(EO)_3]_2P(OC_{12}H_{25})\cdot 2ClO_4^-$ $[C_{12}H_{25}-N(CH_3)_2-CH_2CH_2O]_2P[O(PO)_3-C_6H_3-(C_9H_{19})_2]\cdot 2ClO_3^-$ $[C_6H_5-N(CH_3)_2-(EO)_3][C_9H_{19}-C_6H_4-O(EO)_6]_2P(=O)\cdot ClO_4^-$ $[C_6H_5-CH_2-N(CH_3)_2-(EO)_3]_2P(=O)(C_{11}H_{23}COO(EO)_{10})\cdot 2ClO_3^-$ $[C_{12}H_{25}-N(CH_3)_2-(EO)_{10}]_3P(=O)\cdot 3ClO_3^-$ $[C_6H_5-N(CH_3)_2-(EO)_{10}]_3P(=O)\cdot 3ClO_4^-$ $CH_3(CH_2)_3OCH_2CH_2O-P(=O)(OMH)_2$	有机磷EC稳定剂

续表

编号	名称、结构及实例	应用
（2）	M= 三乙基胺残基 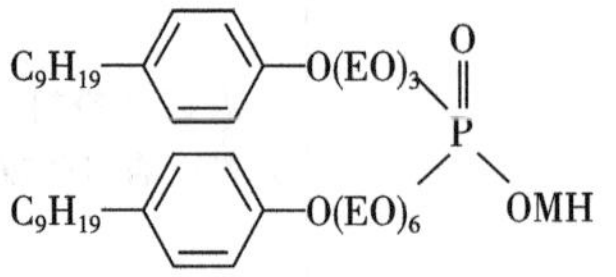 $C_9H_{19}-C_6H_4-O(EO)_3$ $C_9H_{19}-C_6H_4-O(EO)_6$ > P(=O)—OMH M= 三丁基胺残基 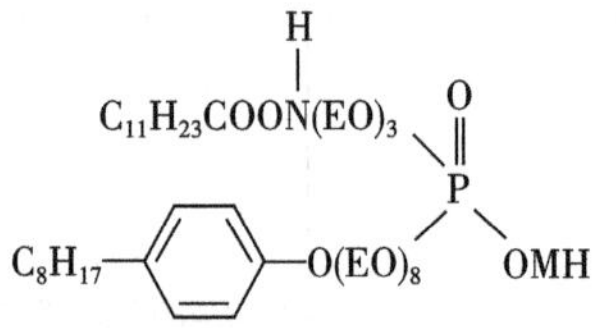 $C_{11}H_{23}COON(H)(EO)_3$ $C_8H_{17}-C_6H_4-O(EO)_8$ > P(=O)—OMH M= 三乙基胺残基 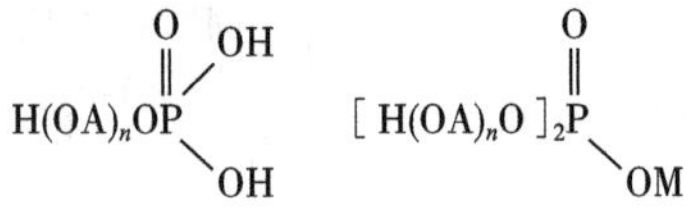 $H(OA)_nOP(=O)(OH)(OH)$　　$[H(OA)_nO]_2P(=O)OM$ 实例： OA=OE、OP，n=2.2(EO)、2.0(PO)、3.0(EO) 及 2.0(EO)	有机磷EC、粉剂和WP及粒剂G稳定剂
（3）	羟基苄基磷酸酯 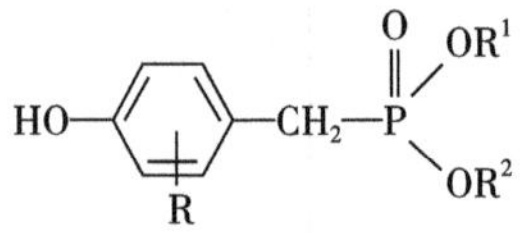 $HO-C_6H_3(R)-CH_2-P(=O)(OR^1)(OR^2)$	拟除虫菊酯稳定剂
（4）	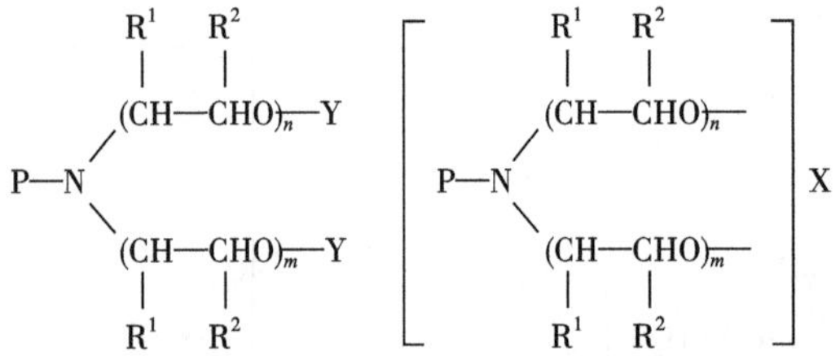 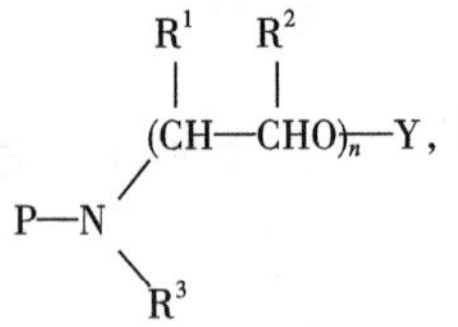 $P-N[(CH(R^1)-CH(R^2)O)_n-Y][(CH(R^1)-CH(R^2)O)_m-Y]$ $[P-N[(CH(R^1)-CH(R^2)O)_n-][(CH(R^1)-CH(R^2)O)_m-]]X$ $P-N(R^3)(CH(R^1)-CH(R^2)O)_n-Y$，还有 EO—PO 嵌段共聚物等	拟除虫菊酯混合乳油稳定剂和乳化剂

②其他表面活性剂稳定剂　分为非离子、阴离子和阳离子型稳定剂，属于非离子型稳定剂的有EO加成物及衍生物醚类、酯类和其他结构。前者又可分为端羟基封闭物、EO加成物和EO-PO嵌段共聚物3类。

2. 溶剂稳定剂

溶剂是主要用于液体制剂的稀释剂或载体。由于它对液体制剂（如EC、SL、ULV、ME、SC和OD以及静电喷雾制剂等）性能有重要影响，所以研究较多，应用也广。它在制剂中的功能除稳定作用外，还包括溶剂、助溶剂和其他作用，专用性较强，用量范围广，并常与其他稳定剂联用。已经发现和应用的有芳香烃类、醇、聚醇、醚和醇醚、酯以及其他。

（1）芳香烃溶剂作稳定剂　例如，Tenneco 500/100用于毒死蜱EC。

（2）一元醇二元醇及聚醇作稳定剂　异戊醇、异丙醇、甲醇、乙醇等一元醇；$C_4 \sim C_8$具有侧链的二元醇，如聚乙二醇（PEG100、PEG200、PEG400等）、聚丙二醇（PPG）等上述醇类稳定剂用于农药，特别是有机磷农药乳油、粉剂和可湿性粉剂等。也用于氨基甲酸酯类固体制剂、甲基立枯磷稳定剂、戊酸氰醚酯可湿性粉剂和水分散粒稳定剂、悬浮剂稳定剂。

（3）醚和醇醚稳定剂　烷基乙二醇醚，包括单甲醚（$CH_3OCH_2CH_2OH$）、单乙基醚（$C_2H_5OCH_2CH_2OH$）、单丁基醚（$C_4H_9OCH_2CH_2OH$）、苯基醚（$C_6H_5OCH_2CH_2OH$）等；还有单丙基醚（$C_3H_7OCH_2CH_2OH$）、丁基二甘醇乙醚、乙酸二甘醇乙醚、三亚乙基二乙二醇醚等。

（4）酯类溶剂稳定剂　2-乙氧基乙醇乙酯、单低级烷基乙二醇醚乙酸酯。

（5）酮和其他　环已酮、乙腈、β-蒎烯、松节油、羧酸酐二氧六环、四氢呋喃、矿物油、二甲亚砜、二甲基甲酰胺和矿物油等。

3. 其他稳定剂

除上述两大类外，为叙述方便分为有机环氧化物稳定剂及其他稳定剂，应用面很广，专用性极强。

（1）有机环氧化物稳定剂　大体可分为环氧化植物油、脂肪酸酯环氧化物和其他环氧化物3类。前者主要用作乳油特别是有机磷乳油稳定剂，已有多种商品化产品供选用，常常与其他稳定剂联用。

① 环氧化植物油和衍生物　常用的几种植物油环氧化物，包括大豆油、亚麻仁油、菜籽油、棉籽油以及妥尔油环氧化物产品。如，环氧化大豆油：Admex711，Drapex68，Estynox140203，Flexol EPO，Nuoplaz849，paraplexG-60、G-61、G-62，plasChek795和Kronos S等；环氧化亚麻仁油：Admex ELO、Drapex104、Flexol W E Plaschek等；环氧化妥尔油：Admex746、Flexol EP8等。

② 环氧化脂肪酸酯及其衍生物　前者为环氧化甲基硬脂酸酯、二环氧基丁基硬脂酸酯、环氧化脂肪酸辛基酯，后者实例化合物包括苯基甘油双酯EO化甘油酯、双或三苯基甘油双酯EO化甘油酯、甘油基甘油醚、甘油基双甘油醚、甘油基三甘油醚、芳基甘油醚和丁基甘油醚、乙二醇-丙三醇双甘油醚、聚乙二醇-丙三醇双甘油醚、丙二醇-丙三醇双甘油醚、聚丙二醇-丙三醇双甘油醚以及2-乙基已基双甘油醚等。

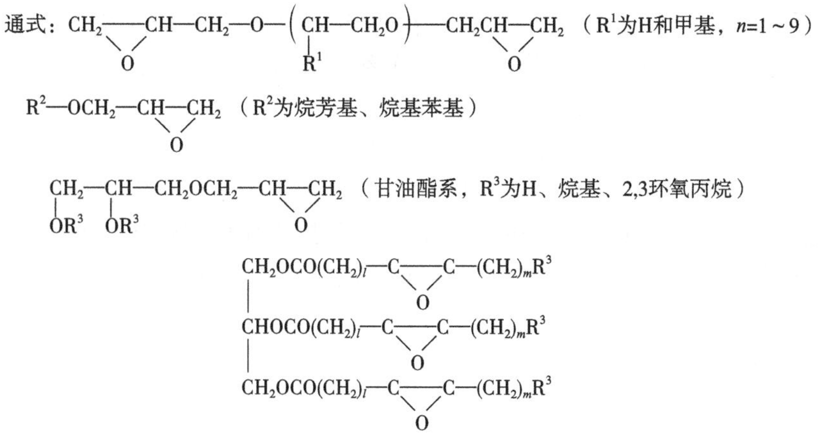

通式：$\overset{\text{O}}{\overbrace{CH_2—CH}}—CH_2—O—(\underset{R^1}{CH}—CH_2O)_n—CH_2\overset{\text{O}}{\overbrace{CH—CH_2}}$（$R^1$为H和甲基，$n$=1～9）

$R^2—OCH_2—\overset{\text{O}}{\overbrace{CH—CH_2}}$（$R^2$为烷芳基、烷基苯基）

$\underset{OR^3}{CH_2}—\underset{OR^3}{CH}—CH_2OCH_2—\overset{\text{O}}{\overbrace{CH—CH_2}}$（甘油酯系，$R^3$为H、烷基、2,3环氧丙烷）

$$\begin{array}{l} CH_2OCO(CH_2)_l—\overset{\text{O}}{\overbrace{C—C}}—(CH_2)_mR^3 \\ | \\ CHOCO(CH_2)_l—\overset{\text{O}}{\overbrace{C—C}}—(CH_2)_mR^3 \\ | \\ CH_2OCO(CH_2)_l—\overset{\text{O}}{\overbrace{C—C}}—(CH_2)_mR^3 \end{array}$$

现在各公司生产过程中，已经用到这类稳定剂，像环氧大豆油、环氧氯丙烷主要用在有机磷乳油中，添加量为1%～3%。

（2）其他稳定剂　根据目前农药的发展需求，本类稳定剂会占据越来越重要的位置，下面分别罗列几类做简单介绍。

抗光氧稳定剂：氧与自然界的生物有着不解之缘，赋予生物以生命。氧虽然有益但也有害，如食品中油脂因光氧化而引起食物变色、腐败；橡胶、润滑油因受氧与臭氧的攻击而发生劣化、变质等。有些农药化合物在阳光、热、氧等大气环境中会发生催化降解反应。由于农药类别、分子结构各异，其降解状态也是各不相同。实际上农药在加工制造、储存和使用的各个环节，随时都有可能发生不同程度的光氧化反应；光氧稳定剂是抑制或减缓光氧化作用而减少农药发生降解的助剂。

抗氧剂的稳定结构及特征：自由基捕获，自由基捕获剂一般分为酚类和芳香族胺类两种。在农药制剂中一般使用芳香族胺类抗氧剂。

① 酚类　酚类抗氧剂一般含有如下化学结构：

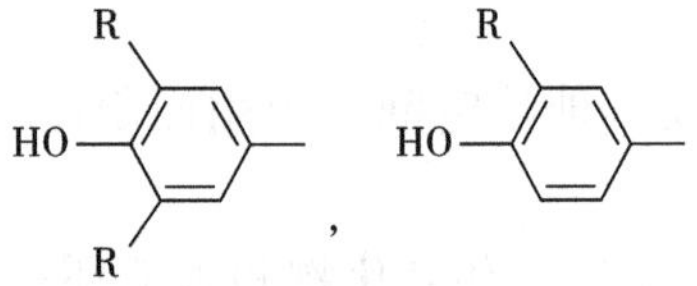

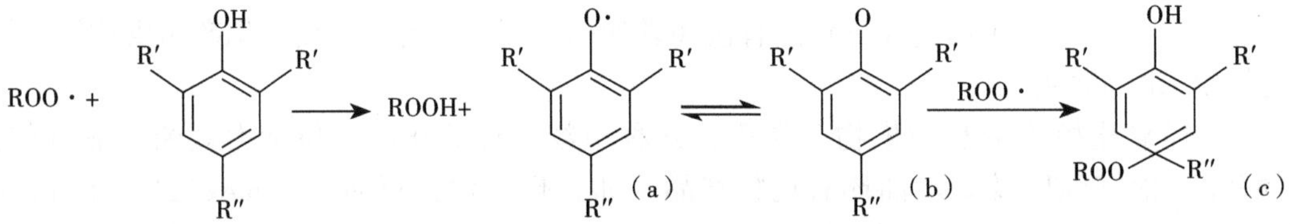

R, HO, R ,　R, HO

OH, R′, R′, ROO·+, R″, ROOH+, O·, R′, R′, R″, (a), O, R′, R′, R″, (b), ROO·, OH, R′, R′, ROO, R″, (c)

酚类抗氧剂有捕捉过氧化自由基的作用，在加工时以及长期储存时发生氧化，氧化过程中产生的自由基（R·）夺取了酚类抗氧剂的羟基上的H，自身变成RH，同时抗氧剂变成上图（a）的结构，通过苯环的共振变成（b）的结构，进一步与自由基反应变成（c）的稳定结构。一个抗氧化剂分子可以使2个自由基失活。对于自由基的稳定效果，一要看它与羟基的反应性；二要看它对自由基的捕捉数。

对于酚类抗氧剂来讲，阻聚型抗氧剂和非阻聚型抗氧剂与自由基的反应活性及自由基的捕捉数正好相反。另外，分子量比较低的抗氧剂在高温下使用时易挥发或升华，不仅活性消失，而且还会对环境和人体造成毒害，这就是农药制剂中不常使用酚类抗氧剂的原因。热、氧、pH值、NO_x等能引起农药制剂变色，在选择酚类抗氧剂时应注意。

② 胺类抗氧剂　胺类抗氧剂可分为Ⅰ级、Ⅱ级和Ⅲ级三大类。Ⅰ级和Ⅱ级胺类抗氧剂的结构如下：

$$R\cdot + AH \longrightarrow RH + A\cdot$$

自由基夺取胺类化合物上的H，而自身失活，在这种情况下，胺类分子上的H越活泼，反应越容易进行。因此具有以下特征的胺类化合物的抗氧化性能优异：脱H后的胺类化合物A·的稳定性好；胺类化合物苯环上的邻位有供电子基团，如Ⅱ级胺类抗氧剂苯基β-萘胺等。

Ⅲ级胺类抗氧剂的结构如下：

R, R′—N:, R″　+　ROO·　⟶　R, R′—N⁺·, R″　+　ROO⁻

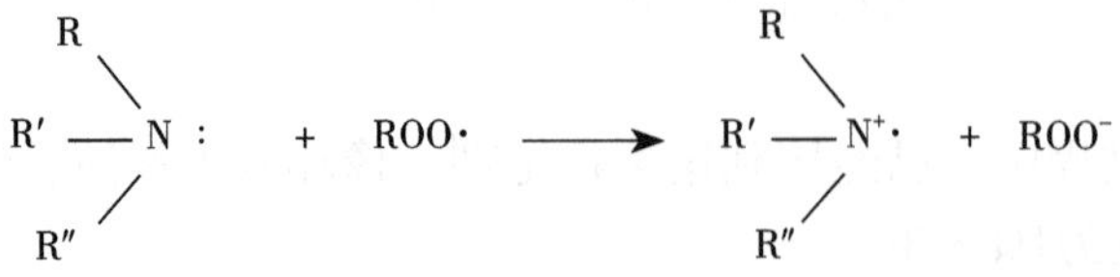

氮原子的不对称电子提供给自由基一个电子，自身变成阳离子，自由基得到一个电子变成稳定结构。这个反应难易程度与氮原子失去电子的难易程度及胺基电子云密度成正比。

四、抗光氧稳定剂品种

常用的抗光氧稳定剂品种有如下几种：

（1）丁基羟基茴香醚（BHA） 丁基羟基茴香醚又称叔丁基-4-羟基茴香醚、丁基大茴香醚，简称BHA。它有两种同分异构体是3-叔丁基-4-羟基茴香醚（3-BHA）和2-叔丁基-4-羟基茴香醚（2-BHA），市售的通常是以3-BHA（占95%～98%）与少量2-BHA（占5%～2%）的混合物。

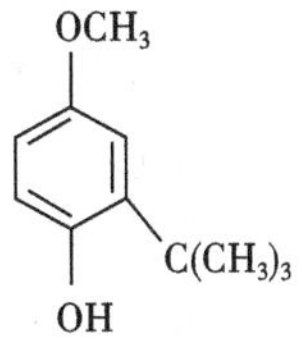

OCH_3 $C(CH_3)_3$ OH

3-BHA

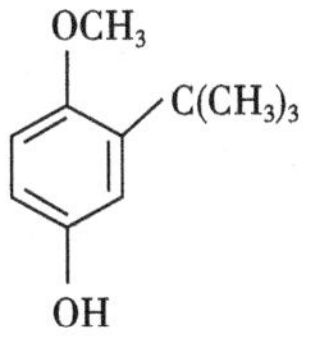

OCH_3 $C(CH_3)_3$ OH

2-BHA

丁基羟基茴香醚为无色至微黄色蜡样结晶粉末，具有酚类的特异臭和刺激性味道。熔点为62℃；沸点为264～270℃。不溶于水，可溶于油脂和有机溶剂，对热稳定性高，在弱碱性条件下容易破坏。

BHA常用作阿维菌素、甲氨基阿维菌素苯甲酸盐和有机磷、除虫菊酯等农药的稳定剂，添加量在0.05%～0.2%为宜。

（2）二丁基羟基甲苯（BHT） 二丁基羟基甲苯，又称2,6-二叔丁基对甲酚；3,5-二叔丁基-4-羟基甲苯，简称BHT。白色结晶或结晶性粉末，基本无臭，无味，熔点为69.0～70.0℃，沸点为265℃，对热相当稳定。接触金属离子，特别是铁离子不显色，抗氧化效果良好。加热时与水蒸气一起挥发。不溶于水、甘油和丙二醇，而易溶于乙醇（25%）和油脂。

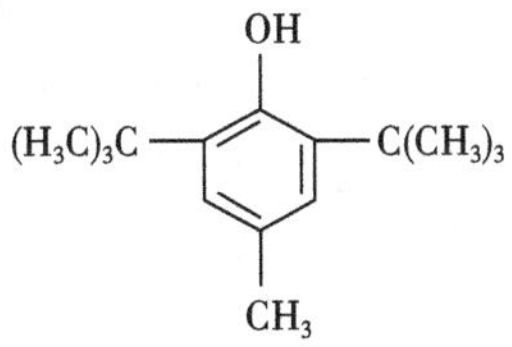

OH $(H_3C)_3C$ $C(CH_3)_3$ CH_3

BHT

BHT常用作阿维菌素、甲氨基阿维菌素苯甲酸盐和有机磷、除虫菊酯等农药的稳定剂，添加量在0.05%～0.2%为宜。

（3）没食子酸丙酯（PG） 没食子酸丙酯，简称PG，为白色至浅黄褐色晶体粉末或乳白色针状结晶，无臭、微有苦味，水溶液无味。熔点为146～150℃，它易溶于乙醇等有机溶剂，微溶于油脂和水。PG对热比较稳定，抗氧化效果好，但对光不稳定易分解。没食子酸丙酯通常与BHA、BHT复配使用使抗氧化能力增强。

（4）紫外吸收稳定剂 典型的紫外吸收剂是能形成分子内氢键环的化合物，强烈而选择性的吸收紫外线，吸收的高能量将氢键破坏，转化为热能释放，分子内氢键环能周而复始地形成和开环。分子内氢键越强，氢键的断裂能越高，吸收的紫外线能量越多，光稳定性就越好。紫外吸收稳定剂主要有：① 二苯甲酮衍生物，其主体结构为邻羟基二苯甲酮。

二苯甲酮的挥发性较高，一般采用辛基、癸基和十二烷基长链取代的化合物，如2-羟基-4正辛氧基二苯甲酮等。② 邻羟基苯基苯并三唑衍生物，吸收波长范围300～385nm。③ 芳香酯类化合物，如水杨酸苯酯，在光照下发生分子内重排，形成邻羟基二苯甲酮结构，这类除光稳定性外，个别还兼有较好的抗氧化作用。④ 受阻胺类，主要有哌啶衍生物、咪唑酮衍生物和氮杂环烷酮衍生物等系列。受阻胺对农药化合物的光氧降解反应有很好的抑制效果，是一类性能优良的光稳定剂。受阻胺与其他紫外稳定剂的作用方式不同，而是通过捕获自由基、分解氢过氧化物和传递激发态分子的能量等多种途径来抑制光氧降解反应。以上产品主要用于拟除虫菊酯防紫外线辐射及其他见光分解的农药化合物。

（5）酸、碱类稳定剂　这类稳定剂使用的也较多，如盐酸、乙酸、碳酸钠、氢氧化钠、氨水、硫酸铵等用于各种水剂、水乳剂、微乳剂、悬浮剂等以水为介质的剂型中做稳定剂；碳酸氢钠、碳酸钠、碳酸钙、硫酸铵等常用于固体制剂中做稳定剂；一些酸酐、有机酸、有机铵常用于其他非水介质的剂型中，最常见的有机酸是羧酸，其酸性源于羧基（—COOH），磺酸（$—SO_3H$）、亚磺酸（RSOOH）、硫羧酸（RCOSH）等也属于有机酸；醋酐、顺酐以及乙二胺、二乙胺、三乙胺、三乙醇胺、三异丙醇胺、脲等分子中含有氨基的有机化合物。

（6）其他　如白炭黑用途广泛结合一些盐类，用于一些低熔点原药中做稳定剂；一些无机铁盐，如$FeSO_4$用做杀虫杀菌稳定剂等；金属盐和卤化物稳定三环唑-杀螟松混剂。氨基羧酸酯、羟基羧酸酯和多元羧酸酯稳定二硫代二烷基氨基甲酸酯等。

五、稳定剂的稳定机理

现已知道，各种农药及制剂的劣化、分解过程相当复杂，稳定化机理也不相同，许多尚不完全清楚。这里仅以有机磷农药的液体制剂中乳油为代表，它与国情密切相关性大，下面介绍的稳定剂品种及应用技术，大多数也是针对此情况而论。影响有机磷乳油化学稳定性的主要因素：① 原药纯度（含量）、杂质及副产物。② 溶剂性质及用量如乙醇、丙醇、丁醇及聚乙二醇（来自乳化剂为多）等都可加速马拉硫磷等乳油的分解。③ 乳化剂、分散剂的种类和用量。已经证明，常用的乳化剂阴离子ABS-Ca及类似品种是引起许多乳油储存分解和乳化性能劣化的原因。在有机溶剂存在下，部分阴离子磺酸盐与有机磷酸酯反应，引起脱烷基等，导致分解和乳化性能下降。有关研究发现磺酸盐不同、金属离子的反应性能不同，ABS-Zn优于ABS-Ca的稳定性，并发现了一系列稳定性较好的阴离子如DBS-OCH_3、$C_5H_7SO_3OCH_3$、$C_{12}H_{25}O(EO)_nSO_3OC_2H_5$、$C_9H_{19}O(EO)_nSO_3OC_3$等。④ 酸、碱性，大多数有机磷乳油在碱性介质中（pH≥8）不稳定，所以只能保持在中性或微酸性介质环境中，一旦发生明显的分解后，pH立即发生变化，一般也要求乳化剂为中性或pH=6～7。⑤ 水分，除了一类含水乳油外，通常即使微量的水分也会导致和加速乳油分解，特别是像敌敌畏之类对羟基敏感的农药，它们在配方组成中严禁带入水分，甚至所用乳化剂的水分都格外严格需小于3‰，一般有机磷乳油乳化剂水分规定是小于5‰，有机氯农药乳化剂5‰～10‰水分以内即可，水分影响也不好一概而论，含水乳剂也有稳定的。⑥ 其他组分，微量金属铁离子存在（由反应设备和管道带入），较高气温下可导致马拉硫磷等乳油凝胶化，完全丧失使用价值。在日本20世纪60年代初期对有机磷乳化剂研制中，还发现某些乳化剂也能引起乳油凝胶化。

因此，各类有机磷乳油稳定剂主要稳定机理就是消除上述因素或者将这些因素减少到最低限度。它们的基本功能是充当稳定作用的乳化剂、分散剂、溶剂、稀释剂、pH调节剂等，也可以纯粹作为稳定剂组分。

$$(R^2O)(X=)P\text{—} + R^1\text{—}SO_3M \longrightarrow (MO)(X=)P\text{—} + R^1\text{—}SO_3M\text{—}R^2$$

六、稳定剂的应用实例

下面就常见的稳定剂及其在制剂中的应用举例说明，仅供参考。标“※”为稳定剂。稳定剂用于液体制剂和固体制剂的配方实例，见表5-2和表5-3。

表5-2　稳定剂用于液体制剂的配方实例

50% 敌敌畏乳油		80% 敌敌畏乳油	
敌敌畏	50%	敌敌畏	80%
乳化剂	5%	※ 环氧大豆油	2%
※ 磷酸三苯酯	1%	乳化剂	3%
乙酸仲丁酯	补足 100%	乙酸仲丁酯	补足 100%
20% 三唑磷乳油		60% 二嗪磷乳油	
三唑磷	20%	二嗪磷	60%
乳化剂	10%	乳化剂	10%
NMP	5%	※ 环氧大豆油	2%
※ 醋酐	0.5%	150# 溶剂油	补足 100%
150# 溶剂油	补足 100%		
60% 二嗪磷乳油		40% 丙溴磷乳油	
二嗪磷	60%	丙溴磷	40%
乳化剂	10%	乳化剂	10%
※ 环氧氯丙烷	1%	※ 环氧氯丙烷	1%
150# 溶剂油	补足 100%	150# 溶剂油	补足 100%
1.8% 阿维菌素乳油		1% 甲维盐乳油	
阿维菌素	1.8%	甲维盐	1%
NMP	5%	乳化剂	10%
乳化剂	10%	※BHA	0.3%
※BHT	0.5%	150# 溶剂油	补足 100%
150# 溶剂油	补足 100%		
68% 炔螨特乳油		50% 马拉硫磷乳油	
炔螨特	68%	马拉硫磷	50%
乳化剂	10%	乳化剂	10%
※ 环氧氯丙烷	1%	※ 柠檬酸	0.2%
100# 溶剂油	补足 100%	150# 溶剂	补足 100%
40g/L 烟嘧磺隆可分散油悬浮剂		※ 尿素	1%
烟嘧磺隆	4.1%	溶剂油	10%
乳化剂和助剂	15% ~ 20%	油酸甲酯	补足 100%
有机膨润土	1.5%		

表5-3　稳定剂用于固体制剂的配方实例

10% 高效氯氟氰菊酯可湿性粉剂		70% 代森锰锌可湿性粉剂	
高效氯氟氰菊酯	10%	代森锰锌	70%
NNO	8%	NNO	8%
K12	1%	K12	1%
※ 壬基酚聚氧乙烯醚磷酸酯钠盐	2%	白炭黑	3%
白炭黑	10%	※ 乌洛托品	2%
高岭土	补足 100%	高岭土	补足 100%
10% 苯磺隆可湿性粉剂		25% 马拉硫磷可湿性粉剂	
苯磺隆	10%	马拉硫磷	25%
木钙	6%	白炭黑	20%
NNO	4%	NNO	8%
K12	1%	K12	0.5%
白炭黑	3%	※ 柠檬酸	2%
※ 磷酸氢二钠	3% ~ 5%	膨润土	10%
轻钙	补足 100%	高岭土	补足 100%

七、农药稳定剂的发展及展望

随着农药新品种的不断出现，农药加工技术的不断创新和提高，农药制剂用稳定剂的种类会不断被拓展。随着农药管理的不断加强和人们对食品安全及环境问题的日益重视，包括稳定剂等农药助剂将逐步纳入行政管理范畴。随着高毒、长效残留农药的禁限用，环境相容性差的溶剂及助剂的禁限用，推动农药产品向绿色、安全、高效、高选择性和环境友好的方向发展，这给稳定剂等农药助剂的发展带来了新的机遇和挑战。

（1）向高分子稳定剂方向发展　高分子稳定剂具有高的热稳定性、相容性及相对无毒性。高分子稳定剂可以通过聚合、共聚和大分子反应获得。

（2）向反应型稳定剂方向发展　它通过自身含有的反应基团，在农药制剂体加工体系中，通过化学反应或自由基反应键合等保护易分解的农药分子，从而达到保护农药制剂稳定的目的和效果。

（3）向多功能稳定剂方向发展　多功能稳定剂合成是近期稳定剂的发展新动向，因为此类稳定剂集多种功能于一身，故其具有一剂多效的特性，且常出现协同作用，效率较高。因此开发多功能稳定剂，可以从多方便改善农药制剂的稳定性及其他性能。

（4）向复合稳定剂方向发展　单一稳定剂难以满足当今农药及其制剂高效、低毒、安全、环保等多方面要求，复合型稳定剂效果好，综合性能较好，多种稳定剂可充分发挥协同作用，提高农药制剂稳定性能，以满足多方面需求。

（5）向绿色稳定剂方向发展　由于保护环境已成为21世纪发展的主题之一，开发高效、安全、环保的新型稳定剂是未来开发方向。

第二节　增 稠 剂

一、农药制剂用增稠剂的概念

增稠剂又称黏度调节剂，它主要作用是提高农药制剂体系黏度，使制剂保持均匀稳定的悬浮、乳浊或凝胶状态。增稠剂使用时能快速提高产品的黏度，增稠剂的作用机理大部分为利用大分子链结构伸展达到增稠目的或者是生成胶束与水形成三维网状结构增稠。其具有用量少、时效快和稳定性好等特点，被广泛用于食品、涂料、胶黏剂、化妆品、洗涤剂、印染、石油开采、橡胶、医药、农药等领域。最早的增稠剂是水溶性天然胶，由于用量较大而且产量不高导致价格不菲，使其应用受到限制。第二代增稠剂又称乳化增稠剂，特别是油水型乳化增稠剂出现后，在一些工业领域得到了广泛的应用。但乳化增稠剂不仅污染环境，而且在生产和应用时存在安全隐患。基于这些问题，合成增稠剂得以问世，尤其以丙烯酸等水溶性单体和适量的交联单体共聚形成的合成增稠剂的制备及应用研究得到了迅速发展。

二、增稠剂的种类及增稠机理

增稠剂的种类有很多，可分为无机物和有机高分子物质，其中有机高分子物质又可分为天然高分子物质和合成高分子物质。

1. 无机增稠剂

无机增稠剂包括低分子量和高分子量两类，低分子量增稠剂主要是无机盐与表面活性剂的水溶液体系。

（1）无机盐类　目前所用的无机盐主要有氯化钠、氯化钾、氯化铵、硫酸钠、硫酸铵、磷酸钠和三磷酸五钠等。基本原理是表面活性剂在水溶液中形成胶束，电解质的存在使胶束的缔合数量增加，导致球形胶束向棒状胶束转化，运动阻力增大，从而使体系的黏稠度增加。但当电解质过量时会影响胶束结构，降低运动阻力，从而使体系黏稠度降低，即所谓的盐析效应。

（2）高分子量无机增稠剂　有天然白土、膨润土（包括钠基膨润土、有机膨润土）、凹凸棒土、硅酸镁铝、有机硅酸镁铝、海泡石、水辉石等，其中膨润土和硅酸镁铝是目前应用最多的无机增稠剂。主要增稠机理是由具有吸水膨胀而形成触变的凝胶矿物组成。扩张的格子结构，在水中分散时，其中的金属离子从片晶往外扩散，随着水合作用的进行，发生溶胀，到最后与片晶完全分离，形成胶体悬浮液。此时，从片晶表面带有负电荷，它的边角由于出现晶格断裂面而带有少量正电荷。在稀溶液中，其表面的负电荷比边角的正电荷大，粒子之间相互排斥，不产生增稠作用。但随着电解质浓度的增加，片晶表面电荷减少，粒子间的相互作用由片晶间的排斥力转变为片晶表面的负电荷与边角正电荷之间的吸引力，平行的片晶相互垂直地交联在一起形成卡片屋的结构，引起溶胀产生凝胶从而达到增稠的效果，此时宏观上看是无机凝胶在水中溶解成一种高触变性的凝胶。此外，膨润土可以在溶液中形成氢键，对形成立体网络结构有利。无机凝胶水合增稠和“卡片屋”的形成过程见图5-1。将聚合单体对蒙脱土进行抽层，使其层间距增大，然后在片层之间进行原位的抽层聚合可以制得以蒙脱土作交联的聚合物蒙脱土有机-无机杂化增稠剂。聚合物链可通过蒙脱土片层形成聚合物网络。首次以钠基蒙脱土作交联剂引入聚合物体系，制备了蒙脱土交联温度敏感水凝胶。采用钠基蒙脱土为交联剂合成了新型的具有较高抗电解质性能的增稠剂，测试了该复合增稠剂的增稠性能和抗NaCl等电解质的性能。结果表明，钠基蒙脱土交联的增稠剂具有优异的抗电解质性能。此外，也有无机物和其他有机物复合的增稠剂，例如大家常用硅酸镁铝和黄原胶的复合作为悬浮剂增稠剂使用等。该复合型增稠剂的增稠原理是无机增稠剂粒子间形成了自由聚合物网络，片层作为聚合物链的物理交联点，起到了交联作用，形成的网络结构模型如图5-2所示。

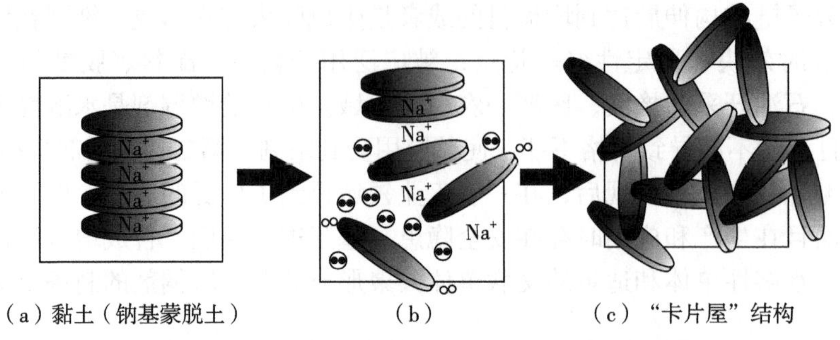

（a）黏土（钠基蒙脱土）　　（b）　　（c）“卡片屋”结构

图5-1　无机凝胶水合增稠和“卡片屋”的形成过程

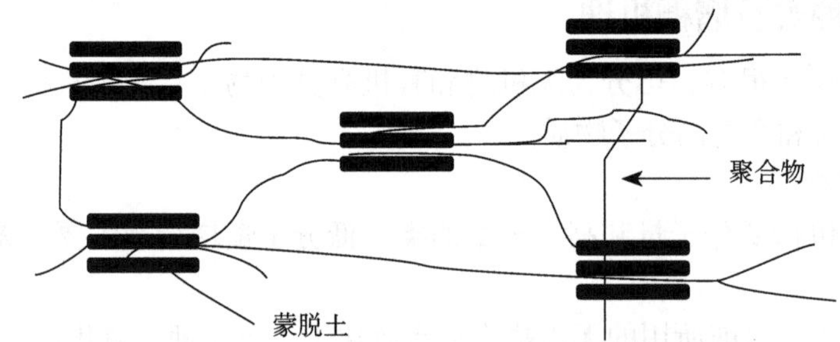

图5-2　蒙脱土粒子间的“自由”聚合物网络结构模型

（3）常用的无机增稠剂

①氯化钠（NaCl）　无色、透明的立方形结晶或白色结晶性粉末。无臭味、咸，易潮解，折射率为1.343（1mol/L溶液在589nm下测定）。易溶于水、甘油，微溶于乙醇、液氨，不溶于浓盐酸。在空气中微有潮解性。用于制造氯气、氢气、漂白粉、金属钠等工业原料。氯化钠的晶体形成立体对称，其晶体结构中，较大的氯离子排成立方最密堆积，较小的钠离子则填充氯离子之间的八面体的空隙，每个离子周围都被六个其他的离子包围着。这种结构也存在于其他很多化合物中，称为氯化钠型结构或食盐结构。

氯化钠常用于一些水剂、悬浮剂、水乳剂、微乳剂作为增稠剂、密度调节剂以及抗冻剂，也可以用于固体制剂作为崩解剂、填料等。

②氯化铵　无色晶体或白色颗粒性粉末，是一种强电解质，溶于水电离出铵根离子和氯离子，氨气和氯化氢化合生成氯化铵时会有白烟。无气味，味咸凉而微苦。吸湿性小，但在潮湿的阴雨天气也能吸潮结块。粉状氯化铵极易潮解，吸湿点一般在76%左右，当空气中相对湿度大于吸湿点时，氯化铵即产生吸潮现象，容易结块。能升华（实际上是氯化铵的分解和重新生成的过程）而无熔点。相对密度1.5274。折射率1.642。低毒，半数致死量为（大鼠，经口）1650mg/kg。有刺激性。加热至350℃升华，沸点为520℃。易溶于水，微溶于乙醇，溶于液氨，不溶于丙酮和乙醚。盐酸和氯化钠能降低其在水中的溶解度，其水中溶解度见表5-4。

表5-4　氯化铵在不同温度水中溶解度

温度 /℃	溶解度 /g	温度 /℃	溶解度 /g
0	29.4	60	55.3
10	33.2	70	60.2
20	37.2	80	65.6

续表

温度 /℃	溶解度 /g	温度 /℃	溶解度 /g
30	41.4	90	71.2
40	45.8	100	77.3
50	50.4		

加热至100℃时开始显著挥发（不同于碘升华，该变化是化学变化），337.8℃时离解为氨气和氯化氢，遇冷后又重新化合生成颗粒极小的氯化铵而呈现为白色浓烟，不易下沉，也极不易再溶解于水。

水溶液pH：因为在水中电离出的铵根离子水解使溶液显酸性，常温下饱和氯化铵溶液pH值一般在5.6左右。25℃时，1%为5.5，3%为5.1，10%为5.0。

氯化铵常用于一些水剂、悬浮剂、水乳剂、微乳剂中作为增稠剂、密度调节剂、pH调节剂以及抗冻剂，也可以用于固体制剂作为崩解剂、填料等。

③ 硫酸铵　化学式为$(NH_4)_2SO_4$，分子量为132.13。用作分析试剂，如用作沉淀剂、掩蔽剂，还用于微生物培养基及铵盐制备。本品对眼睛、黏膜和皮肤有刺激作用。氮素形态是铵离子(NH_4^+)，属氨态氮肥。硫酸铵的制取是用合成氨或炼焦、炼油、有机合成等工业生产中的副产品回收氨，再用硫酸中和，反应式为：$2NH_3+H_2SO_4 \longrightarrow (NH_4)_2SO_4$。

硫酸铵产品一般为白色产品，若产品中混有杂质时带黄色或灰色，物理性质稳定，分解温度高（大于280℃），不易吸湿，但结块后很难打碎。硫铵易溶于水，20℃时溶解度为70%，在水中呈中性，由于产品中往往有游离酸存在，也呈现出微酸性。

硫酸铵常用于一些水剂、悬浮剂、水乳剂、微乳剂作为增稠剂、密度调节剂、pH调节剂以及抗冻剂，也可以用于固体制剂作为崩解剂、填料等。

④ 硅酸镁铝　分子式为$MgAl_2SiO_6$，性状为白色复合胶态物质，含水量小于8%，无毒无味，不溶于水，在水中分散。pH值为7.5～9.5。流变性和触变性好。将硅酸钠、硫酸铝、食品级氧化镁、铝酸钠、氢氧化钠分别制成高浓度的水溶液，按适当比例，先后顺序进行反应、过滤、洗涤、干燥即得。也可将天然膨润土矿进行制浆，加入改性剂进行处理，再经分离、干燥、粉碎、混合改性而成。产品呈白色小片状或粉状，最细粒度可达325目，一般干燥失重可控制在7.5%以下，灼烧失重在15%以下。在水中可膨胀成胶态分散体，呈微碱性，胶体在稳定pH 3.5～11，常用量为0.5%～2.5%，最高用量为5%。5%水分散体黏度范围为50～700mPa·s，有的可达上千毫帕·秒。

硅酸镁铝具有凝胶独特的高触变性，明显优于其他类有机胶和无机胶。这一点是其特有的性质，比普通的膨润土效果也好很多，在一些中低含量的悬浮剂体系中，这个性能尤其突出，即保持合适的黏度、有着良好的自动分散性同时又有很好的稳定性能。一般说来硅酸镁铝的增稠作用明显，水溶液属于典型的非牛顿流体，在外力剪切的情况黏度明显降低，这也正是静止时很好的抗沉降剂，能够有效保持粒子的悬浮，即使在黏度较低的情况下，也能获得较好的增稠效果。

⑤ 有机膨润土　一种无机矿物/有机铵复合物，以膨润土为原料，利用膨润土中蒙脱石的层片状结构及其能在水或有机溶剂中溶胀分散成胶体级黏粒特性，通过离子交换技术插入有机覆盖剂而制成。有机膨润土在各类有机溶剂、油类、液体树脂中能形成凝胶，具有良好的增稠性、触变性、悬浮稳定性、高温稳定性、润滑性、成膜性、耐水性及化学稳定性。

目前有机膨润土常用在各种油悬浮剂及其他油性体系制剂中，使用过程中，添加少量极性溶剂，能使有机膨润土蒙脱土层间的季铵碳氢链通过氢键桥接，获得有效的溶剂化，从而使层间膨胀、分散，并形成卡层屋结构的触变性凝胶体，防止油悬浮剂分层、增加黏稠度等。

⑥ 有机硅酸镁铝　有机硅酸镁铝是一种经有机改性的硅酸镁铝化合物，能保证无论在高黏度或低黏度的情况下，油性体系都具有优异的抗流挂性及防沉性。

有机硅酸镁铝同有机膨润土一样，常用在各种油悬浮剂及其他油性体系制剂中。

2. 天然高分子增稠剂

天然高分子类增稠剂大多为多糖类，其使用历史较长，品种也很多，主要有纤维素醚、阿拉伯胶、角豆树胶、瓜耳豆胶、黄原胶、甲壳素、海藻酸钠、羊毛脂、琼脂和淀粉及改性淀粉、松香及改性松香等。

① 纤维素醚　此类中的羧甲基纤维素（CMC）、乙基纤维素（EC）、羟乙基纤维素（HEC）、羟丙基纤维素（HPC）、甲基羟乙基纤维素（MHEC）和甲基羟丙基纤维素（MHPC）等已被广泛应用于石油钻井、建筑、涂料、食品、医药、日用化学品和农化等方面。这类增稠剂主要是由天然高分子纤维素经化学作用而成。羧甲基纤维素（CMC）和羟乙基纤维素（HEC）是纤维素醚产品中使用范围最广的产品，它们是纤维素链上葡萄酐单元的羟基与醚化基团（氯乙酸或环氧乙烷）反应而成。

纤维素类增稠剂是通过水合膨胀的长链而增稠，其增稠机理为：纤维素分子的主链与周围水分子通过氢键缔合，提高了聚合物本身的流体体积，从而提高了体系黏度。其水溶液是非牛顿流体，黏度随剪切速率变化而变化与时间无关。溶液黏度随浓度增大迅速增加，是使用范围最广的增稠剂和流变助剂之一。

② 阳离子瓜耳豆胶　一种从豆科植物中提取，具有阳离子表面活性剂和高分子树脂特性的天然共聚物。其外观为浅黄色的粉末，无臭或稍带清香味。由80%聚多糖D-甘露糖和D-半乳糖以2∶1形成的高分子聚合物的而组成，其1%水溶液黏度达到4000～5000mPa·s。

③ 黄原胶　又名汉生胶，它是淀粉经发酵后生成的阴离子型高分子多糖聚合体，溶于冷水或热水，不溶于一般有机溶剂。汉生胶的特点是在0～100℃温度下，还能保持均匀的黏度，在低浓度时仍有很高黏性，有很好的热稳定性，在酸性或碱性（pH值2～12）情况下，仍具有优良的溶解性和稳定性，能与溶液中高浓度的盐类相溶，与聚丙烯酸类增稠剂配用，能产生显著的协同效应。

④ 甲壳素　是天然产品，为氨基葡萄糖多聚物，也是一种阳离子增稠剂。

⑤ 海藻酸钠$(C_6H_7O_8Na)_n$　主要由海藻酸的钠盐组成，由α-L-甘露糖醛酸（M单元）与β-D-古罗糖醛酸（G单元）依靠1,4-糖苷键连接并由不同片段组成的共聚物。海藻酸钠是纺织品活性染料印花最常用的增稠剂，印制的纺织品花纹鲜艳、线条清晰、给色量高、得色均匀、渗透性与可塑性均良好，现已广泛应用于棉、毛、丝、尼龙等各种织品的印花。

⑥ 羊毛脂　羊毛脂是由羊的皮脂腺分泌出来的天然物质，主要成分是甾醇类、脂肪醇类和三萜烯醇类与大约等量的脂肪酸所生成的酯，约占95%，还含有游离醇4%，并有少量游离脂肪酸和烃类物质。白色或浅黄色至深棕色膏状半透明体，有臭味；无水物的相对密度0.946，软化点38～44℃，酸值<1.0mg KOH/g，皂化值为92～106mg KOH/g，主要是高级醇类及酯类，工业品羊毛脂中酯含量约94%、游离醇4%、游离酸1%、烃1%。酯中非羟基

酯约占60%，羟基酯约占40%（主要为α-羟基）。闪点276℃。易溶于乙醚、甲苯、氯仿、丙酮、石油醚，微溶于乙醇，不溶于水，但能吸收相当于自身质量2倍的水分。羊毛脂化学性质稳定，对金属表面有良好的黏结力。羊毛脂可以用在各种油悬浮剂及其他油性体系制剂中。

⑦ 松香　按其来源分为脂松香、木松香、浮油松香3种。脂松香也称放松香，颜色浅，酸值大，软化点高；木松香又称浸提松香，不如脂松香，颜色深，酸值小，且易在某些溶剂中结晶；浮油松香又称妥尔油松香。松香为透明、脆性的固体天然树脂，是比较复杂的混合物，由树脂酸（枞酸、海松酸）、少量脂肪酸、松脂酸酐和中性物等组成。松香的主要成分为树脂酸，占90%左右，分子式为$C_{19}H_{29}COOH$，分子量302.46。树脂酸是最有代表性的松香酸，属不饱和酸，含有共轭双键，强烈吸收紫外光，在空气中能自动氧化或诱导后氧化。松香外观为淡黄色至淡棕色，有玻璃状光泽，带松节油气味，密度1.060～1.085g/cm^3。熔点110～135℃，软化点（环球法）72～76℃，沸点约300℃（0.67kPa）。玻璃化温度T_g为30～38℃，折射率1.5453，闪点（开杯）216℃，燃点480～500℃。在空气中易氧化，色泽变深。

松香能溶于乙醇、乙醚、丙酮、甲苯、二硫化碳、二氯乙烷、松节油、石油醚、汽油、油类和碱溶液。在汽油中溶解度较低。不溶于冷水，微溶于热水。松香具有增黏、乳化、软化、防潮、防腐、绝缘等优良性能，不足之处是在溶剂中结晶倾向大。松香的结晶性，是由于松香中的异构体在某些溶剂中的溶解度和松香中的水分不同所致。松香水分含量＜0.15%不结晶；＞0.15%容易结晶；＞0.16%严重结晶。松香结晶是影响松香质量的重要问题之一，会使胶黏剂出现絮状物或沉淀小颗粒，也使胶液变得不透明。松香的结晶性可用以下方法检测：取10g松香碎块和10mL丙酮置于试管中，塞紧、溶解、静置，若在15min内有结晶析出，则此松香容易结晶；如在2h后才析出，表明此松香不易结晶，可以放心使用。

松香的品质，根据颜色、酸值、软化点、透明度等而定。一般颜色愈浅，品质愈好；松香酸含量愈多，酸值愈大，软化点愈高。

松香的黏性甚佳，尤其是压敏性、快黏性、低温黏性很好，但内聚力较差。由于松香含有双键和羧基，具有较强的反应性，故对光、热、氧较不安定，表现出耐老化性不好、耐候性不佳，容易产生粉化和变色现象，松香极细粉尘与空气的混合物有爆炸危险性。

松香可以用在农药制剂中作为增稠剂，本身有一定的杀虫活性，也可以作为增效剂使用。

3. 合成高分子增稠剂

（1）化学交联合成高分子增稠剂　合成增稠剂是目前市场上销量最大，应用范围最广的产品。这类增稠剂大多数为微化学交联型聚合物，不溶于水，仅能吸水膨胀起到增稠作用。聚丙烯酸类增稠剂是目前应用广泛的合成增稠剂，其合成方法有乳液聚合、反相乳液聚合和沉淀聚合法等。该类增稠剂以增稠效果迅速、成本低和用量少等特点得到了迅速发展。目前该类增稠剂由3种或更多的单体聚合而成，主单体一般为水溶性单体，如丙烯酸、马来酸或马来酸酐、甲基丙烯酸、丙烯酰胺以及2-丙烯酰胺基-2-甲基丙磺酸钠等；第二单体一般为丙烯酸酯或苯乙烯；第三单体是具有交联作用的单体，例如*N*, *N*-亚甲基双丙烯酰胺、双丙烯酸丁二酯或邻苯二甲酸二丙烯酯等。

聚丙烯酸类增稠剂的增稠机理有中和增稠与氢键结合增稠两种。中和增稠是将酸性的聚丙烯酸类增稠剂用碱中和，使其分子离子化并沿着聚合物的主链产生负电荷，依靠同性电荷之间的相斥促使分子链伸直张开形成网状结构达到增稠效果。氢键结合增稠是聚相乳液聚合法和丙烯酸共聚，可有效改善增稠剂的耐电解质性能。

常见的产品有聚丙烯酸（PAA）及其盐聚丙烯酸钠（PAAS）、聚丙烯酸钾等。常用于农药水剂、微乳剂、水乳剂、悬浮剂、悬乳剂等剂型中作为增稠剂。

（2）疏水缔合型合成高分子增稠剂　尽管化学交联型聚丙烯酸类增稠剂已经得到广泛的应用，在增稠剂组成中加入含磺酸基等单体可提高其抗电解质的性能，但是这类增稠剂仍存在许多缺陷，例如增稠体系的触变性较差等。改进的方法是在其亲水主链上引入少量疏水性基团，从而合成疏水缔合型增稠剂。疏水缔合型增稠剂是近年来新开发的增稠剂，分子结构中有亲水部分也有亲油基团，呈现出一定的表面活性。缔合型增稠剂的抗盐性比非缔合型增稠剂好。这是由于疏水基团的缔合作用抵消了部分离子屏蔽效应所造成的蜷曲趋势，或者是较长的侧链所造成的空间障碍部分削弱了离子屏蔽效应。缔合作用有助于改善增稠剂的流变性，在实际的应用过程中作用巨大。

研究表明，一定量的交联型单体及疏水型长链单体都能明显增加黏度。疏水单体中甲基丙烯酸十六酯（HM）的影响大于甲基丙烯酸十二酯（LM）的影响。含疏水型长链单体的缔合型交联增稠剂比非缔合型交联增稠剂的性能更优良。在此基础上，利用反相乳液聚合法合成含丙烯酸/丙烯酰胺/甲基丙烯酸十六酯三元共聚物的缔合型增稠剂。结果证明，甲基丙烯酸十六酯类的疏水缔合作用与丙酰胺的非离子效应都可改善增稠剂的增稠性能。聚氨酯增稠剂（HEUR）也在近年来得到很大的发展，其优点是不易水解，宽pH值及温度等应用范围内黏度稳定和具有优异的施工性能。聚氨酯类增稠剂机理主要得益于其特殊的亲油-亲水-亲油形式的三嵌段聚合物结构。聚氨酯缔合增稠剂分子量一般较小，一方面，使低剪切时黏度较低可以获得较好的流平性能；另一方面，使其具有区别于其他高分子量增稠剂的弱非牛顿流体特性，在高剪切时聚氨酯缔合增稠剂依然能够保持较高的黏度，从而避免了高剪切时的飞溅。

这类增稠剂目前主要用在悬浮剂、水剂、水乳剂、悬乳剂中。

（3）表面活性剂类增稠剂　这类增稠剂用途较广，适用于乳油、水剂、悬浮剂、油悬浮剂、微乳剂、水乳剂等多种剂型，而且还兼具其他助剂功能。下面就一些常用品种做简单介绍。

① 乙氧基结构的非离子表面活性剂　非离子表面活性剂在水中不发生电离，是以羟基（—OH）或醚键（R—O—R′）为亲水基的两亲非离子表面活性剂结构分子，由于羟基和醚键的亲水性弱，因此分子中必须含有多个这样的基团才表现出一定的亲水性，这与只有一个亲水基就能发挥亲水性的阴离子和阳离子表面活性剂大不相同。正是由于非离子表面活性剂具有在水中不电离的特点，决定了它在某些方面较离子型表面活性剂优越，如在水中和有机溶剂中都有较好的溶解性，在溶液中稳定性高，不易受强电解质无机盐和酸、碱的影响。

由于它与其他类型表面活性剂相容性好，所以可以很好地混合复配使用。非离子表面活性剂有良好的耐硬水能力，有低起泡性的特点，因此适合作特殊洗涤剂。由于它具有分散、乳化、泡沫、润湿、增溶多种性能，因此在很多领域中都有重要用途。

常见的乙氧基非离子表面活性剂有农乳400#、600#、700#、33#、34#、TX-10/NP-10、AEO、PEG、牛脂胺聚氧乙烯醚、聚醚等都有良好的增稠作用，常用于水剂、水乳剂、微乳剂、悬乳剂、乳油、油悬浮剂等剂型中作为增稠剂，并兼有其他作用。

② 多元醇型表面活性剂　多元醇型非离子表面活性剂是乙二醇、甘油季戊四醇、失水山

梨醇和蔗糖等含有多个羟基的有机物与高级脂肪酸形成的酯。这类产物来源于天然产品，具有易生物降解、低毒性的特点，因此多用于医药等部门，其中应用较多的是失水山梨醇酯。

a. 失水山梨醇酯　山梨醇是由葡萄糖加氢制得的多元醇，分子中有6个羟基。山梨醇在适当条件下可脱水生成失水山梨醇和二失水山梨醇。失水山梨醇分子中剩余的羟基与高级脂肪酸发生酯化反应得到失水山梨醇酯是多元醇表面活性剂。产物实际上是单酯、双酯和三酯的混合物；脂肪酸可采用月桂酸、棕榈酸、脂肪酸和油酸，其相应单酯的商品代号分别叫Span（斯盘）-20、-40、-60、-80。

若把斯盘类多元醇表面活性剂再用环氧乙烷作用就得到相应的吐温（Tween)类非表面活性剂。由于聚氧乙烯链的引入可以提高其水溶性，如由一个Span-60分子和20个环氧乙烷加成得到的Tween-60。

b. 烷基醇酰胺型　烷基醇酰胺是脂肪酸与乙醇胺的缩合产物。脂肪酸通常为椰子油酸、脂肪酸或月桂酸，乙醇胺为单乙醇胺或二乙醇胺。

乙醇胺是二乙醇胺、三乙醇胺的通称，当氨与环氧乙烷反应时，氨分子中的3个活泼氢会被羟乙基取代而形成单乙醇胺、二乙醇胺和三乙醇胺；其中比较重要的是月桂酸、椰子油酸、油酸和硬脂酸与α-醇胺反应的产物。有脂肪酸与二乙醇胺分子比为1∶1及1∶2的两种产物，当1mol脂肪酸与2mol二乙醇胺反应时得到一种水溶性烷基醇酰胺产物，商品名为尼纳尔（Ninol）6501，1∶2型烷醇酰胺。

③ 乙氧基表面活性剂的离子化产品　脂肪醇聚氧乙烯醚或烷基酚聚氧乙烯醚分子端基上的羟基可与硫酸或磷酸发生酯化反应，由此可以制成醇醚硫酸盐或醇醚磷酸盐等非离子-阴离子混合表面活性剂。

常见品种有脂肪醇聚氧乙烯醚硫酸盐（AES）、烷基酚聚氧乙烯醚磷酸酯及其盐（NP-10P）、三苯乙烯基苯酚聚氧乙烯醚磷酸酯及其盐（600-P）、三苯乙基苯酚聚氧乙烯聚氧丙烯醚磷酸酯及其盐（33-P或34-P）、农乳700-P、脂肪醇聚氧乙烯醚磷酸酯（AEP）、蓖麻油聚氧乙烯醚磷酸酯及盐（BY-*n*P或EL-*n*P）等。常作为水剂、微乳剂、水乳剂、悬浮剂、悬乳剂等制剂的增稠剂。

④ 其他高分子合成表面活性剂增稠剂　几种常用的高分子表面活性增稠剂如下：

a. 聚乙烯吡咯烷酮（PVP）　聚乙烯吡咯烷酮（polyvinyl pyrrolidone，PVP），是一种非离子型高分子化合物，是*N*-乙烯基酰胺类聚合物中最具特色，且被研究得最深、最广泛的精细化学品品种。已发展成为非离子、阳离子、阴离子3大类，工业级、医药级、食品级3种规格，分子量从数千至一百万以上的均聚物、共聚物和交联聚合物系列产品，并以其优异独特的性能获得了广泛应用。

PVP按其平均分子量大小分为4级，习惯上常以*K*值表示，不同*K*值分别代表相应的PVP平均分子量范围。*K*值实际上是与PVP水溶液相对黏度有关的特征值，而黏度又是与高聚物分子量有关的物理量，因此可以用*K*值来表征PVP的平均分子量。通常*K*值越大，其黏度越大，粘接性越强。

PVP作为一种合成水溶性高分子化合物，具有水溶性高分子化合物的一般性质，如胶体保护作用、成膜性、黏结性、吸湿性、增溶或凝聚作用，但其最具特色，受到人们重视的是其优异的溶解性能及生理相容性。在合成高分子中像PVP这样既溶于水，又溶于大部分有机溶剂、毒性很低、生理相溶性好的并不多见，特别是在医药、食品、化妆品这些与人们健康密切相关的领域中，随着其原料丁内酯价格的降低，必将展示出良好的发展前景。

b. 聚乙烯醇（PVA） 聚乙烯醇的物理性质受化学结构、醇解度、聚合度的影响。在聚乙烯醇分子中存在着两种化学结构，即1,3–和1,2–乙二醇结构，但主要的结构是1,3–乙二醇结构，即“头·尾”结构。聚乙烯醇的聚合度分为超高聚合度（分子量$25\times10^4\sim30\times10^4$）、高聚合度（分子量$17\times10^4\sim22\times10^4$）、中聚合度（分子量$12\times10^4\sim15\times10^4$）和低聚合度（$2.5\times10^4\sim3.5\times10^4$）。醇解度一般有78%、88%、98%这3种。部分醇解的醇解度通常为87%～89%，完全醇解的醇解度为98%～100%。常取平均聚合度的千、百位数放在前面，将醇解度的百分数放在后面，如17～88即表聚合度为1700，醇解度为88%。一般来说，聚合度增大，水溶液黏度增大，成膜后的强度和耐溶剂性提高，但水中溶解性、成膜后伸长率下降。

聚乙烯醇的相对密度（25℃/4℃）1.27～1.31（固体），1.02（10%溶液）；熔点230℃；玻璃化温度75～85℃；在空气中加热至100℃以上慢慢变色、脆化。加热至160～170℃脱水醚化，失去溶解性，加热到200℃开始分解，超过250℃变成含有共轭双键的聚合物。折射率1.49～1.52，热导率0.2W/（m·K），比热容1～5J/（kg·K），电阻率（3.1～3.8）$\times10^7\Omega\cdot$cm。溶于水，为了完全溶解一般需加热到65～75℃。不溶于汽油、煤油、植物油、苯、甲苯、二氯乙烷、四氯化碳、丙酮、乙酸乙酯、甲醇、乙二醇等，微溶于二甲基亚砜，120～150℃可溶于甘油。但冷至室温时成为胶冻。溶解聚乙烯醇应先将物料在搅拌下加入室温水中，分散均匀后再升温加速溶解，这样可以防止结块，影响溶解速度。

聚乙烯醇水溶液（5%）对硼砂、硼酸很敏感，易引起凝胶化，当硼砂达到溶液质量的1%时，就会产生不可逆的凝胶化。铬酸盐、重铬酸盐、高锰酸盐也能使聚乙烯醇凝胶。PVA 17～88水溶液在室温下随时间黏度逐渐增大，但浓度为8%时的黏度是绝对稳定的，与时间无关。聚乙烯醇成膜性好，对除水蒸气和氨以外的许多气体有高度的不适气性。耐光性好，不受光照影响。通明火时可燃烧，有特殊气味。无毒，对人体皮肤无刺激性。

聚乙烯醇17～92简称PVA 17～92，白色颗粒或粉末状。易溶于水，溶解温度75～80℃。其他性能基本与PVA 17～88相同。聚乙烯醇用作聚乙酸乙烯乳液聚合的乳化稳定剂，用于制造水溶性胶黏剂，用作淀粉胶黏剂的改性剂，还可用于制备感光胶和耐苯类溶剂的密封胶，也用作脱模剂、分散剂等。

聚乙烯醇17～99又称浆纱树脂（sizing resin），简称PVA 17～99，白色或微黄色粉末或絮状物固体。玻璃化温度85℃，皂化值3～12mg KOH/g。溶于90～95℃的热水，几乎不溶于冷水。浓度大于10%的聚乙烯醇水溶液，在室温下就会凝胶成冻，高温下会变稀恢复流动性。聚乙烯醇加热时变色的性质可以通过加入0.5%～3%的硼酸而得到抑制。

c. 聚丙烯酰胺（PAM） 聚丙烯酰胺是由丙烯酰胺（AM）单体经自由基引发聚合而成的水溶性线形高分子聚合物，不溶于大多数有机溶剂，具有良好的絮凝性，可以降低液体之间的摩擦阻力，按离子特性分可分为非离子、阴离子、阳离子和两性型4种类型。

聚丙烯酰胺目数：目数是指物料的粒度或粗细度，是指在1in（1in=2.54cm）长度上的网格数。聚丙烯酰胺的目数为20～80目，也就是0.85～0.2mm，这是颗粒状的聚丙烯酰胺的目数大小，粉状聚丙烯酰胺的目数大小可控制在100目左右，目数越大的聚丙烯酰胺越容易溶解，单凭聚丙烯酰胺目数大小无法衡量产品的好坏。

聚丙烯酰胺为白色粉末或者小颗粒状物，密度为1.32g/cm^3（23℃），玻璃化温度为188℃，软化温度近于210℃，一般方法干燥时含有少量水，干时又会很快从环境中吸取水分，用冷冻干燥法分离后均聚物是白色松软的非结晶固体，但是当从溶液中沉淀并干燥后则为玻璃状部分透明的固体，完全干燥的聚丙烯酰胺是白色的脆性固体，商品聚丙烯酰胺通常是在适度条件下干燥，一般含水量为5%～15%。浇铸在玻璃板上制备的高分子膜，则是透明、坚硬、易碎的固体。

聚丙烯酰胺为水溶性高分子聚合物，不溶于大多数有机溶剂，具有良好的絮凝性，可以降低液体之间的摩擦阻力。PAM在中性和酸条件下均有增稠作用，当pH值在10以上时PAM易水解。呈半网状结构时，增稠将更明显。

聚丙烯酰胺可用于农药水剂、微乳剂、水乳剂、悬浮剂、悬乳剂等剂型中，可根据各种剂型本身特性来选择聚丙烯酰胺的类型。

三、增稠剂的使用

在农药剂型中使用增稠剂，通常不建议使用单一增稠剂，根据各种农药剂型的特性和要达到的目的来选择2～3种增稠剂搭配使用，各种增稠剂的品种、特性不同，搭配起来使用就会有相互增效的协同效应，采用复合配制的方法，可产生无数种复合胶体，以满足各种农药剂型的增稠及其他性能的要求，并可达到最低用量水平。

① 黄原胶与许多物质，包括有机和无机酸、盐、碱、增稠剂（如海藻酸钠、聚乙烯醇、硅酸镁铝等）、表面活性剂以及液体化肥溶液等都有良好的相容性，最常见的是与硅酸镁铝搭配使用，有良好的增稠效果。这些都使黄原胶具备作为增稠剂的基本条件。所以广泛地用于各种水基性制剂中。同时还具有防漂移性能和良好的喷雾性能。

黄原胶与羧甲基纤维素钠、海藻酸钠等混用，增稠效果明显。常在农药悬浮剂、悬乳剂、水乳剂中使用。

② 硅酸镁铝是复合的胶态物质，是一种无机胶体保护剂，不溶于水或醇。在水中膨胀成原体积数倍的胶态分散体。这种膨胀性是可逆的，能在水中分散，也可以干燥和重新水合。当硅酸镁铝分散于水中时形成胶态溶胶或凝胶，水分散体的黏度随固体含量变化：含1%～2%的是稀薄胶态悬浮体；含3%以上是非透明体，黏度迅速增高；4%～5%为稠的白色溶胶；含量10%则成为坚硬的溶胶。

在农药悬浮剂配方中，硅酸镁铝用量通常为0.4%～3%。硅酸镁铝的水分散体静态黏度比预期高，呈胶状，但这种黏度一经搅拌，受剪切作用立即很快下降，呈自由流体，这就是悬浮助剂所需的触变性。水分散体黏度随温度升高而增大，因为它在热水中重新水化，提高黏度。同时，随着时间延长，制备水分散体的黏度也有增加。硅酸镁铝和少量的水溶性高分子如纤维素衍生物并用时，能产生强烈的协同效应，使黏度大幅度增加，也产生与黄原胶并用时类似的效果，从而在并用时可以大大地降低悬浮稳定剂用量，另外电解质存在或加入也可使硅酸镁铝水分散体黏度增加，甚至部分凝聚，影响应用。调整它的pH可用普通的缓冲剂。另外，在某些片剂中硅酸镁铝是崩解剂。当崩解性能需要与硬度、易碎性相平衡时，即可用于产品中调整组合性能。

硅酸镁铝凝胶可与阴离子、非离子两性表面活性剂、有机胶体配合使用，在微酸性至中碱性的介质中使用稳定。在含少量盐类电解质系中，保持稳定。这一点很重要，我们的悬浮剂通常都是非离子与阴离子复配的润湿分散体系，有时候可能还会加入微量的无机盐电解质调节某些性能，硅酸镁铝在这种体系中的稳定性超出了我们的预期。

在农药悬浮剂应用中，硅酸镁铝会和CMC、有机胶HEC和黄原胶配合使用时，发挥协同效应，获得最佳效能。硅酸镁铝凝胶有助于协调黏度和屈服值，比单一采用凝胶而得到的黏度和稳定性更好、更经济，黏稠度成倍增高。使用比例一般为黄原胶：硅酸镁铝=1：5～15。

总之，现已有大量配方试验证明，硅酸镁铝与其他增稠剂混用是具有可控触变性、用量低、价格低廉、应用安全的优异增稠剂，是良好的乳液稳定剂，在农药悬浮剂、水乳剂研制生产中有广泛的应用前景。

③ 有机体系中常见的混用为有机膨润土、有机硅酸镁铝、白炭黑以及表面活性剂增稠剂间的搭配使用，甚至有人添加少量水及无机盐来跟有机土结合使用，以达到增稠效果。并结合表面活性剂的增稠、乳化、分散作用，使油悬浮剂体系保持一定的黏度，有效降低分散粒子的沉降速度或达到一定的黏稠度。

④ 增稠剂与表面活性的混用。增稠剂的主要作用是使体系黏度增大，降低分散粒子从分散介质中分离的速度或使农药制剂保持一定的黏稠挂壁状态。增稠剂的增稠机理与氢键作用、疏水作用及静电作用等有关。增稠剂与乳化剂之间的相互作用主要有以下3种：电性作用、疏水作用、色散力。

离子型水溶性高分子，溶于离子强度较低的水溶液中时，发生电离，使分子链上带有同种电荷，由于带电基团的静电斥力作用使高分子链膨胀形成伸张的构型，并在周围通过氢键及溶剂化作用与水结合，从而使水的黏度提高。因此离子型水溶性高分子一般比非离子水溶性高分子有更强的增稠能力。

在乳化剂的作用下，有时可以提高水溶性高分子的增稠能力，例如在非离子型增稠剂中添加离子型乳化剂，此时离子型乳化剂可以吸附在高分子链上，并使其带电，使之具有离子型增稠剂的性质，黏度大大增加。在做油悬浮剂时，加入少量的水可以增加黏度及增稠的原因所在。

当然，在千变万化的增稠剂和乳化剂的组合中还有许多规律有待进一步研究和发现。

四、增稠剂在农药制剂中的应用

下面就上述常见的增稠剂及其在制剂中的应用举例说明，仅供参考，见表5-5。

表5-5　增稠剂及其在制剂中的应用举例

配方	含量	配方	含量
1.8% 阿维菌素乳油		1.8% 阿维菌素乳油	
阿维菌素	1.8%	阿维菌素	1.8%
※ 松香	30%	※ 乳化剂	30% ~ 40%
乳化剂	10%	溶剂油	补足 100%
溶剂油补足	100%		
2.5% 功夫菊酯水乳剂		35% 吡虫啉悬浮剂	
功夫菊酯	2.5%	吡虫啉	35%
助溶剂	5%	助剂	3% ~ 6%
乳化剂	3% ~ 5%	※ 黄原胶	0.25%
※ 聚乙烯醇	0.5%	其他助剂	0.5% ~ 1%
水	补足 100%	水	补足 100%

续表

4.1% 烟嘧磺隆油悬浮剂			
烟嘧磺隆	4.1%	尿素	1%
乳化剂和助剂	15% ~ 20%	溶剂油	10%
※ 有机膨润土	1.5%	油酸甲酯	补足 100%

注：标※为增稠剂。

五、增稠剂发展展望

① 增稠剂以开发聚羧酸盐类产品为主要发展方向之一，提高聚丙烯酸增稠剂的应用性能，如储存稳定性、耐电介质性能和增稠能力等，是目前研究的重要内容，如添加某些物质进行共聚改性、与其他增稠剂复配等。除聚羧酸盐外，性能良好的半合成增稠剂、聚氨酯类增稠剂也得到不断发展。

② 国内开发了不少增稠剂，但多是阴离子型，非离子型很少，阳离子型未见报道，为了应用便利，应积极探讨两性增稠剂，使之能在宽pH值范围内使用。

③ 近年来，增稠剂在获得大量应用的同时，品种、质量和应用技术研究等都得到相应重视。品种增多，用量也快速增长。现在应用的碱溶胀增稠剂、缔合型增稠剂等大都是经过性能改进的新型品种。特别是缔合型增稠剂，能够改善农药制剂的流平性、抗沉降性、容器中状态、遮盖力等。

④ 除了开发新品种以外，还对已有增稠剂进行性能上的改进，使之符合新的要求，将是增稠剂的又一发展方向。例如，羟乙基纤维素和羟丙基甲基纤维素都是传统使用的产品，不但没有遭到淘汰，其用量反而越来越大，原因之一是制造商不断改进、提高这类增稠剂的性能，使之满足新的要求。例如开发易分散、速溶型、抗生物降解型和使之在较宽温度范围内有更好黏度稳定性的产品等。

⑤ 近几年，随着可分散油悬浮剂的发展，油基体系中的增稠剂是个研究热点和难点。

此外，开发满足不断增长着的农药制剂性能要求和使用方便性的新型增稠剂，也将是人们谋求技术进步和经济利益不懈追求的目标。总而言之，环保、无毒、无污染、高性能是增稠剂的发展方向。

参考文献

[1] 吴婉娥，朱绪恩，苏力宏．有机磷农药稳定剂进展．陕西化工，1977，12：13-16.

[2] 廖科超，路福绥，刘村平．油类、油脂类在农药中的应用现状．农药科学与管理，2015，36（8）：52-57.

[3] 黎金嘉．论复配农药制剂有效成分的分解率．农药市场信息，2009，11（25）：4-6.

[4] 吴传万，杜小凤，王伟中，等．阿维菌素光分解及其光稳定剂的筛选．农药，2005，45（12）：828-830，833.

[5] 张金鑫，徐妍，战瑞，等．不同影响因子对三唑磷乳油稳定性的影响．现代农药，2009，8（2）：27-29.

[6] 张宗俭．农药助剂的应用与研究进展．农药科学与管理，2009，30（1）：42-47.

[7] 张宗俭，张鹏．可分散油悬浮剂（OD）的加工技术与难点解析．农药，2016，55（6）：391-395.

[8] 冯建国，张小军，于迟，等．浅谈黄原胶及其在农药制剂加工中的应用．高分子通报，2012，11：86-91.

[9] 冯建国，路福绥，郭雯婷，等．增稠剂在农药水悬浮剂中的应用．今日农药，2009，5：17-22.

[10] 董立峰，李慧明，王智，等．确定农药悬浮剂中分散剂、增稠剂的种类及用量．现代农药，2013，12（3）：14-17.

[11] 华乃震，林雨佳．影响农药悬浮剂物理稳定性因素和对策（Ⅰ）．农药，2012，51（2）：90-94.

[12] 华乃震．农药悬浮剂的进展、前景和加工技术．现代农药，2007，6（1）：1-7.

第六章

农药崩解剂与助悬浮剂

崩解剂在农药中的出现，是伴随着农药水分散粒剂等固体颗粒制剂出现的，崩解剂用以促进水分的渗透以及制剂在溶出介质中基质的分散。在理想状态下，水分散粒剂等应该能分散成其初级粒子形式，该制剂即是用初级粒子制成。虽然多种化合物可用作崩解剂，在医药等制剂中对其进行了评价，但目前常用的还是比较少。传统上，淀粉曾被用作医药片剂处方中首选的崩解剂，且现在仍然被广泛应用，但淀粉远不够理想，用量较多时，其可压性受到影响。同样，近年来淀粉在农药水分散粒剂中应用也较为普遍，但其用量、使用方法都需要更多的实验筛选来确定。医药界在近些年开发了一些新型的超级崩解剂，并得到了广泛应用，值得农药制剂借鉴，但其应用在很大程度上与淀粉类似，受到水分散粒剂配方组成、压力大小、制粒方法及添加方法等诸多方面的影响。下面就这些崩解剂做一简单介绍。

水分散粒剂作为一种新的农药剂型，近年来得到人们的普遍关注，国内外许多科研院所、生产企业也都在研究、开发和生产推广，但其快速崩解、分散稳定性一直是困扰农药企业和使用者的现实问题，也制约了该剂型的发展。当前国内水分散粒剂的配方研究多以宏观的、经验式的随机筛选为主，配方粗放、成功率低、重复性差、小试与生产结论不同，缺乏必要的理论指导，如崩解机理研究等，而且量化、精准的现代仪器表征应用较少，微观层面的研究报道也很少。因此，在水分散粒剂生产和使用中经常出现颗粒不崩解、出现死颗粒、分散不完全、悬浮率低、堵塞喷头、应用效果差等问题。水分散粒剂崩解和悬浮问题，尤其是长期储存后的理化性能下降，极大制约着水分散粒剂质量的稳定和提升。

医药等领域中常用崩解剂有交联羧甲基纤维素钠、交联聚乙烯吡咯烷酮、淀粉及其衍生物、低取代羟丙基纤维素、泡腾崩解剂、表面活性剂及其他。崩解剂羧甲基-交联玉米淀粉的研究表明：其黏度较低，有助于水的渗透和崩解剂的吸水，从而达到使固体药物快速崩解的效果。崩解过程是多种机理综合作用的结果。目前，崩解剂的作用机理尚在研究之中，关于崩解剂结构与固体制剂崩解性能之间关系的系统研究较少见于报道。在农药水分散粒剂研究中崩解理论方面的报道更少，在现有报道中，崩解只是作为一个检测指标，至于影响其崩解的因素、崩解特点、崩解规律、崩解机理等几乎没有报道。

张运芳等利用红外光谱仪、扫描电镜、X射线衍射仪、热分析仪、黏度计等对制备的羧甲基-交联玉米淀粉的分子结构、颗粒形态、颗粒结晶特征、应用性能进行了研究；高春生等研究了水渗透对速崩制剂的崩解作用，对几种崩解剂的流动性和吸水性进行了测定；韦娟等研究了常用崩解剂吸水性对中药分散片崩解性能的影响；白慧东等通过对比常用崩解剂与纯化膨润土的吸水性考察了对片剂崩解性能的影响，以上这些文献可以作为研究崩解机理方面的重要参考资料。

针对水分散粒剂普遍存在的崩解慢、崩解不彻底、分散悬浮率低、产品储存不稳定等问题，谢毅较系统地研究了构成水分散粒剂的不同因子对其理化性质的影响，对3个农药品种进行了水分散粒剂配方的研究及开发；李志礼研究了木质素磺酸盐分散剂，进一步研究了其对烯酰吗啉水分散粒剂的分散稳定性能的影响规律；夏建波开展了萘磺酸盐类表面活性剂对水分散粒剂性能影响的研究；张登科在80%吡虫啉水分散粒剂研制过程中发现主要助剂、加工工艺、加水量、烘干温度、水质条件及稀释浓度等因素都会对产品性能指标产生不同影响。以上这些研究对水分散粒剂的研究开发提供了宝贵的经验和理论指导，但他们主要是从助剂筛选、理化性能检测、制备工艺等角度进行了研究，对深层次的影响因素，尤其是微观机理方面的研究较少。

水分散粒剂，国际农药工业协会联合会（GIFAR）将其定义为：在水中崩解和分散后使用的颗粒剂。水分散粒剂是一种入水后能迅速崩解、分散成高悬浮固液分散体系的颗粒状剂型，其特征在于入水后，能较快地崩解、分散形成悬浮稳定的分散体系。从其定义中，我们可以看出，崩解是该剂型应用时发挥作用的第一步，崩解快慢直接影响其使用效果，高效超级崩解剂的科学合理使用是解决这一问题的关键。崩解剂应具有良好的吸水性或可增强颗粒剂的吸水性，能吸水形成毛细通道或产生膨胀使颗粒剂的结合力瓦解。颗粒剂的崩解影响因素主要有3个方面：① 颗粒剂空隙的影响，空隙大且多的颗粒利于水的透入；② 颗粒剂润湿性影响，疏水的颗粒剂，水分难以透入，亲水的颗粒剂利于水分的透入；③ 崩解剂的影响，含有崩解剂的颗粒剂崩解速度明显加快。此外，加入适当的助悬浮剂，也可以在一定程度上提高水分散粒剂的悬浮率和应用效果。

第一节 崩解剂的分类和作用

崩解剂，其作用是提高颗粒在水中的崩解速度，使其迅速崩解分散至造粒前的微粒状态（5～10μm）。常用的崩解剂有羧甲基淀粉钠、交联羧甲基淀粉钠、交联羧甲基纤维素钠、改性淀粉、交联聚乙烯吡咯烷酮等高分子材料；硫酸铵、硫酸钠、氯化钠、氯化铵等无机盐；气相二氧化硅、硅酸镁铝、有机膨润土、蒙脱土等也可以作为崩解剂使用。

下面就常见的崩解剂作一介绍，包括淀粉及其衍生物类（干淀粉、交联及非交联羧甲基淀粉钠、预胶化淀粉）；纤维素及其衍生物类（交联及非交联羧甲基纤维素钠、低取代羟丙基纤维素、微晶纤维素、羧甲基纤维素钙）；吡咯烷酮（交联及非交联聚乙烯吡咯烷酮）及其他类（硅酸镁铝、气相二氧化硅、海藻酸钠）等。

一、淀粉及其衍生物类

1. 羧甲基淀粉钠（CMS-Na）

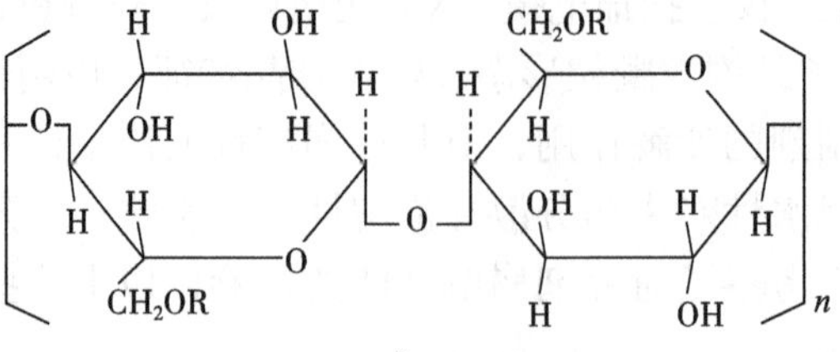

R=—H或—CH_2COONa

羧甲基淀粉钠（sodium carboxymethyl starch sodium），属于低取代度马铃薯淀粉的衍生物，其结构与羧甲基纤维素类似，是由淀粉在碱性条件下与氯乙酸作用生成的淀粉羧甲基醚的钠盐。性状呈白色或类白色粉末，无臭，无味，在空气中有引湿性，在常温下溶于水，分散成黏稠状胶体溶液，在乙醇、乙醚中不溶。羧甲基淀粉钠系淀粉的衍生物，主要用作固体制剂的崩解剂。它具有良好的流动性和吸水膨胀性，同时具有可压性，可改善颗粒剂的成形性，增加颗粒的硬度而不影响其崩解性，一般用量为1%～6%。

2. 交联羧甲基淀粉钠（CCMS-Na）

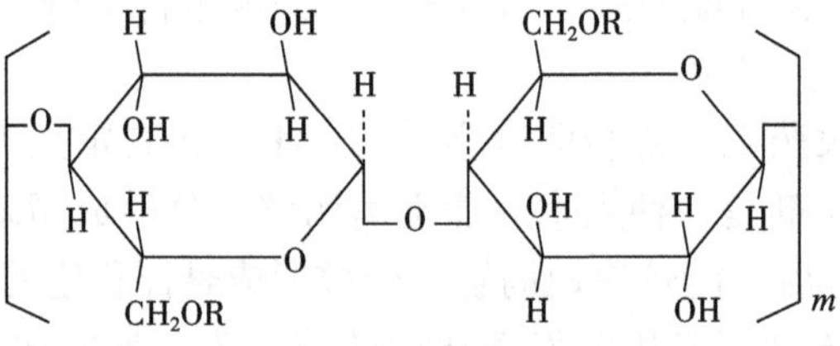

R=—H或—CH_2COONa

交联羧甲基淀粉钠（cross linked carboxymethyl starch sodium）结构与羧甲基淀粉钠类似，细微的白色无定形粉末，无臭，无味。置空气中易吸潮。溶于冷水形成网络结构的胶体溶液，由于交联键的存在，不溶于水，在水中能吸收数倍量的水膨胀而不溶化。2%水溶液pH值7～7.5。不溶于乙醇、乙醚等有机溶剂，水溶液在80℃以上长时间加热则黏度降低。水溶液会被大气中细菌部分水解，黏度也会降低。水溶液在碱中稳定，在酸中较差。具有良好的亲水性、吸水性和膨胀性，膨胀为本身体积的200～300倍。颗粒本身不易破碎，具有优良的可压性和流动性。本品在固体制剂中主要用作崩解剂和黏合剂，以及液体制剂的助悬剂，作崩解剂优于淀粉和羧甲基纤维素钠，一般用量为1%～6%。

3. 预胶化淀粉（PS）

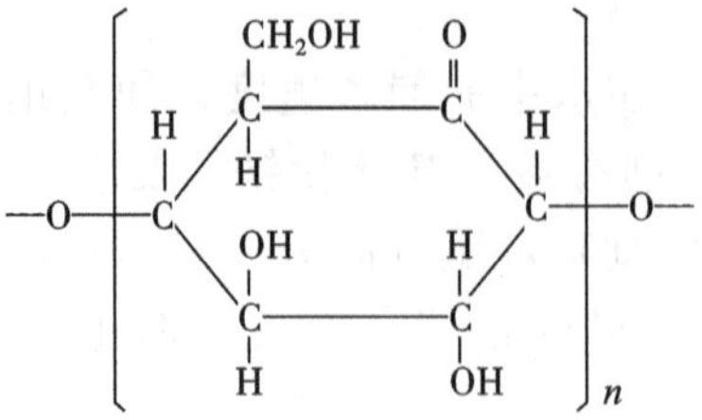

预胶化淀粉（pregelatinized starch），性状为白色或黄白色粉末，系自禾本科类植物玉蜀黍的颖果或大戟科植物木薯的根块中制得的多糖类颗粒。常作固体制剂的填充剂。其可压性差，吸湿而不潮解，遇水膨胀，是亲水性物质，可增加孔隙率而改善水分散粒剂的透水性，为最广泛应用的崩解剂。淀粉对不溶性或微溶性农药的崩解作用较可溶性农药显著，

这是因为可溶性农药遇水溶解产生溶解压，使颗粒外面的水不易通过此溶液层而进入颗粒内部，阻碍了颗粒内部淀粉吸水膨胀的缘故，其用量一般为干颗粒的3%～20%。

常用的淀粉类崩解剂还有玉米淀粉（CS）、水溶性淀粉（WSS）、可溶性淀粉（SS）、变性淀粉（MS）羟丙基淀粉复合物等，一般用量为5%～20%。

4. 干淀粉

干淀粉是指含水量在8%～10%之间的淀粉，常用玉米淀粉或马铃薯淀粉，它吸水性较强且有一定的膨胀性，较适用于水不溶性或微溶性物料的片剂；但对易溶性物料的崩解作用较差，这是因为易溶性药物遇水溶解产生浓度差，使片剂外面的水不易通过溶液层而透入到片剂的内部，阻碍了片剂内部淀粉的吸水膨胀。干淀粉用量一般为配方总重的5%～20%。作为崩解剂的淀粉在压片加入前应预先干燥，如100℃条件下干燥1h。淀粉可压性较差，用量较多时会影响片剂的硬度。

二、纤维素及其衍生物类

1. 羧甲基纤维素钠（CMC-Na）

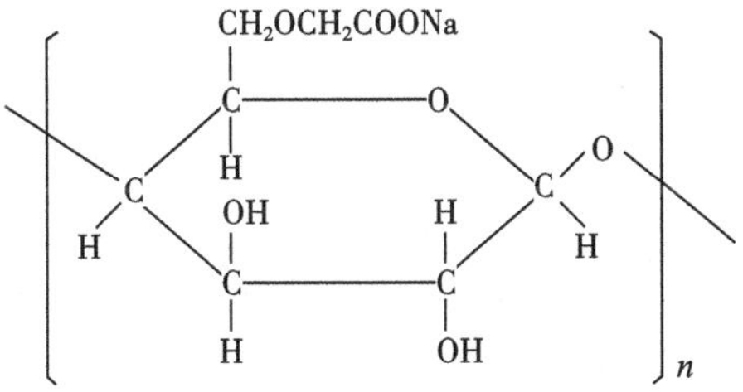

羧甲基纤维素钠（sodium salt of caboxy methyl cellulose），是由天然纤维素与苛性碱及一氯乙酸反应后制得的一种阴离子型纤维素醚。性状为白色或乳白色纤维状粉末或颗粒，几乎无臭、无味，具吸湿性。易于分散在水中成透明胶状溶液，不溶于乙醇等有机溶剂。在碱性溶液中很稳定，遇酸则易水解。一般CMC-Na取代度在0.7～1.2时透明度较好，其水溶液黏度在pH值为6～9时最大。因其水溶性在农药固体制剂中可用作黏结剂和崩解剂，用量可为1%～3%。

2. 交联羧甲基纤维素钠（CCMC-Na）

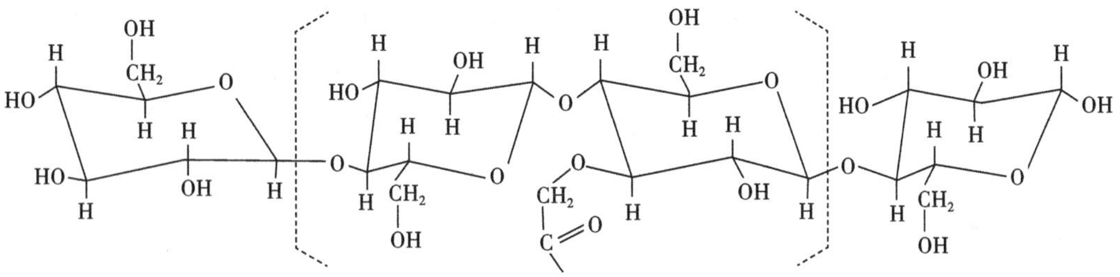

交联羧甲基纤维素钠（croscarmellose sodium），为水溶性纤维素的醚，性状呈白色细颗粒状粉末，无臭无味；具有吸湿性，吸水膨胀力大；并能形成混悬液，稍具黏性；不溶于乙醇、乙醚等有机溶剂。性能稳定，但遇强氧化剂、强酸和强碱会被氧化和水解。其中70%的羧基为钠盐型，故具有较大的引湿性，由于交联键的存在，不溶于水，在水中能吸收数倍量的水膨胀而不溶化，具有较好的崩解作用和可压性。对于用疏水性辅料压制的颗粒剂，崩解作用更好，用量可为0.5%～3%。

3. 低取代羟丙基纤维素（L-HPC）

H OR CH_2OR O H H O OR H H H H OR H H O H O CH_2OR H OR n

$R=H$，$—CH_2CH(OH)CH_3$；n 为聚合度

低取代羟丙基纤维素（low substituted hydroxypropyl cellulose），系低取代2-羟丙基醚纤维素，是一种多孔性的白色不规则颗粒或粉末，具有较大的表面积，在水中不溶但迅速吸水溶胀，性状为白色或类白色粉末，无臭无味。在水中膨胀但不溶解，在甲醇、乙醇、乙醚及丙酮中不溶。由于它的粉末有很大的表面积和孔隙率，故加快了吸湿速度，增加了溶胀性。它的孔隙结构与药物颗粒之间有较大的镶嵌作用，从而提高了颗粒剂的硬度和光泽度。对不易成形的药物可促进其成形并能提高硬度，对崩解差的颗粒剂可加速其崩解，从而加快药物的溶出速度，提高生物利用度。用量可为2%～5%。

4. 微晶纤维素（MCC）

H OH CH_2OH H OH CH_2OH HO OH H H H H O O H H O OH H H H OH H H OH H H H OH H O OH H H H H O H O O CH_2OH H OH CH_2OH n H OH

n 为聚合度

微晶纤维素（microcrystalline cellulose），为天然纤维素经水解后的改性纤维素，性状为白色或类白色粉末，无臭无味。本品在水、乙醇、丙酮或甲苯中不溶。其可与所有活性成分相结合，又具有黏合性及良好的塑性变形能力，能提高颗粒剂的硬度，又具有促进崩解的作用。用量为3%～20%。

5. 羧甲基纤维素钙

羧甲基纤维素钙是一种具有黏合特性的崩解剂，具有快速吸水膨胀能力。适用于湿法制粒和粉末直压工艺；具有良好的可压性，由于其良好的螯合结构，尤其对于头孢类药物具有很好的溶出改善性能。由于其钙盐的存在，对于限制钠盐的心血管药物特别适用。典型用量为0.5%～5.0%，最高使用量可达15%。

三、吡咯烷酮类

1. 聚乙烯基吡咯烷酮（PVP）

N O H H n

聚乙烯基吡咯烷酮（polyvinylpyrrolidone），是由乙烯基吡咯烷酮（NVP）在过氧化氢的

催化下与偶氮二异丁腈作用发生聚合而形成的。性状为无味、无臭的白色粉末。溶于水和许多有机溶剂，如烷烃、醚、酯、酮、氯化烃，水溶液呈酸性。PVP具有显著的结合能力，可与许多不同的化合物生成络合物。它的增溶作用，用于增加某些基本不溶于水而有药理活性的物质的水溶性；分散作用，可使溶液中的有色物质、悬浮液、乳液分散均匀并保持稳定。也常用作固体制剂的黏结剂和崩解剂。

2. 交联聚乙烯基吡咯烷酮（PVPP）

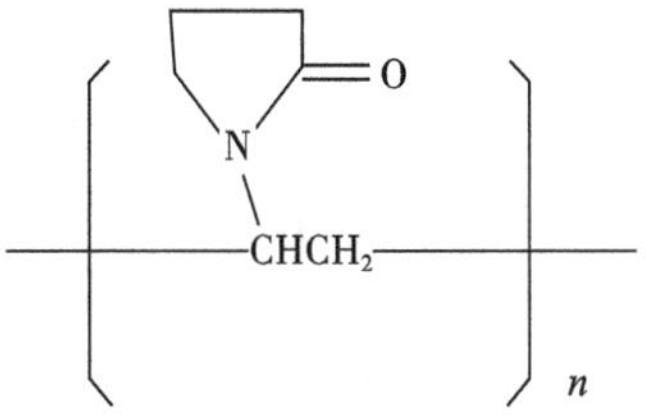

O
N
$-CHCH_2-$
n

交联聚乙烯基吡咯烷酮（cross linked polyvinylpyrrolidone）即交联聚维酮，结构与聚乙烯基吡咯烷酮类似，又称交联聚乙烯吡咯烷酮，是乙烯基吡咯烷酮的高分子量交联聚合物。性状为白色或类白色粉末，几乎无臭，有吸湿性，流动性好，不溶于水，在有机溶剂及强酸强碱溶液中均不溶解，但在水中迅速溶胀并且不会出现高黏度的凝胶层，因而其崩解性能十分优越，已为英国、美国等地的药典中收载。与其他崩解剂相比，交联聚维酮有着显著不同的外观，其粒子是由相互熔融的粒子聚集体组成。吸水时可以迅速溶胀，加上强烈的毛细管作用，水能迅速进入颗粒剂颗粒中，促使其膨胀崩解，为性能优良的崩解剂。用量通常为1%～4%。

四、其他类

1. 气相二氧化硅（EY-CD1）

气相二氧化硅，白色蓬松粉末，多孔性，无毒无味无污染，耐高温，可作为固体制剂的崩解剂。气相二氧化硅粉体密度小，粉体表面及内部存在众多微孔，其表面具有极性的硅羟基，亲水性强。颗粒剂添加少量的气相二氧化硅，能改善颗粒剂的润湿性，造粒时的压力使粉体表面及内部的空隙相互连通成毛细管，使水容易进入颗粒剂内部，破坏固体结构使得颗粒剂崩解。

2. 硅酸镁铝

硅酸镁铝，主要以蒙脱石为主要矿物成分，其含量为40%～90%，还含有少量的高岭石、绿泥石、蛋白石、云母等矿物质。硅酸镁铝是属于含少量碱金属和碱土金属的水铝硅酸盐矿物。硅酸镁铝的最大特点是其在水体系中能迅速分散，形成包含大量水分子的立体网状结构，而具有极大的成胶性能，即在较低的含量下形成较高黏度的胶体。硅酸镁铝分散在水中，能水化膨胀形成“半透明-透明”的触变性凝胶。成胶不受温度限制，在冷水和热水中都能分散水化。其具有独特的成胶性、触变性、吸附性、悬浮性、增稠性，常作为增稠、增黏、触变、分散、崩解、悬浮剂使用。

3. 海藻酸钠

海藻酸钠易溶于水而形成黏稠的胶体溶液，其黏度随聚合度、浓度及pH值而异，pH 5～10时黏度最大。

第二节 崩解剂的崩解机制

崩解剂是在医药制剂领域广泛研究应用的一种助剂。崩解机制在国外研究广泛，相继出现了一些观点，如膨胀、毛细管作用、润湿热以及颗粒间排斥力等，但对于崩解本质至今尚无定论。各种观点解释片剂崩解时，常会出现一些矛盾。但是，无可置疑，在片剂崩解过程中，水分对片剂的润湿与渗透是崩解的起始步骤，崩解的快慢在很大程度上受制于水分渗入片剂的速度和程度。随着农药剂型的不断发展，尤其是水分散粒剂、泡腾片剂等剂型逐步研究开发，在农药制剂学中，对于崩解剂的机理及应用研究也越来越深入。崩解剂主要作用是消除因黏合剂或高度压缩而产生的结合力，从而使制剂在溶液中崩解，其崩解过程一般经历湿润、虹吸、破碎，因此崩解剂要求具有良好的吸水性和膨胀性。崩解剂在医药制药领域主要在片（粒）剂制备过程中应用，被定义为可使片（粒）剂在水中或其他液体中易于崩解，从而促进药物悬浮释放，以达到较佳稳定性和药效的助剂。结合生物药剂学的观点，崩解剂的作用不仅是要消除黏合剂的黏合力与片剂压制时承受的机械力，使片剂变为细小颗粒，而且还应使颗粒变为粉末，并能促进药物溶出。因此，农药水分散粒剂的崩解研究要将崩解时限和溶出度结合起来考察。

崩解（disintegration）是农药水分散粒剂中最重要的检测指标之一，指的是水分散粒剂在水中迅速碎裂成细小颗粒粉末的时间。为了使水分散粒剂的颗粒在水中快速崩解变为粉末，促进有效成分溶出，使得制剂有较好的悬浮性和分散性，在制剂中须加入崩解剂。崩解剂的作用是加快水分散粒剂的颗粒在水中崩解，它的作用机制是机械性的而非化学性的。目前文献报道崩解机理方面的文章主要集中在医药片剂方面，但理论研究的文献较少，有关农药固体制剂崩解的更少。崩解机理因制剂所用原料、辅料的性质不同而异，人们很重视对这一问题的研究，并提出若干种崩解机理，但是它们的作用机制至今尚未被完全阐明，目前能有效解释崩解过程的机制包括毛细管作用、膨胀作用、变形回复、排斥作用、润湿热以及化学放气作用机制，虽然单一的机制不能完全解释崩解剂的复杂行为，但可以使我们对于崩解剂作用的不同方式做出初步的解释。

在农药水分散粒剂中，主要存在两种崩解机理：

（1）毛细管作用 这类崩解剂在制剂中能保持颗粒的孔隙结构，形成易于润湿的毛细管通道，并在水性介质中呈现较低的界面张力，当制剂颗粒置于水中时，水能迅速地随毛细管进入制剂颗粒内部，使整个制剂颗粒润湿而促使崩解。该崩解机理可通过测定崩解剂吸水滞后时间、吸水速率常数及崩解剂在不同填料上的毛细渗透速率常数等综合表征。

（2）膨胀作用 有些崩解剂除了毛细管作用外，自身还能遇水膨胀而促使制剂崩解。膨胀被认为是一种有效的崩解机制，那么在膨胀过程中一定会存在一种超微结构，崩解剂的膨胀将会产生膨胀力，这种膨胀的崩解力与崩解时间存在一定的关系，所以崩解力的产生速率是决定的因素。水分散粒剂颗粒中如果具有大的空隙将会缓解膨胀作用，崩解力就会产生得慢，水分散粒剂颗粒就有可能不发生键的断裂而会使应力得到缓解，进而削弱崩解剂的作用。若膨胀作用不能迅速发生，则容易通过塑性形变产生形变的机制只能使崩解剂部分膨胀。该崩解机理可利用测定崩解剂溶胀性、吸水速率常数及在不同填料中的毛细渗透速率常数等综合表征。

通常通过研究不同崩解剂及对照物的表面形貌、比表面积和孔径分布、溶胀性能、水渗透吸水动力学和吸水特性、薄层毛细渗透等来揭示崩解剂结构特征、溶胀性、滞后时间、吸水速率、渗透速率等与其应用性能之间的内在联系，以探索和研究崩解剂对水分散粒剂崩解机理的影响。

第三节 崩解剂及其在农药水分散粒剂中的应用

一、崩解剂表面形貌

1. 淀粉及衍生物类表面形貌

（1）玉米淀粉（corn starch）又称玉蜀黍淀粉，俗名六谷粉，是由许多葡萄糖分子脱水聚合而成的一种高分子碳水化合物。图6-1为玉米淀粉扫描电子显微镜（SEM）图，由图6-1可以看出，玉米淀粉大部分呈多角形，只有小部分淀粉呈圆形，颗粒清楚、分布较均匀、棱角光滑。

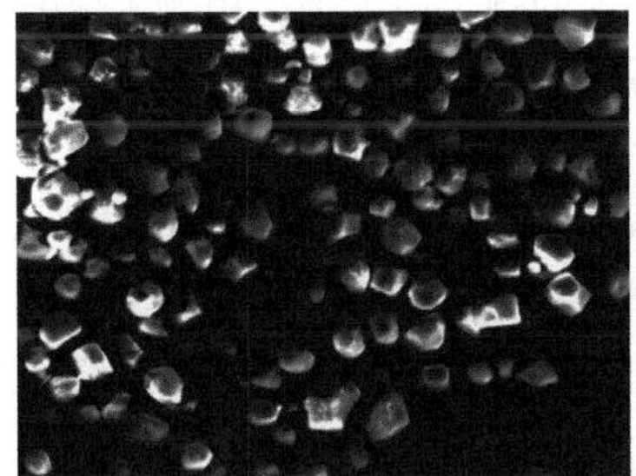

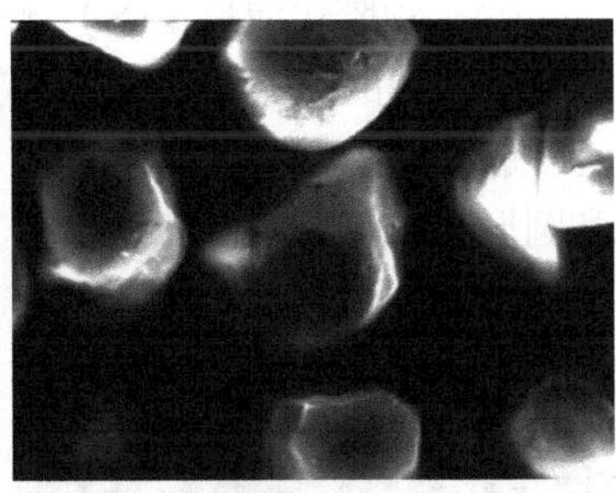

图6-1 玉米淀粉颗粒的SEM 照片（分别放大1000倍、2000倍、5000倍）

（2）羧甲基淀粉钠（CMS-Na，CMS）是一种超级崩解剂，羧甲基淀粉钠一般成椭圆球状，但颗粒表面有少量小的凹陷点，这是由于氢氧化钠和氯乙酸与淀粉反应，造成淀粉表面的损伤。羧甲基淀粉钠颗粒表面除具有凹痕外，与玉米淀粉相比，部分颗粒本身的外形发生了明显的变化，出现了爆裂孔。出现这种现象的原因是由于伴随着反应，淀粉颗粒发生了一定程度的膨胀，部分颗粒形成了由内向外的爆裂膨胀的裂口，爆裂膨胀的裂口在淀粉颗粒被干燥以后发生了收缩，从而形成了所观察到的爆裂孔。图6-2为羧甲基淀粉钠扫描电子显微镜（SEM）图，由图6-2可以看出，羧甲基淀粉钠整体呈现球状颗粒，但表面出现了凹陷点，具有较好的流动性。

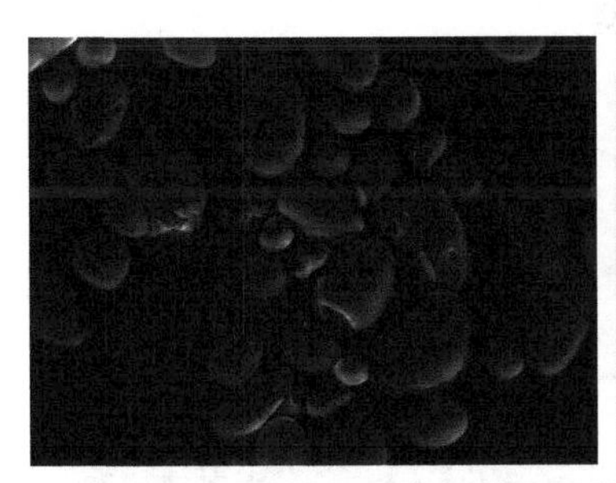
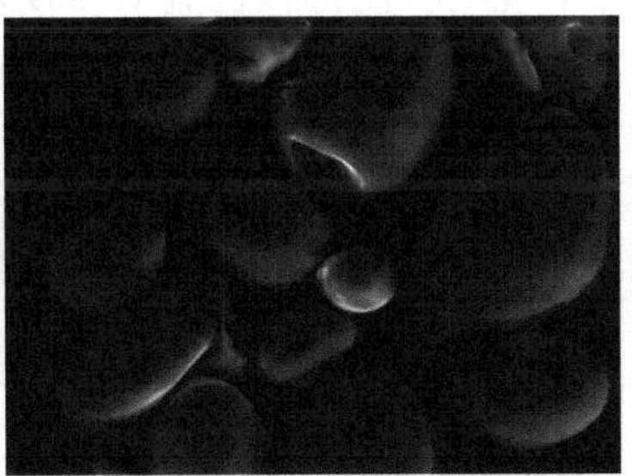
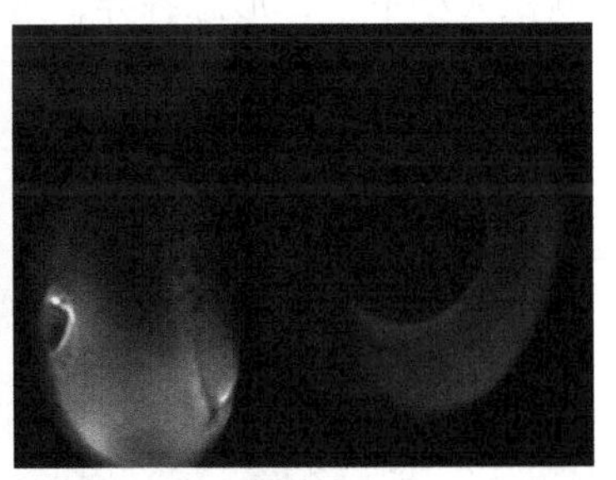

图6-2 羧甲基淀粉钠颗粒的SEM 照片（分别放大1000倍、2000倍、5000倍）

（3）交联羧甲基淀粉钠（CCMS-Na，CCMS） 交联通常采用磷酸三氯氧化物或三偏磷酸钠的化学反应，或者经过物理的方法处理。羧甲基化就是先在碱性介质中使淀粉与氯乙酸钠起反应，然后用柠檬酸或乙酸中和，此工艺就是著名的Williamson醚合成法。该合成能使大约25%的葡萄糖发生羧甲基化，副产物也能部分被洗出，这些副产物包括氯化钠、乙醇酸钠、柠檬酸钠以及乙酸钠。图6-3为交联羧甲基淀粉钠扫描电子显微镜（SEM）图，由图6-3可以看出，整体颗粒还是球状，但交联后的表面形态与羧甲基淀粉钠发生了很大变化，颗粒表面出现了纤维状不规则颗粒，部分颗粒粒子变大，流动性没有羧甲基淀粉钠好。

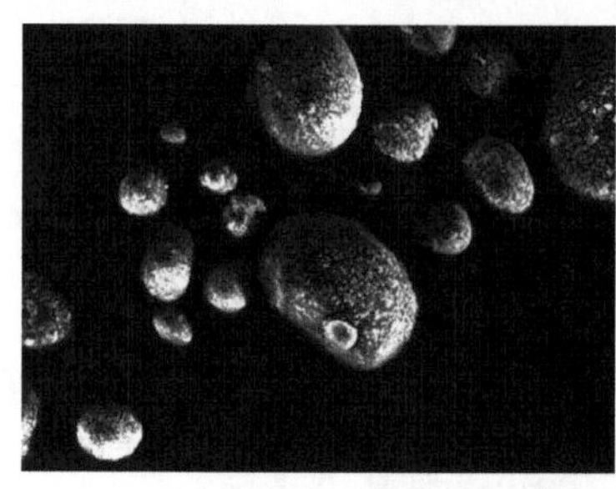
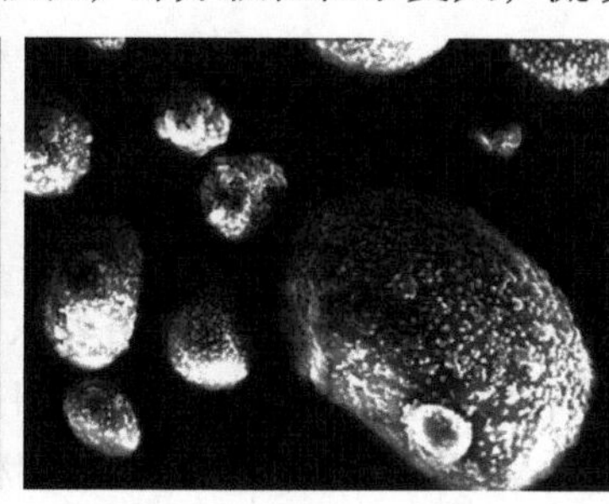
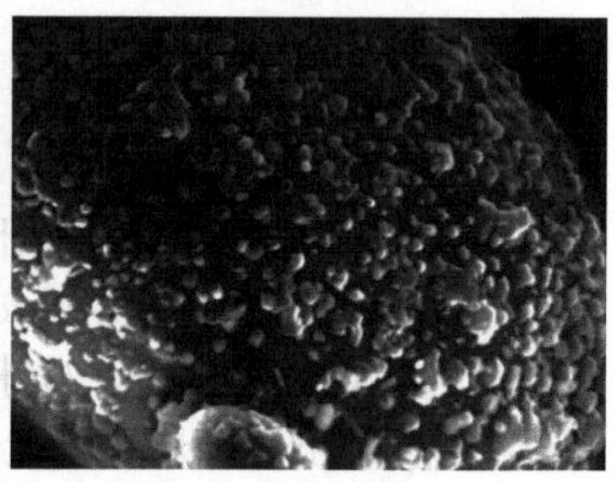

图6-3 交联羧甲基淀粉钠颗粒的SEM 照片（分别放大1000倍、2000倍、5000倍）

（4）预胶化淀粉（PS） 预胶化淀粉系自禾本科类植物玉蜀黍的颖果或大戟科植物木薯的根块中制得的多糖类颗粒。是亲水性物质，可增加孔隙率而改善水分散粒剂的透水性。图6-4为预胶化淀粉扫描电子显微镜（SEM）图，由图6-4可以看出，预胶化淀粉颗粒外观为多边形和圆形，颗粒清楚，棱角光滑，具有较好的流动性，但部分颗粒表面出现了凹陷点。

图6-4 预胶化淀粉颗粒的SEM 照片（分别放大1000倍、2000倍、5000倍）

2. 纤维素及衍生物类表面形貌

（1）羧甲基纤维素钠（CMC-Na，简写CMC） 羧甲基纤维素钠，是由天然纤维素与苛性碱及一氯乙酸反应后制得的一种阴离子型纤维素醚。图6-5为羧甲基纤维素钠扫描电子显微镜（SEM）图，由图6-5可以看出，羧甲基纤维素钠粒子为不规则状带有针尖网状结构，颗粒大小不一，形态各异，这种不规则状使得颗粒流动性较差。

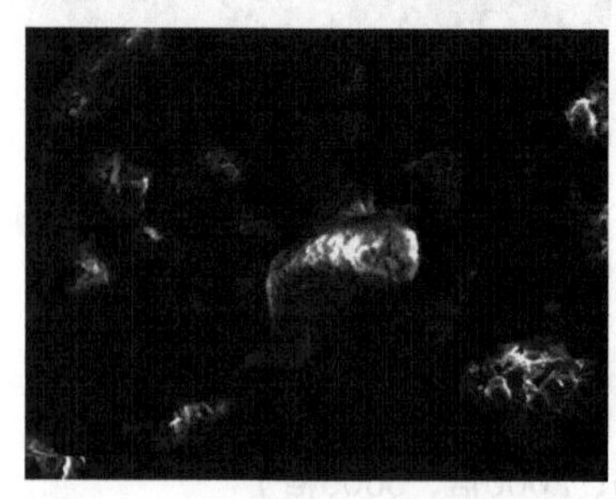
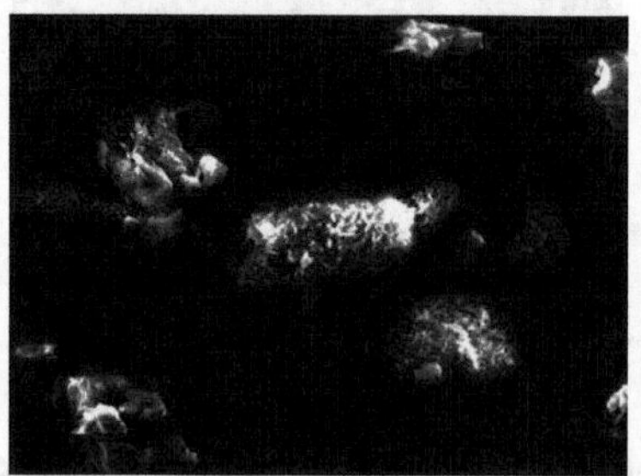

图6-5 羧甲基纤维素钠颗粒的SEM 照片（分别放大1000倍、2000倍、5000倍）

（2）交联羧甲基纤维素钠（CCMC-Na，简写CCMC） 交联羧甲基纤维素钠源于纤维素醚，即水溶性聚合物羧甲基纤维素的内交联，是由纤维二糖重复单元构成的，每个纤维二糖单元是由两个葡萄糖酐通过*p*-1,4-糖苷键连接而成。交联羧甲基纤维素钠经研磨后，纤维聚合物就会变成更小的片段进而使其流动性提高。由于交联羧甲基纤维素钠粗粒子中存在交错的纤维形态和不同长度的片段，因此它不像羧甲基淀粉钠那样具有很好的流动性，低温研磨可改善其流动性。图6-6为交联羧甲基纤维素钠扫描电子显微镜（SEM）图，由图6-6可以看出，颗粒呈现纤维形态，长度不一，部分粒子带有较尖的纤维末端，这可能是由于研磨造成的。

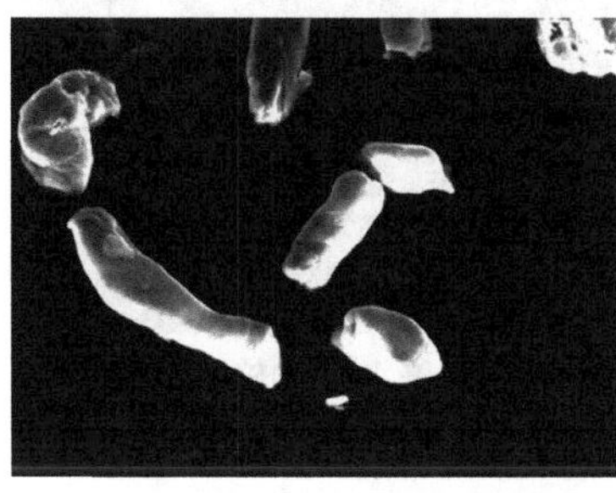
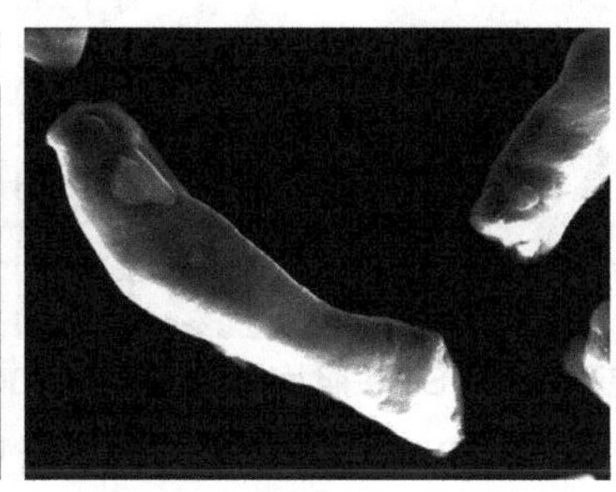
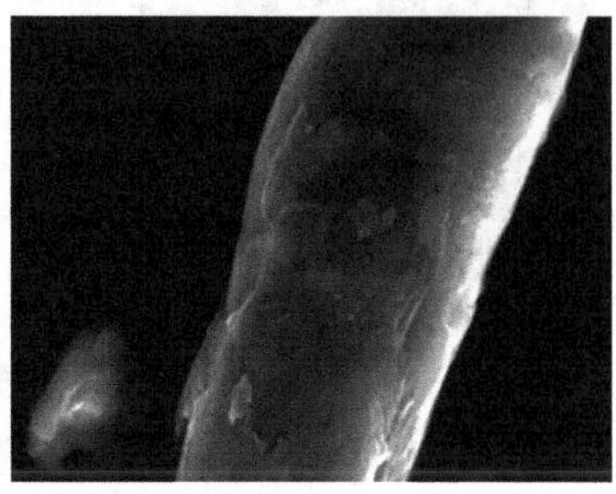

图6-6 交联羧甲基纤维素钠颗粒的SEM 照片（分别放大1000倍、2000倍、5000倍）

（3）低取代羟丙基纤维素（L-HPC） 低取代羟丙基纤维素，系低取代2-羟丙基醚纤维素，是一种多孔性的白色不规则颗粒或粉末，具有较大的表面积，在水中不溶但迅速吸水溶胀，性状为白色或类白色粉末。图6-7为低取代羟丙基纤维素扫描电子显微镜（SEM）图，由图6-7可以看出，颗粒形态不一，部分呈现出纤维状，颗粒有较大的表面积和孔隙率，这对吸水速度、溶胀性有很大的影响。

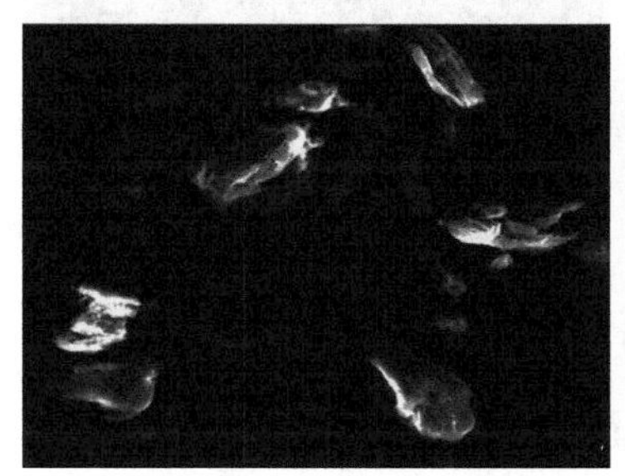
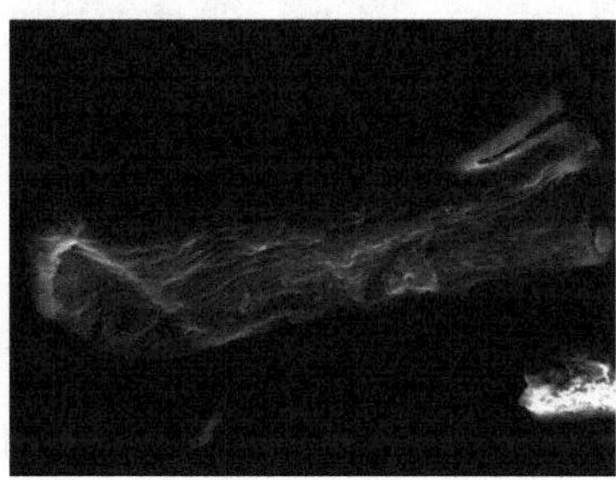
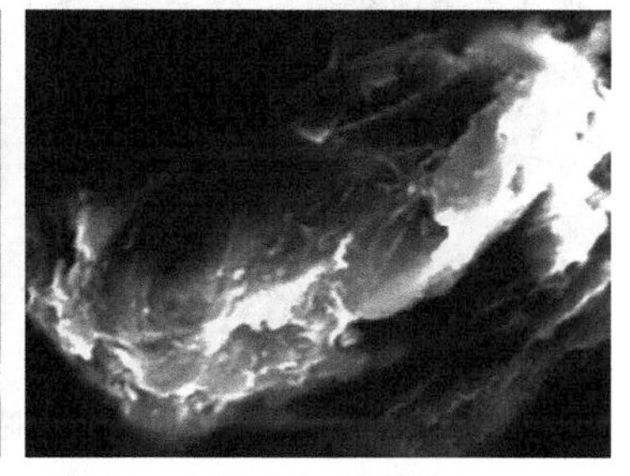

图6-7 低取代羟丙基纤维素颗粒的SEM 照片（分别放大1000倍、2000倍、5000倍）

（4）微晶纤维素（MCC） 微晶纤维素，为天然纤维素经水解后的改性纤维素。图6-8为微晶纤维素扫描电子显微镜（SEM）图，由图6-8可以看出，颗粒较为规则，呈现多边形或者类球形颗粒，部分颗粒表面出现空穴，表面带有小颗粒。这种改性的纤维素，流动性较好，吸水性较好。

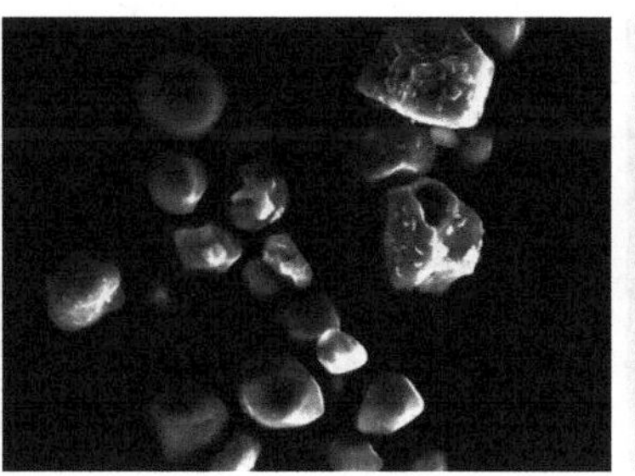
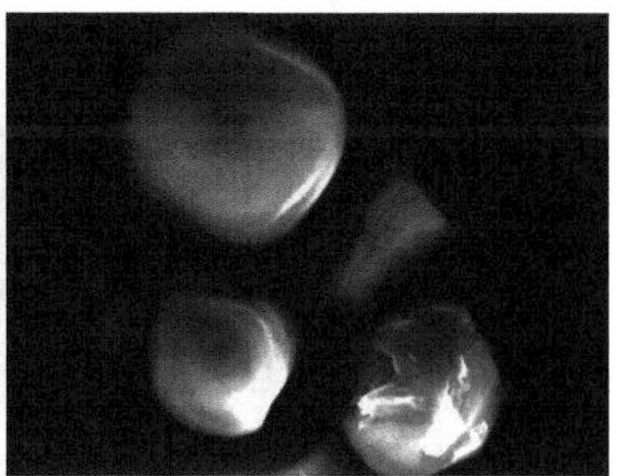

图6-8 微晶纤维素颗粒的SEM 照片（分别放大1000倍、2000倍、5000倍）

3. 吡咯烷酮类及气相二氧化硅崩解剂表面形貌

（1）聚乙烯基吡咯烷酮（PVP） 聚乙烯基吡咯烷酮，是由NVP在过氧化氢的催化下与偶氮二异丁腈作用发生聚合而形成的。性状为无味、无臭的白色粉末。溶于水和许多有机溶剂。图6-9为聚乙烯基吡咯烷酮扫描电子显微镜（SEM）图，由图6-9可以看出，其大部分为不规则状球形颗粒，颗粒较为光滑，部分颗粒表面有凹陷，颗粒之间有粘连。

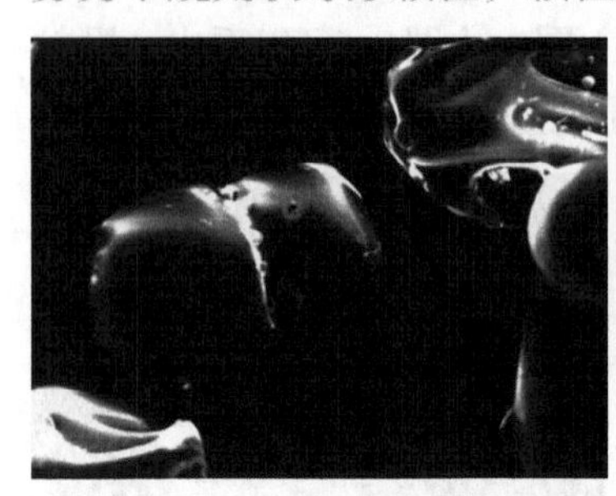
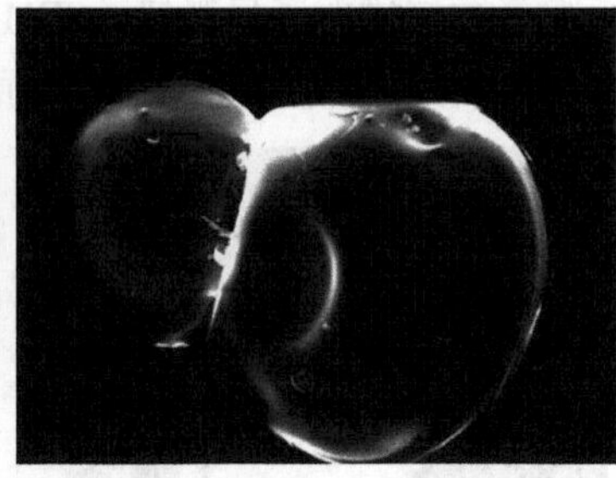

图6-9 聚乙烯基吡咯烷酮颗粒的SEM 照片（分别放大1000倍、2000倍、5000倍）

（2）交联聚乙烯基吡咯烷酮（PVPP） 交联聚乙烯基吡咯烷酮（即交联聚维酮）是一种交联的*N*-乙烯基-2-吡咯烷酮聚合物，与其他崩解剂相比，交联聚乙烯基吡咯烷酮有着显著不同的外观，图6-10为交联聚乙烯基吡咯烷酮扫描电子显微镜（SEM）图，由图6-10可以看出，其粒子是由相互熔融的粒子聚集体组成，这种聚集体使得交联聚维酮呈海绵样的多孔外观。扫描电镜照片显示，减小交联聚乙烯基吡咯烷酮的粒径将会增加其单位质量的表面积，但是会降低粒子内的空隙率和偏离海绵样外观。

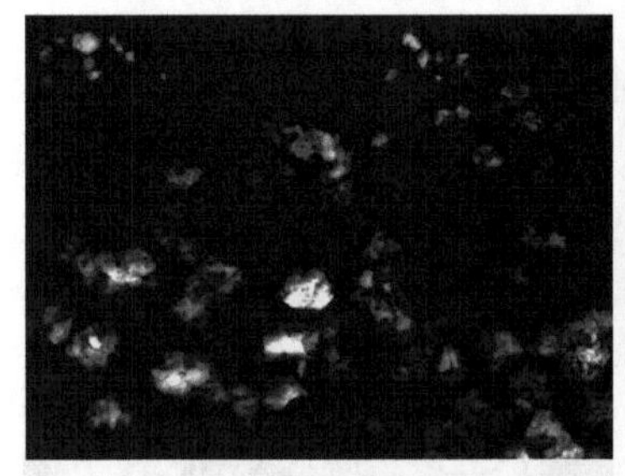
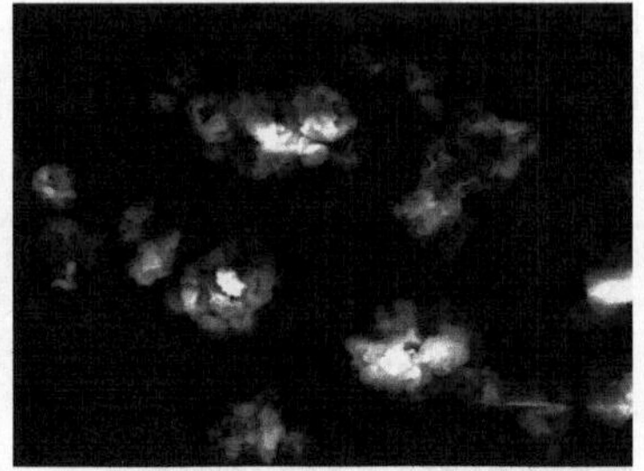
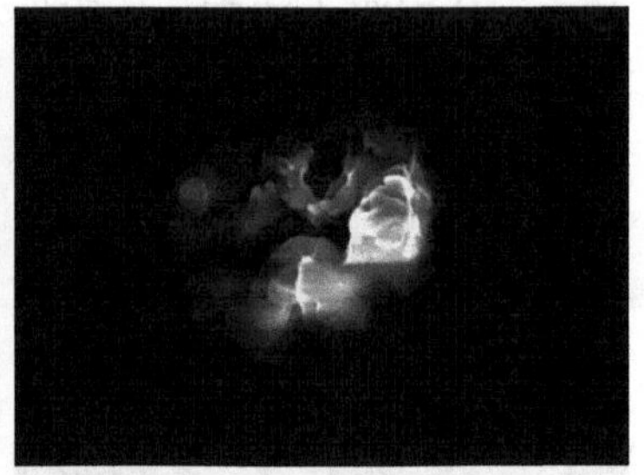

图6-10 交联聚乙烯基吡咯烷酮颗粒的SEM 照片（分别放大1000倍、2000倍、5000倍）

（3）气相二氧化硅 气相二氧化硅可作为固体制剂的崩解剂。图6-11为气相二氧化硅扫描电子显微镜（SEM）图，由图6-11可以看出，外形为蓬松棉花状颗粒，颗粒不规则，多孔性，颗粒表面及内部存在众多微孔，体积蓬松，具有很大的空隙空间。从其分子结构可以看出，其表面有亲水基团，有利于吸入水分。从表面形态分析，粉体表面及内部的空隙在造粒具有压力时内部可相互连通成毛细管，使水容易进入颗粒剂内部，破坏固体结构使得颗粒剂崩解。

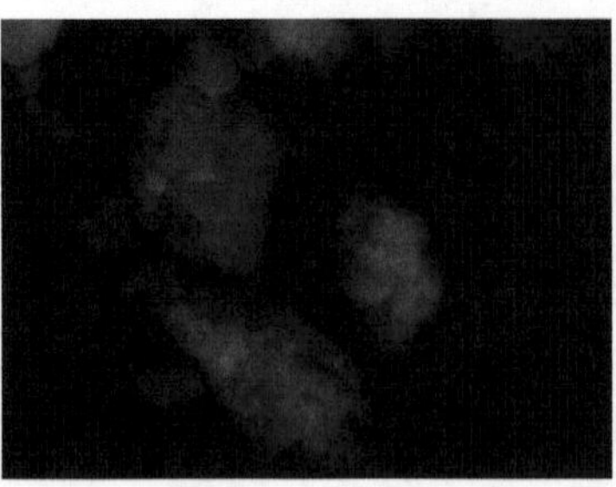
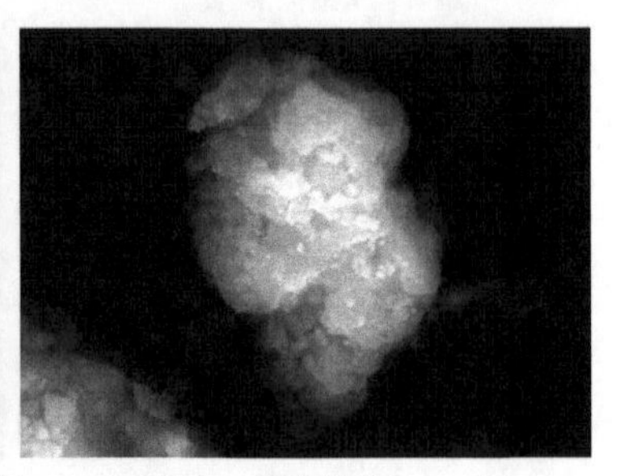

图6-11 气相二氧化硅颗粒的SEM 照片（分别放大1000倍、2000倍、5000倍）

二、崩解剂在水分散粒剂中的应用

1. 水分散粒剂的制备

以70%吡虫啉和5.7%甲维盐水分散粒剂为例，探讨不同崩解剂对其崩解性能的影响。

通过实验讨论不同崩解剂对70%吡虫啉和5.7%甲维盐水分散粒剂崩解性能的影响，实验固定其他助剂，单独改变崩解剂，文中若无特殊说明，崩解剂的添加量均为3%，采用外加法。

采用挤压造粒法（孔径选择1mm）制备70%吡虫啉和5.7%甲维盐水分散粒剂，制备与造粒过程如下：

① 将原药与助剂、填料按配方中的质量比混合均匀，经气流超细粉碎至粒径≤5μm，备用；

② 称取一定量上述物料，加入一定量去离子水进行捏合（在制备含有不同崩解剂的WG时，在捏合前采用外加法加入设计量的崩解剂），挤压造粒；

③ 将湿粒子放入鼓风干燥箱中，设置温度60℃，干燥120min，筛分（过20目和60目），取20～60目之间的水分散粒剂，为最终制备的WG产品。

工艺流程如图6-12所示。

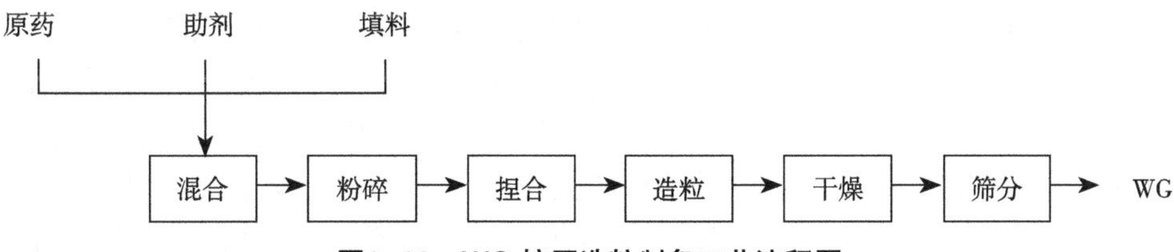

图6-12 WG 挤压造粒制备工艺流程图

2. 水分散粒剂崩解性测定

崩解性以测定崩解性时间长短来表示，一般规定小于2min 为合格。

实验方法：向含有250mL 蒸馏水的具塞量筒中于25℃下加入样品颗粒（1.0g），之后夹住量筒的中部，塞住筒口，以8r/min的速度绕中心旋转，直到样品在水中完全崩解，崩解时间小于2min 为合格。

3. 不同崩解剂对吡虫啉和甲维盐水分散粒剂崩解性的影响及崩解机理

选择不同崩解剂（CCMS、PS、CCMC、L-HPC、MCC、PVPP、SiO_2）及对照物（CMS、CMC、PVP）按照图6-12的制备方法进行WG制备，实验固定其他助剂，单独改变崩解剂，崩解剂的添加量均为3%，以不加崩解剂的为对比。70%吡虫啉WG配方构成：96%吡虫啉73%、分散剂Morwet D-425 8%、润湿剂十二烷基硫酸钠4%、崩解剂3%、高岭土补足；5.7%甲维盐WG配方构成：76%吡虫啉7.5%、分散剂Morwet D-425 8%、润湿剂十二烷基硫酸钠4%、崩解剂3%、高岭土补足。按照上述水分散粒剂崩解性测定实验方法对70%吡虫啉和5.7%甲维盐水分散粒剂悬浮率进行测定，每个样品测定3次，取平均值，结果见表6-1。

表6-1 不同崩解剂及对照物对两种WG崩解时间的影响

崩解剂	70% 吡虫啉 WG 崩解时间 /s	5.7% 甲维盐 WG 崩解时间 /s
空白	50	106
CMS	48	96

续表

崩解剂	70% 吡虫啉 WG 崩解时间 /s	5.7% 甲维盐 WG 崩解时间 /s
CCMS	46	94
PS	42	78
CMC	56	＞120
CCMC	42	76
L-HPC	44	68
MCC	36	88
PVP	54	114
PVPP	40	82
SiO_2	26	86

由表6-1可以看出，70%吡虫啉WG添加不同崩解剂后，崩解时间存在明显差异，以SiO_2、MCC、PVPP作为崩解剂的崩解时间分别为26s、36s、40s，崩解较快。以PS、CCMC、L-HPC作为崩解剂的崩解时间分别为42s、42s、44s，小于以CCMS作为崩解剂的崩解时间。以对照物CMS、CMC、PVP作为崩解剂的崩解时间明显要大于交联的崩解剂，证明其交联结构有助于崩解。添加PVP、CMC的WG崩解时间分别为54s、56s，较空白崩解时间长，证明其不适合做崩解剂。以上数据有力地验证了前面叙述的崩解机理。通过实验数据分析，结合崩解机理，发现在70%吡虫啉WG中主要起崩解作用的机理为毛细管作用，崩解机理模型示意图如图6-13所示。分析其原因，主要是因为挤压造粒的颗粒强度较大，崩解剂在其中所产生的单纯的膨胀力不足以将颗粒瓦解；吡虫啉具有一定的水溶性，能够较快的将水引入基质，崩解剂遇水并结合吡虫啉能产生较强的毛细管作用，颗粒中产生连续的毛细管通道，将水分快速引入，使得颗粒在毛细通道形成的过程中产生瓦解力，而使得颗粒实现崩解。

图6-13　70% 吡虫啉WG崩解机理示意图

由表6-1可以看出，5.7%甲维盐WG添加不同崩解剂后，崩解时间存在明显差异，以L-HPC、CCMC、PS作为崩解剂的崩解时间分别为68s、76s、78s，崩解较快。以MCC、SiO_2、PVPP作为崩解剂的WG崩解时间分别为88s、86s、82s，小于以CCMS作为崩解剂的崩解时间。以对照物CMS、CMC、PVP作为崩解剂的崩解时间明显要大于交联的崩解剂，证明其交联结构有助于崩解。添加PVP、CMC的WG崩解时间分别为114s、＞120s，较空白崩解时间长，证明其不适合做崩解剂。以上数据有力的验证了前面叙述的崩解机理。通过实验数据分析，结合崩解机理，发现在5.7%甲维盐WG中主要起崩解作用的机理为毛细管与膨胀共同作用，崩解机理模型示意图如图6-14所示。分析其原因，主要是因为挤压造粒的颗粒强度较大，崩解剂在其中所产生的单纯的膨胀力不足以将颗粒瓦解，甲维盐水溶性较差，而主要是依靠崩解剂所产生的毛细管作用并结合其膨胀作用，使得崩解剂遇水后吸水膨胀，这种膨胀使得颗粒中能够产生毛细管通道，将水分快速引入，使得颗粒在毛细管与膨胀双重作用下产生瓦解力，从而实现崩解。

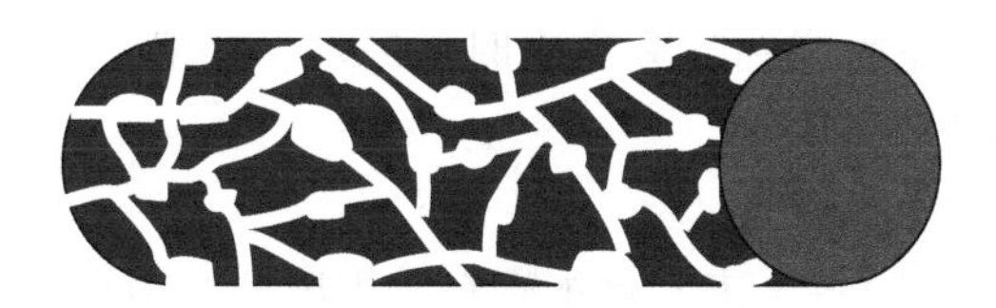

图6-14　5.7% 甲维盐WG崩解机理示意图

崩解剂在实际应用中，品种、用量、加入方法等不同，会对制剂性能产生不同的影响。

判断崩解剂的崩解机理应该结合其溶胀性、滞后时间、吸水速率常数和在基质中毛细渗透速率常数等来综合考察，单纯一个参数无法正确判定其崩解性能和效果。具有一定的溶胀能力，吸水速率常数较大，滞后时间较短，毛细渗透常数较大，这样的崩解剂具备优秀崩解剂的潜质。由于许多复杂因素的存在，对崩解剂的作用机制还不能完全了解，这些崩解的因素可以归结为统一的崩解机制中，即崩解力，崩解力产生的速率也许会成为一个总的因素。超级崩解剂高度亲水但在水中不溶，它们主要是通过界面效应控制。从前面的实验应用可以发现，崩解剂可能是通过多重机制起作用的，但每种崩解剂均有一种主要的机制，所提出的机制至少都有促进崩解和在基质中产生崩解力趋势的可能。

第四节　助悬浮剂的分类和作用

在农药水分散粒剂中，分散剂和填料对其悬浮率的高低起着主导作用。在配方中适当加入一定量的助悬浮剂（防沉剂）是有利于提高水分散粒剂悬浮率的。常用的助悬浮剂有：硅酸镁铝、气相二氧化硅、蓖麻油衍生物、聚烯烃蜡、有机膨润土、改性氢化蓖麻油、聚酰胺蜡等。

1. 硅酸镁铝

硅酸镁铝可在含固体颗粒、乳液、气体等不同悬浮体系中创造出优异的悬浮和防沉效果，使体系均质、稳定，不易出现分层、析水现象。硅酸镁铝在水性体系中形成的缔合网络结构具有束缚并隔离固体、油和气体的能力，可使水分散粒剂中的体质填料均匀分散于整个水性体系，并赋予体系杰出的黏度和屈服值而防止这些体质填料在重力作用下产生沉降。

2. 气相二氧化硅

气相二氧化硅是四氯化硅在氢氧焰中水解制得的。它粒度小，比表面积大，表面上带有硅烷醇基团。这些硅烷醇基可与邻近的气相二氧化硅颗粒间相互作用而形成氢键，氢键作用使其形成触变形结构。气相二氧化硅是一种理想的助悬浮剂，对于防止悬浮体系中原药及填料粒子的沉降非常有效。

3. 蓖麻油衍生物

蓖麻油衍生物是通过分散、活化，被溶胀的长链相互缠绕形成触变结构而起助悬浮作用。当受到剪切力时，缠绕被拉开，结构破坏，黏度会下降；当剪切力消失，又重新缠绕。这种重新缠绕的过程较缓慢，所以黏度恢复较慢，允许有较长的流动时间流平，适当地调节可使药液悬浮体系在较大的流挂极限厚度时仍有一定程度的流平。蓖麻油衍生物的主要产品有英国ICI公司的Thixomen，比利时RHEOX公司的Thxicin系列产品。

4. 聚烯烃蜡

将聚烯烃微粒按一定比例添加到水分散粒剂配方中，制剂入水稀释后成为较好的悬浮体系，有助于提高药效。在稀释到喷雾黏度时使原药及填料悬浮在体系中，改善流平性，防止在喷雾器具中沉淀结块。

5. 有机膨润土

有机膨润土是以天然蒙脱石（主要是水辉石）为原料，与鎓盐（如季铵盐）反应而成。在涂料方面，有机膨润土一般作为防沉剂、增稠剂用，其防止沉淀的机理是改变体系的流变性能，使其具有触变性，从而防止颜料沉降。有机改性膨润土的加入方法，可视情况采用预凝胶加入和粉体直接加入两种方式。不管使用哪种方法加入，要充分发挥有机黏土的增稠效果，必须充分活化，即加入极性添加剂，如5%的含水甲醇和乙醇。这种极性添加剂可在未被取代的有机阳离子所覆盖的薄片表面进行溶剂化，从而降低薄片间的吸引力，并通过研磨促使极性添加剂渗进薄片间，降低薄片间的吸引力。有机改性膨润土作为助悬浮剂应用到水分散粒剂中能显著改善药液的悬浮稳定性能。

6. 改性氢化蓖麻油

用酰胺对氢化蓖麻油进行改性即得改性氢化蓖麻油。新型的特殊酰胺改性氢化蓖麻油，例如英国Cray Valley公司的Crayvallac Super（CR Super）流变剂，具有更优异的性能，将其添加到水分散粒剂配方中，可以显著提高颗粒入水后的悬浮稳定性。

7. 聚酰胺蜡

聚酰胺蜡大多是将脂肪酸酰胺在天然石蜡中乳化产生极性，再放入二甲苯预先膨润生成膏状触变剂；它的膨润结构呈网状，有非常好的强度和耐热性，储存稳定性好，添加在水分散粒剂配方中，可以显著改善药液的悬浮稳定性。

一直以来，聚酰胺蜡的研发生产被国外企业控制，如海名斯P200X防沉剂，日本楠本生产的Disparlon 6900-20X等。但随着涂料事业的发展需要，国内企业越来越意识到流变增稠剂的重要性，有机膨润土、二氧化硅已经无法适应日益发展的涂料工业对于防沉剂的需求，越来越多的公司开始采用聚酰胺蜡防沉剂。目前国内专业做聚酰胺蜡的有太原美特翔科技有限公司，他们研发生产的聚酰胺蜡防沉剂系列，包括：MT 6900-20X聚酰胺蜡浆（固含量20%）以及100%活性的常温易活化型聚酰胺蜡粉MT PLUS、MT 6650等；还有华夏公司的8900防沉剂系列等都已经达到了国际水平。

第五节 崩解剂和助悬浮剂的发展趋势

无论从定义还是实际产品应用中，我们可以看出，崩解是水分散粒剂等农药固体制剂应用时发挥作用的第一步，崩解快慢直接影响其使用效果，高效超级崩解剂的科学合理使用是解决这一问题的关键。

影响崩解因素有很多，如崩解剂粒径、分子结构、压力的作用、基质的溶解性、崩解剂在颗粒中的加入方式等，研究崩解机理是个系统工作，需要考虑众多因素。崩解剂的发展还是要向医药制剂学习，在实践中不断优化和进一步丰富固体制剂，尤其是水分散粒剂中的崩解剂类型，开发出更多适用的、性价比高、高效的崩解剂。

目前，助悬浮剂（防沉剂）的品种已经部分得到了应用，同时新的产品不断出现，基本上能够满足水分散粒剂的要求，但是其精细化的应用还有待于制剂工程师去实践和探索。助悬浮剂（防沉剂）的发展技术有两个方向：一是提高原有产品的性能，增强其在水分散粒剂配方中的使用效果，保证使用安全性，方便使用；二是开发新型品种，继续满足现代高性能水分散粒剂不断出现的新要求。

随着科学技术的进步，农药剂型向着水基性、粒状、多功能、省力、安全和降低环境影响的方向发展，其中以水分散粒剂为代表的颗粒化剂型脱颖而出，成为目前及今后关注的重点，更有市场前景。水分散粒剂是颗粒化制剂中重要而综合性能优良的农药制剂之一，也是近些年研究开发、登记增长速度最快的剂型之一，具有使用方便、与环境相容、安全高效等许多优点。这一剂型的出现为许多农药，如液体、水溶性固体或不溶于水的固体，尤其是熔点较高、水溶性不大的原药新剂型开发提供了新思路。然而，水分散粒剂在农药剂型中发展历史较短，许多基础理论及开发实践还需要不断完善，例如崩解机制、崩解剂的应用、助悬浮剂的应用等都是需要在实际工作中不断实践和总结的。

本章内容是对目前报道的崩解剂和助悬浮剂的一个描述及简要概括，内容不全，但希望能给大家一些启发和指导。

参考文献

[1] 斯沃布里克 J，博伊兰 J C. 制剂技术百科全书. 王浩，侯惠民，译. 北京：科学出版社，2009.

[2] 谢毅. 不同因子对农药水分散粒剂理化性质的影响研究 [D]. 北京：中国农业大学，2006.

[3] 李志礼. 木质素磺酸盐对烯酰吗啉水分散粒剂性能的影响及其分散稳定机理研究 [D]. 广州：华南理工大学，2009.

[4] 夏建波. 萘磺酸盐类表面活性剂对水分散粒剂性能影响的研究 [D]. 武汉：华中农业大学，2008.

[5] 张登科. 吡虫啉水分散粒剂研制及制剂性能影响因素的研究 [D]. 杭州：浙江大学，2008.

[6] 张运芳，钟耕，钟春生，等. 快速崩解羧甲基-交联玉米淀粉性能研究及结构表征. 中国粮油学报，2009，24 (8)：74-79.

[7] 高春生，崔光华. 水渗透对速崩解剂崩解作用的研究. 中国药学杂志，2000，35 (5)：309.

[8] 高春生，单利，崔光华，等. 速释固体制剂主要辅料的流动性和吸水性测定. 中国新药杂志，2005，14 (3)：313-315.

[9] 韦娟，韩丽，王惠青. 分散片常用辅料吸水性对中药分散片崩解性能的影响. 成都中医药大学学报，2009，32 (4)：74-77.

[10] 白慧东，徐建国，蒋玉凤，等. 纯化膨润土吸水特性及其作为片剂崩解剂的性能考察. 中国医院药学，2009，29 (5)：362-365.

第七章

农药种衣剂用成膜剂

我国是农业大国，随着人口的增多、耕地面积的逐渐减少，持续提高粮食单产已经成为解决我国人多地少矛盾的关键因素。现代农业已经越来越注重种子的加工与处理，力求获得出苗率更高、植株抗性更好、产量更高的优质种子。但是，农作物从种子开始，就受到病虫害的侵害，影响其发芽与成长，进而影响到作物后期的长势与产量。种子处理技术作为一种综合性植保技术，通过抵御病虫害的侵害，可以有效保护芽期和幼苗期的作物，尤其可以有效防治地下害虫和土传病害，是通过保护种子进而保护作物免遭生物侵害和非生物逆境的最有效和最经济的措施。

根据综合报道，2016年全球种子处理剂市场规模大约为40亿美元，预计未来5年，全球种子处理剂市场规模将增至90亿美元[1]。中国的种子处理产品市场巨大，根据ARN数据，中国种子处理剂2015年市场规模为27.2亿元，近15年平均增长率为20%，预计2020年为56.6亿元，复合增长率为16%。

种子处理技术可分为物理处理、化学处理和生物处理，其中化学处理占中国种子处理行业90%以上的市场份额，而物理处理和生物处理的市场化水平较低。常见的化学处理方法有药剂浸种、拌种、种子包衣和熏蒸处理等，其中种子包衣已成为国内种子处理最常用的方式，占有中国种子处理87%以上的市场份额。利用包衣方法对种子进行处理，即将药剂包裹在种子表面而达到防治病虫害的目的，符合种子处理发展的环保、高效方向要求。

种子包衣处理方法的关键技术是种子包衣用成膜剂的开发与应用。种子包衣用成膜剂要有良好的成膜性，能够将药物及其他助剂牢固地包裹在种子表面；同时要有一定的缓释性，保证有效成分的缓慢释放，延长对作物的保护期，提高农药等功能组分的利用率；并且还要具有良好的透水透气性，不影响种子的呼吸，保证其顺利萌发和生长。种衣剂中的重要应用性能指标，例如脱落率、均匀度、覆盖率、成膜时间和包衣外观等主要取决于成膜剂的性能。

为了有效推动国内种子处理包衣技术的进步，更好地掌握现有成膜剂应用技术，以及

[1] http://cn.agropages.com/News/NewsDetail-2859.html.

开发高效、环保、安全的成膜剂，本章针对成膜剂的文献报道进行总结，为成膜剂研究和包衣应用提供参考。

第一节 种衣剂用成膜剂的分类和作用

一、种衣剂用成膜剂的概念

种子包衣技术是在传统浸种、拌种的基础上发展起来的一项应用比较普遍的种子处理新技术，是以种衣剂为原料、良种为载体、包衣机械为手段的集农药、植保、化工和机械等多学科为一体的综合性配套技术，是种子加工的现代化、种子质量的标准化与苗期田间有害生物综合治理的有机结合。由于成膜剂等助剂的使用，种衣剂大幅降低农药用药量，提高农药利用率，仅为沟施的15%、叶施的1%。种衣剂具有利于精良播种、防病治虫、药剂持效期长、减少环境污染、提高种子克服各种不利因素（如低温、缺水、缺氧等）的能力和促进作物幼苗生长等优点。国外发达国家的80%种子经包衣后播种，近年来国内作物种子也倾向于包衣后播种，这对包衣技术中的成膜剂技术要求也在提高。

种衣剂用成膜剂是在制备种衣剂的过程中，添加在种衣剂中，包衣时在种子表面形成一层薄膜，将药物或者其他功能组分包裹在种子表面，在种子发芽以及生长的过程中，随着包衣薄膜的缓慢降解，药物或者功能组分缓慢释放，达到防治作物病虫害或者其他目的的一种助剂。成膜剂要求对作物安全，具有透气、吸水性能，包裹的药物等功能组分达到缓慢释放效果，进而保护种子和幼苗免受病虫害的侵害和非生物逆境。

二、种衣剂用成膜剂的分类

成膜剂的品种很多，按照使用方式的不同，可以分为两类：液体剂型用成膜剂和固体剂型用成膜剂。液体剂型包括悬浮种衣剂、水乳种衣剂、油悬种衣剂、悬乳种衣剂和微囊悬浮种衣剂等，其中悬浮种衣剂由于具有较低制备成本和使用成本而被广泛应用。液体剂型所用成膜剂主要为乳液类和水溶液类。固体剂型包括干粉种衣剂和超细粉体种衣剂，该类剂型所用成膜剂多为树脂类。

成膜剂按照来源可以分为天然产物及其改性物和人工合成高分子两大类。天然产物及其改性物多种多样，包括多糖、纤维素、蛋白质、有机天然品和无机黏结剂等以及它们的衍生物。其中多糖类高分子化合物如羧甲基淀粉钠、可溶性淀粉、磷酸化淀粉和氧化淀粉等淀粉衍生物、壳聚糖及其衍生物、聚丙烯接枝共聚物、黄原胶、海藻酸类、琼脂等；纤维素衍生物如羧甲基纤维素钠、羟丙基甲基纤维素、羟丙基纤维素、乙基纤维素等；蛋白质类包括氨基酸、改性氨基酸、动物血液和酪蛋白等；有机天然品包括松香、石蜡、蜂蜡、棕榈蜡、硬脂酸、明胶、阿拉伯胶、果胶等；无机黏结剂包括石膏、水泥、黏土、硅酸镁铝、水玻璃等。

人工合成高分子成膜剂主要是水溶性合成品，常见的有聚乙二醇、聚乙烯醇、聚醋酸乙烯酯、聚丙烯酰胺、聚乙烯吡咯烷酮、聚丙烯酸类、聚甲基丙烯酸类、脲醛树脂、聚偏二氯乙烯以及多元醇聚合物。目前广泛应用的种衣剂用成膜剂是聚乙二醇。同时，根据成膜剂性能的要求，将多种单体按照一定比例通过高分子聚合反应，可以开发出多种类型的成膜剂。在环保、高效、廉价的种子处理技术发展形势下，对种子包衣技术提出了更高要求，新型成膜剂不断开发，并且应用到种子处理技术中。

三、种衣剂用成膜剂的作用

成膜剂在种衣剂中的最主要作用是将农药活性成分等功能组分包裹在种子表面，形成具有一定缓释性的薄膜。成膜剂在种子包衣上的应用效果主要通过使用该成膜剂的种衣剂的一些指标得以体现。种衣剂中的均匀度、脱落率是成膜剂性能最重要的体现，种衣剂包衣后的种子发芽势、发芽率也与成膜剂密切相关。另外，成膜剂加入多分散体系之后会对体系的稳定性造成一定影响。例如，在悬浮剂体系中加入固体成膜剂，势必影响体系的电势与电荷密度；如果成膜剂是乳液，加入到悬浮体系中将形成悬乳体系，体系变化更大，因此，均需要对种衣剂中的助剂体系进行调整。

种子使用种衣剂包衣后要达到以下三个主要目的：

（1）包衣后具有低的脱落率　国家标准规定的是脱落率为≤8%，在实际应用中，脱落率越小越好。其反映的实质是包衣后的种子能够耐外界作用力，在种子包装、运输、播种的过程中具有很好的耐摩擦、耐机械力等作用，从而保证药剂在发挥药效之前没有脱落。对于水生植物种子的种衣剂，在保证具有很低的脱落率的同时，还需要具有很好的耐水溶性，避免因成膜剂溶于水而导致有效成分的流失。成膜剂是影响脱落率的最重要因素，成膜剂的种类和用量与脱落率直接相关。

（2）包衣后具有很好的均匀度　国家标准规定的均匀度是≥90%，在实际应用中，均匀度越高越好。高均匀度实际上是在包衣时，成膜剂需要形成均匀的薄膜，进而保证药剂均匀覆盖在种子上，有效地防治病虫害。包衣均匀度与成膜剂的性能以及包衣手段密切相关。

（3）包衣后的种子具有良好的发芽势和发芽率　包衣后的种子发芽率可能会受到影响，潜在原因有三点，成膜剂的包裹会影响种子呼吸和吸收水分，抑制其发芽和生长；成膜剂对种子的包裹所产生的机械力不利于种子发芽和生长；一些成膜剂本身对作物种子具有一定的抑制作用。因此，对种子的安全性，特别是不影响种子的发芽势和发芽率是使用种衣剂的重要前提条件。在实际应用中，可以通过高性能成膜剂的选择，以及促进植物发芽生长的功能组分的应用，将会降低或避免种子包衣对种子萌发和生长的影响。

种衣剂的这些重要应用指标，都与成膜剂密切相关。此外在商品化的包衣种子中，对包衣外观也具有一定的要求，例如包衣的光泽度、鲜艳度等，这些指标可以通过选择合适的成膜剂得以改善。

第二节　成膜剂及其在包衣中的应用

天然产物由于环保、可降解等特点被用作种子包衣用成膜剂而被广泛研究，其中最重要的是壳聚糖类化合物。为了克服单一成膜剂的缺点，更好地发挥协同效应，不同结构的成膜剂进行复配可以得到更好的应用性能。人工合成高分子成膜剂可以通过单体种类和用量来调节成膜剂的结构，是目前应用最多的成膜剂。报道成膜剂的文献虽然较多，但是对于其结构和制备方法的报道却十分有限，本章选择目前比较重要而且常见的成膜剂进行介绍。

一、壳聚糖及其作为成膜剂的应用

1. 壳聚糖的化学物理性质

天然产物的成膜剂包括壳聚糖、纤维素、氨基酸、动植物油脂和动物血液等，在种子处理中应用广泛的是壳聚糖及其衍生物。壳聚糖是甲壳素的主要衍生物，又称脱乙酰几丁质、聚甲壳糖、甲壳胺、聚氨基葡萄糖、可溶性甲壳素和黏性甲壳素等。壳聚糖在化妆品、保健品、食品工业、医药、化工、农业、畜牧业、纺织和环保等领域应用广泛。在农业应用中，壳聚糖不仅作为调节作物生长、防治病害的功能产品而被广泛应用，而且由于其良好的生物相容性和较好的成膜性能，广泛用于种子包衣用成膜剂。甲壳素来源主要有4种：微生物、节肢动物、昆虫和植物细胞壁。甲壳素及其衍生物（包括壳聚糖）的主要物理性质如下：

（1）外观　甲壳素是白色或灰白色无定形、半透明固体。壳聚糖系白色或淡黄色片状固体，或青白色粉粒，略有珍珠光泽，半透明，干燥条件下可长期保存，因原料不同和制备方法不同，分子量也从数十万至数百万不等。

（2）溶解性　甲壳素是*N*–乙酰基–2–氨基–2–脱氧–D–葡萄糖以1,4–糖苷键形式连接而成的多糖。分子呈直链状，链上分布着许多*N*–乙酰基、羟基，它们形成了大量的分子间和分子内氢键。甲壳素溶解性差，不溶于水、稀酸、稀碱及大部分溶剂，仅溶于纯甲酸、甲磺酸、二氯乙酸、六氟异丙醇、六氟丙酮等强极性溶剂和5%氯化锂/二甲基乙酸（或*N*–甲基–2–吡咯烷酮）、1,2–二氯乙烷/三氯乙酸（质量比6.5：3.6）等混合溶剂体系，同时主链易发生降解。壳聚糖不溶于水、碱溶液和一般有机溶剂，可溶于稀盐酸、硝酸等无机酸和大多数有机酸，不溶于稀硫酸和磷酸。壳聚糖稀酸溶液呈黏稠状，壳聚糖分子中的氨基可以与溶液中的质子相结合，从而使壳聚糖带正电荷，同时壳聚糖中1位和4位连结的苷键会缓慢水解，溶液的黏度逐渐降低，故壳聚糖溶液一般是现用现配。壳聚糖的溶解度因分子量、脱乙酰度和酸的种类不同而有差别，一般情况下，分子量越小，脱乙酰度越大，溶解度就越大。高分子量的壳聚糖具有良好的成膜特性，将它溶于稀酸溶液后，涂敷于固体表面可形成半透明薄膜；低分子量的壳聚糖，尤其是分子量在1000～3000之间时，具有一定的杀菌、防虫和促进植物生长等功效。

（3）溶液性质　壳聚糖的溶液性质是壳聚糖研究应用的一个重要方面。壳聚糖完全溶解后，其分子主链由于布朗运动可形成球状胶束，其1%的溶液黏度在0.1～10Pa·s之间，流动呈非牛顿型，但随温度升高，布朗运动加快使分子链间的氢键减弱使流动呈牛顿型。壳聚糖溶液因酸的种类、pH值、浓度、温度及溶液中离子强度不同而表现出不同的黏度。当溶液pH值增高，球状分子可变成线状分子，使黏度增加；反之，pH值降低则黏度减小。文献报道了壳聚糖溶液的黏度与浓度有直接关系，黏度随壳聚糖浓度增加而迅速增加；浓度相同时，其黏度随溶液酸性增强而降低，降解也就相对越快；壳聚糖溶液中加入低分子物质，可使其黏度降低；壳聚糖溶液黏度也随存放时间延长而逐渐下降；常温下温度对壳聚糖溶液黏度变化的影响较小，但也会影响其降解速度。

（4）吸湿、透气性和渗透性　甲壳素和壳聚糖及其衍生物有极强的吸湿性。甲壳素衍生物吸湿率可达400%～500%，是纤维素的2倍多。壳聚糖衍生物吸湿率更高，仅次于甘油，高于聚乙二醇和山梨醇等。由甲壳素、壳聚糖及其衍生物制成的膜有优良的透气性，如壳聚糖膜的透氧率可达$7\times10^{11}cm^2/s$。甲壳素、壳聚糖及其衍生物的膜或中空纤维具有良好的渗透性。壳聚糖膜的渗透性能比纤维素膜好，低分子量（小于900）化合物都可以通过。用不同的衍生物、不同的交联方法或在制膜时用不同的凝胶化介质，可以制成性能不同的壳聚糖膜，因此可通过调节壳聚糖的结构来满足种衣剂开发中对成膜剂的要求。

（5）成膜、成丝性　甲壳素及其衍生物可以很容易被制成膜、拉成丝，将它们溶解在溶剂中进行涂布、喷丝很容易加工成需要的形式。壳聚糖易溶于弱酸稀溶液中，使其加工更加方便。壳聚糖膜具有透气性、透湿性、渗透性，有一定的拉伸强度和防静电作用。壳聚糖浇注成的柔性无色透明薄膜具有良好的黏附性，可黏附在玻璃、纸张、橡胶上，具有一定的抗拉强度。低分子量壳聚糖制备的膜强度比纤维素膜差，而高分子量壳聚糖或与聚乙烯醇混合制成的膜的强度大大提高，甚至超过纤维素膜。良好的成膜性能是壳聚糖广泛应用到种衣剂上的基础。

2. 壳聚糖的制备方法

壳聚糖是甲壳素脱乙酰化而得到的一种生物高分子化合物，是甲壳素的主要衍生物。壳聚糖制备反应式如图7-1所示。

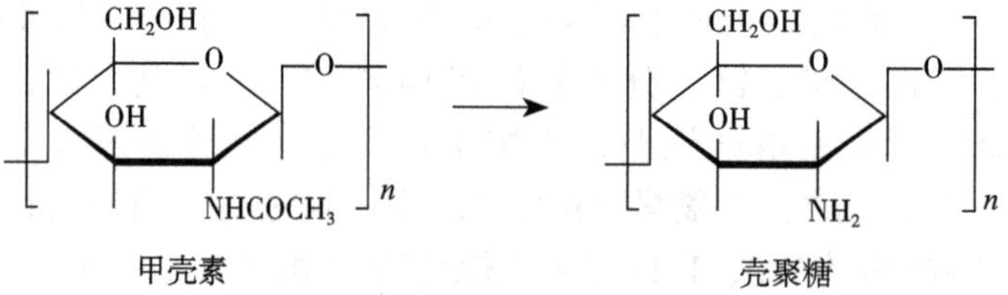

CH_2OH　O　O　OH　$NHCOCH_3$　n　→　CH_2OH　O　O　OH　NH_2　n

甲壳素　　　壳聚糖

图7-1　甲壳素制备壳聚糖反应式

甲壳素广泛存在于低等植物菌类、藻类的细胞中，节肢动物虾、蟹、蝇蛆和昆虫的外壳、贝类中，软体动物的外壳和软骨中，高等植物的细胞壁中等地方。地球上每年甲壳素的生物合成量估计为几十亿吨，其中海洋生物的合成量在10亿吨以上，是产量仅次于纤维素的天然高分子化合物。虾壳中的甲壳素含量为20%~25%，蟹壳中的甲壳素含量为15%~18%，目前甲壳素、壳聚糖的生产原料主要来自于虾壳和蟹壳。

壳聚糖作为甲壳素最为重要的衍生物，保留了甲壳素的结构骨架，分子呈长直链状，具有极性强、易结晶的特性。在壳聚糖大分子链上分布着许多羟基和氨基，容易形成分子间和分子内的氢键。

壳聚糖的制备方法主要是化学法，这是最早开发出来也是目前工业上主要应用的制备壳聚糖的方法。化学法广泛采用的有酸碱法和碱法，在实际生产中应用较多的是用酸碱法生产壳聚糖。同时，微生物法以及一些新兴的技术，例如电解、微波和辐射等方法可与化学法相互结合来制备壳聚糖。

文献报道了从虾壳和蟹壳中制备壳聚糖的方法。工艺流程如下：将虾壳、蟹壳清洗干净，用4%~6%的盐酸溶液脱去蛋白质，得到粗的甲壳质产品；用0.5%的高锰酸钾溶液进行漂白，再水洗，在60~70℃条件下，加入1%盐酸处理30min，然后水洗干燥得到脱乙酰基的甲壳质产品；在140℃下用5%氢氧化钠水溶液处理1h得到白色壳聚糖产品。该方法由于条件剧烈，制备过程中壳聚糖的特性不稳定，对环境有较严重的污染，制备壳聚糖的成本偏高。文献首次报道了一种从桑白皮中分离壳聚糖的简便方法。经碱醇液高温处理5h，壳聚糖收率为7.2%。具体工艺流程为：桑白皮经过干燥粉碎，过滤得到40目桑白皮粉；加入1%的乙酸加热提取3次，过滤得到的滤渣用碱和醇溶液加热，再次过滤，水洗至中性，用2%盐酸溶液在80℃浸提，过滤得滤液，调节pH值至10，进行离心，湿壳聚糖干燥后得淡黄色壳聚糖粉末。得到的桑白皮壳聚糖分子量较小，脱乙酰度虽然仅为25%，却可溶于0.1mol/L盐酸中；而蟹壳聚糖要脱乙酰度达70%以上才能溶于0.1mol/L的盐酸溶液。

文献报道了从虾、蟹壳中制备甲壳素的最佳工艺为：室温下20目的虾、蟹壳用5%的盐酸进行脱钙，时间为2h；以10%氢氧化钠溶液进行脱蛋白处理，温度为60℃，时间为150min。通过正交实验确定由甲壳素制备壳聚糖的最佳工艺条件为：温度80℃，保温时间为8h，碱液浓度为50%。各种反应条件对产物的脱乙酰度的影响大小为：反应温度＞碱液浓度＞反应时间。发现颗粒大小对脱乙酰度和分子量有很大的关系，脱乙酰度随颗粒变小而变大，分子量随颗粒变小而变小，综合两个因素，甲壳素在20目时效果最佳。

文献报道了“一步法”生产壳聚糖，工艺条件为：用10%盐酸溶液25℃下酸浸4h除钙，在100℃下用20%氢氧化钠溶液煮30min除蛋白质，再用55%氢氧化钠溶液在140℃下脱乙酰基4h。采用自然沉淀、两次中和以及活性污泥法组合处理壳聚糖生产废水，处理后的废水不仅能达标排放，而且可以回收再利用，实现零排放。处理过程中产生的废渣经水洗后压滤，可作饲料，不对环境造成污染。报道的一步法新工艺与传统工艺相比简化了生产工艺步骤、缩短生产周期、减少废水的排放、节省原料消耗、降低了生产成本。

酸碱法制备壳聚糖的工艺不断在改进，但是依然存在工艺相对复杂，产生较多的废酸碱而带来环境污染。碱法制备壳聚糖的步骤短，仅产生废碱液，对环境污染相对较小。

文献报道了从废菌丝体中提取壳聚糖，研究确定了最佳脱乙酰基条件：50%氢氧化钠处理2.5h，固液比1∶15，温度110℃，壳聚糖收率约为13%。所得壳聚糖产品性能指标优良，达到食品级壳聚糖的要求。文献报道了从日本根霉中提取壳聚糖，以酸碱法得到菌丝体干重为8.43g/L，壳聚糖为895mg/L，壳聚糖产率为10.58%，产品壳聚糖纯度高达90.5%，但是目前菌丝体产量较低，前期发酵成本也相对比较高。在实际生产中，应当选育高产菌株，优化菌种培养条件，提高发酵生产量，才能有效地降低生产成本，进而推广大规模生产。文献报道了抗生素工业中大量产生的青霉素或柠檬酸菌丝中含有相当数量的壳聚糖，以这些废弃物作为原料，不仅能提取壳聚糖，还能提取出氨基葡萄糖等有用物质，因此，对青霉菌丝体的综合利用将具有巨大的经济效益和环保意义。

蝇蛆属于再生资源，繁殖快，产量大，据测算干蛆中含30%～54.8%甲壳素。文献报道了从蝇蛆中提取一种很有应用前途的抗菌活性蛋白后，再进行甲壳素的提取。对脱乙酰基进行研究发现，将纯度较高的甲壳素经50%的氢氧化钠溶液洗涤，在60～65℃的水浴锅中加热8h，并重复以上操作两次，可以得到较好质量的壳聚糖。

文献报道了甲壳素脱乙酰基的最佳条件是：9mL 50%氢氧化钠溶液与1g甲壳素，加入适当的相转移催化剂，反应温度为110℃，反应时间为3.5h，可以得到较好的壳聚糖产品。

文献报道了采用电解法和碱提取法从培养的猴头菇、平菇、黑曲霉等几种真菌湿菌体中提取壳聚糖。比较几种真菌的产品提取率，黑曲霉的甲壳素、壳聚糖提取率最高，分别达到20.8%和12.1%。

蚕蛹分离油脂和蛋白质后的蛹壳，主要成分为甲壳素。以蚕蛹为原料，先经石油醚脱脂，再用氢氧化钠处理脱蛋白质，用盐酸处理蚕蛹无机盐，再经微波与浓碱液结合的方法脱除乙酰基制备壳聚糖。用该方法得到的蛹甲壳素收率高，蛹壳聚糖的黏度高、分子量大，比虾、蟹壳的壳聚糖具有更好的应用前景。文献报道了以蟋蟀和金龟子为原料提取壳聚糖。关于从松毛虫等其他昆虫中提取壳聚糖也有报道。昆虫具有种类多、生物量大、繁殖速度快、富含甲壳素资源等特点，因此昆虫壳聚糖具有良好的资源潜力和开发优势，这也会对整个昆虫资源的产业化具有一定的推动作用。

文献报道了甲壳素粉碎后制备壳聚糖的工艺，可大幅度缩短生产周期，特别是浸酸时间由原工艺的30h缩短为1h，因此可大为提高设备的处理能力，同时提高了壳聚糖产品的黏度和脱乙酰度，其中黏度提高达50倍。通过实验证明，浸酸过程是内扩散控制，其反应速率与颗粒外表面积成正比。甲壳素被粉碎后，结构更疏松的内层结构暴露于表面，促使内扩散系数增大，也使反应速率提高。盐酸浓度高、脱盐效果好，但当盐酸浓度高于1.0mol/L时，再提高盐酸浓度对提高脱盐效果并不明显，而高浓度的酸会加快甲壳素的降解，故浸酸时的盐酸浓度为1.0mol/L最佳。

文献报道用微波法制备壳聚糖，将甲壳素烘干后加入50%氢氧化钠溶液，放入微波炉内，于450W下加热20min进行脱乙酰化处理。将处理体系移出微波炉，静置至室温后用水反复冲洗至中性，烘干后得壳聚糖。按此条件反应可制得脱乙酰度为86.1%的壳聚糖。此方法不仅作用时间短、能耗低，而且可避免长时间在碱液作用下带来的分子链降解，简化了工艺流程、节约了能耗，是值得深入研究的生产方法。

微生物法制备甲壳素主要是利用甲壳素脱乙酰酶来脱掉甲壳素上的乙酰基。接合菌纲的毛霉属真菌*Mucor rouxii*和半知菌纲的植物病原体真菌豆刺盘孢*Colletotrichum lindemuthianum*中均发现该酶的存在，对其进行纯化，应用到甲壳素脱乙酰基中，得到壳聚糖乙酰基化均匀、分子量分布范围窄的高质量产品。这个方法可以代替酸解或者是碱解，具有对环境污染小等特点，但是该方法对原料有较高的要求。由于壳聚糖及其甲壳素的来源多种多样，不仅甲壳素结构和含量有差异，而且杂质种类和含量差别也比较大。在具体制备过程中，需要根据不同来源，调整相应工艺条件而达到最佳的制备条件。

3. 壳聚糖的化学修饰

天然产物壳聚糖具有低毒、良好的生物相容性、原料可以再生等特性，广泛应用于种衣剂用成膜剂中。由于壳聚糖水溶性较差、酸溶易分解、容易析出晶体，又限制了其在种衣剂用成膜剂中的应用。为了改进壳聚糖作为种衣剂成膜剂的不足，获得更好的应用性能，可以对壳聚糖进行结构修饰与改造，改善水溶性、成膜性能和化学稳定性，满足种衣剂开发的更高要求。对于壳聚糖的化学改性方面的报道较多，但是用于种衣剂包衣的报道较少。本文对壳聚糖化学改性方法进行总结，为新型壳聚糖成膜剂的开发以及应用提供有益的借鉴。

对于壳聚糖的改性，主要有化学改性法、酶降解法、超声法、辐射法等，其中化学改性法是目前研究最多的方法。壳聚糖中含有丰富的氨基和羟基，这些活泼官能团可以与多种化学物质反应，进行多种形式的结构修饰与化学改性。化学改性的重要目的之一是提高壳聚糖的水溶性。目前制备的壳聚糖分子量较大，需要在其结构中引入其他结构片段来提高其水溶性，也可以通过降低壳聚糖的分子量来提高水溶性，得到的水溶性壳聚糖产品可以再进行结构修饰和改性。

壳聚糖环分子中2位上的—NH_2，3位和6位上的—OH均具有较强的反应活性，在适当条件下可以进行多种化学修饰，如酰基化、羧烷基化、硫酸酯化、烷基化和羟烷基化等，也可以加入交联剂进行分子间的交联。引入上述功能性基团，可改变壳聚糖的溶解性和功能性，拓宽了壳聚糖的应用范围，这些衍生物的制备研究已成为壳聚糖应用开发的主要方向之一，这也是壳聚糖成膜剂发展的重要方向。壳聚糖的结构如图7-2所示。

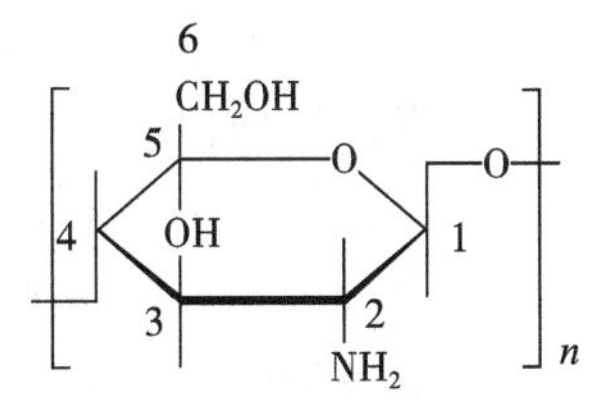

图7-2　壳聚糖分子结构

（1）氮原子烷基化　壳聚糖分子中的游离氨基具有很强的亲核作用，易在氮原子上引入烷基类取代基。文献报道了这些烷基取代基的加入明显削弱了壳聚糖分子间的氢键作用力，提高了壳聚糖衍生物的水溶性，降低了壳聚糖的结晶度。文献报道了采用溴化十六烷基三甲基胺作相转移催化剂，在氢氧化钠水溶液中，进行了低聚水溶性壳聚糖的*N*-烷基化修饰改性反应，研究了反应介质、催化剂种类、碱用量、烷化剂用量、反应时间、反应温度等因素对壳聚糖衍生反应的影响。文献报道了采用微波辐射的方法可以明显缩短壳聚糖的氮烷基化反应时间，大大提高反应效率。在氨基的改性中，引入的烷基链也不宜过长，否则会使氮烷基中的碳链太长，整个壳聚糖分子的极性变小而不溶于水，甚至不溶于酸性水溶液。

（2）酰基化反应　氨基和羟基很容易进行酰基化反应，一般用酸酐或者是酰氯进行酰基化。常用的酸酐是含有4～6个碳的酸酐或二酸酐，例如丁酸酐、丁二酸酐和顺丁烯二酸酐等，酰氯可以是烷基酰氯，也可以是芳香酰氯。它们的反应性较强，主要与氨基进行反应，如果反应条件剧烈，或者是酰氯的加入量较大时，也会和羟基发生反应。反应可以在均相或非均相条件下进行。在酸性介质中，2位氨基质子化后，将促进6位羟基上的反应。文献报道了以氯化2-氨基乙酸离子液体水溶液为溶剂，制备水溶性的*N*-乙酰化壳聚糖，通过单因素实验得到了较佳反应条件：乙酸酐：壳聚糖（摩尔比）=2.75：1，反应温度60℃，反应时间5h；离子液体重复使用3次后，*N*-乙酰化壳聚糖的取代度仍大于89%。产物具有良好的吸湿保温性能。

（3）酯化反应　利用含氧无机酸作酯化试剂，可使甲壳素和壳聚糖中的羟基形成有机酯类衍生物，常见的反应有硫酸酯化和磷酸酯化，可以使氨基和酸形成离子键的作用。文献报道了壳聚糖用多元无机酸交联，多元酸与壳聚糖中的羟基形成酯基，与氨基形成离子键，进而形成交联。文献报道了以硫酸为交联剂，在壳聚糖分子间形成了网络结构，进而增大空间位阻。在改性过程中加入聚乙烯醇、活性炭为复合成分，可以促进形成大量多孔的聚合物网络和胶束聚集体，增加膜强度，同时在膜中形成孔状的结构，改善了膜的质量。应用试验发现成膜效果也比未改性的壳聚糖好。

（4）羧基化反应　羧基化反应是指利用卤代烷基酸或乙醛酸等，在甲壳素或壳聚糖的6-羟基或氨基上引入羧烷基基团，研究最多的是羧甲基化反应，并且不同的取代位置可获得不同的产物。文献报道了水溶性较好的壳聚糖羧酸衍生物的制备，在强碱性条件下，加入异丙醇和氯乙酸，加热生成*N*,*O*-羧甲基壳聚糖衍生物，反应方程式如图7-3所示。

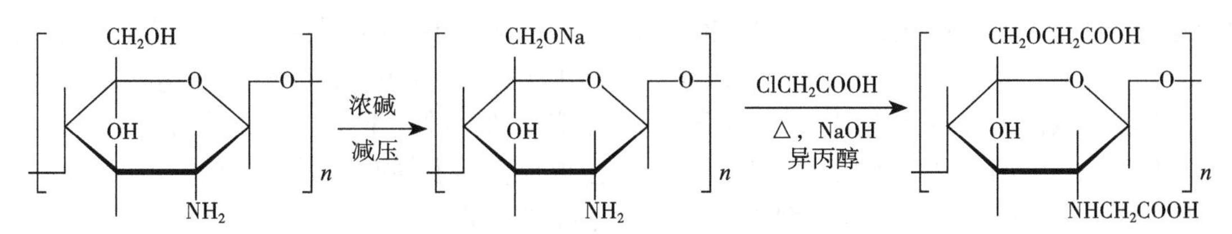

图7-3　羟甲基化反应制备羧甲基壳聚糖衍生物

（5）交联反应　壳聚糖分子中含有大量的氨基和羟基，与一些含双官能团或多官能团的物质反应时，可以进行分子间交联反应，形成网状高分子聚合物。交联的目的在于让产物不溶解，甚至溶胀也很小，性质稳定。文献报道了利用戊二醛作为交联剂，进行壳聚糖的改性，交联剂中的两个醛基与氨基缩合脱去水而形成希夫碱。实验方法如下：称取5g壳聚糖溶于200mL 2%的乙酸水溶液中，加入4%的甘油1mL作为增塑剂，分别加入0.25%戊二醛0.2mL、0.4mL、0.6mL、0.8mL和1.0mL作为交联剂，搅拌均匀。对改性的壳聚糖和未经改性的壳聚糖进行应用试验研究，发现经戊二醛交联后的壳聚糖衍生物膜的热稳定性能、耐化学品性能以及力学性能均有所提高。实验表明：戊二醛用量为0.5mL时综合效果最佳，当戊二醛用量太大时，壳聚糖分子间的交联度太大，壳聚糖衍生物的成膜性能下降。文献也报道了戊二醛作为交联剂用于壳聚糖的交联反应。文献报道了环氧氯内烷作为交联剂用于壳聚糖的交联反应。试验发现，温度在40℃以下，只有壳聚糖的氨基上发生交联反应，而温度高于40℃时，羟基也参与交联反应。交联后的壳聚糖膜可以显著提高膜的拉伸强度。

（6）接枝共聚　甲壳素和壳聚糖分子链上的活性基团很多，可以进行接枝共聚反应，从而改进它们的性能，满足特殊需要。接枝共聚反应一般有化学法、辐射法和机械法三种，甲壳素和壳聚糖的接枝共聚至今只报道了化学法和辐射法两种。从反应机理来说，又可分为自由基引发接枝和离子引发接枝。

文献报道了以过硫酸钾为引发剂，甲基丙烯酸甲酯与甲壳素进行接枝聚合反应，通过对反应时间、温度、引发剂浓度对接枝聚合反应条件的影响，得到了优选的反应条件。研究发现，甲壳素中的氨基参与了接枝聚合反应的引发过程。文献报道了以硝酸铈铵为引发剂引发丙烯酰胺和壳聚糖进行迈克尔加成反应，研究了接枝壳聚糖的反应规律，壳聚糖中的活泼基团与丙烯酰胺通过接枝得到新型的壳聚糖衍生物。该类化合物的吸水率可以达到160mL/g，接枝共聚物进一步磺化后的产物吸水率达到200mL/g。文献报道了在稀乙酸水溶液中，对壳聚糖和丙烯酰胺类单体采用迈克尔加成反应对其进行化学改性。在实验中考察了反应温度、反应时间和反应配比等因素对壳聚糖衍生物的取代度的影响，重点对壳聚糖和丙烯酸羟乙酯反应后壳聚糖衍生物的性质进行了研究，对壳聚糖衍生物的热稳定性、取代度、抗大肠杆菌性能以及溶菌酶降解能力作出初步评价。在有机溶剂混合溶液中，实现了壳聚糖和长链酰氯的酰氯化反应，制备了有机溶解型壳聚糖衍生物，通过调节二者反应配比可以制备不同取代度的壳聚糖衍生物。采用红外光谱、核磁、X射线衍射仪对其结构和形态进行分析，通过热重分析仪对其衍生物的热稳定性能进行分析。制备的衍生物可以溶解在丙酮、三氯甲烷等多种有机溶剂中。改性壳聚糖衍生物的结晶行为受侧链规整性的影响，其结晶行为与壳聚糖完全不同，热稳定性也较壳聚糖有所降低。

文献报道了以$NH_2OH \cdot HCl$和H_2O_2为引发剂，壳聚糖与丙烯腈接枝共聚合的反应。利用正交实验设计法，研究了壳聚糖与引发剂配比、壳聚糖与丙烯腈配比、反应时间及反应温度等对接枝率和接枝效率的影响。结果表明，接枝共聚反应的最佳反应条件为：壳聚糖/H_2O_2（质量比）=8，壳聚糖/$NH_2OH \cdot HCl$（质量比）=14，丙烯腈/壳聚糖（质量比）=3.5，反应温度35℃，反应时间4.5h，反应中的接枝率可以达到185.96%，接枝效率达到77.87%。文献报道了以硝酸铈铵作为引发剂，丙烯腈与壳聚糖的接枝共聚反应。文献报道了以硝酸铈铵为引发剂，丙烯腈、丙烯酸与壳聚糖进行接枝反应，发现改性后的壳聚糖可以用作高吸水性树脂。文献报道了一种新型渗透气化膜–丙烯酸交联壳聚糖膜，通过溶胀、拉伸、渗透汽化分离以及红外光谱等手段研究了膜的结构和交联机理。实验结果表明，交联反应由两部分组成：丙烯酸双键和壳聚糖氨基的加成反应，丙烯酸另一端的羧基和壳聚糖氨基发生酸碱中和反应而形成离子键。文献报道利用甲基丙烯酸甲酯在金属钴照射下与壳聚糖进行接枝共聚，或者在三正丁基硼烷作引发剂下与甲壳素进行接枝共聚。

（7）螯合与吸附　甲壳素及壳聚糖分子中含有羟基和氨基，是典型的Lewis碱性基团。从构象来看，它们都是平伏键，这种特殊结构，使得它们对具有一定离子半径的金属离子在一定的pH值条件下具有螯合作用，尤其是壳聚糖与金属离子的螯合更为广泛。壳聚糖作为一类天然高分子螯合剂，无毒副作用。它们也是良好的阳离子絮凝剂，可以与金属离子形成稳定的螯合物，有效捕集或吸附溶液中的重金属离子。也可以凝聚溶液中带负电荷的悬浊物、有机物，例如染料、蛋白质、氨基酸、核酸、脂肪酸、卤素等。甲壳素，特别是壳聚糖，能通过分子中的$—NH_2$、$—OH$与Hg^{2+}、Cd^{2+}、Ni^{2+}、Cu^{2+}、Ag^{+}、Au^{+}、Mn^{2+}、Pb^{2+}等重金属离子形成稳定的螯合物，但一般不能络合天然水中的K^{+}、Na^{+}、Ca^{2+}、Mg^{2+}、Cl^{-}、SO_4^{2-}、CO_3^{2-}、HCO_3^{-}等离子；氯离子抑制壳聚糖对离子的吸附量，而硫酸根离子促进壳聚糖对离子的吸附量。壳聚糖可以与含磺酸基的化合物发生作用而产生吸附，这主要是壳聚糖上的氨基与磺酸基的离子键作用。

甲壳素和壳聚糖可以吸附卤素中的溴和碘，文献报道了在极性溶剂中的吸附量远大于在非极性溶剂中的吸附量。壳聚糖与苯乙烯接枝后，对碘和溴的吸附量都增加，其中溴的吸附量的增加更明显。甲壳素也可以吸附酶，报道最多的是对溶菌酶的吸附。通过这种吸附作用可进行溶菌酶的分离和精制。在吸附过程中甲壳素与溶菌酶形成固定组成的络合物。壳聚糖可以吸附低级的醇类，研究表明壳聚糖对低级醇类的吸附作用包含物理吸附和化学吸附。物理吸附是范德华力作用的结果，而化学吸附是化学键作用的结果。在低温时化学吸附的速度较低，因为此时具有足够能量的活化分子少，所以主要是物理吸附。当温度上升，物理吸附作用减弱，使吸附量减少，越过最低点后，由于温度升高，活化分子数目增多，此时化学吸附逐渐成为主要吸附过程，所以吸附量此时随着温度上升而增加。另外，饱和吸附量随温度变化并不敏感。文献报道了壳聚糖用多价金属离子交联，通过壳聚糖中丰富的氨基和羟基与金属离子形成络合物。

壳聚糖的吸附作用虽然与其作为种衣剂成膜剂的性能没有直接相关，但是在种衣剂的制备中，壳聚糖成膜剂加入后，需要注意它与其他组分之间的相互作用，例如它与含磺酸盐的分散剂之间的相互作用，对常用低碳醇类抗冻剂的吸附等。

（8）降解和解聚　在壳聚糖的改性中，报道比较多的是能溶于水的低分子量壳聚糖的制备，目的是将数十万分子量的壳聚糖进行解聚，得到分子量较低的产物，它们可以直接溶解于水中。目前降解壳聚糖制备水溶性壳聚糖的方法有多种，如酶法降解、酸降解、超声波法、氧化降解和微波辐射促进有机反应等。降低壳聚糖分子量，对降解后的产物进行进一步改性，增加水溶性，对于成膜剂的开发具有实际意义。

文献报道了酸降解法降解壳聚糖。利用无机酸特别是盐酸对壳聚糖进行降解，是应用最早的壳聚糖降解方法，此方法可将壳聚糖降解成单糖。如利用盐酸和亚硝酸盐体系进行降解时，将壳聚糖溶解于酸中，再加入亚硝酸盐；或者先将壳聚糖分散于亚硝酸盐水溶液中，然后慢慢将酸加入，反应在室温下进行，收率达90%以上。文献报道了酶降解法降解壳聚糖。用专一性的壳聚糖酶或非专一性的其他酶对壳聚糖进行生物降解，降解条件温和，降解过程及降解产物分子量分布易于控制，而且不会造成环境污染。目前氧化降解法研究得较多，其中过氧化氢法最多。这些方法大部分仍处于实验研究阶段，且大多耗时长、产率低。

辐射促进有机反应是20世纪80年代后期兴起的一项有机合成新技术。微波能极大地提高反应速度，具有操作方便、副产物少、产率高等优点。文献报道了利用微波辐射，用过氧化氢作氧化剂，在酸性条件下，非均相降解高分子壳聚糖，制备了水溶性壳聚糖。设计了正交试验，得到的最优化条件为：5%过氧化氢，4%氯化氢，微波功率约为320W，辐射时间3min，所得水溶性壳聚糖分子量为17000，收率可达到40%。除了上面介绍的酶降解法、酸降解法、氧化降解法和微波法外，还有一些方法也可以用于壳聚糖的降解，如超声波法、微波辐射法等。

壳聚糖的结构修饰为壳聚糖作为种子包衣用成膜剂的应用提供了广阔空间，现有的研究基础将为相关种衣剂用成膜剂品种的开发提供良好的方法和产品。

4. 壳聚糖类成膜剂在种衣包衣中的应用

在农业中，高分子量的壳聚糖一般作为成膜剂来使用，而低分子量的壳聚糖具有多种多样的功效性，报道表明其具有杀菌和杀虫活性，也可以作为种子发芽生长的营养物。

文献报道了以壳聚糖作为种衣剂用成膜剂，不影响种子吸水膨胀和发芽，可提高药剂在种子表面附着率。文献报道了以壳聚糖为成膜剂，添加铜、锌、锰等微量元素，将其应用到水生植物种子包衣中。文献报道了以高分子量的壳聚糖为成膜剂，具体配比如下：高分子量壳聚糖质量份数为100份、低聚壳聚糖衍生物100～500份、氨基葡萄糖100～400份、醇水溶液500～10000份，低聚壳聚糖衍生物可以选用羟甲基低聚壳聚糖、羟乙基低聚壳聚糖、羟丙基低聚壳聚糖和乙酰基低聚壳聚糖其中的一种或几种。

文献报道了以壳聚糖作为种衣剂用成膜剂，制备20%福美双·克百威悬浮种衣剂。通过优化实验条件，对得到的种衣剂进行相关应用性能测试，成膜时间小于8min，包衣脱落率可以控制在11%以下，包衣均匀度达95%以上，包衣覆盖率为86.8%～91.8%。将该种衣剂用于水稻种子包衣，不影响种子吸水膨胀和发芽。进一步研究发现，当表面活性剂SDT225与壳聚糖一起使用时，不仅可以提高药剂在种子表面附着率，而且还能明显降低福美双和克百威两种药剂在水中的溶解淋失率。

文献报道了一种添加0.1%～3%的壳聚糖液作为成膜剂，然后再加入0.001%～31%的添加剂制备而成的种衣剂，添加剂包括昆虫抗菌肽、腺苷酸、根瘤菌或者过氧化氢酶中的一种或几种。这些组分皆为天然产物，对环境无污染，综合利用成本低，在植物的生长过程中，可以将病虫害减少60%以上，生长速度增快5%～10%，产量提高10%～15%。

文献报道了从黄粉虫中提取壳聚糖，将其作为成膜剂时与其他成膜剂进行了性能对比，如糯玉米淀粉和羧甲基纤维素钠，以pH值、成膜时间和脱落率等指标来判定其性能。结果表明壳聚糖具有较好的成膜性能，在自然状况下进行包衣，能迅速固化成膜，并且牢固地附着在种子表面，不脱落、不粘连、不成块。将该壳聚糖应用到林木育种中，种子发芽率、发芽势、幼苗生长量和活力指数均明显高于对照样品。

文献报道了使用羧甲基壳聚糖作为主要组分，添加微量元素、微肥和渗透剂可以得到高性价比的环境友好型种衣剂。将其应用到大豆上，相比传统的种衣剂处理样品，可以有效提高产量17.95%～25.75%。该种衣剂也有良好的抗冻效果和抗虫效果。

文献报道了以壳聚糖为成膜剂，加入保水剂、吲哚乙酸、赤霉素和代森锰锌作为功能组分，用正交试验的方法组合，对紫苜蓿种子进行包衣试验筛选出最佳方案。发现紫花苜蓿种子包衣后，虽然发芽率、发芽势和简化活力指数较对照降低，但有效提高了田间出苗率，降低了霉变率和霉变指数。因此，紫花苜蓿包衣后会提高种子的成活质量。从苗体素质来看，包衣提高了苗高、鲜重和干重，有效促进了地上部分生长，增加了生物量。

文献报道了壳聚糖作为成膜剂在中药材种衣剂中的应用。药剂由苦参、川椒、黄柏等中药复配物经过多次提取、净化、浓缩制成的中药原液，通过中药原液和壳聚糖的浓度筛选，对丰禾10号玉米种子进行包衣。通过发芽试验、盆栽试验和大田试验相结合的方法，系统地研究了中药-壳聚糖复合型种衣剂对玉米种子活力、幼苗素质、生理特性、幼苗期间表现、产量以及籽粒品质的影响。通过与空白种子的对比试验，发现经中药组分-壳聚糖的处理，可以促进玉米幼苗须根数增多，显著提高了玉米幼苗胚乳中的淀粉酶活性，提高了幼苗叶绿素含量，降低了胡萝卜素含量，提高了玉米幼苗叶片中过氧化氢酶（CAT）、过氧化物酶（POD）活性，增加了玉米幼苗的茎粗，提高了幼苗叶片中游离脯氨酸含量。应用该种衣剂处理种子后，可以增加穗长、穗粗、穗粒数、白粒重，减少秃尖等经济性状来达到增产增收的目的，同时可以改变玉米中的蛋白质和淀粉的含量。

文献报道了针对我国玉米产区的主要土传病害研究的一种新型木霉生物型种衣剂，用壳聚糖作为成膜剂，有效成分包括木霉菌、壳聚糖和申嗪霉素。对该种衣剂的防病和增产效果进行了盆栽和大田试验，发现该种衣剂可以防治玉米苗期茎腐病和纹枯病，防效最高分别达到78.00%和67.59%，用种衣剂处理后幼苗的须根数、主根长、地上部分干重、地下部分干重和苗期株高均明显高于空白对照。亩（1亩=666.7m^2）产量比空白对照增加4.92%。采用生长速率法研究了壳聚糖和申嗪霉素单一处理以及不同比例混配对立枯丝核菌的抑制作用，同时研究了不同配比的助剂对木霉菌抑制立枯丝核菌的影响。实验结果表明：单一生物药剂以及两种助剂混配，对立枯丝核菌生长都有较强的抑制作用；两种助剂不同比例混配均可提高木霉菌对立枯丝核菌生长的抑制作用；壳聚糖：申嗪霉素为6：4混配时，对立枯丝核菌的半数运动受抑制浓度（ECso）为最低，从生理和生态两方面对种衣剂的防病机理进行了研究。通过盆栽防效试验，接种茎腐病菌后，测定了不同处理下玉米根部和叶部的抗病性相关酶活性及丙二醛（MDA）含量，发现种衣剂处理能显著降低根部MDA积累，提高玉米根部的过氧化合物酶（POD）和多酚氧化酶（PPO）活性，表明种衣剂对玉米根部防御酶系具有一定的诱导作用；但种衣剂处理没有提高玉米叶部的POD、超氧化物歧化酶（SOD）和PPO活性，也没能降低叶片MDA积累，这可能是种衣剂尚未诱导寄主产生系统性抗性。

用壳聚糖进行处理种子时，可以同时充当成膜剂和功能组分。文献报道了以3%壳聚糖为成膜剂，以0.4%低聚壳聚糖为功能组分，对大豆种子进行处理，可以明显提高大豆种子的发芽率，对大豆根腐病也有一定的防治效果，使用这些药剂处理后的大豆增产效果显著。文献报道了壳聚糖用于种子处理方面的用途。使用壳聚糖乙酸溶液进行小麦、荞麦和燕麦种子的处理，每克种子用60～1000μg壳聚糖处理后，可以有效提高其产量。文献报道用壳寡糖为基本成分，起到成膜剂和功能组分的双重作用，配以化肥、微量元素及防腐剂等成分进行混合，调制成较稳定的胶体溶液后拌种，对油菜种子发芽和出苗均无明显影响，可以促进油菜生长，提高壮苗率，增加产量，并可明显抑制油菜菌核病的发生。文献报道了将壳聚糖用于蔬菜种子包衣剂中，也起到了双重作用，可以促进幼苗苗期生长，同时防止种传病害、苗期病害，从而提升蔬菜品质，并发现适用于青菜、黄瓜、辣椒、西红柿和甘蓝等蔬菜品种。所用的低聚壳寡糖是分子量为300～3000的双糖到二十糖的壳寡糖。

文献报道了利用壳聚糖复合型种衣剂和生物型种衣剂分别处理小麦种子，均可促进小麦种子萌发和幼苗生长，提高植株抗逆能力，壳聚糖复合型和生物型种衣剂处理分别比对照增产19.6%和9.4%。文献用羧甲基壳聚糖作为成膜剂和功能组分处理玉米种子，可明显提高萌发种子胚乳中A2淀粉酶、幼苗茎叶中硝酸还原酶活性，提高叶绿素含量，对种子萌发及幼苗生长具有明显的生理调节作用。文献报道了用壳聚糖复合型种衣剂处理小麦种子后，从播种到出苗阶段具有萌动早、发芽率高、发芽势强的特点，可以提高出苗率，而且能够提高叶片中GA3氧化酶和叶绿素含量，增强耐旱功能，改善小麦群体结构和产量性状，增加植株体内干物质积累，为增产增收创造了物质条件。壳聚糖复合型种衣剂处理小麦种子，比空白对照增产19.6%。

文献报道了用壳聚糖溶液作为成膜剂和功能组分处理林木种子，适宜浓度的壳聚糖溶液处理林木种子，均能从不同程度上提高种子的发芽率，缩短发芽时间，增强萌发过程中酶的活性，促进幼苗生长。通过实验筛选，得到不同种子所需的最佳壳聚糖浓度，其中吴起柠条、榆阳柠条、淳化油松、桥山油松、沙棘和酸枣的最佳处理浓度分别为1.0%，0.5%，0.1%，0.2%，0.1%和0.1%。

文献报道了壳聚糖用作成膜剂和功能组分，可以提高种子发芽率及活力，芸豆、大豆以及茄子种子经1000mg/L壳聚糖浸种1d，它们的发芽率可以提高23%～34%。经1000mg/L壳聚糖处理后种子后，小白菜和西红柿幼苗生长势增强，黄瓜、水稻、玉米抗寒能力增强。文献报道壳聚糖不仅具有良好的成膜性能，而且具有其他应用性能。壳聚糖在种子包衣过程中，也经常作为功能组分来达到特定的效果。将玉米种子包衣后，可以提高种子的发芽率、发芽势和发芽指数。在4%壳聚糖原粉与20%福美双·克百威悬浮种衣剂配方中，壳聚糖能有效促进种子内酶的活性，加速发芽过程中的生化反应，进而加快玉米幼苗的生长速度，有效解决其他种衣剂使用后发芽率降低、延迟出苗的现象。文献报道了用壳聚糖溶液浸种冬小麦，籽粒产量提高24.2%，穗数提高5.1%，蛋白质含量提高3.4%。文献用壳聚糖拌种，可降低大豆根腐病的发病率和病情指数，防效达42.6%～46.9%，同时可促进大豆根系生长，单株荚果数、粒数、粒重增加，增产11.7%。文献报道了用不同浓度的壳聚糖处理花生种子，研究了对种子发芽势、发芽率、脂肪酶活性、GA3氧化酶和IAA氧化酶含量的影响。结果表明，用浓度为7.5mg/mL的壳聚糖溶液处理花生种子，其发芽势、发芽率分别比对照提高了14.4%和4.5%，脂肪酶活性比对照提高162%，GA3氧化酶和IAA氧化酶含量分别比对照增加80.0%和60.3%。文献报道了将低聚壳聚糖和有机酸混合制备得到种衣剂。有机酸主要是乳酸、苹果酸、柠檬酸、谷氨酸和果糖酸的一种或几种的混合酸。得到的产品无毒无害，安全可靠，可有效促进植物生长，并且可以抗病、防病、提高农作物的产量与质量，制备方法简便、成本低廉、易于工业化生产。

壳聚糖在种子处理中发挥功能组分的作用机制，有多篇文献报道。几丁质酶所水解的几丁质是大部分真菌（包括子囊菌、担子菌等）细胞壁的主要成分，在植物组织中这些几丁质酶通常含量很低，但在对真菌细胞壁寡糖信号的反馈中被诱导到较高水平，从而达到抵抗病原体侵害的效果。文献报道壳聚糖在植物细胞和组织中可诱生甲壳质酶，因此能抑制植物病原菌的繁殖。文献报道土壤里施入几丁质后，相应的分泌几丁质酶的微生物种群增加，几丁质酶活力大幅度提高，真菌病害则受到抑制。壳聚糖的杀菌作用是否是由于壳聚糖可在植物细胞和组织中诱生甲壳质酶，从而发挥某种类似动员和预警作用，激活植物组织防卫反应的有效信号，还有待于进一步研究。

二、其他天然产物成膜剂在种子包衣中的应用

除壳聚糖广泛应用于种衣剂以外，还有其他天然产物也被报道用于种子包衣中。目前这些天然产物在成膜剂中应用较少，它们的制备方法在此不予单独介绍。

早期将纤维素和淀粉直接用于种子包衣，但其在水中难溶，因此将其改性后用于种子包衣。文献报道了用淀粉与丙烯腈在引发剂存在下，经接枝共聚、中和、过滤、皂化制成含有高吸水聚合物的胶冻状成膜剂，再加入微量元素铈、硼、铜、锌、钼等可以制成抗旱微肥种子包衣液，适宜用于大豆、玉米、花生等作物，可以增产9.5%～39.0%。文献报道了一种魔芋精粉或其化学改性产物的种衣剂用成膜剂，改性产物包括魔芋精粉分别与顺丁烯二酸酐、没食子酸和磷酸盐的反应产物。魔芋精粉中的主要成分为魔芋葡甘聚糖，是高分子量的天然多糖，可完全生物降解。魔芋葡甘聚糖为二维结构，含有羟基、酰基等亲水性基团，有极好的吸水溶胀而不溶解的性质和很高的黏度，具有优良的成膜性。魔芋精粉经化学改性后，改善了其黏度和溶解性，使其成膜性质和加工性能更好。文献报道了糊精用于种子包衣。

文献用羟甲基纤维素钠为成膜剂，加入纳米级的锌为功能组分，硫为杀菌剂、呋喃威为杀虫剂，制备的种衣剂可以有效提高小麦的产量和品质。文献报道了用纤维素混合物用作成膜剂的种衣剂制备。以甲基纤维素、羟乙基纤维素和羟丙基甲基纤维素中任意两者的混合物作为成膜剂，发现羟丙基甲基纤维素和甲基纤维素，或者羟丙基甲基纤维素和羟乙基纤维素混合起来效果好，混合的比例以8：1到4：1为最佳。当用于杀虫剂为吡虫啉和百树菊酯，杀菌剂为多菌灵和克菌丹的种衣剂时，具有干燥速度快、包膜均匀且坚固、毒性小、对非目标生物安全、能调节植物生长而达到增产等优点。文献报道了用纤维素衍生物，例如甲基纤维素、乙基纤维素和甲基纤维素羧酸钠等作为成膜剂，加入农药活性组分以及包括吸水剂在内的多种助剂制备成的种衣剂可用于芹菜、洋葱、西兰花等种子的包衣。

文献公开了一种改性植物油脂用作种子包衣材料，其包衣过程、种子储藏和播种后，均不会对环境造成污染。通过调整改性植物油脂包膜材料、配比和加工工艺，可控制外界水分进入种子的速度和种子的萌发时间。该方法对作物早播、低温烂种、种子储藏、种子延迟发芽和农药缓释等具有良好的应用价值。改性的植物油脂包括花生、熟桐油、未精炼或精炼蓖麻油、亚麻油、花生油、大豆油中的一种或多种混合物，改性剂包括固化剂、催干剂、稀释剂中的一种或多种混合，固化剂为含异氰酸根的原料。文献报道了传统的石蜡热熔后作为包衣剂，由于温度不易控制，会伤害种子；而用松子油以及改性的松子油脂作为包衣材料使用，可以很好地解决该问题。

文献公开了一种以玉米蛋白为成膜剂，从葡萄柚种子提取的天然抑菌成分为杀菌活性物质制备的涂膜杀菌保鲜剂。该产品在具有杀菌保鲜作用的同时还可食用，是一种安全、无毒、无污染的涂膜杀菌保鲜剂。其制作方法为：将玉米蛋白50～150mL和/或大豆分离蛋白与无菌水混合，然后在超声振荡器中混匀，离心取上层清液，将山梨醇5～50g和/或虫胶加入到上述上清液中，90℃温度下水浴保持30min；冷却后，加入葡萄柚种子提取物0.5～50mL和/或金银花提取物，最后加无菌水至1L。

文献报道了氨基酸作为成膜剂制备的种衣剂不仅各项指标符合种衣剂标准，而且对玉米苗期生长发育有较好的促进作用，它克服了常规成膜剂只成膜而不提供营养的缺点，为

新型种衣剂的研究提供了理论依据。文献报道了用动物新鲜血液制成的凝胶状血液固形物，或者是用活性化合物进一步改性的血液固形物衍生物作为成膜剂。充分利用天然动物血资源，降低种衣剂成本并为种子提供充足的营养成分，改善了种衣剂与种子的黏合性和包衣膜的强度，又不影响发芽率，对种衣剂中有效成分具有控制释放的功能。文献报道了用干的动物血进行种子包衣的研究。

文献公开了一种含活性土的成膜剂及其用途。利用凹凸棒土与壳聚糖、聚丙烯酰胺复合材料作为成膜剂材料，3种材料通过协同作用并通过架桥、卷扫、网捕与农药、化肥一起对种子包衣。该方法可以使药和肥在出芽前通过包衣达到物理缓释的效果，出芽后主要通过絮凝吸附缓释。这种技术使种子包衣在土壤中脱落后，通过絮凝继续发挥作用，延长药和肥的缓释时间。这不仅继承了现有包衣技术的优点，而且使包衣功效从农作物的发芽期延长到其整个生长期。利于药效时间延长，使化肥释放速度与农作物吸收速度相符合，有效提高了药和肥的利用率。除农药外，其他材料无毒性、无污染，并可以降解、被植物微生物利用。文献报道了一种以凹凸棒土为成膜剂的种衣剂制备方法，其在悬浮种衣剂中占0.1%～1.8%。其制备方法如下：凹凸棒土原土和酸或酸式盐以质量体积比1：20～30混合，在沸水浴中加热2h，抽滤，并用水将滤饼洗至中性，滤饼在200℃烘箱中焙烧2h，球磨至300目，得到改性的凹凸棒土。所用到的酸或酸式盐为盐酸、硫酸、磷酸或磷酸二氢铵，酸或酸式盐的浓度为2～6mol/L。该成膜剂对环境友好，负载量可调，性能稳定，价格低廉，可调节种子生长微环境。文献报道了凹凸棒土通过化学改性、纯化和复合，得到具有高吸水性能的环境友好型成膜剂。将其加入到20%福美双·克百威悬浮种衣剂中，发现该成膜剂与20%福美双·克百威悬浮种衣剂中原有助剂相容性较好，当添加量为3.0%时，成膜时间为9.2min、包衣脱落率为8.7%、包衣均匀度为95.0%、包衣覆盖率为86.1%。用改性凹凸棒土作成膜剂的种衣剂包衣后种子的吸水能力提高，明显大于常规成膜剂的种衣剂包衣种子和未包衣种子的吸水能力，有利于种子的发芽和生长。浸种24h后，改性凹凸棒土作成膜剂的种衣剂的淋失率为13.29%，明显低于常规种衣剂成膜剂，相对于常规种衣剂成膜剂减少了近45.71%。

文献公开了以阿拉伯树胶为成膜剂材料，杀虫组分选自吡虫啉、辛硫磷和氰戊菊酯，杀菌组分选自多菌灵和福美双，用这些药剂制备的悬浮种衣剂用于超甜玉米包衣，可以提高其抗寒性，防治超甜玉米苗期病虫害，调控超甜玉米生长，并增加产量。

文献报道了用海藻酸钠作成膜剂，以莴苣中分离得到的铜绿假单胞菌LY-11为杀菌功能组分，用于防治作物上的立枯病和尻腐病，防效在70.4%～85.4%。文献报道了用0.5%海藻酸钠为成膜剂制备28%吡虫啉·多菌灵悬浮种衣剂，用正交设计方法，确定配方组成为15%吡虫啉、13%多菌灵、3.0%NP-6、2.0%明胶、5%乙二醇、1.0%农乳600#、3.0%高岭土、水补至100%，通过各项技术指标测定，符合悬浮种衣剂的标准要求。

天然产物用于成膜剂虽然具有环保、安全和良好生物相容性的优势，但是在用于种衣剂时，由于黏度偏大或者水溶性差等特性，导致成膜性能不佳，这限制了它们在种衣剂成膜剂中的广泛应用。松香、石蜡、石膏和黏土等一般只能用于种子的丸化剂。多糖类高分子及其衍生物、纤维素衍生物和海藻类物质由于黏度高、成膜性差、成膜速度慢，这些物质制备的种衣剂较难满足种衣剂质量控制指标的要求。以天然产物原料为母体，进行功能性的结构修饰，可保持天然产物成膜剂的优势，改善其不足之处，满足成膜剂在种子包衣方面的性能要求。

三、复配成膜剂在种子包衣中的应用

各种结构类型的成膜剂具有各自的优缺点，在成膜剂的实际应用过程中，为了达到良好的应用效果，会根据成膜剂的特点，加入不同品种和用量的成膜剂，以实现种衣剂的良好包衣效果。在复配成膜剂的具体应用中，包括天然产物与天然产物的复配、天然产物与人工合成化合物的复配、人工合成化合物与人工合成化合物的复配。

文献公开了以壳聚糖和腐殖酸钠为成膜剂，杀虫组分选自蒜素、筒篙素或烟碱，加入纳米级硫为杀菌剂，再加入植物生长调节剂和复合肥等，混合后用电喷雾干燥，再与粉煤按1：2～2：1的比例配合，制备出干粉型纳米种衣剂。

文献报道了甲壳寡糖盐和褐藻酸盐的复合物为成膜剂，将该复合物溶入0.1%～2%的醇水溶液制成含该复合物0.01%～5%（*w*/*V*）的醇水溶液，再加入粗的动植物蛋白、山梨酸及其盐类用作农作物种子浸种剂，用于冬小麦可以增产17%以上。

文献报道了用羟丙基甲基纤维素、羟乙基纤维素、聚醋酸乙烯酯和甲基纤维素中任意两者或三者的混合物做成膜剂，以吡虫啉和苯醚甲环唑作为有效成分制备得到小麦种衣剂。该种衣剂具有成膜速度快、包衣均匀而坚固、毒性低，对非靶标生物安全等特点，可有效防治麦类苗期的纹枯病、根腐病、赤霉病、条锈、叶锈、白粉病、蚜虫、灰飞虱和金针虫等多种小麦病虫害，对小麦苗期生长有显著的促进作用，可促进小麦增产，改善小麦品质。

文献报道了一种用于农作物种子的抗旱型复合种衣剂。用乙酸乙烯酯和聚乙烯醇作为成膜剂，除含有农药、微肥、微量元素、植物生长微肥之外，还含有高吸水性树脂，因而不仅能防治病虫害，促进作物生长，还具有显著防旱抗旱效果。应用效果显示，可以显著提高作物产量，小麦增产11.8%、玉米增产13.8%、棉花增产10%、花生增产20%。

文献公开了以糊精和聚乙烯醇作为成膜剂，印楝种子浸提油为杀虫组分，福美双为杀菌组分的种子处理剂，具有高效、低毒、低残留的特点，不污染农产品和环境，增效作用显著，可提高药剂在种苗上的保留率，从而提高防治效果。

文献报道了用黄原胶、甲基纤维素和聚乙二醇为成膜剂，活性组分为苏云金杆菌，提高了药剂在种子上的保留率，从而提高防治效果。具有无毒、无残留的特点，不污染农产品和环境。用于大豆种子包衣时，能促进植株生长，对大豆无药害，对大豆胞囊线虫具有良好的防治效果，对大豆的增产效果优于多福克悬浮种衣剂。

文献报道用改性淀粉、微聚纤维素、聚乙烯醇、聚乙二醇、聚苯丙乳液、聚乙烯吡咯烷酮和聚乙烯乙酸酯中的一种或多种作为成膜剂，可以制备得到多种农药的微囊悬浮种衣剂。用这种微囊悬浮种衣剂对种子包衣，播种后活性成分缓慢释放，因而能够延长活性成分的持效期。通过10%的氟虫腈・毒死蜱・苯醚甲环唑的微囊悬浮种衣剂与相同配方的常规种衣剂比较，发现种植28d后，用微囊悬浮种衣剂包衣作物的幼苗植株中氟虫腈和苯醚甲环唑的浓度分别达到1.16mg/kg和0.91mg/kg，而对照种衣剂的浓度分别为0.34mg/kg和0.43mg/kg，药物的持效性明显优于常规种衣剂。

文献报道了含聚乙烯醇和氧化淀粉–丙烯酸胺共聚物的复合成膜剂，配比是聚乙烯醇0.2～1.2份，氧化淀粉–丙烯酸胺共聚物由5份氧化淀粉与3.8～4.8份丙烯酰胺在0.1份过硫酸铵存在下聚合得到，制备方法是先将聚乙烯醇用部分水浸泡60～90min，在搅拌下加入氧化淀粉、丙烯酰胺和过硫酸铵，混合均匀，加热到80～90℃反应30～60min，加入剩余量水，搅拌均匀，冷却至室温，得到复合成膜剂。用该方法制备的成膜剂粘接牢度和均匀度显著提高，生产成本低、易降解、对环境危害小。

文献报道了甲基纤维素钠、海藻酸钠和聚乙烯醇的复配成膜剂的使用，它们的最佳配比为羧甲基纤维素钠：海藻酸钠：聚乙烯醇=1：2：1。将该复配成膜剂制备微胚乳玉米专用悬浮种衣剂，加入吡虫啉、多菌灵等功能成分，对玉米种子包衣后，可以加快种子的活化，促进种子萌发；同时在种子根系还未形成之时为其提供各种营养元素，加快种子本身的新陈代谢，使种子提前出苗，减少种子在土壤中的无效消耗；种子在土壤中及出苗后均有农药进行保护，可使其免受病虫害的侵害。用该方法配制的种衣剂同时适合其他由于营养不足或是发根困难而影响出苗的玉米品种。

文献报道了壳聚糖和聚乙烯醇复配为成膜剂，利用其遇水溶胀而不溶解的特性，以及与农药、植物生长调节剂、营养元素有良好兼容性等特点，制备得到水稻种衣剂。用该成膜剂的种衣剂处理水稻品种汕优63、T优7889、佳辐占、两优2173、特优7后发现，对种子发芽无不良影响，可以提高秧苗素质，虽然对水稻发芽率有所抑制，但是对出苗率、成秧率、秧苗素质有提升作用。研制的种衣剂有效防治苗期病虫害发生，与对照组比较，恶苗病发病率减少96%以上，苗瘟病减少50%～80%，稻蓟马发生率减少83.3%以上。

文献报道了以聚乙烯醇和壳聚糖为成膜剂，天然高分子低聚壳聚糖为杀菌成分，甘油为添加剂，制得一种可降解种衣剂。研究了低聚壳聚糖和甘油的质量分数、低聚壳聚糖脱乙酰度等条件对所制种衣剂共混膜的抗拉强度、伸长率及膜透气率等参数的影响。结果表明，在一定范围内共混膜的抗拉强度和伸长率随低聚壳聚糖和甘油质量分数增大而升高，膜透气率随低聚壳聚糖质量分数增大而降低，但随甘油质量分数的增大而提高。种衣剂制备的最佳配比为w（低聚壳聚糖）= 2%，w（聚乙烯醇）= 4%，w（甘油）= 0.5%，反应温度45℃，反应时间1h。该种衣剂具有良好的抑菌、杀菌、促进种子发芽作用，与空白对照组相比提高玉米种子发芽率21%；使用该种衣剂处理棉花种子，与常规拌种相比每100m^2产量可增加4.8kg。

文献报道了以水溶性聚合物聚乙烯醇（PVA）和水不溶性聚合物乙酸乙烯-乙烯共聚物（VAE）乳液为原料，采用溶液共混法制备了PVA-VAE共混膜，为农药成膜剂的制备开辟了新途径。用红外光谱、透射电镜和激光粒度仪测试，结果显示PVA溶液中的胶束被打开，体系的比表面积急剧增大，两相间的界面消失，说明共混体系分子间具有良好的相容性。透水性与耐水性测定结果表明，PVA-VAE的质量比为80：20、70：30和60：40时共混膜的性能适用于种衣剂用成膜剂。种子发芽试验显示，与单独使用PVA膜相比，引入适当比例VAE后，共混膜用于种子包衣后耐水性显著提高，渗水率适宜，对种子发芽无明显影响。

文献报道了用不同比例的聚乙烯醇（PVA）、羧甲基纤维素钠（SCMC）和钠基膨润土（Na-B）共混膜为成膜剂。应用试验结果表明：以质量浓度为2%PVA、1%SCMC和0.3%Na-B制得PVA/SCMC/Na-B共混膜，其成膜时间为7min、黏度为480mPa·s，对棉种的包衣均匀度为98%，包衣脱落率为0.15%，并具有良好的水溶性和吸水溶胀性。共混膜对微生物的生长及抑菌活性和种子发芽率几乎无影响，可以应用到新型绿色生物种衣剂的开发中。

文献报道应用壳聚糖和聚醋酸乙烯酯作为成膜剂，加入植物生长调节剂获得了一种安全、廉价和环境友好的种衣剂。相对传统种衣剂，该种衣剂明显促进种子发芽，提升水稻幼苗长势，增大作物根系，提高作物产量达25%以上。对鱼的急性毒性测试显示该种衣剂对环境安全。

文献报道了用聚丙烯酸钠与海藻酸钠，或者是羧甲基纤维素钠与淀粉钠的复合物作为成膜剂，加入福美双、甲霜灵等杀菌剂和微量元素等，用于处理辣椒苗期病害，可以降低辣椒上的立枯病、猝倒病、疫病、灰霉病等的发病率60%以上，还能明显提高发芽势。

文献报道了从聚乙二醇、聚乙烯醇、聚乙烯吡咯烷酮、羟乙基纤维素、聚醋酸乙烯酯和聚丙烯酰胺几种成膜剂中选择制备的复合成膜剂，加入内吸性杀菌剂、杀虫剂丁硫克百威和微量元素等，可以用于防治玉米、大豆、水稻和棉花等作物的蚜虫及多种地下害虫，兼治丝黑穗病、黑粉病、苗期立枯病及炭疽病等。

文献公开了一种魔芋种衣剂及其制备方法和包衣方法，成膜剂为海藻酸钠、聚乙烯醇、羧甲基纤维素钠、魔芋粉和黄原胶中的几种，抑菌剂为大蒜提取物，营养剂为含无机成分的营养液，生长调节剂为赤霉素和6-苄氨基腺嘌呤。助剂包括吐温80、脂肪醇聚氧乙烯醚、十二烷基磺酸钠、乙二醇、二甲基硅油。制备方法为：将助剂和成膜剂全部溶解后混合，冷却至室温，加入抑菌剂、营养剂和生长调节剂，加水定容后，用真空均质机均质后用于魔芋包衣。包衣方法是将魔芋种芋浸种后盛于镂空容器中，并浸入魔芋种衣剂中，全部浸没后，提起晾干。用该方法能显著降低种芋运输和播种中的的破损率，降低发病率，提高种芋的出苗率，进而提高魔芋产量。

文献报道了大豆用种衣剂成膜剂的筛选，以福美双为有效成分，对成膜剂羧甲基纤维素钠、淀粉、木质素磺酸盐等作为成膜剂进行了应用性能测试发现，复配后的成膜剂可以明显提高药剂在种子表面的附着能力，有效提高大豆种子的发芽率，防止种传、土传病害对植物种子和幼苗的侵害。

四、人工合成高分子成膜剂及其在包衣中的应用

作为成膜剂的人工合成高分子化合物包括两类，一类是均聚物，例如聚乙烯醇、聚醋酸乙烯酯、聚丙烯酸丁酯等，这类高分子在工业上应用广泛，易于制备，但是水溶性和成膜性等性能相对欠佳；另一类是共聚物，具有两种以上的单体进行聚合，例如苯乙烯和乙酸乙烯酯的聚合物，苯乙烯、丙烯酰胺和乙酸乙烯酯的聚合物等，这类化合物可以通过调节单体的种类和比例，改善它的水溶性和成膜性，是合成成膜剂研究的主要方向。

1. 聚乙烯醇作为成膜剂在种子包衣中的应用

（1）聚乙烯醇的物理化学性质　聚乙烯醇（简称PVA）：外观为白色粉末，相对密度为1.27～1.31（固体）和1.02（10%溶液）（25℃/4℃），熔点230℃，玻璃化温度75～85℃，在空气中加热至100℃以上慢慢变色、脆化。加热至160～170℃脱水醚化，失去溶解性，加热到200℃开始分解，超过250℃变成含有共轭双键的聚合物。当溶于水时为了完全溶解，一般需加热到65～75℃。不溶于汽油、煤油、植物油、苯、甲苯、二氯乙烷、四氯化碳、丙酮、乙酸乙酯、甲醇、乙二醇等，微溶于二甲基亚砜；120～150℃可溶于甘油，但冷却至室温时成为胶冻。

聚乙烯醇是一种用途相当广泛的水溶性高分子聚合物，具有廉价、无腐蚀性、毒性低、易成膜、皮膜平滑耐磨等优点。其主要性能有：

水溶性：PVA可溶于水，溶解度随温度升高而增大，但几乎不溶于有机溶剂。PVA水溶性随其醇解度和聚合度而变化，部分醇解和低聚合度的PVA溶解极快，而完全醇解和高聚合度PVA则溶解较慢。一般来说，醇解度对PVA溶解性的影响要大于聚合度对PVA溶解性的影响。PVA溶解过程分阶段进行，即亲和润湿—溶胀—无限溶胀—溶解。

成膜性：PVA易成膜，其膜的机械性能优良，膜的拉伸强度随聚合度、醇解度升高而增强。

粘接性：PVA有很好的粘接力，通常来说其粘接强度随聚合度、醇解度的提高而增强。

热稳定性：PVA粉末加热到100℃左右时，外观逐渐发生变化。部分醇解的PVA在190℃左右开始熔化，200℃时发生分解。完全醇解的PVA在230℃左右才开始熔化，240℃时分解。热裂解实验表明，聚合度越低，重量减少越快；醇解度越高，分解时间越短。

由于聚乙烯醇是由聚乙酸乙烯水解而得，产品的醇解度和平均聚合度对产品的物化性质有很大影响。所以通常用聚合度和醇解度来表述聚乙烯醇产品的牌号，如PVA-1788或PVA-1799。聚合度是衡量聚合物分子大小的指标，以重复单元数为基准，即聚合物大分子链上所含重复单元数目的平均值，以n表示。同一化学组成而聚合度不同的同系物的混合物聚合度平均值称为该混合物的平均聚合度。聚乙烯醇产品可分为超高聚合度（分子量25万～30万）、高聚合度（分子量17万～22万）、中聚合度（分子量12万～15万）和低聚合度（分子量2.5万～3.5万）。醇解度是指醇解后得到产品中羟基占原有基团的百分比。例如，原有基团（酯基）有100个，醇解后羟基为60个，那么醇解度就是60%。聚乙烯醇醇解度通常有3种，即78%、88%、98%。完全醇解的聚乙烯醇醇解度为98%～100%，部分醇解的醇解度通常为87%～89%。为了表示方便，常取聚乙烯醇产品聚合度的千、百位数放在前面，把醇解度的百分数放在后面，因而PVA-1788即表示该产品聚合度为1700，醇解度为88%，PVA-1799则表示该产品聚合度为1700，醇解度为99%。

（2）聚乙烯醇类成膜剂在种子包衣中的应用　聚乙烯醇产品基本均可以在95℃以下的热水中溶解，但由于聚合度、醇解度高低的不同，醇解方式等不同，在溶解时间、温度上有一定的差异，因此在使用不同品牌聚乙烯醇时，需要摸索溶解方法和时间。

样品溶解时，可边搅拌边将样品缓缓加入20℃左右的冷水中充分溶胀、分散和挥发性物质的逸出（切勿在40℃以上水中加入该产品直接进行溶解，以避免出现包状和皮溶内生现象），而后升温到95℃左右加速溶解，并保温2～2.5h，直到溶液不再含有微小颗粒，再经过杂质过滤后，即可备用。通常溶解时搅拌速度可控制70～100r/min，升温时，可采用夹套、水浴等间接加热方式，也可采用水蒸气直接加热；但是不可用明火直接加热，以免局部过热而分解。聚乙烯醇产品水溶液浓度一般在12%～14%以下；低醇解度聚乙烯醇树脂产品水溶液浓度一般可在20%左右。检验样品是否完全溶解的方法：取出少量溶液，加入1～2滴碘液，如果出现蓝色团粒状透明体，说明尚未完全溶解，如色泽能均匀扩散，说明已完全溶解。

样品完全溶解后，可以按照需求将聚乙烯醇水溶液作为成膜物质按比例添加到种衣剂中。

聚乙烯醇水溶液若长期存放，需在以下方面采取防护措施。防腐：聚乙烯醇水溶液中的水在长时间放置后会腐败，但不影响水溶液性能，此时应添加0.01%～0.05%（以PVA为基准）的苯甲酸钠、水杨酸或其他防腐剂。防锈：用铁器存放时，应添加微量弱碱，用铜器时应添加0.02%～0.05%（以PVA为基准）的亚硝酸钠，最好采用不锈钢、塑料容器。储存于通风、阴凉干燥处，远离火源。运输中应轻拿轻放，防止损坏包装。

另外在配制水溶液时，聚乙烯醇并不易起泡，但在溶液浓度高，转速快时，也会产生少量泡沫，为抑制泡沫，可添加消泡剂：0.01%～0.05%（以PVA为基准）的辛醇、磷酸三丁酯或0.2%～0.5%（以PVA为基准）的有机硅乳液。

聚乙烯醇水溶液对硼砂和硼酸很敏感，易引起凝胶化，当硼砂达到溶液质量的1%时，就会产生不可逆的凝胶化，铬酸盐、重铬酸盐和高锰酸盐也能使聚乙烯醇凝胶。

聚乙烯醇作为一种广泛应用的成膜剂产品，多篇文献报道了其用于种衣剂产品的开发。文献报道了用2%～5%的聚乙烯醇作为成膜剂，以克菌丹为活性组分制备的悬浮种衣剂可以用于玉米种子包衣。文献报道了在吡虫啉、多菌灵和植物生长调节剂作为有效组分的种衣剂产品中，以聚乙烯醇为成膜剂，开发的种衣剂产品对水稻黑粉病、棉苗炭疽病和麦蚜等均具有良好的防效。文献报道了用聚乙烯醇做成膜剂，配制含多菌灵和福美双的黄瓜种衣剂，可以广泛防治黄瓜的各种病害，提高种子发芽率，使黄瓜幼苗生长茁壮，提高黄瓜早期产量的30%以上，该种衣剂生产方法简单，安全无毒。文献报道了一种聚乙烯醇缩甲醛种衣剂（Z-PVF）的制备方法：在反应器中，加入聚乙烯醇、37%甲醛水溶液，用量质量比为7∶1.19～4.62。升温至70～90℃，搅拌溶解，聚合反应时间0.5～2h，得到用作种衣剂成膜剂的Z-PVF透明黏稠液。将该透明黏稠液兑蒸馏水，可得溶液含固量1% ～10%的Z-PVF种衣剂用成膜剂。研制的种衣剂中Z-PVF固含量在2.0%情况下使用，成膜性、粘牢度、溶胀率均良好，对大麦和小麦种子无毒害作用。

2. 共聚成膜剂在种子包衣中的应用

共聚物又称为共聚体，是由两种或者两种以上不同单体经聚合反应而得到的聚合物。共聚成膜剂是针对均聚物在诸如耐寒性、耐热性及稳定性等方面存在的不足，通过加入不同的单体提高产品性能，拓宽其应用范围。其中聚丙烯酸酯类产品应用较广泛，该类产品通常由单体、引发剂、乳化剂和交联剂等组成，由丙烯酸酯类、甲基丙烯酸酯类或乙酸乙烯酯等单体共聚而成。例如乙酸乙烯酯与丙烯酸丁酯共聚，可以有效地改善聚醋酸乙烯酯乳液的黏结性能；乙酸乙烯酯与甲基丙烯酸甲酯共聚，可以提高产品的强度和耐水性；乙酸乙烯酯与丙烯酸共聚，可以提高产品的耐热、耐溶剂性等等。

作为合成成膜剂研究的主要方向，多篇文献报道了相关种衣剂用成膜剂产品的研究。

文献报道了采用乳液共聚法，以2-丙烯酰胺基-2-甲基丙磺酸（AMPS，图7-4）为亲水性阴离子单体、苯乙烯（St）和丙烯酸丁酯（BA）为疏水性酯类单体，合成了水稻种衣剂用的AMPS/St/BA三元共聚成膜剂。考察了单体、引发剂、复合乳化剂和交联剂对成膜剂性能的影响。结果表明，在AMPS、引发剂和交联剂用量分别是单体量的4%、0.3%和3%，复合乳化剂用量是单体量的3%，乳化剂SDS和DNS-458的质量比为1∶3时，成膜剂的性能最佳。合成的成膜剂具有良好的耐水性和生物相容性，适用于制备耐水性要求较高的水稻种衣剂。应用性能测试显示，该类成膜剂具有较好的成膜和缓释功能，有较高的成膜强度、吸水性、耐水性及化学稳定性，与农作物有良好的生物相容性，种子包衣干燥后脱落率低，膜吸水膨胀透气而不被溶解，能缓慢释放活性成分，能营造适于植物、特别是作物根系生长发育的良好微环境。

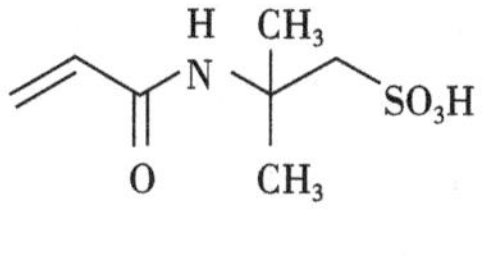

H　CH_3

N　SO_3H

O　CH_3

AMPS

图7-4　2-丙烯酰胺基-2-甲基丙磺酸

文献公开了一种用于种子包衣的成膜剂及其制备方法。该方法是将双丙酮丙烯酰胺与不饱和单体化合物进行共聚反应，得到的聚合物与二酰肼类化合物反应，得到用于种子包衣的成膜材料。其中用到的不饱和单体化合物为甲基丙烯酸甲酯、苯乙烯、乙酸乙烯酯、氯乙烯、马来酸酯、*N*-乙烯基吡咯烷酮、偏氯乙烯、丙烯腈、甲基乙烯基酮、甲基丙烯酸、丙烯酰胺、丙烯酸甲酯、丙烯酸乙酯、丙烯酸丁酯、丙烯酸-2-乙基己酯、*N*-

乙烯基咔唑和丁二烯中的一种或一种以上任意组合。用该方法制备的成膜剂具有良好的成膜性、耐水性、透气性和透水性等理化性能，用其进行种子包衣后，可以延缓药效，保护作物健康生长。应用性能试验结果显示，该类成膜剂的成膜剂时间在7min以下，包衣脱落率在0.4%以下，包衣均匀度在95%以上，包衣覆盖率在88%以上，综合性能优于聚乙烯醇成膜剂。

文献报道了一系列丙烯酰胺类成膜剂。应用乳液聚合的方法制备了该系列化合物，并且测试了它们的应用效果。在小麦、玉米和水稻中的应用效果显示，该类化合物不影响种子发芽率，对作物安全。用其配制的种衣剂成膜时间在6min以下，均匀度在90%以上，脱落率在2%以下，而且该类化合物还具有良好的吸水性，保证了用其制备的种衣剂具有良好的透水和透气性能。该系列成膜剂的结构如图7-5所示。

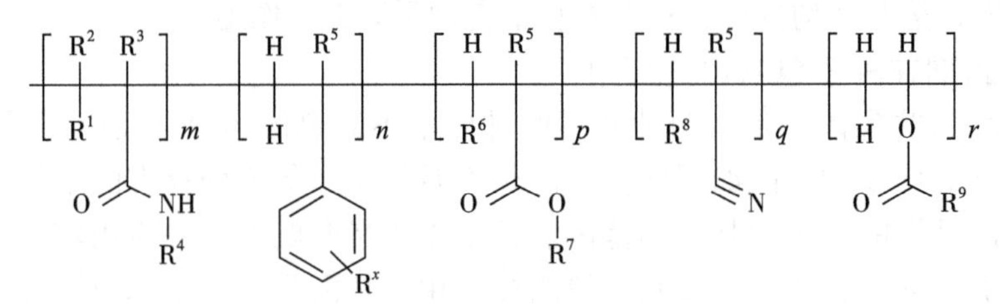

图7-5　某丙烯酰胺类成膜剂结构

文献报道了沈阳化工研究院有限公司开发的种子包衣成膜剂SYFMA001，应用性能优良。成膜剂SYFMA001的物理化学性能指标良好，用其制备了20%福美双·克百威悬浮种衣剂和0.25%戊唑醇悬浮种衣剂，研究了它们在玉米、大豆和小麦种子上的包衣效果，并测试了包衣后种子的发芽势和发芽率。发现成膜剂SYFMA001的外观良好，性能稳定，包衣效果良好，成膜时间小于5min，包衣脱落率小于2%，均匀度在90%以上。包衣后种子的发芽率试验结果显示：SYFMA001对玉米、大豆、小麦种子发芽率没有影响，与空白的对照种子相当。

文献合成了丙烯酰胺-丙烯酸丁酯-苯乙烯、顺丁烯二酸（酯）-丙烯酸丁酯-苯乙烯、乙酸乙烯酯-丙烯酸丁酯-苯乙烯、油酸-丙烯酸丁酯-苯乙烯、亚油酸-丙烯酸丁酯-苯乙烯和丙烯酸-丙烯酸丁酯-苯乙烯6类共聚物，11个成膜剂。通过应用试验发现，丙烯酸-丙烯酸丁酯-苯乙烯类成膜剂的速干性、成膜性、粘牢性等物理性能最佳，用其制备的吡虫啉悬浮种衣剂成膜时间短，包衣均匀度达到100%，将其应用到棉花种子的包衣上，发现对种子发芽有促进作用，棉种出苗率高，出苗整齐而健壮，苗期各项指标良好。

文献报道了对新合成的8个种衣剂成膜剂的物理性能进行测定，发现成膜剂干燥速度最快的可以达到10min，明显优于羧甲基纤维素钠。对8个成膜剂进行透气性、透水性、脱落率的筛选发现，两个测试的成膜剂具有良好的透气、透水性，包衣脱落率分别为0.90%和0.95%，各项性能均比市售成膜剂好。

成膜剂作为种子包衣技术的关键技术，随着种衣剂的生产和使用要求的不断提高，对成膜剂及其技术指标的要求也在不断提高。

第三节　成膜剂的分析方法

在成膜剂的开发、生产、分析和应用中，需要建立成膜剂的相关评价方法。成膜剂的分析检测目前尚没有国家或行业标准。这里根据文献报道对成膜剂的分析方法、主要包括成膜剂的物理化学性能和应用性能的测试方法予以归纳总结。物理化学性能包括pH值、黏度、分子量和有效含量等，对于以乳液形式存在的成膜剂，还涉及乳液稳定性和抗冻性等。应用性能主要是将成膜剂应用到种衣剂后的包衣性能，例如成膜时间、均匀度、脱落率、种子安全性和包衣外观等。

一、物理化学性能的分析方法

1. pH值

pH值作为一项重要的指标，测试方法参照GB/T 1601—93《农药pH值的测定方法》进行。

pH计校正：将pH计的指针调整到零点，调整温度补偿旋钮至室温，用pH标准溶液校正pH计，重复校正，直到两次读数不变为止。再测量另一pH标准溶液的pH值，测定值与标准值的绝对差值应不大于0.02。

试样溶液的配制：称取1g（精确到0.01g）试样于烧杯中，加入100mL水，剧烈搅拌1min，静置1min。

测定：将电极插入试样溶液中，测其pH值。至少平行测定3次，测定结果的绝对差值应小于0.1，取其算术平均值即为该试样的pH值。

2. 黏度

测试方法参照NY 621—2002《多·福·克悬浮种衣剂》中“4.7黏度的测定”进行。

使用数字式旋转黏度计，选择适宜的转子，在30r/min转速下，对试样的黏度进行测定。

3. 分子量

分子量测定通过特性黏度间接来测定，特性黏度与分子量之间的关系由包括两个参数的Mark–Honwink经验式来描述：

$$[\eta]=KM^{\alpha} \tag{7–1}$$

式中 $[\eta]$——特性黏度；

K——常数，是与体系关系不大而只依赖于温度的数值；

M——分子量；

α——常数，是与分子量有关的数值，在无规线团形态的高分子良溶剂中的溶液，通常的情况是$1>\alpha>1/2$，当溶液中加入不良溶剂，α逐渐减少，到接近沉淀点时，α总是接近1/2。

K和α的值由实验来确定。

4. 密度

成膜剂多数是液体，密度测定主要使用密度计进行。在没有密度计的情况下，可采用如下的常见方法进行。器材：天平和砝码、量筒、烧杯、成膜剂。测试步骤：用天平测量烧杯和成膜剂的总质量m_1，然后向量筒中导入一定体积的成膜剂，用天平测量烧杯和剩余成膜剂的质量m_2，计算量筒中成膜剂的质量$m=m_1-m_2$，读出量筒中成膜剂的体积V，根据$\rho=m/V$得到成膜剂的密度。

5. 成膜剂含固量

对于以乳液或者溶液形式存在的成膜剂，其中的含固量反映了成膜剂的有效含量。选择合适的载玻片，称其质量为m_0，然后称取一定量成膜剂均匀涂于载玻片，称其质量为m_1。将涂有成膜剂的载玻片置于50℃的烘箱中，恒重后取出称其质量为m_2，计算得到成膜剂含

固量为 $x=\frac{m_2-m_0}{m_1-m_0}\times100\%$。

6. 成膜剂透过率

将成品膜置于自制平面膜分离器内压紧，其有效膜面积为36.3cm^2，倒入亚甲基蓝或酸性红染料溶液为分离液，真空抽滤，收集透过液，根据透过液的体积（mL）和透过时间来计算透过通量。测量脱色前后溶液的吸光度计算膜的脱色率。

① 透过通量（J）

$$J[mL/(cm^2\cdot h)]=V/(St) \quad (7-2)$$

式中 V——透过液的体积，mL；

S——膜的有效面积，cm^2；

t——为时间，h。

② 脱色率

$$脱色率（\%）=（A_0-A）/A_0\times100 \quad (7-3)$$

式中 A_0——原溶液吸光度；

A——透过液吸光度。

7. 抗冻性

移取成膜剂乳液3mL装入安瓿瓶中，酒精喷灯封口。将安瓿瓶在-28℃放置24h后，在室温下解冻。再次进行冷冻-解冻试验，反复操作3次，解冻后观察样品的性状。

8. 低温稳定性

移取成膜剂乳液3mL装入安瓿瓶中，酒精喷灯封口。将安瓿瓶在0℃放置7d后，观察样品的性状。

9. 热储稳定性

移取成膜剂乳液3mL装入安瓿瓶中，酒精喷灯封口。将安瓿瓶在（54±2）℃放置14d后，观察样品的性状。

10. 成膜性

将合成的成膜剂于2cm×10cm载玻片上流延成膜，膜厚0.08mm。成膜性分三级考察：能够均匀成膜且膜能从载玻片上完整拿下为+；能够均匀成膜但膜不能完整刮下的为0；玻璃板上不能均匀成膜为-。

11. 吸水率

称取载玻片质量M_0，称取成膜剂乳液1.00g，在载玻片上流延成膜，于50℃烘至恒重，然后记录载玻片和成膜剂的质量M_1，将上面有固化成膜的载玻片放在盛有蒸馏水的500mL烧杯中，确保所有固化成膜剂均在液面以下，浸泡72h后，取出后放在柔软的纸上，将表面的水晾干，称重得到质量M_2。

$$吸水率（\%）=(M_2-M_1)/(M_1-M_0)\times100 \quad (7-4)$$

12. 溶解度

溶解度测试方法报道有两种，一种是面积法，另一种是重量法。

面积法：成膜剂在2cm×10cm的载玻片上流延成膜干燥后，浸入20℃水中。18h后计算载玻片上膜溶解面积。

重量法：称取载玻片质量M_0，称取成膜剂乳液1.00g，在载玻片上流延成膜，于50℃烘至恒重，然后记录载玻片和成膜剂的质量M_1，将上面有固化成膜的载玻片放在盛有蒸馏水的500mL烧杯中，确保所有固化成膜剂均在液面以下，浸泡72h后，取出后放在柔软的纸上，将表面的水晾干，再于50℃烘至恒重后，称重得到质量M_2。

$$溶解度（\%）=(M_1-M_2)/(M_1-M_0)\times 100 \quad (7-5)$$

13. 溶胀率

成膜剂在2cm×10cm载玻片流延成膜，干燥后称重，浸入水中6h后再称重，溶胀率Q_w按下式计算：

$$Q_w=(W-W_0)/W_0\times 100\% \quad (7-6)$$

式中 W_0——干膜重，g；

W——湿膜重，g。

14. 初干粘牢性

文献报道了初干粘牢性的测试方法，种衣剂在种子上包衣后，经10min初干，观察种子粘连情况。90%以上种子初干不粘连成团为++；70%～90%种子初干不粘连成团为+；50%～70%种子初干不粘连成团为0；50%以上粘连成团为-。

也有文献报道直接测试成膜剂成膜后的性能，为实际应用提供参考。

15. 脱乙酰度

壳聚糖作为应用最广泛的天然产物成膜剂，具有许多独特的性能，其中脱乙酰度（DD）是其主要的物性指标，一般用碱量法测定。准确称取0.2～0.3g成膜剂样品，置于250mL锥形瓶中，加入0.1 mol/L的盐酸标准溶液20mL，使试样溶解成澄清胶体状溶液。加入2～3滴甲基橙-苯胺混合指示剂（两者浓度均为0.1%，体积比为1：2），此时溶液呈紫色。然后用0.1mol/L的氢氧化钠标准溶液滴至黄绿色为终点。另取一份成膜剂试样置于105℃烘箱中，烘至恒量，测定水分。用下式计算壳聚糖中脱乙酰度的百分含量。

$$自由氨基的含量[w(—NH_2)]=\frac{(c_1V_1-c_2V_2)\times 0.016}{G}\times 100\% \quad (7-7)$$

$$DD=\frac{w_{(—NH_2)}}{9.94\%}\times 100\% \quad (7-8)$$

式中 c_1——标准盐酸溶液的浓度，mol/L；

c_2——标准氢氧化钠溶液的浓度，mol/L；

V_1——标准盐酸溶液的用量，mL；

V_2——滴定用去氢氧化钠标准溶液的量，mL；

G——试样质量，g；

0.016——与1mL的1mol盐酸溶液相当的氨基量，g；

9.94%——理论氨基含量；

$w_{(—NH_2)}$——自由氨基的含量。

也有文献报道用直接紫外光谱法来测定壳聚糖的脱乙酰度，称取约10～20mg壳聚糖样品于100mL容量瓶中，加入0.01mol/L的HCl溶液10mL，全部溶解后，用去离子水稀释至刻度，摇匀，以0.001mol/L的HCl溶液做参比液，测定其在192nm处的吸光度。最大吸光度与乙酰基浓度的关系为$A=17c$，脱乙酰度的计算公式为：

$$DD=100\%-样品中乙酰基浓度/样品浓度\times 100\% \quad (7-9)$$

文献介绍了胶体滴定法、电位滴定法、银量滴定法和苦味酸法，均可以用来测试甲壳素脱乙酰度。

二、成膜剂应用性能的测试

成膜剂的应用性能主要是使用该成膜剂的种衣剂相关性能，其中主要包括成膜时间、包衣均匀度、包衣脱落率和覆盖率等。成膜剂的另外一项重要应用性能是将其加入药剂中进行包衣后的种子包衣外观，目前没有量化的测试指标，但是一般要求种子包衣均匀，包衣外观具有光泽感。

1. 成膜时间

将包衣均匀的种子倒在干净的纸面上，观察其表面，待固化成膜，不粘手，计算所需的成膜时间。

2. 包衣均匀度

参照NY 621—2002《多·福·克悬浮种衣剂》中“4.9包衣均匀度的测定”进行。分别将一定粒数的包衣种子，用一定量的乙醇萃取，测定萃取液的吸光度，计算出试样包衣均匀度。

随机取测定成膜性合格的包衣种子100粒，分别置于25个10mL带盖离心管中（每个离心管中4粒种子），在每个离心管中，用移液管准确加入2～5mL乙醇（吸光度在线性范围内），加盖，振摇萃取15min后，静置并离心得到澄清的溶液，以乙醇作参比，在最大吸收波长下，测定其吸光度A。

将测得的25个吸光度数据从小到大进行排列，并计算出平均吸光度值为A_0。试样包衣均匀度X_3(%)，按下式计算：

$$X_3=n/25\times100=4n \quad (7\text{-}10)$$

式中 n ——测得吸光度A在0.7～1.3A_0范围内包衣种子数；

25——总离心管数。

3. 包衣脱落率

参照NY 621—2002《多·福·克悬浮种衣剂》中“4.10包衣脱落率的测定”进行。称取一定量的包衣种子，置于振荡仪上振荡一定时间，用乙醇萃取，测定吸光度，计算其脱落率。

称取10g（精确至0.002g）测定成膜性合格的包衣种子两份，分别置于三角瓶中。一份准确加入100mL乙醇，加塞置于超声波清洗器中振荡10min，使种子外表的种衣剂充分溶解，取出静置10min，取上层清液为溶液A；将另一份置于振荡器上，振荡10min后（250r/min），小心将种子取至另一个三角瓶中，按溶液A的处理方法，得溶液B。以乙醇作参比，在最大吸收波长下，测定其吸光度A。

包衣后脱落率X_4(%)，按下式计算：

$$X_4=\frac{A_0/m_0-A_1/m_1}{A_0/m_0}\times100=\frac{A_0m_1-A_1m_0}{A_0m_1}\times100 \quad (7\text{-}11)$$

式中 m_0——配制溶液A所称取包衣后种子的质量；

m_0——配制溶液B所称取包衣后种子的质量；

A_0——溶液A的吸光度；

A_1——溶液B的吸光度。

4. 淋失率

淋失率是衡量种衣剂成膜效果好坏的一个重要指标，目前最常用的方法液相色谱法。

将添加成膜剂的种衣剂进行种子包衣，待种子上膜衣完全固化后置于带塞广口瓶中，加入200mL的蒸馏水于广口瓶中，然后在30℃的培养箱中分别浸种24h、48h和72h作为3个处理样。每个处理重复3次。将不同处理的浸提液准确吸取50g，在55～60℃下减压蒸馏（70mmHg，1mmHg=133.322Pa）至水分蒸发完全，将蒸馏瓶内析出物用无水甲醇少量多次洗脱、转移，并定容至50mL，在10mL容量瓶中，用45μm孔径滤膜过滤后应用高效液相色谱测定有效组分的含量X。

淋失率（%）=（浸种前包衣种子重量-浸种后包衣种子质量）/（种子上包被的种衣剂中各有效组分质量）×100%

上述文献中用液相色谱方法测定的淋失率比较模糊。对于含有钾元素的种衣剂，其淋失率可以用火焰原子吸收法测定，该方法具有速度快、成本低、操作简单、灵敏度高、准确度高和容易普及等优点。并且由于有效组分在水溶液中的稳定性较差，火焰原子吸收法还能克服高效液相色谱法测定在水溶液中的溶解淋失率时不能包括已溶解部分的弱点。也有文献报道用气相色谱-质谱联用仪和紫外分光光度法测定淋失率。

5. 种子发芽率试验

按照GB/T 3543.4—1995《农作物种子检验规程　发芽试验》进行。

第四节　成膜剂实验室制备实例

1. 制备实例

文献合成了一种用于种子包衣的成膜剂：以2-丙烯酰胺-2-甲基丙磺酸（AMPS）为亲水性阴离子单体，与疏水性酯类单体VAc和BA共聚，合成种衣剂用AMPS/VAc/BA三元共聚成膜剂。

实例1　将一定量的单体混合均匀后，取2/3混合单体，并加入一定量的乳化剂和水，乳化10min后，转入带有搅拌器、分液漏斗和回流冷凝器的三口烧瓶中；将三口烧瓶置于80℃水浴中，开动搅拌器并保持恒温，然后加入2/3引发剂；当反应液出现蓝光且冷凝管中回流量变大时，说明乳液开始聚合，此时缓慢滴加剩余的单体和引发剂，待其滴加完毕（约1h）时继续保温1h；出料，用氨水中和，得到乳白色带蓝光乳液。

文献报道了一系列丙烯酰胺类成膜剂，应用乳液聚合的方法制备了该系列化合物，并且测试了它们的应用效果。

实例2　称取一定量的苯乙基苯酚聚氧乙烯聚氧丙烯醚、烷基酚甲醛树脂聚氧乙烯醚以及壬基聚氧乙烯醚硫酸钾，加入适量水，室温搅拌30min，然后升温至80℃，称取一定量丙烯酸、丙烯酰胺、苯乙烯、丙烯酸乙酯、丙烯腈置于反应瓶中，加入适量过硫酸铵和水，在80～90℃反应3h，得到具有蓝色荧光的均匀乳液。

实例3　称取一定量醇醚磷酸酯、三苯乙基苯酚聚氧乙基醚、十二烷基苯磺酸钙、十二烷基苯酚聚氧乙烯醚硫酸钠，加适量水，室温搅拌20min，然后升温至70℃，称取一定量马来酸单乙酯、*N*-（羟基乙基）丙烯酰胺、苯乙烯、丙烯酸乙酯、马来酸二乙酯，加入适量过硫酸铵和水，升温至85℃，在85～95℃时反应5h，得到具有蓝色荧光的均匀乳液。

实例4　称取一定量烷基酚甲醛树脂聚氧乙烯醚、十二烷基苯磺酸钙，加入适量水，室温搅拌30min，然后升温至85℃，称取一定量2-甲基丙烯酸、丙烯酰胺、*α*-甲基苯乙烯、乙酸乙烯酯、马来酸二乙酯、丙烯酸-2-羟基乙酯加入到反应瓶中，然后加入适量过硫酸铵和水，升温至95℃，在95～105℃下反应4h，得到具有蓝色荧光的均匀乳液。

文献公开了一种用于种子包衣的成膜剂及其制备方法。该方法是将双丙酮丙烯酰胺与不饱和单体化合物进行共聚反应，得到的聚合物与二酰肼类化合物反应，得到用于种子包衣的成膜材料。

实例5　在带有搅拌的250mL三口瓶中加入适量双丙酮丙烯酰胺、甲基丙烯酸甲酯、过氧化苯甲酰、苯乙基苯酚聚氧乙烯丙烯醚、乙二胺和去离子水，开动搅拌，加热并控制反应温度在70℃，搅拌2h 后得中间体双丙酮丙烯酰胺与甲基丙烯酸甲酯的共聚物，向体系中继续滴加适量10%已二酰肼水溶液，继续搅拌30min，停止反应，即得黏稠状成膜剂产品。

实例6　在带有搅拌的250mL 三口瓶中加入一定量双丙酮丙烯酰胺、苯乙烯、过氧化苯甲酰、十二醇聚氧乙烯醚、丙二胺和去离子水，开动搅拌，加热并控制反应温度在50℃，搅拌2h 后得中间体双丙酮丙烯酰胺与苯乙烯的共聚物，向体系中继续滴加适量10%丁二酰肼水溶液，加料并继续搅拌1h，停止反应，即得黏稠状成膜剂产品。

2. 小结

成膜剂在种子包衣中可以有效提高黏着性，保证农药等功能组分均匀地被包裹在种子表面，同时保持合理的透水透气性，提高种子的抗旱性和抗低温冻害，延长杀菌剂、杀虫剂等功能组分对有害微生物的作用期限，保护和促使种子顺利发芽，在幼苗期免受病虫害的侵害，保证作物苗壮成长，最终提高粮食产量。

我国人多地少，粮食安全始终是关系国民经济发展、社会稳定和国家自立的全局性重大战略问题。先进的农业技术是在有限的土地上实现粮食稳产、增产的保障。种衣剂技术作为一种有效保护种子发芽和幼苗期植株的手段，其发展和应用市场将持续增长，因此对种衣剂用成膜剂品质的要求也将持续提高。

参考文献

[1] http://www.cnagri.com/show-281877-1.html.

[2] 杨冬梅，缪进康，黄明智．天然生物材料——甲壳素和壳聚糖的开发及应用．化学工业与工程，1999，16（6）: 335-340.

[3] 那海秋，刘宝忠，张德智．壳聚糖的性质、制备及应用．辽宁化工，1997，26（4）: 194-196.

[4] 林炎平．壳聚糖的结构、性质和应用．化学工程师，1998（68）: 33-35.

[5] 严俊．甲壳素的化学和应用．化学通报，1984（11）: 26-28.

[6] 蒋挺大．甲壳素．北京：化学工业出版社，2005: 22.

[7] 董炎明，袁清．生物高分子液晶的新家族-甲壳素及其衍生物．高分子通报，1999（4）: 48-56.

[8] 李德鹏，谭绩业，丁仕强，等．壳聚糖溶液性质的研究．大连大学学报，2002，23（6）: 5-8.

[9] 夏文水，吴炎楠．甲壳素/壳聚糖水解酶的研究进展．中国海洋药物，1997（2）: 31-35.

[10] 索一婷，曲琪环，于娟娟．壳聚糖的提取来源及方法研究．吉林农业，2011（4）: 343-344.

[11] 陈玉铭，朱明生，姚敏杰，等．壳聚糖制备研究报告．江苏食品与发酵，1991（1）: 1-8.

[12] 杨遒嘉，郑显明．桑白皮中壳聚糖的分离与鉴定．天然产物研究与开发，1999，11（5）:38-40.

[13] 陈玉平．壳聚糖及其衍生物的制备研究［D］．南京：南京理工大学，2006.

[14] 周安娜，张文艺，张国栋．壳聚糖制备新工艺及生产废水处理．合成化学，2003，11（2）: 163-167.

[15] 王传芬．从废菌丝体中提取壳聚糖的研究．中国酿造，2009，10（1）: 123-126.

[16] 张涛，余蒙，李灵玲．从日本根霉中提取壳聚糖的初步研究．食品与发酵工业，2004，30（12）: 66-70.

[17] 谭天伟，王炳武，陈鹏．生物法生产壳聚糖．精细与专用化学品，2000（21），14-15.

[18] 徐宁彤，曲琪环，周玉岩，等．从蝇蛆壳中提取壳聚糖．饲料博览，2006，7（1）: 32-34.

[19] 姜传福．壳聚糖在环境污染防治上的应用．锦州师范学院学报，2001（4）: 33.

[20] 彭益强，徐锦海，高超，等．从几种真菌中提取几丁质和壳聚糖的研究．福建化工，2000（04）: 10-14.

[21] 倪红，陈怀新，杨艳燕，等．桑蚕蛹甲壳素及壳聚糖的提取与制备工艺研究．湖北大学学报（自然科学版），1998，20（1）：94–96.

[22] 樊明涛．蚕蛹壳聚糖制备技术研究[D]．杨凌：西北农林科技大学，2009.

[23] 王敦，胡景江，刘铭汤．从蟋坪中提取壳聚糖的研究．西北林学院学报，2003，18（3）：79–81.

[24] 王敦，胡景江，刘铭汤．从金龟子中提取壳聚糖的研究．西北林学院学报，2003，31（41）：127–130.

[25] 张亦飞．壳聚糖制备工艺改进．精细化工，1996，13（4）：50–52.

[26] 居红芳．微波新技术制备壳聚糖的研究．常熟高专学报，2004，18（4）：56–59.

[27] 李方，刘文广，薛涛，等．烷基化壳聚糖的制备及载药膜的释放行为研究．化学工业与工程，2002，19（4）：281–285，339.

[28] 汪敏，李明春，辛梅华，等．*N*–烷基化壳聚糖的相转移催化制备．中国医药工业杂志，2004，35（12）：716–719.

[29] 辛梅华，李明春，兰心仁，等．微波辐射相转移催化制备高取代*N*–烷基化壳聚糖．应用化学，2005，22（12）：1357–1359.

[30] 梁升，纪欢欢，李露，等．离子液体中均相合成*N*–乙酰化壳聚糖及其性能研究．青岛科技大学学报（自然科学版），2010，31（2）：129–132.

[31] Akari M, Yoshio S, Hisashi O, et al. Pervaporation Separation of Water/Ethanol Mixtures through Polysaccharide Membranes. I. The Effects of Salts on the Permselectivity of Cellulose Membrane in Pervaporation. Journal of Applied Polymer Science, 1989, 37（12）：3357–3374.

[32] 叶菊招，冯冰凌，郎雪梅，等．壳聚糖的制备、成膜及其影响因素的研究．高分子材料科学与工程，1997，13（11）：139–143.

[33] 刘勇，郭立民．壳聚糖的化学改性研究及应用．延安教育学院学报，2001（4）：56–57，64.

[34] 刘越，黄家兰．壳聚糖膜的制备及性能研究．武汉科技学院学报，2009，22（5）：23–26.

[35] 于义松，李文俊，于同隐．壳聚糖膜对醇–水混合液的渗透汽化分离．膜科学与技术，1990，10（1）：60–65.

[36] 郑化，杜子明，余家会，等．交联壳聚糖膜的制备及其性能的研究．高等学校化学学报，2000，21（5）：809–812.

[37] Young M L, Sang Y N, Dong J W. Pervaporation of Ionically Surface Crosslinked Chitosan Composite Membranes for Water–alcohol Mixtures. Journal of Membrane Science, 1997, 133（1）, 103–110.

[38] Wang Y, Yang J X, Qiu K Y. Studies of Graft Copolymerization onto Chitosan. Acta Polymerica Sinica, 1994, 2: 188–195.

[39] 杨建平．壳聚糖接枝丙烯酰胺的研究．宁波大学学报，1997，10（2）：58–62.

[40] 马贵平．壳聚糖的化学改性及其作为生物医用材料的制备和性能研究[D]．北京：北京化工大学，2009.

[41] 袁春桃，蒋先明，谭凤姣，等．$NH_2OH\cdot HCl$–H_2O_2引发壳聚糖接枝丙烯腈共聚合的研究．化工技术与开发，2002，31（4）：8–10.

[42] 杨靖先，辛修明．甲壳质接枝反应的研究Ⅱ–甲壳质与丙烯腈的接枝聚合．山东海洋学院学报，1987，17（2）：62.

[43] 巫拱生，崔建国，张国．APS–STS及Cep–（4^+）引发丙烯腈与壳聚糖的接枝共聚反应．石油化工，1994，23（10）：651–656.

[44] 郑良华，杨建平．壳聚糖接枝丙烯腈制备高吸水性树脂．石油化工，1991，20（10）：687–691.

[45] 钟伟，葛昌杰，陈新，等．丙烯酸交联壳聚糖渗透汽化膜研究–膜结构及交联机理．高等学校化学学报，1996，9（3）：470–473.

[46] Kjimo K, Yoshikuni M S, Suzuki T. Tributylborane–Initiated Grafting of Methy Methacrylate onto Chitin. Appl Polym Sci, 1979，24: 1587–1593.

[47] Shigeno Y, Kondo K, Takemoto K. Functional Monomers and Polymers. 90 Radiation–Induced Graft Polymerization of Styrene onto Chitin and Chitosan. Journal of Macromolecular Science: Part A– Chemistry, 1982, 17（4）：157–583.

[48] Shigeno Y, Kondo K, Takemoto K. et al. On the Adsorption of Bromine onto Chitosanet. Die Angewandte Makromolekulare Chemie, 1980, 90（1）：211–215.

[49] Shigeno Y, Kondo K, Takemoto K. et al. On the Adsorption of Iodine onto Chitosan. Journal of Applied Polymer Science, 1980, 25（5）：731–738.

[50] 李文俊，潘文森，唐颖．壳聚糖膜结构与乙醇/水混合液的渗透汽化性能．高等学校化学学报，1992，13（3）：415.

[51] 范国枝．水溶性壳聚糖的制备．应用化工，2004，33（5）：29–30.

[52] 陈江华，廖青．降解制高性能水溶性壳聚搪的工艺研究．天津化工，2004，18（1）：7–9.

[53] 李邦良，高士瑛，乔新惠，等．甲壳低聚糖的制备与分析．中国生化药物杂志，1999，20（6）：292.

[54] 卢风琦，王春香．低分子量壳聚糖的研制．中国生化药物杂志，1997，18（4）：178.

[55] 严淑兰，陆大年．壳聚糖降解研究．化工新型材料，2001，29（12）：21.

[56] 胡思前．微波条件下制备水溶性壳聚糖的研究．高等函授学报（自然科学版），2004，17（2）：10–12.

[57] 周孙瑛，陈盛，唐成．壳聚糖的超声波降解．海峡药学，2002，14（3）：5.

[58] 金钦汉. 微波化学. 大学化学，2001，16（1）: 32-36.
[59] 金鑫荣，柴平海，张文清. 低聚水溶性壳聚糖的制备方法及研究进展. 化工进展，1998（2）: 17-21.
[60] 丁盈红，李若琦. 黴波辐射快速制备水溶性壳聚糖. 中国生化药物杂志，2002，23（3）: 132.
[61] 王吉尤. 利用微波技术从黑曲霉提取壳聚糖的研究. 石化技术，2001，8（4）: 222.
[62] 刘鹏飞，刘西莉，张文华，等. 壳聚糖作为种衣剂成膜剂应用效果研究. 农药，2004，43（7）: 312-314，335.
[63] 朱治平. 包衣种子及它的制备方法: CN 1221554. 1999-07-07.
[64] 王爱勤，阎志宏. 种子天然包衣剂及其制备方法: CN 1367197. 2002-09-04.
[65] 刘鹏飞，刘西莉，张文华. 壳聚糖作为种衣剂成膜剂应用效果研究. 科技与开发，2004，43（7）: 312-314，335.
[66] 曲琪环. 一种无公害种子包衣剂及其制备方法: CN，101049109. 2007-10-10.
[67] 杨桦. 种衣剂在林木种子上应用及壳聚糖作为种衣剂抗性添加剂的研究［D］. 成都: 四川农业大学，2008.
[68] Zeng D F, Zhang L. A Novel Environmentally Friendly Soybean Seed-coating Agent. Acta Agriculturae Scandinavica, Section B: Soil & Plant Science, 2010, 60（6）: 545-551.
[69] 战欣欣，王百田. 正交试验法筛选新型种衣剂配方试验. 北方园艺: 2009（7）: 22-25.
[70] 李薇. 中药-壳聚糖复合型种衣剂对玉米生长发育的效应研究［D］. 哈尔滨: 东北农业大学，2008.
[71] 颜汤帆. 木霉菌生物型种衣剂及其防病机理的研究［D］. 长沙: 湖南农业大学，2010.
[72] 刘显元. 不同药剂拌种对大豆根腐病的防治效果. 黑龙江农业科学，2011（4）: 67-68.
[73] Lee A H, Pullman W. Method for Treating Cereal Crop Seed with Chitosan to Enhance Yield Root Growth, and Stem Strength: US 5104437. 1992-04-14.
[74] Lee A H, Pullman W. Method for Treating Cereal Crop Seed with Chitosan to Enhance Yield Root Growth, and Stem Strength: US 4886541. 1989-12-12.
[75] Lee A H, Pullman W. Method for Treating Cereal Crop Seed with Chitosan to Enhance Yield Root Growth, and Stem Strength: US 4978381. 1990-11-18.
[76] 陆引罡，钱晓刚，彭义，等. 壳寡糖油菜种衣剂剂型应用效果研究. 种子，2003（4）: 38-39，92.
[77] 隋雪燕，金鑫荣，张文清，等. 一种含壳聚糖蔬菜种子包衣剂: CN 1363215. 2002-08-14.
[78] 周永国，齐印阁，张智猛，等. 壳聚糖类种衣剂对小麦某些生理特性及产量的影响. 河北职业技术师范学院学报，2001，15（3）: 8-10，20.
[79] 师素云，王学臣. 羧甲基壳聚糖对玉米幼苗氮代谢有关酶活性的影响. 江苏农业学报，1997，13（2）: 70-72.
[80] 师素云，薛启汉，陈游，等. 羧甲基壳聚糖对玉米的生理调节功能初探. 中国农业大学学报，1997，2（5）: 1-6.
[81] 周永国，齐印阁，张智猛，等. 壳聚糖类种衣剂对小麦某些生理特性及产量的影响. 河北职业技术师范学院学报，2001，15（3）: 8-10，20.
[82] 张俊风. 四种林木种子包衣技术的研究［D］. 北京: 北京林业大学，2010.
[83] 徐本美，白克智，傅凯. 脱乙酰甲壳素对种子萌发的影响. 种子，1996（3）: 50-52.
[84] 张发亮，张景会. 20%福克种衣剂添加壳聚糖对玉米种子活力的影响研究. 中国西部科技，2008，07（09）: 44，30.
[85] 李庆春，翁长仁，曹广才，等. 壳多糖溶液浸种对冬小麦籽粒产量和品质的影响. 环境科学学报，1991，11（2）: 248-251.
[86] 李宝英，马淑梅，张举梅，等. 聚氨基葡萄糖防治大豆根腐病的初步研究. 大豆科学，1997，16（3）: 269-273.
[87] 周永国，杨越冬，齐印阁，等. 壳聚糖对花生种子萌发过程中某些生理活性的影响. 花生学报，2002，31（1）: 22-25.
[88] 杨哲民. 一种低聚糖植物生长促进剂及其制备方法: CN 1234967A. 1999-11-17.
[89] Fukuda Y. Coordinated Activation of Chitinase Genes and Extracellular Alkalinization in Suspension- cultured Tobacco Cells Bioscience, Biotechnology, and Biochemistry . Bioscience, Biotechnology, and Biochemistry, 1996, 60（12）: 2011-2018.
[90] 王维荣，裴真明，欧阳光察. 几种因子对黄瓜幼苗几丁质酶的诱导作用. 植物生理学通讯，1994，30（4）: 263-266.
[91] Dann E K, Meuwly P, Metraux J P, et al. The Effect of Pathogen Inoculation or Chemical Treatment on Activities of Chitinase and beta-1,3-Glucanase and Accumulation of Salicylic Acid in Leaves of Green Bean, Phaseolus Vulgaris L. Physiological and Molecular Plant Pathology, 1996, 49: 307-319.
[92] Siefert F, Thalmair M, Langebartels C, et al. Epoxiconazole-induced Stimulation of the Antifungal Hydrolases Chitinase and β-1,3-Glucanase in Wheat. Plant Growth Regulation, 1996, 20（3）: 279-286.
[93] 彭仁旺，管考梅，黄秀梨. 壳多糖酶研究的概况及最新进展. 生物化学与生物物理进展，1996，23（2）: 102-107.
[94] 陈三凤，李季伦. 作物根际和叶围中产几丁质酶微生物的分布及其抑制真菌作用. 生物防治通报，1994，10（2）: 58-61.
[95] 修立显. 抗旱微肥种子包衣液的制造法: CN 1080471. 1994-01-12.
[96] 刘芝兰，石米扬，易吉萍，等. 魔芋精粉或其化学改性产物的种衣成膜剂及其配制方法: CN 1328081. 2001-12-26.
[97] Patricia Q, Peake. Dextran-coated Seeds and Method of Preparing Them: US 2764843. 1953-11-16.

[98] Panichkin L A, Raikova A P. Use of Metal Nanopowders for Presowing Treatment of Seeds of Agricultural Crops. Izvestiya Timiryazevskoi Sel'skokhozyaistvennoi Akademii, 2009 (1) : 59–65.

[99] 贾宏山. 高效低毒种子包衣剂：CN 1164326. 1997–11–12.

[100] David B, Scott J. Methods of Treating Seeds, and Product of Said Method: US 2967376. 1958–02–27.

[101] 周春江，悍友兰，刘瑞涵，等. 一种控制植物种子水分的改性植物油脂种子包膜材料：CN1647653. 2005–08–03.

[102] Wendell H T, Cleveland H, Ohio, et al. Protective Composition for Fruits and the Like: US 2128973. 1935–06–27.

[103] 罗云波，许文涛，黄昆仑，等. 一种杀菌保鲜剂、其制备方法及其应用：CN 102106376. 2011–06–29.

[104] 冯世龙，张发亮，刘东彦，等. 氨基酸作为营养型种衣剂成膜剂的研究. 河南农业科学，2006 (10) : 49–51.

[105] 钱红，李育. 新型种衣成膜剂及含此成膜剂的种衣剂：CN 1539289. 2004–10–27.

[106] William J H, Midland M. Seed Germination: US 2690388. 1951–05–17.

[107] 蔡冬青，姜疆，余增亮，等. 活性土和吸附与絮凝剂复合对种子包衣的方法和包衣剂：CN 1875673. 2006–12–13.

[108] 王红艳，赵朴素，周苏闽. 一种环境友好型种衣成膜剂及其制备方法：CN 101755736. 2010–01–25.

[109] 周苏闽，王红艳. 凹凸棒土作为环境友好型种衣剂成膜剂的研究. 湖北农业科学，2011，50 (09): 3705–3707，3710.

[110] 胡晋，高灿红，励立庆，等. 用于提高超甜玉米种子抗寒性的种子包衣剂：CN 1973630. 2007–06–06.

[111] Heo K R, Lee K Y, Lee, S H, et al. Control of Crisphead Lettuce Damping–off and Bottom Rot by Seed Coating with Alginate and Pseudomonas Aeruginosa LY–11. Plant Pathology Journal (Suwon, Republic of Korea) , 2008, 24 (1) : 67–73.

[112] 夏红英，段先志，彭小英. 28%吡虫 · 多悬浮种衣剂配方研究. 农药，2008，47 (3) : 171–173，181.

[113] 丁亚萍，吴庆生. 一种高效低毒纳米种衣剂及其制备方法：CN 1701665. 2005–11–30.

[114] 李鹏程. 农作物种子浸种剂及其制备方法：CN1059776. 1999–03–31.

[115] 刘颖超，马峙英，庞民好，等. 高效、低毒小麦种衣剂：CN 1726781. 2006–02–01.

[116] 王洪英，高继光. 抗旱型种子复合包衣剂：CN 1070799. 1993–04–14.

[117] 马德岭，于建垒，宋国春，等. 印楝油悬浮种衣剂：CN 1513319. 2004–07–21.

[118] 吴继星，陈在饵，曹春霞，等. 苏云金杆菌悬浮种衣剂：CN 1849890. 2006–10–25.

[119] 杨代斌，袁会珠，闫晓静，等. 微囊悬浮种衣剂：CN 101356918. 2009–02–04.

[120] 董晋明，梁建中，王锦明，等. 含聚乙烯醇和氧化淀粉–丙烯酰胺共聚物的种衣剂成膜剂：CN 101438701. 2009–05–27.

[121] 谢阳姣，吴子恺，郝小琴. 微胚乳玉米专用种衣剂：CN 101473841. 2009–07–08.

[122] 林杰，吕海强，陈淳. 壳聚糖–PVA水稻种衣剂在育秧上的应用研究. 亚热带植物科学，2003，32 (4) : 19–21.

[123] 张勇，黄德智，王天琪，等. 低聚壳聚糖种子包衣剂的制备及应用. 精细化工，2011，28 (5) : 479–483.

[124] 潘立刚，周一万，叶海洋，等. 聚乙烯醇共混改性膜作为农药种衣剂成膜剂的性能研究. 农药学学报，2005，7 (2) : 160–164.

[125] 姚丽霞，武占省，李春. 一种复合型成膜剂的成膜性能测定及其对生防菌抑菌活性的影响. 农药学学报，2009，11 (3) : 381–387.

[126] Zeng D F, Shi Y F. Preparation and Application of a Novel Environmentally Friendly Organic Seed Coating for Rice. Journal of the Science of Food and Agriculture, 2009, 89 (13) : 2181–2185.

[127] 刘寿明，谢丙炎，周程爱，等. 辣椒、西瓜种子包衣剂：CN 1141720. 1997–02–05.

[128] 黄松其，吴敏华，陈杰辉，等. 含丙硫克百威的种衣剂：CN 1666611. 2005–09–14.

[129] 余龙江，杨英，何峰，等. 一种魔芋种衣剂及其制备方法和包衣方法：CN 101455213. 2009–06–17.

[130] 张举梅. 大豆种衣剂成膜物的筛选. 大豆科学，1998，17 (4): 367–369.

[131] Simons R W. Flowable Compositon Containing Captan for Use as a Seed Dressing: CA 1185524. 1985–04–16.

[132] 曹晓茹，张汝齐. 农作物种衣剂及其制作方法：CN 1259284. 2000–07–12.

[133] 马德华，张历，张庆栋，等. 黄瓜种衣剂配方及其生产方法：CN 1067556. 1993–01–06.

[134] 徐伟亮，吴坚. 聚乙烯醇缩甲醛种衣剂的制备方法：CN 1970589. 2007–05–30.

[135] 张漫漫，李布青，雷震宇，等. AMPS/St/BA三元共聚水稻种衣剂用成膜剂的合成. 化学与粘合，2010，32 (3)，8–11.

[136] 李布青，郭肖颖，刘成扩，等. 一种用于种衣剂的成膜剂：CN 101444206. 2009–06–03.

[137] 曹永松，李健强，刘西莉，等. 一种用于种子包衣的成膜剂及其制备方法：CN 101314627. 2008–12–03.

[138] 丑靖宇，李洋，孙俊，等. 一种高分子化合物作为种子包衣成膜剂的用途：CN 201110403359.X. 2011–12–07.

[139] 李洋，李超，鞠光秀，等. 种子包衣用成膜剂SYFMA001的应用性能研究. 农药，2011，50 (10)，649–651，687.

[140] 杜光琳. 种衣剂合成成膜剂的优选研究 [D] . 保定：河北农业大学，2006.

[141] 陆龙. 几种合成膜作为种衣剂成膜剂的性能研究. 农林科技，2010，39 (3) : 68–69.

[142] Shahidi F, Arachchi J K V, Jeon Y J. Food Applications of Chitin and Chitosans. Trends in Food Sciednce & Technology, 1999 (10) :35–37.

[143] 方月娥，吕小斌，王永明，等. 中西药结合抗菌性甲壳胺复合膜的制备及其体外释放. 应用化学，1997，14: 67.

[144] 聂莉，吴晓芳，伊萍，等. 壳聚糖中脱乙酰度测定方法的探讨. 中国卫生检验杂志，2005，15（03）: 328-329.

[145] 宁永成. 有机化合物鉴定与有机波谱学. 北京：科学出版社，2003.

[146] 曾名勇. 介绍几种常用的甲壳素脱乙酰度测定方法. 水产科学，1992，11（4）: 19-21.

[147] 刘西莉，李健强，刘鹏飞，等. 水稻浸种催芽专用种衣剂抗药剂溶解淋湿效果. 中国农业科学，2000，33（5）: 55-59.

[148] 李健强，刘西莉，贾君镇. 三酮种衣剂在小麦种表的超微分布及抗脱落淋失研究. 植物病理学报，1998，28（4）: 303-308.

[149] 黄永忠，魏东，杨彩玲. 15%福美双·吡虫啉·烯唑醇悬浮种衣剂的RP-HPLC分析. 农药，2008，47（2）: 114-115.

[150] 赵东升，丁亚平，徐彦红，等. 一种快速测定纳米种衣剂淋失率的新方法. 农药，2009，48（3）: 199-201.

[151] Muriel R, Asmae A, Willison J, et al. Soil Distribution of Fipronil and Its Metabolites Originating from a Seed-coated Formulation. Chemosphere, 2007, 69（7）: 1124-1129.

[152] 白建军，高仁君，刘西莉，等. 一种种衣剂的薄层层析-紫外分光光度法分析. 农药，1998，37（2）: 25-26.

[153] 刘亮，李布清，郭肖颖，等. 种衣剂用AMPS/VAc/BA三元共聚成膜剂的合成. 中国胶粘剂，2009，18（2）: 49-52.

第八章

农药特种助剂

本章所介绍的特种助剂包括：防冻剂、警示剂、苦味剂、催吐剂、防腐剂、驱避剂、溶蜡剂、消泡剂、防结块剂、臭味剂、黏结剂、润滑剂。特种助剂的共同点是用量少，可以改善产品的外形或外观质量。所罗列的助剂种类较多，需要关注其使用的风险，尤其关注国外发达国家对罗列助剂的禁限用情况，这对于制剂研发人员来说是很重要的。

第一节 防冻剂

防冻剂（antifreezing agent），又称阻冻剂、抗冻剂，是防止液体（例如水）在低温时凝固或形成过大冰晶的物质。20世纪30年代前，甲醇是最流行的防冻剂，但是由于它的热容量和沸点都很低，随着时间延长而挥发减少。随后，人们开始使用沸点较高的乙二醇和丙二醇以及它们的混合物。目前，国外乙二醇的主要生产厂家有陶氏化学公司、壳牌化学公司、Equrate石化公司和Yanpet公司等，其中陶氏化学公司是目前世界上最大的乙二醇生产企业。

一、防冻剂的分类

防冻剂主要分为冰点降低型和表面活性剂型两大类。前者通过降低体系冰点起到防冻作用，主要包括低碳醇类、二元醇和酰胺类等，后者可以使物料在表面形成疏水性吸收膜，达到防冻目的，例如酸性磷酸酯胺盐、烷基胺、脂肪酸酰胺、有机酸酯、烷基丁二酰亚胺等。

防冻剂还可以按照成分分为无机盐类、醇类和醇醚类等，具体分类见表8-1。

表8-1　防冻剂按成分分类

成分	举例
无机盐类（强电解质）	亚硝酸钠（钙）、碳酸盐、氯化钙、氯化镁和乙酸钠等
醇类（低碳醇和二元醇）	甲醇、乙醇、异丙醇、乙二醇、丙二醇、丙三醇和二甘醇等

续表

成分	举例
醇醚类	乙二醇丁醚、丙二醇丁醚、乙二醇丁醚乙酸酯等
氯代烃类	二氯甲烷、1,1- 二氯乙烷、1,2- 二氯乙烷等
酰胺类	甲酰胺
水溶性有机化合物	尿素、硫脲
复合型防冻剂	以上各类复合使用

二、防冻剂在农药加工中的应用

在农药剂型加工中，悬浮剂、悬浮种衣剂、水乳剂、悬乳剂和水剂等以水为介质的剂型在低温的环境中生产、储存和应用过程中容易形成结晶和团聚，影响产品性能，需要添加一定量的防冻剂，以保证在低温环境下制剂的物理稳定性。通常使用乙二醇、丙二醇、丙三醇、聚乙二醇等，添加量一般为3%～10%，其中乙二醇价格较低，有时也使用尿素和少量无机盐等。农药加工中的防冻剂需要符合以下要求：防冻性能好、挥发性低、不会破坏有效成分、成本低、原料易得。

第二节　警示剂

警示剂通常在农药水分散粒剂和种子处理剂（多为种衣剂）中起到修饰、警示、防伪等功能，区别于普通作物种子，以防止人畜误食中毒，多以水溶性染料为主，有时也用一些有机颜料。警示剂的色谱在行业中也有相应规定，如：① 杀虫剂——红色，可用大红粉、铁红、酸性大红等；② 除草剂——绿色，可用铅铬绿、碱性绿等；③ 杀菌剂——黑色，可用炭黑、油溶黑等。警示剂使用时与成膜剂、农药和其他助剂等按配方比例调成种衣剂产品，包覆于种子上，干燥成膜后，使包衣种子具有色彩鲜艳的外观，达到为其着色的目的。

一、警示剂的选用原则

选用警示剂应注意以下几点：① 所选用的色谱应符合行业上的一般约定；② 所选用的警示剂不能和活性成分发生化学反应，也就是化学性质要稳定；③ 如果选用的是商品染料，应注意其内部助剂对农药的影响；④ 有些警示剂对酸碱性比较敏感，应满足其所需的pH条件。

二、警示剂主要生产企业

警示剂多为染料和颜料，主要是固体的色粉或者液体的色浆，国内主要生产企业包括沈阳化工研究院、江苏海舒色彩和德克玛（天津）颜料化工有限公司等。

沈阳化工研究院染料所研究开发出性能稳定，通用性强，可用于不同种类悬浮型种衣剂着色的色浆，该浆料可与国内外常用成膜剂和其他助剂配合使用，具有以下突出优点：① 外观为流动浆状液，颗粒细、均匀度高，不分层、不沉淀、储存稳定；② 具有较高的着色力和鲜艳度；③ 耐洗、耐磨、耐光、耐热等各项牢度高，化学性质稳定；④ 应用方便，只需简单搅拌即可分散均匀；⑤ 环境友好，可生物降解，价格较低。

海舒色彩成立于2002年，致力于农药制剂、种衣剂和种子的染色，对应用在农药制剂中的色彩产品进行了严格筛选，开发了海舒液体色彩系列和粉末色彩系列颜料。科学应用于种子处理染色和各种农药剂型的染色，具有色调齐全、色泽鲜艳、安全环保等特点，符合不同国家的法律法规要求。海舒液体色彩系列用于悬浮剂/种衣剂/微胶囊剂/种子处理；海舒PW粉末色彩系列用于种衣剂/可湿性粉剂/悬浮剂/水分散颗粒剂/颗粒剂；海舒AS粉末色彩系列用于可溶性粉剂/可溶性液剂；海舒SOL粉末色彩系列用于乳油。

德克玛（天津）颜料化工有限公司是一家专门从事色浆、颜料、染料等着色剂产品的技术开发与生产的高新技术企业，开发并生产全系列、多品种的色浆、颜料、染料及其衍生产品，适用于广泛的应用领域，为客户提供创造性的颜色解决方案。

第三节 苦味剂

苦味剂（bitterant或bitteringagent）是一种添加后可以使产品具有苦涩的味道或气味，从而为防止人畜吸入或摄入有毒有害化合物（如甲醇、工业酒精和乙二醇）而广泛使用的物质。例如，在塑胶制品中添加后能有效抑制误食和啃咬，是非常有效的儿童、动物（啮齿类和鸟类）阻食剂，目前发达国家已广泛强制性添加此产品。

一、苦味剂的主要用途

由于苦味剂具有令人厌恶的味道或者气味，能够防止人畜误食某些有毒有害物质。主要用途如下：

① 在无色透明防冻剂中加入苦味剂，防止儿童或宠物因其中毒。

② 电子产品（如耳机线）、儿童玩具等产品在表面或原料中添加苦味剂，防止误食。

③ 可添加于电线外壳中，防止鼠类和鸟类啃食破坏。

④ 用于治疗吮吸拇指和咬指甲病症、磨牙症，外用及口服药品的苦味剂。

二、苦味剂的主要品种

主要有槲皮素（quercetin）、马钱子碱（brucine）、苦木素（quassin）等品种。

1. 蔗糖八乙酸酯

蔗糖八乙酸酯（sucrose octaacetate）是经美国环保署认证的一种完全无害的农药添加剂，此外，不仅用作酒精变性剂、食品药品的苦味添加剂（如啤酒、药酒、咖啡和风味食品），而且用作食品包装用的胶黏剂、纸张浸渍剂、纤维素酯和合成树脂的增塑剂和添加剂等。

$C_{28}H_{38}O_{19}$，M=678.6，126-14-7

本品还可用作烟草及其制品的添加剂以及饲料添加剂等，也是防治儿童吮吸拇指和咬指甲病症的良药。

2. 啤酒花

啤酒花中的苦味物质大致可分为五类：α–酸类、β–酸类、软树脂、硬树脂和4–脱氧葎草酮类。其中以葎草酮（属α–酸类）和蛇麻酮（属α–酸类）为代表。

啤酒花为白色结晶性粉末，熔点163～170℃，无嗅，苦味强烈，极易溶于水、乙醇、乙二醇等，其水溶液呈中性，有一定抗菌力。主要用于啤酒，可煮汁后加入发酵面团，烤制面包。

3. 盐酸奎宁

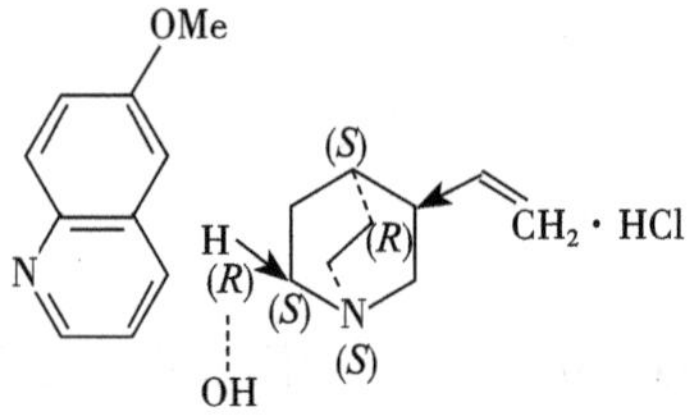

$C_{20}H_{24}N_2O_2 \cdot HC1$，$M$=360.88

盐酸奎宁，又称为金鸡纳碱单盐酸盐，主要理化性状：白色、丝光状的闪光针状晶体，在热空气中发生风化，无嗅，有强烈苦味，石蕊试验为中性或碱性。

4. 苦精

俗名地那铵苯甲酸盐、苯甲地钠铵、苯甲酸变性托宁、苯酸苄铵酰胺。

化学名称：苄基二乙基［（2,6–二甲苯基氨基甲酰基）甲基］铵苯甲酸盐；苯甲酸｛2–［（2,6–二甲基苯基）氨基］–2–氧代乙基｝–*N,N*–二乙基苄基铵。

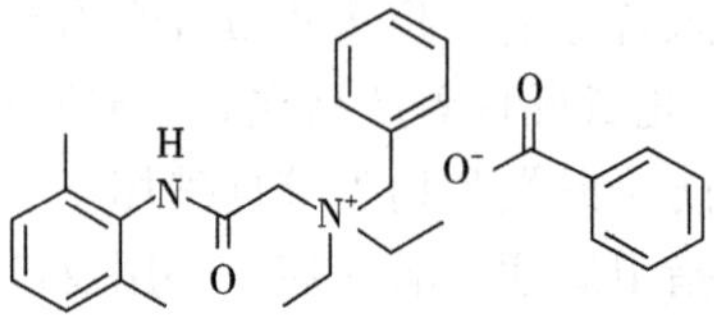

$C_{28}H_{34}N_2O_3$，M=446.59，3734–33–6

主要理化性状：本品为白色结晶性粉末，熔点163～170℃，无嗅，苦味强烈，极易溶于水、乙醇、乙二醇等，水溶液呈中性。属中等毒性物质，由于使用浓度极低，在通常使用条件下是安全无毒的。

苦精在溶液中的浓度达0.003%时便使人难以忍受（通常使用时仅需0.0005%），在日用品和工业品中用作苦味剂（或厌恶剂），可以防止因人、动物误食而引起的中毒事件的发生以及防止动物啃咬物品。因此，许多国家规定将本品用于日用品和工业品中。

5. 苦精–S

化学名：苄基二乙基［（2,6–二甲苯基氨基甲酰基）甲基］铵糖精；邻–磺酰苯甲酰亚胺｛2–［（2,6–二甲基苯基）氨基］–2–氧代乙基｝–*N,N*–二乙基苄基铵。

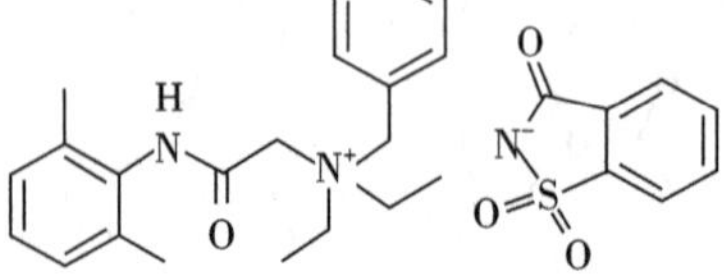

$C_{28}H_{33}N_3O_4S$，M=507.63，90823–38–4

主要理化性状：本品为白色结晶性粉末，熔点175～182℃，无嗅，苦味强烈，易溶于乙醇等，其在水中溶解度约为0.0005%，属低毒性物质，由于使用浓度极低，在通常使用条件下安全无毒，使用成本低，赋予了产品安全性和功能性。

本品是最好的酒精变性剂，是世界上已知最苦的物质（约为苦精的4倍），在日用品和工业品中用作苦味剂（或厌恶剂），可以防止人、动物因误食而引起的中毒事件的发生以及防止动物啃咬物品（使用量为1～50mg/kg）。

第四节 催吐剂

百草枯，又名“克无踪”，是一种常见的灭生型除草剂，具有药效高、用量低、起效快等特点，1958年由ICI公司首先开发成功，1961年实现工业生产。然而，无色无味的百草枯一旦被人畜误食，甚至在喷洒过程中吸入或者经皮肤渗透，都很有可能致人死亡，全国百草枯中毒的救治率低于20%，口服20%水剂后死亡率高达95%，甚至有口服1mL即致死的先例。在临床上，误服百草枯后各脏器会出现衰竭，一旦肺部受到侵蚀将出现呼吸交迫综合征，难以救治，目前尚无百草枯的特效解毒剂。

为了防止误服百草枯而造成悲剧，我国于2004年起颁布的百草枯母液和制剂的国家标准，强制要求企业必须在百草枯中加入一定比重的催吐剂，首次将催吐剂这一对人身有保护作用的添加剂列入标准技术指标。

一、催吐剂的基本要求

百草枯的催吐剂必须具有以下特性：① 较百草枯吸收快，并快速产生作用；② 作用时间持续2～3h，以便于后续治疗；③ 作用于脑呕吐中心；④ 对肠胃无刺激性，避免增强百草枯的毒性；⑤ 无毒性顾虑，在人体内存续半衰期短；⑥ 与百草枯制剂相容，稳定性好，不会对其药效及施用造成影响。

PP796作为催吐剂，能够很好地符合上述标准，并且是被世界卫生组织获准的催吐剂。添加PP796的优势在于：① PP796能迅速由肠胃吸收，核心的反应是在15min后血中浓度上升，在1h内产生高峰，在第一小时会有3～4次的呕吐发生；② 无刺激性，对动物安全，对人体无副作用。在国家标准中根据催吐剂效果规定了：百草枯阳离子与催吐剂PP796的质量比为（400±50）：1。

二、常用的催吐剂

中文通用名称：三氮唑嘧啶酮

化学名称：2–氨基–6–甲基–4–正丙基–4,5–二氢–1,2,4–三唑［1,5］并嘧啶–5–酮

PP796的外观为白色或灰白色晶状固体。实验式$C_9H_{13}N_{50}$，分子量207.4，熔点163～164℃。

溶解性：溶于二甲基甲酰胺、甲醇，稍溶于乙酸乙酯、二氯乙烷、甲苯等，不溶于石油醚等。稳定性：强碱性条件下不稳定。

标准中规定“允许使用其他催吐剂（必须符合FAO Specification 56/SL/S/F(1994)中的有关要求），其他催吐剂检测方法及其相应指标要求以及FAO Specification 56/SL/S/F(1994)可在全国农药标准化技术委员会获得。”对于其他催吐剂，须经负责起草单位对其分析方法进行

验证、催吐效果进行确认（委托国内权威安全评价机构按上述FAO的6条要求验证）后，方可提供给全国农药标准化技术委员会留档保存，目前取得这一论证的主要是PP769。

三、催吐剂的主要生产厂商

目前申请登记的百草枯产品很多，所用的催吐剂种类不同、来源不明确、催吐试验资料也不完整，影响产品的安全性。在农业部农药检定所备案的百草枯催吐剂（三氮唑嘧啶酮）生产企业包括：先正达（中国）投资有限公司，上海汉飞生化科技有限公司，北京广源资信精细化工科技发展中心，杭州南郊化学有限公司和台湾兴农股份有限公司等。

四、百草枯登记中催吐剂的管理

为进一步加强管理，确保百草枯产品的安全使用，根据已颁布的百草枯产品国家标准要求，对百草枯登记采取如下管理措施：① 百草枯产品标准中应列入催吐剂的名称和含量指标，并附检测方法；在农药登记申请表中注明所用臭味剂、染色剂的名称和含量。② 对于已批准使用的催吐剂，由其生产企业向我所备案并在中国农药信息网上公布。生产百草枯产品的企业在申请百草枯登记时须提供催吐剂来源证明。③ 新的催吐剂品种须申请备案，并提供其急性经口毒性试验和制剂产品催吐效果及对胃黏膜刺激性试验等资料，在批准后才能正式作为催吐剂使用。④ 由于百草枯混剂产品（包括加入了高渗剂的产品）的安全性及催吐剂添加情况更加复杂，为确保百草枯的有序生产和安全使用，不鼓励开发含有百草枯的混配制剂、加入高渗剂产品登记，原则上不再受理和批准百草枯混剂的登记申请。⑤ 鉴于敌草快作用方式与百草枯相同，对含有敌草快的产品，采取与百草枯相同的管理措施。

第五节 防腐剂

一、防腐剂定义及特点

1. 防腐剂的定义

防腐剂（preservative）是指添加到食品、药品、颜料、生物标本等中，以抑制微生物生长、繁殖或代谢所引起的腐败，从而延长体系保存时间的天然或合成的化合物。

2. 防腐剂的基本要求

① 本身理化性质稳定，耐热，受酸碱等。

② 无味、无色、无臭、无刺激性。

③ 价格合理，使用方便。

④ 低用量下即可有效抑制微生物。

3. 防腐剂的作用原理

微生物的生存和繁殖依赖于温度、环境pH值、氧气、水源和营养物质（C、N、P、S源）等的因素，只有在足够的浓度与微生物直接接触的情况下，防腐剂才能对微生物产生作用。可能的作用机理如下：

① 干扰微生物酶系，破坏其正常新陈代谢，抑制酶活性。

② 使微生物蛋白质凝固和变性，干扰其生存和繁殖。

③ 改变细胞浆膜渗透性，抑制其体内酶类活性和排除代谢产物，导致其失活。

二、化学合成防腐剂的主要种类

（1）山梨酸及其盐类

防腐剂名称	别名	英文名称
山梨酸	己二烯酸	sorbic acid
山梨酸钾	己二烯酸钾	potassium sorbate
山梨酸钠	己二烯酸钠	sodium sorbate

（2）丙酸及其盐类

防腐剂名称	英文名称
丙酸	propionic acid
丙酸钙	calcium propionate
丙酸钠	sdoium propionate

（3）去水乙酸及其盐类

防腐剂名称	别名	英文缩写	英文名称
去水乙酸	脱氢乙酸	DHA	dehydroacetic acid
去水乙酸钠	—	—	sodium dehydro-acetate

（4）苯甲酸及其盐类

防腐剂名称	别名	英文缩写	英文名称
苯甲酸	安息香酸	BA	benzoic acid
苯甲酸钾	—	—	potassium benzoate
苯甲酸钠	—	—	sodium benzoate

（5）对羟基苯甲酸及其酯类

防腐剂名称	英文名称
对羟苯甲酸	*p*-hydroxybenzoate
对羟苯甲酸乙酯	ethyl *p*-hydroxybenzoate
对羟苯甲酸丙酯	propyl *p*-hydroxybenzoate
对羟苯甲酸丁酯	butyl *p*-hydroxybenzoate
对羟苯甲酸异丙酯	isopropyl *p*-hydroxybenzoate
对羟苯甲酸异丁酯	isobutyl *p*-hydroxybenzoate

（6）卡松　是农药悬浮剂等制剂中常用的一种防腐剂。化学名称：5-氯-2-甲基-4-异噻唑啉-3-酮和2-甲基-4-异噻唑啉-3-酮（CIT/MIT）（异噻唑啉酮isothiazolinones)。CIT/MIT是化学成分的缩写，CIT的全名是5-chloro-2-methyl-4-isothiazolin-3-one，MIT的全名是2-methyl-4-isothiazolin-3-one，简称就是异噻唑啉酮，属于防腐剂的一种，不同含量可以用在不同行业。德国洋樱集团的异噻唑啉酮防腐剂就分2.5%含量和14%含量两种。

中文名	卡松	EINECS号	220-239-6，247-500-7
外文名	Kathon	分子式	$C_4H_4ClNOS+C_4H_5NOS$
CAS No.	26172-55-4，2682-20-4	分子量	1 49.56+115.06

物化性能：卡松水溶液外观为浅琥珀色透明液体，气味温和，相对密度（20℃/4℃）1.19，黏度（23℃）5.0mPa·s，凝固点-18～21.5℃，pH=3.5～5.0，易溶于水、低碳醇和乙二醇。最佳使用pH值4～8，pH＞8时稳定性下降，室温下储存一年，50℃时储存半年，活性下降很少，高温储存活性下降，它可与阴离子、阳离子、非离子和各种离子型的乳化剂、蛋白质配伍。

特点：卡松产品系国际上公认的安全、高效、广谱性防腐剂，其活性成分为异噻唑啉酮类化合物，该物质不含任何重金属，能有效抑制和灭除菌类和各种微生物。

用途：主要用于农药液体制剂，如悬浮剂的防腐，由于毒性低、抗菌作用范围广、效果强和原料配伍性能好，且能溶解于水，使用方便，可直接加入，因此使用较为普遍。市售的商品含量一般为1.5%的水溶液，并含有23%的镁盐以提高渗透性而达到增效作用。我国农药制剂中规定其使用限量为：0.0022%，折合成含量1.5%的卡松用量为＜0.146%。

我国规定在日化产品中限量为0.1%（折1.5%卡松），美国规定在农药制剂中＜22.5×10^{-6}（折百），临近收获期，对喷施于正在生长的作物需＜2.25×10^{-6}。

（7）巯基苯并噻唑　有较强的杀微生物功能，也是良好的金属材料（特别是铜）缓蚀剂，故常用于工业循环水系统中。以往，国外使用预埋管道喷施药肥的大型农场会要求农药制剂中使用此类防腐剂，1,2,3-苯并三唑也有类似用途，我国农药制剂中基本上不使用它，将其列入1%的限用影响不大，巯基苯并噻唑的主要用途为橡胶的硫化促进剂（促进剂M）。

（8）苯并异噻唑啉酮　1,2,-苯并异噻唑啉-3-酮（BIT）是较卡松相对安全的防腐剂。如商品名美国奥琪，proxel GXL，是20% BIT二丙二醇水溶液。建议一般用量：0.05%～0.25%，相当于BIT 0.01%～0.05%。我国农药制剂中规定其使用限量为0.1%，能满足农药制剂的需要。目前，世界农药制剂中多数选用BIT。

三、天然防腐剂的主要种类

（1）乳酸链球菌素　乳酸链球菌素是由多种氨基酸组成的多肽类化合物，可作为营养物质被人体吸收利用。1969年，联合国粮食及农业组织/世界卫生组织（FAO/WHO）食品添加剂联合专家委员会确认乳酸链球菌素可作为食品防腐剂。1992年3月，中国卫生部批准实施的文件指出：可以科学地认为乳酸链球菌作为食品保藏剂是安全的。它能有效抑制引起食品腐败的许多革兰氏阳性细菌，如肉毒梭菌、金黄色葡萄球菌、溶血链球菌、利斯特氏菌、嗜热脂肪芽孢杆菌的生长和繁殖，尤其对产生孢子的革兰氏阳性细菌有特效。乳酸链球菌素的抗菌作用是通过干扰细胞膜的正常功能，造成细胞膜的渗透变差，养分流失和膜电位下降，从而导致致病菌和腐败菌细胞的死亡。它是一种无毒的天然防腐剂，对食品的色、香、味、口感等无不良影响。现已广泛应用于乳制品、罐头制品、鱼类制品和酒精饮料中。

（2）纳他霉素　纳他霉素（natamycin），是由纳他链霉菌受控发酵制得的一种白色至乳白色的无臭无味的结晶粉末，通常以烯醇式结构存在。它的作用机理是与真菌的麦角甾醇以及其他甾醇基团结合，阻遏麦角甾醇生物合成，从而使细胞膜畸变，最终导致渗漏，引起细胞死亡。在焙烤食品用纳他霉素对面团进行表面处理，有明显的延长保质期作用。在香肠、饮料和果酱等食品的生产中添加一定量的纳他霉素，既可以防止发霉，又不会干扰其营养成分。

（3）ε-聚赖氨酸　ε-聚赖氨酸的研究在国外特别是在日本已比较成熟，它是一种具有很好的杀菌能力和热稳定性的天然生物代谢产品，是具有优良防腐性能和巨大商业潜力的生物防腐剂。在日本，ε-聚赖氨酸已被批准作为防腐剂添加于食品中，广泛用于方便米饭、湿熟面条、熟菜、海产品、酱类、酱油、鱼片和饼干的保鲜防腐中。徐红华等研究了ε-聚赖氨酸对牛奶的保鲜效果。当采用420mg/L的ε-聚赖氨酸和2%甘氨酸复配时，保鲜效果最佳，可以保存11d，并仍有较高的可接受性，同时还发现ε-聚赖氨酸和其他天然抑菌剂配合使用，有明显的协同增效作用，可以提高其抑菌能力。

（4）溶菌酶　溶菌酶是一种无毒蛋白质，能选择性地分解微生物的细胞壁，在细胞内对吞噬后的病原菌起破坏作用从而抑制微生物的繁殖。特别对革兰氏阳性细菌有较强的溶菌作用，可作为清酒、干酪、香肠、奶油、生面条、水产品和冰淇淋等食品的防腐保鲜剂。

四、防腐剂的发展展望

农药加工过程中使用的黄原胶、阿拉伯胶以及其他多糖类物质容易被微生物分解而导致制剂稳定性破坏，因此，防腐剂的添加具有重要意义。今后，在农药加工过程中使用防腐剂应注意以下几方面：① 在光照下容易分解的防腐剂有：季铵盐、山梨酸钾、苯乙醇、吡啶硫酮锌等；② 水包油型乳化剂比油包水型乳化体更容易被微生物污染，因为其水在外相，所以在建立防腐体时更应注意；③ 包装容器与防腐剂中亲油性的塑料，可视为固化的油相，亲油性防腐剂可被吸附渗入其中，失活；④ 拓宽抗菌谱，预防微生物抗药性的产生。

第六节　驱 避 剂

驱避剂（repellant; insect repellant）是指由植物产生或人工合成的具有驱避昆虫作用的活性化学物质，本身无杀虫活性，依靠挥发出的特殊气味使害虫忌避，或能驱散害虫。

驱避剂使用最多的为驱蚊剂，主要用于体外，即制成液体、膏剂或冷霜，直接涂皮肤；也可制成浸染剂，浸染衣服、纺织品或防护网等。目前，使用驱避剂驱除其他动物也引起人们的极大兴趣，如机场、林区和农田驱鸟、驱兽、驱蛇，某些场所需要驱猫、驱犬等，现在已经得到一定范围的应用。植物精油里面也有许多品种对鸟类、兽类有明显的驱避作用，例如采用四氢芳樟醇、肉桂酰胺、兔儿草醛、乙酸苄酯等配制的驱鸟剂也相当成功。

一、驱避剂的性能要求

驱避剂的要求主要有：① 良好的理化性能，如稳定性，适宜的蒸气压，与其他相关成分相容性好，适合于配制成一定的剂型。② 具有广谱的驱避性，对多种有害昆虫均能够有良好的作用及较长的保护时间。③ 对温血动物、水生生物毒性低，对人无害，对皮肤无刺激，无变态反应，耐汗水，不会与汗水反应或因汗水而降低效果。④ 无异味、无油腻感，易于被使用者接受。⑤ 无损衣服，且能耐水洗、雨淋。⑥ 原料来源丰富，生产工艺简单，成本低，价格适当。

二、驱避剂的分类

驱避剂按照有效成分来源分为天然驱避剂和化学合成驱避剂，其中植物精油、邻苯二甲酸二甲酯（DMP）和避蚊胺（DEET）等比较常用。

1. 天然驱避剂

天然驱避剂主要以植物源为主，来源于植物的根、茎、叶和花等，使用历史悠久，具有低毒、刺激性小、对人与环境无害、使用安全等优点，缺点是高效性和持久性有待提高。早在古代，人们就已经开始使用一些植物来驱避害虫。近年来，随着人们环保和生态意识的提高，植物源蚊虫驱避剂毒性低的优势逐渐凸显，其研究和开发日益受到重视。研究发现，具有驱避活性的植物主要包括：香柏、马鞭草、薄荷、天竺葵、薰衣草、松树、白千层、肉桂、迷迭香、罗勒、百里香、多香果、大蒜、香茅、百里香、迷迭香、薄荷、玉树、柠檬草等。具有驱避活性的植物源物质包括：肉桂油、薄荷油、蓖麻油、肉豆蔻、碎椒、丁香油、冬青油、桉叶油、香柏油、薰衣草油、樟脑油、橄榄油、香茅油、柠檬油、茴香油、野菊花油等。目前报道的天然驱避剂中，萜类化合物所占比例较大，具有较好驱避效果，且具有芳香性，此外还有生物碱、黄酮类等。

近年来，随着人们对植物提取物的深入研究，出现了一些新的对昆虫具有驱避作用的植物源提取物，驱避效果明显，且环境相容性好。

（1）桑橙　1991年，Karr和Coats发现桑橙果碎片以及其己烷和甲酸提取物对德国小蠊具有很好的驱避作用，其他研究者研究发现桑橙提取物中含有的橙桑素和橙黄酮两种异黄酮具有很好的驱避作用。

（2）假荆芥　荆芥内酯是从假荆芥中分离出的活性成分，其中的一些成分已被证实，在植物精油中存在两种异构体，其中*Z*、*E*荆芥内酯占主导地位，人们将假荆芥用作驱避剂。假荆芥的热水提取物能驱避跳蚤，而新鲜的假荆芥能驱避黑蚁。研究发现，假荆芥能对13种昆虫具有驱避作用。

（3）驱蚊剂R1　目前，避蚊胺已经广泛使用了近50年，为推动避蚊胺替代品的开发以及松节油深度加工利用途径的开辟，近期中国林业科学院林产化学工业研究所、江西农业大学和南京军区军事医学研究所共同合作，以松节油为原料，研究开发出驱避活性与DETA相近的新型萜类驱蚊剂R1。该驱蚊剂符合角色产品的要求，对环境友好；对白纹伊蚊和中华按蚊等有较好的驱避活性，驱避效果接近避蚊胺；对光、热稳定；具有香气性质，不夹杂质和其他气味；对人畜毒性极小，尤其适合老人和小孩防护。

2. 化学合成驱避剂

化学合成驱避剂是由人工合成的具有驱避昆虫作用的活性化学物质，主要有酰胺类、醇类、酯类、酮类等化合物。驱蚊油DMP（邻苯二甲酸二甲酯）是1929年美国研制出的第一个人工合成驱避剂，运用相当广泛。DEET（*N,N*–二乙基间甲苯甲酰胺）是1956年美国研制开发的，具广谱、高效、安全等优点，使其一发现就成为了驱避剂中应用最多的物质。

（1）避蚊酯（DMP）　① 理化性质：纯品为无色油状液体，工业品为淡黄色液体。相对密度为1.189～1.194。沸点283.7℃（101.3kPa），溶点5.5℃，闪点150.8℃，折射率1.5168。易溶于乙醇、乙醚、氯仿、丙酮等多种有机溶剂，遇碱水解，常规条件下稳定。② 毒性：大鼠急性经口LD_{50}为8200mg/kg；急性经皮LD_{50} ＞ 4800mg/kg，属低毒，较安全，对眼略有刺激性。③ 应用范围及效果：对蚊、白蛉、库蠓及蚋等吸血昆虫有驱避作用。有效驱避时间2～4h。④ 剂型：原油、酊剂、霜剂和油膏等。

（2）避蚊胺（DEET）① 理化性质：纯品为无色透明液体，工业品为淡黄色液体。相对密度为0.996～0.998，折射率1.5206，沸点160℃（2.5kPa）。难溶于水，易溶于醇、丙酮、醚和苯等机溶剂，溶于植物油，难溶于矿物油。② 毒性：大鼠急性经口LD_{50}为2000mg/kg，小鼠急性经口LD_{50}为1400mg/kg；大鼠急性经皮LD_{50}为3000mg/kg，小鼠急性经皮2000mg/kg。③ 应用范围及效果：对蚊、蠓、白蛉及蚋有良好的驱避效果，对虻、蜱、螨、旱蚂蟥驱避效果一般。有效驱避时间4～8h不等，取决于多种因素。④ 剂型：原油、酊剂、乳剂、膏剂和霜剂等。

（3）避蚊酮（Butopyronoxyl）① 理化性质：黄色到棕色液体。相对密度1.052～1.06，沸点256～257℃。折射率1.4745～1.4755，难溶于水，可与醇、氯仿、乙醚、冰醋酸混溶。② 毒性：大鼠急性经口LD_{50}为3200mg/kg。③ 应用范围及效果：对埃及伊蚊、四斑按蚊及淡色库蚊有驱避作用，其中对四斑按蚊的有效驱避时间最长，可达6h。

（4）驱蚊灵（驱蚊剂67号）① 理化性质：白色晶体，熔点76.5～77.5℃，沸点139～141℃（1066.4Pa），溶于乙酸、丙二醇、异丙醇等有机溶剂，难溶于水。② 毒性：小鼠急性经口LD_{50}为3200mg/kg；小鼠急性经皮LD_{50}为12000mg/kg。③ 应用范围及效果：对蚊、蠓及蚂蟥等有驱避效果。④ 剂型：酊剂和膏剂等。

（5）苯甲酸苄酯（Benzyl）① 理化性质：无色油状液体，具有轻微芳香气味，随水蒸气少量挥发，溶于乙醇、乙醚、三氯甲烷、油类，溶点21℃，沸点189～191℃（2.13Pa），相对密度1.118，折射率1.5681，闪点147.7℃。② 毒性：大鼠急性经口LD_{50}为1700mg/kg；对皮肤和黏膜有刺激。③ 应用范围及效果：对螨和蚤有良好的驱避效果，用于处理衣服和鞋袜等。

（6）驱蚊酯（IR3535®）① 理化性质：该产品为无味无色至浅黄色的液体，沸点137℃（1.67kPa），相对密度1.164，折射率1.4850，难溶于水，可溶于有机溶剂。② 毒性：大鼠急性经口LD_{50}为14000mg/ kg。③ 应用范围及效果：对蚊虫有良好效果，也用于混合驱避剂。④ 剂型：花露水、乳液、喷雾剂、香皂和粉剂等。

（7）野薄荷精油（D-8-acetoxycarvotanacetone）① 理化性质：无色柱状结晶，熔点45.3～46.2℃，沸点150～155℃，相对密度1.505，易溶于甲醇、乙醇、乙醚等有机溶剂。② 毒性：小鼠急性经口LD_{50}为1440mg/ kg，小鼠急性经皮LD_{50}为3750mg/kg，对皮肤刺激性小。③ 应用范围及效果：皮肤涂抹对中华按蚊、致倦库蚊驱避有效时间为6～7h；对白纹伊蚊骚扰阿蚊驱避有效时间为4～5h；对刺扰伊蚊驱避有效时间为1～1.5h，对蠓、蚋、虻为2～3h。④ 剂型：乳剂和酊剂等。

（8）菌酮（环己酰亚胺）① 理化性质：纯品为无色或白色结晶，熔点115.5～117℃，易溶于有机溶剂，如乙醇、氯仿及甲醇等，在酸性溶液中稳定，在碱性溶液中很快失效，具有一种特殊气味。② 驱避作用：对老鼠口腔黏膜和皮肤有强烈刺激性，具有良好的驱鼠作用。此外对野兔、野猪、狗熊等也有驱避作用。

第七节 溶蜡剂

农药在靶体上附着后必须穿透靶体表皮进入靶标内部才能发挥药性作用，如何提高药剂的渗透速率，这是药剂加工和使用技术中要考虑的重要问题。影响药剂穿透速率最主要的因素有两方面：靶标的表皮结构和药剂自身的理化属性。以昆虫为例，影响药剂穿透的主要因素是上表皮结构，尤其是上表皮最外面的蜡质层的组成和厚度。药剂首先要溶入蜡质层，然后再按照其分配系数穿透上表皮和原表皮。理论上，只要对蜡质层有破坏作用，就可能对药剂产生助渗作用。因此，近年来，我国农药助剂市场中“渗透剂”“高渗剂”“高渗增效剂”等层出不穷。

常用的溶蜡剂主要包括氮酮和萘的氯代物等两大类，广泛应用于触杀、胃毒、内吸性农药，能够显著提高农药对害虫体表、作物表面蜡质层的溶解渗透作用。

1. 氮酮

氮酮是一种氮杂环烷类化合物，在医药中用作透皮剂，具有高渗透的优点，能够改变皮肤角质层扁平细胞的有序叠集结构，使有规则排列变为无规则排列，并使角质层的类脂质体流动性增强，使角质层细胞之间的空隙增大，防御能力降低，药物便能迅速通过表皮进入皮内达到防治目的。近些年来，许多农药厂将氮酮作为一种渗透剂使用，一般认为对多种农药如拟除虫菊酯类、有机磷类杀虫剂有增效作用。

2. 萘的氯代物

萘的氯代物是一种新型、高效、广谱、无毒的农药高渗溶蜡增效剂，广泛应用于触杀、胃毒、内吸性农药，能够显著提高农药对害虫体表、作物表面蜡质层的溶解渗透作用，其渗透作用是传统渗透剂的数百倍，是氮酮类渗透剂的3～4倍，可与杀虫剂、杀菌剂、除草剂、植物生长调节剂配伍使用，防治效果明显提高。国内生产销售该类溶蜡剂的主要厂家有山东省梁山县圣龙生物化工厂（圣龙牌高渗溶蜡增效剂）、山东省菏泽市成昌化工有限公司［金润2号（高渗溶蜡素）］和山东新锐力化工有限公司（JB溶蜡剂）等，其产品各具特色。

萘的氯代物作为溶蜡增效剂通常是浅黄或棕色均相液体，有萘香味，有效成分≥98%，水分≤0.5%，pH值为4.0～7.0。

（1）主要特点

① 强力溶蜡，在极短时间内强力溶解害虫表皮蜡质层（甲壳质，几丁质），使农药迅速接触害虫体壁表层，对蚧壳虫、白粉虱、苹果棉蚜等体被蜡质（粉）的害虫防治效果显著。

② 洗蜜蜡与体毛，使农药迅速接触有害生物的体壁表层，提高触杀功能，对梨木虱、蚜虫防治效果更佳。

③ 速穿透丝网膜，使害虫很快脱水死亡，对红蜘蛛、小菜蛾、美国白蛾和抗性大龄鳞翅目害虫等防效显著。

④ 迅速穿透植物的皮层组织，对防治潜叶蛾，卷叶蛾及钻蛀害虫有更显著的增效效果。

⑤ 降低农药有效成分的使用量，减少农药对农产品和环境的污染，加入10%～15%的高渗溶蜡增效剂，可使农药有效成分的用量降低30%～50%，缓解和消除害虫和病菌对农药的抗药性的作用。

⑥ 添加脂肪酸烷基铵盐后还可以减缓药液气化、抑制蒸发，防止雾滴迅速变细而产生飘移，提高农药利用率。

（2）使用技术　高渗溶蜡增效剂多为不溶于水的油状液体，可与农药加工成乳油或油悬浮剂等使用，使用过程中应注意以下问题：

① 对于水溶性强的农药，如氧化乐果、久效磷、灭多威、植物源农药等，高渗溶蜡增效剂的使用量，一般掌握在15%左右。

② 对于酯溶性强的农药，如对硫磷、辛硫磷、水胺硫磷、菊酯类农药、阿维菌素等，高渗溶蜡增效剂的使用量，一般掌握在10%左右。

③ 高渗溶蜡增效剂在一些不安全除草剂品种的使用上要特别注意，要通过减少高渗溶蜡增效剂用量和除草剂用量，来实现除草剂的安全性。

第八节 消泡剂

泡沫是在农药制剂加工和使用过程中经常遇到的，主要是由于大多数助剂（如润湿分散剂、乳化剂和喷雾助剂等）均由表面活性剂构成，在搅拌情况下容易在介质中产生大量泡沫，这不仅影响了生产计量，污染生产环境，同时大大降低产品的使用性能，成为农药加工行业亟须解决的问题。

一、泡沫概述

1. 泡沫的概念

泡沫属于气体在液体中的粗分散体，气体是分散相，液体是分散介质，属于气-液非均相体系，在热力学上不稳定。由于空气密度小于液体，因而它将向表面迁移，当气体到达不含表面活性剂的液体表面时，气泡破裂，泡内空气消散，先前在气泡周围的液体又融合在一起，因此，纯液体不存在泡沫问题。如果液体中含有一种或几种具有起泡和稳泡作用的表面活性剂，则能产生持续存在数十分钟乃至数小时的泡沫。在溶液中有表面活性剂的存在，气泡形成后，由于分子间力的作用，其分子中的亲水基和疏水基被气泡壁吸附，形成规则排列，其亲水基朝向水相，疏水基朝向气泡内，从而在气泡界面上形成弹性膜，常态下不易破裂。泡沫的稳定性与温度、蒸发、表面膜移动、界面膜性质（黏性和弹性）、表面电荷、表面张力、泡沫气体的扩散以及添加表面活性剂的结构等有关。

2. 泡沫的主要危害

泡沫的产生对生产和制造存在一定的不利影响，主要表现在以下几方面：① 限制生产能力，造成漫溢损失，只有通过增加投料量才可以获得相应的产量。② 浪费原材料，造成有用或贵重原料因漫溢而损失。③ 延长反应周期，由于化学反应产物中的气体与液体产生的泡沫会造成气体滞留，延长反应周期，多消耗了动力。④ 影响产品品质，造成产品质量严重下降。⑤ 不利于准确计量，干扰液面的测量准确，造成测量失误，同时使液体密度发生较大波动。⑥ 污染环境、引起事故，由于泡沫漫溢，必然会污染生产环境及周围环境，甚至造成重大事故。

一般消除泡沫可通过静置、减压和加温等办法达到目的，然而当今工业生产规模越来越大，生产效率要求越来越高，需要在尽可能短的时间内迅速而有效地消除不断产生的泡沫，就需要用新的、更有效的方法。自从德国科学家Quincke首先提出用化学方法来消除泡沫以来，消泡剂获得很大的发展，各类消泡剂目前已广泛应用于各种工业生产过程中，其用量也在不断增加。

二、消泡剂概述

1. 消泡剂定义

消泡剂（antifoaming agent或defoaming agent），又称为抗泡剂，包括破泡剂、抑泡剂和脱泡剂等，通常是指具有较低表面张力，较高表面活性，且能够抑制或消除液体体系中泡沫的物质。

（1）破泡　相对于泡沫（泡沫聚合体），从空气侧侵入泡中，将泡合一破坏。即破泡剂吸附于气泡后，因表面张力之作用侵入气泡膜中。随后，表面张力因破泡剂在泡膜表面的扩张，使泡膜变薄，进而破坏泡膜。

（2）抑泡　从液体侧侵入泡中，将泡合一破坏，令泡沫难以产生。即抑泡剂与液体中起泡性物质同时吸附于泡膜。因吸附抑泡剂泡膜的表面张力降低引起泡膜变薄。因此变得不安定的泡膜浮出液面被破坏掉。

（3）脱泡　从气泡的界面侵入泡中，令气泡合一浮出液面。脱泡剂在液体中吸附于泡膜。液体中各个气泡在相互吸附后，吸附界面被破坏而形成一个大气泡。浮力增大的大气泡迅速上升至液面。

2. 消泡剂组成成分

消泡剂由于其特殊的理化性质，通常需要加入其他物质配合使用，才能获得理想的效果。消泡剂主要包括以下成分：

（1）活性成分　代表物：硅油、聚醚、高级醇、矿物油、植物油等。作用：降低表面张力，破泡，消泡。

（2）乳化剂　代表物：壬（辛）基酚聚氧乙烯醚、吐温系列、斯盘系列等。作用：使活性成分便于分散在水中，更好地起到消泡、抑泡效果。

（3）载体　代表物：除水以外的溶剂，如脂肪烃、芳香烃等。作用：有助于载体和起泡体系结合，易于分散，其本身表面张力低，有助于抑泡，且可以降低成本。

（4）乳化助剂　代表物：疏水二氧化硅等（分散剂），CMC、聚乙烯醚等（增稠剂）。作用：使乳化效果更好。

3. 消泡剂基本性能要求

为了达到理想的消泡效果，消泡剂通常需要具备以下基本性能：① 消泡能力强，消泡快，消泡效应时间长，且抑泡性能好；② 与起泡液有一定程度的亲和性，但不影响起泡体系的基本性质；③ 具有更低的表面张力，不溶于起泡体系中，也不易被增溶；④ 挥发性小，扩散性和渗透性好，铺展能力强；⑤ 不与被消泡介质起反应，具有良好的化学稳定性；⑥ 无活性，无腐蚀，无毒，安全性高；⑦ 耐酸碱、耐高温，不燃不爆，良好储存稳定性；⑧ 原料易得，成本低廉。

4. 消泡剂的消泡机理

消泡即是泡沫稳定化的逆向过程。消泡剂具有两方面的性能：一是破泡性，即将已形成的泡沫迅速破泡的性能，通常铺展性(分散性)好的物质，其破泡性好；二是抑泡性，抑泡性是指抑制溶液起泡的能力，通常溶解度小的物质其抑泡性好，抑泡剂必须具有破泡能力，理想的消泡剂是既具有良好的铺展性又是溶解度小的物质。

消泡剂的作用就在于破坏和抑制双分子膜的形成，消泡剂的表面张力较低，易在溶液表面铺展，进入气泡液膜后，顶替原来液膜表面上的表面活性分子，使接触处的表面张力降低。由于泡沫液膜的表面张力高，将产生收缩，使表面张力低的液膜被四周牵引、延展，形成强度较差的膜，慢慢地变薄，不能产生有效的弹性收缩力而失去自我修复作用。其黏度也降低，泡沫液膜的排液速度和气体的扩散速度加快，泡沫的寿命变短，最后破裂得以消除。以下是常见的消泡剂的消泡机理。

（1）泡沫局部表面张力降低　高级醇或植物油撒在泡沫上，当其溶入泡沫液，会显著降低该处的表面张力。因为这些物质一般在水中的溶解度较小，表面张力的降低仅限于泡沫局部，而泡沫周围的表面张力几乎不发生变化，表面张力降低的部分被强烈地向四周牵引、延伸，最后破裂。

（2）破坏泡沫膜弹性　消泡剂在泡沫体系中会向气液界面扩散，使具有稳泡作用的表面活性剂难以发生恢复膜弹性的能力。

（3）促使液膜排液　泡沫排液速率可以反映泡沫稳定性，添加加速泡沫排液的物质，可以起到消泡作用。

（4）疏水固体颗粒的消泡作用　在气泡表面疏水固体颗粒会吸引表面活性剂的疏水端，使疏水颗粒产生亲水性并进入水相，从而起到消泡作用。

（5）增溶助泡表面活性剂可导致气泡破灭　辛醇、乙醇、丙醇等低分子醇类物质能与溶液充分混合，可以溶入表面活性剂吸附层，降低表面活性剂分子间的紧密程度，使起泡表面活性剂被增溶，降低其有效浓度，从而减弱了泡沫的稳定性。

（6）电解质瓦解表面活性剂双电层　对于借助泡沫的表面活性剂双电层互相作用，产生稳定性的起泡液，加入普通电解质可瓦解表面活性剂的双电层起消泡作用。

5. 消泡剂的分类

国内外商品化的消泡剂品种繁多，性能各异，已广泛应用于化工、纺织、印染、造纸、医药和发酵等领域。按照化学组分：

（1）醇类　常用的醇类消泡剂多具有支链，如二乙基乙醇、环己醇、十六烷醇、异辛醇、异戊醇、二异丁基甲醇等，主要用于制糖、发酵、石油精制、造纸和印染工业中，其用量在0.01%～0.10%之间。其中碳原子数和支链较多的醇消泡能力较好，如二乙基已醇、二异丁基甲醇。

（2）脂肪酸及脂肪酸酯类　脂肪酸及脂肪酸酯类消泡剂主要有失水山梨醇单月桂酸酯、失水山梨醇三油酸酯、聚氧乙烯单月桂酸酯、硬脂酸乙二醇酯、甘油脂肪酸酯、双乙二醇月桂酸酯、甘油蓖麻油酸酯、硬脂酸异戊酯、三油酸酯、二甘醇酯、蓖麻油、豆油等，可用于造纸、染色、建筑涂料、发酵、石油精制、黏合剂、食品等行业。矿物油虽不属于脂肪酸一类，但也可用作消泡剂，用于印花色浆、造纸行业的消泡，如火油、松节油、液体石蜡。油脂类消泡剂用量为0.05%～2%，脂肪酸酯类消泡剂用量为0.002%～0.2%。

（3）酰胺类　酰胺类消泡剂有二硬脂酰乙二胺、二棕榈酰乙二胺、油酰二乙烯三胺缩合物、聚丙烯酰胺、双十八酰基哌啶、聚氧烷基酰胺等。其中二硬脂酰乙二胺、二棕榈酰乙二胺以及油酰二乙烯三胺缩合物等，使用效果较好，使用量为0.002%～0.005%。

（4）磷酸酸类　酯类消泡剂最常用的是磷酸三丁酯、磷酸三辛醋、磷酸戊、辛酯有机胺盐、磷酸三（丁氧乙基）酯等，常用于纤维、润滑油等的消泡。通常将不溶于水的磷酸酯先溶于与水易混溶的有机溶剂（如乙酸、丙酮、异丙醇等），然后再用作水溶液的消泡。

（5）聚醚类　聚醚类表面活性剂由美国Wyandotte化学公司1950年研制，商品化的Pluronic系列发展极快。我国在1967年研制成功，并投入生产。聚醚是环氧乙烷与环氧丙烷的嵌段共聚物，其中消泡剂L61是环氧乙烷聚合部分、占整个分子量10%，而环氧丙烷聚合部分的分子量为1750左右，HLB=3。消泡剂L62是环氧乙烷聚合部分、占整个分子量20%，而环氧丙烷聚合部分的分子量为1750左右，HLB=7，在水中溶解度为0.5%（25℃）。聚醚类表面活性剂具有降黏作用，广泛用作净洗剂、发酵、塑料、玻璃器皿等的消泡剂。

6. 有机硅消泡剂

有机硅类消泡剂是目前食品、发酵、造纸、化工生产、黏合剂、胶乳、润滑油等行业中使用较广泛的消泡剂，品种较多、使用量较大，已成为消泡剂中的主要品种。具有以下突出优点而被广泛应用：① 表面张力低、表面活性高，消泡力强。如中等黏度的二甲基硅油表面张力约为20～21mN/m，远远低于水（表面张力约为76mN/m）及一般起泡介质的表面张力。② 热稳定性好，挥发性低，保证了有机硅油消泡剂可在较宽的温度范围内使用。③ 良好的化学惰性。由于Si—O键及Si—C键比较稳定，所以有机硅的化学惰性好，很难与其他物质发生化学反应，能在苛刻的条件下使用。④ 无生理毒性。用作消泡剂的二甲基硅油聚合度较高，无生理毒性，使用较为安全。⑤ 具有正铺展系数，能在发泡系统中的气-液界面迅速铺展开，不易被发泡体系中存在的表面活性剂所增溶。

聚硅氧烷类最常用的是聚二甲基硅氧烷，也称二甲基硅油。纯粹的聚二甲基硅氧烷不经分散处理难以作为消泡剂。可能是由于它与水有高的界面张力，铺展系数低，不易分散在发泡介质上。因此将硅油混入SiO_2气溶胶所构成复合物，即将疏水处理后的SiO_2气溶胶混入二甲基硅油中，经一定温度、一定时间处理，就可制得。硅油的黏度、二氧化硅的种类、浓度以及制备条件都会影响最终产品的性能和性状，决定于如何控制这些参数。乳化时选用HLB值＞12与HLB值＜6（最好＜3.5）的乳化剂相拼混。硅油的HLB值为7～9。

硅油不仅用于水溶液体系，而且在非水体系也有效，用量较少。此类消泡剂有强的破泡力，能长时间反复持续地进行破泡、抑泡，具有较好的热稳定性，可在5～150℃宽广的温度范围内使用；其化学稳定性较好，难与其他物质反应，只要配制适当，可在酸、碱、盐溶液中使用，无损产品质量；还具有生理惰性，通常用于食品和医药行业。被广泛用于洗涤剂、造纸、制糖、电镀、化肥、助剂、废水处理等生产过程中的消泡。在石油工业中，被大量用于天然气的脱硫，加速油气分离。

聚醚改性硅结合了聚醚与有机硅消泡剂二者的优点，具有无毒无害，对菌种无害，添加量极少，是一种高性价比的产品。聚醚改性有机硅，是在硅氧烷分子中引入聚醚链段制得的聚醚-硅氧烷共聚物（简称硅醚共聚物）。聚硅氧烷类消泡剂具有消泡迅速，抑泡时间长和安全无毒等特点，但难溶于水，耐高温，耐强碱性差；聚醚类消泡剂水溶性好，耐高温，耐强碱性强，但其消泡速度和抑泡时间都不理想，通过缩合技术接枝在聚硅氧烷链上引入聚醚链，使之具有两类消泡剂的优点，成为一种性能优良，有广泛应用前景的消泡剂。在硅醚共聚物分子中，硅氧烷段是亲油基，聚醚段是亲水基。聚醚链段中聚环氧乙烷链节能提供亲水性和起泡性，聚环氧丙烷链节能提供疏水性和渗透力，对降低表面张力有较强作用。调节共聚物中硅氧烷段的分子量，可以使共聚物突出或减弱有机硅的特性。聚醚改性有机硅消泡剂很容易在水中乳化，在其浊点温度以上时，失去对水的溶解性和机械稳定性，并耐酸、碱和无机盐，可用于苛刻条件下的消泡，广泛用于涤纶织物高温染色工艺、食品发酵工艺中的消泡。

目前国内外商品有机硅消泡剂的品种、型号名目繁多，性能各异，一般可分为油（油膏）型、溶液型、乳液型、固体型和改性硅油型等几大类。

（1）油状有机硅消泡剂　油状有机硅消泡剂可分为油型和油复合型两种，主要成分是二甲基硅油，具有良好的化学惰性和热稳定性，低表面张力，不溶于水，易于在表面铺展等诸多优点。低黏度硅油消泡效果好，但持续性差；高黏度硅油消泡效果慢，但持续性好。通常起泡液黏度越低，选用的硅油黏度应越高，反之，起泡液黏度越高，选用黏度越低硅油。单纯的有机硅如二甲基硅油并没有消泡作用，但乳化后其表面张力迅速降低，使用很少量即能达到很强的破泡和抑泡作用。通常在硅油中混入一定比例的经疏水处理过的二氧化硅助剂，形成油复合型消泡剂，二氧化硅作填料，因其表面有大量的羟基而有助于增强硅油在起泡体系中的分散能力，增加乳液的稳定性，明显改善消泡性能，因硅油本身具有亲油性，因此对油溶性溶液的消泡具有令人满意的效果。如乳化不完全，使用时会破乳，影响其使用效果。油状有机硅消泡剂的分子量大小对其消泡效果有一定的影响。分子量小，易于分散和溶解，但缺乏持久性；相反，分子大则消泡性能差，同时乳化困难，但溶解性差，持久性好。

（2）溶液型有机硅消泡剂　溶液型有机硅消泡剂是将硅油溶解在一些特定的溶剂中，从而使有机硅消泡剂颗粒变得微小，分散性能得到改善，能更好地散布在消泡体系中。选择的溶剂必须既能溶解硅油，同时也能很好地溶解于起泡介质中。硅油溶于多氯乙烷、甲苯、二甲苯等有机溶剂，制成的硅油溶液适用于非水体系的消泡；也可以将硅油溶解在乙二醇、甘油等有机溶剂中，制成适合水相体系的消泡溶液。硅油溶液型有机硅消泡剂配制工艺十分简单，使用方便，但是并没有得到广泛的应用。

（3）乳液型有机硅消泡剂　有机硅乳液具有良好流动性，无毒、无味，乳白色液体，具有较高化学稳定性、耐热性及生理惰性，可以有效提高硅油在水相中的分散性能，在非水相和水相中均可应用，使用范围较广。同时具有铺展快、分散均匀、不挥发、用量少、效力高等优良性能。由于硅油比较难乳化，如果乳化不完全，使用时有破乳现象出现时将会严重影响到其消泡性能。而乳液的稳定性是消泡剂好坏的重要指标，所以乳化剂的选择是关键。乳化剂属于表面活性剂，能在硅油和水两相界面上形成定向的单分子层，使表面张力降低，还能形成结实的复合膜，从而能使乳液体系获得稳定的效果。

有机硅乳液的生产技术对乳化剂有一定的要求，乳化剂分子的亲水亲油平衡值要合适，此外被乳化物与乳化剂憎水基之间有亲和力，结构越近，则乳化效果越好。乳化剂的亲水亲油平衡值即HLB值必须适中，一般认为HLB值在7～9范围内。多数配方还在硅油中添加白炭黑，白炭黑提供了水进入硅油液滴内部的极性界面，有助于硅油的分散，此外还有阻碍乳化了的硅油小液滴合并的作用，从而提高了硅油乳液的消泡能力。在硅油的乳化上广泛应用的是与硅油相似的化学结构的Span系列和Tween系列乳化剂，在选择乳化剂时一般多选用几个HLB有一定差别的乳化剂进行复配。要使乳液稳定，乳化剂的用量也要讲究，如果用量太多，虽然稳定性改善，但乳液会过于黏稠，消泡效果下降，若用量太少，则乳液不稳定，易分层。乳液型消泡剂中乳化剂的存在使得当消泡成分消失后乳化剂反而起到助泡作用，因而乳化剂含量是乳液型消泡剂需要考虑的问题之一。

（4）固体型有机硅消泡剂　固体消泡剂是将消泡剂的活性成分附着固定在固体微粒分散体系的表面，同时解决了消泡成分和乳化剂的问题。通常由消泡剂活性成分、载体和助剂三部分组成。消泡剂活性成分是有机硅化合物如二甲基硅油、二甲基硅油–二氧化硅的分散体、聚醚改性的亲水型有机硅化合物以及有机硅乳液型消泡剂等。载体主要有碳酸钠、二氧化硅、氟石、聚乙烯醇、乙酸乙烯–丙烯酸共聚物、高分子量聚醚等。而助剂主要是起粘接、成膜、包裹等作用，如淀粉、羧甲基纤维素、硅酸钠、脂肪醇、脂肪酸酯等。固体有机硅消泡剂储存稳定性好，便于运输，使用方便。通过改变其载体或助剂，既能用于水相，又能用于油相，且有较好的介质分散性。因此，固体有机硅消泡剂在很多行业都有着很好的应用前景。

固体有机硅消泡剂的制备方法可分为三种：消泡剂活性成分直接分散在固体载体表面；消泡剂活性成分与软化点较低的脂肪醇、脂肪酸、脂肪酰胺、脂肪酸酯、石蜡等物质一起熔融，再将熔融体附着在载体的表面；消泡剂活性成分与成膜物质混合，使成膜物质包封在消泡组分的外部。其中，第一种方法制备的消泡剂适用温度范围宽，第三种方法制备的消泡剂稳定性强。

7. 农用消泡剂的应用历史及使用现状

农药制剂加工和使用过程中，当含有表面活性剂的农药乳状液、悬浮液等液体被搅拌、摇晃或受冲击时，很容易产生泡沫，除极少数特殊情况如农药发泡技术和田间喷雾用泡沫标志剂，需要考虑起泡性外，绝大多数场合不希望农药用表面活性剂产生泡沫，特别是在农药加工、包装、大田稀释及使用时，起泡都是不利的。泡沫处理已经成为农药制剂生产和使用过程中亟待解决的问题，人们采取多种方法来消除制剂体系的泡沫，如物理法、化学法、机械法等，其中化学法在农药制剂加工和使用中应用最为广泛。

有机硅消泡剂既具有良好的消泡、抑泡作用，又具有用量低，化学惰性好，能在苛刻条件下发挥作用的特点，近年来获得飞速发展，适合不同使用环境的新品种、新型号不断产生．应用面也不断在扩展。今后适用性强、能进一步提高产品质量和设备利用率的新型高效有机硅消泡剂将会得到进一步发展，特别是性能优良的聚醚改性有机硅消泡剂和乳液型消泡剂会在市场占有主要地位。

道康宁®GP系列有机硅消泡剂产品专为配方师设计，使用简便，并易乳化或稀释。同时，它们在低浓度下也十分有效。因此，只需使用少量，即使是最顽固、最持久的泡沫问题也能解决，而且经济、有效。道康宁®GP系列有机硅消泡剂产品见表8-2。

表8-2 道康宁®GP系列有机硅消泡剂产品

产品	活性成分含量/%	适用范围	黏度/cSt	建议使用浓度/10^{-6}	特点
GP 01 Antifoam Compound	100%	脂肪族，芳香族或氯代溶剂	2500	10	经济，易使用，消泡快，可用于极端pH
GP 02 Antifoam Compound	100%	脂肪族，芳香族或氯代溶剂	1500	10	经济，易于使用，在低浓度下起效
GP 100 Antifoam	100%（高浓度，需稀释，无需乳化）	冷水或发泡介质	1300	50	长效消泡，易于制备稀释乳液
GP 50 Antifoam	50%（高浓度，需稀释，无需乳化）	冷水或冷发泡介质	2500	100	低浓度下高效，剪切稳定性高，广泛的pH值和温度稳定性，易于分散
GP 25 Antifoam	21%	水或发泡介质	2200	250	消泡快，水中易分散
GPF 20 Antifoam	20% 食品级	冷水	1500	50	热或冷水中起效，可杀菌，符合食品接触标准，易使用，低浓度下起效
GP 10 Antifoam	10%	水	1700	500	消泡快，易使用

注：$1cSt=1mm^2/s$。

消泡剂SAG622是美国康普顿有限公司有机硅部专为高温水相体系而设计的一种耐久性有机硅抑泡剂，黏度低、分散快，尤其适用于非离子和阴离子体系的消泡及抑泡，亦可在较宽的温度和pH值为4～12范围内使用。

理化性质：外观白色乳液，固体含量（135℃×1h）20.0%，黏度（25℃，3号转子，30r/min）600cps（于搅拌后），pH值（25℃）为7.0。

具有以下特点：高效能的高温型有机硅抑泡剂；消泡速度快、抑泡耐久性好；易溶于水、使用简便；应用范围宽，可用于高温高压溢流染色及各种印染工艺中；储存稳定性极佳。

SAG622抑泡剂的应用范围较宽，适用于多种含水工业的生产工序上，包括：① 纺织工业上的高温溢流染色及其他印染工艺；② 黏合剂及胶黏剂（Latex）的生产；③ 化工材料生产及加工过程（水性体系）；④ 石油工业，如应用于钻井过程中之钻井液泥浆及封井水泥等。

第九节 防结块剂

防结块剂（anti-blocking agent），又称流散剂（anticaking agent）。为使涂料、农药、饲料及肥料保持良好的流动性，避免结块而使用的添加剂。通常其具有耐硬水、耐酸、耐碱、耐一般电解质、耐煮沸等特点。对钙皂分散、洗涤、起泡等均具有极优良性能，并有良好的抗结块性、分散性。

1. 防结块剂的用途

防结块剂是以无机矿物质为主要原料、辅以有机表面活性剂、采用纳米技术加工而成的新型防结块产品。广泛适用于脲基、氯基、硝基、硫基等各种类型、各种浓度复合肥的防结块处理。它在农药可湿性粉剂里的运用，可防止结块及溶解缓慢现象，该产品的扩散、增溶等均具有极优良的性能，能使农药很快润湿分散成为均匀的悬浮液体，使药效均匀。

2. 防结块剂的特点

① 使用方便、能耗小、不需加热、经简单计量直接添加即可；

② 具有高强吸附、固化、隔膜功能，南北气候均宜；

③ 化学性质稳定，无毒、无味、无腐蚀、不易燃易爆，对环境不造成任何污染；

④ 内含农作物所需的可溶性微量营养元素（S、Ca、Mg、B、Zn、Fe），弥补高浓度复合肥中缺少微量元素的缺陷；

⑤ 以科学的吸附方法，使粉状防结块剂牢固吸附于颗粒肥料表面，车间生产无污染。

3. 防结块剂的防结块原理

① 防结块剂有效减少肥料粒子间的吸附粘连。

② 控制颗粒晶形，保持冲施肥中颗粒具有良好的稳定晶形。

③ 有效固定肥料表面自由水，从而降低化学反应及重结晶所需要的介质。

④ 超细粉体堵塞肥料表面毛细孔，阻止肥料颗粒内部水分向表面迁移。

⑤ 超细粉体吸附于肥料颗粒表面，有效阻隔肥料粒子间的接触。

4. 防结块剂的主要种类

（1）惰性粉末或惰性填充物类防结块剂　常用的惰性粉末多为无机物质，有硅藻土、高岭土、黏土、滑石粉、膨润土、凹凸棒土、硅酸铝、磷钙石粉、石灰石、沸石粉、二氧化硅等。

（2）无机盐类防结块剂　硝酸钙、氯化铵、硝酸镁。

（3）表面活性剂类防结块剂　阴离子（烷基硫酸盐、烷基苯磺酸盐、α-烯烃磺酸盐）、阳离子（季铵盐）、非离子（聚氧乙烯类）。

（4）非表面活性剂或疏水性物质类防结块剂　石蜡、矿物油、各种树脂聚合物。

（5）惰性物质/表面活性剂/其他填充物复合型防结块剂　烷基苯磺酸盐、烷基硫酸盐等阴离子表面活性剂和膨润土、高岭土等混合物 。

（6）高分子均聚物　仲烷基硫酸铵、烷基磺酰氯、脲醛树脂及其衍生物、脂肪酸与甲醛反应物、含氟化合物、聚亚烷基二醇及其衍生物、Uresoft系列物质。

（7）无机盐、高分子聚合物和共聚物　聚丙烯酸、聚乙二醇、聚乙烯醇、乙酸乙烯酯与丙烯酸乙酯的共聚物与十二烷基硫酸钠（SDS）或油酸（SO）的混合体系。

（8）疏水性物质型防结块剂　如石蜡、柴油、煤油、有机硅类等。

第十节　臭味剂

臭味剂（stink-agent）是指在民用煤气、农药制剂中加入的某些带有刺激性臭味的化学物质，以引起人们警觉，避免误闻或误服给人们带来伤害，这种起警示作用的助剂即为臭味剂。

锅炉煤气中一般采用四氢噻吩作为臭味剂，四氢噻吩（简称THT）又称硫杂环戊烷、四甲撑硫、硫化伸丁基，无色透明，有挥发性的无毒液体，不溶于水，可混溶于乙醇、乙醚、苯、丙酮。其挥发性较低，具有强烈的恶臭气味，产生的臭味稳定、不易散发，空气中存在0.01×10^{-6}就能闻到，对煤气设备、运输管道垫片等材质没有腐蚀性，对人体嗅觉不会产生习惯钝化，也不会引起咳嗽、头痛、催泪等刺激性反应，与传统的燃气臭味剂乙硫醇相比，不仅抗氧化能力强、化学性质稳定，而且燃烧后没有环境污染。因此国外普遍采用无毒、易于识别特点的四氢噻吩作为臭味剂，被用作城市煤气、天然气等气体燃料的泄露警告剂，少量加到气体燃料中。

农药制剂中一般使用以吡啶生产的副产物烷基吡啶混合物作为臭味剂，其是一种效果好又廉价的添加物。目前一些百草枯生产厂家已有应用，但并未作为强制性指标列入标准。烷基吡啶副产物的主要成分是3,5-二甲基吡啶、2,3-二甲基吡啶和3-乙基吡啶，它们的含量基本上代表了该臭味剂的质量情况。

第十一节　黏结剂

在水分散粒剂或颗粒剂（片剂）的制备过程中，需要加入一些能使无黏性或黏性较小的物料聚集黏结成颗粒或压缩成形的具黏性的固体粉末或黏稠液体，加入的这类物质称为黏结剂（adhesives）。

一、黏结剂在制剂中的应用

黏结剂的作用是使颗粒剂在制造成产品后，不仅具有一定强度，在包装、运输、储存等过程中不易松散成粉，而且确保崩解时间较短。黏结剂加入量少，颗粒的强度不够，易破碎，加入量越大，颗粒强度就越大，但颗粒崩解性随之变差，这就需要找出一个平衡点，在满足制剂崩解性的同时，尽量使得颗粒保持较大的强度。由于农药有效成分及加入辅料不同而使颗粒的物理性能有所变化。对此，应根据实际情况及制剂的性能，选择最佳黏结剂和加入量。

二、黏结剂的主要种类

1. 天然聚合物

（1）淀粉　淀粉是从植物中获得的碳水化合物聚合物，如以马铃薯、小麦、玉米和木薯为原料。但是作为颗粒黏结剂的淀粉在冷水中不溶，在热水中胶化（水解）成糊浆，俗称淀粉糊；适合作为对湿热稳定的药物的黏合剂，一般浓度为5%～30%，10%为最常用。制法有两种：冲浆法、煮浆法。① 冲浆法：将淀粉先加少量（1～1.5倍）冷水、搅拌，再冲入全量的沸水，不断搅拌至成半透明糊状。此法操作方便，适于大量生产。② 煮浆法：向淀粉中缓慢加入全量冷水搅匀后加热、并不断搅拌至糊状即得。此法不宜用直火加热，以免底部焦化混入黑点影响外观。淀粉浆能均匀地润湿物料，不易出现局部过湿现象，且有良好黏合作用，是应用较广泛的黏合剂。玉米淀粉完全“糊化”（糊化是指淀粉受热后形成均匀糊状物的现象）的温度是77℃。

（2）预胶化淀粉　预胶化淀粉是一种改良淀粉，它是用化学法或机械法加工使水中的淀粉颗粒全部或部分粉碎、干燥而制成的淀粉。这个过程使淀粉颗粒具有流动性，且在温水中就能溶解，在湿法造粒过程中作为黏结剂。预胶化淀粉用水润湿后可以重新溶于水形成溶液或直接干法混合，后者需用2～4倍量的黏结剂来达到相同的黏合效果。

预胶化淀粉有完全预胶化和部分预胶化两种形式。预胶化的程度决定于其在冷水中的溶解度。部分预胶化淀粉商品名为“可压性淀粉”。

（3）明胶及阿拉伯胶　明胶是动物胶原质部分酸水解（A型明胶）或碱水解（B型明胶）得到的纯化蛋白质的混合物。阿拉伯胶也称阿拉伯树胶，来源于阿拉伯树的天然树脂，成分复杂，是糖类和半纤维素酶的松散聚集物。常用10%～20%的明胶溶液和10%～25%的阿拉伯胶溶液等，适用于容易松散及不能用淀粉浆制粒的药物。

2. 合成聚合物

（1）聚维酮（PVP）　白色或乳白色粉末，无毒，熔点较高，对热稳定（150℃变色），化学性质稳定，能溶于水和乙醇成为黏稠胶状液体，为良好的黏合剂。PVP有不同规格型号，常用PVP K30作黏合剂。PVP水溶液、醇溶液或固体粉末都可应用。PVP干粉还可用作直接压片的干燥黏合剂。

PVP 3%～15%（常用3%～5%）的乙醇溶液用于对水敏感的药物制粒。可用于那些可压性很差的药物，但应注意：这些黏合剂黏性很大，制成的片剂较硬，稍稍过量就会造成片剂的崩解超限。

（2）纤维素衍生物　甲基纤维素（MC）：可溶于水，成为黏稠性较强的胶浆。但应注意当蔗糖或电解质达一定浓度时本品会析出沉淀。

乙基纤维素（EC）：溶于乙醇中，主要用作缓释制剂的黏合剂，常用的浓度为2%～10%。可用其乙醇溶液作为对水敏感的药物的黏合剂，但应注意本品的黏性较强且在胃肠液中不溶解，会对片剂的崩解及药物的释放产生阻滞作用。目前，常用于缓、控释制剂中（骨架型或膜控释型)。

羧甲基纤维素钠(carboxymethycellulose sodium, CMC-Na):是纤维素的羧甲基醚化物,不溶于乙醇、氯仿等有机溶剂;溶于水时,最初粒子表面膨化,然后水分慢慢地浸透到内部而成为透明的溶液,但需要时间较长,最好在初步膨化和溶胀后加热至60~70℃,可大大加快其溶解过程。常用浓度为1%~2%。

羧丙基纤维素(hydroxypropyl cellulose, HPC):是纤维素的羟丙基醚化物,含羟丙基53.4%~77.5%(含7%~19%的为低取代羟丙基纤维素L-HPC,常作崩解剂)。白色粉末,易溶于冷水,加热至50℃发生胶化或溶胀现象;可溶于甲醇、乙醇、异丙醇和丙二醇。

羟丙甲纤维素(hydroxypropylmethyl cellulose,HPMC):为白色粉末,无臭无味,对光、热、湿均有相当的稳定性,是一种最为常用的薄膜衣材料,能溶于水及部分极性有机溶剂,在冷水中能溶胀形成黏性溶液。不溶于乙醇、乙醚和氯仿,但溶于10%~80%的乙醇溶液或甲醇与二氯甲烷的混合液。制备HPMC水溶液时,最好先将HPMC加入到总体积1/5~1/3的热水(80~90℃)中,充分分散与水化,然后在冷却条件下,不断搅拌,加冷水至总体积。HPMC作为黏合剂,常用浓度为2%~5%。HPMC作为黏合剂的特点是崩解迅速、溶出速率快。

(3)聚乙二醇　由于聚乙二醇(PEG)本身的性质,作为黏结剂使用具有局限性。但是,聚乙二醇可以增强造粒中黏结剂的作用,并使制得的颗粒具有较好的可塑性。在实际使用中,含PEG6000浓度为10%~15%的混合粉末被加热至70~75℃时,呈浆状,在冷却过程中搅拌会形成颗粒。

(4)聚乙烯醇　聚乙烯醇(PVA)有不同黏度的聚合物。在造粒过程中使用的黏度范围为0.01~0.1Pa·s。PVA是水溶性聚合物,选用冷溶型PVA可以随配方加入,也可以调制成液体后在捏合物料时加入。

3. 糖类

(1)蔗糖　蔗糖的水溶液其黏性较强,适用于质地疏松、弹性较强的植物性药物及质地疏松和易失结晶水的化学药物,常用其50%~70%(质量分数)的水溶液。当蔗糖浓度高达70%(质量分数)时,在室温时已是过饱和溶液,只能在热时使用,否则易析出结晶。强酸或强碱性药物能引起蔗糖的转化而产生引湿性,不利于压片,故制颗粒时不宜采用。蔗糖有一定的吸湿性,其吸湿性与纯度有关,纯度差的吸湿性更强。有时与淀粉浆合用以增强黏合力,有时也用蔗糖粉末与原料混合后再加水润湿制粒。

(2)葡萄糖(果糖)　葡萄糖在湿法造粒过程中以糖浆的形式使用(浓度>50%),具有较好的黏合性。由葡萄糖制成的中强度颗粒较坚硬和易碎,只有在特殊情况下才可使用。

三、黏结剂的加入方式

黏结剂的加入方法与生产方法有关,如果是生产各种粒剂,可以加固体黏结剂。就是将粉状黏结剂混入粉体物料中,加水后粉体产生黏性,提高了成粒效果。如果进行喷雾流化造粒,可以将黏结剂水溶液通过喷嘴喷射到粉体料层中进行团聚黏结造粒。但一定要控制黏结剂加入量,如果黏结剂超量会导致颗粒在水中的分散性、润湿性能下降,也会影响产品的悬浮率。

第十二节 润 滑 剂

药剂学中润滑剂（lubricant）是一个广义的概念，是助流剂、抗黏附剂和（狭义）润滑剂的总称。① 助流剂：主要用于降低颗粒之间的摩擦力，从而改善粉体流动性，减少重量差异。② 抗黏附剂：主要用于防止压片时物料黏着于冲头与冲膜表面，以保证压片操作顺利进行，使片剂光洁。③ 润滑剂（狭义）：用于降低颗粒间以及颗粒与冲头和模壁间的摩擦力，可改善传递和分布以保证压片时应力分布均匀，宜于出片，防止裂片。但在实际应用中，很难将这三种作用分开，况且一种润滑剂又常有多种作用。

一、润滑剂的种类

1. 水不溶性润滑剂

（1）硬脂酸盐　一般为（包括硬脂酸钠、硬脂酸锂、硬脂酸钾、硬脂酸锌、硬脂酸钙和硬脂酸镁等）为白色细腻粉末，有很好附着性，与颗粒混合后分布均匀而不分离。常用的为硬脂酸镁，用量为0.25%～1%。本品润滑性强，抗黏着性好，助流性差。若与其他润滑剂混合使用效果更佳。但因其为疏水性物质，用量过多会延长片剂的崩解时间或产生裂片。适用于易吸湿的颗粒，硬脂酸镁有弱碱性，在碱性条件下不稳定的活性物质不宜使用。

（2）滑石粉　白色至灰白色粉末，不溶于水，主要作为助流剂。助流性、抗黏性能良好，润滑和附着性差，多与硬脂酸镁合用。常用量一般为固体重量的3%～6%。

（3）硬脂酸、棕榈酸　该系列产品常用量为1%～5%。润滑性能好，抗黏着性不好，也无助流性。

（4）微粉硅胶　气相二氧化硅，用量为0.15%～3%。为轻质白色无定形粉末，不溶于水，有强亲水性，具有良好的流动性、可压性、附着性，为粉末直接压片优良填料。用量在1%以上时可加速片剂的崩解，且使片剂崩解散的极细，有利于活性物质在水中的分散。

（5）烃类合成油　微晶石蜡、固体石蜡、氯化石蜡、聚乙烯蜡、液体石蜡、氧化聚乙烯蜡、油酸甲酯和氢化植物油等。

2. 水溶性润滑剂

聚乙二醇类与月桂醇硫酸镁为水溶性润滑剂的典型代表。前者主要使用聚乙二醇4000和6000，用量为1%～4%时适于溶液片和泡腾片。后者为新型水溶性润滑剂，用量为1%～3%。

表8-3是一些常用水溶性润滑剂种类及用量。

表8-3　水溶性润滑剂

品名	常用量 /%	品名	常用量 /%
硼酸	1	油酸钠	5
苯甲酸钠 + 乙酸钠	1 ～ 5	苯甲酸钠	5
氯化钠	5	乙酸钠	5
聚乙二醇 4000	1 ～ 5	硫酸月桂酯钠	1 ～ 5
聚乙二醇 6000	1 ～ 5	硫酸月桂酯镁	1 ～ 2

二、润滑剂的加入方法

根据添加方式的不同，可以分为内润滑剂和外润滑剂两类。内润滑剂是与粉体原料混合在一起，它可以提高给料时粉体流动性和压缩过程中原始微粒的相对滑移，也有助于制品颗粒的脱模。内润滑剂添加量应尽可能少，过量使用可能会影响微粒表面的结合，从而降低制品强度。外润滑剂涂抹在模具的内表面，可以起到减小模具磨损的作用，即使微量添加也有显著的效果。若没有添加外润滑剂，颗粒与模具表面的摩擦力阻碍了压应力在这一区域的均匀传递，导致内部受力不匀，造成产品颗粒内部密度和强度的不均匀分布。因此，从这一点考虑，添加外润滑剂减小外部摩擦不仅仅是保护模具的问题，也是提高造粒质量和产量的手段。

选择润滑剂时，应考虑其对颗粒硬度、崩解速度及悬浮率的影响。通常情况下，颗粒剂的润滑性与硬度、崩解时间是相互矛盾的。润滑剂降低了粒间摩擦力，也就削弱了粒间的结合力，使硬度下降，润滑效果越好，影响越大；多数润滑剂是疏水的，能明显影响颗粒的润湿性，妨碍水分浸入，使崩解速度延长，因此，在能满足要求的前提下，尽可能少用润滑剂，一般用量在1%～2%，必要时可增加到5%。助流剂可在摇摆造粒前加入，以降低颗粒间的摩擦力。助流剂的主要作用是增加颗粒的流动性，使之顺利通过加料斗进入模孔，便于均匀造粒，以满足造粒时的填充速度，一般多以气相微粉硅胶为主。

参考文献

[1] 华乃震．特种农用助剂应用和增效作用．世界农药，2010，32（1）：44-45.
[2] 钟文．适用于加工多种塑料树脂的新颖助剂．国外塑料，2006，24（6）.
[3] 李永超，董奇，万锦超．注浆材料中防冻剂的种类与作用探讨．科学与财富，2013（6）：171.
[4] 赵坤，徐晓梅，杨保平，等．汽车发动机防冻液研究进展．甘肃石油和化工，2012（3）：13-16.
[5] 崔喜源．防冻剂使用应注意的事项．山西建筑，2009，35（10）：158-159.
[6] 朱建立．防冻剂原理及应用．山西建筑，2002，28（6）：69-70.
[7] 任师英．混凝土防冻剂的应用与发展．黑龙江科技信息，2009（22）：266.
[8] 陈三凤，杨珊珊，单宝荣．急性乙二醇中毒四例．中华劳动卫生职业病杂志，2007，25（3）：161-162.
[9] 李玉芳，伍小明．我国乙二醇开发和用前景广阔．化工文摘，2015（6）：17-20.
[10] 浦春鸣．乙二醇行业亟待更大发展．化建商情，2005(6)：38.
[11] 汪多仁．乙二醇的开发与应用进展．宁波化工，2003（1）：20-22.
[12] Allister Vale．乙二醇．MEDICINE，2003，31（10）：51-55.
[13] 田利明．我国染料和有机颜料行业生产发展态势．中国石油和化工，2006(7)：42.
[14] 章杰．我国染料工业发展新特点和面临的新形势．燃料与染色，2007，44（6）：1-2.
[15] 陈颖．2010年中国国际染料工业暨有机颜料，纺织化学品展览会．印染助剂，2010（27）：58.
[16] 范荣香．染料行业现状特点及未来发展趋势浅析．染整技术，2012，34（9）：1-2.
[17] 黄璐琦，彭华胜，肖培根．中药资源发展的趋势探讨．中国中药杂志，2011，36（1）：1-3.
[18] 关秀莲，彭渤，季江海，等．苦味剂与5种急性灭鼠剂合用实验室灭鼠效果观察．中国媒介生物学及控制杂志，2002，13（4）：248-249.
[19] 林冬华，刘长梅．家畜发生中毒的原因及常用的几种解毒药．养殖技术顾问，2011（5）：226.
[20] 王一军，陈宗化．百草枯催吐剂三氮唑嘧啶酮（PP796）的合成．精细化工原料及中间体，2011(1)：33-35.
[21] 李德军．百草枯生产工艺技术和三废处理现状．中国农药，2010（5）：9-12.
[22] 牟冠文，李光浩．食品防腐剂的使用安全．中国卫生检验杂志，2007，17（3）：528-530.
[23] 李富根，王以燕，马星霞，等．浅议我国木材防腐剂的管理．现代农药，2011，10（1）：1-3.
[24] 王思文，巩江，高昂，等．防腐剂苯甲酸钠的药理及毒理学研究．安徽农业科学，2010，38（30）：16724，16846.
[25] 王以燕．英国非农用农药登记有效成分名单．世界农药，2005，27（5）：41-43.
[26] 董桂蕃，李承毅．国外驱避剂研究动向．中华卫生杀虫药械，2001，7（4）：5-7.

[27] 姜志宽，韩招久，王宗德，等. 昆虫驱避剂的发展概况. 中华卫生杀虫药械，2009，15（2）：85-89.

[28] Cook S M, Khan Z R, Rickett J A. The use of push2pull strategies in integrated pestmanagement. Annu Rev Entomol, 2007, 52:3752400.

[29] Moore S J, Hill N, Ruiz C, et al. Field evaluation of traditionally used plant-based insect repellents and fumigants against the malaria vector Anopheles darlingi in Riberalta, Bolivian Amazon. J Med Entomol, 2007, 44(4): 6242630.

[30] Falotico T, Labruna M B,Verderane M P, et al. Repellent efficacy of formic acid and the abdominal secretion of carpenter ants (Hyme-nop tera: Formicidae) againstAm blyomm a ticks (Acari: Ixodidae). J Med Entomol, 2007, 44 (4) : 7182721.

[31] 李群，柏亚罗. 昆虫驱避剂的过去、现在和将来. 现在农药，2002（5）：24-27.

[32] 王美芳，陈巨莲，原国辉，等. 植物表面蜡质对植食性昆虫的影响研究进展. 生态环境学报2009，18（3）: 1155-1160.

[33] 王美芳，陈巨莲，程登发，等. 小麦叶片表面蜡质及其与品种抗蚜性的关系. 应用与环境生物学报，2008，14（3）: 341-346.

[34] 刘勇，陈巨莲，程登发. 不同小麦品种（系）叶片表面蜡质对两种麦蚜取食的影响. 应用生态学报，2007，18（8）: 1785-1788.

[35] 胡兆农，吕敏，姬志勤，等. 氮酮对两种杀虫剂毒力及昆虫表皮蜡质层影响的初步研究. 西北农业学报，2004，13（2）: 71-73, 78.

[36] 黄薇. 有机硅在涂料工业中的应用（续四）. 有机硅材料，2012，27（2）：137-139.

[37] 刘建. 有机硅消泡剂在纺织印染行业中的应用. 有机硅材料，2012，27（2）：15.

[38] 孙德业，殷树梅. 长链烷基硅油的合成及应用研究进展. 有机硅材料，2011，25（1）：54-57.

[39] 陈洪瑞，沈一峰，林鹤鸣，等. 长链烷基酯改性硅油的合成研究. 浙江理工大学学报，2009，26（2）：211-215.

[40] 吴飞，蔡春，王亮，等. 氟烃基改性硅油的合成及其消泡性能. 精细化工，2007，24（3）：228-230.

[41] 赵玉索. 有机硅消泡剂的研究及发展. 浙江化工，2007，38（3）：12-15.

[42] 黄健龙. 有机硅消泡剂简介. 合成润滑材料，2013，40（1）：30-33.

[43] 李想. 有机硅消泡剂的消泡机理及其应用. 化学工程师，2009，160（1）：47-48.

[44] 张宗俭. 有机硅等农药助剂开发尚需加大力度. 浙江化工，2010，41（8）：39.

[45] 李春静，卢义和，宫素芝，等. 聚醚改性硅油消泡剂的合成. 日用化学工业，2006，36（5）：284-286.

[46] 胡伟. 聚醚改性有机硅消泡剂的合成研究. 江苏：南京林业大学，2008.

[47] 李军伟，王俊. Si—C型聚醚改性硅油消泡剂的研制. 有机硅材料，2008，22（6）：365-368.

[48] 徐飞飞，季永新. 自乳化型聚醚改性有机硅消泡剂的合成及在复膜胶中的应用. 现代化工，2012，32（2）：44-47.

[49] 宋海香，孙保平，茹宗玲. 防结块剂的研究方法和进展. 化工进展，2011（6）：50-51.

[50] 季保德. 高氮复混肥防结块剂使用小结. 化工设计通讯，2005，31（2）：12-14.

[51] 赵海燕. 国内外硝酸铵防结块剂的开发研究. 中氮肥，2002，5（3）：1-4.

[52] 吴兴发，张婷. 氯化铵防结块剂的类型及应用. 中国西部科技，2009，8（5）：24-25.

[53] 李春华. 转炉煤气中加臭剂的应用和经济分析. 天津冶金，2012（4）：50-52.

[54] 司金城，石艳萍，付淑艳. 百草枯水剂中臭味剂——烷基吡啶的分析. 农药，2012，51（1）：39-41.

[55] 刘磊，庞煜霞，欧阳新平，等. 改性木质素磺酸盐GCL4-1与黏结剂的配伍及对WG成粒性影响. 第九届全国新农药创制学术交流会论文集，2011，（10）：381-385.

[56] 张国生. 农药水分散粒剂与悬浮剂的配方技术及其应用. 世界农药，2009，31（2）：37-40.

[57] 谢毅，吴学民. 农药水分散粒剂造粒方法研究. 农药科学与管理，2006（10）：37-39.

[58] 于见华，曾瀚，柯林辉，等. 润滑剂在材料成形中的应用. 精密成形工程，2010（1）：77-79.

[59] 郭瑞华，马传国，张科红，等. 植物油基润滑剂的研究进展. 中国油脂，2009（2）：52-54.

[60] 林育阳，王留勇. 粉末冶金润滑剂Kenolube P11与硬脂酸锌的比较. 装备制造技术，2011（7）：6-7.

[61] 祁有丽，徐小红，周旭光，等. 不同润滑剂对水基切削液配方摩擦学性能的影响. 第四届全国金属加工润滑技术学术研讨会文集，2013.

第九章

喷雾助剂

第一节 喷雾助剂的发展

一、农药辅助剂与喷雾助剂的区别

1. 喷雾助剂

在田间喷洒农药、叶面肥之前，配制农药时与农药、叶面肥一起加入药箱混合使用的助剂叫喷雾助剂（spray adjuvants）；在农业生产中喷雾助剂也叫增效剂。

2. 农药辅助剂

在加工农药制剂时加入的湿润剂、乳化剂、助溶剂、展着剂、黏着剂、悬浮剂、分散剂等都称为辅助剂，目的是为了有利于农药分散、黏着、吸收与传导，充分发挥农药有效成分的药效。

3. 喷雾助剂的发展趋势

喷雾助剂由液体肥料、矿物油、非离子表面活性剂等类型正在逐步被植物油型喷雾助剂取代。

植物油型喷雾助剂可以减少农药、叶面肥用量20%～50%，本身是环保型喷雾助剂，是农业节本增效的重要措施，大有前途。

喷雾助剂与农药辅助剂并没有严格界限，植物油型喷雾助剂的发展促进了农药、叶面肥新剂型的发展，掌握喷雾助剂的科学评价方法和使用技术，才能创造农药新剂型。

二、喷雾助剂应用理论

1. 喷雾助剂使用的必要性

在生产实践中人们发现，在田间喷洒农药、叶面肥时，遇高温干旱，空气相对湿度低，严重影响农药和叶面肥效果发挥，甚至没有药效和肥效。

农业生产中使用喷雾助剂的目的是为了增加农药、叶面肥的效果，减少用量，减少环境污染，特别是要解决在高温干旱条件下喷洒农药、叶面肥效果差的问题。

农药在加工过程中已经加入的辅助剂，发挥农药有效成分作用有限，解决不了生产中不适宜气象条件下施药的效果稳定的问题。

根据多年生产实践总结，在适宜气象条件下，在田间喷洒农药、叶面肥时加入喷雾助剂，可增加农药和叶面肥的吸收和传导，增加药效、肥效；在高温干旱，不适宜气象条件下，选用适宜的喷雾助剂能增加和稳定农药药效、叶面肥的肥效。

2. 喷雾助剂应用机理

（1）植物叶面吸收喷雾助剂原理　植物的表皮是由一层活细胞组成，表皮细胞一般是形状不规则的扁平细胞，侧壁凸凹不齐，彼此互相嵌合，紧密相连，没有间隙。

表皮细胞外壁上覆盖一层透明膜状物叫做角质蜡层，它是由表皮细胞分泌的角质在外壁上堆积而成的，具有减少蒸腾和防止病害侵入的作用。

角质层由蜡质层和角质组成，是亲脂的（非极性）。蜡质层由长链烷及一些长链脂肪酸、脂肪醛、脂肪酮、脂肪醇组成。角质由酯化脂肪酸、脂肪醇及环状化合物等组成。角质层里面是细胞壁，细胞壁由果胶束和纤维素组成，其间有亲水的（极性的）胞间连丝和纤维素。

原生质包括胞间连丝、原生质、细胞质。

以除草剂为例，由于除草剂亲水性和亲脂性的差别，渗入部位也不相同，极性除草剂易从叶表皮蜡质层薄的部位进入，脂溶性除草剂易从表皮蜡质层厚的部位进入。除草剂通过极性途径穿过角质层后，可通过胞间连丝进入原生质进行共质体传导，也可通过果胶束、纤维素进入细胞壁进行非共质体传导；同样，除草剂通过非极性途径穿过角质层后，也可通过胞间连丝进入原生质进行共质体传导，通过果胶束、纤维素进入细胞壁进行非共质体传导（图9-1）。

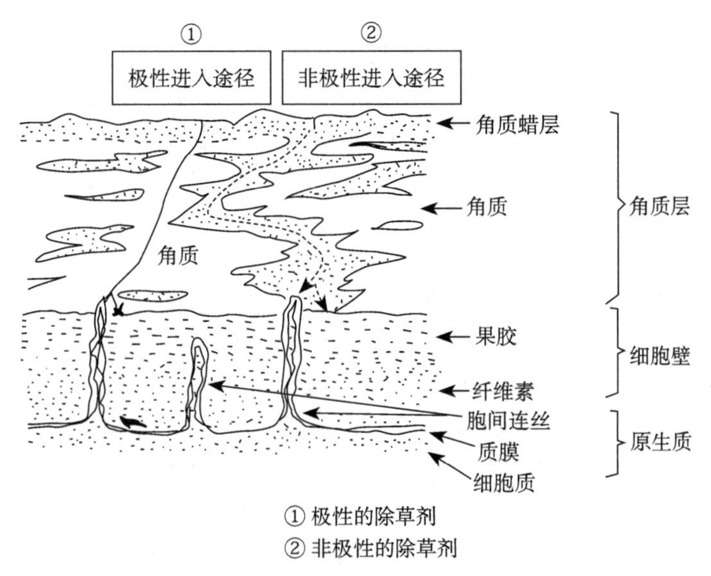

图9-1　植物叶表面吸收除草剂途径示意图

在适宜温度（13～27℃）、空气相对湿度（大于65%）条件下，植物叶面气孔、水孔是开放的，农药雾滴可通过水孔、气孔进入叶面被吸收；在不适宜温度（≤13℃，≥27℃）、空气相对湿度（≤65%）条件下，植物叶面水孔、气孔关闭，水溶性的农药雾滴不能从水孔、气孔进入叶面，只有脂溶性的农药雾滴可穿过蜡质层进入植物叶面被吸收。

（2）昆虫表皮吸收喷雾助剂原理　昆虫表皮分为3层，即外层的上表皮是最薄的一层，厚度一般在1μm以下，最厚不超过4μm。

上表皮一般又分为3层，最外一层是护蜡层，含类脂、鞣蛋白和蜡质，是疏水性的，主要功能是保护“蜡层”、防止水分蒸发等。第二层是蜡层，通常是C_{25}～C_{34}的碳氢化合物的混合物，具有很强的疏水性，因此只有亲脂性的物质才能通透。第三层是角质精层，是脂蛋白复合物组成的薄层，具有抗无机酸和其他溶剂的特性。下面两层，为内表皮、外表皮，合并称为原表皮，主要是几丁质和蛋白质的复合体，外表皮的蛋白质是鞣化蛋白即骨化。原表皮是亲水性的，具有一定水溶性的物质才能通透。

昆虫表皮结构影响农药的吸收：

① 昆虫表皮是多毛鬃的，减少了药剂与表皮接触的机会，影响药剂吸收。

② 昆虫上表皮分泌的蜡层越厚（有时成板或片状），药剂侵入越困难。

③ 从上表皮性质来看，水和强酸不能通过，而强碱能破坏上表皮，因此有一定的渗透性。

④ 昆虫外表皮的骨化越大，药剂吸收越困难。

⑤ 昆虫表皮在身体各部分的厚度不同，各部位对药剂吸收有差异。如药剂容易从昆虫的头部、胸部、翅部、气门渗透和吸收。

（3）影响植物叶面吸收农药的气象因素　影响苗后使用农药、叶面肥的药效及肥效发挥的主要因素是温度和湿度，其次是风、阳光、降雨、露水等因素。

① 温度　温度对植物呼吸农药、叶面肥作用有较大影响，植物呼吸作用随温度升高而加强，在30～40℃时达到最大值。温度过高或过低对植物的安全性和效果影响较大，在高温条件下，植物新陈代谢旺盛，对农药、叶面肥的吸收和传导速度加快，药效好，但由于高温可改变根吸水和蒸腾失水的平衡，使植物维管束系统和根系受损伤而限制水分吸收速度，使作物受害。

一般触杀性农药，特别是除草剂在气温高于27℃时，易产生药害，应停止喷洒苗后触杀性除草剂。在低温条件下，植物新陈代谢缓慢，对农药的吸收和传导速度降低，药效缓慢，某些安全性较差的除草剂或杀菌剂（矿物质、三唑类等杀菌剂）在作物体内解毒作用差，易产生药害，一般气温低于15℃时，应停止施药；同时，使用内吸性除草剂防治多年生杂草时，药剂吸收和传导性差，常发生对地上部分有效，对地下根部无效的结果，为了提高药效，人们常常加大除草剂用量，结果作物受药害。

温度还影响农药、叶面肥雾滴的蒸发，高温能加快雾滴蒸发，特别是直径小于100μm的小雾滴会偏离目标或被蒸发掉，尤其是以水作载体的药液蒸发更快。

② 空气相对湿度　空气相对湿度受降雨、雾、露等因素影响，空气相对湿度低有助于植物茎叶上茸毛发育形成较厚的角质层及脱水的果胶束，降低茎叶表面可湿润性和植物对农药的吸收和传导能力，加快农药喷洒雾滴的蒸发，特别是直径小于100μm的小雾滴很容易被蒸发掉，严重影响除草效果。一般空气相对湿度低于65%时不宜苗后喷洒农药。

降雨会将叶面上的除草剂冲刷掉，造成损失，一般农药配成乳油或油乳剂要比水溶剂受降雨影响小，一般降雨1～2mm可把水溶性农药从植物叶面上冲洗掉，降雨5～10mm可将油溶性农药从植物叶面上冲洗掉。

北方一般5月下旬至6月中下旬长期干旱少雨，土壤水分不足，空气相对湿度降至65%以下，严重影响苗后喷洒农药的药效。随着实践的深入和农药使用技术的发展，人们逐渐发现：农药尤其是除草剂品种的大多剂型不能最大限度地发挥其有效成分作用，特别是在干旱条件下，包括在除草剂中加入非离子型表面活性剂、有机硅酮、氮酮的剂型，药效也不好，而在喷洒除草剂时在药液中加入适量的喷雾助剂可明显增加药效。研究表明，在喷洒苗后除草剂、杀虫剂、杀菌剂、叶面肥时，加入植物油型助剂可克服高温、干旱等不良环境的因素影响，获得稳定的药效。

第二节 喷雾助剂分类评价

喷雾助剂有液体肥料型喷雾助剂、矿物油型喷雾助剂、非离子表面活性剂（nonionic surfactants，NIS）、植物油型喷雾助剂、缓冲剂（buffers）、防飘移剂（drift reduction agents）、兼容剂（compatibility agent）等。

一、液体肥料型喷雾助剂

喷洒除草剂时，药液中添加的化学肥料在适宜气象条件下有增效作用，在高温干旱不适宜气象条件下，空气相对湿度65%以下、温度27℃以上无增效作用。

生产上，小麦田除草常用2,4–D、麦草畏、2甲4氯、噻吩磺隆、精噁唑禾草灵、野燕枯、禾草灵等除草剂，喷洒时添加5～10kg/hm^{2}尿素、硫酸铵、硝酸铵、重过磷酸钙；大豆田除草用烯禾啶、精吡氟禾草灵、精喹禾灵、氟磺胺草醚等除草剂，喷洒时添加5kg/hm^{2}尿素；喷洒甲氧咪草烟时添加5～10kg/hm^{2}硫酸铵。1988年，美国《杂草防除手册》介绍，除草剂与液体肥混用喷洒时常加磷酸盐酯类和乙醇增溶剂作为稳定剂一起混用。液体肥料为喷液量的0.12%～0.5%，低用量为含氮28%液体肥（UAN），中用量为含氮10%、磷34%（APP）液体肥，高用量为含氯化钾、硫酸钾、氮、磷、钾等肥料溶液混用。

酿造醋既是叶面肥，又是优良的喷雾助剂。主要成分除乙酸外还含有各种氨基酸、有机酸、多种矿物质、糖分、维生素、醇和酯等营养成分。酿造醋对农作物具有调节和促进生长发育的作用，喷施后可以提高酸度，增强同化作用，增加养分供给，加速植物体内新陈代谢机能，增强光合作用，使根系发达，增加产量5%～8%。喷洒3次，就有抗倒伏作用，3次喷洒浓度分别为喷液量的0.8%、1%、1.4%。

酿造醋与农药、叶面肥混合使用时是缓冲溶液，起稳定作用，酿造醋本身对病原菌有一定的抑制作用，增加农作物对农药的吸收和传导，在使用苗后除草剂、杀虫剂、杀菌剂、植物生长调节剂时可加入酿造醋，均有增效、增产作用。

黑龙江垦区在农业生产上使用酿造醋已经近30年，积累了丰富的经验，已成为常规措施，每年用酿造醋近万吨。酿造醋用量为喷液量的0.8%～1.4%，或每亩100mL。

二、矿物油型喷雾助剂

矿物油型喷雾助剂常用于除草剂，20世纪80年代初期，黑龙江垦区在喷洒20%烯禾啶乳油时，在药液中添加2～2.5L/hm^{2}柴油，施药时气象条件适宜，增加药效明显，可减少30～50%用药量。日本曹达公司根据此实验结果，开发了12.5%烯禾啶机油乳剂，推荐用药量与20%烯禾啶乳油相同，按有效成分计算，用药量减少了37.5%。同时在喷洒莠去津时药液中加入喷液量1%的零号柴油，也获得了同样效果。经多年实践，喷洒除草剂时药液中加入矿物油如机油、柴油等矿物油作喷雾助剂，以及制剂中加入矿物油的除草剂制剂，在适宜气象条件下（温度13～27℃，空气相对湿度65%以上）有明显增效作用；在不适宜气象条件下（温度大于27℃，空气相对湿度65%以下）无增效作用。

矿物油型喷雾助剂与作物没有亲和性，安全性差，尤其与触杀型除草剂混用时，活性增强，药害加重，只能用于灭生性除草剂在非耕地使用。

矿物油型喷雾助剂有污染问题，已不推荐使用。

三、非离子表面活性剂

非离子表面活性剂是由多氧乙基脂肪醇和极少量减少泡沫的硅氧烷组成。一些非离子表面活性剂也含有脂肪酸或脂肪酸酯，有效成分常包括乙醇。非离子表面活性剂不带电荷，在水中离解甚微或者完全不离解，它们属于非电解质，在有离子存在下，在化学上通常不活泼，所以它们与大多数除草剂混合仍保持化学惰性。

非离子表面活性剂在空气相对湿度较高、温度适宜时可提高药效，有助于药液的均匀展开、湿润，利于雾滴沾着在植物叶面，减少流失，可溶解非极性植物物质，如溶解植物叶面角质层和细胞壁的类质部分，使农药、叶面肥易被吸收，用量为喷液量的0.1%～0.5%；在空气相对湿度65%以下，气温27℃以上干旱条件，非离子表面活性剂失去作用。非离子表面活性剂与作物没有亲和性，可溶解作物叶面角质层和细胞膜，与触杀型苗后除草剂混用，会加重药害，如大豆田苗后喷洒三氟羧草醚、乙羧氟草醚、乳氟禾草灵、氟磺胺草醚、氟烯草酸和甲氧咪草烟等加入非离子表面活性剂会造成严重药害，甚至死亡。目前市场上常见的有机硅喷雾助剂仅适用于水田，因为水田湿度大，容易发挥作用；北方旱田施药时期适宜气象条件很少，难以发挥作用，对作物安全性差。

非离子表面活性剂用于苗前除草剂可减少飘移挥发损失，在干旱条件下苗前施用除草剂后如不采取机械耙地混土或中耕等措施，容易因干旱无雨除草剂留在土壤表面或遇大风除草剂随土被风刮走而失效。在干旱条件下苗前除草剂加入非离子表面活性剂很难保证有增效作用。

四、植物油型喷雾助剂

植物油型喷雾助剂是用植物油如大豆色拉油、油菜籽油、向日葵油、玉米油为原料加工而成，一般可分为：① crop oil，植物油含量95%～98%，非离子表面活性剂2%～5%；② crop oil emulsifier，植物油含量83%～85%，非离子表面活性剂15%～17%；③ Vegetable oil concentrates，植物油含量85%～88%，其他成分是乳化剂。④ crop origin oil，菜籽油含量85%～93%，非离子表面活性剂7%～15%。⑤ 含卵磷脂，植物油含量2.5%～20%。

植物油型喷雾助剂关键在于原料选择，加工工艺等因素决定产品的质量与使用效果，更重要的是需要标准的植保机械及其规范的使用技术。

自1995年以来，黑龙江省农垦总局植保站、东北农业大学、沈阳化工研究院、中农立华生物科技股份有限公司等对美国AGSCO公司生产的快得7（Quard 7）、美国的LI-700、澳大利亚Organic Crop Protectants公司生产的信德宝（Synertrol）、Victorian chemical公司生产的黑森（Hasten）及国内新研制的药笑宝等植物油型喷雾助剂的使用技术进行了深入研究。这类喷雾助剂在干旱条件下，可获得稳定的药效，对作物安全。植物油型喷雾助剂对除草剂的增效作用及对作物的安全性均好于液体肥料、矿物油型助剂和非离子型表面活性剂。

1. 植物油型喷雾助剂的功能特点

（1）减少飘移与挥发损失　可通过调节药液黏度和降低表面张力控制雾滴谱，增加喷洒雾滴均匀度，减少容易造成飘移的雾滴（100μm），减少农药飘移损失，提高喷洒农药、叶面肥等利用率。而我国传统大容量喷雾施药，喷洒雾滴过大，农药雾滴有效率不足30%，使用植物油型喷雾剂后可提高到60%～65%，同时减少避免飘移药害和污染环境。

与苗前除草剂混用，可减少挥发飘移损失，易挥发的除草剂可延长混土作业时间。相关对比实验可见图9-2～图9-5。

（a）水　　（b）水＋LI-700（植物油型喷雾助剂）（雾滴均匀）

图9-2　改善喷洒雾滴均匀度对比试验

（a）水（雾滴大小不一，损失60%～70%）　　（b）水＋有机硅（小雾滴减少，大雾滴增多）

图9-3　改善喷洒雾滴均匀度对比试验

（a）水＋牛脂胺（大雾滴减少，小雾滴增多）　　（b）水＋植物油型喷雾助剂LI-700（目前最有效喷雾，雾滴大小非常均一）

图9-4　雾滴均匀度对比试验

左：水＋植物油型喷雾助剂（雾滴均匀，飘移少）　右：水（雾滴不均匀，飘移严重）

图9-5　雾滴飘移对比试验

（2）耐雨水冲刷　因药液表面张力降低，减少了雾滴与叶面的角度，增加雾滴在叶面覆盖的面积，不易因叶面振动或枝叶间摩擦而滑落，从而增加农药、叶面肥等喷洒雾滴在叶面上的沾着量，尤其是叶面蜡质层厚的植物；增加了喷洒雾滴抗雨水冲刷能力，一般施药后短时间内降雨5mm不会影响药效。

（3）调整植物叶面理化性质，增加渗透和吸收　能改善叶表蜡质层的理化性质，增强蜡质流动性和增加部分蜡质溶解，从而调节农药有效成分在雾滴和角质层间分配，促进气孔吸收和在植物体内传导。

（4）增加药效，降低成本　一般可减少30%～50%用药量。在严重干旱条件下，降低20%～30%用药量，改进技术可获得稳定的药效，经济效益好。

（5）调节酸碱平衡　大部分酸性农药pH＞7时易分解失效；对碱性水环境最敏感的是杀虫剂，尤其触杀型；苗后喷洒除草剂在酸性水质条件下稳定性好，吸收效果好；植物生长调节剂、杀菌剂、微量元素等也有同样效果（表9-1）。

表9-1　水解影响因素：农药pH值

产品名称	pH 值	半衰期 /h	pH 值	半衰期 /min
乐果	2	21	9	48
恶虫威	7	96	9	45
苯草敌	7	5	9	10
乙氧氟草醚	7	360	9	216

有的卵磷脂型喷雾助剂还具有软化水质、调节酸碱平衡作用，降低了某些农药在碱性水中的水解反应，获得稳定的药效（表9-2）。

表9-2　加入LI-700调节酸碱平衡试验

水 pH 值	水 +LI-700（水量的百分数）后 pH 值	
	LI-700 用量为 0.25%	LI-700 用量为 0.5%
8.5	4.7	4.2
8.0	4.6	4.2

续表

水 pH 值	水 +LI-700（水量的百分数）后 pH 值	
	LI-700 用量为 0.25%	LI-700 用量为 0.5%
7.5	4.5	4.2
7.0	4.3	4.0
6.5	4.0	3.8

（6）堵塞昆虫气孔增加药效　植物型喷雾助剂可堵塞昆虫的表皮气孔，使昆虫呼吸困难而死，如对蚜虫、红蜘蛛、飞虱等使用植物油型喷雾助剂效果显著提高；对昆虫卵也通过堵塞呼吸孔提高药效。

（7）明显减少易挥发或光解的农药挥发和光解损失　对易挥发的农药如2,4-滴丁酯、氟乐灵、野麦畏、环草特、灭草猛、禾草敌、二甲戊灵、异噁草松、仲丁灵等可减少挥发飘移和光解损失。对易挥发或光解的除草剂，苗前施药需要耙地混土，使用植物油型的喷雾助剂可以延长施药后与耙地混土的间隔时间，对缓解紧张的机械力量大有帮助。

（8）对作物安全性好　植物油型的喷雾助剂与作物有亲和性，在推荐用量下对作物安全性好，与触杀型除草剂混用亦安全（图9-6）。

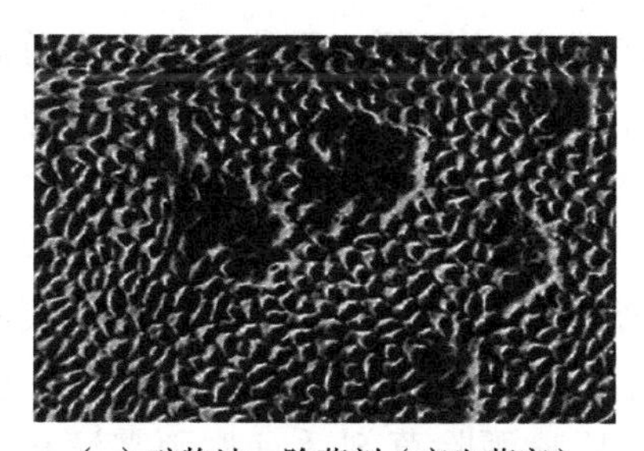

（a）矿物油 + 除草剂（产生药害）

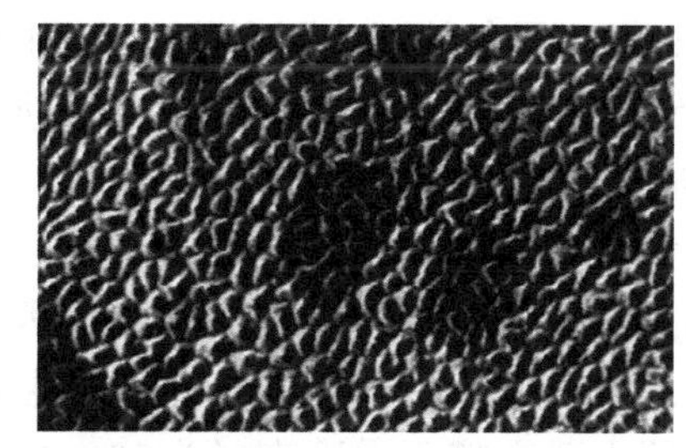

（b）LI-700（植物油型喷雾助剂）+ 除草剂（安全无药害）

图9-6　对作物安全性试验

（9）可混性好　植物油型喷雾助剂可与各种剂型的农药、叶面肥混用，如乳油、悬浮剂、可溶性剂、水分散粒剂、粉剂、可湿性粉剂、水剂等。

（10）可采用低容量喷雾　采用低容量喷雾省水节能，在干旱缺水地区尤为重要，人工及拖拉机喷洒除草剂喷液量可降至100～150L/hm^2。

（11）对环境安全　该产品为天然产品、无毒，可被植物和土壤生物分解，被植物吸收利用，利于保护环境。

2. 植物油型喷雾助剂适用范围

植物油型喷雾助剂适用广泛，可与各种农药、叶面肥混用。

除草剂：2,4-滴丁酯、2,4-滴异辛酯、2甲4氯、麦草畏、二甲戊灵、氟乐灵、仲丁灵、乙丁烯氟灵、吡喃草酮、高效氟吡甲禾灵、精噁唑禾草灵、精喹禾灵、精吡氟禾草灵、喹禾糠酯、精噁唑禾草灵+安全剂、氰氟草酯、炔草酸、氟磺胺草醚、甲草胺、乙草胺、精异丙甲草胺、异丙甲草胺、敌稗、扑草净、莠去津、西草净、草甘膦、草铵膦、百草枯、氨唑草酮、苯唑草酮、苯磺隆、苄嘧磺隆、吡嘧磺隆、啶嘧磺隆、砜嘧磺隆、环胺磺隆、氟磺隆、氟嘧磺隆、氟吡磺隆、氟唑磺隆、甲基二磺隆、甲酰胺磺隆、氯吡嘧磺隆、嘧苯胺磺隆、烟嘧磺隆、乙氧磺隆、酰嘧磺隆、噻吩磺隆、野燕枯、噁唑酰草胺、二氯吡啶酸、二氯喹啉酸、吡氟草胺、达草特、敌草隆、敌草快、禾草敌、环草特、环酯草醚、磺草酮、硝磺草酮、甲磺草胺、甲氧咪草烟、利谷隆、绿麦隆、氯酯磺草胺、氯氟吡氧乙酸、咪唑乙烟酸、灭草松、嘧啶肟草醚、双草醚、嘧草硫醚、嘧草醚、双氯磺草胺、五氟磺草胺、唑嘧磺草胺、溴苯腈、唑草酮、异噁草松、烯禾啶、烯草酮等。

杀菌剂：多菌灵、丙森锌、甲呋酰胺、代森锰锌、百德富、双胍辛烷苯基磺酸盐、丙环唑、三环唑、百菌清、抑霉唑、戊唑醇、稻瘟灵、春雷霉素、甲霜灵、甲基硫菌灵、多菌灵、乙霉威、敌瘟磷、氯苯嘧啶醇、咯甜菜宁、菌腈、噻氟菌胺、腐霉剂、酰胺唑、乙烯菌核剂、霜霉威、克瘟散、异菌脲、咪鲜胺、恶霉灵、扑霉灵、嘧霉胺、噁醚唑、腐霉利、氟菌唑、霜脲氰、腈苯唑、氟硅唑、肟菌酯、嘧菌酯、醚菌酯、苯氧菌胺、唑菌胺酯、啶氧菌酯、氰菌胺等。

杀虫剂：氟氯氰菊酯、氯氰菊酯、联苯菊酯、顺式氯氰菊酯、顺式氰戊菊酯、溴氰菊酯、高效氟氯氰菊酯、三氟氯氰菊酯、胺菊酯、阿维菌素、苯丁锡、吡虫啉、除虫脲、虫酰肼、毒死蜱、多杀菌素、稻丰散、定虫隆、氟虫脲、氟虫腈、甲氰菊酯、氟酰胺、抗蚜威、克虫磷、喹螨特、硫丹、噻虫嗪、噻嗪酮、噻螨酮、敌百虫、辛硫磷、杀螟硫磷、杀螟松、杀螟丹、三唑锡、炔螨特、硫双威、茚虫威、异丙威、唑螨酯、啶虫脒、杀扑磷等。

杀螨剂：炔螨特、苯丁锡、喹螨特、唑螨酯、噻螨酮等。

3. 植物油型喷雾助剂使用技术

为解决高温干旱条件下喷洒农药、叶面的肥药效与肥效差问题，黑龙江省农垦总局植保站经多年研究，提出农药“两降一加”喷洒新技术，即更换进口喷嘴以降低喷液量，添加植物油型喷雾助剂以降低用药量。

（1）更换标准喷嘴降低喷液量

① 喷洒农药、叶面肥时采用适宜的喷洒雾滴和密度。防治对象不同，需要的喷洒雾滴大小不同，在室内条件下，防治飞翔的昆虫成虫适宜喷洒雾滴直径为10～50μm；防治病害、害虫幼虫适宜喷洒雾滴直径为30～150μm；苗后喷洒除草剂适宜喷洒雾滴直径为100～300μm。

在田间喷洒苗后除草剂、杀虫剂、杀菌剂、杀螨剂、液体肥料既要考虑气象条件（挥发、飘移、风等）影响，又要考虑喷洒雾滴在植物、杂草叶面、昆虫体表有一定的滞留时间，以利于渗透、吸收，喷洒雾滴直径小于200μm，易受挥发飘移损失影响药效，喷洒雾滴直径大于500μm难以在植物、杂草叶面、昆虫体表黏着，易滚落到地面，无防治效果。

苗后喷雾适宜喷洒雾滴直径250～400μm，喷洒内吸性农药雾滴密度30～40个/cm^2，喷洒触杀性农药雾滴密度50～70个/cm^2；苗前喷雾适宜的雾滴直径300～400μm，雾滴密度30～40个/cm^2。

② 降低喷液量的原因

a. 我国施药技术严重滞后，普遍采用大容量、大雾滴喷雾技术，人工和喷杆喷雾机喷液量900～1500L/hm^2，这种大容量喷雾缺乏喷雾机械使用技术规范，喷雾机械质量差，性能不完善，特别是喷嘴、压力、速度不规范；药效不好时多加水，高温干旱时多加水，喷洒雾滴直径大多是500μm以上，雾滴易从作物、杂草叶面、昆虫体表流失。喷洒苗后除草剂因杂草与作物叶面生态特性的差异，作物吸收除草剂大于杂草，常常出现作物药害，杂草没有除草效果。

b. 传统喷雾法认为植物通过水孔、气孔吸收农药，叶背面上气孔、水孔发达，并重视室内喷栽，忽视田间实践，甚至提出喷洒农药要喷雾周到，植物叶正、背面都要喷到，水越多越好，没有标准。

为提高农药利用率，必须降低喷液量，需采用适于杂草、作物、昆虫等能黏着的雾滴。

③ 关于超低容量喷雾　超低容量喷雾采用雾滴直径在100μm以下，属于飘移雾滴，需使用密度较大的溶剂来增加沉降速度，加工成减少挥发飘移的特殊剂型，且在特定条件下防治害虫，如蝗虫。一般人工不推荐使用超低容量喷雾，特别是北方施药季节常遇高温干旱、大风气候，易造成挥发飘移损失，严重影响药效。

④ 根据喷洒雾滴直径和雾滴密度设计喷液量　根据不同防治对象对喷洒雾滴直径和雾滴密度的要求，设计适宜的喷液量。

根据多年实践使用手动背负式喷雾器喷洒苗后除草剂、杀虫剂、杀菌剂、杀螨剂、液体肥料等喷液量为100～150L/hm^2；喷洒苗前除草剂、杀虫剂、杀菌剂、植物生长调节剂、杀螨剂、液体肥料等喷液量为225～300L/hm^2。

喷杆喷雾机喷洒苗后除草剂、杀虫剂、杀菌剂、杀螨剂、液体肥料等喷液量为75～100L/hm^2；洒苗前除草剂、液体肥料等喷液量为180～200L/hm^2。

人工机动弥雾喷雾机喷洒杀虫剂、杀菌剂、杀螨剂、液体肥料等喷液量为45～150L/hm^2。

飞机喷洒苗后除草剂、杀虫剂、杀菌剂、杀螨剂、液体肥料等喷液量15～50L/hm^2，根据农用飞机特性确定喷液量。

高秆作物、果树喷洒杀虫剂、杀菌剂、杀螨剂、液体肥料要根据雾滴大小、密度来确定喷液量。

⑤ 喷嘴、过滤器、压力、行走速度的选择　手动背负式喷雾器喷洒苗后除草剂、杀虫剂、杀菌剂、液体肥料等选用80015型扇形喷嘴，配置100筛目柱型防滴过滤器，压力2×10^5 Pa（2kgf/cm^2）恒压器，行走速度3～4km/h；喷洒苗前除草剂、液体肥料等选用11002型扇形喷嘴，配置50筛目柱型防滴过滤器，压力、行走速度同苗后。

喷杆喷雾机喷洒苗后除草剂、杀虫剂、杀菌剂、液体肥料等选用80015型扇形喷嘴，配置100筛目柱型防滴过滤器，压力3×10^5～4×10^5 Pa（3～4kgf/cm^2），车速6～8km/h；大马力自走喷雾机选用8002型扇形喷嘴，配置50筛目柱型防滴过滤器，压力4×10^5～5×10^5 Pa（4～5kgf/cm^2），车速10～12km/h。喷杆喷雾机喷洒苗前除草剂选用11003、11004型扇形喷嘴，配置50筛目柱型防滴过滤器，压力2×10^5～3×10^5 Pa（2～3kgf/cm^2），车速6～8km/h；大马力自走喷雾机选用11443、11004、11006型扇形喷嘴，配置50筛目柱型防滴过滤器，压力2×10^5～3×10^5 Pa（2～3kgf/cm^2），车速10～16km/h。

⑥ 降低喷液量对生长繁茂、郁闭严重的棉花等作物的可行性　对生长繁茂、郁闭严重的棉花等作物选用扇形喷嘴，经调整喷雾扇面与喷杆成5°～10°角，既获得均匀的雾滴覆盖又加大穿透力，在瞬间前一个扇面将作物枝叶搅动，后一个扇面喷到深层，传统锥形喷头没有用这个功能。选用气流辅助式喷杆喷雾机和防风喷嘴效果更好。

（2）添加植物油型的喷雾助剂降低用药量　苗后喷洒除草剂、杀虫剂、杀菌剂、杀螨剂、叶面肥等时加入植物油型喷雾助剂的用量为喷液量的0.5%～1.0%。

在适宜气象条件下（温度27℃以下、空气相对湿度65%以上、风速4m/s以下）时用低药量，农药、叶面肥用量可减少30%～50%。

在不适宜气象条件下（温度27℃以上、空气相对湿度65%以下、风速4m/s以下）严重干旱时用高药量，农药与叶面肥用量可减少20%～30%。

苗前喷洒除草剂、叶体肥料等加入植物油型喷雾助剂的用量为喷液量的0.2%～0.5%时，可降低20%用药量。

第三节 喷雾助剂安全性评价

根据多年实践，叶面肥、矿物油、非离子表面活性剂等喷雾助剂与农药、液体肥料混用，从植物叶面水孔、气孔进入叶面，与植物没有亲和性，而上午9时到下午18时植物只进行光合作用，不吸收水分，此时喷洒农药渗透与吸收少，高温条件下易造成触杀性药害，植物油型喷雾助剂与植物有亲和性，可从叶面蜡质层渗透和吸收，安全性较好。

经过研究与生产实践，杀虫剂或触杀型除草剂，或杀虫剂、杀菌剂、除草剂等混用，药害加重，作物病害发生严重，究其原因是植物叶面蜡质层被非离子表面活性剂、矿物油等破坏，病原菌容易侵入，诱导发病害，因此应该增加喷雾助剂对作物病害发生程度与产量及品质影响的评价。

生产中常见使用非离子表面活性剂易产生药害，特别是有机硅喷雾助剂与除草剂、杀虫剂、植物生长调节剂等混用时，药害加重，造成大面积发病、叶干枯、死苗、严重减产或绝产。

一、喷雾助剂评价方法

我国没有关于喷雾助剂的质量效果评价方法，传统评价方法不规范，多以室内测定一些理化指标，忽视田间评价，多数喷洒器械不标准，导致评价偏差严重，不科学。新的评价方法以田间评价为主，室内评价仅作参考。

1. 评价目的

① 解决在高温干旱等不适宜气象条件下施药的问题，争取农时；增加药效或获得稳定的药效。

② 在适宜气象条件下增加药效，减少用药量。

③ 对作物的安全性评价，包括喷雾助剂与除草剂、杀虫剂、杀菌剂、叶面肥等单用或混用对作物、环境安全性评价。

④ 减少飘移损失和飘移药害。

⑤ 减少用水量，提高作业效率，节本增效。

2. 以田间评价为主

农药喷雾助剂以田间试验药效为主，室内评价仅供参考。

目前我国没有对喷雾助剂科学而规范的评价方法，室内测定理化性质、盆栽等评价方法，特别是喷雾器不标准，会导致错误的评价结果。

3. 农药用量以登记注册为准

农药推荐用药量是指田间注册登记的用药量。注册登记用药量一般是经过田间药效试验，在适宜气象条件下获得的用药量，适宜气象为温度13～27℃、空气相对湿度65%～90%、风速4m/s。不应以不适宜施药（高温干旱）或最好施药条件（温度13～27℃，空气相对湿度90%以上）获得的用药量或室内试验获得的用药量为准。

4. 选择不同气象条件

① 选择适宜气象条件：温度13～27℃、空气相对湿度65%～90%、风速4m/s以下。一般

晴天上午8时前，下午6时以后。

② 选择不适宜气象条件：温度大于27℃、空气相对湿度小于65%、风速4m/s以下。一般晴天上午8时后，下午6时以前。

③ 耐雨水冲刷试验：选施药后1h内有小于5mm、大于5mm、小于10mm、大于10mm的降雨量。

④ 田间试验必须记录施药时的温度、空气相对湿度、风速。

⑤ 记载施药前30d的温度、空气相对湿度、降水量等气象资料。

二、田间试验设计

1. 用药量设计

① 适宜气象条件用药量设计减少0%、30%、40%、50%。

② 高温干旱气象条件用药量设计减少0%、20%、30%。最好选中午气温高，阳光充足、挥发损失严重的气象条件。

2. 喷液量设计

① 人工喷雾：100～150L/hm^2（7～10L/亩）。

② 喷杆喷雾机：75～100L/hm^2（5～7L/亩）。

③ 飞机喷雾：15～30L/hm^2（1～2L/亩）。

3. 试验面积与重复

① 人工喷雾：每小区面积20m^2以上，垄作作物8行区，喷洒中间6行，4～5次重复。

② 喷杆喷雾机：每处理至少1hm^2，不设重复。

③ 飞机喷雾：每处理至少20hm^2，不设重复。

三、选择标准喷雾机

1. 人工喷雾

（1）选择标准背负式喷雾器　要求选择品牌机，材质好、抗化学腐蚀、坚固耐用、压力足，内置搅拌器可连续不断地搅拌药液；T形喷杆可拆卸折叠，以便运输和存放；内置篮式过滤装置，便于清洗和快速装药。

（2）选择喷嘴与过滤器　选用80015型扇形喷嘴，材质要求聚合材料、不锈钢或陶瓷材料，耐磨，寿命400h以上，进口名牌产品。配置100筛目选柱型防滴过滤器，过滤网材质为不锈钢。

（3）压力　喷头带压力表，或装压力2×10^5～2.1×10^5Pa（2～2.1kgf/cm^2）恒压器（图9–7）。

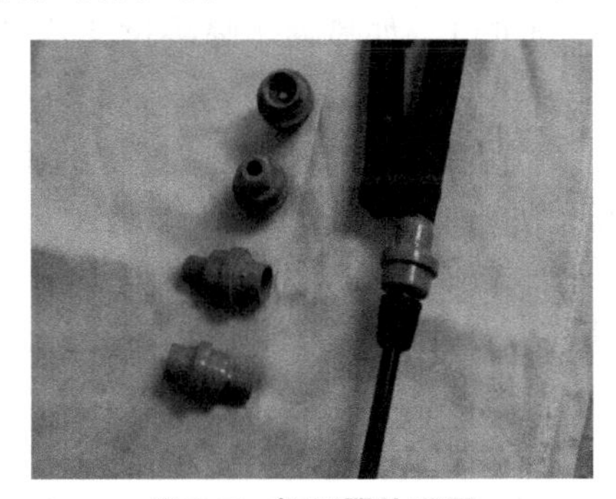

图9–7　恒压器外观图

（4）手动喷雾器装横喷杆　手动喷雾器安装横喷杆，横喷杆上装4个扇形喷嘴，喷洒均匀，效率高。手动喷雾器装横喷杆特别适用于作物生长发育后期田间郁闭时作业，扇形喷嘴比锥形喷嘴有较强的冲力，4个扇形喷嘴喷雾扇面与喷杆成5°～10°角，靠适宜的重叠获得均匀喷洒效果，重叠喷雾扇面等于2次喷洒，前一个喷雾扇面将叶面冲开，瞬间第二个喷雾扇面在植物株间喷洒。试验用喷雾器可将药箱盖去掉，药箱可装4个1.2L的可乐瓶；将喷杆改成2m的横喷杆，一次可进行4个处理，效率高、喷洒均匀（图9–8、图9–9）。

图9–8　试验用标准的手动喷雾器

图9–9　试验用标准的手动喷雾器药箱

（5）选用外走水快装喷头体　见图9–10。

图9–10　快装外走水喷头体

2. 喷杆喷雾机

（1）选择标准喷杆喷雾机　最好选用进口标准喷杆喷雾机，选用国产喷杆喷雾机时关键部件必须是标准的。有的必须进口，如喷嘴（喷头过滤器是柱型防滴过滤器）喷头体，外走水快装喷头体，泵等。

（2）选择喷嘴与过滤器　选用80015型扇形喷嘴，材质要求聚合材料、或不锈钢或陶瓷材料，耐磨，寿命400h，进口名牌产品。配置100筛目柱型防滴过滤器，过滤网材质为不锈钢，选进口名牌产品。

（3）选用外走水快装喷头体　外走水喷头体的优点在于药液不经过喷杆，不腐蚀喷杆管路。

3. 田间操作

田间喷雾操作严格按照手动喷雾器、喷杆喷雾机、飞机等植保机械使用技术规范操作。

参考文献

[1] 农牧渔业部农垦局农业处. 中国农垦农田杂草及防除. 北京：农业出版社，1987.
[2] 王险峰，辛明远. 除草剂喷洒技术. 北京：学术期刊出版社，1988.
[3] 苏少泉，宋顺组. 中国农田杂草化学防治. 北京：中国农业出版社，1996.
[4] 王险峰. 新编植保实用技术. 北京：中国农业出版社，1998.
[5] 王险峰. 除草剂使用手册. 北京：中国农业出版社，2000.
[6] 屠豫钦，李秉礼. 农药应用工艺学导论. 北京：化学工业出版社，2006.
[7] 屠豫钦. 农药科学使用技术指南. 第4版. 北京：金盾出版社，2009.
[8] 关成宏. 绿色农业植保技术. 北京：中国农业出版社，2010.
[9] 王险峰. 喷雾机的性能标准及田间操作规程. 现代化农业，2002（9）：14-16，10，8-9.
[10] 王险峰. 除草剂喷雾助剂使用技术进展. 中国农药，2009（4）：27-31.
[11] 王险峰. 农药“两降一加”喷洒新技术. 营销结农资与市场渠道版，2010（8），94-95.
[12] 王险峰. 喷杆喷雾机使用技术进展. 中国第二届植保机械与施药技术国际研讨会论文集，2010：170-178.
[13] 王险峰. 我国农用航空技术进展. 现代化农业，2013（8）：1-4.

第十章

有机硅助剂在农药上的应用

第一节 有机硅农用助剂发展历史

有机硅产品通常是指含有硅氧键—Si(CH_3)O—为骨架组成的一类化合物。与一般有机物相比，有机硅化合物或聚合物具有非常独特的性质，如：良好的耐温特性、介电性、耐候性、生理惰性，低的表面张力等。有机硅化合物已经被广泛应用到建筑、日化、纺织、医疗、电子电气、汽车、农业等领域。

有机硅表面活性剂在农药中的应用研究始于20世纪60年代中期，80年代末才开始商品化。在80年代以前，新西兰林业与其他农业部门主要依靠2,4,5-涕防除荆豆草类杂草，由于毒性与环境的因素2,4,5-涕终将被淘汰。新西兰林业研究所开始寻找一种能代替2,4,5-涕的除草剂，当时孟山都公司的农达（41%草甘膦）是最有效的除草剂，但用量需在1.6～2L/亩，成本上无法接受。但是在农达喷雾混合液中加入0.25% Silwet L-77后，种植者将除草剂用量降至约0.56L/亩，同时获得了优异的杂草防治效果。实验还表明Silwet L-77的施用能帮助克服多年生黑麦草对草甘膦的季节性耐药性。因此，1985年新西兰孟山都公司率先推出世界上第一个商品化的有机硅表面活性剂L-77（Silwet M），商品名为“Pulse”；经室内大量生化和生理测定以及田间试验证实，L-77是防除荆豆草用除草剂草甘膦的最佳助剂。1992年8月，有机硅助剂L-77也以商品名“Pulse”在美国进入市场，同时还有其他4种有机硅表面活性剂商品化后在农业上施用：Doro Elaneo公司的“ Boost”，Goldschmidt公司的“ Break-Thru”，Nufarm&Australia公司的“Freeway”和Dow Corning 公司的“Sylgard 309”（S309）。此后，联碳公司的“Silwet 408”也进入商品化进程。

目前，农用有机硅表面活性剂的主要生产商是迈图、德固赛、道康宁、信越、瓦克等，国内一些企业也开始着手开发生产。

第二节 农用有机硅表面活性剂结构及其制备

有机硅表面活性剂与普通表面活性剂一样，按照亲水基团不同一般分为非离子类与离子类，其中以三硅氧烷聚醚改性非离子型表面活性剂的研究与应用最为广泛。

一、非离子型有机硅表面活性剂的制备

非离子型有机硅类表面活性剂主要是由含Si—H键的硅氧烷和含C═C键的聚醚在催化剂存在下通过硅氢加成反应制得，常用的催化剂有氯铂酸、铂配合物（如二乙烯基四甲基二硅氧烷合铂配合物，即Karstedt's催化剂）等。目前，市售农药用有机硅助剂大都是非离子型三硅氧烷表面活性剂，如美国迈图高新材料集团（原GE公司高新材料部门）的Silwet系列。此类有机硅表面活性剂的制备操作相对简单。

这类有机硅表面活性剂与大多常见表面活性剂的线型结构不同，其化学结构是“T”形结构，由甲基化硅氧烷组成骨架，构成疏水部分。自骨架上悬垂下一个或一个以上的聚醚链段，构成亲水部分。其聚醚结构的不同，表面活性剂的性质也会差别很大。这类表面活性剂化学结构通式，见式（10–1）。

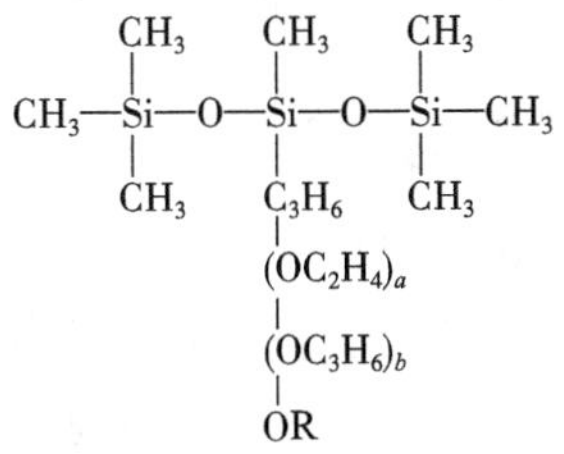

$$\begin{array}{ccccccc} & CH_3 & & CH_3 & & CH_3 & \\ & | & & | & & | & \\ CH_3— & Si & —O— & Si & —O— & Si & —CH_3 \\ & | & & | & & | & \\ & CH_3 & & C_3H_6 & & CH_3 & \\ & & & | & & & \\ & & & (OC_2H_4)_a & & & \\ & & & | & & & \\ & & & (OC_3H_6)_b & & & \\ & & & | & & & \\ & & & OR & & & \end{array} \quad (10\text{–}1)$$

式（10–1）为有机硅表面活性剂的化学结构通式（式中a，b为正整数，R=OCH_3、CH_3、H等）。

Bailey以甲苯作溶剂，将1,1,1,3,5,5,5–七甲基三硅氧烷（MD^HM）和$CH_2CHCH_2\,(OC_2H_4)_{7.2}OCH_3$在氯铂酸催化下于175℃反应17h，冷却至室温后，加活性炭，然后过滤去除沉积物（如活性炭和被活性炭吸附的催化剂），滤液再经蒸馏除去溶剂，得到具有很好润湿性的三硅氧烷表面活性剂$[(CH_3)_3SiO]_2Si(CH_3)C_3H_6\,(OC_2H_4)_{7.2}OCH_3$。

这类表面活性剂有着非常低的表面张力、很好的润湿能力与扩展能力，是目前有机硅表面活性剂在农业上应用最为广泛与成熟的一类。本章节主要是针对这一类型的表面活性剂的特点及其应用作介绍。但是由于此类表面活性剂对pH值非常敏感，在有水的情况下极易水解，只能在pH=6～8范围稳定，严重限制其应用范围，很多时候只能桶混，很难添加到制剂中。为了改善pH值稳定性，提高使用范围，科学家们也一直在努力开发新一代耐水解的产品。

Policello等将1, 5 –二叔丁基– 1, 1, 3, 5, 5–五甲基三硅氧烷（或1, 5–二异丙基–1,1,3,5,5–五甲基三硅氧烷或MD^HM）和$CH_2CHCH_2O(C_2H_4O)_dR$在铂催化下反应，制得三硅氧烷表面活性剂：［$R'(CH_3)_2SiO$］$_2Si(CH_3)C_3H_6O(C_2H_4O)_dR$，式中；R'= t–C_4H_9、i–C_3H_7、CH_3，R=H、CH_3，d=7.5、11。在0.005mol/L NaCl水溶液中加入质量分数为0.1%的此类表面活性剂，其表面张力为20.16～23.16mN/m；该类表面活性剂在很宽的pH值范围（3～12）内耐水解性好。

Leatherman等将具有取代基的含氢二硅氧烷在氯铂酸催化下与烯丙基聚氧乙烯醚反应，得二硅氧烷类表面活性剂。此类表面活性剂的表面张力约23mN/m，展扩性好，尤其是在很宽的pH值范围（3～12）内耐水解性优异。此类结构产品已经商品化。

刘玉龙等在Pt/1,3-二乙烯基四甲基二硅氧烷-乙酰丙酮催化下，将含氢硅油和端烯基聚醚在110～120℃反应，直到体系由混浊变透明；再加入$NaHCO_3$、压滤，得有机硅农药增效剂——聚醚有机硅，其结构见式（10-2）和式（10-3）。

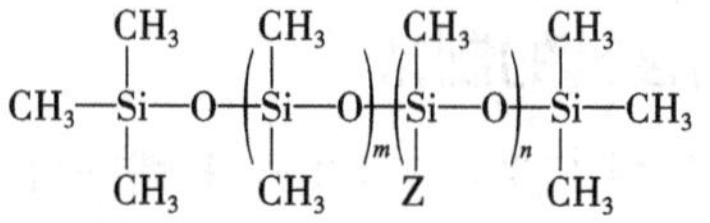

$$CH_3-\overset{CH_3}{\underset{CH_3}{Si}}-O-\left(\overset{CH_3}{\underset{CH_3}{Si}}-O\right)_m-\left(\overset{CH_3}{\underset{Z}{Si}}-O\right)_n-\overset{CH_3}{\underset{CH_3}{Si}}-CH_3 \qquad (10\text{-}2)$$

$$Z=CH_2CH_2C(CH_3)HO(C_2H_4O)_a(C_3H_6O)_bR \qquad (10\text{-}3)$$

式中，$m=0\sim3$；$n=1\sim2$；$a=5\sim10$；$b=0\sim3$；R=H、CH_3、$C_4H_9O(O)CCH_3$。

此类表面活性剂适用于各类除草剂、杀虫剂、杀菌剂、植物生长调节剂、生物农药和叶面肥，可节省农药用量40%以上，节水1/3以上且副反应少、收率高。

汪瑜华等以甲基二氯硅烷和MM为原料，通过水解、平衡反应和分馏，得到1, 1, 1, 3, 5, 5, 5-七甲基三硅氧烷和1, 1, 1, 3, 5, 7, 7, 10-八甲基四硅氧烷；再将其与烯丙基聚氧乙烯醚进行硅氢加成反应，合成出三硅氧烷乙氧基化物和四硅氧烷乙氧基化物。实验表明，三硅氧烷乙氧基化物和四硅氧烷乙氧基化物的表面张力分别为20.12mN/m和22.14mN/m，明显低于普通烃类表面活性剂；三硅氧烷乙氧基化物的表面张力更低。

二、离子型有机硅类表面活性剂的制备

目前农药用有机硅助剂大都是非离子型三硅氧烷表面活性剂，但据文献报道，非离子型三硅氧烷对草甘膦在植物体内的吸收有明显拮抗作用，因此需要进行改性，以扩大其用途。改性方法可以先在聚硅氧烷中引入环氧基、氨基等反应性基团，再经亲核加成反应进一步制成阴离子、阳离子和两性离子型产品。Leatherman等将1,5-二叔丁基-1,1,3,5,5-五甲基三硅氧烷（或1,5-二异丙基-1,1,3,5,5-五甲基三硅氧烷）和烯丙基缩水甘油醚在催化剂存在下进行硅氢加成反应，制得带环氧基的三硅氧烷；然后再和$HN_2CH_2CH_2OCH_2CH_2OH$（或2-哌嗪基乙醇或$H_2NCH_2CH_2OCH_2CH_2OCH_2\ CH_2OH$）进行氨解开环反应，制得阳离子型三硅氧烷表面活性剂，结构见式（10-4）、式（10-5）和式（10-6）。

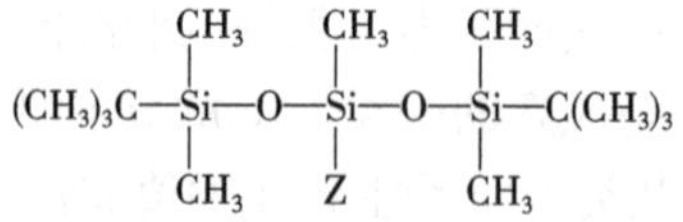

$$(CH_3)_3C-\overset{CH_3}{\underset{CH_3}{Si}}-O-\overset{CH_3}{\underset{Z}{Si}}-O-\overset{CH_3}{\underset{CH_3}{Si}}-C(CH_3)_3 \qquad (10\text{-}4)$$

$$Z=C_3H_6OCH_2\underset{OH}{CH}CH_2R \qquad (10\text{-}5)$$

$$R=N\bigcirc N-C_2H_4OH, NH(C_2H_4O)_aC_2H_4OH \qquad (10\text{-}6)$$

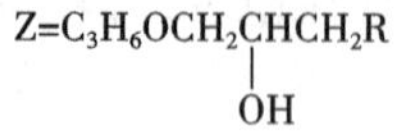

式中，a=1、2。若将1, 5-二叔丁基-1, 1, 3, 5, 5-五甲基三硅氧烷（或1, 5-二异丙基-1, 1, 3, 5, 5-五甲基三硅氧烷）和*N, N*-二甲基烯丙基胺在催化剂作用下反应，可得1, 5-二叔丁基-3-（*N, N*-二甲基氨基）-1, 1, 3, 5, 5-五甲基三硅氧烷［或1, 5-二异丙基-3-（*N, N*-二甲基氨丙

基）-1, 1, 3, 5, 5-五甲基三硅氧烷］；再将其与1, 3-丙磺酸内酯（或1, 4-丁磺酸内酯，或溴乙酸钠等）反应，得两性型三硅氧烷表面活性剂，其结构见式（10-7）和式（10-8）。

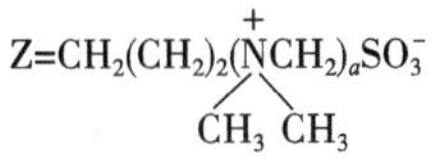

$$Z{=}CH_2(CH_2)_2(\overset{+}{N}(CH_3)_2CH_2)_aSO_3^- \quad (10\text{-}7)$$

$$Z{=}CH_2(CH_2)_2N(CH_3)_2CH_2COO^- \quad (10\text{-}8)$$

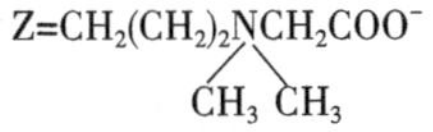

式中，a=3、4。与普通表面活性剂相比，这些改性三硅氧烷表面活性剂能显著降低溶液的表面张力，也有超级展扩性能，尤其是在很宽的pH值范围（3～12）内耐水解性能优异。

Policello等在铂催化剂存在下，将1, 1, 3, 3, 5, 5-六甲基三硅氧烷和烯丙基缩水甘油醚、烯丙基聚醚进行硅氢加成反应，得端聚醚环氧基硅油；再将其与二乙醇胺（或乙醇胺）在异丙醇溶剂中反应，得氨基聚醚有机硅，其结构见式（10-9）。

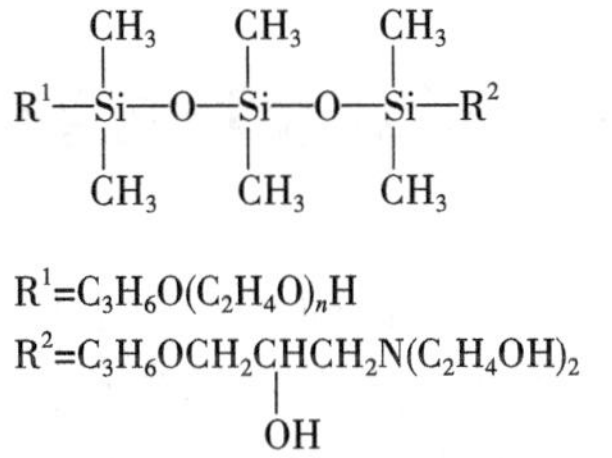

$$R^1-Si(CH_3)_2-O-Si(CH_3)_2-O-Si(CH_3)_2-R^2 \quad (10\text{-}9)$$

$$R^1{=}C_3H_6O(C_2H_4O)_nH$$

$$R^2{=}C_3H_6OCH_2CH(OH)CH_2N(C_2H_4OH)_2$$

氨基聚醚有机硅具有较低的表面张力、较强的延展性, 能够有效降低农药的表面张力，提高农药（如草甘膦）对杂草的控制效果。邓锋杰等将环氧不饱和聚醚与低含氢硅油进行硅氢加成反应，合成出环氧聚醚改性聚甲基硅氧烷；接着用二甲胺对环氧基开环，得到二甲胺聚醚改性有机硅。它的表面张力为21.4mN/m，在农药螟施净水溶液中的临界胶束质量分数为3%，此时的表面张力值为24.18mN/m，使农药的表面张力降低了24%。张国栋等将γ-氨丙基三硅氧烷［$(CH_3)_3SiO$］$_2$Si $(CH_3)C_3H_6NH_2$与乙二醇甲醚缩水甘油醚［$CH_3OCH_2CH_2OCH_2CH(O)CH_2$］混合，用甲醇作溶剂，在回流温度下反应2～3h，得到无色乙氧基化（EO=1）的氨丙基三硅氧烷表面活性剂。它在浓度为0.11mol/L时可将水的表面张力降低至21～22mN/m。彭忠利以甲苯作溶剂，将氨丙基三硅氧烷和（甲基）聚氧乙烯缩水甘油醚回流反应3h，得中间体单尾三硅氧烷；然后再与卤代烃（或脂肪醇缩水甘油醚）于80～110℃下反应10h，得双尾三硅氧烷表面活性剂，结构式见式（10-10）和式（10-11）。

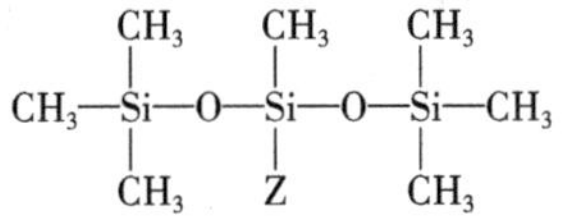

$$CH_3-Si(CH_3)_2-O-Si(CH_3)(Z)-O-Si(CH_3)_2-CH_3 \quad (10\text{-}10)$$

$$Z{=}CH_2CH_2CH_2N\begin{cases}CH_2CH(OH)CH_2O(C_2H_4O)_aR\\(CH_2CH(OH)CH_2O)_bR'\end{cases} \quad (10\text{-}11)$$

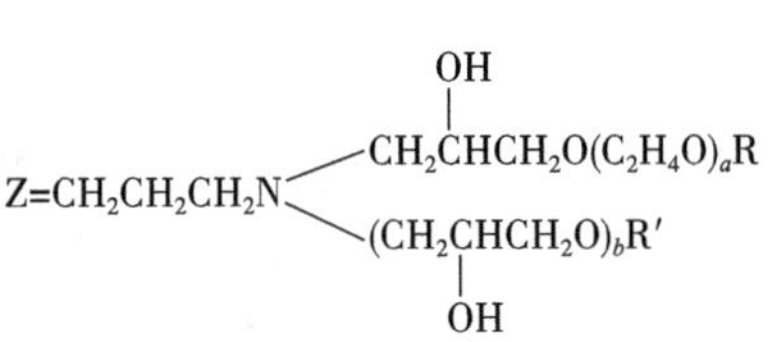

或者，将单尾三硅氧烷和3-氯丙基三硅氧烷（或缩水甘油醚丙基三硅氧烷）于80～110℃下反应10h，得双尾六硅氧烷表面活性剂，结构见式（10-11）与式（10-12）。

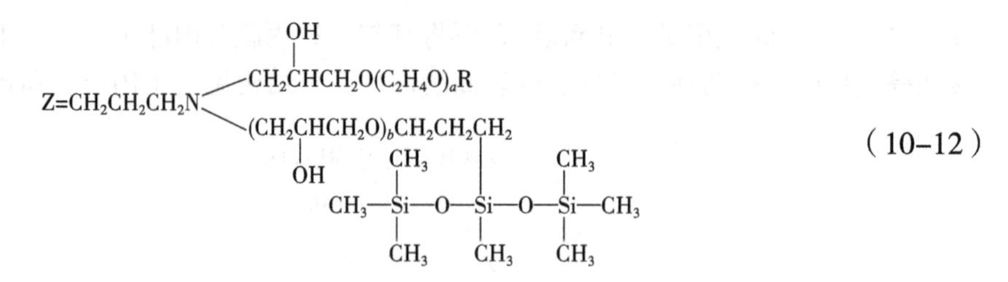

（10–12）

式中，a=8.4、12.9，b=0、1；$R'=C_4\sim C_{20}$烃基；R=H、CH_3。此双尾三（六）硅氧烷表面活性剂能显著降低水溶液的表面张力，并具有较强的耐水解能力和在低能疏水表面的铺展能力，适合用作农药助剂。韩富等将N-β-氨乙基-γ-氨丙基三硅氧烷中的伯氨基用D-葡萄糖酸-δ-内酯进行酰胺化，仲氨基用低聚乙二醇甲醚缩水甘油醚、二缩水甘油醚进行烷基化，制备了新型含硅表面活性剂；它在浓度为$10^{-4}\sim10^{-5}$mol/L 时，可将水的表面张力降低至约21mN /m。

第三节　有机硅表面活性剂特点及其在农业上的应用

七甲基三硅氧烷类有机硅表面活性剂是目前在农业上应用最为广泛与成熟的一类表面活性剂。此类表面活性剂作为农药增效剂适用于各类除草剂、杀虫剂、杀菌剂、植物生长调节剂、生物农药和叶面肥，可以节省农药用量40%以上，节水1/3以上。在本节中将详细介绍此类有机硅表面活性剂的特点及其应用，本节中如果没有特殊说明，有机硅表面活性剂即指七甲基三硅氧烷类的表面活性剂。

一、有机硅表面活性剂的疏水性

与普通表面活性剂结构一样，甲基化硅氧烷组成骨架为亲脂基团（疏水基），骨架的疏水性与硅的存在没有必然关系，而是由于硅氧烷的挠曲性能使甲基基团在界面的接触有关。甲基的疏水性比亚甲基强，而亚甲基是许多常用烃类表面活性剂疏水基团的主要组成部分。

二、有机硅表面活性剂的亲水性

有机硅表面活性剂的亲水部分基本上与大多数常用非离子表面活性剂类似，是一个具有一般泊松分布范围、由多个亚乙氧烷基（EO）链单元组成的链。该链的亲水性强弱可以通过嵌入极性小的异丙氧基（PO）单元而缓冲。表面活性剂的极性可以通过二甲基硅氧烷基团的取代比例而调节。

三、其他组分

合成有机硅表面活性剂的最终产品并不完全由硅氧烷–聚醚共聚物所组成，可能会有一些来自合成工艺中的残留物。在合成反应中，必须加入过量的聚醚以确保硅氧烷全部共聚，结果典型的有机硅助剂会含有15%～20%未共聚的聚醚链，这些未共聚的聚醚链可以提高药液在植物表面的湿润性，有利于提高药剂的表皮渗透性。

在有机硅表面活性剂合成过程中，会用到甲苯、异丙醇等有机溶剂，因此在有机硅产品中也会有极低含量的有机溶剂。在理论上讲，这些有机溶剂可能会对植物产生药害。然而实际上，产品中溶剂的含量极低，稀释后浓度更低，在喷雾中不可能产生药害等问题。

与传统表面活性剂相比，有机硅表面活性剂有着非常低的表面张力。使用有机硅表面活性剂能够显著降低喷雾液滴的表面张力。25℃水的表面张力约为72.4mN/m，0.1%有机硅表面活性剂能使水的表面张力降到21mN/m，而常规碳氢表面活性剂溶液表面张力最低约为30mN/m。这种非常低的表面张力能够帮助喷雾在标靶上的黏附、润湿与扩展能力，并促进农药吸收。

四、润湿过程

润湿是指在固体表面的一种液体取代另一种与之不相混溶的流体的过程。润湿性是药液在植物表面和昆虫体表面发生有效沉积的重要条件，对药液沉积、药液流失和滚落等现象有很大影响。没有润湿能力的药液一般不能在表面上稳定存在，容易在振动时“滚落”；润湿能力太强则药液展开成为很薄的液膜而容易从表面上“流失”，此两种现象的发生都会降低药剂沉积量。

润湿现象的发生是液体表面与固体表面之间产生亲和现象的结果。亲脂性的表面与亲脂性液体之间以及亲水性表面与亲水性液体之间均会产生很强的亲和作用，因此极易发生润湿现象；而亲脂性表面与亲水性液体之间则不易发生润湿现象。通常植物叶片表面或昆虫体表均覆盖有蜡质层，具有很强的亲脂性，所以很难被水润湿。在喷雾过程中，加入合适的喷雾助剂，能够提高喷雾雾滴的湿展性。固体表面的润湿分为沾湿、浸湿和铺展3类。

1. 沾湿

液体取代固体表面气体，液体不能完全展开的过程称为沾湿。新形成的液-固界面增加了自由能γ_{sl}，而被取代的气-液、气-固界面分别减少了自由能γ_{lg}和γ_{sg}，所以体系自由能的变化为式（10-13）：

$$-\Delta G_A=\gamma_{sg}+\gamma_{lg}-\gamma_{sl}=W_A \text{（黏附功）} \qquad (10\text{-}13)$$

当体系对外界所做的功$W_A>0$时，即$\Delta G_A<0$时，沾湿过程才会自发进行。

2. 浸湿

浸湿是指固体浸没在液体中，气-固界面转变为液-固界面的过程。在浸湿过程中，液体表面没有变化，所以，在恒温恒压条件下，单位浸湿面积上体系自由能的变化为式（10-14）。

$$-\Delta G_I=\gamma_{sg}-\gamma_{sl}=W_I \text{（浸润功）} \qquad (10\text{-}14)$$

体系对外界所做的功W_I表征液体在固体表面取代气体的能力，在铺展作用中，它是对抗液体表面张力而产生铺展的力，故又叫做黏附张力，常用A表示为式（10-15）。

$$W_I=A=-\Delta G_I=\gamma_{sg}-\gamma_{sl} \qquad (10\text{-}15)$$

在恒温恒压条件下，液体浸湿固体的条件是$W_I>0$，即$-\Delta G_I<0$；也就是当固-气界面张力γ_{sg}大于固-液界面表面能γ_{sl}时，液体会浸湿固体表面。

3. 铺展

铺展是指液体在固体表面上扩展过程中，液-固界面取代气-固界面的同时，液体表面也扩展的过程。体系还增加了同样面积的气-液界面。所以在恒温恒压下，单位铺展面积上体系自由能的变化为式（10-16）：

$$-\Delta G_s=\gamma_{gs}-\gamma_{lg}-\gamma_{sl}=S\text{（铺展系数）} \quad (10\text{-}16)$$

铺展系数$S>0$（也就是体系对外做的功W），铺展过程自发进行。

代入黏附张力公式：$A=\gamma_{sg}-\gamma_{sl}$ 得到式（10-17）：

$$S=A-\gamma_{lg} \quad (10\text{-}17)$$

当$S>0$时，即当液体与固体之间的黏附张力A大于液体本身的表面张力γ_{lg}时，液体能够在固体表面自动铺展。

比较3类润湿的发生条件可以看出：对同一体系来说，$W_A>W_I>S$。因此，当$S\geqslant 0$时，W_A和W_I也一定大于零。这表明，如果液体能在固体表面铺展，就一定能沾湿和浸湿固体，所以，常用铺展系数S作为体系润湿的指标。

从3类润湿过程发生的条件还可以看出，气-固和液-固界面能对体系3大类润湿的贡献是一致的，都是以黏附张力A的形式起作用：即γ_{sg}愈大，γ_{sl}愈小，（$\gamma_{sg}-\gamma_{sl}$）值就愈大，则愈有利于润湿。液体表面张力对3种过程的贡献各不相同，对于沾湿，γ_{lg}值较大时有利；对于铺展，γ_{lg}值较小时有利；而对于浸湿，则与γ_{lg}大小无关。理论上说，润湿类型确定以后，根据有关界（表）面能的数据，即可判断润湿能否进行，再通过改变相应的界（表）面能的办法达到所需要的润湿效果。固体界（表）面能的大小决定了其可润湿性质。液体在固体表面能自发铺展的基本条件是液体表面张力小于固体的表面能。液体表面张力越低，越有利于铺展进行。表征固体表面润湿性质的经验参数是临界（润湿）表面张力，临界表面张力常以γ_c表示，其物理意义是：表面张力低于γ_c的液体方能在此固体表面上铺展。

但实际上，在3种界面能当中，只有γ_{lg}可以通过实验直接测定，这样上述的判据只有理论上的意义。在实际应用中，一般要依赖于接触角判断润湿的类型。

4. 润湿角与杨氏方程

为研究雾滴在叶片表面的润湿情况，引入了接触角的概念（contact angle），接触角是在固、液、气三相交界处，自固液界面经液体内部到气液界面的夹角，以θ表示，如图10-1所示。

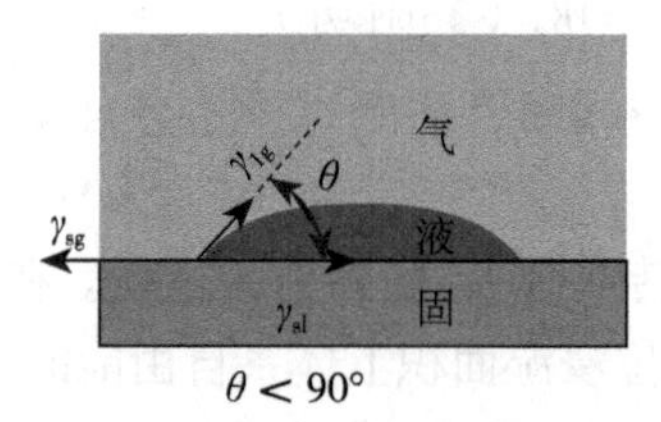

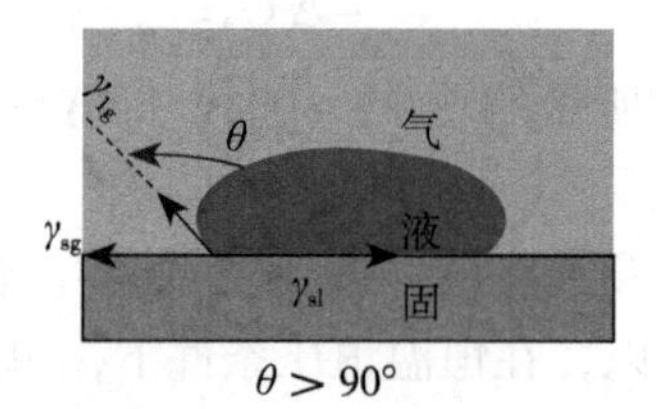

图10-1 润湿角模型图

平衡接触角与三个界面能之间的关系可用式（10-18）表示：

$$\gamma_{sg}-\gamma_{sl}=\gamma_{lg}\cos\theta \quad (10\text{-}18)$$

该式称为杨氏方程或润湿方程。θ越小，润湿过程越易进行。习惯上，$\theta>90℃$为不润湿；$\theta<90℃$为润湿。θ由γ_{sg}、γ_{sl}、γ_{lg}共同决定。对于指定的固体，液体表面张力越小，其在该固体上的θ也越小。对于同一液体，固体表面能越大，θ越小。θ反映了液体与固体表面亲和作用大小，亲和力越强越易于在表面上展开。

以润湿方程还可以计算药液的黏附张力和黏附功，黏附张力为式（10-19）：

$$A=\gamma_{lg}\cos\theta \quad (10\text{-}19)$$

黏附功为式（10-20）：

$$W_A=\gamma_{lg}(\cos\theta+1) \quad (10\text{-}20)$$

可以推断，测定了药液的表面张力和接触角即可作为判断各种润湿的数据标准，可以判断农药雾滴在叶片上的沉积持留。

在实验室测定清水在主要农作物叶片上的接触角，结果见表10-1，可以看到清水在水稻、小麦、甘蓝等植物叶片上的接触角都大于90º，说明清水很难在这类植物叶片上沉积分布。在市场上购买的多种农药，配成药液后，其在这些植物叶片上的接触角也都大于90º，不能在防治对象上形成良好的接触，药效自然就会受到影响。

表10-1　清水在不同植物叶片上的接触角

植物叶片	接触角 / (°)	备注
水稻	134	难润湿
小麦	122	难润湿
甘蓝	101	难润湿
棉花	64	易润湿
大豆	50	易润湿
玉米	36	易润湿

五、有机硅表面活性剂表面张力

与传统表面活性剂相比，有机硅表面活性剂有着非常低的表面张力。使用有机硅表面活性剂能够显著降低喷雾液滴的表面张力：25℃水的表面张力约为72.4mN/m，0.1%有机硅表面活性剂能使水的表面张力降到21mN/m，而常规的碳氢表面活性剂溶液最低表面张力约为30mN/m。图10-2为有机硅表面活性剂Silwet 408在不同浓度下的表面张力。表10-2为常见植物叶面临界表面张力。

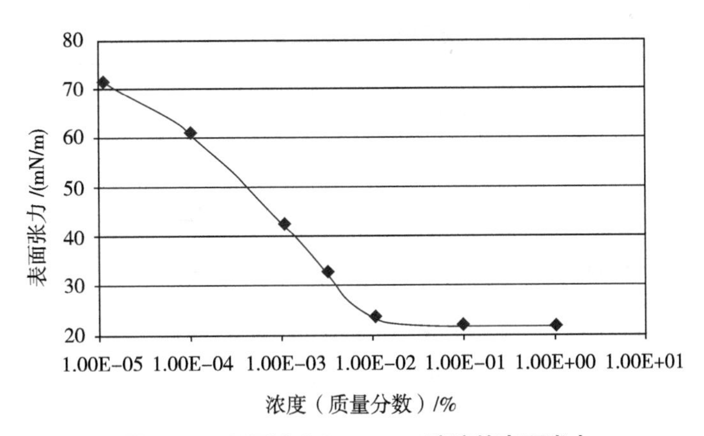

图10-2　不同浓度Silwet 408溶液的表面张力

表10-2　常见植物叶面临界表面张力

植物	临界表面张力 / (mN/m)	植物	临界表面张力 / (mN/m)
雀麦	31.9	水稻	36.7
狗尾草	34.2	小麦	36.9
牛筋草	36.0	无芒稗	37.1
日本看麦娘	36.1	鸭跖草	36.26 ~ 39.00
甘蓝	36.4	水花生	36.26 ~ 39.00

续表

植物	临界表面张力 /（mN/m）	植物	临界表面张力 /（mN/m）
马齿苋	39.00 ~ 43.38	烈叶牵牛	46.49 ~ 57.91
刺苋	39.00 ~ 43.38	玉米	47.40 ~ 58.70
茄子	43.38 ~ 45.27	黄瓜	58.70 ~ 63.30
辣椒	43.38 ~ 45.27	丝瓜	45.27 ~ 58.70
小飞蓬	43.38 ~ 45.27	棉花	63.30 ~ 71.81
豇豆	39.00 ~ 43.38		

如图10–2所示，有机硅表面活性剂Silwet 408表面张力非常低，远低于常见植物叶面的临界表面张力，而且临界胶束浓度CMC非常低，大约在10000倍，所以在喷雾液中，很低浓度的有机硅表面活性剂就能使喷雾液滴表面张力明显降低。根据润湿理论，只有当液体表面张力低于固体临界表面张力才能进行润湿，否则不润湿，液体表面张力与固体临界表面张力对润湿影响如图10–3所示。

图10–3　液体表面张力与固体临界表面张力对润湿影响

0.1% Silwet 408溶液表面张力约为21mN/m，几乎很容易润湿自然界绝大多数植物叶面，为喷雾液滴在靶标上的黏附与润湿提供了必要条件。

中国农业科学院植物保护所研究了0.5%甲氨基阿维菌素苯甲酸盐EC稀释2000倍的药液中添加不同表面活性剂后，药液的表面张力和黏度变化情况，结果见表10–3。

表10–3　各处理药液的黏度与表面张力

处理	表面活性剂添加浓度 /%	黏度 /mPa · s	表面张力 /（mN/m）
水	—	10.83	72.4
0.5% 甲氨基阿维菌素苯甲酸盐 EC 2000 倍液	—	12.5	35.8
0.5% 甲氨基阿维菌素苯甲酸盐 EC 2000 倍液 +Silwet 408	0.05	11.67	22.6
	0.10	11.33	22.2
0.5% 甲氨基阿维菌素苯甲酸盐 EC 2000 倍液 +OP–10	0.05	13.27	32.4
	0.10	12.33	34
0.5% 甲氨基阿维菌素苯甲酸盐 EC 2000 倍液 +JFC	0.05	11.5	31
	0.10	10.57	29.8

表面张力越大，液体越不容易在叶片表面铺展润湿。清水的表面张力为72.4mN/m，由于农药乳油加工中添加了多种助剂，因此0.5%甲氨基阿维菌素苯甲酸盐EC 2000倍稀释液的表面张力降低为35.8mN/m。在0.5%甲氨基阿维菌素苯甲酸盐EC的2000倍稀释液中继续添加表面活性剂，可以进一步降低药液的表面张力，其中以有机硅表面活性剂Silwet 408的效果最好，药液的表面张力可以降低到22.2mN/m，而目前常用的非离子表面活性剂OP–10和JFC只能将药液的表面张力降低到32.4mN/m和29.8mN/m。从表面张力测定结果看，有机硅表面活性剂Silwet 408的降低效果最好。

在相同固体表面，液体的表面张力越低，其接触角越小，越有利于液滴在固体表面的润湿与铺展。相比一般表面活性剂，有机硅表面活性剂有着非常低的表面张力，可以有效降低喷雾液滴在靶标表面的接触角。

陈福良等研究了0.5%甲氨基阿维菌素苯甲酸盐EC的2000倍稀释液以及添加不同表面活性剂后在植物叶片上形成的接触角（表10-4）。6种测试植物叶片中，油菜、番茄、菠菜、芹菜叶片表面蜡质层较少，容易被润湿，清水在其上的接触角也只有39.6°、49.3°、41.8°、36.5°；但是甘蓝和大葱叶片表面由于蜡质层较厚，清水在其上的接触角为93.6°和130.2°，属于钝角，水滴就很容易滚落。0.5%甲氨基阿维菌素苯甲酸盐EC的2000倍稀释药液在甘蓝叶片上的接触角也大于90°，为90.6°，说明药液不能在甘蓝叶片形成很好地铺展润湿，在农药使用中就需要添加性能优良的表面活性剂。

在供试的3种表面活性剂中，以有机硅表面活性剂Silwet 408降低药液在植物叶片上的接触角效果最为显著，0.5%甲氨基阿维菌素苯甲酸盐EC的2000倍稀释药液中添加有机硅表面活性剂Silwet 408后，其滴加到油菜、甘蓝和番茄叶片表面后迅速铺展，测定的接触角为0°，而对照表面活性剂OP-10和JFC则不能使药液在植物叶片迅速铺展，滴加到植物叶片后的接触角仍在20°～40°范围内。

表10-4　药液与6种作物叶面形成的接触角

处理	表面活性剂添加浓度 /%	接触角 / (°)					
		油菜	甘蓝	番茄	菠菜	大葱	芹菜
水	—	39.6	93.6	49.3	41.8	130.2	36.5
0.5% 甲氨基阿维菌素苯甲酸盐 EC 2000 倍液	—	38.9	90.6	37.8	39.9	46.5	34.1
0.5% 甲氨基阿维菌素苯甲酸盐 EC 2000 倍液 + Silwet 408	0.05	—	—	—	—	—	—
	0.10	—	—	—	—	—	—
0.5% 甲氨基阿维菌素苯甲酸盐 EC 2000 倍液 +OP-10	0.05	35.2	40	35.1	38.0	39.7	33.2
	0.10	32.2	35.6	34.2	37.2	35.9	31.5
0.5% 甲氨基阿维菌素苯甲酸盐 EC 2000 倍液 +JFC	0.05	25.2	35	30.4	36.6	33.0	32.7
	0.10%	21.9	19.3	22.7	36.1	23.5	30.7

注："—"表示液滴滴加到叶片后，液滴迅速在叶片上铺展，接触角趋于零。

六、有机硅表面活性剂扩展能力

与常规助剂相比，有机硅表面活性剂的结构特点决定了其所具有的超级扩展能力。1990年，Anamthapadmanabhan等提出有机硅表面活性剂紧凑的疏水性头部使其容易从气液界面移动到固体表面，从而使得液体可以在固体表面实现超级扩展。图10-4中"拉链式模型（Zipper model）"形象地显示了有机硅和常规助剂在固体表面的移动。

有机硅表面活性剂有着非常快的扩展速度。在聚苯乙烯表面，体积为10μL的0.1% Silwet 408水滴在30s能扩展成直径为50cm的液面，如图10-5所示。

1. 增加单个雾滴在植物叶片上的铺展面积

有机硅的超级扩展能力是其开发成为助剂的重要因素。扩展性并不仅仅依赖于降低表面张力，例如，有机氟类表面张力更低，而有机硅类的扩展能力超过有机氟类，如表10-5所示。

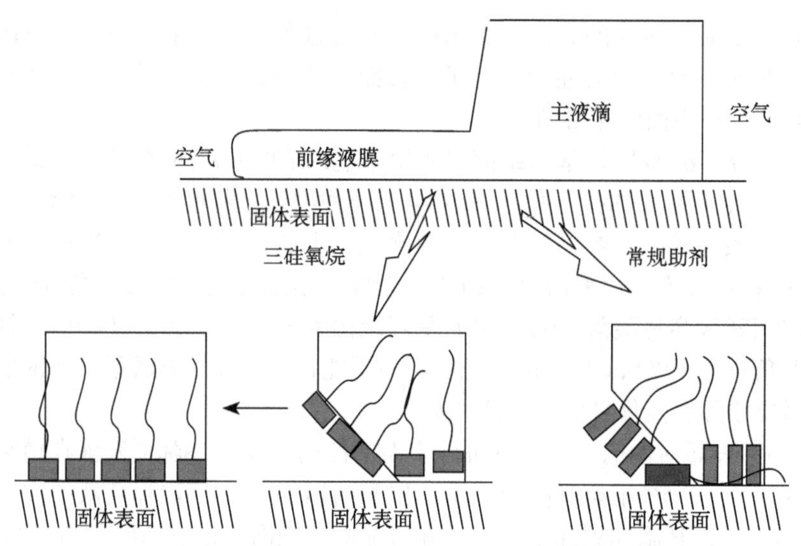

图10-4 “拉链式模型（Zipper model）”扩展模型示意图

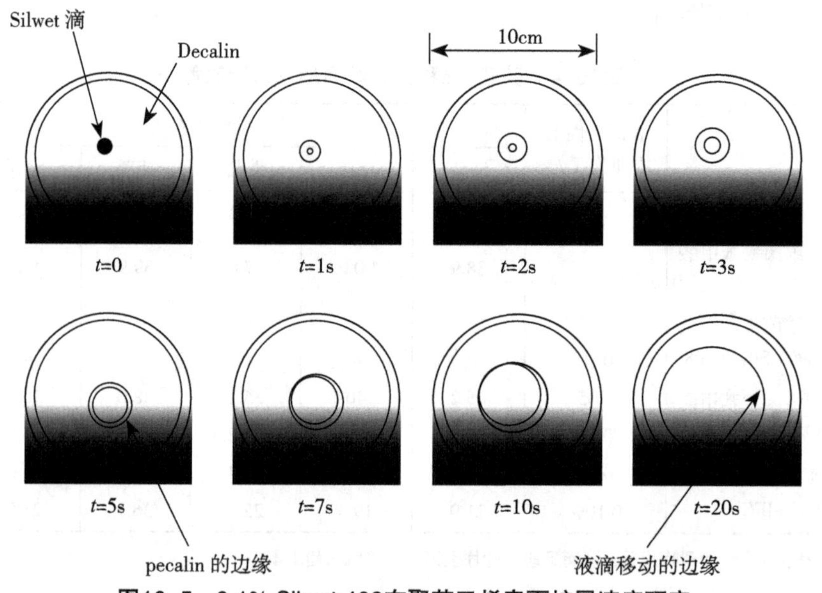

图10-5 0.1% Silwet 408在聚苯乙烯表面扩展速度研究

表10-5 不同表面活性剂的表面张力与扩展面积

表面活性剂（0.1%）	表面张力 /（mN/m）	扩展面积 /mm^2
三硅氧烷（L-77）	21.6	172
四硅氧烷	24.2	12
多硅氧烷（L-7602）	23.6	2
OP-10	31.8	4
氟碳类表面活性剂	16.5	3

有机硅的扩展能力，尤其是三硅氧烷类表面活性剂是常规表面活性剂OP-10护展能力的40多倍，这与其致密的疏水性有关，使得表面活性剂在连接成分子密闭式结构过程中，在溶液的先导边缘上很容易吸附，有利于进一步穿过未润湿的表面。在其他表面活性剂存

在的情况下，有机硅表面活性剂L-77的扩展性被减弱这一事实，能够支持上述观点。尽管Silwet L-7604的化学性质与L-77相似，但其分子量是L-77的5倍，其紧密的疏水性结构较L-77差很多。当L-77与L-7602混用时，其扩展性能有明显减弱。相反，聚氧乙烯嵌段共聚物经试验后发现其对三硅氧烷的扩展性无拮抗作用，对表面活性显示出增效作用。显然，对有机硅扩展性最重要的限制因子是溶液中的表面活性剂能否在固/液和固/气界面有序排列。这种性质能使药剂在叶面达到最大的覆盖和附着，甚至还可以使药剂进入到叶背面或果树缝隙中藏匿的有害生物处，达到杀菌效果，从而增大了农药药效。

中国农业科学院植物保护所对有机硅表面活性剂Silwet 408药液在作物上的扩展做了研究。在稀释2500倍和1250倍的10%吡虫啉可湿性粉剂药液中添加有机硅表面活性剂Silwet 408，2μL药液液滴在小麦叶片上的铺展面积见图10-6。结果显示，吡虫啉药液中，添加Silwet 408显著增加了药液在小麦叶片上的铺展面积，在稀释2500倍和1250倍的10%吡虫啉可湿性粉剂稀释药液中，分别添加重量含量为0.05% Silwet 408后，药液液滴在小麦叶片上的铺展面积分别是未添加Silwet 408药液的8.5倍和8.9倍，添加0.1% Silwet 408，药液在小麦叶片上的铺展面积分别是未添加的16.5倍和16.3倍。

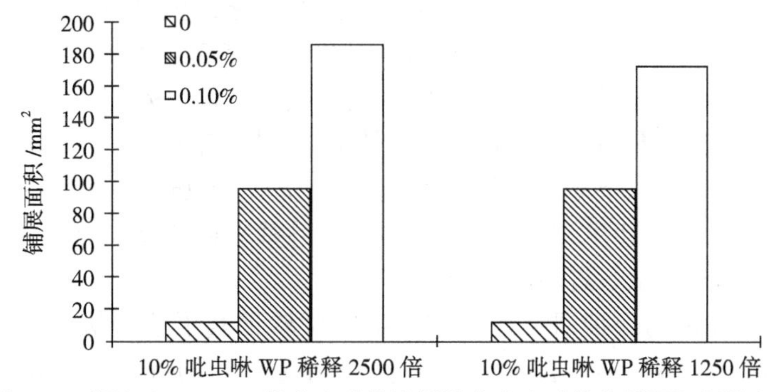

图10-6　添加Silwet 408的吡虫啉药液雾滴在小麦叶片上铺展面积的变化

稀释2000倍的0.5%甲氨基阿维菌素苯甲酸盐EC药液及添加不同表面活性剂后在植物叶片上的铺展情况见表10-6。

表10-6　药液添加表面活性剂后在蔬菜叶片上铺展面积增加情况表

处理	表面活性剂添加浓度	铺展面积增加情况 / 倍					
		油菜	甘蓝	番茄	菠菜	大葱	芹菜
水	—	1	1	1	1	1	1
0.5% 甲氨基阿维菌素苯甲酸盐 EC 2000 倍液	—	1.03	1.02	0.98	1.05	2.35	1.05
0.5% 甲氨基阿维菌素苯甲酸盐 EC 2000 倍液 + Silwet 408	0.05%	34.71	50.87	30.25	30.23	52.43	20.79
	0.10%	48.96	97.76	53.98	34.15	95.33	27.37
0.5% 甲氨基阿维菌素苯甲酸盐 EC 2000 倍液 +OP-10	0.05%	1.44	2.04	1.56	1.78	3.79	1.71
	0.10%	1.54	2.22	1.78	1.8	3.83	1.75
0.5% 甲氨基阿维菌素苯甲酸盐 EC 2000 倍液 +JFC	0.05%	1.54	2.47	1.54	1.8	3.8	1.74
	0.10%	1.6	4.37	2.88	1.81	3.84	1.76

稀释2000倍的0.5%甲氨基阿维菌素苯甲酸盐EC药液与清水相比，其在油菜、甘蓝、番茄、菠菜、大葱和芹菜叶片上的铺展面积基本一致，没有增加；添加OP-10和JFC后，在油

菜、番茄叶片上的铺展面积增加了1.44～2.88倍，在甘蓝、菠菜、大葱和芹菜叶片上铺展面积增加了1.71～4.37倍。

在稀释2000倍的0.5%甲氨基阿维菌素苯甲酸盐EC的药液中分别添加0.05%和0.1% Silwet 408，药液在油菜叶片上的铺展面积分别增加34.71～48.96倍，在甘蓝叶片上铺展面积分别增加50.87～97.76倍，在番茄叶片上的铺展面积分别增加30.25～53.98倍，在菠菜叶片上铺展面积分别增加30.23～34.15倍，在大葱叶片上铺展面积分别增加52.43～95.33倍，在芹菜叶片上铺展面积分别增加20.79～27.37倍。

从以上结果看出，药液中添加有机硅表面活性剂Silwet 408后，显著增加了液滴在植物叶片上的铺展面积，铺展面积增加倍数为20.79～97.76倍，显著优于常用的非离子表面活性剂OP-10和JFC。

2. 降低喷雾过程中的流失点，有利于降低施药液量

在国外发达国家农药喷雾作业中，用户根据作物长势、施药液量等指标，调整拖拉机行走速度、调整喷头等参数，就能够将喷雾液比较均匀地喷洒到农田中，操作人员只需按照预算设定的拖拉机行走速度操控机具即可。我国各地农户在农药喷雾作业时，由于多采用手动喷雾作业，很难按照计算设定的行走速度进行喷雾，更习惯于以药液在作物叶片发生流淌（即达到流失点）为喷雾均匀的指标，因此，大容量、大雾滴喷雾方法盛行。虽然我国各地在20多年里，试验推广了多种低容量喷雾技术，但收效甚微。操作者在喷雾作业时习惯看到药液流淌为喷雾均匀是低容量喷雾技术难以推广的原因之一。

在农药喷雾液中，添加有机硅表面活性剂后，由于其超强的表面活性，显著增加了药液在植物叶片表面的铺展能力，因此，药液在植物叶片表面的流失点会大大提前，促使用户降低施药液量，达到省水、省药的目的。

中国农业科学院植物保护研究所的室内喷雾试验证实了这种猜想，在室内模拟田间喷雾，采用微量称重法测定不同表面活性剂溶液在小麦叶片的流失点，结果见图10-7。

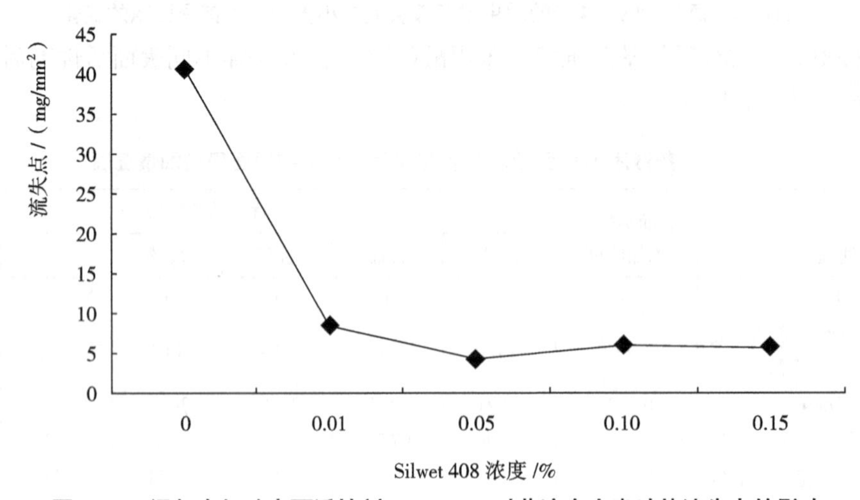

图10-7　添加有机硅表面活性剂Silwet 408对药液在小麦叶片流失点的影响

七、有机硅表面活性剂渗透能力

除草剂、植物生长调节剂和植物营养物质的最终作用点都在植物组织内，而有机硅表面活性剂能够增强植物叶片对农药的吸收，这对于提高农药效果、减少其用量有着重要意义。

有机硅表面活性剂能够有效降低表面张力，使其低于叶表面润湿临界表面张力，因此能促进药液通过气孔渗透进入叶片表皮。叶片表皮与外表相连，药液通过气孔进入叶内的亚气孔腔，这种渗透现象在一定程度上与扩展现象类似。渗透需要超扩展性能，而这正是三硅氧烷类表面活性剂的独特性能。

1992年，Buck等研究了有机硅表面活性剂L-77对促进三氯吡啶叶面吸收的影响。试验采用脱落酸预处理植物（以关闭植物表皮气孔）与未采用脱落酸预处理的植物进行对比，结果发现：气孔是药剂进入植物体的主要途径之一。渗透需要药液有超级铺展性能，目前只在三硅氧烷表面活性剂中观察到这种增加渗透的作用。有机硅表面活性剂对大豆叶片吸收^{14}C标记的脱氧葡萄糖的影响见图10-8。在未添加有机硅表面活性剂的情况下，大豆叶片脱氧葡萄糖的吸收率只有1.5%。在喷雾液中添加有机硅表面活性剂Silwet L-77和Silwet 408后，大豆叶片对脱氧葡萄糖吸收率增加到39.8%和41.5%，增加吸收作用显著。

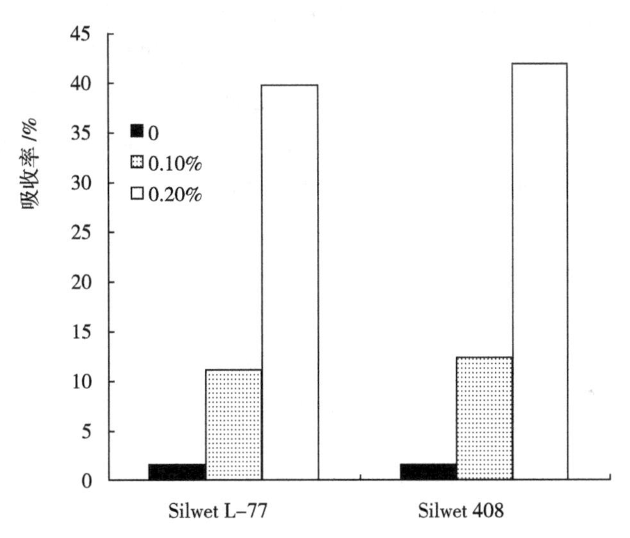

图10-8 大豆对^{14}C标记的脱氧葡萄糖的吸收

试验中发现，有机硅表面活性剂Silwet L-77对阿维菌素有增效作用，经分析发现主要是有机硅表面活性剂能够使药液铺展进入害虫隐匿处，其次是增加了植物叶片对阿维菌素的吸收率，药剂进入植物表皮，延长了残效期。

1. 提高农药耐雨水冲刷性能

农药的吸收一般来说有两种方式：一种是通过表皮吸收，这种方式相当慢，有时需要若干个小时才能达到最大的渗透；另一种是通过植物气孔进行吸收，可惜的是仅仅只有少量特殊的表面活性剂才能通过这种方式进行吸收，这种方式的优点是吸收快，从而能够抵抗随后的雨水的冲刷。有机硅表面活性剂能提高除草剂的抗雨性，Knoche证明了喷雾液通过潜在气孔渗透的能力，假如在草甘膦应用2h后下雨，发现有Silwet L-77存在下并不会影响草甘膦的药效，但是若没有用有机硅处理的话，即使在应用10h后才下雨，也会降低除草剂的药效。

由于有机硅表面活性剂能促进药液通过叶片气孔快速渗透，故能提高药剂的耐雨水冲刷能力，降低药剂的光解作用和挥发。这使得农药应用更加可靠，能减少雨季重复喷药次数。

2. 叶面肥增效剂

有机硅的低表面张力与超级扩展能力首先可以帮助叶面肥在作物上的润湿与黏附，其次有机硅超级渗透能力可以用来促进和提高叶面肥的吸收，增加叶面肥的使用效果。据报道，Silwet L-77和锰盐或磷酸盐施用于小麦和马铃薯上，其效果大于2种常规的助剂。

八、有机硅表面活性剂稳定性

目前市场常见的有机硅表面活性剂在水中不稳定、容易分解，因此，最好是桶混使用，如果在制剂中添加，一定要注意制剂的特性。

有机硅表面活性剂的水解受多种因素影响，主要因素是药液pH值和药液储存时间。通过观察测定药液的表面张力和其铺展能力，可以直观地观察到有机硅表面活性剂的水解作用。

在药液为中性（pH=6～8）的条件下，有机硅表面活性剂在药液中稳定性好，能长期保持其表面活性；当有机硅表面活性剂在pH值为5～6或8～9药液中放置过夜的情况下，其表面活性（表面张力和铺展能力）则明显降低。因此，有机硅表面活性剂在酸性（pH＜5）或碱性（pH＞9）的条件下，配制到药液中后应立即施用。在极端pH条件下，如喷施有些生长调节剂时，有机硅表面活性剂会迅速出现水解，大幅度降低其表面活性。0.5%浓度的Silwet L-77在pH=4条件下水解随时间变化如图10-9所示。

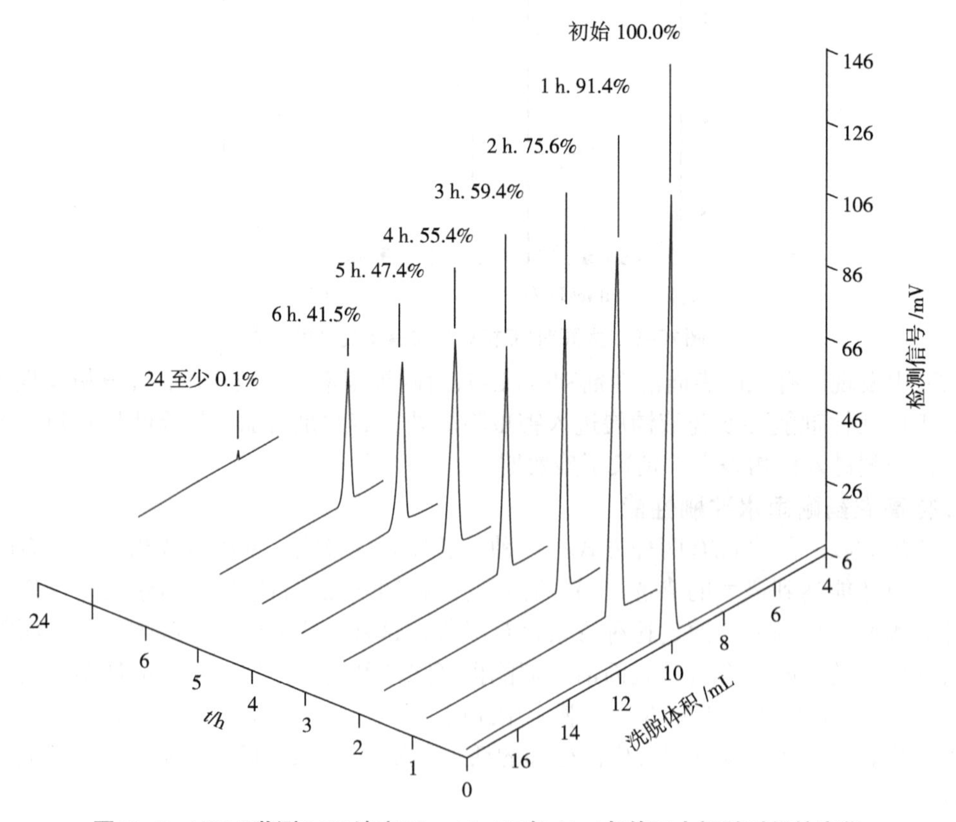

图10-9　HPLC监测0.5%浓度Silwet L-77在pH=4条件下水解随时间的变化

从HPLC图明显发现Silwet L-77在pH=4条件下迅速水解，在24h后已经不到0.1%。在田间喷雾时，一定要注意有机硅表面活性剂的水解特性，药液中添加有机硅表面活性剂后，立即进行喷雾处理，国外大型喷雾机在使用有机硅表面活性剂时，采用直接注入系统，有机硅表面活性剂在喷雾管路中才与药液混合，保证了有机硅表面活性剂的功效。

1. 水解机理

有机硅表面活性剂在水中不稳定，是由于其硅氧烷骨架中的硅—氧键（Si—O）对水解断裂敏感，在酸性或碱性条件下，有机硅表面活性剂容易发生分子重排，2个三硅氧烷共聚结合，生成四硅氧烷和六甲基二硅氧烷，三硅氧烷水解方程式见式（10-21）。四硅氧烷中，硅氧烷和聚醚的比例为4∶2，而在三硅氧烷中，两者的比例是3∶1。这种重排反应大大提高了多硅氧烷共聚链接的含量，因而极大地降低了其表面活性。

$$
\begin{array}{c}
(CH_3)_3Si{-}O{-}\underset{\underset{\underset{PE}{|}}{C_3H_6}}{\underset{|}{\overset{\overset{CH_3}{|}}{Si}}}{-}O{-}Si(CH_3)_3 \quad + \quad (CH_3)_3Si{-}O{-}\underset{\underset{\underset{PE}{|}}{C_3H_6}}{\underset{|}{\overset{\overset{CH_3}{|}}{Si}}}{-}O{-}Si(CH_3)_3 \\
\Big\downarrow H^+ \; OH^- \\
(CH_3)_3Si{-}O{-}\underset{\underset{\underset{PE}{|}}{C_3H_6}}{\underset{|}{\overset{\overset{CH_3}{|}}{Si}}}{-}O{-}\underset{\underset{\underset{PE}{|}}{C_3H_6}}{\underset{|}{\overset{\overset{CH_3}{|}}{Si}}}{-}O{-}Si(CH_3)_3 \quad + \quad (CH_3)_3Si{-}O{-}Si(CH_3)_3
\end{array}
\qquad (10\text{-}21)
$$

2. 耐水解有机硅农用助剂

虽然从环境安全和残留角度来看，由于其水解快、残留少、属于真正的绿色助剂。但是这对有机硅表面活性剂的应用也有一定限制，尤其是在制剂中添加时，只能在一些无水或pH值中性的剂型中添加。为了克服这一问题，世界诸多大公司与科研机构都在加紧研发新一代抗水解农用有机硅表面活性剂，但仍处于研究状态，市场鲜有商品化的产品。美国迈图公司Mark D. Leatherman等利用含取代基的三硅氧烷进行改性，得到了耐水解性能较好的有机硅表面活性剂。此类表面活性剂0.1%溶液的表面张力在23mN/m，扩展性与目前普通三硅氧烷相当，尤其是在很宽的pH值范围（3～12）内耐水解性能优异。基于此技术，迈图公司在2007年首先在市场上推出了耐水解稳定的“Silwet HS”系列产品。此类产品从根本上解决了在有机硅制剂中添加难的问题。“Silwet HS”产品可以应用到一些水性体系，尤其是pH值比较苛刻的农药制剂中，还可以用于与非中性的喷雾液桶混，可有效降低喷雾液的表面张力，提高喷雾液在植物表面的润湿与铺张能力，提高药效，降低喷雾成本。图10-10、图10-11、图10-12为0.25%OP10溶液、0.1% Silwet L-77溶液（pH=3）放置24h后与0.1% Silwet 312溶液（pH=3）放置10个月后的润湿角测试结果。

$\theta = 31°$

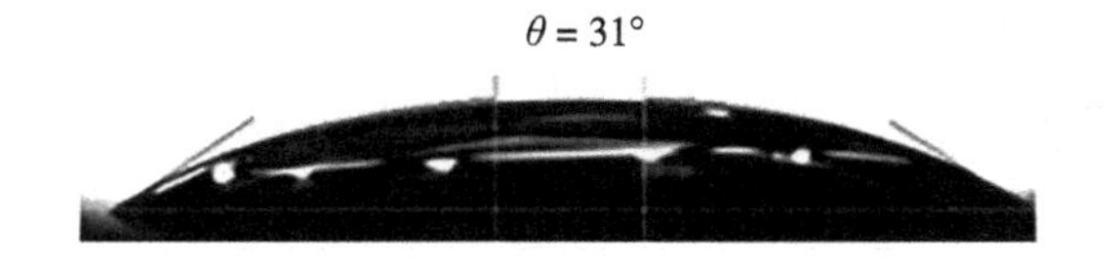

图10-10　0.25%OP10溶液润湿角

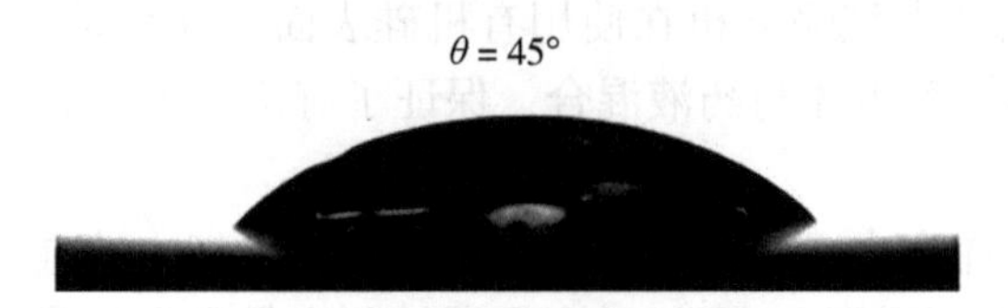

图10-11　0.1% Silwet L-77溶液（pH=3，放置24h）

$\theta < 5°$

图10-12　0.1% Silwet 312（pH=3，放置＞10个月）

九、药害与环境影响

总体来讲，有机硅表面活性剂作为喷雾助剂使用是安全的。由于有机硅表面活性剂在酸、碱条件下能够迅速水解，可以设想，假如人员误食了有机硅表面活性剂，在胃内酸性环境和肠胃碱性环境中均能够迅速降解，对人员安全。

由于有机硅表面活性剂的超级表面润湿能力，表面张力极低，所以在使用有机硅表面活性剂时，应保护好眼睛。同理，有机硅表面活性剂进入水体对鱼高毒，这是因为表面张力降低使鱼鳃功能受损。有机硅表面活性剂渗透力强，表皮毒性高，与皮肤接触可能有刺激性，故喷雾作业时要穿戴防护服。有机硅表面活性剂对植物安全，不会造成药害。

十、有机硅表面活性剂在剂型中添加的应用举例

在剂型中添加有机硅表面活性剂完全不同于喷雾过程桶混使用有机硅表面活性剂，需要全方面考虑制剂的特性，如制剂类型、是否含水、pH值范围来选择合适的有机硅表面活性剂类型。目前市场上有机硅表面活性剂一般都是液体，可以直接添加到比较中性的液体制剂中，如EC、OD、SC等。除了液体有机硅产品外，市场上还有固体粉末助剂，如迈图公司的Silwet PD。这类产品是将有机硅表面活性剂预吸附到载体上，然后可以方便添加到一些固体制剂中，如WD或WG等，一般添加量为1%～10%。

使用Silwet 806开发低表面张力10%氰氟草酯乳油的配方见表10-7。0.1%溶液表面张力见表10-8所示。

表10-7　10%氰氟草酯乳油配方

成分	含量 /%
氰氟草酯	10
农乳 500#	4.5
农乳 600#	5.5
Silwet 806①	5
二甲苯	补齐

① 来自迈图高新材料。

表10-8　0.1%溶液表面张力

项目	未加 Silwet 806	加 Silwet 806 后
溶液表面张力 /（mN/m）	35.02	29.06

使用Silwet 408开发低表面张力30%苯醚甲环唑·丙环唑乳油配方见表10-9和表10-10。

表10-9 30%苯醚甲环唑·丙环唑乳油配方

成分	含量/%
苯醚甲环唑	15
丙环唑	15
甲醇	5
农乳 600	6
农乳 500	4.5
Silwet 408①	4.5
二甲苯	补齐

① 来自迈图高新材料。

表10-10 0.1%溶液表面张力

项目	未加 Silwet 806	加 Silwet 806 后
溶液表面张力/（mN/m）	36.28	30.74

用Silwet HS-312开发25%低表面张力丙环唑微乳剂见表10-11。

表10-11 25%低表面张力丙环唑微乳剂

成分	含量/%
丙环唑	25
异丙胺（IPA）	15
农乳 600	10
Sponto 4068①	10
Silwet HS-312②	5
水	补齐

① 来自阿克苏诺贝尔。② 来自迈图高新材料。

使用Silwet HS-312开发10%氰氟草酯低表面张力水乳剂见表10-12，0.1%溶液表面张力见表10-13。

表10-12 10%氰氟草酯低表面张力水乳剂

成分	含量/%
氰氟草酯	10
农乳 600	2
TERMUL 5030①	2
Silwet HS-312②	4
SAG 1572②	0.02
水	补齐

① 来自亨斯曼。② 来自迈图高新材料。

表10-13 0.1%溶液表面张力

项目	未加 Silwet HS-312	加 Silwet HS312 后
溶液表面张力/（mN/m）	43.5	30.2

使用Silwet HS-312开发45%咪鲜胺低表面张力水乳剂见表10-14，0.1%溶液表面张力见表10-15。

表10-14　45%咪鲜胺低表面张力水乳剂配方

成分	含量 /%
咪鲜胺	45
Solvesso 200	20
TERMUL 5030①	3
Silwet HS-312②	3
丙二醇	6
SAG 1572②	0.02
水	补齐

① 来自亨斯曼。② 来自迈图高新材料。

表10-15　0.1%溶液表面张力

项目	未加 Silwet HS-312	加 Silwet HS-312 后
溶液表面张力 /（mN/m）	42.5	34.5

使用Silwet HS-604开发41%高效草甘膦异丙胺盐水剂见表10-16。

表10-16　41%高效草甘膦异丙胺盐水剂配方

成分	含量 /%
草甘膦异丙胺盐	41
Witcamine 4130A①	4.3
Silwet HS-604②	0.7
水	补齐

① 来自阿克苏诺贝尔。② 来自迈图高新材料。

第四节　总结与展望

我国农药使用中，普遍存在农药投放量高、有效利用率低等问题，造成这些问题很重要的一点就是我国在农药喷雾技术中靶标针对性差，农药雾滴不能在靶标表面形成很好的润湿分布，喷洒到靶标表面的雾滴常常滚落下去，农药喷雾过程药剂有效成分剂量传递效率低。大量试验研究表明，有机硅表面活性剂能显著降低农药药液的表面张力，减小农药雾滴与植物叶片表面之间的接触角，增强了药液在植物叶片上铺展能力以及对植物叶片表面的润湿性能，提高了农药对植物叶片的渗透率。

在农药药液中添加有机硅表面活性剂，由于其显著降低了药液的表面张力，提高了药液在植物叶片或昆虫体表的扩散铺展能力；在农药喷雾中，就不再需要整个作物叶片全部用农药雾滴覆盖，而在单位靶标面积上只需要很少数量的农药雾滴就可以实现，为农药低容量喷雾技术提供了支持。试验数据表明，有机硅表面活性剂是目前已知的表面活性中最强的超级喷雾助剂，能够广泛用于农药使用过程中。提高农药有效利用率、减少农药用量。

有机硅表面活性剂代表了一类新型、高效的农药助剂，应用前景十分广阔。随着研究进一步发展，有机硅表面活性剂必将开拓更多的应用领域。今后农药助剂用有机硅表面活性剂的发展方向为：① 新型结构三硅氧烷表面活性剂的开发，各种不同结构有机硅表面活性剂的推出，以适应不同农药、不同制剂的要求，给农药制剂配方研究带来新的观念和思路；② 注重有机硅结构特性及作用机理的探索，深入研究有机硅分子与农药有效成分及有机体（虫体、植物体表等）间的相互作用，为开发新型、高效的有机硅表面活性剂提供可靠的理论依据；③ 有机硅表面活性剂对农药的影响规律研究，有机硅表面活性剂并非对所有农药在任何条件下都有增效作用，只有了解助剂对农药的影响规律，才可避免使用上的盲目性以及大量的筛选工作；④ 提高助剂分子对酸、碱、盐、热的稳定性，扩大应用范围。

参考文献

[1] 莘松民，王一璐．有机硅合成工艺及产品应用．北京：化学工业出版社，2000.

[2] 杨学茹，黄艳琴，谢庆兰．农药助剂用有机硅表面活性剂．有机硅材料，2002，16(2)：25-27.

[3] Randal M H. Silicone surfactants–new developments. Curr Op in Colloid Interface Sci，2002，7：255- 261.

[4] 赵祖培．农药助剂用有机硅表面活性剂（上）．农药译丛，1994，16（6）：34–42.

[5] 赵祖培．农药助剂用有机硅表面活性剂（下）．农药译丛，1995，17（1）：53–58.

[6] 邓锋杰，曹顺生，温远庆．农药用有机硅表面活性剂的研究进展．化学研究与应用，2002，14（6）：723–724.

[7] 黄良仙，郝丽芬，袁俊敏，等．农用有机硅表面活性剂的制备及应用研究新进展．有机硅材料，2010，24（1）：59–64.

[8] 袁会珠，李永平，邵振润．Silwet系列农药喷雾助剂使用技术指导．北京：中国农业科学技术出版社，2007.

[9] Bailey D L. Siloxane wetting agents：US，3299112，1987–01–17.

[10] Pol icello G A, Leathermanm D, Pengw Q, et al. Hydrolysis resistant organomodifiedtrisiloxanesurfactants: WO, 2008111928，2008- 09–18.

[11] Leatherman M D, Policello G A. Hydrolysis resistant organomodifieddisiloxane surfactants：US, 2007088091，2007- 04–19.

[12] 刘玉龙，陈惠明．一种有机硅农药增效剂及其制备：CN 101011062，2007–08- 08.

[13] 汪瑜华，李瑶，佘慧玲．三硅氧烷和四硅氧烷乙氧基化物的合成和性能．有机硅材料，2005，19（1）：5–7.

[14] 许晓华，矫庆泽，张强．氨基聚醚改性有机硅助剂的合成及性能．农药，2007，46(4)：235-237.

[15] 辛普尔坎普J，肯尼迪W，亨布尔G D. 非扩散性硅氧烷表面活性剂在农用化学组合物中的用途：CN 101103718，2008 -01 -16.

[16] Leatherman MD, Policello G A, Pengwqing N , et al. Hydrolysis resistant organomodifiedtrisiloxane ionic surfactants：US 2009176893，2009- 07-09.

[17] Policello G A. Terminally modified, amino, poly2ether siloxanes：US 2001028892，2001–10–11.

[18] 邓锋杰，蒋华麟．农用有机硅表面活性剂的合成．江西化工，2004，20(1)：84-86.

[19] 张国栋，韩富，张高勇．新型三硅氧烷表面活性剂合成与界面性能．化学学报，2006，64(11)：1205-1208.

[20] 彭忠利．耐水解的双尾三硅氧烷表面活性剂：CN 101318115，2008-12-10.

[21] 彭忠利．耐水解的双尾六硅氧烷表面活性剂：CN 101318116，2008 -12-10.

[22] 韩富，张高勇．新型含硅表面活性剂的合成及性能研究．化学学报，2004，62(7)：733-737.

[23] 夏建俊，王利民，田禾，等．一种有机硅阴离子表面活性剂及其合成方法：CN 1229173，2005-11-30.

[24] 宋世谟，王正烈，李文斌．物理化学（下）．北京：高等教育出版社，1995.

[25] 李小兵，刘莹．固体表面润湿性机理及模型．功能材料，2007，38：3919-3924.

第十一章

农药填料与载体

第一节 概 述

农药填料是指农药剂型加工中用来荷载或稀释农药原药的惰性物质，其结构特殊，具有较大的比表面积和较强的吸附性能，根据吸附能力强弱可以分为：稀释剂（吸附能力弱）和载体（吸附能力强）。填料作为农药有效成分的微小容器或稀释剂，使用后可以将农药有效成分释放出来。其中，填料中的硅藻土、凹凸棒土、白炭黑和膨润土等有较强吸附性，通常作为高含量粉剂、可湿性粉剂或颗粒剂的填料；滑石粉、叶蜡石和黏土等中或低吸附能力的物质通常作为稀释剂来使用。

20世纪30年代，人们开始将填料用来作为无机农药的稀释剂。随着有机合成农药的出现，需要吸附性能强、流动性好和活性小的填料，越来越多性能独特的黏土和合成填料被开发应用，这是农药填料工业的真正开端。目前，农药填料生产已经成为农药工业的一个分支，很多国外公司专门生产或者加工销售不同性质的农药填料，如美国伊利诺伊州的矿业公司销售硅藻土；Oil-Dri公司和 Meridian石油公司销售凹凸棒土。我国农药填料工业起步较晚，针对农药填料应用的基础理论以及加工技术中存在的不足。近年来，随着水分散粒剂和大粒剂等固体剂型在我国的迅速发展，填料的需求量不断增大，同时对填料理化参数以及精细化程度提出严格要求。因此，只有对农药填料种类、性质和主要用途进行详细了解，才能使填料的优异性能在农药固体剂型加工中得以充分发挥。

农药填料的理化性能可以明显影响固体制剂的使用性能，通常农药填料的理化性能主要包括：① 硬度；② 细度；③ 吸附容量；④ 流动性；⑤ 假密度和堆密度；⑥ 吸湿性能；⑦ 电荷，这些都是配方研制中区分和筛选填料的重要依据。农药填料按其组成和结构可分为无机填料和有机填料，按照填料来源可分为矿物类惰性物质、植物类惰性物质、人工合成类惰性物质和工业废弃物，其中矿物类惰性物质应用最为广泛，农药填料按照来源分类详见表11-1。

表11-1　农药填料按照来源分类表

填料类别		主要代表品种
矿物性惰性物质	硅酸盐类	陶土、凹凸棒土、高岭土、膨润土、活性白土、蛭石、滑石
	碳酸盐类	石灰石、方解石
	硫酸盐类	石膏
	磷酸盐类	磷灰石
	氧化物类	硅藻土 硅砂 海、河砂
	火山玻璃质熔岩类	多孔珍珠岩硅砂 浮石
	煤类	泥煤 褐煤
植物性惰性物质		玉米棒芯、果壳、稻壳、麦麸、木屑等
合成的惰性物质		沉淀碳酸钙、沉淀硅酸钙、白炭黑、硅胶
工业废弃物		高炉矿渣、煤矸石、碎砖粒、碱性木质素

第二节　农药常用填料

硅藻土、海泡石、高岭土、白炭黑、滑石粉、蒙脱石粉、玉米淀粉等是较常用的农药填料，其外观和具体化学组成详见表11-2。

表11-2　几种常见农药填料的化学组成

填料种类	外观	化学组成
硅藻土	白或黄色粉末	$SiO_2 \cdot nH_2O$
海泡石	白或黄色粉末	$Si_{12}Mg_8O_{30}(OH)_4(OH_2)_4 \cdot 8H_2O$
高岭土	白或浅黄粉末	$Al_4(Si_4O_{10})(OH)_8$
白炭黑	白色粉末	SiO_2
滑石粉	白或灰白粉末	$Mg_3(Si_4O_{10})(OH)_2$
蒙脱石粉	浅黄或黄色粉末	$(Al,Mg)_2(Si_4O_{10})(OH)_2 \cdot nH_2O$
玉米淀粉	白色粉末	$(C_6H_{10}O_5)_n$

一、硅藻土

硅藻土（diatomite）是一种生物成因的硅质沉积岩，主要由古代硅藻的硅质遗体组成。单个硅藻由两半个细胞壁（又称荚片）封闭一个活细胞而构成。在结构上，硅藻土是由蛋白石状的硅所组成的蜂房状晶格，有大量微孔，因此硅藻土的比表面积很大。硅藻土矿的化学成分是$SiO_2 \cdot nH_2O$，以硅藻土为主，其次是黏土矿（水云母、高岭石）、矿物碎屑（石英、长石、黑云母）及有机质等。硅藻土纯度一般很高，有的高达90%以上。

硅藻土的物理化学性质随着产地和纯度不同而有所变化，纯净硅藻土一般呈白色、土状，含杂质（铁的氧化物或有机质）时，呈灰白、灰、绿以至黑色。一般说来，有机质含量越高，湿度越大，颜色越深。

大多数硅藻土质轻、多孔、固结差、易粉碎，硅藻土块的摩氏硬度仅为1～1.5，但硅藻骨骼微粒硬度高达4.5～5.0。硅藻土密度因黏土等杂质的含量而变化，纯净而干燥的硅藻土密度小，为0.4～0.9g/cm^3，能浮于水面；固结硬化后的密度近于2.0g/cm^3；煅烧后可达2.3g/cm^3；干燥块状硅藻土的假密度是0.32～0.64g/cm^3；干燥粉末的假密度是0.08～0.25g/cm^3。

硅藻土蛋白石质骨骼的折射率变化范围是1.40～1.60，熔融煅烧后可达1.49。沉积物的时代越久，折射率越高。硅藻土的熔点为1400～1650℃，除可溶于氢氟酸酐外，难溶于其他酸，但易溶于碱。硅藻土具有很多微孔，孔隙率很大，所以对液体的吸附能力很强，一般能吸附等于其自身重量的1.5～4.0倍的水。

由于具有假密度小、密度小、微孔多、孔隙率大和吸附能力强等特性，因此，硅藻土被广泛用于加工高含量粉剂，特别适用于将液体农药加工成高含量粉剂，或与吸附容量小的载体配伍作为粉剂或可湿性粉剂的复合载体，以调节制剂的流动性和分散性能。

作为农药载体，要求硅藻土纯度高，其中SiO_2含量＞75%，Al_2O_3和Fe_2O_3含量＜10%，CaO和有机质的含量＜4%。

我国吉林省长白、华甸县；山东省临朐、掖县；浙江嵊县；云南寻甸；四川攀西等地均蕴藏着丰富的硅藻土，开采的硅藻土通常含水量高，需要焙烧，再进一步磨细和分级。其中，吉林省长白县大道沟硅藻土品位较好，SiO_2含量90%左右，作为农药载体实用价值大。

二、凹凸棒石黏土

凹凸棒石黏土（attapulgite）是以凹凸棒石矿物为主要组分的黏土，简称凹凸棒土。凹凸棒土具有链状和过渡型结构，由两层硅氧四面体夹一层镁（铝）氧八面体构成一个基本单元，结晶呈针状、纤维状。纯净的凹凸棒石在显微镜下为无色透明、杂乱交织的纤维状集合体，晶体长2～3μm。凹凸棒土以凹凸棒石为主，其次为蒙脱石、水云母、海泡石、伊利石以及碳酸盐矿（白云石、方解石）和硅酸盐矿（石英、蛋白石）等。凹凸棒石矿物含量为10%～97%，典型化学式为$Mg_5Si_8O_{20}(OH)_2 \cdot 4H_2O$。

凹凸棒土呈浅灰色、灰白色，土状或蜡状光泽，干燥环境下性能脆硬，吸水性强，潮湿时具有可塑性。结晶呈针状束，如毛笔头或干草堆一样，表面有密集的沟槽，比表面积高达210m^2/g以上。但是在干燥处理时会使结构上的开放沟槽坍塌，表面积减小。例如，温度达到95～115℃时，比表面积会从195m^2/g急剧减至128m^2/g，因此，在烘干凹凸棒土时，应注意干燥温度的控制。

凹凸棒土因独特的结构和庞大的比表面积，具有极强吸附能力，有的竟能迅速吸收自身重量2倍的水。凹凸棒土的脱色能力与其吸附性能呈正相关。我国安徽嘉山地区凹凸棒土的脱色力一般在60～90，平均为75，最大可达119.7；经盐酸处理后的凹凸棒土的脱色力普遍达到150～200。

天然凹凸棒石的阳离子交换容量一般为20～30mmol/100g土，略高于高岭石，大约是蒙脱石和蛭石的1/3～1/2。当凹凸棒土粒径减小时，阳离子交换容量略有增加。嘉山地区凹凸棒石可交换钙离子，一般为2.3～6.4mmol/100g土，可交换镁离子为0.8～13.0mmol/100g土，可交换钾离子为0.5～2.0mmol/100g土，可交换钠离子为0.644mmol/100g土，阳离子交换总量为13.4～19.9mmol/100g土。凹凸棒土浸水膨胀后的容积称为膨胀容或称膨胀倍，其单位以cm^3/g土表示。凹凸棒土的膨胀容一般为3～8cm^3/g土。凹凸棒土的密度随黏土中杂质含量而变化，纯净而干燥的凹凸棒土密度一般为$2.20g/cm^3$。而凹凸棒土的假密度与粉碎度有关。一般粉碎至98%通过320目筛的细粉，其松密度约为$0.14g/cm^3$，紧密假密度约为$0.19g/cm^3$。

凹凸棒土的吸水率一般为12%～15%，在120℃下干燥脱水速率较硅藻土慢，烘干速度慢。凹凸棒土的吸油率一般为80%～100%。98%通过320目筛的凹凸棒土细粉的坡度角一般为68°～72°。

衡量凹凸棒石胶体性能的主要指标是造浆率，矿物含量90%以上的原土抗盐造浆率在10.88～$22.99m^3/t$，加工土造浆率在14.9～$31.6cm^3/g$。黏土与水混合后，加入一定量氧化镁，静置24h后形成的凝胶层体积称为胶质价，嘉山地区凹凸棒石黏土胶质价为38～$70cm^2/15g$。

凹凸棒土分散在水溶液中吸附次甲基蓝的能力称吸蓝量，其单位以100g土吸附亚甲基蓝的克数表示。吸蓝量大小与蒙脱石的含量有关，嘉山地区凹凸棒土吸蓝量较小，一般为3～28g/100g土。

凹凸棒土的悬浮体与其他非均质材料的悬浮体一样，在任何浓度下具有触变性，属非牛顿液体，其流动性随着剪切应力的增加而迅速增加，剪切使原来因静电引力而成束的纤维状晶体分开。为了达到最佳分散，通常必须使用胶体磨或其他高剪切混合器。

凹凸棒土是形成凝胶的最重要的黏土之一，在极其低的浓度下，即能形成稳定的高黏度悬浮液。凹凸棒土在分散时，其针状晶体束拆散而形成杂乱的网格，由于网格束缚液体，使黏度增加。凹凸棒土这一性质被广泛用作各种液体，如盐水、脂肪烃和芳香烃溶剂，植物油、石蜡、甘醇、酮和某些醇等的增稠剂。

凹凸棒土比表面积大、吸附性能强，并具有增稠性，可广泛用作高含量粉剂的载体和颗粒剂的基质。特别是液体农药要加工成高含量粉剂或可湿性粉剂时，利用凹凸棒土作载体或者与吸附容量较小的载体配伍作复合载体，用以调节制剂的流动性和分散性更为合适。此外，凹凸棒土的流动性和增稠性，使其又被广泛用作农药悬浮剂的增稠剂。凹凸棒土作为农药载体，要求纯度高、比表面积大、吸附性能强、阳离子交换容量小、水分含量低、FeO和Fe_2O_3含量尽可能低。

三、膨润土

膨润土（montmorillonite）是一种以蒙脱石为主要组分的黏土岩，是由火山凝灰岩或火山玻璃状熔岩，经自然风化而成，常含有少量长石、石英、贝来石、方解石等。我国有着极丰富的膨润土资源，主要矿点有辽宁黑山膨润土矿、浙江临安膨润土矿、山东潍坊膨润土矿、内蒙古兴和膨润土矿、酒泉膨润土矿、渠县膨润土矿、四川仁寿膨润矿等。由于膨润土的主要成分是蒙脱石，其结构决定了膨润土的性质和应用。蒙脱石是层状含水的铝硅酸矿物，结构是典型的2∶1晶格，即两层硅氧四面体中间夹一层铝（镁）氧（氢氧）八面体而形成一个晶层单元，两个晶层单元堆积在一起构成蒙脱石的单个粒子。

蒙脱石的两个相邻晶层单元之间由氧原子和氧原子层相接，无氢键，因此单元晶层之间结合力微弱。水和其他极性分子，如某些有机分子进入单元晶层之间，引起晶格沿*c*轴方向膨胀，因此蒙脱石的单位晶层厚度可以变化。当无层间水时，其晶层厚度为9.6×10^{-10} m，而有层间水时，晶层厚度最大可以增至21.4×10^{-10}m。膨润土这种遇水膨胀的特征，可作为该矿的鉴定特征。

蒙脱石四面体中有四面的Si^{4+}被Al^{3+}置换，八面体中有1/6～1/3的Al^{3+}被Mg^{2+}置换。由于这些多面体中高价离子被低价离子置换，造晶层间产生永久负电荷（0.25～0.60），晶层间可吸附阳离子以求得电荷平衡。晶层间被吸附的阳离子可以交换，由此可产生一系列重要的性质。根据层间阳离子的不同，蒙脱石可分为钙蒙脱石、钠蒙脱石、铝（氢）蒙脱石及罕见的锂基蒙脱石。

我国90%以上膨润土属钙基土，其次为钠基土，锂基和氢基膨润土（通常称天然漂白土）极为少见，属于过渡类型。一般钠基膨润土比钙基膨润土好。膨润土为细小鳞片状，带油脂光泽，有滑腻感，颜色系黄色或黄绿色，粉末为纯白色，含杂质多时可呈灰紫、黄褐、褐色等颜色。膨润土有特大的比表面积，一般在250～500 m^2/g。因此，膨润土有较强的吸附能力和较高的吸附容量，有的膨润土能吸附相当于自身重量的10～30倍，具有脱色剂作用，Ⅰ级品的脱色率大于150%，吸蓝量大于22g/100g土。膨润土的摩氏硬度2～2.5，密度为2.0～2.8g/cm^3，pH值随产地不同而异，一般在6～10。膨润土的阳离子交换容量特大，高达90mmol/100g土。膨润土可以吸收大量水分子而自身膨润分裂成极细的粒子，长时间处于悬浮状态，形成稳定的悬浮液；少量水可使膨润土膨胀形成胶溶液而达到增稠目的，防止微粒絮凝和沉降，膨润土胶质价最高可达90mmol/100g土。

膨润土加工包括天然膨润土加工和改性膨润土加工两大类，天然膨润土加工是由于原矿含砂量较高，杂质较多，须经过提纯加工后才能应用于工业生产。国内提纯膨润土主要有干法和湿法，前者用来处理富矿，后者用来处理贫矿。目前大量采用湿法，产品主要是钙基膨润土和钠基膨润土。

天然膨润土加工产品具有较强的黏结性、分散性、吸附性、悬浮性和离子交换性能，除用于农药载体外，还可以用于其他工业。

膨润土改性加工是通过离子置换将钙基膨润土加工成钠基膨润土或具有特殊性能的活性白土，或通过加入有机覆盖剂，将钠基膨润土中蒙脱石晶格间的Na^+与有机阳离子置换生成有机膨润土。与钙基膨润土相比，虽然钠基膨润土吸水速度慢，但吸水率和膨胀倍数大，阳离子交换容量高，在水中分散性好，胶质价高，并且悬浮性、触变性、热稳定性、黏结性、可塑性较好，吸水强度、干压强度、热湿拉强度也较高，作为农药载体性能更佳。因此，通常将天然钙基膨润土加工改性成为钠基膨润土作为农药载体。

膨润土比表面积大、吸附性能强，能在水中吸附而膨裂成极细的粒子而形成稳定的悬浮液，特别适宜用作农药可湿性粉剂、颗粒剂、水分散粒剂的载体以及悬浮剂的分散剂和增稠剂。大多数极性有机农药可利用蒙脱石的极大的内表面的吸附作用加工成高浓度粉剂。有时将膨润土与吸附容量小的载体配伍用作复合载体，以调节制剂的流动性和分散性。由于膨润土表面积大、阳离子交换容量大、吸水率高、活性点多，所以膨润土配制的有机磷农药粉剂储存稳定性差。膨润土用作农药载体时要求纯度高、含砂量低、吸附性能强、FeO和Fe_2O_3含量低。

四、海泡石

海泡石（sepiolite）色浅质轻，能浮于海面上，形似海水泡沫故命名海泡石。海泡石中的Na^+可被Al^{3+}、Fe^{3+}或Ni^{3+}等离子交换成类质同晶的铁海立石、铝海泡石、镍海泡石和多水海泡石等。海泡石是一种富镁的纤维状黏土矿物，其结构是由平行c轴的硅氧四方体双链所组成，各链之间通过氧原子连接。但这种硅氧四面体的排列与一般的层状硅酸盐有所不同，即同一层四面体顶点的氧不是指向一个方向，而是交互地指向相反方向，以形成较大的空间（即具有很大的内表面）容纳大量水分子。水在海泡石中有3种存在状态：一种是羟基水，又称结构水，以—OH形式存在；第二种是进入空间的水分子（与沸石水相同），以H_2O表示；第三种是渗入八面体配位的、受Mg^{2+}束缚较强的结晶水，以OH_2表示。海泡石在高温下失水成无水海泡石。

海泡石与凹凸棒土的结构相近，都属于链状结构的含水铝镁硅酸盐矿物。在链状结构中也皆有2：1层状结构小单元。与凹凸棒土不同，海泡石单元层与单元层间的孔道可加宽到3.8×10^{-10} m，最大到5.6×10^{-10} m的宽度，即可容纳更多的水分子（沸石水）。此外，海泡石是富镁的硅酸盐矿，一般情况下凹凸棒的Al_2O_3/MgO比值变化范围在0.64～1.08，海泡石的Al_2O_3/MgO比值低到0.005～0.043，其中MgO含量可高达25%以上，而Al_2O_3则往往不到1%。因此，海泡石具有比凹凸棒土更加优越的理化性能和工艺特征，成为该族矿物中具有最佳性能和最广用途的关键所在。海泡石的三维立体键结构和Si—O—Si键把细链拉在一起，使其具有一向延长的特殊晶形，故颗粒呈棒状或针状，这些棒状颗粒聚集成团，形成与毛刷或草捆类似的大纤维束，纤维长100～5000nm。

海泡石的理论化学式为$Si_{12}Mg_8O_{30}(OH)_4(OH_2)_4\cdot8H_2O$，不同产地的海泡石其化学组成有所不同。海泡石通常为淡白色或灰白色，也常有略带浅黄、浅红、淡绿、灰黑，具丝绢光泽或蜡状光泽，条痕呈白色，不透明，触感光滑。在显微镜下观察呈粒状、纤维状或鳞片状。海泡石较强的吸附能力、脱色性和分散性取决于比表面积和高孔隙度。海泡石的比表面积的理论值为800～900m^2/g，而实际上，海泡石原矿比表面积相对较小，如测得某海泡石原矿比表面积只有88.3m^2/g，经提纯含量为97%的海泡石比表面积也只有241.4m^2/g。提纯前的海泡石孔容积为0.154mL/g，提纯后的孔容积为0.385mL/g，即海泡石纯度增高，孔隙度增大。

海泡石的摩氏硬度一般在2～2.5之间，极少品种偏高，但不超过3，海泡石的密度一般在1～2.2g/cm^3之间，质地较轻，干燥后能浮于水面，湿时柔软而干后又变坚韧，不易裂开，收缩率低，可塑性好。海泡石阳离子交换容量较低，为25.8mmol/100g土。

海泡石的pH一般偏碱性，其pK_a值为3.20～1.52，即表面酸度低，对农药催化分解小，pH随产地不同而异，海泡石具有较好的抗温性能，在400℃以下处理4h，海泡石的结构稳定，400～800℃过渡为无水海泡石，800℃以上开始转变为顽火辉石和方英石。

海泡石具有膨润性，以膨胀容、胶质价和膨润值来表示。膨润土在溶液中是由于吸水膨胀和电压斥力而悬浮分离，而海泡石则是由于高剪切力的加工处理，克服纤维间的范德华力和晶胞间的静电力，拆散成堆纤维束，保持疏松的网格结构，吸附介质水分。因此，海泡石的膨润性不是吸水层间膨胀和电性分离悬浮，而主要是结构分散，使水分子进入网格间隙，由自由状态转人不流动状态，强电介质有利于成堆纤维束的分散悬浮。利用表面活性剂改良海泡石的亲水性，也能在非极性溶剂中形成稳定的悬浮液。

海泡石因具有较大的比表面积和高孔隙度，所以能吸附液体或低熔点固体农药，且不会失去其自由流动性。因此，海泡石最适宜用作高含量粉剂、可湿性粉剂和颗粒剂加工的载体。海泡石抗盐性强，制成的可湿性粉剂可抗硬水；海泡石质轻而能浮于水面的这一性能，可用来加工水面飘浮粒剂。与凹凸棒土不同，海泡石阳离子交换容量小、表面活性小，有时也可用作低浓度粉剂的载体。

海泡石是迄今世界上用途最广泛的矿物原料，不同应用领域对其质量指标有不同要求。作为农药载体，其需要具备纯度高、含砂量低、比表面积和吸附容量大、含水量低、阳离子交换容量小、FeO和Fe_2O_3含量低等特征。

五、沸石

天然沸石是深度不超过7.5km的地壳岩石近地表部分的标准矿物，是一种常见的铝硅酸盐。沸石（zeolite）常与膨润土、珍珠岩等伴生，构成复合矿层。沸石是呈架状结构的多孔性含水铝硅酸盐晶体，骨架结构中的基本单元是由4个氧原子和1个硅（或铝）原子堆砌而成的硅（铝）氧四面体。硅氧四面体和铝氧四面体再逐级组成单元环、双元环、多元环（结晶多面体），构成三维空间的架状构造晶体。作为次级单位的各种环联合起来即形成各种沸石的空洞孔道，能吸附或通过形状大小不同的分子，因此，沸石又叫分子筛。在沸石晶体中，硅为4价，替代的铝为3价，所以铝氧四面体的电荷不平衡，3价的铝低于四周氧的电荷，必须由碱金属或碱土金属来补偿。沸石水充满于空洞和孔道的内外表面，不进入结晶架格，与内部的引力较弱，当改变外界条件时，沸石水往往可以比较自由地排除或重新吸入，而不破坏沸石晶体结构。

沸石的化学式可用如下通式来表示：$(Na、K)_x(Ma、Ca、Sr、Ba)_y[Al_{x+2y}Si_{n-(x+y)}O_{2n}\cdot nH_2O]$，式中，$x$为碱金属离子个数；$y$为碱土金属离子个数；$n$为铝硅离子个数之和；$m$为水分子个数。从电价配位情况看，一价、二价阳离子的电价数之和（$x+y$）等于铝离子个数，而铝、硅个数和的二倍等于氧个数。也就是说，(Al+Si)：O=1：2，沸石水参与电价平衡。SiO_2和Al_2O_3两种成分约占沸石矿物总量的80%。沸石矿物中的硅和铝的含量比例不一致及水的含量不同，就构成了不同的沸石矿物。根据硅铝的比值，可将沸石划分为高硅沸石（$SiO_2/Al_2O_3>8$），中硅沸石（$SiO_2/Al_2O_3=4\sim8$）和低硅沸石（$SiO_2/Al_2O_3<4$）。硅铝的比例大小直接影响沸石的某些性能，尤其是离子交换性和耐酸性。水也是沸石的主要成分之一，含量一般在10%左右，最低在2%～6%之间，最高为13%～15%，个别达18%以上。但水不参与沸石的骨架组成，仅吸附在沸石晶体的微孔中。受热时，其中的水就释放出来，冷却后沸石又能重新吸水。碱金属或碱土金属数量有限，其氧化物一般为4%～6%，呈离子状态与SiO_2和Al_2O_3结合在一起。

沸石外观因种类不同而有所变化，斜发沸石属斜晶系，颜色为白色、淡黄色，呈板条状和不规则粒状等；在显微镜下为无色透明，具有明显的负突起，板条状者呈平行消光，干涉色很低，一级灰色，负延长；不规则粒状则呈波状消光，有的呈蓝灰色、浅棕色等。丝光沸石属斜方晶系，颜色为白色、淡黄色，呈纤维状、毛发状，集合体呈束状、放射粒状、扇状等；显微镜下为无色透明，具明显的负突起，干涉色很低，一级灰或灰白色，负延长，球粒状集合体呈黑十字消光。

沸石的硬度因沸石矿的种类和产地不同而有所变化，摩氏硬度一般为3～4，密度为2～2.20g/cm^3，pH值一般为9～11。天然沸石具有独特的内部结构和晶体化学性质，比表面积很大，吸附能力很强，吸水量是硅胶和氧化铝的4～5倍，对农药极性分子也有很强的吸附能力，并且能缓慢释放。

沸石中的钾、钠、钙等阳离子与结晶的格架结合并不紧密，可与其他阳离子进行可逆交换。沸石的阳离子交换容量是相当大，可以达到200～500mmol/100g沸石。沸石中的硅被铝置换后，出现的局部高电场和酸性位置以及沸石所具有的较大孔穴和通道，比表面积和阳离子交换容量大，促使沸石对许多反应具有催化活性，能够促使某些反应加速进行，反应后生成的新物质又可从沸石内部释放出来，而沸石本身的晶体格架不受影响。

沸石具有很强的耐酸性，尤其是丝光沸石样品在12mol/L盐酸中、100℃下处理1h后，结构不发生变化。沸石的热稳定性也很好，如丝光沸石可以在850～900℃、斜发沸石可以在

750℃下持续2～12h保持结构稳定，达到1250℃，才开始起泡膨胀，变成其他物质。

较大的比表面积和孔洞结构使得沸石对水分子及某些极性分子具有强烈的吸收能力，且吸附后又能缓慢释放，这一特性被用来作为缓释型颗粒剂的载体。沸石具有离子交换容量大和高催化活性，所以只能在某些稳定性较好的农药制剂配方中应用。一般说来，沸石不宜作为粉剂与可湿性粉剂的载体，如果作为缓释型颗粒剂载体，应具有一定的强度、耐磨损且水含量低。

六、高岭土

高岭土（saolinite）的主要成分是高岭石，是世界上分布最广的矿物之一，以我国江西景德镇高岭山而命名。我国高岭土资源丰富，遍及全国各地，其中江西、安徽、浙江、江苏、贵州、湖南、河北等地的高岭土品质良好，尤以江西景德镇、江苏苏州产的高岭土质量最佳。

高岭土的矿物晶体是由硅氧四面体层与“氢氧铝石”八面体层结合形成一个晶层单元，也称高岭石层，是典型的1∶1型晶格所构成。在连结面上“氢氧铝石”八面体层中的3个—OH中，有2个—OH的位置被O所代替，使每个Al的周围被4个—OH和2个O所包围。八面体空隙中只有2/3位置被Al所占据。高岭土层间无其他阳离子或水分子存在，层间靠氢氧-氢键紧密连接。

高岭石的理论化学式为$Al_4(Si_4O_{10})(OH)_8$，各组成的理论含量为：41.2% Al_2O_3、48.0% SiO_2、10.8% H_2O，高岭石中常含少量钙、镁、钾、钠等混合物。

纯净的高岭土为白色，由于含有其他矿物而呈深浅不一的黄褐、红等颜色，高岭土密度为2.60～2.63g/cm^3，容重随粉碎度而变化，为0.26～0.79g/cm^3。高岭土的摩氏硬度为2.0～3.5，pH值一般为5～6。

高岭土的阳离子交换只能在颗粒边缘处进行。由于晶格边缘断键引起微量交换，所以阳离子交换容量低，随着颗粒粒径减小阳离子交换容量有所增加。由于结构比较紧密，比表面积和吸附容量较小，干燥后有吸水性，受潮后有可塑性，但不会膨胀，用手易搓碎，在水中生成悬浮体。

高岭土的比表面积、孔隙率和吸附容量较小，不宜用作液体或高黏度农药可湿性粉剂或高含量粉剂的载体。一般用作低含量或中等含量粉剂的载体，有时也用作颗粒剂载体。随着粉碎度增加，高岭土比表面积和吸附容量相应增大，在达到饱和吸附容量之前，对有效成分的荷载量远高于滑石和叶蜡石等载体。此外，高岭土价格低廉，粉粒遇潮结块，但在水中易分散，所以高岭土常用作农药可湿性粉剂的载体，或者与吸附性能强的白炭黑、硅藻土等复配使用。高岭土作为农药载体要求水分含量和Fe_2O_3含量低、分散性和流动性好、阳离子交换容量小。

陶土成分比较复杂，主要矿物成分为高岭土、水云母、蒙脱石、石英和长石等。颗粒大小不一，常含砂和黏土等。由于各地陶土的成分极不相同，故其密度、含砂量、硬度、吸附性和颜色均有差异。我国陶土资源丰富，分布广泛，吸附能力高、含砂量少的陶土可选作加工农药可湿性粉剂的载体。

七、白炭黑

白炭黑是人工合成的一种水合二氧化硅，化学式为$m SiO_2 \cdot Si_2O$，SiO_2含量在85%以上。

白炭黑具有与炭黑类似的补强性能，是橡胶工业不可缺少的补强材料。我国生产的白炭黑主要用于橡胶工业领域。目前我国90%以上的白炭黑用于橡胶行业，其中60%用于制鞋业。此外还用于树脂、涂料、油墨、造纸、制药等领域。最近几年，白炭黑用于农药载体的量在迅速增加。

白炭黑为白色疏松粉末，粒子极细、质轻、松密度小、比表面积大、吸附容量和分散能力都很大。沉淀法生产的白炭黑比表面积一般都在200m^2/g以上。气相法生产的白炭黑比表面积和吸附容量更大，但其成本高。用于农药加工的白炭黑载体一般都是采用沉淀法生产的。不同生产厂家由于所用原料质量不同、生产工艺路线和操作条件不同，生产的白炭黑的理化性能也不尽相同。

白炭黑比表面积大、吸附能力强、分散性能好，特别适宜于作可湿性粉剂和高含量粉剂的载体。在农药制剂加工中应用的人造白炭黑，用于可湿性粉剂载体时，能同时改善制剂的湿润性、悬浮性和储存稳定性。但白炭黑比其他载体成本高，故在农药加工时一般与其他载体配伍使用。白炭黑应用领域很广，不同工业部门对白炭黑技术指标要求也不同。用作农药载体要求白炭黑纯度高、杂质少、水分低、比表面积大、吸附容量大、分散性能好。但目前尚无白炭黑的国家技术标准和行业技术标准。

八、轻质碳酸钙

轻质碳酸钙是人工制成的碳酸钙，化学式为$CaCO_3$。与天然碳酸钙相比，人工合成的碳酸钙纯度高，几乎无杂质，质量轻，故名轻质碳酸钙。

轻质碳酸钙外观呈白色疏松粉末，轻质碳酸钙含量（以$CaCO_3$计）应达到97%～100%，水分含量一般小于1%，相对密度一般为2.65左右，吸附性能弱，吸水率低，摩氏硬度为2.4～2.7，325目筛余物小于1%，pH值为8.0～11.0。

我国轻质碳酸钙生产厂家较多，原料易得，价格较便宜。产品粒度细，水分含量低，无单独CaO相，活性小，可作农药可湿性粉剂的载体或经改性处理作高含量可溶性粉剂的载体。

九、淀粉

淀粉由葡萄糖分子聚合而成，属于常见的碳水化合物，通式是$(C_6H_{10}O_5)_n$，部分水解得到麦芽糖（$C_{12}H_{22}O_{11}$），完全水解得到葡萄糖（$C_6H_{12}O_6$）。淀粉分为直链淀粉和支链淀粉两大类。其中，直链淀粉占20% ～26%，具有可溶性，其余为支链淀粉。前者分子中含几百个葡萄糖单元，遇碘呈蓝色，后者分子中含几千个葡萄糖单元，遇碘呈紫红色。淀粉可由玉米、甘薯、小麦和马铃薯等含淀粉的物质提取，淀粉粒的形状（如卵形、球形、不规则形）和大小（直径1～175μm）因植物来源而异。淀粉不溶于水，只在水中分散，60～70℃时则发生溶胀。淀粉除食用外，工业上用于药物片剂的辅料，常被用作稀释剂、黏合剂、崩解剂。

① 用作稀释剂　稀释剂（或称为填充剂）的主要作用是用来填充片剂的重量或体积，以便于制剂成形和调节含量。玉米淀粉是常用的淀粉稀释剂，性质稳定，不与药物发生反应，价格便宜，吸湿性小且外观色泽好。在实际生产中，常与可压性较好的乳糖、糊精混合使用，避免药片过于松散。

② 用作黏合剂　淀粉受热后形成均匀糊状物（玉米淀粉完全糊化的温度是77℃），黏度

显著增大，称为淀粉浆，是药剂加工中常用的黏合剂，常用浓度8%～15%，若物料可压性较差，需适当提高淀粉浆的浓度。

③ 用作崩解剂　干淀粉含水量低于8%，是一种最为经典的崩解剂，吸水性较强且有一定的膨胀性，较适用于水不溶性或微溶性药物的片剂，但对易溶性药物的崩解作用较差，这是因为易溶性药物遇水溶解产生浓度差，使水不易通过溶液层面透入到内部，阻碍了内部淀粉的吸水膨胀。在生产中，一般采用外加法、内加法或内外加法来达到预期的崩解效果。此外，淀粉作为崩解剂存在可压性不好，用量多时影响硬度，且具有外加淀粉过多会影响颗粒流动性等缺点。

十、硬脂酸镁

硬脂酸镁（magnesium stearate），又称十八酸镁，其分子式为$Mg(C_{17}H_{35}COO)_2$，分子量为591，密度为$1.028g/cm^3$，熔点88.5℃（纯品）、132℃（工业品）。硬脂酸镁是由氧化镁与固体混合脂肪酸（以硬脂酸为主）化合后精制而得，工业上主要采取复分解法合成硬脂酸镁，该工艺分两步进行：

$$C_{17}H_{35}COOH + NaOH \longrightarrow C_{17}H_{35}COONa + H_2O$$

$$2C_{17}H_{35}COONa + MgSO_4 \longrightarrow (C_{17}H_{35}COO)_2Mg + Na_2SO_4$$

硬脂酸镁是白色或乳白色均匀粉末，比表面积大，吸附作用强，与皮肤接触有滑腻感，无毒、无味，不溶于水和醚，溶于热乙醇，遇强酸分解为硬脂酸及相应的盐。硬脂酸镁分子有1个电荷高度分散的无机核和2条线形的长烃链，这些结构决定了其具有疏水性和极强的吸附作用。

在制片过程中，药片与压片机模具间的摩擦会影响到药片片重、压片机零部件的磨损以及药片质量的稳定性。为了减少这种有害摩擦，需要在配方中添加一定数量的润滑剂。润滑剂在片剂的生产中具有重要作用，主要包括：抗黏性，即阻止在加压条件下，物料与冲头和模具的粘连性；增流性，即降低颗粒间的摩擦力，增加物料的流动性；润滑性，即降低颗粒间以及物料与模孔间的摩擦力。

硬脂酸镁作为药品（主要是片剂）的辅料，为疏水性润滑剂，具有润滑性强、抗黏性好、质量轻、附着性好、易与颗粒混匀、压片后片面光洁美观等特点。硬脂酸镁凡人一般用量为0.25%～1%，用量过多可延迟片剂中功能成分的溶出。与淀粉混合使用，可使压片顺利，并能在一定程度上改善其疏水性而降低对片剂崩解及功能成分溶出的影响。此外，硬脂酸镁特别适宜油类、浸膏类药物的制粒，制成的颗粒具有很好的流动性和可压性，还可作为液体制剂的助悬剂、增稠剂。

十一、滑石粉

滑石粉（pulvistalci），化学式为$Mg_3(Si_4O_{10})(OH)_2$，CAS 号：14807-96-6，白色或类白色，微细、无砂性的粉末，手摸有油腻感，无臭、无味，在水或稀氢氧化碱溶液中均不溶解。滑石粉在水中略呈碱性，pH 值为9.0～9.5。滑石粉主要成分为含水硅酸镁，其中31.7% MgO、63.5% 氧化硅、4.8%水，通常一部分MgO被FeO替换，还含Al_2O_3等杂质，颜色有白、淡红、浅灰等。滑石粉是由滑石（莫氏硬度系数为1～1.5）经粉碎后，用盐酸处理，水洗干燥而成。

滑石粉的基本结构单元是两层 Si—O构成的四面体，中间夹着一层Mg—O和—OH构成的八面体，Si—O四面体连接成连续的六方网状，活性氧朝向一边，然后每六个网状层的活性氧相向，通过Mg—O和—OH层连接。某些情况下，少量的Si可被Ti或Ca取代，Mg可被Ca取代。滑石粉层状结构中相邻两层靠范德华力结合，在外力作用下，极易滑移或脱离，从而赋予其柔软、滑腻的特性，而且由于边缘层离子键和共价键的断裂，使得滑石粉表面带负电。

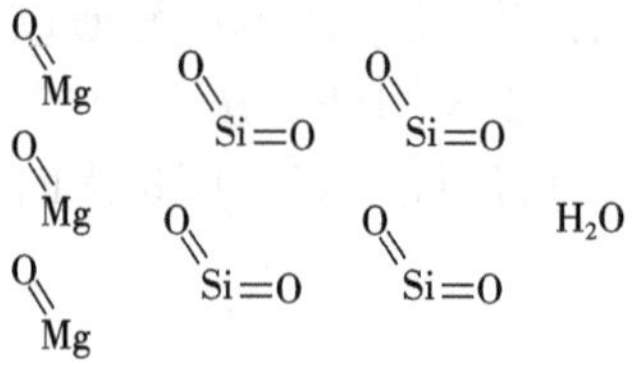

O=Mg　O=Si=O　O=Si=O
O=Mg　O=Si=O　O=Si=O　H_2O
O=Mg

滑石粉具有润滑性、抗黏、助流、耐火性好、熔点高、化学性不活泼、光泽好、吸附力强等优良的理化性能，主要应用于医药、化妆品和食品行业，用作片剂、润肤粉和爽身粉中的辅料。

十二、微粉硅胶

微粉硅胶，分子式为$mSiO_2 \cdot nH_2O$，CAS号：472-61-430，是一种流动性较好的白色粉末状无机化合物，无毒、无味，不燃不爆，不挥发，无腐蚀，颗粒为多孔结构，比表面积大（$100 \sim 350m^2/g$），表面活性大。化学性质稳定，不与酸、碱作用，不溶于水。

微粉硅胶具有良好的流动性和吸湿性，作为药用辅料已被多国药典收载。通常被用作片剂的润滑剂和助流剂，尤其是粉末直接压片，用量一般仅为0.15%～3%，能够极大地改善物料的流动性，提高松密度，增加硬度。微粉硅胶具有极强的吸附作用，特别适宜于油类和浸膏类等药物的制粒，与1～2倍的油混合仍呈粉末，制成的颗粒具有很好的流动性和可压性。由于微粉硅胶的强极性和亲水性，有利于水分透入片剂，可加速片剂的崩解和药物的溶出，用量在1%以上时，有利于药物吸收。

微粉硅胶是目前发达国家用作药品制剂的一种新型辅料，与传统药用辅料如糊精、淀粉、硬脂酸镁等相比，微粉硅胶具有以下显著优点：① 成分单一，物化性能稳定，不与有效成分发生反应；② 吸水性能优异，加速崩解而不影响制剂赋形；③ 在进行药物含量分析时，可以单独分离，对常规容量分析和色谱分析甚至离子谱分析均不产生干扰；④ 在药物体内代谢过程中以原形排出，不被代谢吸收。

十三、甘露醇

甘露醇（mannitol），CAS号：69-65-8；分子式：$C_6H_{14}O_6$；分子量：182.17；白色针状结晶体，熔点166℃，密度$1.489g/cm^3$（20℃），折射率1.3330，溶于热水、吡啶和苯胺，不溶于醚。

制备甘露醇主要有两种工艺，一是以海带为原料，在生产海藻酸盐的同时，将提碘后的海带浸泡液，经多次蒸发浓缩，冷却结晶而得；二是以蔗糖和葡萄糖为原料，通过水解、差向异构与酶异构，然后加氢而得。

甘露醇化学性质稳定，在干燥状态下能与大多数制剂配伍，在相对湿度极高的条件下，不具有吸湿性，并具有抗黏性、可压性较强、造粒性好等特点。在医药及化妆品工业中，甘露醇常用作片剂的填充剂（10%～90%），由于其吸湿性不强，颗粒易干燥，可用于对水分敏感的药物压片。添加甘露醇颗粒，可以改进物料的流动性，许多药物可直接溶于熔融的甘露醇中形成分散体进行直接压片。此外，甘露醇可以作为乳化剂和分散剂使用。

十四、可压性淀粉

可压性淀粉（pregelatinized starch），又称预胶化淀粉，CAS号：9005-25-8；可压性淀粉为白色或类白色粉末，微溶于冷水，不溶于有机溶剂，具有良好的可压性、流动性和自身润滑性。可压性淀粉是利用化学法或机械法将淀粉颗粒部分或全部破裂而得，无毒、无刺激性，在片剂中常用做黏合剂、稀释剂和崩解剂，制成的片剂硬度、崩解性均较好，尤适于粉末直接压片。

十五、羟丙基淀粉

淀粉与环氧烷化合物反应生成羟烷基淀粉醚衍生物，包括羧甲基淀粉、羟丙基淀粉等。羟丙基淀粉的制备可分为干法和湿法（低取代度或高取代度），其中，湿法制备是在碱性催化剂（常用氢氧化钠）的条件下以环氧丙烷为醚化剂，为了防止反应过程中由于淀粉膨胀或糊化导致反应和脱水困难，在反应时添加膨胀抑制剂。由于醚化淀粉取代醚键的稳定性高，羟丙基具有亲水性，能减弱淀粉颗粒结构的内部氢键强度，使其糊液透明，流动性好，稳定性高。羟丙基淀粉加热成糊后成膜性好，膜透明、柔软、平滑、耐折性好，在食品工业中作为增稠剂、悬浮剂，与其他物料相容性好。淀粉通过复合改性后能够耐高温，耐酸，可以提供良好的黏结效果和维持体态均一。

十六、糊精

糊精（dextrin），分子式为$(C_6H_{10}O_5)_n \cdot xH_2O$，别名玉米糊精、白糊精。CAS号：9004-53-9；是淀粉的不完全水解产物，为黄色或白色无定形粉末，微溶于冷水，较易溶于热水，不溶于乙醇和乙醚。可溶于沸水形成黏性溶液。

淀粉在加热或遇到酸或淀粉酶作用时发生分解和水解，首先转化为小分子的中间物质，这时的中间小分子物质被称为糊精。糊精通常分为白糊精、黄糊精和英国胶（不列颠胶）3类，区别在于对淀粉的预处理方法及热处理条件不同。糊精广泛应用于医药、食品、壁纸、邮票、胶带纸等的黏合剂。白糊精或低黏度黄糊精作为黏合剂时，具有快速干燥、散开、黏合及再湿可溶性的优点。麦芽糊精是由淀粉经低度水解，净化，喷雾干燥制成的不含游离淀粉的淀粉衍生物，具有黏性大、增稠性强、溶解性好、速溶性佳、载体性好和吸潮性低等特点，在造纸、医药工业中得到广泛应用。麦芽糊精在医药行业中，不仅可作为增稠剂和稳定剂，而且可作为片剂或冲剂的赋形剂和填充剂。此外，麦芽糊精在粉状化妆品中作为遮盖剂和吸附剂，对增强皮肤的光泽和弹性、保护皮肤有较好的功效。

十七、羟丙基甲基纤维素

羟丙基甲基纤维素（hydroxypropyl methyl cellulose，HPMC或MHPC），又名羟丙甲纤维素、纤维素羟丙基甲基醚，CAS号：9004-65-3；视密度为0.25～0.70g/cm^3（通常在0.5g/cm^3），相对密度1.26～1.31。HPMC的外观为白色粉末，无嗅无味，溶于水以及适当比例的乙醇/水，不溶于乙醚、丙酮、无水乙醇，不受pH值影响，在冷水中溶胀成澄清或微浊的胶体溶液。HPMC是选用高度纯净的棉纤维素作为原料，在碱性条件下经专门醚化而制得，安全无毒，可作食品添加剂，对皮肤、黏膜接触无刺激。

纤维素醚是一类重要的水溶性高分子化合物，分为离子型和非离子型两类产品，离子型产品主要是羧甲基纤维素（CMC），非离子型产品包括甲基纤维素（MC）、羟丙基甲基纤维素（HPMC）、乙基纤维素（EC）、羟乙基纤维素（HEC）、羟丙基纤维素（HPC）等。其中，HPMC具有热凝胶性质，其水溶液加热后形成凝胶析出，冷却后又溶解。溶解度随黏度而变化，黏度越低，溶解度越大。HPMC具有增稠能力、保水性、成膜性以及分散性和黏结性等特点。HPMC可以作为药片、药粒的成形黏合剂，遇水崩解性较好，添加于杀虫剂和除草剂中，能提高喷雾使用时在靶标上的黏附效果。此外，在石油化工、涂料、化妆品等产品生产中作增稠剂、稳定剂、乳化剂和成膜剂等。

十八、交联聚维酮

交联聚维酮（crospovidone，crospovidonum），又称为联聚乙烯基吡咯烷酮、1-乙烯基-2-吡咯烷酮均聚物，CAS号：25249-54-1；分子式为$(C_6H_9NO)_n$（n为聚合度），白色或类白色粉末，几乎无臭，有引湿性，pH5.0～8.0（1%），密度为1.22g/cm^3，几乎不溶于水和常用的有机溶剂。交联聚维酮比表面积大、水合能力强、吸水作用和吸水膨胀能力强，溶胀系数为2.25～2.30。

交联聚维酮通常认为无毒，无刺激性，与大多数无机或有机酸类药物相溶，在医药上有广泛的应用，为国际倡导的三大药用新辅料之一。交联聚维酮具有溶胀性，是医药工业中常用的水不溶性崩解剂，直接压片和干法或湿法制粒压片工艺中使用量为2%～5%，片剂硬度大、崩解迅速、溶出率高、稳定性强，且具有良好的再加工性，回收加工时不需要再添加多量的崩解剂。交联聚维酮还可作为片剂、胶囊剂、颗粒剂的干性黏合剂、填充剂和赋形剂，其粒度较小者可以减少压成片剂中片面的斑纹，改善片剂的均匀性。

交联聚维酮毛细管作用较强，能迅速将水吸收到药片中，由于内部溶胀压力导致药片瞬间崩解，交联聚维酮的亲水作用和与药物的络合作用可改善药物释放速度，提高生物利用度。交联聚维酮有优异的流动性和塑性变形性，这有利于在喷雾、干燥以及湿式造粒过程中产生良好的压缩性。

十九、植物类载体

植物类载体包括锯末粉、稻壳、大豆秸粉、烟草粉、胡桃壳粉、甘蔗渣、玉米棒芯、木质素等。目前，在农药加工中使用植物类载体较少，但是在某些情况下植物类载体具有特殊作用。例如，使用矿物类载体加工40%二嗪磷可湿性粉剂时很不稳定，50℃储存14d，分解达98.4%，而使用植物载体如胡桃壳粉则能保持药剂的稳定性。防治储粮害虫的农药如果采用矿物载体则难以在处理后将载体从粮食中分离出来，如2.5%粮虫净粉剂，用稻壳粉或豆秸粉作载体，就很容易在稻谷或小麦加工前通过风力将其分离出来。在农药烟剂和卫生杀虫剂如蚊香中，使用锯末粉作载体，还具有助燃效果。

木质素作可湿性粉剂的载体还具有缓释作用，并赋予制剂很好的湿润性和悬浮性能，而且对紫外光有很好的吸收能力，可以作为紫外光保护剂，增加易光解农药的稳定性。如用木质素/明胶作囊壁材料，制成的氯氰菊酯缓释剂，可使其有效成分的光降解率下降50%。使用一种低溶解性、高分子量的木质素磺酸盐对莠去津除草剂进行包囊化加工的制剂，使用后可减少莠去津在土壤中的渗透，降低对地下水的污染。制取糠醛的废渣可作为马拉硫磷的稳定载体，20%糠醛废渣作载体，与不用糠醛渣的对照试样进行热储稳定性比较试验表明，糠醛废渣对马拉硫磷的稳定效率为66.0%。植物载体一般资源丰富，价格便宜，而且具有特殊性能，如果与矿物载体复合使用，对保持某些农药的稳定性则具有重要性。

第三节 常见农药固体制剂对载体的要求

常见的农药固体制剂主要包括粉剂、可湿性粉剂、粒剂、水分散性粒剂和可溶性粉剂等。农药固体制剂对载体的要求：载体与有效成分相容，以保证制剂的物理稳定性和化学稳定性，使有效成分在储存期的分解率控制在最低程度，符合各种固体制剂的技术指标要求。由于水分散粒剂和高浓度可溶性粉剂中所用载体量较少，所以这里主要叙述粉剂、可湿性粉剂、粒剂对载体的要求。

一、粉剂对载体的要求

粉剂的载体本身不具有生物活性，只是帮助稀释原药，并有助于在粉碎机中磨成较细的粉状混合物。载体的性质会影响粉碎机械的台时生产量、产品性能和使用效果，因此必须注意载体的选择。

1. 硬度

载体的硬度是指载体抵抗某种外来机械作用力的能力。从对加工机械的磨损和台时产量考虑，要求载体的硬度不宜过大。使用雷蒙机生产粉剂，载体的硬度应当在7以下。另外，一般结构牢固、吸水率小、细微且坚硬的载体黏附于昆虫体时，由于昆虫的活动则可以将附肢的关节部位和节间活动部位的蜡质层擦破，使药剂易于渗入且使昆虫体内水分较易蒸发而提高杀虫效果。

2. 细度

粉剂中载体的细度对产品的细度影响很大。对于液体原药，若采用喷雾、浸渍和混合工艺，液滴附着于载体粒子的表面（包括内表面），则粒剂的细度决定于载体的细度；对于固体原药，若采用原药和载体混合-粉碎-再混合工艺，则少量原药或黏附于载体的颗粒表面或以单个细粒分散于载体粒子内部，在这种情况下，不仅要求载体粒子细、粒谱窄，而且要求与原药粒子大小相近，否则喷粉时会造成有效成分不均匀。粉粒越细就越容易附着于虫体，接触面积也越大，载体的机械摩擦就能使昆虫的表皮损伤而脱水致死。但是粉粒大于15μm对昆虫表皮摩擦能力降低，以1～15μm为最有效细度。

3. 吸附容量

载体的吸附容量亦称饱和吸附容量，是指单位质量的载体吸附有机农药达到饱和点之前，仍能保持产品的分散性和流动性的吸附量，常以mg/g表示。使用载体的目的主要是将少量原药均匀分布到载体粒子表面，并能均匀撒布和附着在被防治对象表皮。因此，要求载体必须具有一定的吸附容量，使得在生产过程中能牢固地吸着有效成分，并经过储藏、运输直到使用之前仍能保持产品的分散性和流动性。载体的吸附容量与载体本身结构有关，尤其与载体的微孔容积、微孔大小分布有关。如前所述，硅藻土、蒙脱石、凹凸棒土吸附容量较大，而滑石粉、叶蜡石和高岭土吸附容量较小。选择载体的吸附容量因以原药理化性能、有效成分含量、防治对象和使用方法而定。固体原药加工成粉剂可以使用吸附容量小的载体，液体原油则需选用吸附容量大的载体；对于高浓度粉剂，则需要选择硅藻土、凹凸棒土、蒙脱石等吸附性能强的载体，有时也以吸附性能一般的黏土拌以高吸附容量的白炭黑混用；对于低浓度粉剂，可选择滑石、叶蜡石和高岭土等吸附性能弱的载体；对于一般粉剂，黏土类载体的吸附性能已满足要求，有机磷农药粉剂可以选用活性小的滑石粉，从机械加工要求、价格和资源等方面考虑，黏土不失为有机氯农药的优良载体，使用吸附性能弱的载体有利于熏蒸用粉剂中药剂的挥发。

4. 流动性

粉剂尤其低浓度粉剂的流动性主要依赖于载体的流动性。载体的流动性不仅与载体粒径大小和粒谱有关，而且与粒子形状有关，滑石粉等呈纤维状和片状结晶，流动性最好；硅藻土等不规则形状的载体流动性最差。几种常见载体的流动性顺序如下：

滑石粉＞凹凸棒土＞叶蜡石＞高岭土＞硅藻土

选择载体的流动性必须综合考虑吸附容量、有效成分含量和加工工艺。例如，当使用喷雾浸渍法加工粉剂时，用滑石粉作载体，浓度稍高就超过其吸附容量而迅速失去流动性，而使用吸附容量大、流动性差的硅藻土作为载体效果更好。

5. 粒子形状

载体粒子形状对粉剂的粒子形状有很大影响，特别是采用喷雾浸渍法制造的低浓度粉剂的粒子形状主要是取决于被粉碎的载体粒子形状。粒子形状首先影响粉剂对昆虫、植物叶片的接触面积和黏着性；其次，粒子形状还影响有效成分的传递和机械磨损作用的强弱。与粗糙不规则的粒子相比，圆滑粒子的表面可以与昆虫紧密接触，容易将药物传递给昆虫，但是粗糙多棱的粒子比圆滑的粒子更容易擦伤昆虫表皮的蜡层，使体内水分蒸发而死亡。

6. 假密度和密度

载体的假密度对粉剂的假密度影响很大。选择载体的假密度要考虑两个因素：一是原药和载体的疏松假密度相近，以避免在施药过程中原药和载体分离，使落地有远近之分而造成单位面积上药剂过多或不足；二是从施用的机械和风速考虑载体的假密度。例如，当风力小于8.0km/h，要求粉粒的假密度在0.46～0.6g/cm^3范围之内，飞机喷粉则要求在0.66～0.80g/cm^3之间。在实际应用中，载体的假密度越小，吸油率越大，粉剂的流动性也越好。对于许多商品农药，由凹凸棒土和蒙脱石提供的假密度在0.40～0.53g/cm^3范围之内是理想的，较轻的载体制成的产品容易被风吹散和飘失，农药颗粒不能准确落入防治区域。载体的密度与原药密度相差太大，在撒布时由于密度不同，将粉粒自然分离，致使分布不均匀。

7. 吸湿性能

载体的吸湿性能是指在一定湿度下载体的吸水量，常以吸水率表示。粉剂的载体要求吸水率小，从而保证产品质量，便于储存、使用。

二、可湿性粉剂对载体的要求

载体是农药可湿性粉剂必不可少的原料。“载体”通常用于表示吸附、稀释农药用的惰性成分。使用载体的主要目的是农药原药、助剂均匀地被吸附、分布到载体的粒子表面，使农药稀释成为均匀的混合物。尽管载体本身不具有生物活性，但是载体的性质将直接影响可湿性粉剂粉碎过程的台时产量、产品性能和使用效果。对于高浓度可湿性粉剂，载体性能的影响更加突出。

1. 吸附容量

可湿性粉剂对载体性能最重要的要求是吸附容量。载体的吸附容量亦称饱和吸附容量，是指单位质量的载体吸附液体原药和助剂达到饱和点之前，仍能保持产品的分散性和流动性的吸附量，常以mg/g表示。

选择载体的吸附容量需视农药和助剂的理化性能、有效成分含量而定。一般来说，固体原药、助剂加工成可湿性粉剂，可以使用吸附容量中等的载体；而低熔点或液体原药、助剂，则需要选用吸附容量大的载体；对于高浓度可湿性粉剂，必须选择吸附容量大的载体。

由于载体对液体的吸附作用是先吸附（即由于物理或化学的引力使液体吸附于外部或内部表面），后吸收（将液体吸收到惰性物内部毛细孔中），而且吸收作用占主导地位。因此，载体的吸附容量与载体本身结构有关，尤其与载体的微孔容积、微孔大小分布有关。对矿物性载体来说，硅藻土、膨润土、凹凸棒土的吸附容量较大，陶土、高岭土次之，而滑石粉较小。对合成载体来说，白炭黑的吸附容量大。

2. 流动性

可湿性粉剂的流动性在很大程度上依赖于载体的流动性。由于使用流动原料有利于加工操作，如减少粉碎机堵塞、提高混合效果、便于最终产品包装等，所以在选择载体时应注意其流动性。

3. 松密度

载体的松密度对可湿性粉剂的松密度有一定影响。一般来说，载体的松密度越小，吸油率越大，可用于加工高浓度可湿性粉剂。载体的松密度小，有利于提高可湿性粉剂的悬浮率，但载体的松密度太小，将会增加整个加工过程中粉尘的飘移。通常要求载体与原药的松密度接近，以防止粉碎时的分离和混合时的不均匀现象。

硅藻土和白炭黑的松密度较小，为0.10～0.18g/cm^3，凹凸棒土为0.29～0.50g/cm^3，高岭土为0.26～0.7g/cm^3，膨润土为0.41～0.79g/cm^3，滑石粉为0.41～0.83g/cm^3。

4. 细度

载体的细度对可湿性粉剂产品的细度影响较大。液体原药和助剂采用直接混合加工工艺，载体细度对制剂性能的影响更大，要求载体细度应符合制剂细度标准，粒径谱窄以保证混合后制剂中有效成分均匀。用于加工可湿性粉剂的粉状商品载体，一般要求85%通过325目筛，以利于预混、粉碎和磨细操作。

5. 硬度

过高的硬度会增加粉碎、研磨机械的磨损，影响台时产量，所以可湿性粉剂要求载体的硬度在5度以下。

6. 活性

载体的活性是指载体表面的活性，吸附性能高的载体，活性较大。一般来说，载体的活性越小，制成的有机磷农药可湿性粉剂有效成分的分解率也越小。常用的矿物载体中，活性白土、膨润土、高岭土、硅藻土等活性较大，而滑石粉、凹凸棒土、碳酸钙等活性较小。天然载体由于来源及其他条件不同，所表现出来的活性差异亦很大。因此，国外常根据不同的农药和载体，添加一定量的去活化剂，以防止农药有效成分在储藏期间分解。但是对于高浓度可湿性粉剂来说，载体活性对有效成分的影响较小，对载体活性的考虑可以适当放宽。

选择载体的除了考虑所要加工产品的性能和载体的理化性能外，还应考虑原料易得、储量丰富、资源稳定、运输方便、价格低廉等经济因素。

三、粒剂对载体的要求

粒剂是由原药、载体和黏结剂、吸附剂、助崩解剂、湿润剂、分散剂等助剂所组成的，其粒径在10~60目（1068~297μm）的为普通粒剂，粒径在60~200目（297~74μm）的为微粒剂。粒剂中有效成分为2%~40%，最常用的粒剂含量为5%~20%。载体必须抗磨损、易流动、无粉尘和活性小，对于遇水解体型的粒剂，还要求载体易崩解。通常根据原药性能、粒剂加工方式、粒剂形态、粒剂中有效成分浓度来选择载体。

1. 原药性能和粒剂浓度

液体原药加工成粒剂的有效成分含量低于5%时，一般使用吸附容量小、有一定机械强度的载体（如硅砂）可满足要求；有效成分含量为5%或大于5%时，使用中等吸附能力、抗磨损的载体（如煤矸石）与之相配伍；如有效成分含量更高，就要选择吸附性能强的载体。固体原药加工成低浓度（有效成分含量在5%以下）粒剂时，也可使用吸附容量小、耐磨损的载体（如硅砂、煤矸石等）。

2. 加工方式

使用包衣法加工的粒剂的有效成分浓度低，使用吸附容量小、耐磨损的载体就能满足要求；吸附造粒法加工的粒剂的有效成分浓度较高，使用具有一定吸附容量、耐磨损的载体与之配伍；挤压造粒法加工的粒剂的有效成分浓度更高，使用吸附性能强、易崩解的载体。

3. 粒子形态

遇水解体型粒剂要求载体容易崩解、润湿分散性好；遇水不解体型粒剂则要求载体具有一定的吸附容量、耐磨损、流动性好（如硅砂、煤矸石、沸石、海泡石、锯末粉等）。

四、水分散粒径对载体的要求

水分散粒剂是由原药、载体、黏结剂、崩解剂、湿润剂、分散剂等助剂所组成的一种颗粒状制剂。水分散粒剂在水中能快速崩解，分散形成高悬浮的分散体系，可崩解性和高悬浮率是水分散粒剂的两个重要特性。因此，加工水分散粒剂时选择原料都必须考虑到是否符合这两个性能的要求。此外，除了要考虑制剂的崩解性和水中悬浮率外，还要根据原药性能、加工方式、有效成分浓度来选择载体。水分散粒剂的常用载体有高岭土、轻质碳酸钙、白炭黑、硅藻土、陶土以及硅胶等，其中黏土类填料价格低廉，性能优良。液体原药加工水分散粒剂，则要求载体有较强的吸附能力，如白炭黑、凹凸棒土、膨润土等。其中，膨润土由于具有吸附能力强、吸水率和膨胀倍数大，在水中分散性好，并且悬浮性、触变性、热稳定性、黏结性、可塑性较好，吸水强度、干压强度、热湿拉强度也较高等特点，常与其他载体混用，作为液体原药加工水分散粒剂的理想载体。对于固体原药而言，载体主要作为稀释剂使用，用于调整制剂有效成分的含量，对载体要求是价格便宜、易于粉碎、具有较好分散性。高岭土具有价格低廉，在水中易分散的优点，常单独或与吸附性能强的白炭黑、硅藻土等复配使用作为固体原药加工水分散粒剂的载体，也可用于加工中等或高浓度的水分散粒剂。

第四节 常用载体在农药剂型配方中的应用实例

一、载体在粉剂中的应用实例

1. 5%溴鼠灵母粉（以下均指质量分数）

溴鼠灵（95%）5.30%+玉米淀粉70%+高岭土24.7%。

2. 5%溴敌隆母粉

溴敌隆（95%）5.30%+玉米淀粉70%+高岭土24.7%。

3. 10%蛇床子素母粉

蛇床子素（95%）10.6%+凹凸棒土89.4%。

4. 75%呋喃丹母粉

克百威（95%）79%+凹凸棒土21%。

5. 52.6%杀螟丹母粉

杀螟丹（95%）52.6%+稳定剂（白炭黑）5%+高岭土42.4%。

6. 20%啶虫脒粉剂

啶虫脒（95%）21%+凹凸棒土79%。

7. 90%灭多威粉剂

灭多威（95%）95%+高岭土5%。

8. 15%叶枯唑粉剂

叶枯唑（95%）16%+凹凸棒土84%。

9. 25%马拉硫磷母粉

马拉硫磷（95%）27.5%+硅藻土27.5%+高岭土45.0%。

10. 25%甲基对硫磷母粉

甲基对硫磷（90%）27.9% +硅藻土72.1%。

11. 30%甲基对硫磷母粉

甲基对硫磷（90%）33.4%+凹凸棒土66.6%。

12. 20%辛硫磷母粉

辛硫磷（80%）25.0%+硅藻土75.0%。

13. 20%辛硫磷母粉

辛硫磷（80%）25.0%+凹凸棒土75%。

14. 25%久效磷母粉

久效磷36.0%+硅藻土59.0%+稳定剂SA 5.0%。

15. 久效磷母粉

久效磷25.0%+稳定剂（C. E. S）3.0%+凹凸棒土补足100%。

16. 20%地虫磷母粉

地虫磷（以有效成分100%计）20.0%+稳定剂1.0%+凹凸棒土补足100%。

17. 除螨特母粉

四聚乙醛30.0%+甲萘威30.0%+分散剂3.0%+黏着剂 F 2.0%+稳定剂3.0%+高岭土补足

100%。

18. 5%马拉硫磷粉剂

马拉硫磷（以有效成分100%计）5.0%+稳定剂5.0%+凹凸棒土补足100%。

19. 5%马拉硫磷粉剂

马拉硫磷（以有效成分100%计）5.0%+稳定剂0.5%+硅藻土5.0%+黏土89.5%。

20. 5%甲基对硫磷粉剂

甲基对硫磷（以有效成分100%计）5.0%+稳定剂10.0%+凹凸棒土补足100%。

21. 1.5%毒死蜱粉剂

毒死蜱（以有效成分100%计）1.5%+稳定剂2.0%+凹凸棒土补足100%。

22. 50%甲萘威粉剂

工业甲萘威5.1%+膨润土14.9%+高岭土补足100%

23. 50%甲萘威木粉

甲萘威（工业品）50.5%+膨润土补足100%。

24. 2%地虫磷粉剂

地虫磷 2.0%+稳定剂1.0%+高岭土补足100%。

25. 20%赤霉酸可溶性粉剂

赤霉酸（90%）22.2%+稳定剂7%+蔗糖70.8%。

26. 40%赤霉酸可溶性粉剂

赤霉酸（90%）44.5%+稳定剂7%+稳定剂5%+蔗糖43.5%。

二、载体在可湿性粉剂配方中的应用实例

1. 15%三唑酮可湿性粉剂

三唑酮15.0%+木质素磺酸钠10.0%+木质素磺酸钙4.0%+高岭土补足100%。

2. 20%哒螨灵可湿性粉剂

哒螨灵20.0%+烷基萘磺酸钠5.0%+丁基萘磺酸钠2.0%+高岭土补足100%。

3. 15%炔草酯可湿性粉剂

炔草酯15.0%+分散剂（WANINOS）4.0%+湿润剂（萘磺酸盐）1.0%+高岭土补足100%。

4. 75%三环唑可湿性粉剂

三环唑75.0%+木质素磺酸钠5.0%+湿润剂（萘磺酸盐）3.0%+高岭土补足100%。

5. 40%甲霜铜可湿性粉剂

甲霜灵40.0%+二羧酸铜40.0%+分散剂A 4.0%+分散剂B 10.0%+硅藻土补足100%。

6. 50%异菌脲可湿性粉剂

异菌脲（以有效成分100%计）50.0%+分散剂2.0%+烷基萘磺酸钠甲醛缩合物1.5%+硅藻土10.0%+轻质$CaCO_3$补足100%。

7. 50%苯磺隆可湿性粉剂

苯磺隆50.0%+烷基萘磺酸钠2.0%+低黏度甲基纤维素2.0%+硅藻土补足100%。

8. 75%多菌灵可湿性粉剂

多菌灵75.0%+分散剂（SOPA HCWPA-Ⅲ）3.0%+湿润分散剂（木质素磺酸钠）7.0%+硅藻土补足100%。

9. 50%速灭威可湿性粉剂

速灭威53.2%+分散剂（SOPA）5.0%+湿润分散剂（SOPA 5039）3.0%+硅藻土补足100%。

10. 40%甲霜铜可湿性粉剂

甲霜灵（以有效成分100%计）40.0%+二羧铜（以有效成分100%计）40.0%+分散剂10%+凸棒土补足100%。

11. 20%苯磺隆可湿性粉剂

苯磺隆20.0%+烷基萘磺酸钠4.0%+木素磺酸钠4.0%+低黏度甲基纤维素3.0%+凹凸棒土补足100%。

12. 75%克百威可湿性粉剂

克百威（95%工业品）79.5%+丁基萘磺酸钠1.0%+木质素磺酸钠5.0%+脱臭煤油0.75%+高岭土4.75%+滑石2.75%+凹凸棒土补足100%。

13. 50%蜗牛敌可湿性粉剂

蜗牛敌50.0%+OP-7 10.0%+尿素30.0%+膨润土补足100%。

14. 65%代森锌可湿性粉剂

代森锌65.0%+月桂醇硫酸钠5.0%+膨润土补足100%。

15. 50%甲萘威可湿性粉剂

甲萘威（工业品）50.5%+湿润剂（Nekal BA-75）0.5%+分散剂（Daxad 21）1.0%+膨润土补足100%。

16. 25%苯磺隆可湿性粉剂

苯磺隆25.0%+无水硫酸钠10.0%+木质素磺酸钙5.0%+烷基萘磺酸钠1.0%+钙/镁型膨润土补足100%。

17. 40%苯磺隆可湿性粉剂

苯磺隆40.0%+木质素磺酸钠20.0%+膨润土补足100%。

18. 80%苯磺隆可湿性粉剂

苯磺隆80.0%+烷基萘磺酸钠2.0%+高岭土补足100%。

19. 85%克菌丹可湿性粉剂

克菌丹85.0%+分散剂（BORRESPERSE 3A）2.0%+湿润剂（萘磺酸盐）3.0%+高岭土补足100%。

20. 85%甲萘威可湿性粉剂

甲萘威85.0%+分散剂（WANINOS）4.0%+湿润剂（萘磺酸盐）1.0%+高岭土补足100%。

21. 80%敌草隆可湿性粉剂

敌草隆80.0%+分散剂（BORRESPERSE 3A）4.0%+湿润剂（10mol聚氧乙烯壬基酚）2.0 %+高岭土补足100%。

22. 80%灭菌丹可湿性粉剂

灭菌丹80.0%分散剂（UFOXANE 3A）2.0%+湿润剂（萘磺酸盐）1.0%+高岭土补足100%。

23. 50%异菌脲可湿性粉剂

异菌脲50.0%+分散剂（WANINS）6.0%+湿润剂（10mol聚氧乙烯壬基酚）4.0%+高岭土补足100%。

24. 75%异丙隆可湿性粉剂

异丙隆75.0%+分散剂（BORRESPERSE 3A）3.0%+湿润剂（萘磺酸盐）2.0%+高岭土补足100%。

25. 80%代森锰锌可湿性粉剂

代森锰锌80.0%+分散剂（UFOXANE 3A）3.0%+湿润剂（萘磺酸盐）0.5%+高岭土补足100%。

26. 50%西玛津可湿性粉剂

西玛津50.0%+分散剂（UFOXANE 3A）3.0%+湿润剂（10mol聚氧乙烯壬基酚）3.0%+高岭土补足100%。

27. 80%福美双可湿性粉剂

福美双80.0%+分散剂（BORRESPERSENA）3.0%+湿润剂（萘磺酸盐）2.0%+高岭土补足100%。

28. 70%甲基硫菌灵可湿性粉剂

甲基硫菌灵（96%工业品）72.96%+分散剂（DMS）6.0%+湿润剂（DWR）0.2%+高岭土补足100%。

29. 80%苯磺隆可湿性粉剂

苯磺隆80.0%+烷基萘磺酸钠2.0 %+高岭土补足100%。

30. 85%克菌丹可湿性粉剂

克菌丹85.0%+分散剂（BORRESPERSE 3A）2.0%+湿润剂（萘磺酸盐）3.0%+高岭土补足100%。

31. 85%甲萘威可湿性粉剂

甲萘威85.0%+分散剂（WANINOS）4.0%+湿润剂（萘磺酸盐）1.0 %+高岭土补足100%。

32. 80%灭菌丹可湿性粉剂

灭菌丹80.0 %分散剂（UFOXANE 3A）2.0%+湿润剂（萘磺酸盐）1.0%+高岭土补足100%。

33. 50%异菌脲可湿性粉剂

异菌脲50.0%+分散剂（WANINS）6.0%+湿润剂（10mol聚氧乙烯壬基酚）4.0%+高岭土补足100%。

34. 75%异丙隆可湿性粉剂

异丙隆75.0%+分散剂（BORRESPERSE 3A）3.0%+湿润剂（萘磺酸盐）2.0%+高岭土补足100%。

35. 50%西玛津可湿性粉剂

西玛津50.0%+分散剂（UFOXANE 3A）3.0%+湿润剂（10mol聚氧乙烯壬基酚）3.0%+高岭土补足100%。

36. 80%福美双可湿性粉剂

福美双80.0%+分散剂（BORRESPERSENA）3.0%+湿润剂（萘磺酸盐）2.0%+高岭土补足100%。

37. 70%甲基硫菌灵可湿性粉剂

甲基硫菌灵（96%工业品）72.96%+分散剂（DMS）6.0%+湿润剂（DWR）0.2%+高岭土补足100%。

38. 25.0%噻嗪酮可湿性粉剂

噻嗪酮25.0%+分散剂S 5.0%+湿润剂 1.0%+海泡石补足100%。

39. 80%猛捕因可湿性粉剂

猛捕因（工业晶）88.0%+壬基酚聚氧乙烯醚1.0%+月桂酸酯1.0%+木质素磺酸钠2.0%+滑石1.5%+白炭黑补足100%。

40. 80%优草隆可湿性粉剂

优草隆（工业晶）82.0%+分散剂2.0%+白炭黑（Hi-si/233）补足100%。

41. 40%杀螟硫磷可湿性粉剂

杀螟硫磷（工业晶）43.0%+月桂醇硫酸钠2.0%+木质素磺酸钙2.0%+轻质碳酸钙26.0%+白炭黑补足100%。

42. 50%利谷隆可湿性粉剂

利谷隆 50.0%+分散剂 5.0%+湿润剂（萘磺酸盐）2.0%+白炭黑5.0%+高岭土补足100%。

43. 50%马拉硫磷可湿性粉剂

马拉硫磷 50.0%+分散剂6.0%+湿润剂（10moI聚氧乙烯壬基酚）3.0%+白炭黑30.0%+高岭土补足100%。

44. 50%莠去津可湿性粉剂

莠去津 50.0%+分散剂（UFOXANE 3A）3.0%+湿润剂（10mol聚氧乙烯壬基酚）2.0%+白炭黑（Wessalon S）2.0%+高岭土补足100%。

45. 50%敌百虫可湿性粉剂

敌百虫 50.0%+分散剂（BORRESPERSE 3A）2.0%+湿润剂（萘磺酸盐）2.0%+白炭黑8.0%+高岭补足100%。

46. 10%苄磺隆可湿性粉剂

苄磺隆 10.0%+分散剂A 1.5%+分散剂B 6.5%+湿润剂N 0.5%+白炭黑 2.0%+稳定剂H 2.0%+轻质碳酸钙补足100%。

47. 10%甲磺隆可湿性粉剂

甲磺隆 10.0%+分散剂C 2.0%+分散剂D 7.0%+湿润剂N 0.5%+稳定剂F 2.5%+白炭黑 2.0%+轻质碳酸钙补足100%。

48. 80%莠去津可湿性粉剂

莠去津80.0%+木质素磺酸钠5.0%+ 湿润剂（萘磺酸盐）3.0%+高岭土补足100%。

三、载体在颗粒剂配方中的应用实例

1. 10%噻唑膦颗粒剂

噻唑膦（以有效成分100%计）10.0%+稳定剂1.0%+红砖头颗粒补足100%。

2. 2%联苯菊酯颗粒剂

联苯菊酯（以有效成分100%计）2.0%+石英砂颗粒补足100%。

3. 15%毒死蜱颗粒剂

毒死蜱（以有效成分100%计）15.0%+耐火砖颗粒补足100%。

4. 2%呋虫胺颗粒剂

呋虫胺（以有效成分100%计）2.0%+凹凸棒土颗粒补足100%。

5. 10%2,4-滴颗粒剂

2,4—滴溶液（50%酸当量）20.5%+25/50凹凸棒土（ALVM）补足100%。

6. 4%二硝丁酚颗粒剂

二硝丁酚钠盐溶液（40%水溶液）10.5%+25/50凹凸棒土（ALVM）补足100%。

7. 20%艾氏剂颗粒剂

艾氏剂（75%柴油溶液）26.9%+尿素（50%水溶液）1.5%+30/60凹凸棒土（AA RVM）补足100%。

8. 75%多氯双茂颗粒剂

多氯双茂（工业品）7.5%+高芳烃石脑油10.0%+稳定剂H 6.1%+ 16/30凹凸棒土（AARVM）补足100%。

9. 20%地虫磷颗粒剂

地虫磷（以有效成分100%计）20.0%+凹凸棒土补足100%。

10. 2%乙拌磷颗粒剂

乙拌磷（以有效成分100%计）2.0%+凹凸棒土补足100%。

11. 1%苯磺隆颗粒剂

苯磺隆1.0%+*N*,*N*-二甲基甲酰胺9.0%+20/40凹凸棒土补足100%。

12. 0.1%苯磺隆颗粒剂（低强度）

苯磺隆0.1%+20/40凹凸棒土补足100%。

13. 5%广灭灵细粒剂

甲胺磷 5.0%+稳定剂（1,5-戊二醇）2.0%+沸石补足100%。

14. 5%甲基对硫磷粒剂

甲基对硫磷 5.0%+稳定剂（2-甲基-4-氯代-2-戊醇）10.0%+蛭石补足100%。

15. 5%倍硫磷粒剂

倍硫磷 5.0%+稳定剂（2-甲基-4-氯代-2-戊醇）10.0%+蛭石补足100%。

16. 4%叶蝉散漂浮粒剂（E）

叶蝉散 4.0%+石膏8.0%+软木粉15.0%+膨胀珍珠岩65.0%+水补足100%。

17. 6%四聚乙醛颗粒剂

四聚乙醛（以有效成分100%计）6.0%+引诱剂2%+面粉补足100%。

四、载体在水分散性粒剂配方中的应用实例

1. 70%吡虫啉水分散粒剂（EX-挤压工艺造粒）

吡虫啉70.0%+分散剂（BORRESPERSE 3A）6.0%+湿润剂（10mol聚氧乙烯壬基酚）3.0%+高岭土补足100%。

2. 75%环嗪酮水分散粒剂（EX-挤压工艺造粒）

环嗪酮75.0%+分散剂（烷基萘磺酸盐）6.0%+湿润剂（K12）3.0%+高岭土补足100%。

3. 75%百菌清水分散粒剂（EX-挤压工艺造粒）

百菌清75.0%+分散剂（聚羧酸盐）2.0%+湿润剂（萘磺酸盐）2.0%+高岭土补足100%。

4. 75%克菌丹水分散粒剂（FB-流化床工艺造粒）

克菌丹75.0%+分散剂（BORRESPERSENA）17.0%+湿润剂（萘磺酸盐）3.0%+高岭土补足100%。

5. 85%甲萘威水分散粒剂（FB-流化床工艺造粒）

甲萘威85.0%+分散剂（BORRESPERSE 3A）8.0%+湿润剂（萘磺酸盐）2.0%+分散剂（聚羧酸酯）2.0%+高岭土补足100%。

6. 80%多菌灵水分散性粒剂（FB-流化床工艺造粒）

多菌灵80.0%+分散剂（UFOXANE 3A）6.0%+分散剂（聚羧酸酯）5.0%+湿润剂（萘磺酸盐）2.0%+高岭土补足100%。

7. 80%敌草隆水分散性粒剂（EX-挤压工艺造粒）

敌草隆80.0%+分散剂（BORRESPERSE 3A）12.0%+湿润剂（10mol聚氧乙烯壬基酚）3.0%+高岭土补足100%。

8. 80%灭菌丹水分散性粒剂（FB-流化床工艺造粒）

灭菌丹80.0%+分散剂（BORRESPERSENA）11.0%+湿润剂（萘磺酸盐）3.0%+高岭土补足100%。

9. 80%异丙隆水分散性粒剂（EX-挤压工艺造粒）

异丙隆80.0%+分散剂（UFOXANE 3A）8.0%+分散剂（聚羧酸盐）2.0%+湿润剂（萘磺酸盐）2.0%+高岭土补足100%。

10. 75%代森锰锌水分散性粒剂（SD-喷雾干燥工艺造粒）

代森锰锌 75.0%+分散剂（BORRESPERSE 3A）15.0%+湿润剂（萘磺酸盐）3.0%+高岭土补足100%。

11. 85%代森锰水分散性粒剂（FB-流化床工艺造粒）

代森锰 85.0%+分散剂（BORRESPERSENA）8.0%+湿润剂（萘磺酸盐）2.0%+高岭土补足100%。

12. 80%敌百虫水分散粒剂（EX-挤压工艺造粒）

敌百虫 80.0%+分散剂（BORRESPERSE 3A）6.0%+湿润剂（萘磺酸盐）2.0%+白炭黑（Whssalon S）5.0%+高岭土补足100%。

13. 90%福美锌水分散粒剂（FB-流化床工艺造粒）

福美锌 90.0%+分散剂（BORRESPERSENA）6.0%+高岭土补足100%。

14. 60%利谷隆水分散粒剂（FB-流化床工艺造粒）

利谷隆60.0%+分散剂（VAN Ⅱ SPERSECB）5.0%+湿润剂（萘磺酸盐）5.0%+白炭黑15.0%+高岭土补足100%。

15. 50%马拉硫磷水分散性粒剂（EX-挤压工艺造粒）

马拉硫磷 50.0%+分散剂（DIWATEX 30FKP）8.0%+湿润剂（10mol聚氧乙烯壬基酚）4.0%+白炭黑（Wessalon S）25.0%+高岭土补足100%。

16. 85%福莱双水散粒剂（EX-挤压工艺造粒）

福美双 85.0%+分散剂（UFOXANE 3A）9.0%+湿润剂（萘磺酸盐）3.0%+白炭黑补足100%。

17. 80%敌百虫水分散粒剂（EX-挤压工艺造粒）

敌百虫80.0%+分散剂（BORRESPERSE 3A）6.0%+湿润剂（萘磺酸盐）2.0%+白炭黑5.0%+高岭土补足100%。

18. 80%敌百虫水分散粒剂（EX-挤压工艺造粒）

敌百虫（90%工业品）89.0%+稳定剂S 2.0%+湿润分散剂F 2.0%+轻质碳酸钙补足100%。

19. 25%噻虫嗪水分散粒剂（FB-流化床工艺造粒）

噻虫嗪25.0%+分散剂（BORRESPERSENA）17.0%+湿润剂（萘磺酸盐）3.0%+高岭土补足100%。

20. 37%苯醚甲环唑水分散粒剂（FB-流化床工艺造粒）

苯醚甲环唑37.0%+分散剂（UFOXANE 3A）6.0%+分散剂（聚羧酸酯）5.0%+湿润剂（萘磺酸盐）2.0%+高岭土补足100%。

21. 57.6%氢氧化铜水分散性粒剂（SD-喷雾干燥工艺造粒）

氢氧化铜57.6%+分散剂（BORRESPERSE 3A）15.0%+湿润剂（萘磺酸盐）3.0%+高岭土补足100%。

参考文献

[1] 刘广文. 现代农药剂型加工技术. 北京：化学工业出版社，2013.

[2] 刘步林. 农药剂型加工技术. 第2版. 北京：化学工业出版社，1998.

[3] 凌世海. 固体制剂. 第3版. 北京：化学工业出版社，2003.

[4] 凌世海. 载体在农药固体制剂中的应用与发展. 农药市场信息，2011（23）：4-7.

[5] 于濊. 我国硅藻土作农药载体的研究. 中国非金属矿工业导刊，2004（1）：24-25.

[6] 吴文君. 农药学原理. 北京：中国农业出版社，2000.

[7] 张腾. 农药制剂填料的性能及其应用分析［D］. 上海：上海师范大学，2015.

[8] 刘程，张万福. 表面活性剂产品大全. 北京：化学工业出版社，1998.

[9] 蒋志咯，马毓龙. 农药加工丛书—可湿性粉剂. 北京：化学工业出版社，1992.

[10] 程云鹏，冯殿生，张瑞珠. 农药加工丛书-粒剂. 北京：化学工业出版社，1988.

[11] 王濮. 系统矿物学. 北京：地质出版社，1984.

[12] 王红. 高比表面积农药载体性能及其应用研究［D］. 长沙：湖南农业大学，2013.

[13] 张士成，蒋军华. 凹凸棒石的选矿深加工与新产品开发研究. 矿产综合利用，1997（5）：27-30.

[14] 吴荣庆，张燕如. 硅藻土国内外市场形势分析和发展前景预测. 中国矿业，1994（3）：16-21.

[15] 吉田募，程正魁. 农药载体. 湖南化工，1983（03）：44-47.

[16] 王红. 高比表面积农药载体性能及其应用研究［D］. 长沙：湖南农业大学，2013.

[17] 程双园. 农药水分散粒剂性能影响因素的研究［D］. 北京：北京理工大学，2016.

[18] Nunzio R Pasarela，黄锡斌. 降低皮肤毒性的农药颗粒剂组成和制法. 美国专利：4313940号（1982年2月2日公布）. 农药译丛，1983（5）：11-12.

[19] 李瑞忠，许圭南. 农药制剂用填料对原药分解的基本规律. 农药，1985（1）：24-27.

[20] 许圭南，李瑞忠. 国外农药制剂用填料. 农药，1984（2）：57-59.

[21] 冯沈. 农药颗粒剂加工技术. 农药工业，1975（5）：30-35.

第十二章

环保型溶剂与助溶剂

第一节 农药溶剂性能及要求

一、溶剂概述

1. 溶剂定义

溶剂是一种可以溶解固体、液体、气体等溶质的液体，其中无机溶剂包括水、液氨、液态金属等，有机溶剂包括碳原子的液态有机化合物，通常为惰性，不与溶质发生化学反应。目前，有机溶剂已超过3000种，常用的有几百种，主要用于涂料、日用化工、轻工、医药、农药等工业领域。溶解是指一种或多种物质（固体、液体或气体）以分子或离子状态分散在另一种液体中的过程，其中被分散的物质称为溶质，分散介质称为溶剂。

2. 溶解度

溶解度是指在一定温度下（气体在一定压力下），一定量溶剂的饱和溶液中所能溶解溶质的量，通常以一份溶质（1g或1mL）溶于若干mL溶剂来表示（表12-1）。

表12-1 近似溶解度的定义

近似溶解度	溶解状态
极易溶解	1g（1mL）溶质溶解于不到 1mL 溶剂中
易溶	1g（1mL）溶质溶解于 1 ~ 10mL 溶剂中
溶解	1g（1mL）溶质溶解于 10 ~ 30mL 溶剂中
略溶	1g（1mL）溶质溶解于 30 ~ 100mL 溶剂中
微溶	1g（1mL）溶质溶解于 100 ~ 1000mL 溶剂中
极微溶解	1g（1mL）溶质溶解于 1000 ~ 10000mL 溶剂中
不溶或几乎不溶	1g（1mL）溶质不能完全溶解于 10000mL 溶剂中

3. 溶解速率

溶解速率是指单位时间内某一溶剂溶解溶质的量，其快慢主要取决于溶剂与溶质间吸引力、固体溶质中结合力的大小以及溶质扩散速率。固体物质的溶解过程包括两个连续的阶段：① 溶质分子从固体表面释放进入溶液；② 在对流或扩散作用下将溶解的分子从固液界面转移到溶液中。有些固体物质虽然溶解度较大，但是需要较长时间才能达到溶解平衡，溶解速率较小，直接影响到该物质的传导。

4. 溶剂分类

（1）按照极性分类　溶剂按照介电常数（ε）大小可分为非极性（ε=0～5）、中极性（ε=5～30）和极性（ε=30～80）溶剂3类，分子结构对称性、极性基团种类和数量以及分子链长短等均会影响溶剂极性。溶质也可分为极性溶质和非极性溶质。溶解一般符合相似相溶原理，即指极性程度相似的溶质与溶剂可以相溶。对于极性溶剂，溶质和溶剂之间形成氢键的能力对溶解的影响比极性更大。

溶解度系数（δ）又称为溶解度参数，其与分子极性也有一定关系，溶解度参数大的物质，其分子极性强，分子间作用力大。δ通常由摩尔蒸发能求出，是将单位体积（$1cm^3$或$1m^3$）的物质分子分散所需的能量，代表物质分子间相互吸引和作用力的大小。溶剂和溶质的溶解度参数越相近，越易相互溶解，符合相似相溶规律。

① 极性溶剂　常用极性溶剂主要包括水、甘油、二甲基亚砜等。水是最常用的强极性溶剂，可溶解电解质和极性化合物。极性溶剂的ε比较大，减弱了电解质中带相反电荷的离子间的吸引力，产生“离子-偶极子结合”，使离子溶剂化（或水化）而分散进入溶剂中。而水对有机酸、糖类、醛类、酰胺、低级醇和酮等的溶解，是通过这些物质分子的极性基团与水形成氢键缔合，形成水合离子而溶于水中，即水合作用。

② 非极性溶剂　常用非极性溶剂主要包括苯、氯仿、乙醚、植物油和液状石蜡等。非极性溶剂的介电常数很低，不能减弱电解质离子的引力，也不能与其他极性分子形成氢键。而非极性溶剂对非极性物质的溶解是由于溶质和溶剂分子间存在范德华力，溶剂分子内部产生的瞬时偶极克服了非极性溶质分子间的内聚力而溶解。

③ 中极性溶剂　乙醇、丙二醇、聚乙二醇、丙酮、酯和卤代烃等具有一定极性，能诱导某些非极性分子产生一定程度的极性而溶解，这类溶剂称为中极性溶剂。中极性溶剂可作为中间溶剂，使极性溶剂和非极性溶剂混溶或增加非极性物质在极性溶剂中的溶解度，例如丙酮能增加乙醚在水中的溶解度。

④ 质子性与非质子性溶剂　极性溶剂可细分为极性质子性溶剂和极性非质子性溶剂两类，代表性的极性质子性溶剂是水、乙醇和乙酸，丙酮则是极性非质子性溶剂。

（2）按照沸点高低分类　溶剂的沸点是溶剂蒸气压力达到一个大气压时的温度，关系到溶剂的蒸发速度，是重要的物理性质。例如，乙醚、二氯甲烷或丙酮等少量低沸点溶剂，在室温下极易挥发；水、二甲基亚砜等高沸点溶剂则需要较高温度、气体吹拂或低压的环境下才能快速挥发。溶剂按照沸点高低可分为：① 低沸点溶剂，沸点＜100℃以下；② 中沸点溶剂，沸点在100～150℃；③ 高沸点溶剂，沸点在150～250℃。

5. 有机溶剂的安全问题和危害

医药品注册国际协调会（ICH）和美国环境保护署（EPA）根据遗传性致癌、公害程度以及残留限度将有机溶剂分为3个等级：① 高毒溶剂，可能引起遗传性致癌和严重公害应避免使用的溶剂以及非遗传致癌而残留限度低于500mg/kg的溶剂；② 中毒溶剂，残留限度在

500～5000mg/kg的非遗传致癌而限制使用的溶剂；③ 低毒溶剂，残留限度大于5000mg/kg，相对安全以及无试验数据的溶剂，具体分类见表12-2。

表12-2 常用溶剂的毒性分类

溶剂类型	高毒类	中毒类	低毒类
卤代烃和烷烃类	四氯化碳、一氯甲烷、二氯甲烷、三氯甲烷、三氯乙烯、正己烷、环己烷	二氯甲烷、甲基环己烷、1,2-二氯乙烯、粗煤油	柴油和机油、正庚烷、正戊烷
芳香烃类	苯、氯苯、烷基苯（萘）、四氢化萘	甲苯、乙苯、二甲苯	甲氧基苯、异丙基苯
脂肪醚	二氧六环、乙二醇单（甲、乙）醚、乙二醇乙醚乙酸酯	四氢呋喃、乙二醇丙(丁)醚、二甘醇单（甲、乙、丁）醚	乙醚、叔丁基甲基醚、石油醚、异丙醚、甲基四氢呋喃
酮	异佛尔酮、甲基丁酮	*N*-甲基吡咯烷酮、环己酮	丙酮、丁酮、苯乙酮
酸、酯	磷酸三甲苯酯、邻苯二甲酸二辛酯	邻苯二甲酸二（甲、乙）酯、C_6～C_9脂肪酸甲酯、粗棉籽油	甲酸乙酯、乙酸、乙酸乙（甲、丙、异丁）酯、油酸、油酸甲酯、环氧大豆油、植物油类
酚、醇	苯酚、混苯酚、乙二醇	C_6～C_{12}醇、环己醇、己二醇、甲醇	乙醇、异丙醇、正丁醇、仲丁醇、异丁醇、丙二醇、丙三醇
酰胺、睛、砜	四氢噻砜、吡啶、甲酰胺，乙腈	*N,N*-二甲基甲酰胺、癸酰胺，二甲基乙酰胺	二甲基亚砜

（1）有机溶剂的安全问题　大部分有机溶剂可燃或极易燃烧，大量使用时室内不能有明火、电火花或静电放电等，同时一定量的有机溶剂蒸气与空气的混合也会爆炸。使用有机溶剂时需要注意以下问题：① 避免在通风不良或没有通风橱的地方产生溶剂蒸气；② 储存有机溶剂的容器盖需要盖紧；③ 绝不在接近可燃溶剂处使用火焰，应以电热来代替；④ 绝不将可燃溶剂冲入下水道，以免造成爆炸或火灾；⑤ 避免吸入有机溶剂蒸气或皮肤接触到有机溶剂。

（2）有机溶剂对人体的危害途径

① 皮肤接触引起的危害　有机溶剂蒸气会刺激眼睛黏膜使人流泪，与皮肤接触会溶解皮肤油脂而渗入组织，干扰生理机能引起脱水，同时表皮角质溶解引起表皮角质化和皮肤干裂而易感染污物及细菌。

② 呼吸器官吸入引起的危害　有机溶剂蒸气吸入人体后大部分经气管到达肺部，然后经血液或淋巴液传送至其他器官，造成不同程度的中毒现象。由于人体肺泡面积大，而且血液循环速率较快，因此，吸入有机溶剂蒸气常会对呼吸道、神经系统、肾脏、造血系统产生重大毒害。

③ 消化器官吸收引起的危害　在被有机溶剂蒸气污染的场所进食、抽烟或饮水等可使有机溶剂经由口腔进入食道及胃肠，引起恶心、呕吐等不良反应，最后转移危害到其他器官。

（3）有机溶剂对人体生理的危害　有机溶剂中毒的一般症状为头痛、食欲不振等。高浓度的急性中毒抑制中枢神经系统，使人丧失意识，产生麻醉现象，引起兴奋、昏睡、头痛、食欲不振、意识消失等症状；低浓度蒸气引起慢性中毒则影响血小板、红细胞等造血系统，造成人体贫血现象。有机溶剂对人体生理的危害表现在以下几个方面：

① 破坏神经系统　由于抑制神经系统的冲动传导功能，从而产生麻醉，最终导致神经系统障碍或引起神经炎等。例如甲醇中毒影响视神经，二硫化碳可引起神经炎等。此类溶剂还有苯、汽油、丙酮、酚、二甲苯、二氯乙烷、三氯甲烷等。

② 损伤肝脏机能　通常四氯化碳、氯仿、四氯乙烷、苯及其衍生物等氯化烃类溶剂均会因损伤肝脏机能，引起恶心、呕吐、发烧、黄疸炎及中毒性肝炎等。

③ 破坏肾脏机能　人体肾脏作为有毒物质的排泄器官，很容易中毒，血氧量减少使肾脏受害，发生肾炎或其他肾病。此类溶剂包括烃类卤化物、苯及其衍生物、四氯化碳等。

④ 破坏造血系统　苯及其衍生物如甲苯、氯化苯、二元醇等可以破坏骨髓造成贫血现象。氯仿和苯等一些溶剂还会致癌。

⑤ 刺激黏膜及皮肤　氯仿、石油醚、苯类、丙酮、甲醇、氯酚、四氯化碳等溶剂因强烈刺激使鼻黏膜出血，喉头发炎，嗅觉丧失或因皮肤过敏产生红肿、发痒以及坏疽病等症状。

二、农药溶剂及助溶剂

农药溶剂的发展与农药剂型加工和应用技术的进步密切相关，主要经历了以下几个历史阶段：

① 20世纪40～50年代，农药溶剂主要是煤油、轻汽油、汽缸油和二甲苯等，用于加工有机氯类和有机磷类农药的乳油制剂。

② 20世纪50～60年代，有机磷农药大发展时期，有机氯农药仍大量生产应用，仍以乳油制剂为主，芳烃成了最主要溶剂，二甲苯类溶剂和重质芳香萘成为两大支柱。

③ 20世纪60～70年代，此阶段是石油类溶剂和各类新型农药溶剂开发的盛期，这是因为多种高效和超高效化学农药研制成功，其化学结构复杂程度大大增加，要求具有各种特性的新型溶剂配套。此外，随着超低容量喷雾和静电喷雾技术等的开发和逐步推广，要求专用溶剂配制专用制剂。

④ 20世纪70年代后期至今，由石油溶剂为主的盛期发展为各种不同性能新型溶剂的全面开发时期。为了适应农药加工和应用中对高质量、安全制剂的新要求，低药害、低臭味、低刺激性、高化学稳定性的溶剂以及各种高闪点特种溶剂等不断发展。

1. 农药溶剂概述

（1）农药溶剂的定义　农药溶剂是指农药加工和应用过程中可溶解或稀释农药活性成分的溶剂或其他载体的总称，通常农药溶剂不包括配方用水和其他用水以及液体化肥溶液，也不包括农药分子合成时所需溶剂。在农药助剂中，与表面活性剂和填料一样，溶剂也是使用量大、应用较广的一类助剂，大部分的液体制剂都需要溶剂，某些固体制剂如乳粉和可湿性粉剂等有时也需要溶剂，而超低容量制剂（ULV）、静电喷雾制剂以及卫生防疫用杀虫剂产品等溶剂组分更加重要，而且有特殊要求。农药溶剂主要包括：① 真溶剂——可溶解某类活性物质的溶剂，如苯、甲苯、二甲苯等。② 助溶剂——在限制的用量内和真溶剂混合使用，可以提供一定程度的溶解能力，一般用量不多，但往往具有特殊作用即专用性。③ 稀释剂——此类溶剂不能很好地溶解活性成分，也无助溶作用，但在限定用量与真溶剂混合使用，主要起到稀释作用，价格低于真溶剂和助溶剂。

（2）农药溶剂的主要作用　农药溶剂主要是指有机溶剂，其在农药加工和应用中起着非常重要的作用，不仅有助于提高制剂对昆虫体表和植物表面的覆盖铺展性、沾着性、耐雨水冲刷性等，而且也有助于提高有效成分在靶标生物体上的渗透和转运，从而提高药效。有机溶剂因各自的理化性质的不同，所起的作用也不尽相同，其基本作用概括如下：① 溶解和稀释农药活性组分，调整制剂含量，作为乳化剂或其他助剂的稀释剂和载体。② 增强和改善制剂加工性能，如提高流动性，有利于计量、输送、包装和施用。③ 赋予制剂特殊性能。例如降低对哺乳动物的毒性，减轻可能引起的植物药害，防止或延缓喷雾药粒的过快蒸发变细，减少飘移和污染，减轻和避免令人不快的臭味，减缓和防止制剂储运中变质，包括有效物分解、分层和沉淀等不良变化。④ 制备增效的或具有特定性能的液体单剂、混剂，与其他农业化学品的复合制剂。

（3）农药溶剂的基本性能要求　农药溶剂因种类不同而具有不同的理化性能和特点，使用时的要求也不尽相同，但是在选用农药溶剂时仍需要考虑以下基本性能：① 溶解能力强，农药活性成分在其中的溶解度较高。② 与制剂其他组分的相容性好，不分层，不沉淀，低温不析出结晶，不与原药发生化学反应，能形成稳定的乳状液或悬浮液。③ 挥发性适中，闪点不宜太低，以确保生产、储运和使用的安全。④ 对人畜毒性低，无刺激性，对植物无药害，对环境安全。⑤ 质量稳定，价格适中，成本较低。

（4）农药溶剂的分类　农药溶剂主要来源于石油产品和动植物产品，近年来，由于农药加工和应用的特殊需求，合成的农药溶剂也越来越多，主要应用于超低容量用溶剂、静电喷雾用溶剂等。以下按照具体功能将农药溶剂分为常规溶剂和特种溶剂两大类：

① 常规溶剂

常规溶剂是指农药加工和应用以及助剂研制过程中常用的溶剂，按溶剂分子结构的不同可分为以下几大类：

a. 芳烃　低沸点芳烃，如苯、甲苯、二甲苯、萘、烷基萘；中高沸点芳烃，如重芳烃、柴油芳烃等。芳烃类溶剂成本低，一般是异构体的混合物，也有单一成分的工业品。通常随着碳数增加，溶解能力下降而闪点升高。但是，溶剂结构或组成以及活性组分结构的变化会改变上述趋势。

b. 脂肪烃、脂环烃　石油醚、煤油、白油、机油、柴油、液体石蜡和重油等。

c. 醇类　一元醇，如甲醇、乙醇、丙醇、异丙醇、丁醇和异丁醇等；多元醇，如乙二醇和丙三醇等；还包括脂肪醇。

d. 酮类　丙酮、环己酮、甲基异丁酮等。

e. 脂肪酸酯　如蓖麻油甲酯、乙酸甲酯等；芳香酸酯，如邻苯二甲酸酯等。

f. 醚类　乙醚、乙二醇单丁醚、乙二醇二乙醚等。

g. 植物油类　棉籽油、棕榈油、豆油、菜籽油、玉米油和松节油等。

h. 酯类　乙酸乙酯、乙酸丁酯、乙酸戊酯、乳酸丁酯等。

i. 其他　卤代烷烃如二氯甲烷、三氯甲烷等，以及上述各类溶剂的混合物。

② 特种溶剂

特种溶剂与常规溶剂没有明确分界线，绝大部分是合成溶剂，主要有酮类和醚类两大类化合物，能满足特殊性能要求并用于特定场合的溶剂。

a. 酮　如异佛尔酮、吡咯烷酮、苯乙酮、甲基异丁基酮和不饱和脂肪酮等。

b. 醚　如甲基乙二醇醚、乙基乙二醇醚、丁基乙二醇醚。

c. 其他　二甲基甲酰胺（DMF）、二甲亚砜（DMSO）、烷基酚、聚乙二醇、聚丙二醇、1,4-二氧六环、乙腈、二缩乙二醇、三缩乙二醇、乙氧基乙醇乙酸酯、甲氧基乙醇乙酸酯和丁氧基乙醇乙酸酯等。卤代烷如二氯二氟甲烷、四氯化碳、二氯乙烯、三氯乙烷和氯苯等。

（5）农药溶剂的性能　从溶剂手册或工业溶剂手册中可以获得大多数农药溶剂的产品规格和一般的理化性能。以下是从农药制剂加工和应用技术角度对常见农药溶剂的溶解性、挥发性、黏度、燃烧性、闪点、药害和毒性等性能进行比较，如表12-3所列。

表12-3　常见农药溶剂理化性能和毒性

溶剂名称	馏程、沸点/℃	溶解性	蒸气压/kPa	挥发性	闪点（闭杯）/（℃）	黏度	燃烧性	药害	毒性
混合二甲苯	137 ~ 143	好	0.89	高	27 ~ 29	低	易燃	低	低
甲苯	110	好	4.89（25℃）	高	4.4	低	易燃	低	低
苯	80.1	好	13.33（25℃）	高	-10 ~ 12	低	易燃	低	高
C_9芳烃	150 ~ 170	好	—	高	~ 66	低	易燃	—	低
柴油	—	差	—	中	—	低	易燃	低	低
液体石蜡	350 ~ 420	差	—	中	—	中	可燃	低	低
甲醇	—	助溶	13.33（25℃）	高	12	低	易燃	低	高
乙醇	78.5	助溶	5.33（19℃）	高	12	低	易燃	低	无
正丁醇	117.7	—	0.87（20℃）	中	—	低	可燃	低	低
异丁醇	108.3	—	—	—	—	低	可燃	低	低
异戊醇	130	助溶	0.27（20℃）	中	67.8	低	可燃	低	低
仲辛醇	184 ~ 185	助溶	0.027（20℃）	中	81.1	低	可燃	低	低
环己醇	161	助溶	0.13（21℃）	中	—	高	可燃	低	低
壬醇	215	中	—	中	—	低	可燃	高	低
乙二醇	197	防冻	0.007（20℃）	低	—	高	可燃	低	低
丙二醇	187.2	防冻	—	低	—	高	可燃	低	低
乙二醇甲醚	124.5	中	0.83（20℃）	低	46.11	低	易燃	低	低
乙二醇乙醚	135	中	0.51（20℃）	低	44.44	低	易燃	低	低
二乙二醇醚	245.8	中	0.13（92℃）	中	23.89	高	可燃	低	低
丙酮	56.2	助溶	—	高	-9.4（开杯）	低	易燃	低	低
环己酮	155.6	好	—	高	44	低	易燃	中	低
异佛尔酮	215.2	好	0.133（38℃）	中	96（开杯）	低	可燃	低	低
甲基环己酮	165.1	好	—	—	—	低	易燃	低	低
DMF	153	助溶	0.49（25℃）	中	—	低	可燃	低	低
DMSO	189	助溶	0.1（30℃）	低	95	低	可燃	—	低
植物油	—	差	—	低	—	高	可燃	无	无

2. 农药助溶剂概述

农药助溶剂又称为共溶剂（co-solvent），是辅助性溶剂，通常用量不多，但具有特殊作用。助溶剂主要应用于某些农药品种的乳油加工中，以提高原药的溶剂度，随着农药剂型的发展，助溶剂的应用也在增多，乳化剂、分散剂研制和生产中也有部分需要助溶剂。

液体制剂中常用的辅助有效成分溶解或增溶品种有：甲醇、乙醇、正丁醇、丙酮、环己酮、二甲亚砜、吡咯烷酮、*N,N*–二甲基甲酰胺（DMF）、*N*–甲基吡咯烷酮等。

（1）乳油用助溶剂　某些农药加工成乳油或油剂时，由于其在常规和特种乳油溶剂中溶解度较低，配制的乳油在较低温度下易于析出原药、沉淀分层，升温后也难以恢复，从而影响使用效果，需要添加合适的助溶剂。此外，通过加入助溶剂提高制剂中原药的浓度以满足高浓度制剂生产的需要。将廉价溶剂与助溶剂混合使用，获得与原配方溶剂相同的溶解能力，从而达到降低制剂成本的目的。然而，辅助溶剂和通常的混合溶剂不同，助溶剂经常是为提高乳油低温稳定性和制剂浓度、降低成本而专门选用的少量组分。例如，40%和50%乐果及氧乐果乳油通常选用甲醇、甲酚、乙腈和丙酮等作为助溶剂，大多数情况下也是必不可少的溶剂组分。

（2）乳化剂用助溶剂　在改进复配乳化剂质量研究中，为减少和消除非离子型乳化剂以及阴离子型乳化剂的复配乳化剂以及由复配乳化剂所制乳油在存放时的分层、沉淀及絮状物等不稳定现象，往往添加适当助溶剂来解决问题。例如，加入3%～5%DMF即可基本消除农乳656、657、1656和1657型乳化剂中出现的沉淀和絮状物问题，添加一缩乙二醇和*N*–甲基吡咯烷酮等也有一定的效果。美国Witco化学公司推荐使用5%～10%乙腈助溶剂可制得流动性好和透明的非离子型以及阴离子型乳化剂。国内则使用少量乙二醇和丙二醇作为非离子型乳化剂和阴离子型乳化剂的助溶剂。

三、农药溶剂使用现状

1. 二甲苯型芳烃类溶剂

目前，我国农药销售市场中仍以乳油为主，约占农药制剂总量的40%～50%，我国年产乳油超过50万吨，每年使用有机溶剂约30万吨，绝大部分是挥发性高的芳烃溶剂（主要是苯、甲苯和二甲苯），有的还需添加一定量的甲醇、*N,N*–二甲基甲酰胺（DMF）等助溶剂。国内销量较大的农药品种，例如阿维菌素、高效氯氰菊酯、吡虫啉、啶虫脒等乳油产品，其有机溶剂用量均在80%以上。由于溶解性良好，不易与原药发生反应，且成本较低，适用助剂种类多，因此，这些溶剂得到了广泛应用。然而，这些有机溶剂易燃、易爆、有毒，且大量无药效的溶剂喷洒到田地中，不仅严重污染环境，对人类和哺乳动物构成直接危害，而且造成极大的资源浪费。

随着人们环保和健康意识的不断加强，农药和环境之间的矛盾日益突出，除了农药本身的毒性外，农药助剂尤其是溶剂的毒性也开始受到关注。医学研究证实，苯是一种致癌物，而甲苯、二甲苯对黏膜的刺激作用强于同浓度的脂肪烃类溶剂，对人体有很大的危害，长期暴露在此类溶剂的环境中可导致血象异常，如贫血、白血病等，同时具有生殖毒性，会对胚胎造成影响。生态学研究表明，农药中使用的有机溶剂进入大气圈和水圈等循环系统，残留时间长，危害土壤中的有益微生物和昆虫。有机溶剂用量较大的乳油产品会导致土壤板结，肥力下降，对环境产生较大危害。此外，由于闪点较低，挥发性较高，在运输和使用过程中也存在一定风险。

2. 极性溶剂

乳油中使用的一些极性较大的溶剂，如DMF、*N*–甲基吡咯烷酮、环己酮等，由于使用时已被乳化，在雨水的冲刷下容易渗透到地下水中，且难以分离出来，在沿海和水网地区，流入了江河湖海，对饮用水和水生生物造成污染和危害。故其危害程度已远远超过了同等数量的工业废液的排放，在缺水的中西部，不少地区的地下水已遭污染，且农田中的有机物质也随之流失下沉，表土板结，生态遭到严重破坏。

甲醇由于极性强，成本低，易于获得，是农药加工过程中常用溶剂之一。然而，在乳油液体农药制剂中，甲醇影响农药有效成分的稳定性，可使很多农药分解。当全用甲醇作为溶剂时马拉硫磷分解率高达55%，阿维菌素乳油若全用甲醇作溶剂其热储分解率为25%，拟除虫菊酯类农药产品中加入甲醇，易发生酯交反应，造成同分异构体的转换，尤其以高效体存在的拟除虫菊酯类农药（如高效氯氟氰菊酯），高效体的转化更为明显，影响农药的质量，进而影响农药使用效果。鉴于甲醇对农药药效的不利影响，以及其较大的毒性，加强农药制剂中甲醇质量的检验与监管，对保障农业生产安全和环境安全，具有积极的意义。

四、国际上对溶剂的限制

由于农药制剂中大量有机溶剂的存在对人畜毒性和环境降解等问题，世界各国对农药溶剂的安全性越来越重视，先后颁布各种法规和标准以规范农药溶剂的使用，绿色环保溶剂成为农药行业、企业和使用者关注的热点。因此，许多发达国家相继对苯类溶剂（甲苯、二甲苯）以及甲醇、DMF、DMSO等传统溶剂在农药上的使用进行了限制或禁止使用，更多的国家正在考虑出台相关管理规定。

有害溶剂界定标准：① 有明确致癌致畸作用，对农药生产者和使用者的健康有潜在的危害；② 属于低闪点溶剂，易燃易爆，生产储运安全性差；③ 属于挥发性有机物质（VOC），在生产场所和农药喷洒后污染大气环境；④ 与水互溶，使用后易污染水源。农药常用溶剂的危险标识见表12-4。

表12-4　农药常用溶剂的危险标识

名称	CAS 号	分类	危险标识
甲苯	108-88-3	H225、H304、H315、H336、H361d、H373	危险
二甲苯	106-42-3	H226、H332、H312、H315	警告
二甲基甲酰胺	68-12-2	H360D、H226、H332、H312、H319	危险
N-甲基吡咯烷酮	872-50-4	H360D、H319、H335、H315	警告
环己酮	108-94-1	H226、H332	警告
甲醇	67-56-1	H225、H301+H311+H331、H370	危险

1. 美国对农药溶剂的管理

1987年，美国环境保护署将农药中使用的助剂分为四类：Ⅰ类助剂属于已经证实对人类健康和环境存在危害的助剂，主要包括致癌性、生殖毒性或神经毒性等，目前已不允许继续使用；Ⅱ类助剂具有潜在毒性或是有资料表明具有毒性的物质，涉及甲苯、二甲苯、正己烷、乙腈等65种化合物，大部分需要由该国认定的毒理机构进行检测；Ⅲ类助剂属于未知毒性的化合物，正在对其进行毒理学和生态学资料评估；Ⅳ类助剂属于毒性很小或几乎无毒的助剂，在应用方面面临的限制较少。由于甲苯、二甲苯属于Ⅱ类助剂，已证实其毒性较大，因此，1992年，美国政府出台了禁止甲苯、二甲苯等有机溶剂用于农药制剂的规定。而美国对助剂的分类管理是动态的。

2. 加拿大对农药溶剂的管理

2005年，加拿大也参照美国国家环保局的分类方式将农药中使用的助剂按照毒性、危险性和管理强度递减的顺序分成1、2、3、4A和4B等五大类。其中甲苯、二甲苯、DMF等均属于2类，加拿大有害生物管理局鼓励通过寻找危害较低的溶剂，例如使用3、4A、4B类中的溶剂对2类中的溶剂进行替代。若要继续使用2类中的溶剂必须提供支持其可继续使用的信息或资料。

3. 其他国家对农药溶剂的管理

欧洲国家相继出台了类似的规定。此外，2002年，菲律宾政府也发布了不允许使用甲苯和二甲苯配制农药乳油的规定。

4. 我国对农药溶剂的管理

2006年2月，我国台湾地区农业委员会首先对二甲苯、苯胺、苯、四氯化碳、三氯乙烯等农药产品中使用的38种有机溶剂进行了限量管理：农药成品中二甲苯、环己酮的含量不能超过10%，DMF和甲醇应小于30%，乙苯的含量不能超过2%，其余33种溶剂均不能大于1%。

随着世界范围内对环境保护的重视，农药制剂和助剂的环境污染问题逐渐被人们所关注，传统剂型乳油及其所使用的甲苯和二甲苯等溶剂逐渐受到限制。我们国家针对乳油用溶剂，制定了具体法律法规和实施措施，主要分为以下几个阶段：

第一阶段：国家发改委2006年第4号公告，“自2006年7月1日起，不再受理申请乳油农药企业的核准”。

第二阶段：工信部《工原（2009）29号》公告，“从2009年8月1日起停止颁发新申请的乳油产品农药生产批准证书”。

第三阶段：2010年12月，由中国农药工业协会提出的《农药乳油中有害溶剂限量标准及实施方案》的立项，2011年4月获得国家工信部批准立项，2012年9月，全国标准化委员会农药专业委员会通过，并于2014年3月1日起开始实施，主要内容如下。

① 圈定的有害溶剂与杂质　本标准确定的有害溶剂是目前使用量较多的：苯、甲苯、二甲苯、甲醇、二甲基甲酰胺（DMF）。附带杂质包括：乙苯和萘。

② 推荐溶剂　2010年4月，苏州行业环保制剂会议上，工信部明确政策导向“乳油产品需要使用植物油及直链烷烃类环保溶剂”。

确定的较安全性溶剂：a. 重芳烃：在石油和煤加工过程中副产的C_9以上芳烃，做农药溶剂使用的主要是馏程为165～290℃、碳数范围为C_9～C_{16}的芳烃。b. 生物质溶剂：以天然产物为原材料，经过分离、纯化、改性、调配可用于化工用途的溶剂，且相关资料证明溶剂对人、动物和环境是安全的。

③ 乳油成分标准值推荐　表12-5是乳油成分标准值推荐值。

表12-5　乳油成分标准推荐值

项目	限量值/%
苯质量分数	≤1
甲苯质量分数	≤1
二甲苯质量分数	≤10
乙苯质量分数	≤2
甲醇质量分数	≤1
N,N-二甲基甲酰胺质量分数	≤1
萘质量分数	≤1

④ 通过的限量标准 苯、甲苯、二甲苯、乙苯和萘限值无异议；甲醇和DMF有调整，并且调整的范围还比较大。从严控制《农药乳油中有害溶剂限量》中允许10%的二甲苯限量，企业在使用此上限指标时，应说明必须使用的技术原因。表12-6是农药乳油中有害溶剂限量要求。

表12-6 通过的限量标准（农药乳油中有害溶剂限量要求）

项目	限量值 /%
苯质量分数	≤ 1
甲苯质量分数	≤ 1
二甲苯质量分数①	≤ 10
乙苯质量分数	≤ 2
甲醇质量分数	≤ 5
N,N- 二甲基甲酰胺质量分数	≤ 2
萘质量分数	≤ 1

① 为邻、对、间三种异构体之和。

乳油溶剂更新工作有序开展，增设生产批准证书或许可证书续展换证的全组分申报要求，并附相关有害溶剂含量检测报告。

五、绿色环保农药溶剂

为了减少甲苯、二甲苯等芳烃类溶剂的使用，改善传统乳油剂型的环境相容性，今后，可以开展以下工作：① 发展水乳剂、微乳剂、悬浮剂和水分散粒剂等较为环保的水基化、固体化制剂；② 研究开发高浓度乳油；③ 寻找绿色环保的替代溶剂。然而，由于乳油具有相对高的药效、加工简单、成本低廉等突出优点，在较短时间内不可能完全被取代，因此，通过寻找和开发更加环保的溶剂对乳油中的甲苯、二甲苯等进行替代，是解决目前乳油使用中出现的各种环境和安全问题的最好途径。目前，天然源、可再生、易于生物降解和低挥发的溶剂已逐渐应用于乳油、水乳剂等液体农药剂型的研究开发中，绿色、环保型溶剂将成为农药加工和应用中关注的热点。国家在“十一五”“十二五”科技支撑计划农药创制关键技术开发领域课题设置中，专门列入环保助剂与剂型专项，支持农药绿色环保溶剂与助剂的开发与应用，但是由于新溶剂在应用过程中仍存在诸多问题，还有待于进一步研究开发。

目前，绿色环保溶剂主要包括矿物油类、植物油类和部分化学合成类等溶剂：

1. 矿物油溶剂

矿物油溶剂主要是指石油炼制抽提较低沸点物苯、甲苯和二甲苯后的釜底物，以三甲苯为主，被称为重芳烃（C_9芳烃）。其中，三甲苯（trimethylbenzene，mesitylene）为无色液体，有特殊气味，沸点164.7℃，闪点43℃，密度0.865g/cm^3，不溶于水，主要杂质有间位、对位乙基甲苯，乙基苯等。

不同炼制工艺所得重芳烃的组成和性能稍有不同，但基本组分大同小异。表12-7列举了C_9芳烃的主要异构体和沸点。

表12-7　C_9芳烃的主要异构体和沸点

化合物	沸点/℃	化合物	沸点/℃
邻甲乙苯	165	异丙苯	152
间甲乙苯	163	联三甲苯	176
对甲乙苯	163	偏三甲苯	169
正丙苯	169	均三甲苯	165

早期国内多将矿物油作为农药活性成分使用，或者将矿物油与农药活性成分复配以减少甲苯和二甲苯等用量，将矿物油直接作为溶剂使用的并不多。而国外大多数使用闪点更高和分子量更大的C_9和C_{10}类重芳烃溶剂，如美国埃克森美孚公司（Exxon Mobil）生产的Solvesso 100、Solvesso 150和HAN™200等溶剂，其闪点高于甲苯和二甲苯，毒性却比甲苯和二甲苯低，在国内外已有多年的应用历史。研究表明，该溶剂对部分农药有一定的溶解性，配制出的乳油制剂闪点高，挥发速度慢，对农药无促分解作用，渗透性较强，无药害和增毒作用。表12-8是美国埃克森美孚公司生产的重芳烃溶剂的理化性能。

表12-8　美国埃克森美孚公司生产的重芳烃溶剂的理化性能

商品名		甲苯	二甲苯	Solvesso™ 100		Solvesso™ 150	HAN™ 200
主要结构		CH_3	H_3C—　—CH_3	H_3C—　—CH_3 CH_3		H_3C—　—CH_3 H_3C—C	CH_3 —[CH_3]
非环链碳平均数		1	2	3		4	1.3
相对密度（15℃）		0.869～0.873	0.867～0.875	[0.875]	[0.895]	[0.985]	[0.933]
馏程	初馏点/℃	110.6	137	152～158	177	200	160
	终馏点/℃	—	143	168～177	215	293	293
	实测[初/干点]	—	—	[165/179]	[190/210]	[224/286]	[195/276]
黏度（25℃）/mPa·s		—	—	[0.79]	[1.10]	[2.86]	[1.66]
外观			透明	透明	透明	合格	
色度（saybolt）		+30	+30	+28	+27	2	2
芳烃含量（质量分数）%		—	＞99	＞96 [99]	＞95 [99]	＞98 [99]	＞78 [84]
闪点	宾斯克-马丁闭口式/℃	—	—	41	—	98[100]	49[79]
	泰克闭口式/℃	—	—	[45]	[66]	—	—
苯胺点/℃		—	—	[14]	[16]	[13]	[20]
蒸发速度（正丁基乙酸酯=100）		—	—	[25]	[6]	＜[1]	＜[1]

注：括号“[ ]”为典型测定值。

一些以Solvesso100、150、200为溶剂的应用配方见表12-9～表12-11。

表12-9 以Solvesso100为溶剂的应用配方

有效成分及含量	乳化剂及用量	助溶剂及用量	溶剂及用量
2% 阿维菌素	12%（0203B）	6% ADMA810	补至 100%
2.5% 高效氯氟氰菊酯	12%（0203B ： 500# =2 ： 1）	—	补至 100%
45% 马拉硫磷	12%（0203B ： CH150 =4 ： 1）	—	补至 100%
50% 乙草胺	7%（0203B ： 500# =1 ： 1）	—	补至 100%

表12-10 以Solvesso150为溶剂的应用配方

有效成分及含量	乳化剂及用量	助溶剂及用量	溶剂及用量
2% 阿维菌素	15%（0203B ： Berol 9968 =4 ： 1）	6% ADMA810	补至 100%
2.5% 高效氯氟氰菊酯	9%（Berol 9960 ： Berol 9968=2 ： 1）	—	补至 100%
45% 马拉硫磷	10%（0203B ： CH/150 =4 ： 1）	—	补至 100%
50% 乙草胺	6%（Berol 9968 ： 0203B=2 ： 1）	—	补至 100%

表12-11 以Solvesso200为溶剂的应用配方

有效成分及含量	乳化剂及用量	助溶剂及用量	溶剂及用量
2% 阿维菌素	9%（CH/450 ： Berol 9968=2 ： 1）	6% ADMA810	补至 100%
2.5% 高效氯氟氰菊酯	6%（Berol 9960 ： Berol 9968=1 ： 1）	—	补至 100%
45% 马拉硫磷	8%（0203B ： Berol 9968=4 ： 1）	—	补至 100%
50% 乙草胺	6%（0203B ： Berol 9968=3 ： 1）	—	补至 100%

近年来，国内也出现了类似的溶剂，称为芳烃溶剂油，牌号较多，在乳油和水乳剂中用来替代二甲苯作溶剂。尽管溶剂油毒性低于甲苯和二甲苯，闪点也较高，可以配制出合格的乳油和ULV技术产品，但是由于含有部分芳烃溶剂，在环境中难以降解，且对部分农药品种的溶解性不高，因此，在国内完全以溶剂油替代二甲苯作溶剂还有待进一步的研究和推广。

江苏华伦化工有限公司拥有年生产能力达20万吨的芳烃溶剂生产线，农药用高沸点芳烃溶剂被列入国家级火炬计划，高纯度均四甲苯被评为国家级新产品。该公司生产的S-100、S-150和S-200等系列芳烃溶剂，产品理化性能如表12-12所示。该系列溶剂包含40多种成分，主要馏分为C_{10}及以上芳烃混合物与异构物，具有馏程适中、闪点高、挥发速度慢、对多种农药（主要是杀虫剂和除草剂）具有良好溶解性，无促分解作用，渗透性较强，无药害和增毒作用，生产成本低，可用于乳油、水乳剂和微乳剂等剂型的加工。

表12-12 S-100、S-150和S-200系列溶剂的理化性能

品名	外观（目测）	相对密度（D_4^{20}）	馏程（馏出量≥98%）/℃	芳烃含量≥1%	闪点（闭）/℃	混合苯胺点≤/℃	CAS 号
S-100A	无色透明	0.860 ～ 0.870	152 ～ 178	98	≥ 42	15	
S-100B	无色透明	0.865 ～ 0.880	158 ～ 188	98	≥ 45	15	64742-95-6
S-100C	无色透明	0.870 ～ 0.885	168 ～ 192	98	≥ 46	15	
S-150	无色透明	0.875 ～ 0.910	178 ～ 210	98	≥ 62	17	64742-94-5
S-180	微黄色	0.910 ～ 0.930	190 ～ 240	98	≥ 80	17	64742-94-5
S-200	浅黄色	0.960 ～ 1.004	215 ～ 290	98	≥ 95	17	64742-94-5

由于良好的溶解性和可乳化性，该系列溶剂油已被国内农药制剂企业和助剂企业逐步推广应用。例如，20%双甲脒乳油、50%对硫磷乳油、20%氰戊菊酯乳油和60%丁草胺乳油等。此外，用于农药乳化剂生产（复配乳化剂，例如0201B、0203B、0206B、6202B、8206和656SH等）的效果和性能在部分产品中有良好表现。

2. 柴油和轻柴油芳烃

柴油和轻柴油芳烃是从柴油和轻柴油中抽提出的高沸点芳烃混合物，是20世纪70年代开发的新型芳烃溶剂，国内曾进行过较深入研究，可用于配制各种ULV专用油剂或通用油剂。但是主要缺点是可能引起棉苗等某些敏感作物的药害。以国产轻柴油芳烃为例，主要组成和理化性能见表12-13。

表12-13　国产轻柴油芳烃理化性能指标

测试项目	指标	测试项目	指标
馏程 /℃	180 ~ 280	烷烃（体积分数）/%	3.3
相对密度 d_4^{20}/（g/cm³）	0.928	烯烃（体积分数）/%	1.5
折射率 n_D^{20}	1.5454	芳烃（体积分数）/%	95.3
凝点 /℃	< -66	初馏点 /℃	185
闪点（闭口）/℃	79	50%（体积分数）/℃	238
pH 值	5	90%（体积分数）/℃	270
胶质 /（mg/100mL）	132	干点 /℃	296
灰分 /（g/100g）	0.00396	残油 /%	1

3. 煤油（kerosine）

煤油和脱臭煤油是加工油剂、水面铺展油剂等所用的主要溶剂，无色或淡黄色液体，略带臭味，沸点175~235℃，闪点65~85℃，相对密度0.78~0.80，燃点400~500℃。煤油是沸点范围比汽油高的石油馏分，含C_{11}~C_{17}的高沸点烃类（烷烃、烯烃、环烷烃和芳香烃）混合物，其主要成分是饱和烃类。

4. 溶剂石脑油（solvent naphtha）

溶剂石脑油主要为煤焦油轻油馏分所得的芳香族烃类混合物，由甲苯、二甲苯异构体，乙苯，异丙基苯等组成，主要理化性质：无色或浅黄色液体，沸点120~200℃，闪点35~38℃，相对密度0.85~0.95，燃点480~510℃。

5. 液体石蜡油（白油）

液体石蜡油的化学成分为C_{17}~C_{26}正构烷烃，不溶于水、甘油、冷乙醇，可溶于苯、乙醚、氯仿、二硫化碳、热乙醇。与大多数脂肪油（蓖麻油除外）能任意混合，能够溶解樟脑、薄荷脑及大多数天然或人造麝香。

6. 植物源溶剂

植物源溶剂是从植物中提取的天然产物，一般成分较为复杂，主要是长链脂肪酸甘油酯和萜类等物质，属于可再生资源。与其他溶剂相比，植物源溶剂具有如下优点：① 种类较多，原料易得，成本相对较低；② 环境相容性好，对人畜毒害低，不容易对植物产生药害；③ 对环境安全，可在环境中完全降解；④ 与靶标生物具有较强的亲和性，充分发挥有效成分的防治作用，有时还具有一定的增效作用和生物活性。目前，已有一些植物源溶剂在乳油中使用，但能否完全替代甲苯、二甲苯还有待进一步研究。

天然的植物油主要集中在大戟科、菊科、豆科和十字花科等植物的果实和种子中，如油桐、小桐子、光皮树、油楠树等产油量大，繁殖能力强，生长周期短，生长量大，对环境适应性强。我国含油植物种类丰富，共有151科1553种，其中种子含油量在40%以上的植物为154种。例如，大豆油、菜籽油、玉米油等的主要成分是长链脂肪酸甘油酯，是由C_{14}~C_{18}的饱和或不饱和脂肪酸甘油酯组成，密度0.90g/cm^{3}左右，可以作为溶剂或载体用于超低量油剂、油悬浮剂以及增效助剂等的加工与生产，也可用作乳油和增效剂等的溶剂。植物油溶剂的优点是安全性高，缺点是组成复杂，冷凝点低，溶解性能和稳定性差，乳化分散具有一定难度。

（1）改性植物油　近年来，人们通过对植物油组分的分子改性来改善其缺点，从而增加植物油的可用性。大豆油、蓖麻油等与甲醇通过酯交换反应制备的混合脂肪酸（硬脂酸、软脂酸、油酸）甲酯，也称为甲酯化或甲基化植物油，对部分除草剂有增效作用，且保留了其易降解、毒性低、环境相容性好等优点，可以在乳油配制中进行使用。生物柴油就是植物油脂通过酯交换反应得到的混合脂肪酸酯，生产方法分为物理法、化学法、物理化学法和生物法等多种，目前用于工业生产并有实用价值的为化学法，主要是改变动植物油脂的分子结构，使脂肪酸甘油酯的油脂转化成分子量较小的脂肪酸低碳烷基酯，密度0.85～0.90g/cm^3，从根本上改善流动性和黏度，可以用于乳油、油悬浮剂以及增效剂、保湿剂、抗飘移剂等。在实际应用中发现，与传统芳烃溶剂相比，生物柴油的优点是安全、高效、溶解性能增强，对大部分农药均有一定增效作用，缺点是成分复杂、冷凝点高、稳定性差。欧盟是生物柴油产量最大的地区，2007年，欧盟生物柴油产量接近600万吨；德国是生物柴油产量最大的国家，其生物柴油生产能力已经超过350万吨。研究表明，使用生物柴油作为精喹禾灵乳油中二甲苯替代溶剂，与传统精喹禾灵乳油商品相比，乳化剂用量降低，其稀释药液在稗草叶面的沉积量和渗透速率均有一定程度的提高，除草效果相当或略高，具有一定可行性，表12-14是以脂肪酸甲酯为溶剂的配方应用。

表12-14　以脂肪酸甲酯为溶剂的配方应用

有效成分及含量	乳化剂及用量（质量分数）	助溶剂及用量	溶剂及用量
2% 阿维菌素	8%（CH/450 ： Berol 9968=3 ： 1）	25% ADMA810	补至 100%
2.5% 高效氯氟氰菊酯	6%（CH/450 ： CH/150=4 ： 1）	25% ADMA810	补至 100%
45% 马拉硫磷	CH/450 2.6%，0203B 5.4%	10% ADMA810	补至 100%
50% 乙草胺	10%（0203B ：农乳 500# =1 ： 1）	—	补至 100%

北京广源益农化学有限责任公司开发的绿色溶剂GY-0810属于天然植物源溶剂，溶解性好，对高效氯氰菊酯、高效氯氟氰菊酯、毒死蜱、丙草胺、氰氟草酯等溶解性较好且容易乳化，可用于乳油、水乳、微乳等剂型的开发。表12-15和表12-16分别是溶剂GY-0810的理化性能和配方应用。

表12-15　溶剂GY-0810的理化性能

测试项目	测试结果
外观	无色透明液体
气味	略带芳香味
密度（20℃）/（g/cm^3）	0.85 ～ 0.90
闪点 /℃	≥ 100
倾倒点 /℃	-20
沸点 /℃	290

表12-16　以GY-0810为溶剂的配方应用（高效氯氟氰菊酯水乳剂）

配方组成	高效氯氟氰菊酯	溶剂 GY-0810	乳化剂	水
含量 /%	2.5（折百）	5	10	补至 100

（2）松脂基植物油（turpentine oil）　松脂基植物油溶剂是以马尾松、湿地松等松科植物分泌的松脂为主要原料，经加工、改性等一系列技术处理，与其他改性后的植物油调配而成，主要成分为萜烯类（蒎烯）、树脂酸（海松酸、枞酸）和植物油单烷基酯（月桂酸甲酯、亚油酸甲酯、棕榈酸甲酯等），不含有毒有害物质，外观淡黄色至棕色透明液体，密度0.83～0.90g/cm^3，闪点35～100℃，可以用作乳油、水乳剂和增效剂等的溶剂，是一种安全、环保、可再生的纯植物性溶剂。

福建诺德生物科技有限责任公司和深圳诺普信农化股份有限公司等开发生产的以松脂等萜烯类成分为主的松脂基植物油溶剂，与大多数农药相容性好，闪点较高，使用时也容易乳化，可以配制出合格的乳油。目前，利用该类溶剂已开发出了多个除草剂、杀虫剂等的乳油产品，但还有待进一步验证后再推广。表12-17是松脂基植物油理化性能，表12-18是部分农药在松脂基植物油中溶解度测试结果。

表12-17　松脂基植物油理化性能

项目	质量指标	
牌号	ND-45	ND-60
外观	淡黄色至淡棕色透明油状液体	淡黄色至淡棕色透明油状液体
密度（20℃）/（g/mL）	0.88 ± 0.05	0.88 ± 0.05
总含量[①]/% ≥	95	95
水分 /% ≤	0.5	0.5
pH 值	4.0 ～ 7.0	4.0 ～ 7.0
闪点（闭口）/℃ ≥	45	60
冷凝点 /℃ ≤	−5	−5

① 指萜烯、树脂酸与脂肪酸单烷基酯类化合物的总含量。

表12-18　部分农药在松脂基植物油中溶解度测试

序号	原药	溶解度 /（g/L）		序号	原药	溶解度 /（g/L）	
		二甲苯	ND-60			二甲苯	ND-60
1	高效氯氰菊酯	330	240	14	戊唑醇	50	160
2	高效氯氟氰菊酯	1000	1000	15	螺螨酯	500	320
3	联苯菊酯	600	430	16	丁醚脲	200	80
4	百树菊酯	250	50	17	毒死蜱	＞ 2000	＞ 2000
5	溴氰菊酯	250	50	18	杀扑磷	1000	600
6	甲氰菊酯	700	560	19	哒螨灵	400	170
7	甲维盐	10	40	20	噻螨酮	330	80
8	阿维菌素	10	10	21	三唑锡	10	100
9	多杀菌素	600	100	22	苯丁锡	30	400
10	苯醚甲环唑	500	330	23	咪鲜胺	670	670
11	氟硅唑	600	750	24	稻瘟灵	670	400
12	三唑酮	250	250	25	噻嗪酮	330	80
13	腈菌唑	250	250	26	精喹禾灵	330	300

（3）植物精油　植物精油是一类植物源次生代谢物质，分子量较小，可随水蒸气蒸出，具有一定挥发性和特殊香味的油状液体，成分较为复杂，对部分农药溶解性较高，可在环境中完全降解，环境相容性好，此外，部分植物精油还具有一定的生物活性和增效作用。我国植物资源丰富，植物精油种类众多，在替代甲苯、二甲苯等传统溶剂上具有良好前景。

桉叶油是从桉叶或其他植物中提取出来的，其主要成分为1,8-桉叶素，毒性较低，闪点也较高，目前，主要应用在医药和食品领域，经测定，桉叶油对部分农药具有一定的溶解能力，同时也具有一定的杀虫、杀菌活性，是一种替代乳油现有溶剂的良好选择。表12-19是以桉叶油为溶剂的乳油配方应用。

表12-19　以桉叶油为溶剂的乳油配方应用

有效成分及含量	乳化剂及用量（质量分数）	溶剂及用量
2% 阿维菌素	6%（Berol 9968 ： CH/450 =2 ： 1）	桉叶油补至 100%
2.5% 高效氯氟氰菊酯	8%（CH/450 ： CH/150 =1 ： 1）	桉叶油补至 100%
45% 马拉硫磷	5.3% Berol 9968，2.7% 0203B	桉叶油补至 100%
50% 乙草胺	6%（Berol 9968 ： CH/450=4 ： 1）	桉叶油补至 100%

7. 化学合成类溶剂

除天然溶剂外，通过化学合成的方法寻找对农药溶解度较好、闪点较高、无挥发性有机含碳化合物（VOC）、无生态毒性、对人畜安全、快速生物降解、与HSE法律法规相符合的溶剂用以替代目前大量使用的甲苯和二甲苯也具有可行性。例如，吡咯烷酮和丁内酯是在美国已经商品化的允许用于乳油产品的溶剂，在理化性能、环境降解和安全性等方面都非常优异，而且可以提高农药的生物活性。二价酸酯（dibasic ester，DBE）是由丁二酸二甲酯［$CH_3OOC(CH_2)_2COOCH_3$］，戊二酸二甲酯［$CH_3OOC(CH_2)_3COOCH_3$］和己二酸二甲酯［$CH_3OOC(CH_2)_4COOCH_3$］一起组合的溶剂，是由美国杜邦公司开发的无色透明、高闪点（约100℃）、气味很弱、低毒、可完全生物降解的环境友好型溶剂。目前，已被广泛用于涂料、烤漆、树脂、油墨、清洗剂和脱漆剂等行业，美国环保局（EPA）确认DBE为一种安全的溶剂，已经在农药乳油和微胶囊等剂型中大量使用。

（1）罗地亚绿色溶剂　法国罗地亚公司一直致力于绿色环保农药溶剂的研究和开发，推出了二甲酯类化合物和烷基酰胺类化合物等作为溶剂，对大多数农药具有良好的溶解性，闪点较高，毒性较低，符合绿色溶剂的要求。但是这些溶剂生产成本较高，难以在乳油中大量使用，可考虑作为助溶剂使用。

① 溶剂Rhodiasolv Polarclean　特点：不易燃，蒸汽压非常低，强极性，EC、EW、ME、SL等配方中的强力助溶剂，Hansen溶解度参数接近于传统极性溶剂（NMP、DMF、DMAC），生态毒性低。表12-20～表12-24分别为溶剂Rhodiasolv Polarclean的理化性能、毒性和生态毒性依据及配方。

表12-20　溶剂Rhodiasolv Polarclean理化性能

测试项目	测试结果	测试项目	测试结果
分子量	187.8	动态黏度（23℃）/ mPa·s	9.82 ± 0.02
折射率（20℃）	1.4610 ± 0.0005	凝固点 /℃	＜ - 60
密度（20℃）/（g/cm^3）	1.048 ± 0.001	相对蒸发速度（50℃）	0.0017 ± 0.0003
表面张力 /（mN/m）	36.3 ± 0.3	闪点（闭口）/℃	145 ± 1

续表

测试项目	测试结果	测试项目	测试结果
沸点（1.01kPa）/℃ 蒸气压（20℃）/Pa	280 ± 2 ＜ 0.01	水溶性	易溶

表12-21　溶剂Rhodiasolv Polarclean的毒性和生态毒性数据

测试项目	测试标准	测试数据
蚤类急性运动性抑制试验	OECD 202	CE_{50}（48h）＞ 100mg/L
藻类生长潜力测试	OECD 201	CE_{50}（72h）＞ 100mg/L
鱼类急性毒性测试	OECD 203	LC_{50}（96h）＞ 100mg/L
固有生物降解性	OECD 302B	96%，28d
急性皮肤刺激测试	OECD 404	非皮肤刺激物
离体急性眼睛刺激测试（BCOP test）	OECD 437	对眼睛无损害
活体急性眼睛刺激测试	OECD 405	对眼睛有刺激（R36）
皮肤过敏性测试（局部淋巴结化验）	OECD 429	非皮肤致敏物
急性经口毒性（大鼠试验）	OECD 423	＞ 2000mg/kg
细菌基因突变测试（Ames 试验）	OECD 471	无诱变性

表12-22　溶剂Rhodiasolv Polarclean应用配方一（氯氰菊酯微乳剂）

配方组分	氯氰菊酯	乳化剂 Antarox B/848	溶剂 Rhodiasolv Polarclean	水
含量 /%	11	25	30	34
配方性能	密度（20°C）：1.06g/cm^3；pH=4.5			

表12-23　溶剂Rhodiasolv Polarclean应用配方二（高效氯氟氰菊酯乳油）

配方组分	高效氯氟氰功夫菊酯	乳化剂 Geronol CH/850	溶剂 Rhodiasolv Polarclean
含量 /%	2.7	10	87.3
配方性能	密度（20℃）：1.05g/cm^3；pH= 4.1		

表12-24　溶剂Rhodiasolv Polarclean应用配方三（乙氧氟草醚乳油）

配方组分	乙氧氟草醚	乳化剂 Geronol TBE-724	溶剂 Rhodiasolv ADMA10	溶剂 Rhodiasolv Polarclean
含量 /%	24.2	10	40	25.8
性能	密度（20℃）：1.10g/cm^3；pH=5.0			

② 溶剂ADMA（烷基二甲基酰胺）　烷基二甲基酰胺主要包括*N*, *N*-二甲基辛酰胺（CAS号：1118-92-9）和*N*, *N*-二甲基癸酰胺（CAS 号：14433-76-2），适合各类农药活性成分，抑制晶体增长，中等极性，不易溶于水，高沸点，不易燃，低倾点。表12-25～表12-27分别为溶剂ADMA的理化性能及配方。

表12-25　溶剂ADMA理化性能

测试项目	测试结果	测试项目	测试结果
化学成分	烷基二甲基酰胺	含量 / %	100
外观（25℃）	无色到浅黄色透明液体	密度（20℃）/（g/cm^3）	0.88
水分（Karl Fisher）/%	＜ 0.3	黏度（20℃）/mPa · s	＜ 10

续表

测试项目	测试结果	测试项目	测试结果
闪点 /℃ 倾点 /℃ 沸点 /℃ 溶解性	＞110 ＜-10（ADMA 10），＜-15（ADMA 810） 300（ADMA 10），270 ~ 280（ADMA 810） 水中溶解度：＜0.2%（ADMA 10），0.5%（ADMA 810） 溶于常见极性溶剂和芳烃溶剂	生物降解性	易生物降解

表12-26　溶剂ADMA应用配方一（戊唑醇乳油）

配方组分	戊唑醇	Rhodiasolv ADMA 10	乳化剂 Geronol TEB-25	溶剂 Rhodiasolv Polarclean
含量 /（g/L）	263.2	383.8	100	255
配方性能	密度（20℃）：1.002g/cm^3；pH（5%）=4.5			

表12-27　溶剂ADMA应用配方二（戊唑醇水乳剂）

配方组分	戊唑醇	Rhodiasolv ADMA10	乳化剂 Geronol EW/36	溶剂 Rhodiasolv Polarclean	水
含量 /（g/L）	263.2	350	200	150	30

③ 溶剂Rhodiasolv® Green 25　Rhodiasolv® Green 25属于中强极性溶剂，可以作为农药配方中的主溶剂或助溶剂，具有杰出的毒性和生态毒性表现，不易燃，蒸汽压非常低，水溶性低。表12-28 ~ 表12-33分别为溶剂Rhodiasolv® Green的理化性能及配方。

表12-28　溶剂Rhodiasolv® Green 25理化性能

测试项目	测试结果	测试项目	测试结果
外观（20℃）	无色至浅黄色透明液体	倾点 /℃	-3
水分 /%	＜0.5	闪点 /℃	77
密度（20℃）/（g/cm^3）	0.99		
溶解性	不溶于水，溶于常见极性溶剂和芳烃溶剂		

表12-29　溶剂Rhodiasolv® Green 25应用配方一（阿维菌素乳油）

配方组分	阿维菌素	乳化剂 Rhodacal 60/BE	乳化剂 Soprophor796/P	溶剂 Rhodiasolv Green 25
含量 /（g/L）	19	30	70	875
配方性能	密度（20℃）：0.994 g/cm^3；pH= 4.0			

表12-30　溶剂Rhodiasolv® Green 25应用配方二（甲维盐乳油）

配方组分	甲维盐	乳化剂 Geronol RH-796	溶剂 Rhodiasolv Green 25
含量 /（g/L）	22	120	858
配方性能	密度（20℃）：1.00g/cm^3；pH= 6.2		

表12-31　溶剂Rhodiasolv® Green 25应用配方三（高效氯氟氰菊酯乳油）

配方组分	功夫菊酯	乳化剂 Geronol TE/300	溶剂 Rhodiasolv Green 25
含量 /（g/L）	116	100	794

表12-32　溶剂Rhodiasolv® Green 25应用配方四（苯醚甲环唑乳油）

配方组分	苯醚甲环唑	乳化剂 GeronolFF/4-E	乳化剂 Geronol FF/6-E	溶剂 Rhodiasolv Green 25
含量 /（g/L）	262	5	95	638

表12-33　溶剂Rhodiasolv® Green 25应用配方五（啶虫脒乳油）

配方组分	啶虫脒	乳化剂 Geronol RH/796	溶剂 Rhodiasolv Green 25
含量 /%	10	5.2	84.8

④ 溶剂 Rhodiasolv® RPDE（二价酸酯DBE） 溶剂Rhodiasolv® RPDE属于二价酸酯，不易挥发，不易燃，低气味，低毒性和低生态毒性，极易生物降解，无危险，使用安全，成本不高，为低成本无毒的绿色溶剂，具有中等溶解力，可以作为主溶剂应用在不需要极高极性的农药配方中，理化性能见表12-34。

表12-34　溶剂Rhodiasolv® RPDE理化性能

测试项目	测试结果	测试项目	测试结果
CAS 号	627-93-0、1119-40-0、106-65-0		
沸点 /℃	＞ 200	闪点 /℃	100
熔点 /℃	-20	水溶性	微溶
密度 /（g/cm^3）	1.09	危险指数	无

（2）乙酸仲丁酯　乙酸仲丁酯（SBAC）属于乙酸丁酯的4种同分异构体之一，与其他同分异构体的性能比较相似，为带有香味的无色液体，可以溶解多种有机物，具有溶解性能好、挥发速度适中、乳化效果好、性价比高、毒性小和残留少等优点，是一种环保型溶剂，被广泛应用于涂料、油墨、胶黏剂、清洗剂、稀释剂等行业中。与甲苯和二甲苯相比，乙酸仲丁酯对部分农药的溶解度较好，溶剂间的互溶性好，也容易乳化，能够配制出合格的乳油。此外，价格便宜、毒性小、采购手续简单。但是乙酸仲丁酯闪点较低（19℃），在使用时可能需要配合其他闪点较高的溶剂，见表12-35。

表12-35　乙酸仲丁酯与其他溶剂的毒性对比（美国TLV-TWA行业标准）

溶剂	车间空气中卫生标准 /（mg/m^3）	大鼠经口（LD_{50}）/（mg/kg）
乙酸仲丁酯	950	13400
乙酸正丁酯	700	10768
二甲苯	440	5000
甲苯	188	636
环己酮	235	1535

湖南中创化工股份有限公司生产的乙酸酯系列产品，摒弃了传统工艺路线，不仅工艺环保，无污染、无毒害，且生产成本大幅度降低，其中乙酸仲丁酯产品溶解力强，挥发速度适中，年产能为6万吨，替代乙酸正丁酯等酯类溶剂可降低成本，深受广大用户赞誉。乙酸仲丁酯理化性质、与其他溶剂部分理化性能比较及配方见表12-36～表12-38。

表12-36　乙酸仲丁酯的理化性质

项目	实测值	项目	实测值
外观	无色液体	闪点 /℃	19（闭口） 31（开口）

续表

项目	实测值	项目	实测值
分子结构式	$CH_3COOCH(CH_3)CH_2CH_3$	运动黏度（20℃）/（m^2/s）	0.7762
分子量	116.2	蒸发热 /（kJ/kg）	36.3
沸点（常压）/℃	112.3	比热容(20℃)/[J/(kg·℃)]	1.92
熔点 /℃	−98.9	爆炸上限（体积分数）/%	15.0
		爆炸下限（体积分数）/%	1.7
蒸气压（25℃）/kPa	3.2	折射率（20℃）	1.3894

表12-37　乙酸仲丁酯与其他溶剂部分理化性能比较

溶剂名称	理化性能				
	分子量	沸点 /℃	密度 /（kg/m^3）	闪点（开口）/℃	比蒸发速度
乙酸仲丁酯（SBAC）	116.2	112.3	867.43	31	180
乙酸正丁酯（NBAC）	116.2	126.1	881	27	100
乙酸异丁酯（IBAC）	116.2	118.3	875	31	152
乙酸乙酯（EAC）	88.1	77.1	900	7.2	525
甲乙酮（MEK）	72	79.6	805	−5.6	465
甲基异丁基酮（MIBK）	100	115.9	796	24.0	145
甲苯（TOL）	92.1	110.6	867	7.2	195
二甲苯（XYL）	106.2	138 ～ 144	866	25	68
环己酮（CYC）	98.2	155.7	948	44	25

表12-38　以乙酸仲丁酯为溶剂的乳油配方应用

有效成分及含量	乳化剂及用量（质量分数）	溶剂及用量
2% 阿维菌素	8%（农乳 601# ：农乳 500# =3 ： 1）	乙酸仲丁酯补至 100%
2.5% 高效氯氟氰菊酯	6%（CH/450 ： CH/150 =2 ： 1）	乙酸仲丁酯补至 100%
45% 马拉硫磷	10%（0203B ：农乳 500 # =4 ： 1）	乙酸仲丁酯补至 100%
50% 乙草胺	6%（0203B ：农乳 500# =2 ： 1）	乙酸仲丁酯补至 100%

乙酸仲丁酯在阿维菌素制剂生产中具有以下特点：① 溶解度较高。低温下无结晶析出，解决了部分油膏在低温凝固和有结晶析出的问题，可制备高含量油膏或根据顾客需要定制，满足不同用户的需求。② 有效成分稳定性好。在单剂和复配的产品中，经多批次的冷热储分析，阿维菌素很少降解，与甲苯、二甲苯加工的产品一致。③ 制剂稳定性好。经过配制阿维菌素微乳剂和乳油，使用乙酸仲丁醋油膏基本可以使用原来的乳化剂，部分产品的乳化剂用量还会低一些，产品性能与苯类溶剂相同。④ 生物活性。多次以小菜蛾、梨木虱进行活性测定，乙酸仲丁酯油膏加工的制剂药效与甲苯、二甲苯一致或稍高。乙酸仲丁酯某些特性近似于植物油，可改善药剂在植物和害虫表面的渗透性，促进药剂吸收，提高药效。

（3）其他　北京广源益农化学有限责任公司生产的GY-2040属于中高闪点酯类溶剂，溶解性好，生产储运安全性好，无致癌致畸作用，对农药生产者和使用者的健康不存在潜在危害，对高效氯氰菊酯、高效氯氟氰菊酯、阿维菌素、毒死蜱、丙草胺、二甲戊乐灵等溶解性较好且容易乳化，是替代苯类有机溶剂的理想产品。表12-39是溶剂GY-2040的理化性能。

表12-39 溶剂GY-2040的理化性能

测试项目	测试结果
外观	无色透明液体
气味	略带芳香味
密度（20℃）/（g/cm^3）	0.86～0.88
闪点/℃	31
倾倒点/℃	-20
沸点/℃	112.3

第二节 农药溶剂在不同剂型中的应用技术

在农药制剂加工与应用技术中，乳油、水乳剂、微乳剂、可溶性液剂、超低容量喷雾剂、静电喷雾剂等液体剂型均会不同程度地使用稀释剂（溶剂或载体），同时，乳化剂、润湿剂、渗透剂、喷雾助剂和悬浮剂助剂研制和生产应用中，常常也需要添加各种溶剂或助溶剂，溶剂往往对应用效果有显著影响。例如，阴离子型乳化剂农乳500#（十二烷基苯磺酸钙）的产品中使用的溶剂有甲醇、乙醇、丁醇和异丁醇，生产和应用的复配乳化剂中多数含有溶剂，其中展着剂使用溶剂量较大。

一、乳油

乳油是最基本的农药液体剂型之一，而溶剂的作用是溶解和稀释农药有效成分，便于加入适宜的乳化剂制成一定规格的乳油，选用溶剂需要使原药、乳化剂和溶剂三者之间相互配伍。除了高浓度无溶剂乳油外，大部分农药乳油都需要使用溶剂或助溶剂，由于常规乳油和特种乳油组成和性能有较大差别，溶剂的选择上也有较大差异。乳油使用的主要溶剂包括：甲苯、二甲苯、混二甲苯、粗苯、重质苯、C_9芳香烃（主要是三甲苯、甲乙苯和丙苯，馏程在150～170℃）、甲基萘、二甲基萘以及轻柴油芳烃等。乳油使用的助溶剂的作用是辅助有效成分在溶剂中溶解，主要品种有：甲醇、乙醇、正丁醇、丙酮、DMF、二甲基亚砜、环已酮、*N*-甲基吡咯烷酮等。

（1）常规乳油溶剂　常规乳油是指由常规溶剂、原药和乳化剂等三大基本要素构成，并用常规喷雾法施用的产品。溶剂选择在乳油配方设计中十分关键，对于同一农药品种，溶剂种类和用量不同，其乳油配方所需乳化剂及配方组成都会发生变化，乳油产品的特性也会发生变化；当需要特种溶剂或复配溶剂时，这种影响尤为突出。关于农药溶剂的应用技术，人们已做过多方面研究，其中比利时Tensia公司（现为OMIN Chem S. A.）曾根据溶剂、原药和乳化剂三者的基本性能，如亲水亲油性能和相容性，绘制了所谓乳油配制表，供制剂师在设计乳油配方时作为选用溶剂和乳化剂的参考。经验和实践证明，乳油产品设计和生产中，溶剂品种和性能规格是根据生产和应用情况而经常变化，需要对乳化剂、乳油配方进行检验和及时调整。当选用较亲水的溶剂时，乳化剂分子的亲油性部分（通常是阴离子ABS-Ca）的比例需适当降低，而亲水性部分的比例要相应提高；反之采用亲油溶剂时，如重质芳烃和脂肪烃溶剂，乳化剂亲油性组分比例提高，而亲水性组分比例相应降低，以便获得最佳性能的新乳油配方。

（2）特种乳油溶剂　特种乳油溶剂是指常规乳油溶剂以外的溶剂，其中包括专用溶剂，如ULV溶剂和改进乳油性能用溶剂，下面重点介绍植物油浓缩物和机油乳剂两种特种溶剂。

① 植物油浓缩物　此类溶剂主要作为喷雾助剂使用，具有展着、黏着和渗透等功能，溶剂组分是植物油如豆油、棉籽油等，有时也用石油馏分，其中含有15%～20%的乳化剂。通常植物油浓缩物与其他农药制剂联用，有助于除草剂更好渗透到处理杂草的内部。

② 机油乳剂　机油乳剂是以溶剂为有效成分的制剂，通常由机油溶剂和乳化剂组成，有时含有少量水，很早就开始应用。不管是适用于冬季还是夏季的机油乳剂，都是用不同规格的石油馏分作有效成分，乳化剂用量较低，一般1%～6%。适合不同种类机油的乳化剂已有数十种，国产农乳5202是专用于90%～95%的机油乳剂。机油乳剂经过多次更新换代，现在主要分为普通机油乳剂和精制机油乳剂两大类，主要区别在于机油规格，具体理化性能见表12-40。

表12-40　普通机油乳剂和精制机油乳剂的理化性能

机油	黏度	磺化值	石蜡含量	透明度	馏程
精制机油	低（70～90s）	＜8	＞65	高	约350～420℃
普通机油	高（180s）	20～22	低	低	高

在使用效果上，精制机油乳剂无论在作物休眠期或生长期施用均无药害，除柑橘、苹果、茶、桑等外，还可以防治黄瓜白粉病和螨类，比普通机油乳剂应用范围更广。

二、超低容量喷雾剂

农药超低容量喷雾技术简称ULV技术，是近20年来迅速发展起来的农药应用技术，是适应现代化农业生产，提高药效和作业效率，减少农药用量和环境污染的一项重大技术革新。ULV技术不仅作业效率高，一次装药处理面积大，且基本不用水稀释，适合缺水和取水不便地区，在防治农林业病虫杂草以及卫生防疫等方面都取得良好效果，已在全世界范围内广泛应用。ULV技术通常包括ULV喷雾系统（空中和地面）、ULV制剂和应用技术，ULV技术必须有专用ULV制剂才能获得满意效果，ULV制剂在配方和应用技术上均有特殊性，尤其对溶剂有专门性能要求，故称为ULV溶剂。

ULV是相对于普通高容量（HV）喷雾和低容量（LV）喷雾而言，国际协商的定义是ULV指每公顷处理面积上所用喷雾液体积少于5L，相当于每亩用喷雾液在300～350g。为了适应ULV技术要求，ULV制剂需要特殊性能，包括制剂黏度（20℃）要低于2×10^{-2} Pa·s（20cP），最好在5×10^{-3} Pa·s（5cP）以下；黏度受温度变化小，即黏温系数小；表面张力要适当低以避免产生大量粗滴和过细液滴；挥发性适度，避免雾滴运行过程中变小；药效好和对作物无药害。ULV制剂通常包括原药、溶剂和其他助剂，极少数直接使用液态原油ULV喷雾，如用马拉硫磷原油，但是绝大多数ULV制剂配方都或多或少需要溶剂，而且是特种溶剂，有时喷雾稀释时也用溶剂作稀释剂。为满足ULV技术要求，制剂中的溶剂应具有高溶解力、低挥发性、闪点高、表面张力低、凝固点和倾点低、无药害或可接受的低药害。

除少数超高效农药（如拟除虫菊酯、阿维菌素等）以外，ULV制剂大多为高浓度液体制剂，一般为20%～50%，日本杀螟硫磷超低容量制剂浓度达96%。对于固体农药品种，必须选择溶解能力强的溶剂，才能保证低温时不分层或析出结晶。国外多采用乙二醇甲醚或乙二醇乙醚、异佛尔酮和环己酮等，但是价格昂贵，来源困难，难以推广。因此，人们常采用混合溶剂，使用价格低，有一定溶解性的高沸点烷烃、芳烃和植物油，采用高沸点、溶解性强的吡咯烷酮和二甲基甲酰胺等为助溶剂。1974年，中国农业大学相关研究小组试验筛选出一缩、二缩乙二醇混合液、仲辛醇、C_9芳香烃、二线油（馏程180～280℃柴油芳烃）等作为超低量制剂的溶剂。此外，荷兰菲利浦-杜法公司报道了几种ULV溶剂对多种农药的溶解性，并与二甲苯对照，见表12-41。

表12-41　ULV溶剂对部分农药的溶解性能（20℃）　单位：g/100mL

农药品种	异佛尔酮	六甲基磷酸叔胺	二甲基甲酰胺	二甲苯（对照）
克百威	4.5	36	20	1
西维因	15.0	50	45	9
乐果	80	95	100	
硫丹	48	71.5	71	60
异艾氏剂	36	42	33	35
林丹	40	44	67	24
杀螨砜	38	44	16	32
三氧杀螨砜	12	32	36	12.5

黏度较低和黏度随温度变化小，即黏温系数小可保证应用时获得较稳定的流速和ULV喷雾粒谱。表12-42是部分常规ULV溶剂的黏度。

表12-42　部分常规ULV溶剂的黏度（20℃）　单位：mPa·s

溶剂	黏度	溶　剂	黏度
乙腈	0.35（21℃）	二甲亚砜	1.98（25℃）
苯	0.65	乙二醇	19.9
间二甲苯	0.62	异丙醇	2.39
二甲基甲酰胺	0.80（25℃）	环己醇	68.0
溶剂汽油	0.53	蓖麻油	986.0
动力柴油	1.8 ～ 1.9	松树油	11.0
Solvesso 150	3.6	异佛尔酮	2.62
环己酮	2.2（25℃）	*N*- 甲基吡咯烷酮	1.65（25℃）
2- 吡咯烷酮	13.30（25℃）		

ULV雾滴较小（80～150μm），易随气流飘散，且越小的雾滴由于其表面积大而蒸发率高，蒸发会引起温度降低，尤其在旋转雾化头的纱网上容易形成凝结，影响流率稳定甚至最后堵塞输液管。因此，ULV技术中尽量避免使用水等易挥发液体，应该使用低挥发溶剂。溶剂少量蒸发影响并不大，只要预先估计蒸发，使从雾化头出来的液滴比最宜液滴大即可。由于植物急性药害的发生常是由雾粒非挥发性组分（包括溶剂在内）引起，所以要适当考虑低挥发性和药害之间的平衡关系。溶剂挥发性是与沸点、闪点直接相关，低挥发性溶剂的沸点、闪点较高。ULV喷雾尤其航空ULV喷雾时，若溶剂闪点低还易引发火险，从而影响制剂生产储运安全性，表12-43和表12-44分别列出了部分ULV溶剂的蒸发性能和表面张力。

表12-43 部分ULV溶剂的蒸发性能（20℃）

溶剂	30% 蒸发所需时间	50% 蒸发所需时间	7h 蒸发量 /%
异丙醇	10min	—	100
二甲苯	18min 和 30min	1h	100
环己酮	1h	—	100
溶剂石脑油	1h	—	100
溶纤剂	1h	—	100
石油溶剂	1.5h	—	100
动力煤油	2h	—	44
二甲基甲酰胺	3h 和 4h	6.5h	55
轻聚丁烯	94h	—	10
异佛尔酮	8h	13h	—
六甲基磷酸叔胺	＞ 48h	＞ 48h	—

表12-44 部分ULV溶剂的表面张力（20℃）

溶 剂	表面张力 /（mN/m）	溶 剂	表面张力 /（mN/m）
异丙醇	21.2	苯	28.9
乙醇	21.6	二甲苯	29.0
丙酮	23.7	甲苯	28.4
煤油	24.0	乙腈	29.3
柴油	30.6	2- 吡咯烷酮（25℃）	47.0
二甲亚砜（25℃）	42.9	*N*- 甲基吡咯烷酮（25℃）	41.0
二甲基甲酰胺（25℃）	35.2		

ULV溶剂要求对作物无药害或很小，但实现起来很困难，因为溶剂满足药害小时通常与挥发性、溶解性能和货源价格等其他必要条件相矛盾。挥发性较低的芳烃、醇类和酮类溶剂对作物药害较高，兼具低挥发性和低药害的石油溶剂、煤油等脂肪族溶剂通常对农药溶解性能较差。植物油对农药溶解性能也较差，且与液体农药一般相容性差，自身黏度也较高。松树油、异佛尔酮等一些特殊溶剂在溶解性能、挥发性和黏度方面都较好，但药害很严重。乙二醇和乙二醇醚综合性能较好，但价格高，难以广泛应用。此外，ULV溶剂的化学稳定性也很重要，一般要求不能低于乳油用溶剂，理想的ULV溶剂可以通过采用混合溶剂，添加特殊药害减轻剂，同时开发新型ULV溶剂等实现。

（1）ULV溶剂主要类型和品种（包括制剂配方和稀释剂）

① 高沸点芳烃　重芳香石脑油、重质芳香萘、甲基萘、溶剂石脑油，Solvesso-100、Solvesso 150和Solvesso 200。

② 酮类　异佛尔酮（如Duphar# 溶剂）、环己酮、*N*-甲基吡咯烷酮和2-吡咯烷酮等。

③ 脂肪烃　柴油、动力煤油和Risella917等。

④ 高沸点醇　包括$C_2 \sim C_8$烷基乙二醇，如丁（戊、己）二醇、壬醇及其他不饱和脂肪醇等。

⑤ 植物油　蓖麻油和松油等。

⑥ 其他特殊ULV溶剂　包括重芳烃（C_9芳烃为主）、轻柴油芳烃、二甲基甲酰胺、六甲基磷酸叔胺、轻聚丁烯、乙基溶纤剂、重烷基化物和Parasol AN-5等。

（2）新型ULV溶剂及应用技术　20世纪80年代以来，人们开始对ULV技术进行深入研究和推广应用，研究开发了各种类型的新型ULV溶剂及应用技术。主要研究成果如下：① 杀螟硫磷ULV复合溶剂。改进了以往采用乙基溶纤素带来的化学稳定性差的问题，是新型ULV复合溶剂，包括：环己酮-乙酸苄酯；烷基酚，如C_9H_{19}—Ph—OH或亚麻仁油-萘系溶剂或石蜡烃如柴油；重质芳烃（C_9～C_{20}芳烃）、Solvesso 150-Velsicol AR-60；丁基溶纤素-二甘醇乙醚-二甘醇二乙醚。② 甲萘威ULV溶剂。α或β-吡咯烷酮，甲基吡咯烷酮与聚乙二醇。另一专利使用乙二醇单乙酸酯$HOCH_2CH_2OOCCH_3$（EGMA）作溶剂，制剂药害轻和长期稳定，不产生沉淀，比以往用的乙基溶纤剂（EGME）更好。③ 杀螟硫磷、马拉硫磷和二嗪磷等LV和ULV喷雾用乳油溶剂为甲基、乙基和丁基溶纤素，可降低稀释倍数作LV和ULV喷雾。④ 恶虫威ULV溶剂采用低挥发性溶剂，溶剂沸点200～400℃，闪点100～300℃，实例为石蜡油如Risella El、Fyzollie、K1earol等，还包括动物油、植物油以及矿物油等溶剂，制剂在40℃下稳定3个月。⑤ 有机磷杀虫剂ULV溶剂为动植物油、脂肪、蜡、高级醇和脂肪酸等，实例有大豆油、蓖麻油、棉籽油等。⑥ 毒死蜱ULV溶剂为平均分子量1000～1500的聚丙二醇和水不溶性聚丁二醇及其共聚物。

除上述ULV溶剂及制剂外，近年来，国内外还研制成功特种ULV制剂，包括O/W型乳状液、微乳状液、油悬剂和ULV用乳油。我国的ULV通用油剂是既可作ULV喷雾，又可作常规乳油施用的剂型，表12-45～表12-51是ULV溶剂配方实例。

表12-45　杀螟硫磷ULV溶剂配方

配方一	杀螟硫磷	Solvesso 150	配方二	杀螟硫磷	2-乙基-1,3-乙二醇
配比	107.5g	16.77g	质量分数/%	60	40

表12-46　稻瘟灵ULV溶剂配方

配方组分	稻瘟灵	2-甲基-2,4-戊二醇	二甲苯	Sorpol 3005X
含量/%	30	30	35	5

表12-47　溴氰菊酯ULV溶剂配方

配方组分	溴氰菊酯	乐杀螨	Solvesso 150	棉籽油
含量/%	4.2	1.10	40.00	54.70

表12-48　甲萘威和林丹复配ULV溶剂配方

配方组分	甲萘威	林丹	*N*-甲基吡咯烷酮	甲苯
含量/%	(7/8)×35	(1/8)×35	40	25

表12-49　溴硫磷ULV溶剂配方

配方组分	溴硫磷	DMF	甲苯
含量/%	40	40	20

表12-50　敌百虫ULV溶剂配方

配方组分	敌百虫	*N*-甲基吡咯烷酮	乙二醇
配比	40～50g	45～60g	补至100g

表12-51 皮蝇磷ULV溶剂配方

配方组分	皮蝇磷	甲苯或二甲苯	矿物油	蜂蜡
含量/%	16 ~ 18	55 ~ 57	26 ~ 28	0.1 ~ 0.25

三、可分散油悬浮剂

可分散油悬浮剂（OD）是将熔点较高、油基中溶解度低的农药有效成分以细小颗粒分散悬浮于油相介质中形成稳定的悬浮体系。油悬浮剂可以提高农药有效成分的渗透性和内吸性，有利于药效发挥，是水基、颗粒剂等的重要补充，对水较敏感的农药可制成该剂型产品。目前，烟嘧磺隆、五氟磺草胺、甲基二磺隆等农药多加工成油悬浮剂，常用的溶剂（油相介质）主要有植物油（如大豆油、玉米油、松节油、菜籽油等）及其衍生物（甲酯化植物油、环氧化植物油）、矿物油（如Essobayol和Kawasol等石蜡油系列）、甲基萘、高级脂肪烃油等。文献报道邻苯二甲酸酯、二月桂醇酯、乙酸乙酯、二环已酯、二环辛酯、苯甲酸甲酯或乙酯等也适合部分农药油悬浮剂的制备。其中，国内油酸甲酯应用比较广泛，主要供应商有河北沧州大洋化工有限责任公司、河北金谷油脂科技有限公司、上海卓锐化工有限公司和浙江捷达油脂有限公司等。

四、热雾剂

热雾剂，也称为油雾剂或油烟剂，是指将液体或固体农药溶解在具有适当闪点和黏度的溶剂中，再添加其他成分调制成一定规格的制剂。使用时，通过喷烟机将热雾剂定量地压送到烟化管内，与高温、高速的热气流混合喷入大气中，形成微米级的烟。热雾剂的烟雾微细，可以被气流送至很远很高的距离，较好地达到作用靶标的效果，并具有长时间弥散和飘浮能力，多项性沉积和良好的穿透性能，不用兑水使用，克服了山地施药难以及水源短缺的问题，主要应用于森林、果园、仓库等场合的病虫害的防治。

溶剂是热雾剂的主要组成，其理化性质对热雾剂性能影响很大，因此，选择溶剂时需要考虑以下几个方面：① 溶剂的苯胺点越低说明芳香烃含量越高，溶解能力越强。② 由于热雾剂是通过高温、高速气流使有效成分分散成雾滴，溶剂的其可燃性在很大程度上取决于所用溶剂的可燃性，因此，对所用溶剂的闪点要求特别严格，通常需要闪点较高的溶剂。③ 黏度是影响热雾剂雾滴大小的因素之一，溶剂黏度小易于分散，可提高覆盖率，但是黏度太小，会形成极微细雾滴，容易发生飘移。④ 溶剂挥发性大，容易导致喷雾过程中因溶剂强烈挥发，雾滴变小，飘移加重，因此，溶剂的挥发性不宜过大。目前，热雾剂的研究和应用并不多，选择一种既符合热雾剂各项性能（如溶解性、挥发性、闪点和黏度等）要求，又经济、安全的理想溶剂比较困难，在实际中常用混合溶剂，即一种主溶剂与一种助溶剂混合，一般以矿物油作为主要溶剂，芳香烃、醇、酮等作为助溶剂。

五、气雾剂

气雾剂主要是由有效成分和推进剂组成，有效成分多以氯菊酯、胺菊酯、氯氰菊酯等为主，而推进剂既是气雾剂的推进动力，又是有效成分的溶解剂和稀释剂，以气雾方式将有效成分变为气溶胶状态，使害虫通过接触或内吸方式中毒死亡。气雾剂的推进剂需要具备以下条件：具有较低沸点和较高蒸气压，挥发速度较快，以便形成细微的雾滴，同时还要求毒性低，不易燃，成本低，对气雾剂罐体无腐蚀作用。气雾剂配方不合理，杀虫效果不明显，且易污染环境，增加害虫抗性，同时由于气味难闻，可引起人们身体不适，出现咳嗽、气喘和上呼吸道感染等症状。

气雾剂按照使用推进剂（溶剂）不同可分为油基、醇基和水基3种，常用的油基推进剂有异丁烷、脱臭煤油、氟利昂溶剂油等，由于氟利昂对大气臭氧层的破坏，正在被淘汰。为了提高有效成分溶解度，常添加环己酮等助溶解。油基溶剂能溶解虫体表皮的蜡质层，有助于药液快速渗透进入昆虫体内，杀虫效果较好，药效稳定，相同成分气雾剂杀虫效果：油基＞醇基＞水基。目前，由于油基溶剂对环境的污染及本身的毒性，一些国家正在控制油基气雾剂的生产和使用，而醇基气雾剂是介于油基气雾剂和水基气雾剂之间的过渡剂型，最终将被水基所代替。水基气雾剂减少了对环境的污染，且无刺激性气味，不易燃烧，提高了生产运输过程中的安全性，安全性排序：水基＞醇基＞油基。但目前水基气雾剂还存在对药剂溶解性、稳定性较差，对气雾剂罐体有腐蚀以及对害虫体壁渗透力弱等技术问题，从而影响了其广泛应用。

六、静电喷雾油剂

静电喷雾技术是一种高效的农药喷施技术，具有以下特点：① 喷施药液微粒更小，带同性电荷，相互排斥，分散均匀；② 喷施药液微粒穿透力强，可以分布到树冠内部和叶片正反面，吸附能力增强；③ 施药效率高，节省劳动力，节约成本，有利于控制农药残留。近年来，静电喷雾技术逐渐用于防治农作物病虫草害，收到良好效果。

静电喷雾油剂在超低喷雾油剂基础上添加了静电剂，其使用溶剂类似于超低喷雾油剂中使用的溶剂，基本性能要求也相似。不同之处需要考虑溶剂电阻率的影响，除在超低喷雾油剂中介绍的溶剂外，还有EXXSOL（非芳烃）和Solvesso（芳烃）系列溶剂，其基本性能及所配制二氯苯醚菊酯静电喷雾油剂相关性能参数见表12–52和表12–53。

表12–52　二氯苯醚菊酯静电喷雾制剂的有关性能参数

溶剂或制剂	黏度（25℃）/mPa·s	黏度变化率（10 ~ 40℃）/mPa·s	电阻率/Ω·cm	电阻率波动范围/Ω·cm
EXXSOL D60（溶剂）	1.50	0.02	5×10^{14}	（2 ~ 8）$\times10^{14}$
Solvesso 150（溶剂）	1.2	0.013	8×10^{12}	（5 ~ 20）$\times10^{12}$
制剂 A	13 ~ 14	0.26	2×10^{8}	—
制剂 B	15 ~ 16	0.26	6×10^{8}	—

表12–53　二氯苯醚菊酯静电喷雾制剂A和制剂B的配方

配方成分	二氯苯醚菊酯	EXXSOL D60	Solvesso 150	环已酮	CERECHLOR42
配方 A（质量分数 %）	5	35	—	10	50
配方 B（质量分数 %）	5	—	35	10	50

白油溶剂具有挥发性低，低刺激性和低药害，基本无臭味等特点，除作为乳油溶剂外，也是静电喷雾油剂用溶剂之一。国内生产应用的白油有两种规格，按《工业白油》（SH/T 0006—2002），主要技术指标如表12–54所示。

表12-54 静电喷雾用白油溶剂技术指标

项目	规格一	规格二	项目	规格一	规格二
运动黏度（50℃）/（$10^{-6}m^2/s$）	＞36	＞10	凝点/℃	＜-20	＜-30
运动黏度（100℃）/（$10^{-6}m^2/s$）	＞7	＞3	密度（20℃）/（g/cm^3）	＞0.870	＞0.850
酸值/（mg KOH/g）	＜0.05	＜0.05	硫含量/%	＜0.1	＜0.1
闪点（开口）/℃	＞210	＞165	水分/%	无	无
开口闪点与燃点差/℃	＞28	＞28			

七、可溶性液剂

可溶性液剂（soluble concentrace, SL）是指用水稀释后有效成分形成真溶液的均相液体制剂，一般要求其有效成分具有一定的水溶性。配制可溶性液剂所选用溶剂，要求不仅对制剂中活性组分（原药）有好的溶解性，而且与制剂其他组分相溶性好，不分层，不沉淀，低温不析出结晶，不与原药发生不利的化学反应。可溶性液剂中的有机溶剂是以甲苯、二甲苯等极性较小的芳香烃类溶剂为主溶剂时，通常还需要加入酮类、醇类、乙腈、DMF等助溶剂；也有直接使用丙酮、甲醇、乙醇、乙腈、二甲亚砜、DMF等极性较大的溶剂作为溶剂。制剂中需要使用乳化剂以便用水稀释时使可溶性液剂增溶到水中形成稳定性较好的溶液，表12-55是以混合溶剂制备的稳定的氨基甲酸酯农药液剂配方。

表12-55 稳定的氨基甲酸酯液剂配方

配方成分	氨基甲酸酯	DMF	二甲苯	—	—
含量/%	40	30	30	—	—
配方成分	氨基甲酸酯	DMF	烷基芳烃	羟乙基乙酸酯	—
含量/%	40	30	15	15	—
配方成分	氨基甲酸酯	DMF	二甲苯	二辛基邻苯二甲酸酯	壬基酚聚氧乙烯醚磷酸酯
含量/%	30	25	20	15	10

八、水面扩散剂

水面扩散剂是将农药活性组分溶于含有相关助剂的有机溶剂中，当药剂滴入水面时，药物即迅速在水面自动扩散并形成药物薄膜，水中扩散速度快，使之在水面铺展完整覆盖于水面，这种薄膜一经形成，在表面张力作用下，即可长时间漂浮在水面且可沿植株爬覆，对植株渗透性高，达到省力化的目的。水面扩散剂所用溶剂一般以二甲苯、甲苯为主，有时还需加入DMF、酮类助溶剂。近年来，多使用豆油酸甲酯、棕榈油酸甲酯、动物油酸甲酯、月桂酸甲酯和椰油脂肪酸甲酯和生物柴油等相对环保的溶剂。

九、涂抹剂（含涂布剂）

涂抹剂（含涂布剂）与同膏剂类似，主要也是用于防治树干病害，剂型总的成分主要有分散助悬剂如CMC、黄原胶、木质素磺酸盐；稳定剂如膨润土、轻质碳酸钙；黏度调节剂如聚乙烯醇、羧甲基纤维素；pH 调节剂如磷酸二氢钾、尿素以及渗透剂等。涂抹剂用溶剂一般为芳香烃类溶剂，有时还需加入醇、酮类助溶剂。

十、膏剂（含糊剂）

膏剂（含糊剂）在防治树干病害上应用较多，膏剂中有效成分含量较高，一般以植物油或矿物油（如液体石蜡油、机油等）为溶剂。

十一、注杆液剂

注杆液剂中的溶剂一般为二甲苯、甲苯等。

十二、制剂改性和特种用途溶剂

① 低黏度溶剂　德国拜耳公司开发的配方用低黏度溶剂是内酰胺与羟基化合物的络合物。

② 芳香性农药液剂用溶剂　溶剂组成为：二乙基乙二醇（55%～65%），甲醇（5%～15%）和二氯甲烷（20%～40%），适用于固体或液体农药液剂。

用1,8–对盖二烯为溶剂配制的卫生防疫用乳油和油剂毒性低，气味芳香，并具有长期稳定性。该溶剂以柑橘皮为原料，属天然植物油溶剂，配方实例见表12–56。

表12–56　以1,8–对盖二烯为溶剂的杀螟硫磷乳油配方

配方成分	杀螟硫磷	1,8–对盖二烯	Newkalgen KH-B
用量/%	10	85	5

③ 高沸点低毒性有机溶剂　用于杀虫剂制剂的溶剂，要求沸点高于200℃，对白鼠急性口服和经皮毒性LD_{50}≥500mg/kg。依此标准选出的溶剂有芳香性羧酸酯，如苯甲酸酯、苄基化酯、肉桂酸酯、邻苯二甲酸酯、二甲基邻苯二甲酸酯；磷酸酯或亚磷酸酯；萜烯或聚合萜烯。美国氰胺公司推荐用聚乙二醇溶剂降低某些农药制剂的毒性。

④ 改进杀虫剂和杀菌剂制剂的水面扩展性的溶剂　与水有良好互溶性又能很快扩展的混合溶剂中的亲水性溶剂以乙基溶纤素为代表，还包括三乙醇胺、异丙醇、二氧六环和乙醇等其他亲水性溶剂。亲油性溶剂以混合二甲苯为代表，还包括环己酮、正丁醇、乙酸乙酯和甲苯等其他亲油性溶剂。

⑤ 高浓度有机物杀螨乳油用溶剂　一元、二元饱和以及不饱和醇，最好含有一个或多个烷氧基、酮缩二醇基、烷氧基羧基和羧基。

⑥ 羊用防治体外寄生虫乳油的双溶剂系统　第一溶剂是C_3～C_4醇和1～3mo1环氧乙烷的络合物或者C_1～C_4醇和1～3mo1环氧丙烷的配合物。第二溶剂为C_2～C_6二元羧酸的C_1～C_6醇酯，或者C_2～C_6二元醇的C_1～C_6羧酸酯，C_3～C_6醇的1～3mo1环氧乙烷或环氧丙烷配合物的C_2～C_6羧酸酯。

⑦ 利谷隆和氟乐灵混合乳油用特种溶剂兼稳定剂苯乙酮。

⑧ 改进拟除虫菊酯乳油的安全性和降低毒性的控制液滴技术（CDA）用溶剂　聚乙二醇或聚丙二醇等是控制液滴技术（CDA）中用量较大的溶剂。CDA是与ULV同期开发的应用技术，其特点主要是应用专门设计的喷雾头和配套装置，对制剂也有一些特殊要求。适合CDA技术的农药品种和加工剂型是经过筛选确定的，例如，二氯苯醚菊酯的CDA制剂，推荐的溶剂为EXXSOL D100，也是CDA技术中一种专用油剂的溶剂，与在ULV制剂中的作用相似，制剂配方组成见表12–57。此外，还可使用溶剂Solvesso 200等。

表12-57　二氯苯醚菊酯的CDA制剂配方组成

配方成分	二氯苯醚菊酯	EXXSOL D 100
用量 /%	5	95

⑨ 制备农药-液体化肥复合体稳定乳油用溶剂　农药-液体化肥复合体稳定乳油对溶剂也有特殊要求，可选择溶剂包括四氢呋喃醇、单低级烷基乙二醇醚、丙二醇和单低级烷基乙二醇醚乙酸酯。此外，对于该类乳油，植物油或者含表面活性剂的植物油浓缩物也是有效的。

参考文献

[1] Knowles D A. Trends in Pesticide Formulations [M] . London：UK，2001: 45–48.
[2] Patrick M. Recent advances in agrochemical formulation. Advances in Colloid and Interface Science, 2003, 106: 83–107.
[3] 刘广文. 现代农药剂型加工技术. 北京：化学工业出版社，2013.
[4] 凌世海. 从农药液体制剂中的溶剂谈农药剂型的发展. 农药市场信息，2004，14:17–20.
[5] 吴学民，徐妍. 农药制剂加工实验. 北京：化学工业出版社，2009.
[6] 张一宾，张怿. 世界农药新进展（一）. 北京：化学工业出版社，2006.
[7] 张一宾，张怿，伍贤英. 世界农药新进展（二）. 北京：化学工业出版社，2010.
[8] 邵维忠，王早骧，缪鑫才，等. 农药助剂. 第3版. 北京：化学工业出版社，2002.
[9] 刘步林，吕盘根，邵维忠，等. 农药剂型加工技术. 北京：化学工业出版社，1998.
[10] 沈晋良，周明国，胡美英，等. 农药加工与管理. 北京：中国农业出版社，2002.
[11] 徐燕莉. 表面活性剂的功能. 北京：化学工业出版社，2000.
[12] 崔正刚，殷福扇. 微乳化技术及应用. 北京：中国轻工业出版社，1999.
[13] 肖进新，赵振国. 表面活性剂应用原理. 北京：化学工业出版社，2003.
[14] 梁文平. 乳状液科学与技术基础. 北京：科学出版社，2001.
[15] 沈钟，赵振国，王果庭. 胶体与表面化学. 第3版. 北京：化学工业出版社，2000.
[16] 刘程，米裕民. 表面活性剂性质理论与应用. 北京：北京工业大学出版社，2003.
[17] 郭武棣. 农药剂型加工丛书-液体制剂. 第3版. 北京：化学工业出版社，2004.
[18] 焦学瞬，贺明波. 乳状液与乳化技术新应用-专用乳液化学品的制备及应用. 北京：化学工业出版社，2006.

第十三章

农药助剂管理及禁限用相关现状

随着国家对环保的要求趋严及行业持续发展的需求，传统芳烃类溶剂在农药乳油等剂型中的使用将越来越受到关注，已经发布的行业标准对乳油中有害溶剂进行了限量要求，其他制剂如微乳剂、可溶液剂、水乳剂等涉及的溶剂、助剂也将会受到关注。为加强农药助剂管理，保证农产品质量安全，在广泛调研的基础上，农业部农药检定所起草了《农药助剂禁限用名单》（征求意见稿），而国外的一些法律法规也需要我们关注。对于助剂开发及农药制剂研发人员来说，助剂安全性不容忽视，了解相关政策法规，及时跟进、深入了解这些禁用限用物质和潜在风险物质组分的发展动态，就显得尤为重要，同时也是对生态环境保护的一种责任所在。

一、农药乳油中有害溶剂限量带来的助剂开发和配方研究

制剂体系中传统溶剂更新换代是趋势，也是现实。新型溶剂的出现，必将需要配套乳化剂的创新，才能适应新型乳油的可持续发展。目前市场上农药产品中，传统乳油制剂还占有约30%以上的份额，制剂中的溶剂主要是苯、甲苯、二甲苯、混苯等芳香烃类和甲醇、二甲基甲酰胺等有机溶剂，这些溶剂对生产安全、人身健康和生态环境有较大隐患，部分有明显的致癌作用，对农药生产者和使用者的健康有潜在危害；易燃易爆的低闪点溶剂对储运安全有很大危险；而甲醇、DMF与水互溶，使用后极易污染水源。2013年已经发布了化工行业标准HG/T 4576-2013《农药乳油中有害溶剂限量》，农药乳油中有害溶剂限量的要求如表13-1所列。

表13-1　农药乳油中有害溶剂限量的要求

项目		限量值 /%
苯质量分数	≤	1.0
甲苯质量分数	≤	1.0
二甲苯质量分数①	≤	10.0
乙苯质量分数	≤	2.0

续表

项目		限量值 /%
甲醇质量分数	≤	5.0
N,*N*– 二甲基甲酰胺质量分数	≤	2.0
萘质量分数	≤	1.0

① 为邻、对、间三种异构体之和。

为配合行业管理部门的政策实现，为了环境及安全，选择安全的惰性成分溶剂替代乳油中二甲苯（或甲苯）等溶剂，在满足以下一些条件的基础上选择一些环境友好型溶剂和配套乳化剂显得尤为重要：

① 溶剂对所配制的农药溶解能力要好，要对其有足够的溶解度，低温不析出结晶；

② 溶剂及乳化剂与制剂的其他成分的相容性要好，配成的制剂稳定不分层，不与其成分发生反应；

③ 溶剂及乳化剂不易挥发，对动植物无药害，对环境友好；

④ 配成的制剂用水稀释后能形成稳定的乳状液；

⑤ 溶剂及乳化剂质量稳定，货源充足，价格适中等。

目前，国内大量使用的乳油产品，在不改变现有产品剂型和含量的条件下，对乳化剂进行适当调整，即可满足溶剂限量要求，简单方法如首选一些重芳烃类溶剂（$C_9 \sim C_{10}$），沸点较高的溶剂油（如150号、200号溶剂油等），其主要成分为三甲苯，溶解性能和制剂乳化性能接近当前大量使用的二甲苯体系。

但考虑国内政策、法规的更新比较快，以及三甲苯对环境的潜在影响等问题，还是建议考虑更长远一些，尽可能彻底改变溶剂或剂型，以满足未来较长时间产品生产与销售的需要。

在技术指标满足的条件下，可以选择更为环保安全的溶剂，如植物油或改性植物油（大豆油、松脂油、脂肪酸甲酯、油酸甲酯）、矿物油类（白油、脱臭煤油）、合成有机溶剂如碳酸二甲酯、乙酸仲丁酯、长链酰胺类（如癸酰胺）等。在绿色溶剂开发应用方面，国内外企业如巴斯夫等开发了绿色溶剂、福建诺德开发了松脂基植物油绿色溶剂，近年来企业及研究院所在矿物油、脂肪酸甲酯等应用方面做了大量的工作，取得了较大的进展。

农药溶剂与农药剂型的发展以及市场的需求紧密相关。我国农药产品正在向高效、安全、使用方便、环保且经济的方向发展，水基化、颗粒化、缓释型和多功能复合型农药制剂的开发日益受到生产和使用者的青睐。安全的绿色溶剂及其配套的助溶剂、乳化剂将是未来农药产品研发和应用关注的重点。溶剂的毒性以及环境安全性必将纳入助剂管理之中，一些新的剂型以及加工方法、助剂和溶剂产品会不断开发应用，苯类等溶剂的限制使用必将为新型环保溶剂、农药表面活性剂和制剂企业带来新的发展机遇。

二、农药助剂禁限用情况进展

为加强农药助剂管理，保证农产品质量安全，2015年7月，农业部农药检定所起草了《农药助剂禁限用名单》（征求意见稿），详见表13–2和表13–3。

表13–2 农药助剂禁用名单

序号	中文名称	英文名称	CAS 号
1	1,4– 苯二酚、对苯二酚	1,4–benzenediol hydroquinone	123–31–9

续表

序号	中文名称	英文名称	CAS 号
2	邻苯二甲酸二（-2- 乙基己）酯	di-ethylhexylphthalate	117-81-7
3	己二酸二 -（2- 乙基己）酯	di-(2-ethylhexyl) adipate	103-23-1
4	乙二醇甲醚 乙二醇乙醚	ethylene glycol monomethyl ether; methyl celulosive 2-ethoxyethanolethanol,2-ethoxy(celulosive)	109-86-4 110-80-5
5	罗丹明 B	rhodamine B	81-88-9
6	孔雀绿	malachite green	568-64-2 2437-29-8
7	苯酚	phenol	108-95-2
8	壬基酚（支链与直链）	nonyl phenol(NP) nonylphenol 4-nonylphenol, branched	104-40-5 25154-52-3 84852-15-3
9	壬基酚聚氧乙烯醚	polyoxyethylene nonylphenol	9016-45-9

表13-3　农药助剂限用名单

序号	中文名称	英文名称	CAS 号	限量 /% ≤
1	乙腈	acetonitrile	75-5-8	1
2	1,2,3- 苯并三唑	1,2,3-Benzotriazole	95-14-7	1
3	苯	benzene	71-43-2	1
4	乙二醇丁醚	2-butoxy-l-ethanol	111-76-2	1
5	1- 丁氧基乙氧基 -2- 丙醇	1-butoxyethoxy-2-propanol	124-16-3	1
6	邻苯二甲酸苄丁酯	butyl benzyl phthalate	85-68-7	3
7	环氧丁烷	butylene oxide	106-88-7	1
8	甲基丙烯酸丁酯	butyl methacrylate	97-88-1	1
9	氯乙烷	chloroethane	75-00-3	1
10	对氯间二甲苯酚	*p*-chloro-*m*-xylenol	88-04-0	1
11	甲酚	cresols	1319-77-3	1
12	间甲酚	*m*-cresol	108-39-4	0.1
13	对甲酚	*p*-cresol	106-44-5	0.1
14	邻甲酚	*o*-cresol	95-48-7	1
15	环己酮	cyclohexanone	108-94-1	10
16	邻苯二甲酸二丁酯	dibutyl phthalate	84-74-2	0.3
17	1,2- 二氯乙烯	1,2-dichloroethylene	540-59-0	1
18	二氯甲烷	dichloromethane (methylene chloride)	75-09-2	1
19	双氯酚	dichlorophene	97-23-4	1
20	1,2- 二氯丙烷	1,2-dichloropropane (propylene dichloride)	78-87-5(6)	1
21	二乙醇胺	diethanolamine	111-42-2	1

续表

序号	中文名称	英文名称	CAS 号	限量 /% ≤
22	二乙二醇丁醚	diethylene glycol monobutyl ether	112–34–5	3
23	二乙二醇乙醚	diethylene glycol monoethyl ether	111–90–0	3
24	二乙二醇甲醚	diethylene glycol monomethyl ether	111–77–3	3
25	邻苯二甲酸二乙酯	diethyl phthalate	84–66–2	3
26	邻苯二甲酸二甲酯	dimethyl phthalate	131–11–3	3
27	二甲基甲酰胺	dimethylformanide	68–12–2	2
28	邻苯二甲酸二辛酯	dioctyl phthalate	117–84–0	3
29	二苯醚	diphenyl ether	101–84–8	0.1
30	二丙二醇甲醚	dipropylene glycol monomethyl ether	34590–94–8	1
31	乙苯	ethyl benzene	100–41–4	2
32	异丙酚	isopropyl phenols	25168–06–3	1
33	丙二醇甲醚	1–methoxy–2–propanol	107–98–2	1
34	甲醇	methyl alcohol	67–56–1	5
35	甲乙酮肟	methyl ethyl ketoxime	96–29–7	1
36	甲基异丁基酮	methyl isobutyl ketone	108–10–1	1
37	甲基丙烯酸甲酯	methyl methacrylate.	80–62–6	1
38	巯基苯并噻唑	mercaptobenzothiazole	149–30–4	1
39	异亚丙基丙酮	mesityl oxide	141–79–7	1
40	萘	naphthalene	91–20–3	1
41	硝基乙烷	nitroethane	79–24–3	1
42	硝基甲烷	nitromethane	75–52–5	1
43	对硝基苯酚	*p*–nitrophenol	100–02–7	1
44	丙二醇单丁醚	propylene glycol monobutyl ether	29387–86–8	1
45	1,1,2,2– 四氯乙烷	1,1,2,2–tetrachloroethane	79–34–5	1
46	三乙醇胺	triethanolamine	102–71–6	5
47	三丙二醇单甲醚	tripropylene glycol monomethyl ether	25498–49–1	1
48	甲苯	toluene	108–88–3	1
49	二甲苯	xylene	1330–20–7	10
50	苯并异噻唑啉酮	1,2–benzisothiazolin–3–one	2634–33–5	0.1
51	异噻唑啉酮	5–chloro–2–methyl–4–isothiazolin–3–one (in combination with2–methyl–4–isothiazolin–3–one)	26172–55–4, 2682–20–4	0.0022
52	2– 吡咯烷酮	2–pyrrolidone	616–45–5	5
53	*N*– 乙基 –2– 吡咯烷酮	*N*-ethyl-pyrrolidone	2687-91-4	5
54	*N*– 甲基 – 吡咯烷酮	*N*-methyl-2-pyrrolidone	872-50-4	5
55	磷酸三丁酯	tributyl phosphate	126–73–8	1
56	苯胺	aniline	62–53–3	1

续表

序号	中文名称	英文名称	CAS 号	限量 /% ≤
57	三氯甲烷	chloroform	67-66-3	1
58	邻二氯苯	*o*-dichlorobenzene	95-50-1	1
59	二氧六环	dioxane	123-91-1	1
60	环氧氯丙烷、表氯醇	epichlorohydrin	106-89-8	1
61	乙二醇乙醚乙酸酯	ethanol ethoxy acetate	111-15-9	1
62	二氯乙烷	ethylene dichloride	107-06-2	1
63	丙烯酸乙酯	ethyl acrylate	140-88-5	5
64	肼	hydrazine	302-01-2	1
65	甲丁酮	methyl n-butyl ketone	591-78-6	1
66	氯甲烷	methyl chloride	74-87-3	1
67	四氯乙烯	perchloroethylene (tetrachloroethylene)	127-18-4	1
68	环氧丙烷	propylene oxide	75-56-9	1
69	甲苯二异氰酸酯	toluene diisocyanate	26471-62-5	0.1
70	1,1,2- 三氯乙烷	1,1,2-trichloroethane	79-00-5	1
71	三氯乙烯	trichloroethylene	79-01-6	1
72	磷酸三邻甲苯酯	triorthocresylphosphate (TOCP)	1330-78-5 78-30-8	1
73	氯苯	chlorobenzene	108-90-7	1
74	正己烷	*n*-hexane	110-54-3	5
75	异佛尔酮	isophorone	78-59-1	1

征求意见中，涉及的助剂、溶剂是大家广泛关注的重点，国外发达国家已经采取了禁限用的溶剂、助剂，需要引起足够重视。如烷基酚聚氧乙烯醚类助剂，已成为人类环境外源激素的主要来源。壬基酚和辛基酚聚氧乙烯醚是使用量最大的农药表面活性剂品种之一，它们在发达国家及我国的禁用趋势已无法逆转。壬基酚聚氧乙烯醚被排放到环境中会迅速分解成壬基酚（NP），壬基酚（NP）是一种公认的环境激素，它能模拟雌激素，对生物的性发育产生影响，并且干扰生物的内分泌，对生殖系统具有毒性。同时，壬基酚（NP）能通过食物链在生物体内不断蓄积，因此有研究表明，即便排放的浓度很低，也极具危害性。制剂开发者在配方研究中尽量用脂肪醇聚氧乙烯醚等加以替代，这是一个主动的选择，因其生物降解性好、环境友好。但这样的替代并非在所有制剂中有效。筛选可替代的亲油基团是农药表面活性剂研究者的重要任务。

三、EPA禁止72种惰性成分在农药中使用

2016年，美国环境保护署（EPA）将72种农药产品中的惰性成分在可使用名单上移除。之后，需要使用这些成分的生产商需向EPA提供相关研究信息以证明其安全性，EPA会在评估后决定该成分是否可被继续使用。名单见表13-4，供参考。

表13-4 EPA公布的72中禁用惰性成分名单

序号	CAS 号	化学成分
1	109-89-7	二乙胺
2	78-93-3	甲基乙基酮
3	109-99-9	四氢呋喃
4	123-92-2	1- 丁醇 -3- 甲基乙酸盐
5	80-62-6	甲基丙烯酸甲酯
6	100-02-7	对硝基苯酚
7	10024-97-2	氧化亚氮
8	100-37-8	二乙氨基乙醇
9	101-68-8	异氰酸苯酯
10	106-88-7	1,2- 环氧丁烷
11	107-18-6	烯丙醇
12	107-19-7	炔丙醇
13	108-46-3	间苯二酚
14	110-19-0	乙酸异丁酯
15	110-80-5	乙二醇单乙醚
16	112-55-0	十二烷基硫醇
17	117-81-7	1,2- 苯二甲酸二（2- 乙基已基）酯
18	117-84-0	邻苯二甲酸二辛酯
19	119-61-9	二苯甲酮
20	121-54-0	苯甲胺
21	123-38-6	丙醛
22	124-16-3	丁氧基乙氧基丙醇
23	1303-86-2	氧化硼
24	1309-64-4	三氧化二锑
25	131-11-3	邻苯二甲酸二甲酯
26	131-17-9	邻苯二甲酸二烯丙酯
27	1317-95-9	硅藻土
28	1319-77-3	甲酚
29	1321-94-4	甲基萘
30	1338-24-5	环烷酸
31	139-13-9	氨基三乙酸
32	141-32-2	丙烯酸丁酯
33	142-71-2	乙酸铜
34	149-30-4	2- 巯基苯并噻唑
35	150-76-5	对甲氧基苯酚
36	150-78-7	1,4- 二甲氧基苯

续表

序号	CAS 号	化学成分
37	16919-19-0	氟硅酸铵
38	1762-95-4	硫氰酸铵
39	25013-15-4	乙烯基甲苯
40	25154-52-3	壬基酚
41	2761-24-2	戊基三乙氧基硅烷
42	28300-74-5	酒石酸锑钾
43	50-00-0	甲醛
44	533-74-4	棉隆
45	552-30-7	偏苯三酸酐
46	618-45-1	间异丙基苯酚
47	71-55-6	1,1,1- 三氯乙烷
48	7440-37-1	氩
49	74-84-0	乙烷
50	75-43-4	二氯一氟甲烷
51	75-45-6	氯二氟甲烷
52	75-68-3	1- 氯 -1,1- 二氟乙烷
53	75-69-4	三氯氟甲烷
54	75-71-8	二氯二氟甲烷
55	76-13-1	1,1,2- 三氯 -1,2,2- 三氟乙烷
56	7758-01-2x	溴酸钾
57	78-88-6	2,3- 二氯丙烯
58	79-11-8	一氯乙酸
59	79-24-3	硝基乙烷
60	79-34-5	1,1,2,2- 四氯乙烷
61	8006-64-2	松节油
62	83-79-4	鱼藤酮
63	85-44-9	邻苯二甲酸酐
64	88-12-0	*N*- 乙烯基 -2- 吡咯烷酮
65	88-69-7	2- 异丙基苯酚
66	88-89-1	2,4,6- 三硝基苯酚
67	94-36-0	过氧化苯甲酰
68	95-48-7	邻甲酚
69	97-63-2	甲基丙烯酸乙酯
70	97-88-1	甲基丙烯酸丁酯
71	98-54-4	对叔丁基苯酚
72	99-89-8	对异丙基苯酚

四、常见农药助剂危害及EPA管理状态

常见农药助剂危害及EPA管理状态见表13-5。

表13-5　常见农药助剂危害及EPA管理状态

通用名	CAS 号	主要危害描述（欧盟CLP 分类①）	美国 EPA 原 LIST 分类②	美国 EPA 当前管理状态及适用的 40CFR 法令 -2017.2.12
环己酮	108-94-1	H226：易燃液体和蒸气 H332：吸入有害 H318：导致严重的眼刺激	2类	食用作物生长期使用（40CFR 180.920 法规）； 动物用农药产品中使用，免于限量（40CFR180.930 法规）
甲基异丁酮	108-10-1	致癌③	1类	收获前后作物均可作为惰性成分使用（40CFR.180.910）
N- 乙基吡咯烷酮	2687-91-4	H319：可引起严重眼刺激	无	无
N- 辛基吡咯烷酮	2687-94-7	H314：导致严重的皮肤灼伤和眼损伤 H412：对水生生物持续有害	3类	（a）可在包含噻苯隆和敌草隆活性成分的棉花脱叶剂中作为惰性成分使用； （b）仅限于在吡草醚活性含量低于 20% 的制剂中作为溶剂使用（40CFR.180.1130）
N- 乙烯基 -2- 吡咯烷酮	88-12-0	H318：严重眼损伤 H311：皮肤接触中毒 H351：怀疑致癌物	3类	2016 年已经禁用 -EPA-HQ-OPP-2014-0558
N- 甲基吡咯烷酮	120-94-5	T- 有毒；生殖毒性 2 类 生殖毒性，1000×10^{-6} 限量 - 欧盟 Reach SVHC LIST 发育毒性③	3类	仅限于非食用作物使用
异佛尔酮	78-59-1	H312（皮肤接触有害） H351（怀疑致癌物）	1类	仅限于在甜菜、人参、水稻、菠菜、糖用甜菜、瑞士甜菜这 5 种作物上使用的农药中作为惰性成分使用（40CFR180.1270）
甲苯	108-88-3	发育毒性③	2类	仅限于非食用作物使用
乙苯	100-41-4	致癌③	2类	仅限于非食用作物使用
二甲苯	1330-20-7	H226：易燃液体和蒸气； 神经系统损伤	2类	1. 杀水草剂使用免于限量要求；40CFR180.1025(2015 年） 2. 仅适用于储藏期谷物产品使用（40CFR180.910） 3 . 动物用农药产品中使用，免于限量要求（40CFR180.930）
1,3,5- 三甲苯	108-67-8	H226：易燃液体和蒸气； H411：对水生生物有毒且有长期持续影响	无	香水使用
1,2,4- 三甲苯	95-63-6	H226：易燃液体和蒸气； H411：对水生生物有毒且有长期持续影响	无	仅限于非食用作物使用；香水使用

续表

通用名	CAS 号	主要危害描述（欧盟CLP 分类[①]）	美国 EPA 原 LIST 分类[②]	美国 EPA 当前管理状态及适用的 40CFR 法令 –2017.2.12
萘	91–20–3	致癌[③]	3 类	仅限于非食用作物使用
甲基萘	1321–94–4		3 类	已经禁用–2016年–EPA–HQ–OPP–2014–0558
N,N– 二甲基甲酰胺（DMF）	68–12–2	H226：易燃液体和蒸气 H360：可能损害生育力或胎儿 H319：可引起严重眼刺激 1000×10^{-6} 限量；生殖毒性 – 欧盟 SVHC list	无	无
N,N– 二甲基乙酰胺（DMAC）	127–19–5	H225：生殖毒性 1000×10^{-6} 限量 – 欧盟 SVHC list	无	无
N,N– 二甲基辛酰胺	1118–92–9	H318：可引起严重眼损伤	无	食用和非使用作物使用均无限量（40CFR.180.910）
N,N– 二甲基癸酰胺	14433–76–2	H318：可引起严重眼损伤	3 类	食用和非使用作物上收获前使用均无限量（40.CFR180.920）
二甲基亚砜（DMSO）	67–68–5	H319：可引起严重眼刺激	3 类	食用和非食用作物上收获前使用，芽前或者形成食用部位前使用农药产品中作为惰性成分使用；芽后或者收获前使用（40.CFR180.920）
γ– 丁内酯	96–48–0	H318：可引起严重眼损伤	4B 类	食用和非食用作物上收获前使用
乙酸仲丁酯	105–46–4	H225：高度易燃液体和蒸气	无	无
碳酸二甲酯（DMC）	616–38–6	H225：高度易燃液体和蒸气	无	无
碳酸二乙酯（DEC）	105–58–8	H300：吞咽致死 H310：皮肤接触致死 H330：吸入致死 H341：怀疑可致遗传性缺陷 H314：引起严重的皮肤灼伤和眼损伤	无	无
戊二酸二甲酯	1119–40–0	非危险品	3 类	食用作物和非食用作物，各个时期均可以作为惰性成分使用（40CFR.180.910）
己二酸二甲酯	627–93–0	非危险品	3 类	食用作物和非食用作物，各个时期均可以作为惰性成分使用（40CFR.180.910）
丁二酸二甲酯	106–65–0	非危险品	4B 类	食用作物和非食用作物，各个时期均可以作为惰性成分使用（40CFR.180.910）
油酸甲酯	112–62–9	非危险品	4B 类	食用作物和非食用作物，各个时期均可以作为惰性成分使用（40CFR.180.910）

续表

通用名	CAS 号	主要危害描述 （欧盟CLP 分类①）	美国 EPA 原 LIST 分类②	美国 EPA 当前管理状态及适用的 40CFR 法令 –2017.2.12
硬脂酸甲酯	112–61–8	非危险品	3 类	食用作物和非食用作物，各个时期均可以作为惰性成分使用（40CFR. 180.910）
磷酸三丁酯	126–73–8	H351：怀疑致癌	无	仅限于非食用作物使用
NP10	9016–45–9	限量 1000×10^{-6}– 欧盟 Reach SVHC LIST④； 分解产物壬基酚为环境激素和内分泌干扰物	4B 类	仅限于非食用作物使用
OP10	9041–29–6	类似 NP10	无	无
乳化剂 601	99734 – 09 – 5	非危险品	4B 类	无
EO–PO 嵌段聚醚聚合物（3–60EO，5–80PO）	略	略	4B 类	用量小于 20%（40CFR180.910）
木质素磺酸钠盐	8061–51–6	非危险品	4B 类	食用作物和非食用作物，各个时期均可以作为惰性成分使用（40CFR. 180.910）
木质素磺酸钙盐	8061–52–7	非危险品	4B 类	食用作物和非食用作物，各个时期均可以作为惰性成分使用（40CFR. 180.910）
聚萘磺酸甲醛缩合物钠盐	9084–06–4	H319：可引起严重眼刺激； H412：对水生生物持续有害	4B 类	食用作物和非食用作物，各个时期均可以作为惰性成分使用（40CFR. 180.910）
黄原胶（XG）	11138–66–2	非危险品，食品添加剂	4B 类	无限量（40CFR180.950e）
苯甲酸钠	532–32–1	H319：可引起严重眼刺激	4A 类	无限量（40CFR180.950e）
甲醇	67–56–1	H225：高度易燃液体和蒸气； 易致人眼睛失明；发育毒性③	3 类	食用作物和非食用作物，各个时期均可以作为惰性成分使用（40CFR. 180.910）
乙醇	64–17–5	H225：高度易燃液体和蒸气	4B 类	食用作物和非食用作物，各个时期均可以作为惰性成分使用（40CFR. 180.910）
正丁醇	71–36–3	H226：易燃液体和蒸气 H318：可引起严重眼损伤	4B 类	食用作物和非食用作物，各个时期均可以作为惰性成分使用（40CFR. 180.910）
异丁醇	78–83–1	H226：易燃液体和蒸气 H318：可引起严重眼损伤	3 类	食用和非食用作物上收获前使用（40CFR. 180.920）
异辛醇	104–76–7	H319：可引起严重眼刺激 H411：对水生生物有毒且有长期持续影响	3 类	限量小于 10%（40CFR180.910）
异癸醇	25339–17–7	H319：可引起严重眼刺激 H411：对水生生物有毒且有长期持续影响	2 类	仅限于非食用作物使用

续表

通用名	CAS 号	主要危害描述 （欧盟CLP 分类①）	美国 EPA 原 LIST 分类②	美国 EPA 当前管理状态及适用的 40CFR 法令 –2017.2.12
乙二醇	107–21–1	H303：吞咽有害 摄入有发育毒性③	3 类	在花生作物上作为叶面喷施药剂的惰性成分许可使用（40CFR.180.1040）
丙二醇	57–55–6	非危险品	4B 类	食用作物和非食用作物，各个时期均可以作为惰性成分使用（40CFR.180.910）
丙三醇	56–81–5	非危险品	4A 类	无限量（40CFR180.950e）
乙二醇甲醚	109–86–4	H226：易燃液体和蒸气 H360：可能损害生育力或胎儿 男性发育毒性③	无	无
乙二醇单乙醚	110–80–5	男性发育毒性③	1 类	已经禁用–2016年–EPA–HQ–OPP–2014–0558；欧盟限量 1000×10^{-6}④
乙二醇丁醚	111–76–2	H319：可引起严重眼刺激	2 类	食用作物和非食用作物，各个时期均可以作为惰性成分使用（40CFR.180.910）
丙二醇甲醚	107–98–2	H226：易燃液体和蒸气 H336：可引睡意或昏眩	2 类	食用作物和非食用作物，各个时期均可以作为惰性成分使用（40CFR.180.910）
丙二醇丁醚	57018–52–7	H226：易燃液体和蒸气 H318：可引起严重眼损伤 致癌③	无	无
环氧氯丙烷	106–89–8	H226：易燃液体和蒸气 H301：吞咽中毒 H331：吸入中毒 H350：可致癌 致癌③	1 类	无
1,2- 苯并异噻唑啉 – 3– 酮（BIT）	2634–33–5	H318：可引起严重眼损伤 H400：对水生生物高毒	3 类	食用和非食用作物收获前使用，限用量小于0.1%（40CFR180.920）
石棉纤维	1332–21–4	长期接触石棉者可引起石棉肺。本品有致癌性，可引起肺癌和胸膜间皮瘤	1 类	无
正己烷	110–54–3	H225：高度易燃液体和蒸气 H361：怀疑损害生育力或胎儿 H373：长时间或者反复的暴露会损害神经系统，肺，肝和生殖系统 H304：吞下或进入呼吸道可致命	1 类	无
邻苯二甲酸二异戊酯	605–50–5	致生殖毒性，1000×10^{-6}（欧盟 SVHC LIST）	无	无
甲醛	50–00–0	气体致癌③	无	已经禁用–2016年–EPA–HQ–OPP–2014–0558

续表

通用名	CAS号	主要危害描述（欧盟CLP分类[①]）	美国EPA原LIST分类[②]	美国EPA当前管理状态及适用的40CFR法令–2017.2.12
松节油	8006-64-2	H226：易燃液体和蒸气 H319：可引起严重眼刺激 H411：对水生生物有毒且有长期持续影响	3类	已经禁用–2016年–EPA–HQ–OPP–2014–0558
壬基酚	25154-52-3	环境激素和内分泌干扰物	2类	已经禁用–2016年–EPA–HQ–OPP–2014–0558
邻苯二甲酸二甲酯	131-11-3	H319：可引起严重眼刺激 H360：可能损害生育力或胎儿	2类	已经禁用–2016年–EPA–HQ–OPP–2014–0558
邻苯二甲酸二辛酯	117-84-0	H319：可引起严重眼刺激 H360：可能损害生育力或胎儿	无	已经禁用–2016年–EPA–HQ–OPP–2014–0558
四氢呋喃	109-99-9	H225：高度易燃液体和蒸气 H319：可引起严重眼刺激 H351：怀疑致癌	3类	已经禁用–2016年–EPA–HQ–OPP–2014–0558
EDTA	60-00-4	H319：可引起严重眼刺激	4B类	食用作物和非食用作物，各个时期均可以作为螯合剂使用，限量3%（40CFR.180.910）
三乙醇胺	102-71-6	H315：引起皮肤刺激 H319：可引起严重眼刺激	2类	食用和非食用作物上收获前或者芽前使用农药产品中作为稳定剂，抑制剂使用（40CFR.180.920）
二异丙醇胺	110-97-4	H319：可引起严重眼刺激	3类	限量小于10%（40CFR180.910）
三乙胺	121-44-8	H225：高度易燃液体和蒸气 H314：导致严重的皮肤灼伤和眼损伤	3类	仅限于非食用作物上使用

① 欧盟CLP法规全称为欧盟化学物质及混合物分类、标识及包装法规，是根据欧盟Reach法对化学品危害进行分类的法规。

② 美国环境保护署对农药助剂的LIST分类中LIST1类为显著毒性物质；LIST2类为潜在毒性物质；LIST3类为未知毒性物质；LIST4A为低风险惰性物质；LIST4B为EPA有足够资料确定对公众安全的惰性物质；由于EPA遵循美国食品质量保护法案于2006年完成了LIST清单中各种惰性物质的再评估，因此该LIST分类在2006年以后已被新的限量豁免法规（40CFR180分类列表体系）替代。

③ 引自美国加州的Proposition 65 LIST，是美国加州地方法令，又称为饮用水安全和毒性强制执行法令；这一法令主要是为了保护加州饮用水资源免于被致癌物质、有生殖毒性问题或者其他生殖危害物质污染。

④ 欧盟Reach SVHC LIST为欧盟Reach法下列表的高关注度物质。

LIST分类是美国1987年到2006年以前使用的助剂分类，其中1类是显著毒性物质，即有致癌、生殖毒性、发育毒性物质。美国的分类比较细和科学，加拿大和澳大利亚目前还是参照的美国以前的LIST 4类分类。除了EPA, 美国还有很多州地方法规限制，如美国加州的VOC（挥发性有机物）控制法，在加州，易挥发的溶剂使用，都有很大的法规风险。

五、建议

以上是部分相关出台和征求意见的农药助剂禁限用名录，仅供参考。其他一些信息可以通过互联网等资源获取。

近年来，无论是欧洲、美国、加拿大、澳大利亚、巴西等还是我国，在农药助剂方面都出台了禁限用名单，而且在不断更新，这些信息的了解对于从事助剂开发和农药制剂加工的人员来说是很重要的，而且也是非常必要的，需引起重视。

参考文献

[1] 冷阳. 中国农药制剂技术发展方向试析. 世界农药，2017，39（1）：1-8.

[2] 刘占山，柏连阳，王义成，等. 农药制剂中助剂安全性探讨及管理建议. 农药科学与管理，2009，30（8）：21-25.

[3] 吴志凤，刘绍仁. 加拿大对农药助剂的管理. 农药科学与管理，2009，27（2）：50-53.

[4] 蒋凌雪，马红，陶波. 农药助剂的安全性评价. 农药，2009，48（4）：235-238.

[5] 马立利，吴厚斌，刘丰茂. 农药助剂及其危害与管理. 农药，2008，47（9）：637-640.

[6] 吴志凤，刘贤进. 我国农药助剂工业发展与管理概况. 农药科学与管理，2014，35（12）：23-26.

[7] 王以燕，巨育红，赵永辉，等. 德国农药产品中助剂的变更规则. 世界农药，2016，38（4）：47-49.

[8] 于洋，张楠，朱赫，等. 农药助剂烷基酚及其醚的限用和禁用. 农药科学与管理，2016，37（7）：10-14.

化工版农药、植保类科技图书

分类	书号	书名	定价 / 元
农药手册性工具图书	122-22028	农药手册（原著第 16 版）	480.0
	122-29795	现代农药手册	580.0
	122-31232	现代植物生长调节剂技术手册	198.0
	122-27929	农药商品信息手册	360.0
	122-22115	新编农药品种手册	288.0
	122-22393	FAO/WHO 农药产品标准手册	180.0
	122-18051	植物生长调节剂应用手册	128.0
	122-15528	农药品种手册精编	128.0
	122-13248	世界农药大全——杀虫剂卷	380.0
	122-11319	世界农药大全——植物生长调节剂卷	80.0
	122-11396	抗菌防霉技术手册	80.0
	122-00818	中国农药大辞典	198.0
农药分析与合成专业图书	122-15415	农药分析手册	298.0
	122-11206	现代农药合成技术	268.0
	122-21298	农药合成与分析技术	168.0
	122-16780	农药化学合成基础（第 2 版）	58.0
	122-21908	农药残留风险评估与毒理学应用基础	78.0
	122-09825	农药质量与残留实用检测技术	48.0
	122-17305	新农药创制与合成	128.0
	122-10705	农药残留分析原理与方法	88.0
农药剂型加工专业图书	122-15164	现代农药剂型加工技术	380.0
	122-30783	现代农药剂型加工丛书 - 农药液体制剂	188.0
	122-30866	现代农药剂型加工丛书 - 农药助剂	138.0
	122-30624	现代农药剂型加工丛书 - 农药固体制剂	168.0
	122-31148	现代农药剂型加工丛书 - 农药制剂工程技术	180.0
	122-23912	农药干悬浮剂	98.0
	122-20103	农药制剂加工实验（第 2 版）	48.0
	122-22433	农药新剂型加工与应用	88.0
	122-23913	农药制剂加工技术	49.0
农药专利、贸易与管理专业图书	122-18414	世界重要农药品种与专利分析	198.0
	122-29426	农药商贸英语	80.0
	122-24028	农资经营实用手册	98.0
	122-26958	农药生物活性测试标准操作规范——杀菌剂卷	60.0
	122-26957	农药生物活性测试标准操作规范——除草剂卷	60.0

续表

分类	书号	书名	定价 / 元
农药专利、贸易与管理专业图书	122-26959	农药生物活性测试标准操作规范——杀虫剂卷	60.0
	122-20582	农药国际贸易与质量管理	80.0
	122-19029	国际农药管理与应用丛书——哥伦比亚农药手册	60.0
	122-21445	专利过期重要农药品种手册（2012-2016）	128.0
	122-21715	吡啶类化合物及其应用	80.0
	122-09494	农药出口登记实用指南	80.0
农药研发、进展与专著	122-16497	现代农药化学	198.0
	122-26220	农药立体化学	88.0
	122-19573	药用植物九里香研究与利用	68.0
	122-09867	植物杀虫剂苦皮藤素研究与应用	80.0
	122-10467	新杂环农药——除草剂	99.0
	122-03824	新杂环农药——杀菌剂	88.0
	122-06802	新杂环农药——杀虫剂	98.0
	122-09521	螨类控制剂	68.0
	122-30240	世界农药新进展（四）	80.0
	122-18588	世界农药新进展（三）	118.0
	122-08195	世界农药新进展（二）	68.0
	122-04413	农药专业英语	32.0
	122-05509	农药学实验技术与指导	39.0
农药使用类实用图书	122-10134	农药问答（第 5 版）	68.0
	122-25396	生物农药使用与营销	49.0
	122-29263	农药问答精编（第二版）	60.0
	122-29650	农药知识读本	36.0
	122-29720	50 种常见农药使用手册	28.0
	122-28073	生物农药科学使用指南	50.0
	122-26988	新编简明农药使用手册	60.0
	122-26312	绿色蔬菜科学使用农药指南	39.0
	122-24041	植物生长调节剂科学使用指南（第 3 版）	48.0
	122-28037	生物农药科学使指南（第 3 版）	50.0
	122-25700	果树病虫草害管控优质农药 158 种	28.0
	122-24281	有机蔬菜科学用药与施肥技术	28.0
	122-17119	农药科学使用技术	19.8
	122-17227	简明农药问答	39.0
	122-19531	现代农药应用技术丛书——除草剂卷	29.0
	122-18779	现代农药应用技术丛书——植物生长调节剂与杀鼠剂卷	28.0

续表

分类	书号	书名	定价 / 元
农药使用类实用图书	122-18891	现代农药应用技术丛书——杀菌剂卷	29.0
	122-19071	现代农药应用技术丛书——杀虫剂卷	28.0
	122-11678	农药施用技术指南（第 2 版）	75.0
	122-21262	农民安全科学使用农药必读（第 3 版）	18.0
	122-11849	新农药科学使用问答	19.0
	122-21548	蔬菜常用农药 100 种	28.0
	122-19639	除草剂安全使用与药害鉴定技术	38.0
	122-15797	稻田杂草原色图谱与全程防除技术	36.0
	122-14661	南方果园农药应用技术	29.0
	122-13695	城市绿化病虫害防治	35.0
	122-09034	常用植物生长调节剂应用指南（第 2 版）	24.0
	122-08873	植物生长调节剂在农作物上的应用（第 2 版）	29.0
	122-08589	植物生长调节剂在蔬菜上的应用（第 2 版）	26.0
	122-08496	植物生长调节剂在观赏植物上的应用（第 2 版）	29.0
	122-08280	植物生长调节剂在植物组织培养中的应用（第 2 版）	29.0
	122-12403	植物生长调节剂在果树上的应用（第 2 版）	29.0
	122-27745	植物生长调节剂在果树上的应用（第 3 版）	48.0
	122-09568	生物农药及其使用技术	29.0
	122-08497	热带果树常见病虫害防治	24.0
	122-27882	果园新农药手册	26.0
	122-07898	无公害果园农药使用指南	19.0
	122-27411	菜园新农药手册	22.8
	122-18387	杂草化学防除实用技术（第 2 版）	38.0
	122-05506	农药施用技术问答	19.0
	122-04812	生物农药问答	28.0